连续铸钢用电磁搅拌的理论与技术

毛 斌 张桂芳 李爱武 编著

北 京
冶 金 工 业 出 版 社
2012

内容提要

本书分 11 章，内容包括：连铸电磁搅拌技术的磁流体力学基础和冶金原理，连铸电磁搅拌的数值模拟，方（圆）坯、板坯连铸结晶器电磁搅拌技术、二冷区和凝固末端电磁搅拌技术，连铸中间包电磁冶金技术以及连铸电磁搅拌系统的配置实例。本书既是连铸电磁搅拌理论和技术的总结，也是电磁搅拌技术应用和制造的提升，全面地体现了我国电磁搅拌技术的科研水平与应用技术，同时对国内外冶金研究热点与难点课题进行了介绍。

本书可作为钢铁企业、研究设计院所的工程技术人员、生产管理人员、设备制造人员以及相关专业教学人员的参考用书。

图书在版编目(CIP)数据

连续铸钢用电磁搅拌的理论与技术/毛斌，张桂芳，李爱武编著．—北京：冶金工业出版社，2012. 1

ISBN 978-7-5024-5806-5

Ⅰ. ①连…　Ⅱ. ①毛…　②张…　③李…　Ⅲ. ①连续铸钢—电磁振荡　Ⅳ. ①TF777

中国版本图书馆 CIP 数据核字(2011)第 281604 号

出 版 人　曹胜利
地　　址　北京北河沿大街嵩祝院北巷 39 号，邮编 100009
电　　话　(010)64027926　电子信箱　yjcbs@ cnmip. com. cn
责任编辑　刘小峰　美术编辑　彭子赫　版式设计　孙跃红
责任校对　王贺兰　责任印制　牛晓波
ISBN 978-7-5024-5806-5
北京兴华印刷厂印刷；冶金工业出版社出版发行；各地新华书店经销
2012 年 1 月第 1 版，2012 年 1 月第 1 次印刷
787mm × 1092mm　1/16；24. 25 印张；583 千字；369 页
69. 00 元

冶金工业出版社投稿电话：(010)64027932　投稿信箱：tougao@cnmip. com. cn
冶金工业出版社发行部　电话：(010)64044283　传真：(010)64027893
冶金书店　地址：北京东四西大街 46 号(100010)　电话：(010)65289081(兼传真)

序

电磁搅拌装置是国际上先进钢铁企业生产高附加值产品必不可少的特殊冶金装备，电磁搅拌技术已逐渐成为高效连铸生产过程中提高铸坯质量、稳定操作、扩大品种范围的一项重要技术手段。

经过改革开放30年的高速发展，我国钢产量已居世界首位，连铸比也已进入世界先进行列，与此同时，我国电磁搅拌技术也取得了长足的进步和发展。在电磁搅拌技术的研发创新、工业应用和设计制造方面，我国科研院所、高等院校、钢铁企业、设备制造企业共同努力，使我国连铸电磁搅拌技术达到了国际先进水平。

在连铸生产过程中，电磁搅拌技术借助电磁力来改变和控制铸坯的凝固过程，进而改善连铸坯以至最终产品的质量，其冶金效果与多种因素有关，包括连铸钢种、铸坯断面、钢水过热度、拉速、搅拌位置、搅拌强度、搅拌方式和电源频率等。因此，连铸电磁搅拌技术是电磁学和钢铁冶金学的技术融合，是一项与连铸设备及工艺密切相关的系统工程。

本书主要作者毛斌教授从20世纪80年代初开始就致力于连铸电磁搅拌技术的研发和推广工作，用技术支持了国内大多数连铸电磁搅拌器制造企业和应用单位，在学术期刊和连铸技术著作、手册中撰写电磁搅拌文章，并在多次连铸电磁搅拌技术专题学习班上讲授电磁搅拌知识，为推动我国连铸电磁搅拌技术的普及与提高做了大量卓有成效的工作。

本书总结了作者近30年从事连铸电磁搅拌理论研究和工业实践的心得体会，书中深入浅出地阐述了电磁作用机理和连铸冶金机理，详细分析了各种电磁搅拌技术在不同连铸机型和不同位置对不同钢种的应用特点和冶金效果，同时还包含科研院所、高等院校、钢铁企业对连铸电磁搅拌数值模拟、实验研究和工业应用的成果，以及设备制造企业介绍的电磁搅拌配置实例。该著作比较全面地反映我国连铸电磁搅拌技术的理论、科研、应用、设计与创新水平，为电磁搅拌技术的工程应用提供了借鉴和思路。

本书的出版，使读者学习到电磁搅拌知识和冶金机理，从应用案例中得到启发，可以更好地认知电磁搅拌技术，进而推进中国钢铁工业的发展和进步。

中国工程院院士

2011年11月

前　　言

连铸电磁搅拌技术对提高连铸坯质量、稳定操作、扩大品种范围等均起到了独特的、不可替代的作用，因而越来越受到连铸界的重视。目前，连铸电磁搅拌技术已成为改善连铸坯质量的重要技术手段，电磁搅拌器也已成为连铸机的规范配置。

我国连铸电磁搅拌技术的发展历程大致经历三个发展阶段：第一阶段从20世纪70年代末到80年代中，是实验室研发阶段；第二阶段从20世纪80年代末至90年代末，是引进技术的消化、吸收和再开发阶段；第三阶段从21世纪初至今，是提高和创新阶段。

目前，国产电磁搅拌成套装置在国内市场已占主导地位，达到90%以上的市场份额，并开始参与国际市场的竞争。与此同时，各家钢厂和科研院所在不同机型、不同位置、不同断面和不同钢种的连铸实践中，广泛采用电磁搅拌技术并进行多批次的在线工业试验，得到很多优化的电磁搅拌工艺参数和高水平的应用成果，不仅提高了我国电磁搅拌技术的工业应用水平，而且为各家钢厂生产出优质连铸坯以至最终产品做出了重要贡献。

中国科学院力学研究所从“七五”开始参加并主持连铸攻关项目中的多项电磁搅拌技术课题，并与钢铁企业、研究院所、高等院校、设备制造厂联手合作，在电磁搅拌技术的引进消化、研发创新和工业应用方面，做出了一些开创性的工作，使我国连铸电磁搅拌技术达到国际先进水平，实现了我国连铸电磁搅拌设备的国产化。

本书系统总结了作者从事连铸电磁搅拌技术理论研究和工业实践的心得，系统地论述电磁搅拌的理论和技术，比较全面地反映我国电磁搅拌技术装备设计与应用水平，同时广泛吸纳了国内外的研究和实践成果，为电磁搅拌技术的应用提供新的借鉴和新的思路。本书以磁流体力学和冶金学的有机结合为基础，阐明各种电磁搅拌的作用机理和冶金机理及特点，分析各种电磁搅拌技术在不同连铸机型和不同位置的应用、特点和冶金效果，着重电磁搅拌的作用机理和冶金机理的挖掘，使读者通过电磁搅拌知识和冶金机理的学习及应用案例的启发，既知其然又知其所以然，能举一反三，学了就能用。

根据连铸技术和电磁搅拌技术的特点，本书内容大致分为五个部分：第一部分为电磁搅拌技术的基础知识；第二部分为方（圆）坯连铸结晶器、二冷区、凝固末端及水平连铸电磁搅拌技术；第三部分为板坯连铸结晶器电磁控流技术和二冷区电磁搅拌技术；第四部分为连铸中间包电磁冶金技术；第五部分为连铸电磁搅拌系统的配置实例。全书共分11章，中国科学院力学研究所毛斌编写第1、2、5~10章；昆明理工大学张桂芳编写第3、4章。考虑到湖南中科电气股份有限公司一直致力于连铸电磁搅拌装置的研发，获得过众多具有自主知识产权的创新成果，在国内处于领先水平，这些成果不仅提升了我国电磁搅拌技术的水平，也为本书提供很有价值的素材。为此，邀请中科电气李爱武、易兵编写第11章。此外，李爱武还参与编写了第9、10章的部分内容。全书由毛斌统编审定。

本书适合钢铁企业、研究设计院所、大专院校从事冶金工程设计、研发及教学的技术人员、科研人员、管理人员、教学人员及大专院校的学生阅读和参考，对渴望了解和学习电磁搅拌技术的钢厂现场操作人员也有参考价值。

书中参考了一些国内外同行的文献资料，使本书内容更加丰富、翔实。作者对他们取得的成果和辛勤劳动表示敬意和感谢！

干勇院士在百忙之中为本书作序，充分肯定本书的编写和出版。对干勇院士的支持和帮助，作者表示深深的敬意和诚挚的感谢！

在本书编写过程中，中国工程院关杰院士、北京科技大学冶金与生态工程学院蔡开科教授、钢铁研究总院倪满森教授、河北钢铁邯郸钢铁集团连铸连轧厂魏祖康教授级高工等给予作者很大的支持和鼓励。北京科技大学冶金与生态工程学院蔡开科教授、中国科学院力学研究所唐福林研究员分别审阅了部分章节并提出了很好的修改意见，作者受益匪浅。本书的出版，还得到中冶京诚工程技术有限公司万体娅高工、湖南中科电气股份有限公司邹益南高工以及冶金工业出版社刘小峰的积极支持和帮助。在此，对他们一并表示衷心的敬意和感谢！

由于作者水平所限，书中不妥之处，敬请各位专家和广大读者批评指正。

毛 斌

2011年3月

目　录

1 连铸电磁搅拌技术的基本概念

1.1 连铸电磁搅拌技术发展历史的简要回顾

1.1.1 国外连铸电磁搅拌技术发展历史简述

电磁搅拌（Electromagnetic Stirring，EMS）技术的应用是连铸技术最重要的贡献之一。目前，电磁搅拌技术已成为改善连铸坯质量、稳定操作、扩大品种范围和提高生产率的重要技术手段；电磁搅拌装置也已成为连铸机的常规配置。为使广大读者对电磁搅拌技术的发展历程有所了解，有必要对其发展历史做一简要回顾。

改善铸坯凝固组织的重要性是众所周知的，连铸技术的出现对控制凝固过程有了特殊的需要并提供了合适的条件。由于电磁搅拌技术的突出特点，如电磁搅拌器的工作原理和制造工艺与旋转电机相类似；它不与钢水接触而能控制钢水的流动以及运行可靠等，因此，自1960年代以来，电磁搅拌技术备受连铸界的瞩目。

但是，电磁搅拌技术作为一项新的工艺技术却经历了曲折的发展过程。早在1922年，Mcneill提出了第一个电磁搅拌专利，论述了熔融金属的流动对凝固组织、偏析和夹杂物分布的影响。1933年Shtanko和1934年Bruchanov等利用旋转磁场分别研究了有色金属和钢水的流动对凝固组织的影响，获得了良好的效果，如含气量低、夹杂物少、晶粒细、无枝晶等，由此证实了电磁搅拌所具有的主要优点。而此后20多年间，由于传统模铸工艺不适合电磁搅拌技术的发展，这一技术被耽误了。直到1950年代初，连铸技术的出现对电磁搅拌技术有了特殊的需要，并提供了合适的条件，电磁搅拌技术又重新活跃起来。S. Junghaus和O. Schaaber等在德国Hückingen的试验连铸机上进行了沸腾钢连铸电磁搅拌的首次试验，然后，1961年Poppmeier等在奥地利Kapfenberg的Boehler工厂的连铸机上进行了合金钢连铸电磁搅拌试验，到1960年代末，在世界范围内特别是法国、日本、德国、英国、苏联等国同时开发了方坯连铸二冷区电磁搅拌（Strand Electromagnetic Stirring，S-EMS）技术，并进行了系统的试验研究。1973年，法国Safe Hagondange钢厂是第一家在四流240mm×240mm大方坯连铸机上都安装S-EMS的厂家，进行了系统的工业应用，使电磁搅拌技术达到了比较成熟的程度。此后近十年间，二冷区电磁搅拌技术一直占有主导地位。

1970年代开始，随着改善方坯连铸表面质量需要，导致对结晶器电磁搅拌（Mold Electromagnetic Stirring，M-EMS）技术的研究与开发，法国Allevard厂和英国Tsascids厂都进行了工业试验，用于改善敞开浇注的硅和铝镇静钢连铸坯的表面和内部质量。由于结晶器铜管材质的影响而发展比较缓慢，直到低频电源的开发成功，才使法国钢铁研究院（IRSID）/CEM于1977年在德国Arbed-Eschweiler的一台四流方(圆)坯连铸机上进行了M-EMS技术的第一次工业应用，达到了比较成熟的程度而被迅速推广。至今M-EMS技术已取代S-EMS成为应用最广泛的电磁搅拌技术。

1980年代初，为了克服单一位置电磁搅拌工艺的局限性，采用了两段和三段组合搅拌技术，目的是提高高碳钢的等轴晶率，进一步减小中心偏析和获得与模铸相当的内部质量。多段组合搅拌技术比较成功的当推日本神户制钢和法国Rotelec联合开发的多段组合Kosmostir-Magnetogyr法，并先后于1981年在神户制钢的3号大方坯（300mm×400mm）连铸机上和1983年在Yadogawa的小方坯连铸机上分别进行了首次工业应用，取得了良好的冶金效果。

由于板坯连铸电磁搅拌技术的板坯断面宽厚比大，需要更大的搅拌力，而支承辊密排不仅限制了电磁搅拌器的尺寸而且也限制了安装方式和安装尺寸，因此其发展过程延迟了十几年，但其发展模式与方坯连铸相一致。自1970年代初板坯连铸电磁搅拌技术问世以来，IRSID、日本新日铁（NSC）、瑞典ASEA、德国AEG-Elotherm等通过不断试验和工业应用的实践，逐步完善和发展了板坯连铸二冷区电磁搅拌技术。1978年，法国IRSID-CEM等在德国Dillinger Hütte厂首次进行了辊式电磁搅拌器的工业应用；日本NSC的插入辊缝的插入式电磁搅拌器和瑞典ASEA的辊后式（箱式）电磁搅拌器也先后投入工业应用。这三类电磁搅拌器都采用水平行波磁场。现在，板坯连铸S-EMS主要用于改善不锈钢、硅钢、管坯和板材等的凝固组织。此外，Sumitomo（住友金属）开发了直流传导型电磁搅拌技术，但至今未见推广应用。

板坯连铸结晶器电磁搅拌技术的开发始于1978年，是由法国钢研院在Dillinger首先完成的。此后，法国、日本、瑞典等国开发了三类板坯结晶器电磁搅拌器：第一类是法国IRSID-CEM的双边垂直行波磁场搅拌器，安装在德国Dillinger Hütte厂，用于解决低碳铝镇静钢的皮下质量；第二类是NSC的双边水平行波磁场搅拌器，于1981年安装在Hirohata厂，用于解决准沸腾钢的CO气孔，此后应用表明，它对表面温度和坯壳生长的均匀化、减少表面夹杂物和减浅振痕等均有良好的效果；第三类是1980年代末和1990年代初由NKK开发的多模式M-EMS，它由4个水平行波磁场搅拌器组成，两两成对地安装在结晶器的两个宽面上，用于控制结晶器内从浸入式水口两个侧孔吐出的钢水速度，或加速（EMLA）或减速（EMLS），避免由弯月面波动引起的渣子和保护渣的卷吸及表面缺陷。最近的发展是基于NKK的可灵活调整的多模式结晶器电磁搅拌（MM-EMS）系统，可按加速、减速或水平旋转等搅拌模式运行，以便在同一连铸机上适用于断面、钢种和浇注速度等变化多的工况。

1980年初，ABB和Kawasaki联合开发了基于局部区域恒定磁场的板坯结晶器电磁制动技术，1980年代后期又先后开发成全幅一段电磁制动（EMBr-Ruler）和全幅二段电磁制动（或称流动控制结晶器（FC-Mold））。目前，电磁制动技术已成为高速板坯连铸特别是薄板坯连铸中控制结晶器内钢水流动的重要技术手段。

1.1.2 我国连铸电磁搅拌技术发展历史简述

我国连铸电磁搅拌技术的研发始于1970年代后期，就方坯连铸来说大致经历了三个发展阶段：

第一阶段从1970年代末至1980年代中，是实验室研发阶段。其特点是，跟踪世界连铸技术的发展，通过大量的实验室研究，开发电磁搅拌技术。其间，众多设计院所、高校和钢厂的研发者探索了旋转磁场、行波磁场和恒定磁场的搅拌器结构和电磁设计，研制成相应的电磁搅拌装置并进行了工业试验；同时研究了各种搅拌方式的冶金机理和冶金效果。在这一阶段，重庆钢铁设计研究院与重钢三厂；武汉钢铁设计研究院与岳阳起重电磁铁厂（岳磁）、天津钢厂、涟源钢厂；钢研总院与济南钢厂；武汉钢铁学院与江西钢厂等先后开发了旋转磁场的S-EMS；中科院力学所与首钢和岳磁开发了行波磁场的S-EMS；同时进行了工业试验，取得了一定效果和研发经验。

第二阶段从1980年代后期至1990年代末，是引进技术的消化、吸收和再开发阶段。其特点是，我国在引进特殊钢连铸机的同时，也配套引进了结晶器、二冷区和凝固末端电磁搅拌技术，这些技术的引进不仅提高了我国电磁搅拌技术的工业应用水平，而且为消化吸收提供了一些样机。通过引进装置的消化吸收，开发成相应的电磁搅拌装置和技术：中科院力学所、重庆大学、岳磁和重特开发成基于双边行波磁场的结晶器和凝固末端两段组合搅拌技术；中科院力学所、北科大与上钢五厂和岳磁开发成旋转磁场M-EMS和单边行波磁场S-EMS；中科院力学所与成都无缝和岳磁开发成水平连铸行波磁场S-EMS；与此同时，中科院力学所与上钢五厂、岳磁还独立自主研发了螺旋磁场S-EMS。但是由于技术水平的差距和基础材料的制约，国产电磁搅拌器的质量和使用寿命都与引进装置存在一定差距，当时国内电磁搅拌器市场仍是引进装置占主导地位。尽管如此，通过这一阶段的再开发，锻炼了队伍，增长了才干，拓宽了思路，为后续研发和创新积累了宝贵的经验。

第三阶段从21世纪初至今，是提高和创新阶段。其特点是，我国电磁搅拌技术经历了二十多年的研发实践：从实验室研究到引进装置的消化、吸收和再开发，已经积累了比较丰富的经验，打下了比较扎实的技术基础；培养了一支有创新能力的真才实干的研发队伍；研发出一批自主创新的电磁搅拌装置，达到较高的技术水平。在这一阶段，湖南中科电气有限公司（中科电气）在消化吸收引进装置的基础上，以自主的两个专利技术为支撑，创新开发出环行铁芯和水内冷铜管克兰姆绕组的电磁搅拌器，其主要技术指标达到和超过引进装置的水平；使用寿命可达三年以上；在线对比试验的冶金效果也好于引进装置。从21世纪初以来，国产电磁搅拌器的市场占有率逐年提高，可以说，目前国产电磁搅拌器已占主导地位。在这中间，湖南科美达公司、鞍山亚赛公司和内蒙古科技大学等也作出自己的贡献。

在板坯连铸方面，1980年代初，钢研总院与济南钢厂自主开发了恒定磁场的S-EMS；1990年代中，岳磁、中科院力学所在吸收引进装置的基础上，自主开发出舞阳钢厂300mm×1900mm厚板坯连铸的插入辊缝的双边行波磁场S-EMS，鞍山亚赛与鞍钢开发了辊式行波磁场S-EMS。1990年代末期，中科院力学所与冶金部自动化院及济钢自主研发了结晶器局部区域磁场电磁制动技术。值得指出的是，21世纪初以来，湖南中科电气有限公司基于其专利技术创新研发的辊式电磁搅拌器，其主要技术性能已经大大超过引进装置的水平，并已在不同断面、不同钢种的板坯连铸上得到推广应用，都取得了良好的冶金效果，达到国际先进水平。

在电磁搅拌器研发的同时，东北大学深入开展方坯、板坯连铸电磁搅拌的数值模拟和实验研究，取得了很多成果；上海大学和有关钢厂合作率先开展了中间包电磁搅拌技术的研发和应用；此外，钢研总院、北京科技大学、东北大学、昆明理工大学和中科院力学所等先后进行了电磁搅拌冶金机理和冶金效果的理论和实验研究以及在线工业试验；中科院力学所、钢研总院、内蒙古科技大学等还进行了电磁搅拌设计理论和方法的研究。

1.2 连铸电磁搅拌技术的基本原理和特点

1.2.1 电磁搅拌不能称为磁力搅拌

电磁搅拌是电磁搅拌器激发的交变磁场渗透到钢水中，在其中感生起感应电流，该感应电流与当地磁场相互作用产生电磁力，电磁力是体积力，作用在钢水体积元上，从而推动钢水运动，这是电磁相互作用的结果，所以电磁搅拌只能搅拌导电而不导磁的钢水。如果用电磁搅拌器去搅拌导磁的钢板，钢板不仅搅不起来而且还被吸住了。磁力则是磁场和材料的导磁特性相互作用的结果，起重电磁铁正是利用磁力的这个特性。它能吸住导磁的钢板而不能吸住不导磁的钢水，也不能吸住铝板或铜板等导电而不导磁的材料。所以，连铸中使用电磁方法搅拌钢水只能叫电磁搅拌而不能叫磁力搅拌，这个概念不能混淆。

1.2.2 连铸电磁搅拌的实质和意义

连铸是铸坯在强制冷却下在其运动过程中具有很长液相穴的凝固过程，它受钢水对流和传热两个基本物理现象所控制。液相穴内钢水对流运动对消除过热度、改善凝固组织和成分偏析有重大影响。而钢水对流运动的驱动力来自从水口中吐出的流股的动能和外力，前者与浇注方式有关，如敞开式浇注或浸入式水口（SEN）浇注；后者则可以在铸坯冶金长度的任何位置上外加电磁力即使用电磁搅拌，而后者的影响远比前者强烈得多。

由此可见，电磁搅拌的实质简单地说，就是借助在铸坯液相穴内感生的电磁力强化液相穴内钢水的运动，由此强化钢水的对流、传热和传质过程，从而控制铸坯的凝固过程，它对改善铸坯质量起了重要的作用，成为连铸特别是品种钢连铸的重要技术手段。由此可见，借助电磁搅拌控制铸坯的凝固过程实质上是控制铸坯液相穴内钢水的流动形态和流动强度（即流速）。

简单地说，连铸使用电磁搅拌的意义在于：

（1）改善铸坯表面、皮下和内部质量。如表面和皮下的气孔、针孔、夹杂及裂纹；中间裂纹、中心裂纹、中心疏松和中心缩孔；中心偏析和V形偏析。

（2）弥补某些连铸工艺条件失控的影响，如过热度过高，铸机对中不良。

（3）扩大连铸钢种，如沸腾钢、易切钢、轴承钢、滚珠钢、工具钢。

（4）有利于提高拉速和生产率。

实践表明，电磁搅拌对改善连铸坯质量的良好效果已为连铸工作者所公认，特别是当某个连铸工艺条件（如过热度）失控时，运用电磁搅拌可以弥补这种失控对铸坯质量造成的影响。但是，电磁搅拌毕竟不是万能的，它不可能解决铸坯中由于其他来源造成的缺陷，例如角部裂纹可能由于铸机状况不良造成的；表面裂纹可能由钢水中硫含量高造成的；又如提高铸坯表面和皮下清洁度还需炉外精炼来提高钢水的洁净度等。需要指出的是，这些表面和皮下缺陷一旦形成就很难用电磁搅拌来消除，因为铸坯到达搅拌区域时已形成坯壳，电磁搅拌只能搅拌液态的钢水而不能搅拌已凝固的坯壳。另外，由于其自身的不足或使用不当，也会造成另外一些质量问题，如结晶器电磁搅拌强度过大造成弯月面的波动和卷渣；二冷区和凝固末端电磁搅拌产生的白亮带等。

由上所述，电磁搅拌的目的应该是：在连铸设备运行正常和连铸工艺稳定的条件下，通过电磁搅拌，使铸坯质量提高一个档次。为了达到这个目的，必须做到：

（1）电磁搅拌作用机理必须与冶金机理相结合，优化电磁搅拌工艺参数；

（2）在采用电磁搅拌技术的同时必须保持铸机运行状态良好；

（3）在采用电磁搅拌技术的同时仍须优化连铸工艺措施，如炉外精炼、过热度控制、保护渣运用、液面检测等。

值得指出的是，电磁搅拌是通过电磁场将电能无接触地转换成钢水的动能，其优越性简单地说有“五高”，即高能量密度、高清洁性、高可靠性、高可控性和高自动化。

1.2.3 连铸电磁搅拌技术的分类

说到电磁搅拌技术，是把电磁搅拌器与铸坯作为一个整体来考虑，其分类也必须涉及电磁搅拌器本身以及与铸坯相关联的搅拌器的安装位置和铸坯内钢水的流动形态。

1.2.3.1 按电磁搅拌器分类

自1922年美国批准第一个电磁搅拌专利以来，至今国内外已有成百上千篇专利文献，其内容大量涉及电磁搅拌器形式和结构方案，由此可以想象其形式和结构的多样性。但是，经过几十年的优胜劣汰，目前处于实用的，按其使用的电源特性、电源相数及其激发的磁场形态，电磁搅拌器大致有以下几种主要类型，见图1-1。

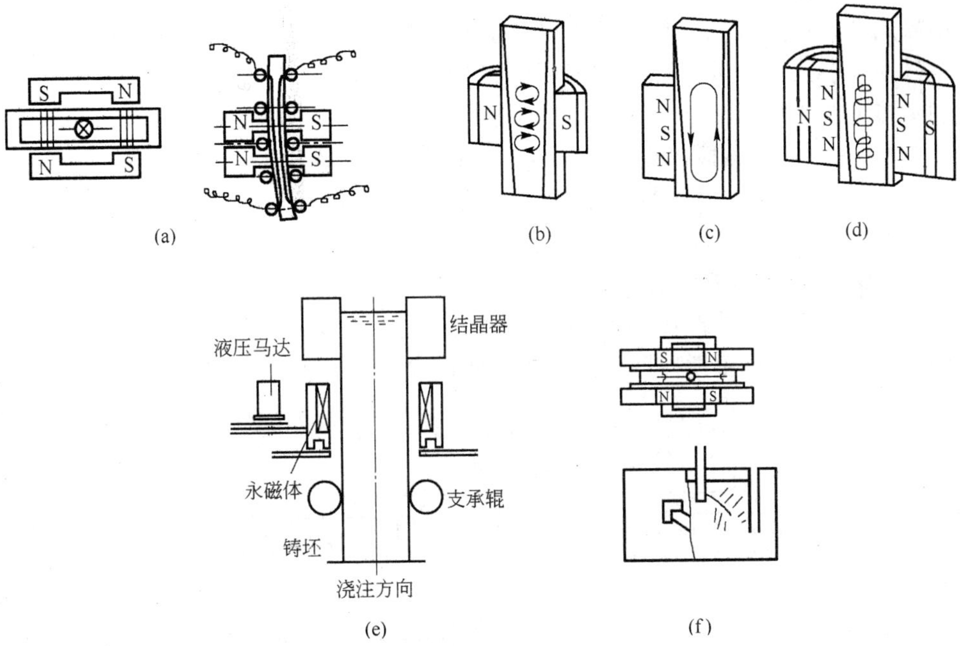

图1-1 电磁搅拌器分类示意图

（a）直流磁场型；（b）旋转磁场型；（c）行波磁场型；（d）螺旋磁场型；（e）旋转永磁体型；（f）电磁制动型

按使用的激磁电源分类，电磁搅拌器可分为：

（1）直流传导式，见图1-1（a）；

（2）交流感应式，见图1-1（b）~（e）。

按激发的磁场形态分类，电磁搅拌器可分为：

(1) 直流磁场型。需要同时外加直流磁场和直流电流才能在钢水中产生电磁力，见图1-1 (a)，适用于宽厚比较大的方坯和板坯连铸。

(2) 旋转磁场型。电磁搅拌器激发的磁场在空间以一定速度绕轴做旋转运动，见图1-1 (b)，适用于方（圆）坯和宽厚比较小的矩形坯连铸。

(3) 行波磁场型。电磁搅拌器激发的磁场在空间以一定速度沿一个方向做直线运动，见图1-1 (c)，适用于大方坯、宽厚比较大的矩形坯特别是板坯连铸。

(4) 螺旋磁场型。电磁搅拌器激发的磁场在空间以一定速度绕轴做螺旋运动。根据磁场在空间可叠加性原理和螺旋运动分解规律，螺旋磁场可以看做旋转磁场和行波磁场在空间叠加的结果，见图1-1 (d)，适用于方（圆）坯和宽厚比较小的矩形坯连铸。

(5) 旋转永磁体型。以永磁体产生恒定的磁场，借助机械方法使永磁体旋转。按永磁体布置方式不同，在空间激发类似于交流感应式的旋转磁场或螺旋磁场。它与交流感应式的最大区别是，它只能机械调节转速即相当于交流感应式的频率，而不能调节磁场强度，见图1-1 (e)，适用于方坯特别是圆坯连铸。

(6) 电磁制动型。需要外加直流磁场，该直流磁场与从浸入式水口吐出的流股自身感生的感应电流相互作用产生电磁体力，力的方向与流股流动方向相反，从而制动流股，称为电磁制动，见图1-1 (f)，只适用于板坯连铸。

电磁搅拌器也可按激发磁场的电源相数和频率分类：

(1) 按电源相数分类：

1) 两相激磁的电磁搅拌器，其外形通常是内方外圆的；

2) 三相激磁的电磁搅拌器，其外形通常是圆筒形的。

(2) 按激磁电源频率分类：

1) 低频激磁的电磁搅拌器；

2) 工频(50Hz)激磁的电磁搅拌器，只适用于小断面方坯连铸的二冷区和凝固末端。

为清晰易记，将电磁搅拌器分类总结于图1-2中。

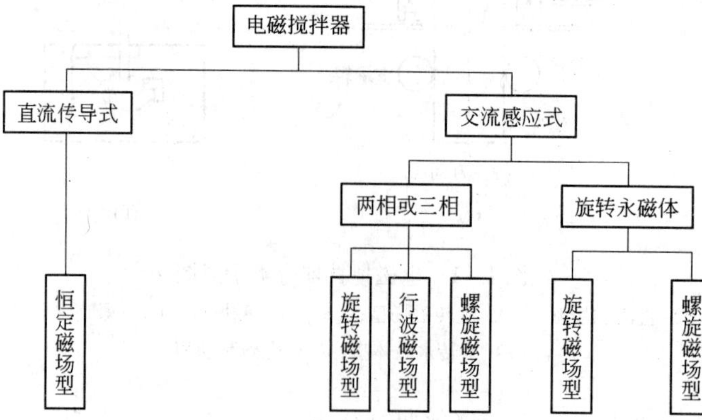

图1-2 电磁搅拌器分类

1.2.3.2 按电磁搅拌器在连铸机上的安装位置分类

按电磁搅拌器在连铸机上的安装位置（见图1-3），电磁搅拌分类大致如下：

（1）结晶器电磁搅拌（Mold Electromagnetic Stirring，M-EMS）。电磁搅拌器安装在结晶器区域，对结晶器内钢水实施搅拌。跨于结晶器和足辊区的电磁搅拌也可以归于这一类。

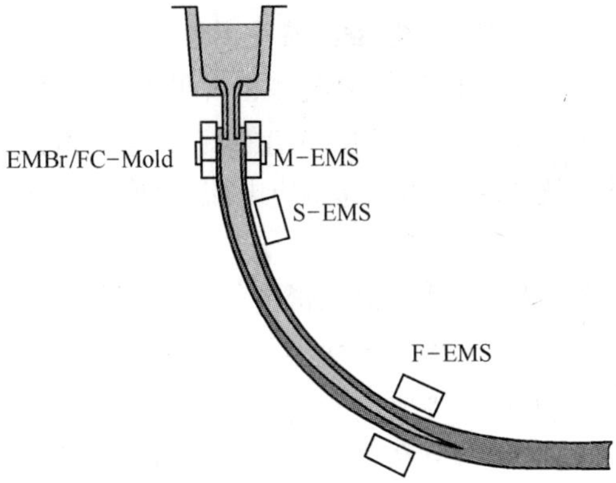

图1-3 电磁搅拌器的安装位置示意图

（2）二冷区电磁搅拌（Strand Electromagnetic Stirring，S-EMS）。电磁搅拌器安装在结晶器下口至铸坯两相区前的二冷区域，对二冷区铸坯液相穴内的钢水实施搅拌。目前，二冷区电磁搅拌多用于板坯连铸，就方（圆）坯连铸而言，单独使用二冷区电磁搅拌已不多见，一般与结晶器或凝固末端电磁搅拌组成二段或三段的组合搅拌，即M+S-EMS或M+S+F-EMS；对大断面的方(圆)坯，也可与凝固末端电磁搅拌组成二段组合搅拌，即S+F-EMS。

（3）凝固末端电磁搅拌（Final Electromagnetic Stirring，F-EMS）。电磁搅拌器安装在凝固末端区域的两相区，对两相区内钢水实施搅拌。凝固末端电磁搅拌通常不单独使用，而与结晶器电磁搅拌组成二段组合搅拌，即M+F-EMS；对大断面方(圆)坯，也可与二冷区电磁搅拌组成二段组合搅拌，即S+F-EMS。

1.2.3.3 按钢水流动形态分类

不同类型的电磁搅拌器能激发不同形态的磁场，因而在铸坯液相穴中感生不同形态的电磁力，导致不同形态的钢水流动。需要指出的是，钢水流动方向始终与磁场运动方向相一致，磁场倒向，钢水也随即改变流动方向，见图1-1。具体地说：

（1）旋转磁场的搅拌使钢水做旋转运动，简称旋转搅拌，见图1-1（b）。

（2）行波磁场的搅拌使钢水做直线运动，简称直线搅拌，见图1-1（c）。

（3）螺旋磁场的搅拌使钢水做螺旋运动，简称螺旋搅拌。螺旋搅拌可以看成是旋转搅拌与直线搅拌的组合，见图1-1（d）。

（4）旋转永磁体的搅拌，按永磁体的不同布置，可使钢水做旋转运动或螺旋运动，简称旋转搅拌或螺旋搅拌，见图1-1（b）、图1-1（d）。

（5）恒定磁场的搅拌使钢水做直线运动，可归入直线搅拌。由于恒定磁场和直流电流两者都有正负极性以及其配置不同，钢水流动呈现多样性，见图1-1（a）。

1.2.4 连铸电磁搅拌的基本原理

在常温下钢是导磁的，当钢的温度超过居里点即760℃时就变成不导磁了，而钢水的温度一般在1500℃左右，远远高于居里点，钢水之所以能被电磁搅拌正是利用其导电而不导磁的特性。

由普通物理学可知，当一根载（电）流导线处于磁场中，受到一个力的作用，此力称为洛伦兹（Lorentz）力，俗称电磁力。同理，载(电)流钢水处于磁场中，同样受到电磁力的作用，此电磁力是体积力，作用在钢水的体积元上，从而推动钢水运动，这就是电磁搅拌的最简单的基本原理。具体地说，无论哪一类电磁搅拌，它们都遵循两个基本定律，以旋转搅拌为例说明，见图1-4。

1.2.4.1 电磁感应定律

当电磁搅拌器馈给多相（两相或三相）交流电流时，就在其中激发绕轴旋转的旋转磁场，该磁场不仅有一定的旋转速度和强度，而且还有方向的交替变化。当它切割钢水时，就在其中感生起感应电流，即：

$$\boldsymbol{J}=\sigma\boldsymbol{E}=\sigma\,\boldsymbol{v}\times\boldsymbol{B} \tag{1-1}$$

式中 $\boldsymbol{J}$——感应电流密度；

σ——钢水电导率；

$\boldsymbol{E}$——感应电势；

$\boldsymbol{v}$——滑差速度，即磁场与钢水相对运动的速度；

$\boldsymbol{B}$——磁感应强度。

它们之间的关系由法拉第右手定则确定，见图1-4（a）。其中，四根手指代表感应电流方向，大拇指代表磁场和钢水相对运动速度的方向，磁场方向则从手心指向手背。

1.2.4.2 电磁相互作用定律

在钢水中感生的感应电流与当地磁场的相互作用产生电磁力，即：

$$\boldsymbol{F}=\boldsymbol{J}\times\boldsymbol{B}=\sigma(\boldsymbol{v}\times\boldsymbol{B})\times\boldsymbol{B} \tag{1-2}$$

它们之间的关系由法拉第左手定则确定，见图1-4（b）。其中，磁场方向从手心指向手背，四根手指代表感应电流方向，大拇指代表电磁力方向。需要指出的是，在实际的电磁搅拌过程中，其物理现象远比此复杂得多。

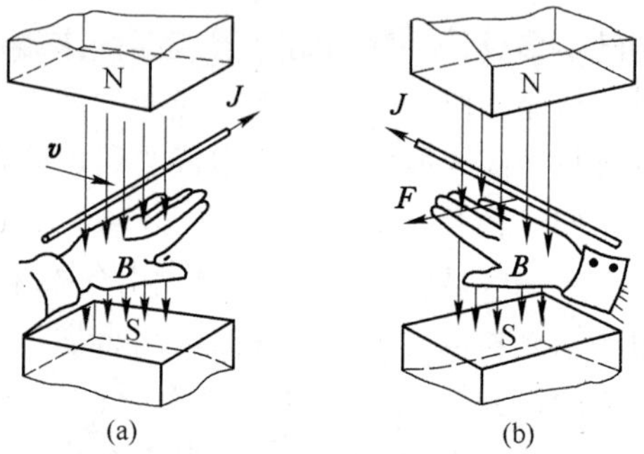

图1-4 电磁搅拌基本原理的示意图

（a）右手定则；（b）左手定则

1.2.5 连铸电磁搅拌技术的特点

连铸电磁搅拌技术的特点可以从两个方面的比较中体现出来，一是与其他搅拌钢水的方法相比较，二是与通常的旋转电机相比较。

与其他搅拌钢水方法如吹氩、振动等比较，电磁搅拌的特点是：

（1）不接触性。通过电磁感应，实现能量的无接触转换，因而不与钢水接触就能将电磁能转换成钢水的动能，部分转换成热能。

（2）易控制性。由于电磁搅拌器激发的磁场无论是直流或交流的都可以人为控制，因而电磁力可以人为控制。根据搅拌器激发的磁场形态不同，也可以人为控制钢水的流动形态。

（3）调控范围宽。电磁搅拌参数，如频率和电流强度的调节范围宽。

（4）操作简单易行且自动化程度高。

与旋转电机相比较，电磁搅拌技术的特点是：

（1）电磁搅拌器的气隙远比旋转电机的大得多，其漏磁现象十分严重，搅拌器激发的磁场只有一小部分到达铸坯内的钢水中，对钢水起搅拌作用。

（2）与旋转电机转子中的间隔铝导条和两端的短路环不同，钢水是一个连铸导体，在钢水中感生的感应电流可以在其中自行闭合，感应电流不但可以有垂直钢水流动方向的分量，也可以有平行流动方向的分量，因而在磁场作用区内所产生的有效电磁力远比旋转电机的小得多。

（3）与同规格的旋转电机相比较，其激磁电流大、输出功率大、热负荷也大。因而，与旋转电机相比较，电磁搅拌器具有三高三低的特点，即高功率、高感抗、高热负荷、低效率、低功率因数、低使用寿命。

（4）局限性。电磁搅拌是改善铸坯质量、扩大连铸钢种、弥补连铸工艺条件失控的有效手段，但电磁搅拌不是万能的，它只能减轻或改善铸坯可能产生缺陷的程度。有关钢水冶炼质量的控制、保护渣的使用和冷却制度的改进等还应从冶金学的角度来考虑，电磁搅拌不能代替这些措施，但有可能放宽这些措施的要求。另外，电磁搅拌使用不当也会产生新的问题，如结晶器电磁搅拌的卷渣、二冷区和凝固末端电磁搅拌的白亮带等。

1.3 电磁搅拌器的基本类型及其激发磁场的机理

电磁搅拌器在发展过程中，其类型和结构形式曾经是多种多样的，但经过几十年优胜劣汰，目前在线应用最广泛的当属两种基本类型：旋转磁场型和行波磁场型。

1.3.1 旋转磁场搅拌器及其激发磁场机理

1.3.1.1 旋转磁场搅拌器的形成

旋转磁场搅拌器由旋转电机演变而来，搅拌器类似电机的定子，钢水相当于电机的转子，见图1-5。旋转磁场搅拌器的结构形式是多种多样的，但就其实用而言，大致上有圆筒形的和方形（内方外圆）的两种形式。无论哪种形式都是由感应器和非磁不锈钢制成的壳体组成，前者用于激发旋转磁场，后者用于防护感应器和阻隔铸坯的辐射热。

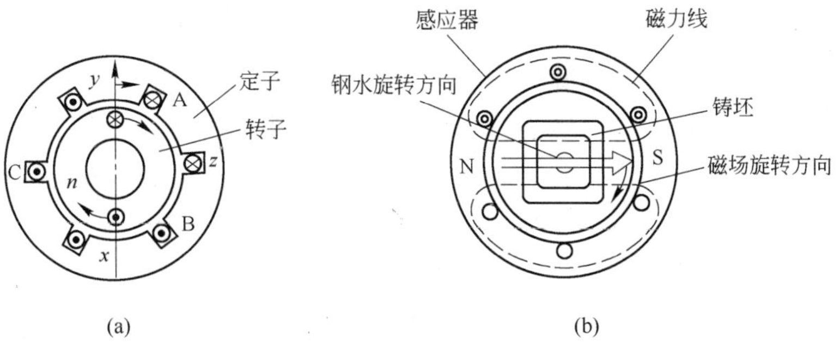

图1-5 旋转电机演变成电磁搅拌器

（a）旋转电机；（b）电磁搅拌器

1.3.1.2 旋转磁场搅拌器激发磁场机理

旋转磁场搅拌器激发磁场机理与旋转电机相类似，此处以图1-6所示的一台两极旋转磁场搅拌器为例做说明。图中线圈AX、BY、CZ为搅拌器的A、B、C的三相绕组，当在其中通入三相对称交流电流后，就在内腔中激发一个沿圆周呈正弦分布的磁场。

通常三相对称正弦交流电流可以表示为：

$$I_A = I_m \cos(\omega t) \tag{1-3a}$$

$$I_B = I_m \cos(\omega t + 120°) \tag{1-3b}$$

$$I_C = I_m \cos(\omega t + 240°) \tag{1-3c}$$

式中 I_m——电流强度幅值；

ω——电源角频率，$\omega = 2\pi f$；

f——电源频率；

t——时间。

当 $\omega t = 0$ 时，A 相电流达到最大值，B 相和 C 相电流都为负的最大值的 1/2，这时磁场波幅处于 A 相绕组轴线上，见图 1－6（a）。经过 $t = 2\pi/(3\omega)$ 时间后，B 相电流达到最大值，这时 C 和 A 相电流都为负的最大值的 1/2，而磁场波幅转到 B 相绕组轴线上，见图 1－6（b）。经过 $t = 4\pi/(3\omega)$ 时间后，C 相电流达到最大值时，A 相和 B 相电流都为负的最大值的 1/2，此时磁场波幅则转到 C 相绕组轴线上，见图 1－6（c）。由图可见，电流随时间变化，磁场波幅按 A、B、C 相序沿圆周旋转，这种磁场称为旋转磁场，其旋转速度称为同步速度，其表达式为：

$$n_s = \frac{60f}{p} \tag{1-4}$$

式中 n_s——同步速度；

f——电源频率；

p——极对数。

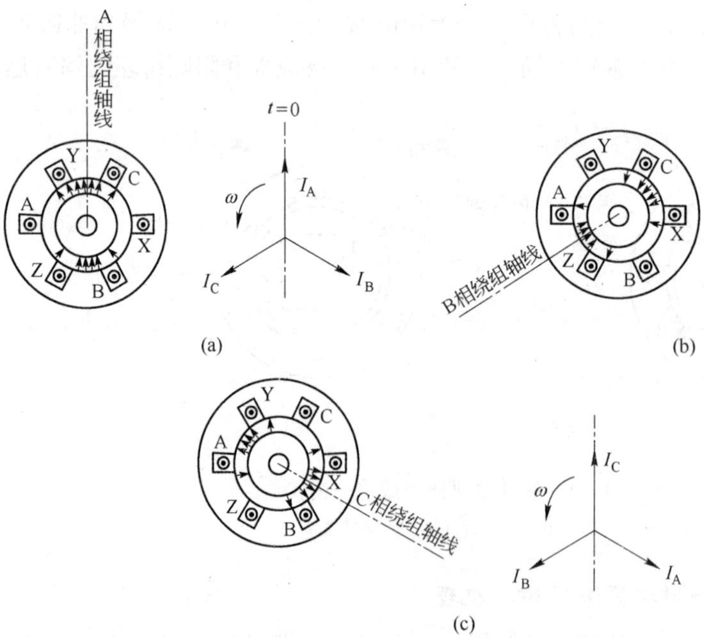

图 1－6 旋转电机的旋转磁场

（a）$\omega t = 0$；（b）$\omega t = 2\pi/3$；（c）$\omega t = 4\pi/3$

和旋转电机一样，如果用 v_s 表示搅拌器内腔表面上磁场运动的线速度，则：

$$v_s = 2\tau f \tag{1-5}$$

式中　τ——极距。

这就是旋转磁场搅拌器激发磁场的机理。

当搅拌器激发的旋转磁场以同步速度切割钢水时，就在其中感生起感应电流，该感应电流与钢水中当地的磁场相互作用产生电磁力，由于搅拌器是圆筒形的，其在钢水中感生的电磁力是左右成对且方向相反的，形成类似旋转电机电磁转矩的电磁力矩，从而导致钢水做旋转运动，这就是旋转搅拌简单的工作原理。需要指出的是，与旋转电机一样，通过对换电源任意两相的相序，旋转磁场方向也随之反向，交替搅拌就是基于这一原理。

1.3.1.3　为什么旋转磁场搅拌器总是一对极的？

为什么旋转磁场搅拌器总是采用一对极而不像旋转电机那样采用两对或多对极？这是因为无论哪种形态的磁场都有一个特点，它不能在中途再生也不能断开，而一定要在空间形成回路。由于旋转电机的定子与转子之间的气隙很小，由定子激发的磁场经过很小的气隙就能进入转子，然后由转子经另一气隙返回定子，由此形成回路。由于其气隙很小，磁场经过气隙衰减就很小。然而，电磁搅拌器的气隙远比旋转电机的大得多；而磁场的另一特点是在空间会自行选择磁阻最小的最短路径构成回路，这就是说磁场经大气隙时会形成磁短路，俗称漏磁。图 1－7 表示一对极和两对极的旋转磁场搅拌器内腔的磁场分布。由图可见，一对极的搅拌器，磁场从一侧的 N 极出发经内腔中心的铸坯到达另一侧的 S 极，再由磁轭形成闭合磁路；而两对极的搅拌器，磁场从 N 极出发不经过内腔中心的铸坯而与相邻的两侧的 S 极形成闭合磁路，即磁短路。因此，两对极或多对极的搅拌器中心处的磁场为零，对铸坯内的钢水不起作用。

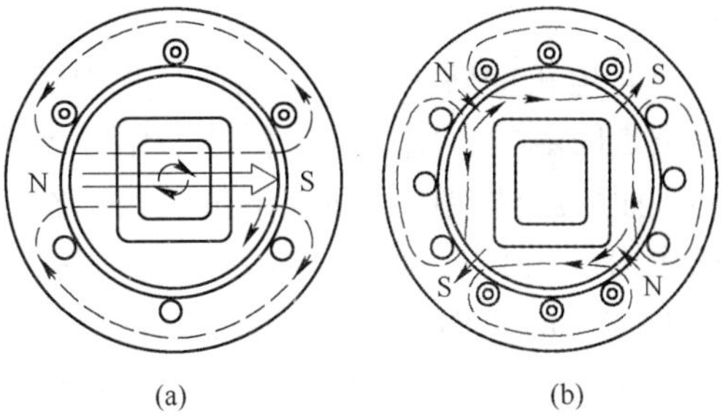

图 1－7　旋转磁场搅拌器内腔的磁场分布
（a）一对极；（b）两对极

对于图 1－7 的情况也可由理论做出解析：对于一台无限长的旋转磁场搅拌器或铁芯高度与内径之比大于 2.5 的搅拌器，理论分析表明，其内腔中的空间磁场分布为：

$$B = B_0\left(\frac{r}{r_0}\right)^{p-1} \tag{1-6}$$

式中　B_0——搅拌器内腔表面的磁感应强度幅值；
r——内腔半径；
r_0——搅拌器内腔表面的半径；
p——极对数。

由式（1－6）可见，对于一对极即 $p=1$，则 $B=B_0$，即在搅拌器内腔中的磁场分布是均匀的；而当 $p=2$ 时，$B=B_0(r/r_0)$，即搅拌器内腔中的磁场分布随半径 r 减小而减弱，当 $r=0$ 时 $B=0$。因此，旋转磁场搅拌器总是采用一对极的，其目的就是使经过铸坯的磁场尽可能大。

1.3.1.4 旋转磁场搅拌的钢水流动特征

由上所述，由于搅拌器产生的电磁力矩的作用，使钢水做水平旋转运动，其运动方向与旋转磁场的运动方向相一致，旋转磁场方向倒向，钢水旋转运动方向也随之反向，交替搅拌就基于这一原理。与普通水力学中流体旋转运动一样，其旋转速度与半径有关，越向中心越小，中心为零。

实践表明，旋转搅拌不一定由旋转磁场产生，例如，在铸坯内外弧或左右两侧配置一对行波磁场搅拌器，激发方向相反的行波磁场，使铸坯两侧的钢水做方向相反的直线运动。由于钢水是不可压缩的连续流体且囿于铸坯内，必须遵循流体力学的连续性定律，因此，当钢水流动碰到与其相垂直的坯壳后自行拐弯，然后沿其壁流动，从而使钢水在横断面上形成环流，这也可归为旋转搅拌。

1.3.1.5 旋转磁场搅拌器与旋转电机的比较

虽然旋转磁场搅拌器与旋转电机的结构和工作原理相类似，但它们之间也存在着重大差别：

(1) 电机的转子是一个固体，其中的铝导条是间隔的，感应电流只能沿铝导条流动，而后经两端的短路环形成回路，在磁场作用区内只有垂直旋转方向的电流，见图1-8 (a)；而钢水是一个连续的导电流体，其中的感应电流可以在其中自行形成回路，因此，在磁场作用区内既有垂直磁场旋转方向的垂直分量，又有平行磁场旋转方向的水平分量，见图1-8 (b)。旋转力矩由垂直分量决定，而水平分量则产生垂直铸坯向外的电磁力。由此可见，在相同的激磁功率下，旋转磁场搅拌器产生的电磁力矩比旋转电机的小得多。

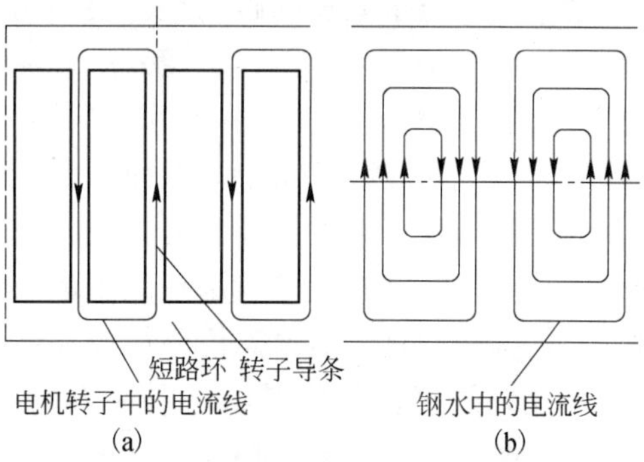

图1-8 电机转子和钢水中感应电流回路示意图
(a) 转子中感应电流回路；(b) 钢水中感应电流回路

(2) 电磁搅拌器激发的磁场要穿过多重金属导体，如非磁不锈钢壳体、结晶器铜管和坯壳等到达铸坯内的钢水中，才能对钢水起搅拌作用。其间的距离要比旋转电机的气隙大得多，部分磁场不经铸坯而在空间中自行构成回路，即漏磁。因此，搅拌器的无功电流和无功功率也要大得多。

(3) 由于旋转磁场在非磁不锈钢壳体、结晶器铜管和坯壳内感应起感应电流，该感应电流一方面产生无用的焦耳热损耗，增加了功率消耗；另一方面感应电流产生的感应磁场，其方向与外加磁场相反，从而削弱了外加磁场，这也导致激磁电流和功率的增加。

(4) 对同等功率而言，搅拌器的体积比旋转电机小得多。

基于旋转磁场搅拌器的上述特点，与同规格的旋转电机相比，其激磁电流大、激磁功率也大、效率低而功率因数也低。

1.3.2 行波磁场搅拌器及其激发磁场机理

1.3.2.1 行波磁场搅拌器的形成

行波磁场也称移动磁场，俗称直线磁场，做直线运动。行波磁场搅拌器和直线电机一样，都是由旋转电机演变而来。设想将旋转电机的定子在顶部沿轴向剖开，并将圆周拉直展平，便演变成激发行波磁场的搅拌器，使原来沿圆周运动的旋转磁场演变成朝一个方向行进的行波磁场，见图1－9。与旋转电机一样，行波磁场搅拌器对换电源任意两相的相序，行波磁场的行进方向也随之反向，基于这一原理，可使钢水做往复直线运动，即交替搅拌。

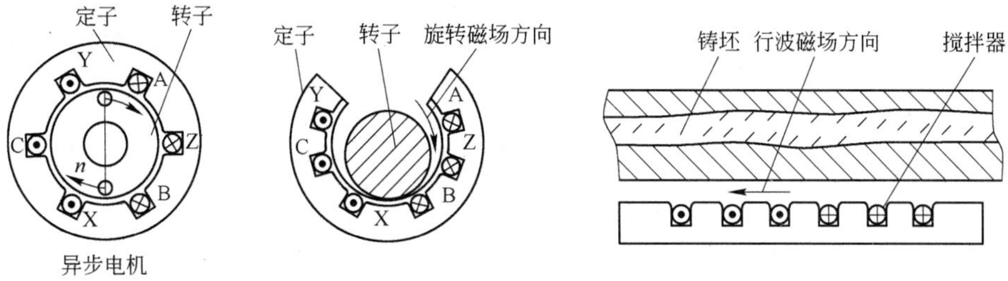

图1－9 旋转电机演变成行波磁场搅拌器

1.3.2.2 行波磁场的激发机理

为了阐明行波磁场产生的机理，此处用一对极的单层整距绕组为例说明，见图1－10。图1－10中，（a）是行波磁场搅拌器，（b）的左侧表示从 $\omega t=\pi/2$ 开始，每间隔1/6周期的绕组各相电流的向量图，右侧表示相应于该向量图的每个槽中的电流方向及激发的磁势。

与上述的旋转磁场搅拌器一样，行波磁场搅拌器也由三相对称正弦交流电流馈电。

当 $\omega t=\pi/2$ 时，A相电流达到最大值，B相和C相电流都为负的最大值的1/2，这时磁场波幅处于A相绕组轴线上，如图1－10(b) Ⅰ所示。经过 $t=2\pi/(3\omega)$ 时间后，B相电流达到最大值，由图1－10可见，左边电流向量在时间上逆时针方向每转移1/6周期，右边槽中的电流方向也做相应的变化，其激发的磁势曲线在空间上就向右移动 $\pi/3$，其峰值也向右移动 $\pi/3$。这就是说，电流向量从一个瞬间过渡到另一瞬间，磁势曲线就像波浪一样向右起伏移动，即N极和S极向右移动，从而构成行波磁场。

行波磁场搅拌的工作原理和旋转磁场的相类似，这里不再赘述。行波磁场搅拌器与旋转磁场搅拌器或旋转电机相比较，除旋转磁场搅拌器中所述特点外，还有一个本质区别，即前者的铁芯是断开的，也即磁路是开路的，而后者的铁芯是闭合的，其磁路也是闭合的。由于磁场开路引起的一系列和闭路磁场不同的问题，如三相电流不平衡、脉动磁场的产生、钢水中感应电流的畸变等，这些问题是一类行波磁场装置如直线电机、平面电磁泵、电磁搅拌器等所特有的问题，称为纵向端部效应。有关纵向端部效应的论述已超出本书的范畴，故不在本书中讨论，如读者有兴趣了解这方面知识可参阅中国科学院力学研究所等编著的《液态金属电磁泵》。

1.3.2.3 行波磁场搅拌器的结构描述

行波磁场搅拌器由铁芯、绕组和壳体等构成。其结构按绕组形式和配置不同大致有以下几种形式，下面以三相为例做一描述，见图1－11。

（1）集中短距绕组式。其结构见图1－11（a）。铁芯上有三个凸极，在每个凸极上套

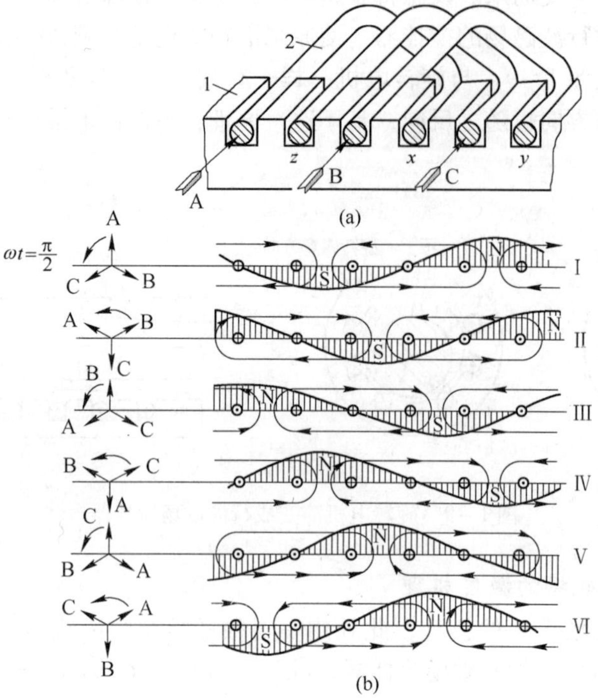

图 1－10　行波磁场的激发机理

1—铁芯；2—绕组

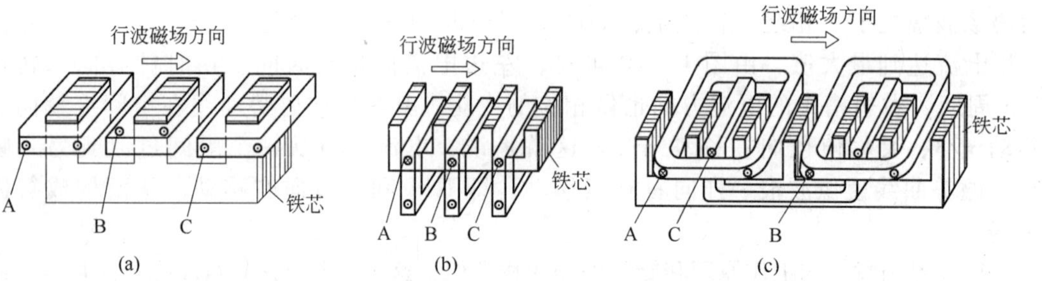

图 1－11　行波磁场搅拌器的结构形式

（a）集中短距绕组式；（b）克兰姆绕组式；（c）分布绕组式

上一个单层集中短距绕组，称集中短距绕组式。其优点是搅拌器表面能得到较高磁场，铁芯的填充系数也较大，因绕组的短接线没有交叉，结构紧凑，加工维护方便；其缺点是齿槽之间磁场分布不均匀，不能得到较平滑的行波磁场。目前 0 形（形如数字“0”）绕组的行波磁场搅拌器多用于大断面的方(圆)坯连铸的结晶器、二冷区和凝固末端电磁搅拌及板坯连铸的二冷区电磁搅拌。

（2）克兰姆绕组式。其结构见图 1－11（b）。克兰姆绕组形状与集中短距绕组相同，所不同的是绕组环绕磁轭配置。其优点是搅拌器的结构比集中短距绕组式的更紧凑，其安装位置受铸机制约更小；其缺点是磁轭背部漏磁较大、效率较低。目前克兰姆绕组的行波磁场搅拌器多用于方(圆)坯板坯连铸结晶器和二冷区及凝固末端电磁搅拌。

(3) 分布绕组式。其结构见图1－11(c)，三相分布绕组在两侧端部的短接线处重叠。其优点是可以得到较平滑的行波磁场，但由于绕组短接线在端部交叉，短接线较长，致使搅拌器体积较大，绕组嵌装也较困难。分布绕组式行波磁场搅拌器多用于钢包电磁搅拌。

1.3.2.4 行波磁场搅拌的磁场分布和流动图案

行波磁场搅拌的磁场分布和流动图案与搅拌器的配置密切相关，目前处于实用的主要有三种形态，见图1－12。

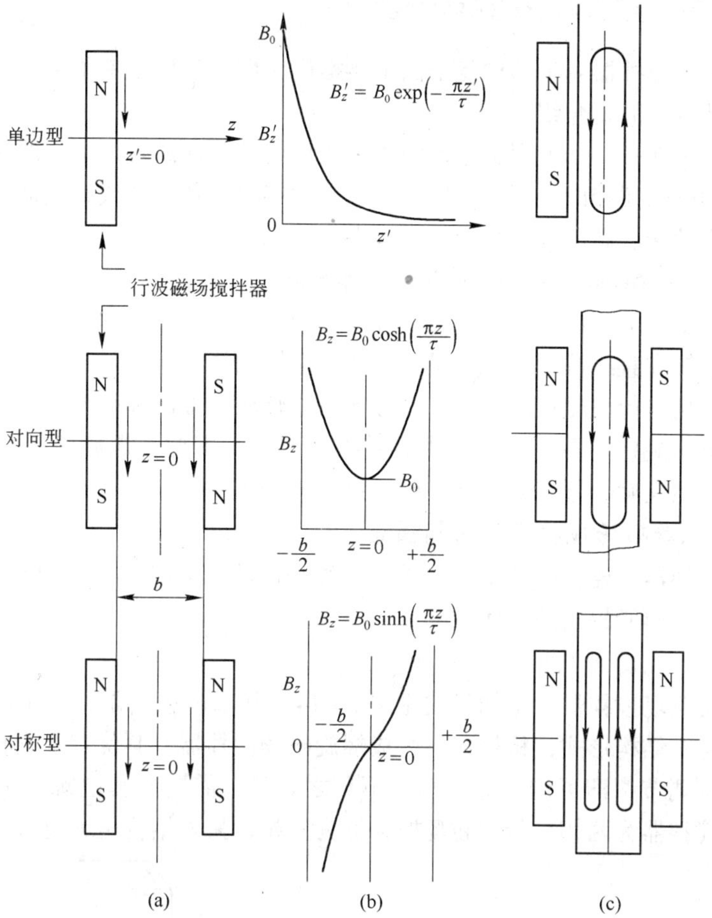

图1－12 行波磁场搅拌器配置、磁场分布和流动形态

(a) 电磁搅拌器；(b) 磁感应强度空间分布；(c) 流场分布，中心线为流动中心

(1) 单边型行波磁场搅拌。单边型行波磁场搅拌器通常安装在铸坯的内弧侧，其磁场分布图案见图1－12（b）上。其磁场在空间按指数规律分布，使钢水形成一个左右不对称的单环流，其流动中心（以点划线表示，下同）偏向搅拌器一侧。多用于宽厚比较大的矩形坯和板坯连铸的二冷区电磁搅拌。

(2) 双边对向型行波磁场搅拌。两台行波磁场搅拌器分别安装在铸坯的内外弧，激发方向相同的行波磁场，其磁场在空间按双曲余弦分布，见图 1－12(b)中。根据安装方式不同会产生不同的流动形态：方坯连铸多采用垂直安装，则形成对称的双环流，流动中心在铸坯轴线上；板坯连铸多采用水平安装，则形成蝶形流动图案，见板坯连铸电磁搅拌相关内容。

(3) 双边对称型行波磁场搅拌。两台行波磁场搅拌器分别安装在铸坯的内外弧，激发方向相反的行波磁场，其磁场在空间按双曲正弦分布，见图 1－12(b)下。这种磁场分布使钢水形成一个左右对称的大环流，流动中心在铸坯轴线重合上。适用于大方坯、矩形坯或板坯连铸结晶器电磁搅拌。

1.3.3　螺旋磁场搅拌器及其激发磁场机理

尽管螺旋磁场搅拌器由于结构复杂而未能推广应用，为使读者了解螺旋磁场搅拌器的相关知识，在此做一简要介绍。

由日常经验可知，一个做螺旋运动的物体比做旋转运动或直线运动的具有更强的穿透力，将此引申到电磁搅拌中，则可以推断，螺旋搅拌比旋转搅拌或直线搅拌具有更大的搅拌区域，显然有助于提高电磁搅拌的冶金效果。

1.3.3.1　螺旋磁场搅拌器的形成和工作原理

一根螺线在平面上可展开成一条与横轴斜交的直线，其夹角称螺旋角。据此，螺旋运动可以分解为旋转和直线运动两个分量。因此，根据磁场在空间可叠加性原理，螺旋磁场也可看成旋转磁场与行波磁场的叠加，其方向由旋转磁场方向和行波磁场方向确定：上旋或下旋由行波方向规定，左旋或右旋由旋转方向确定。因此，螺旋磁场共有四个运动方向，即上右旋、上左旋、下右旋、下左旋，见图 1－13。

1.3.3.2　螺旋磁场搅拌器的结构描述

螺旋磁场搅拌器主要有两种结构形式：一种是由法国 CEM 公司提出的组合式的；另一种是由中科院力学所提出的整体式的。

A　组合式螺旋磁场搅拌器

组合式螺旋磁场搅拌器的结构形式见图 1－14。其基本思路是，采用旋转和行波磁场两类搅拌器的基本结构形式，机械地组合成螺旋磁场搅拌器。其优点是旋转磁场和行波磁场的强度可分别调节，即可调节螺旋角。不足之处是，需要两套电源分别馈给两台搅拌器，旋转磁场搅拌器为两相，行波磁场搅拌器为三相，另外结构也太复杂。

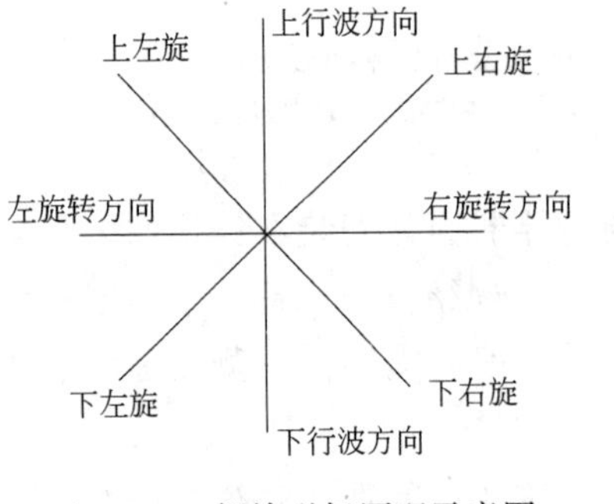

图 1－13　螺旋磁场原理示意图

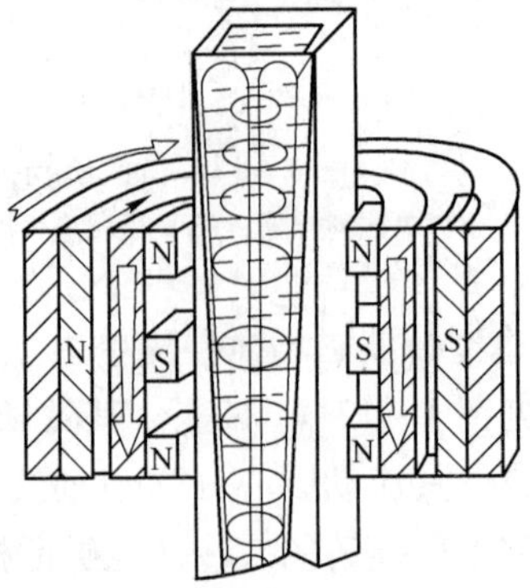

图 1－14　组合式螺旋磁场搅拌器的结构形式

B 整体式螺旋磁场搅拌器

整体式螺旋磁场搅拌器以平面感应器为基础，把多个独立的平面感应器有机地组装在一起。将其中的绕组按一定相序串接或并接，使它既能激发旋转磁场，同时又激发行波磁场，自然地形成螺旋磁场。以三相为例，由三块平面感应器组成，每块平面感应器又有三个绕组，分别将标有字母 A、B、C 的绕组串接或并接组成三相。图 1－15 所示为由中科院力学所和上钢五厂等单位共同研发的整体式螺旋磁场搅拌器的示意图，图(a)是搅拌器结构示意图，图(b)是三相绕组接线图。由图可见，横向三个绕组能激发旋转磁场，而纵向三个绕组能激发行波磁场。字母 A 串接成的三个绕组处于螺线展开的斜线上，代表了螺旋运动的方向。

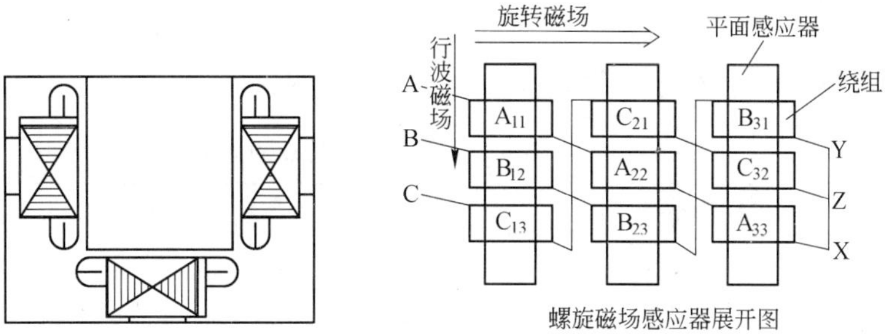

(a) (b)

图 1－15 整体式螺旋磁场搅拌器

（a）搅拌器结构示意图；（b）三相绕组接线图

1.3.3.3 螺旋搅拌的流动图案

和螺旋磁场运动方向一样，钢水流动同样具有四个运动方向，即上右旋、上左旋、下右旋和下左旋。如果是上右旋和上左旋，钢水从铸坯凝固前沿上旋，由于流体的连续性而从中心下旋；如果是下右旋或下左旋，则钢水从铸坯凝固前沿下旋而从中心上旋。

1.3.4 旋转磁场和行波磁场搅拌技术的比较

图 1－16 形象地描述了旋转和行波磁场搅拌的作用机理。由图 1－16 和上述两类电磁搅拌器的结构描述，不难看出它们之间的一些差异，这些差异可以从电磁学和流体力学上加以比较：

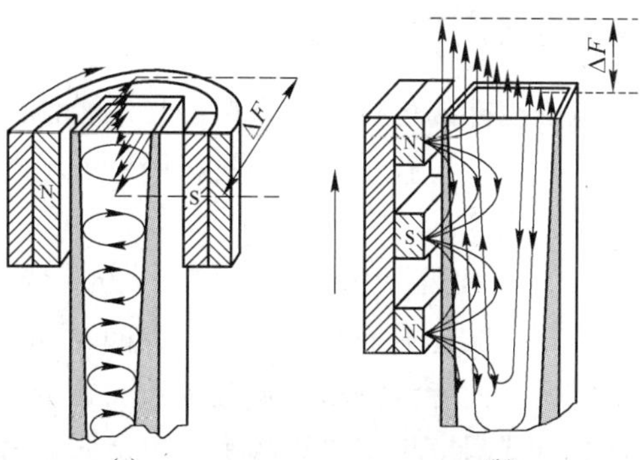

(a) (b)

图 1－16 旋转和行波磁场搅拌的作用机理示意图

（a）旋转搅拌；（b）直线搅拌

（1）电磁学的差异。对于旋转磁场搅拌器，其铁芯是闭合的，磁路也是闭合的，它在搅拌器内腔激发轴对称的旋转磁场，并且由搅拌器表面向中心衰减；轴对称的磁场在铸坯液相穴内感生电磁力，不管其液相穴尺寸多大，也不管其在电磁搅拌器内是否对中，都能在整个液相穴的断面上建立电磁力

偶 ΔF，见图 1-16（a），但对中有否对 ΔF 值还是有些影响。因此，在液相穴中感生的功率几乎全部贡献给钢水的旋转运动，所以说，旋转磁场搅拌器是高效率的。

对于行波磁场搅拌器，其铁芯是断开的，其磁路是开路的，它在空间激发朝一个方向行进的行波磁场，其强度随着离搅拌器表面距离的增加而按指数规律衰减，见图 1-16（b）。只有靠近和远离搅拌器的电磁力之差 ΔF 才贡献给钢水的运动，而不管电磁力绝对值的大小。因此，在液相穴内感生的功率只有一部分用于驱动钢水的运动，其搅拌的液相穴也较小，所以说，行波磁场搅拌器是低效率的。

（2）流体力学的差异。旋转磁场搅拌产生的钢水旋转运动，在惯性力作用下在搅拌器的上下方可以维持较长的距离，称搅拌影响区，其长度比搅拌器的长度长得多。而行波磁场搅拌产生的钢水直线运动发展成同一方向的向外流动，其搅拌区域局限在与搅拌器的长度相当的范围内。

为了清晰起见，将上述两类搅拌器技术特点比较列于表 1-1。

表 1-1 两类电磁搅拌器技术特点的比较

比较项目	旋转搅拌	直线搅拌
结构上	铁芯闭合、磁路闭合	铁芯断开、磁路断开
磁场形态	旋转磁场、空间对称且衰减较小	行波磁场、空间分布按指数规律衰减
电磁力偶	旋转力偶、对称性好	单向直线推力、量值随着离搅拌器表面距离的增加而减小
流动形态	旋转流动	上下或左右直线流动
搅拌影响区	影响区大，约 2m 左右	基本限制在搅拌区域附近
所需功率	小	大
效率	高	低
适用性	大小方（圆）坯或宽厚比较小的矩形坯的各段电磁搅拌	大断面方坯、宽厚比较大的矩形坯和板坯的 M-EMS 和 S-EMS

需要注意的是，表 1-1 中所需功率和效率应在图 1-16 所示的电磁力之差 ΔF 相等的前提下进行比较。

1.4 电磁搅拌的运行方式

电磁搅拌的运行方式意指磁场的控制方式，而磁场的控制方式包括其强度、频率和方向的变化等，以往曾采用过六种运行方式，目前处于实用的主要有以下五种运行方式（见图 1-17）：

（1）连续运行方式。连续运行方式要求对搅拌器各相绕组施以同一频率、同一强度和同一相序的电流，激发向一个方向运动的磁场，由于钢水运动方向始终和磁场运动方向相一致，从而导致钢水也相应地按一定方向和速度连续地运动，见图 1-17(a)。采用这种运行方式只需设定电源频率、电流强度和相序。通常只适用于方坯和板坯连铸结晶器电磁搅拌，用于二冷区和凝固末端电磁搅拌易产生白亮带。

（2）间断运行方式。间断运行方式的示意图见图 1-17（b）。这种运行方式基本上与连续运行方式相类似，所不同的是，其磁场按设定时间间断运行，即正向—停—正向，

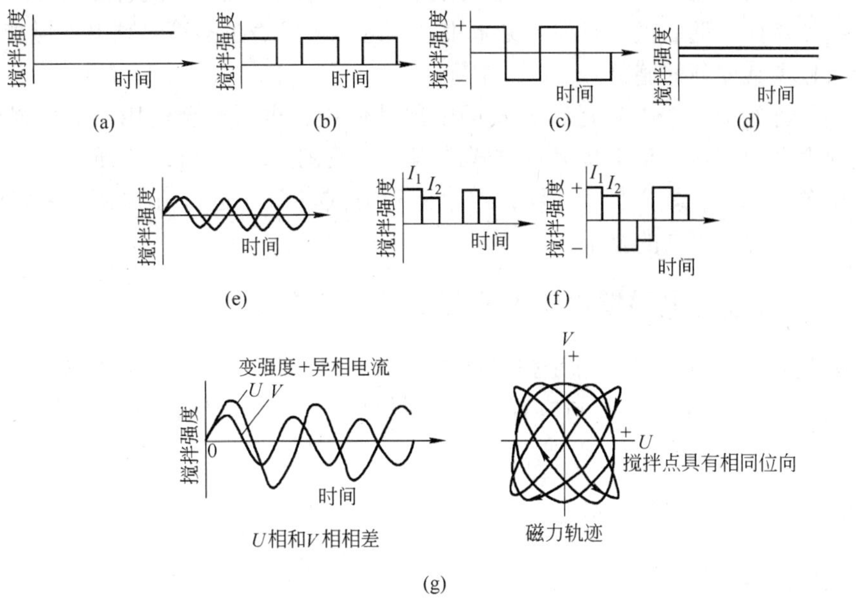

图 1－17 电磁搅拌运行方式示意图

导致钢水产生强迫运动—惯性运动—强迫运动。采用这种运行方式的目的是希望减轻和消除白亮带，但其实际效果并不理想，至今采用的并不多。

（3）正反向交替运行方式。交替运行方式要求对搅拌器各相绕组施以同一频率、同一强度的电流并按设定时间改变相序，使其激发的磁场按设定时间正反向交替变换运动方向，导致钢水也随之变换运动方向，或者实施正向—停—反向—停—正向的交替变换，使钢水也按强迫运动—惯性运动顺序变换方向，见图 1－17（c）。这样有利于造成较均匀的不稳定流动，使其中的晶核、合金元素、夹杂物等能均匀游离，不仅能改善凝固组织，而且能减轻或消除白亮带。这里关键是交替和停顿时间的设定。这种运行方式适用方坯和板坯的二冷区和凝固末端电磁搅拌。近年来，在圆坯连铸结晶器电磁搅拌中也尝试采用交替运行方式，取得较好的冶金效果。

（4）变强度运行方式。变强度运行方式要求对搅拌器各相绕组施以同一频率、不同强度的电流，见图 1－17（d）。对于这种运行方式，理论分析表明，由于搅拌器各相电流不平衡，除激发正向运动的磁场外，还伴随反向运动的磁场和脉动磁场，相应地产生正向、反向和脉动电磁力。正向电磁力推动钢水运动，反向电磁力能抑制钢水的湍流，而脉动电磁力是在一个位置指向坯壳的扰动力，也有利控制钢水的湍流。一般情况下，正向电磁力比反向的大得多，而脉动电磁力可以提高钢水扰动的效果。这种运行方式适用于板坯二冷区二相电磁搅拌，有利于促进晶核的生成和晶粒的细化，有利于提高冶金效果。

（5）变频运行方式。变频运行方式也称异相电流运行方式，要求对搅拌器各相绕组施以不同频率、同一强度的电流，见图 1－17(e)。由于各相电流的频率不同，使其激发的磁场的强度和方向同步变化，导致电磁力的量值和方向连续地做周期性的变化，从而使钢水连续地改变流动方向和流速。由于溶质富集的钢水连续地改变流动方向和流速，有利于分散富集的溶质，能使铸坯的中心偏析减轻且不会出现白亮带。这种运行方式曾用于方坯二冷区电磁搅拌，随后很长时间未见采用，但近年来发表了多篇多频电磁搅拌器工业应用的报告，显现其复苏的迹象。

（6）组合运行方式。上述运行方式可以单独使用，也可组合使用，如变强度与间断运行方式的组合和变强度与交替运行方式的组合，见图 1－17(f)；变强度与变频运行方式的组合见图 1－17（g）。实践证明，组合运行方式较单一运行方式具有更好的冶金效果，但对变频电源有更高的要求。

1.5 方(圆)坯连铸电磁搅拌技术的几种模式和主要特征

凡是说到电磁搅拌技术，总是把电磁搅拌器和铸坯作为一个整体考虑。根据电磁搅拌器在连铸机冶金长度上的不同位置及其不同组合方式，电磁搅拌技术具有以下几种模式。

1.5.1 基本模式（或一段搅拌模式）

电磁搅拌技术的基本模式或称一段模式，见图 1－18。

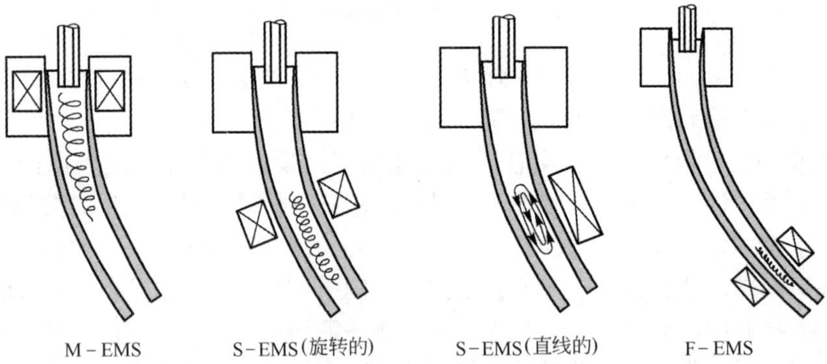

图 1－18 电磁搅拌的基本模式

（1）结晶器电磁搅拌（Mold Electromagnetic Stirring，M-EMS）。电磁搅拌器安装在连铸机的结晶器区，对结晶器区的铸坯液相穴内的钢水实施电磁搅拌。M-EMS 通常采用旋转磁场搅拌器，旋转磁场的搅拌使铸坯液相穴内的钢水以一定速度绕轴做水平旋转运动，称旋转搅拌。

（2）二冷区电磁搅拌（Strand Electromagnetic Stirring，S-EMS）。电磁搅拌器安装在连铸机的二冷区，对二冷区铸坯液相穴内的钢水实施电磁搅拌。对小和大方坯连铸，S-EMS 一般采用旋转磁场搅拌器，旋转磁场的搅拌使钢水以一定速度绕轴做水平旋转运动；对大方坯或宽厚比大的矩形坯，S-EMS 也可采用行波磁场搅拌器，行波磁场的搅拌使钢水以一定速度沿拉坯方向做上下直线运动，或垂直拉坯方向做水平直线运动，称直线搅拌。

（3）凝固末端电磁搅拌（Final Electromagnetic Stirring，F-EMS）。电磁搅拌器安装在连铸机的凝固末端区，对凝固末端区内粥状钢水实施电磁搅拌。F-EMS 通常采用旋转磁场搅拌器，使粥状钢水以一定速度绕轴做水平旋转运动，称旋转搅拌。

值得指出的是，无论哪种模式的电磁搅拌，其钢水流动方向始终和搅拌器激发的磁场的运动方向相一致。

1.5.2　多段组合搅拌模式

实践表明，一段搅拌虽可以达到一定的等轴晶率，但对减少中心缩孔和中心偏析是不充分的，因此对中、高碳钢及难以连铸的钢种或者在一些特殊的浇注条件如高拉速、高过热度、小断面等条件下，要产生充分大的等轴晶区或使中心缩孔和中心偏析减少到一个可以接受的程度，仅采用一段搅拌是不够的，需要根据钢种、铸坯断面和质量要求以及电磁搅拌的冶金机理，对单一搅拌进行不同组合，见图 1－19。其中二段组合搅拌有：M＋F-EMS、M＋S-EMS、S_1＋S_2-EMS、S＋F-EMS 等。就在线使用情况看，大多数采用 M＋F-EMS；而 S_1＋S_2-EMS、S＋F-EMS 只用于高碳钢大方坯连铸，为数不多；三段组合搅拌 M＋S＋F-EMS 只适用于高碳钢、小断面、高拉速连铸，为数也极少。

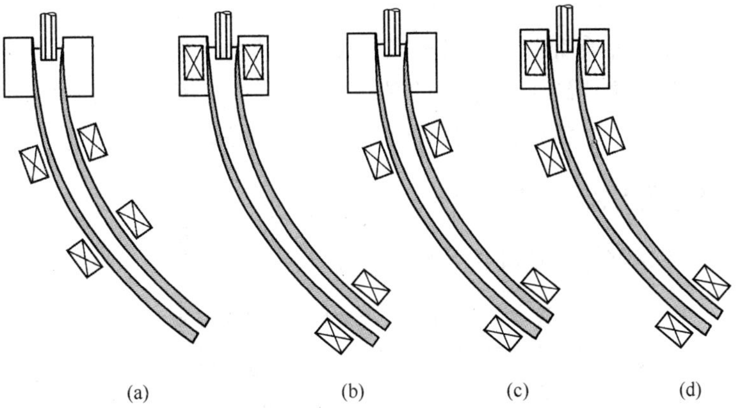

图 1－19　不同组合的电磁搅拌

（a）S_1＋S_2-EMS；（b）M＋F-EMS；（c）S＋F-EMS；（d）M＋S＋F-EMS

采用多段组合搅拌的目的是使钢水在冶金长度上不断地运动，使其中的晶核、合金元素和夹杂物等均匀游离而不聚集，从而较好地控制凝固过程。采用多段组合搅拌，由于搅拌时间延长了，相应地增加了有效搅拌功率的范围。这样不仅改进了表面和皮下质量及内部质量，也抑制了白亮带的形成，同时也为提高拉速创造了有利条件。

1.5.3　曾经开发过的一些搅拌模式

在 M－EMS 发展时期，由于搅拌器的安装位置不合适或搅拌强度调控不当，造成保护渣的卷吸和浸入式水口在渣线附近的严重侵蚀。为此曾开发过几个搅拌模式，见图 1－20。其中包括由 ABB/JME 公司开发的双绕组模式；由 Concast 公司开发的结晶器下口模式；由 Demag 和 Elothem 公司开发的跨于结晶器和足辊（Kombi）模式；由 AEG 公司开发的足辊下模式（I-EMS）等。这些模式由于种种原因都未能在连铸生产中推广应用。

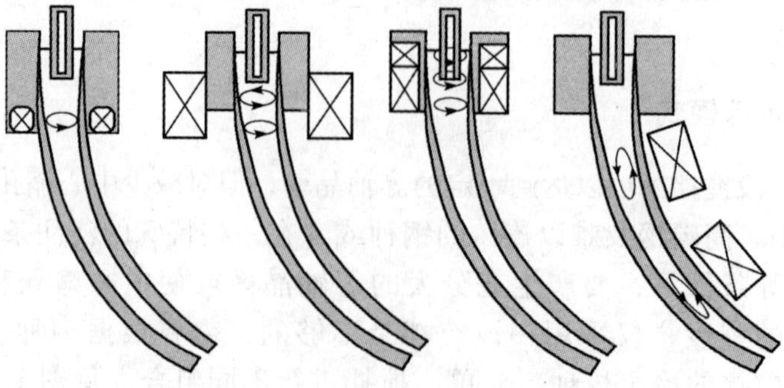

图 1-20 曾开发过的几种模式

(a) 结晶器下电磁搅拌；(b) Kombi 电磁搅拌；(c) 双结晶器电磁搅拌；(d) 行波磁场电磁搅拌

1.6 选择电磁搅拌技术的基本思路

选择电磁搅拌技术要有针对性，既要考虑铸机、浇注工艺和钢种，又要考虑冶金目标和改善影响产品质量的主要缺陷，重要的是从不同的 EMS 所能解决的问题、钢种的碳含量、等轴晶率的大小和中心偏析的改善程度等几方面来考虑。

1.6.1 选择电磁搅拌技术的基本要素

为简明起见，将选择电磁搅拌技术的几个要素列于表 1-2。

表 1-2 选择电磁搅拌技术的几个要素

基本要求	铸机参数	电磁搅拌器
平均流速 0.3～1m/s	铸机类型	搅拌器形式
具有良好的混合能力（较均匀的不稳定流动）	铸机断面	搅拌器位置
具有足够的混合长度，钢水不能急剧浓缩	拉速	搅拌方式
	钢种	运行方式
		功率和频率控制

1.6.2 从补救冶金缺陷角度选择电磁搅拌模式

不同的 EMS 所能补救的铸坯缺陷见表 1-3。

表 1-3 不同 EMS 所能补救的铸坯缺陷

铸坯缺陷	M-EMS	S-EMS	F-EMS	铸坯缺陷	M-EMS	S-EMS	F-EMS
表面夹杂	√			等轴晶组织	√	√	
表面针孔	√			中心疏松	√	√	√
皮下夹杂	√			中心缩孔	√	√	√
皮下气泡	√			中心偏析	√	√	√
漏钢	√			V 形偏析			√
内裂	√	√					

1.6.3 根据钢种碳含量选择电磁搅拌模式

图 1－21 表示从钢种的不同碳含量和冶金效果来选择电磁搅拌的思路。

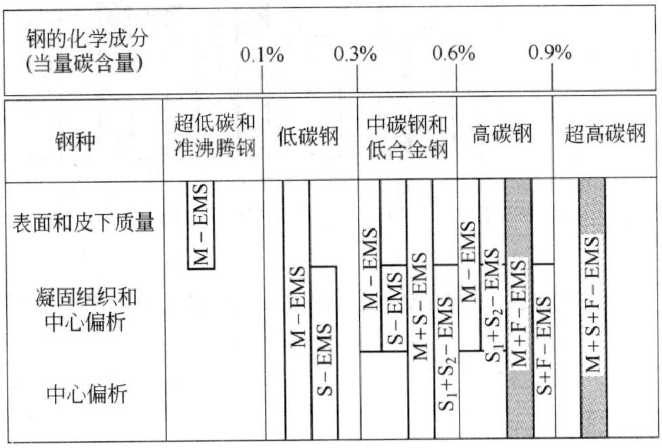

图 1－21 不同钢种的电磁搅拌技术的选择

根据目前在线使用情况看：

（1）对碳含量小于 0.25% 的普碳钢和低合金钢（如 20MnSi 等）一般可以不采用电磁搅拌。

（2）对碳含量小于 0.55% 的钢种（如 45 号、40Cr 等）一般采用一段搅拌，如 M-EMS。

（3）对碳含量大于 0.55% 的钢种宜采用两段组合搅拌，如 M＋F-EMS、M＋S-EMS；而 S_1＋S_2-EMS、S＋F-EMS 只适用于高碳钢大方坯连铸。

（4）对小断面、高拉速的高碳钢连铸，也可采用三段组合搅拌，如 M＋S＋F-EMS。

1.6.4 从等轴晶率角度选择电磁搅拌模式

图 1－22 表示各种电磁搅拌技术对高碳钢连铸等轴晶率的影响。由图可见，两段组合搅拌的等轴晶率比一段搅拌的要大一些；M＋S-EMS 等轴晶率又比 M＋F-EMS 略大些；而 M＋S＋F-EMS 的等轴晶率则最大。实践表明，等轴晶率主要由 M-EMS 搅拌决定，S-EMS 和 F-EMS 搅拌也略有贡献，其贡献大小取决于所在搅拌位置的液芯大小。等轴晶率的提高通常有利于改善铸坯的中心缩孔、疏松和中心偏析。

1.6.5 从改善中心偏析角度选择电磁搅拌模式

图 1－23 表示不同电磁搅拌技术对中、高碳钢中心偏析的影响。由图可见，一段电磁搅拌的中心偏析率比多段组合搅拌的要高得多；M＋F-EMS 的中心偏析率比 M＋S-EMS 的低些；而 M＋S＋F-EMS 的则最低。

实践表明，对高碳钢连铸一般宜采用多段组合搅拌，如 M＋F-EMS 在扩大等轴晶区上略逊于 M＋S-EMS，但在改善中心偏析上则好得多；S-EMS 易产生白亮带，即成分负偏析带，而 F-EMS 产生的白亮带一般比 S-EMS 的轻得多，因此对中心偏析和中心缩孔要求

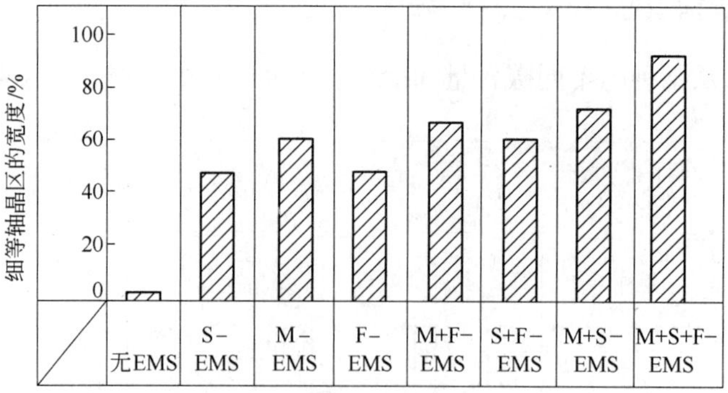

图 1-22　各种 EMS 对高碳钢连铸等轴晶率的影响

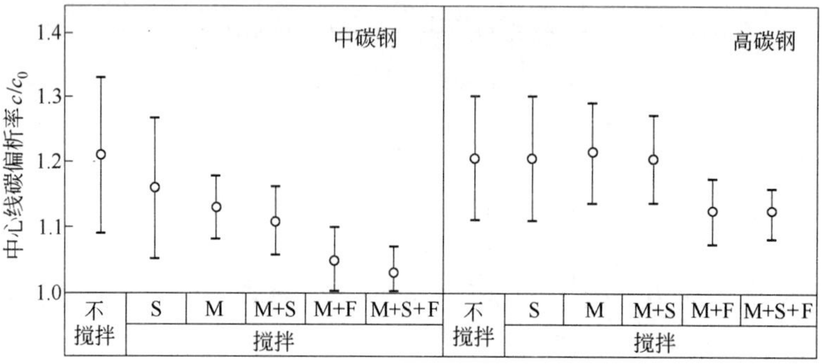

图 1-23　不同 EMS 对中、高碳钢连铸中心偏析的影响

比较高的钢种宜采用 M + F-EMS 为好；对于碳含量不低于 1%（如轴承钢）且浇注断面小的钢种，宜采用 M + S + F-EMS，但从经济性考虑，目前在线使用的几乎都采用 M + F-EMS。

应该指出的是，对一些含铬高的钢种（如 2Cr13）或含钛高的钢种（如 20CrMnTi），尽管它们的碳含量都不高，但因含铬和钛高，其钢水黏性都比较大，不易搅动。实践表明，一段 M-EMS 难以解决其芯部质量，因此也需要采用多段组合搅拌。

1.7　方(圆)坯连铸电磁搅拌技术的基本特征

我国方(圆)坯连铸电磁搅拌技术经过 20 多年的发展，已能完全独立自主设计和制造适用于各类方(圆)坯连铸的电磁搅拌成套装置，并已系列化。为使用方便起见，现将我国各类方(圆)坯连铸 EMS 的基本特征列于表 1-4。

需要特别指出的是，在浸入式水口的保护浇注下，M-EMS 在三种工况下是特别有用的：一是浇注圆坯，M-EMS 能确保坯壳均匀生长，利于减少椭圆度并减少表面裂纹；二是浇注低脱氧钢，M-EMS 的搅拌作用能抑制气孔；三是浇注不锈钢，M-EMS 能提高表面和皮下的清洁度并大大增加等轴晶率。

表1-4 我国各类方(圆)坯连铸 EMS 的基本特征

项 目	M-EMS	S-EMS	F-EMS
安装位置	离弯月面适当远一些	结晶器下口与两相区之间	两相区内
类 型	旋转磁场，三相	方（圆）坯一般用旋转磁场； 大方坯或矩形坯也可用行波磁场，三相	方（圆）坯一般用旋转磁场，三相； 大方坯和矩形坯也可用行波磁场，三相
设 计	小方坯内装式： 150mm × 150mm ~ 200mm × 200mm,6 ~ 8Hz； 小方坯外装式： 100mm × 100mm ~ 200mm × 200mm； 大方坯外装式： 200 ~ 280mm × 300 ~ 350mm, 2 ~ 4Hz	小方坯： ≤150mm × 150mm,工频； 小方坯： 150mm × 150mm ~ 200mm × 200mm,在辊后 10 ~ 18Hz； 大方坯： 200 ~ 400mm × 200 ~ 600mm, 8 ~ 18Hz	小方坯： 120mm × 120mm ~ 200mm × 200mm,10 ~ 18Hz； 大方坯： 250mm × 300mm, 300mm × 400mm,400mm × 560mm,8 ~ 18Hz
费 用	高	低	高

1.8 各类方(圆)坯和板坯连铸电磁搅拌技术的冶金效果及其应用简述

1.8.1 各类方(圆)坯和板坯连铸电磁搅拌技术的冶金功能和效果

上述各类电磁搅拌技术都已在线应用，使用效果表明，它们之间的作用重叠交叉，因而其冶金功能既有共同性又有独特性，见图1-24。

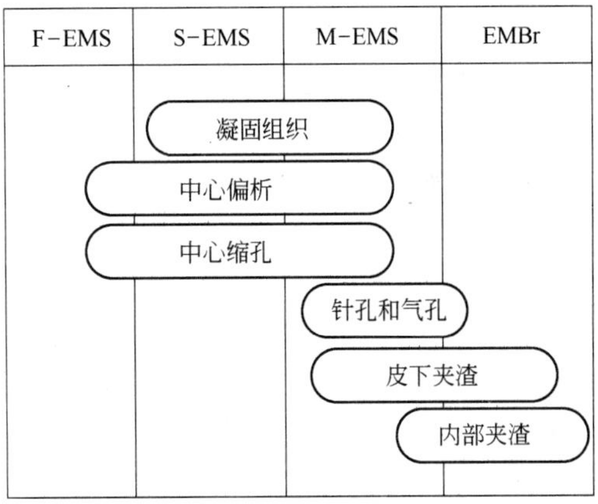

图1-24 各类电磁搅拌冶金功能示意图

各类电磁搅拌的冶金功能和主要效果是：

（1）结晶器电磁搅拌。结晶器电磁搅拌主要改善铸坯表面和皮下质量，如减少气孔、针孔和非金属夹杂物等；也可改善铸坯内部组织，如增加等轴晶率。

（2）二冷区电磁搅拌。二冷区电磁搅拌主要改善铸坯内部质量，如提高等轴晶率、改善中心疏松和缩孔、中间裂纹和中心偏析等。

（3）凝固末端电磁搅拌。单独使用凝固末端电磁搅拌不会有好的效果，通常与结晶器或二冷区电磁搅拌组成二段或三段组合电磁搅拌，主要改善铸坯芯部质量，如中心偏析、V形偏析、中心疏松和缩孔及中心裂纹等。

（4）板坯结晶器电磁制动。结晶器电磁制动主要减少表面、皮下和内部的非金属夹杂物，也可减少角部裂纹，减少漏钢事故稳定操作。

为简明起见，将各类电磁搅拌技术的冶金功能列于表1-5。

表1-5 各类电磁搅拌技术的冶金功能

EMS模式 / 冶金功能	S-EMS	F-EMS	M-EMS	EMBr
改进铸坯质量	(1) 增加等轴晶率； (2) 减少中心裂纹； (3) 减小中心偏析； (4) 减小中心疏松和缩孔	(1) 减小中心偏析； (2) 减小中心疏松和缩孔； (3) 减少中心裂纹； (4) 减少V形偏析	(1) 增加等轴晶率； (2) 减少表面和皮下夹渣； (3) 防止表面和皮下气孔和针孔	(1) 改进内部清洁度； (2) 减少皮下夹渣； (3) 减少表面和皮下气孔、针孔
简化连铸工艺	(1) 放宽过热度的限制； (2) 放宽铸机对中限制； (3) 可能增加拉速； (4) 可能降低压缩比	(1) 放宽过热度； (2) 可能增加拉速； (3) 可能降低压缩比	(1) 减少表面精整量； (2) 增加热装和热送	(1) 减少表面精整量； (2) 增加热装和热送； (3) 减少漏钢危险； (4) 可能增加拉速
改进产品性能	(1) 厚钢板； (2) 轮胎钢； (3) 无缝钢管； (4) 铁素体不锈钢； (5) 管线用钢； (6) 工具钢	(1) 轮胎钢； (2) 滚珠轴承钢	(1) 冷轧薄板； (2) 线、棒材钢； (3) 弹簧钢； (4) 焊丝钢； (5) 准沸腾钢	(1) 厚钢板； (2) 冷轧薄板； (3) 深冲薄钢板； (4) 镀锡钢板

尽管图1-24和表1-5中所列的各类电磁搅拌技术主要特征的区分是粗糙的、相互交叉的，但也能为不同类型电磁搅拌的选择提供一个较为明确的方向。

1.8.2 各类方(圆)坯和板坯连铸电磁搅拌技术应用简述

为简明起见，将各类方(圆)坯和板坯连铸电磁搅拌技术的应用简述列于表1-6。

表1-6 各类电磁搅拌技术的应用简述

连铸	EMS模式	钢种、断面	冶金机理	冶金效果
方(圆)坯	M-EMS(离弯月面适当远一些)	所有断面 所有钢种	(1) 清洗凝固前沿去除夹杂物和气泡； (2) 提高弯月面温度； (3) 促进凝固前冷热钢水混合，使温度分布均匀即降低温度梯度； (4) 降低芯部温度，提高凝固前沿温度，促进过热度尽早消失； (5) 切断枝晶梢形成晶核	(1) 减少表面和皮下气孔、针孔和夹渣； (2) 减少表面和皮下裂纹； (3) 提高表面和皮下组织的致密性； (4) 提高坯壳厚度均匀性； (5) 减少漏钢频率； (6) 扩大等轴晶区，细化晶粒和凝固组织致密； (7) 减少内部裂纹； (8) 减少中心疏松和缩孔； (9) 减轻中心偏析
	S-EMS（在结晶器下口和两相区之间），一般不单独使用而与M-EMS组合成M+S-EMS	所有断面 所有钢种	(1) 混合冷热钢水促进过热尽早消失； (2) 切断枝晶梢形成晶核	(1) 扩大等轴晶区； (2) 减少内部裂纹； (3) 减少中心缩孔和疏松； (4) 减少中心偏析
	M + F-EMS（F-EMS在两相区内）	所有断面 高碳钢和高合金钢	(1) 分散浓化钢水即高和低的偏析区的混合； (2) 打断枝晶“搭桥”； (3) 破坏V形偏析通道	(1) 细化等轴晶粒，提高凝固组织致密度； (2) 有效地改善中心疏松和缩孔； (3) 有效地改善中心偏析； (4) 有效地改善V形偏析

续表 1-6

连铸	EMS 模式	钢种、断面	冶 金 机 理	冶 金 效 果
板坯	M-EMS	中厚板坯（低拉速） 准沸腾钢，超低碳钢，生产厚板和管线的高级钢	（1）防止气泡、夹杂被凝固面捕获； （2）提高弯月面温度且均匀化； （3）抑制不均匀坯壳生长； （4）放宽 O 含量限制避免 CO 气孔产生	（1）减少气泡； （2）减少表面和皮下夹杂物； （3）减少纵向裂纹； （4）稳定浇注操作
	多模式 EMS EMLS（电磁水平稳定器） EMLA（电磁水平加速器） EMRS（电磁旋转搅拌）	中厚板坯（高拉速） 低碳和超低碳钢	（1）降低窄面波高、弯月面流速和弯月面波动； （2）阻止窄面附近渣层变薄和阻止保护渣膜剪切； （3）改进弯月面传热和保护渣的熔融率； （4）单环和不稳定流动转变成最佳双环流动； （5）减少镇静钢中的氩气泡； （6）减少准沸腾钢中的 CO 气孔； （7）减少包晶钢上的纵裂	（1）减少保护渣性缺陷（条状裂纹、管状裂纹）； （2）窄面润滑降低漏钢事故和报警； （3）减少铝基缺陷； （4）防止弯月面变冷和冻结； （5）渣斑阻塞报警； （6）纵向裂纹； （7）机械去除表面和皮下气孔及针孔； （8）弯月面附近温度均匀
	EMBr： 局部区域； 全幅一段（Ruler）； 全幅二段（FC-Mold）	薄板坯（高拉速，Ruler），中厚板坯 厚板钢，冷轧钢，深冲薄板钢，镀锡板钢	（1）减小流股侵入液相穴深度； （2）抑制窄面附近反转流动； （3）减弱流股对窄面的冲击； （4）稳定弯月面	（1）改进内部清洁度； （2）减少皮下夹渣； （3）减少表面和皮下气孔、针孔
	S-EMS： 辊径 > 240mm 用辊式 EMS 或插入式 EMS； 辊径 ≤ 200mm 用辊后式（箱式）EMS	所有断面 铁素体不锈钢，奥氏体不锈钢，硅钢，板和管类的中高碳钢	（1）冷热钢水混合促进过热度尽早消失； （2）扩大宽且细的等轴晶区	（1）扩大等轴晶区来减少单向波纹和发纹； （2）减少导致大型不变形夹杂物的难溶成分的晶间析出； （3）扩大等轴晶区并细化晶粒； （4）减小中心缩孔和偏析使之减小超声缺陷和裂纹的敏感性

参 考 文 献

[1] Birat J P, et al. Electromagnetic stirring on billet and bloom and slab continuous casters: state of the art in 1982 [J] Ironmaking and Steelmaking, 1983, 10 (6): 269 ~ 281.

[2] Tzavaras A. Solidification control by electromagnetic stirring-state of the art [J]. Steelmaking Proceedings, 1983, 66: 89 ~ 109.

[3] 毛斌. 连铸电磁搅拌技术发展概述 [J]. 连铸通讯, 1988 (3): 32 ~ 38.

[4] Halldin A. Electromagnetic stirring in continuous Casting [J]. Sweden: ASEA Metallurgy Technical Symposium, 1983, 9.

[5] Верте Л А. МГД Технология В Производстве Черных Металлов стр. 21. Металлугия Москва, 1990.

[6] 南波正直. 連续铸造設備と電磁かくはん装置 [J]. 電気学会雑誌, 1981, 101 (6): 538 ~ 542.

[7] 中国科学院力学研究所, 上海电器科学研究所电磁泵小组. 液态金属电磁泵 [M]. 北京: 科学出版社, 1979.

[8] Верте Л А. Электромагнитный Транспорт Жидкого Металла стр. 33. Металлургия Москва, 1965.

[9] Concast Service Union AG, Report on Present EMS Technologies, 1983, 2:
[10] 毛斌. 各类电磁搅拌的作用原理及特点 [J]. 连铸通讯, 1988 (4): 36~44.
[11] Danieli, Rotelec. Electromagnetic stirring for continuous casting of billets and blooms.
[12] 毛斌. 板坯连铸用电磁搅拌//曹广畴. 现代板坯连铸 [M]. 北京: 冶金工业出版社, 1994: 401~429.
[13] Jauch R, et al. Elektromagnetishes Rühren im Sekundäkühlbereich von Vorblock-und knü-ppelstranggeiβanlangen. Stahl u Eisen, 1984, 104 (9), S. 430.
[14] Kunstreich S. Electromagnetic stirring for continuous casting——part Ⅰ. La Revue de Métallurgie CIT, 2003, 100 (4): 395~408.
[15] 李爱武. 方圆坯连铸结晶器电磁搅拌器的类型及特点 [C] //中国金属学会连续铸钢分会. 连铸电磁搅拌技术论文集, 2006: 213~225.

2 连铸电磁搅拌的磁流体力学基础

2.1 连铸电磁搅拌的磁流体力学基本方程

2.1.1 连铸电磁搅拌的磁流体力学概述

研究电磁搅拌的作用机理涉及两个相互关联的基本过程，即磁流体力学过程和冶金过程。前者研究钢水在电磁场作用下的运动规律，需要同时考虑电磁学和流体力学，即电磁场和流体流动及其相互作用的影响；后者主要研究强化的钢水对流运动及其对传热和传质的影响，从而控制冶金过程。在电磁搅拌过程中，这两个过程是相互关联和相互影响的，其物理图案是相当复杂的。

电磁搅拌无论是交流的或是直流的，都必须遵循两个基本规律：电磁感应和载（电）流钢水与磁场的相互作用。以交流电磁搅拌为例，当钢水处于交变磁场中，就在其中感生起感应电流，该感应电流与当地磁场相互作用产生电磁力，称为洛伦兹（Lorentz）力。这里强调的当地磁场，一是指感应电流所在处的磁场，二是指该磁场不是外加磁场，而是由外加磁场与感应电流感生的感应磁场叠加而成的合成磁场。电磁力是体积力，作用在钢水体积元上，从而推动钢水运动。由此可以看出电磁搅拌过程的基本特点为：

（1）通过电磁感应，实现能量的无接触转换，因而电磁能可以无接触地转换成钢水的动能，部分转换成热能；

（2）由于电磁能可以轻易地人为控制，即电磁力可以人为控制，因而可以轻易地人为控制钢水的流动，从而控制钢水冶金过程的动力学和热力学条件。

2.1.2 连铸电磁搅拌的磁流体力学的基本假设

电磁流体力学是研究导电流体包括导电液体、导电气体、等离子体、熔融金属和半凝固金属等在电磁场作用下的运动规律的一门学科。当所研究的问题主要是非相对论性的、且其中场变化的频率远小于电子碰撞频率或导电流体的电导率时，电场的影响远比磁场的影响小，因此通常称为磁流体力学（Magnetohydro dynamics，MHD）。电磁搅拌可以说是MHD在冶金学中的一个重要应用，其内容是相当广泛的，单就连铸过程的应用而言，就包括电磁搅拌、电磁制动、电磁连铸、感应加热等。因此，研究电磁搅拌过程中的一些现象需要运用MHD的基本规律，而这些规律需要同时考虑流体力学和电磁学及其相互作用。其关系是：一方面，导电流体在电磁场中运动产生的感应电流和感生磁场必须在电磁学方程中加以考虑；另一方面，导电流体中感应电流与当地磁场相互作用产生的电磁力必须在流体力学方程中加以考虑。由于这两者是相互耦合的，因而磁流体力学过程是相当复杂的，其基本方程组由电动力学方程组和考虑电磁力的流体力学方程组组成。

针对电磁搅拌过程的具体情况，可以做如下的基本假设：

（1）钢水是不可压缩的导电流体。

（2）钢水是各向同性的，其所有物性系数，如密度、动力或运动黏性系数、电导率、磁导率、热导率等都是标量常数。

（3）由于钢水的温度远高于居里点（760℃），因此它们的磁导率可取为真空磁导率，即

$$\mu = \mu_0 = 4\pi \times 10^{-7}\,\mathrm{H/m}$$

（4）钢水的流速远小于光速，故电场对电荷作用的库仑力可以忽略。

（5）在所考察的体积内的钢水没有自由电荷堆积，即体电荷密度 $\rho_e = 0$。

（6）由于钢水的电导率很大，而所讨论的电磁过程又不是太快，所以位移电流可以忽略。

在上述基本假设下，磁流体力学方程可以做一些简化。

2.1.3　电磁学的麦克斯韦方程

2.1.3.1　电磁学麦克斯韦（Maxwell）方程组的微分形式（采用国际单位制）

A　法拉第（Faraday）电磁感应定律

法拉第电磁感应定律是电磁感应实验事实的总结，其表达式为：

$$\nabla \times \boldsymbol{E} = -\frac{\partial \boldsymbol{B}}{\partial t} \tag{2-1}$$

式中　$\boldsymbol{E}$——电场强度向量；

$\boldsymbol{B}$——磁感应强度向量；

t——时间；

∇——笛卡儿算符。

法拉第电磁感应定律的物理意义是，磁感应强度随时间的变化产生电场强度的环流。

B　安培（Ampere）定律

安培定律是电流产生磁场的实验事实的总结，其表达式为：

$$\nabla \times \boldsymbol{H} = \boldsymbol{J} \tag{2-2}$$

式中　$\boldsymbol{H}$——磁场强度向量；

$\boldsymbol{J}$——电流密度向量。

安培定律的物理意义是，传导电流密度可以产生磁场的环流，其方向按右螺旋法则。

C　高斯（Gauss）定律

高斯定律是磁荷不存在的实验事实的总结，其表达式为：

$$\nabla \cdot \boldsymbol{B} = 0 \tag{2-3}$$

高斯定律的物理意义是，磁力线总是闭合的，它既不能产生也不能随意中止。

D　状态方程

状态方程建立磁感应强度与磁场强度之间的关系，其表达式为：

$$\boldsymbol{B} = \mu \boldsymbol{H} \tag{2-4}$$

因此，式（2－1）~式（2－4）构成描述空间电磁场的麦克斯韦方程组的微分形式。需要指出的是，通常说到麦克斯韦方程组一般指其微分形式，它能直接反映电磁场量随空间和时间的变化规律。

E 欧姆（Ohm）定律

欧姆定律的表达式为：

$$\boldsymbol{J}=\sigma(\boldsymbol{E}+\boldsymbol{v}\times\boldsymbol{B}) \tag{2-5}$$

式中 $\boldsymbol{v}$——钢水运动速度。

式（2－5）右边第一项是外加电场产生的传导电流，第二项是钢水速度$\boldsymbol{v}$切割外加磁场$\boldsymbol{B}$产生的感应电流。这里需要特别指出的是，式（2－5）的右边第二项中出现了速度$\boldsymbol{v}$，因此，欧姆定律可以看做是电磁学和流体力学联系的桥梁。

2.1.3.2 电磁学麦克斯韦方程组的积分形式

利用散度定理和斯托克斯定理，可由麦克斯韦方程组的微分形式导出与其相对应的积分形式：

$$\oint_L \boldsymbol{E}\cdot \mathrm{d}\boldsymbol{l}=-\oiint_S \frac{\partial \boldsymbol{B}}{\partial t} \tag{2-6}$$

$$\oint_L \boldsymbol{H}\cdot \mathrm{d}\boldsymbol{l}=\oiint_S \boldsymbol{J}\cdot \mathrm{d}\boldsymbol{S} \tag{2-7}$$

$$\oiint_S \boldsymbol{B}\cdot \mathrm{d}\boldsymbol{S}=0 \tag{2-8}$$

式中 S——所考察区域的封闭曲面的面积；

L——封闭曲面的周长。

需要指出的是，麦克斯韦方程组的积分形式只能反映在所考察的封闭曲面或封闭曲线内总体的电磁场量之间的关系，而不能直接反映空间某一点上各个电磁场量之间的关系。

2.1.3.3 电磁场的边界条件

在所考察的实际问题中常常会遇到两种不同介质的分界面，由于在分界面两侧的介质物性系数如σ、μ发生突变，导致场向量也发生突变。在不同介质的分界面上，电磁场必须满足一些条件，这些条件称为电磁场的边界条件。这些边界条件是：

（1）横过介质分界面时，磁感应强度的法向分量连续，即：

$$|\boldsymbol{B}_n|=B_{1n}-B_{2n}=0 \tag{2-9}$$

式中 $|\boldsymbol{B}_n|$——电磁场向量在分界面两侧介质内的变化量；

n——曲面的法向；

1，2——两种不同介质。

（2）横过介质分界面时，磁场强度的切向分量间断，即其变化量等于面电流密度：

$$|\boldsymbol{H}_t|=H_{1t}-H_{2t}=J_s \tag{2-10}$$

式中 t——分界面的切向；

J_s——分界面上的面电流密度。

（3）横过介质分界面时，电场强度的切向分量连续，即：

$$|\boldsymbol{E}_t|=E_{1t}-E_{2t}=0 \tag{2-11}$$

（4）横过介质分界面时，电场强度的法向分量连续，即：

$$|\boldsymbol{E}_n|=E_{1n}-E_{2n}=0 \tag{2-12}$$

2.1.4 电磁学的感应方程

式（2－1）~式（2－5）经适当运算后，可以得到在磁流体力学中著名的感应方程。

具体推导步骤是：

将式（2－5）代入式（2－2），再将所得方程取旋度，得到：

$$\frac{1}{\mu}\nabla\times(\nabla\times\boldsymbol{B})=\sigma[\nabla\times\boldsymbol{E}+\nabla\times(\boldsymbol{v}\times\boldsymbol{B})] \tag{2-13}$$

等式左边经向量运算后得到：

$$\nabla\times(\nabla\times\boldsymbol{B})=\nabla(\nabla\cdot\boldsymbol{B})-\nabla^2\boldsymbol{B} \tag{2-14}$$

将式（2－14）代入式（2－13）得到：

$$\frac{1}{\mu}(\nabla(\nabla\cdot\boldsymbol{B})-\nabla^2\boldsymbol{B})=\sigma(\nabla\times\boldsymbol{E}+\nabla\times(\boldsymbol{v}\times\boldsymbol{B})) \tag{2-15}$$

利用式（2－1）和式（2－3），经适当移项后，得到著名的感应方程：

$$\frac{\partial\boldsymbol{B}}{\partial t}=\nabla\times(\boldsymbol{v}\times\boldsymbol{B})+\frac{1}{\mu\sigma}\nabla^2\boldsymbol{B} \tag{2-16}$$

式（2－16）表示磁场的输运、扩散和对流的方程，其中等式右边第一项是对流项，第二项是扩散项。如果钢水的流速很小，则式（2－16）退化成扩散方程：

$$\frac{\partial\boldsymbol{B}}{\partial t}=\frac{1}{\mu\sigma}\nabla^2\boldsymbol{B} \tag{2-17}$$

这与传热学中的扩散方程形式上类似。

2.1.5　电磁力和电磁能

由普通物理学可知，一根载（电）流导线处于交变磁场中或运动的导线切割磁场时，它受到一个力的作用，此力即电磁力。推而广之，当载流钢水处于磁场中时，它也受到一个力的作用，即：

$$\boldsymbol{F}_{\mathrm{e}}=\boldsymbol{J}\times\boldsymbol{B} \tag{2-18}$$

该力称为洛伦兹（Lorentz）力，它是体积力，作用在钢水的每个体积元上，从而推动钢水运动，电磁搅拌就基于这一原理。

由于钢水电导率的有限特性，在钢水中流动的感应电流必然会在其中产生焦耳热 Q_{j}。它表征电磁能转换成热能的程度，其表达式为：

$$Q_{\mathrm{j}}=\frac{\boldsymbol{J}^2}{\sigma} \tag{2-19}$$

2.1.6　流体力学方程

描述钢水流动的基本方程是：

（1）连续性方程。不可压缩流体的质量守恒方程，即连续性方程：

$$\nabla\cdot\boldsymbol{v}=0 \tag{2-20}$$

（2）不可压缩导电黏性流体的运动方程（纳维－斯托克斯方程）。将式(2－18)加入普通流体力学的运动方程，即构成考虑有电磁场作用的 MHD 的运动方程：

$$\rho\left(\frac{\partial\boldsymbol{v}}{\partial t}+(\boldsymbol{v}\cdot\nabla)\boldsymbol{v}\right)=-\nabla p+\rho\boldsymbol{g}+\eta\nabla^2\boldsymbol{v}+\boldsymbol{J}\times\boldsymbol{B} \tag{2-21}$$

式中　p——压力；

$\boldsymbol{g}$——重力加速度；

η——动力黏性系数。

综上所述，式（2-3）、式（2-16）、式（2-20）、式（2-21）就构成描述电磁搅拌过程的MHD基本方程组。

2.1.7 能量方程

如果在电磁搅拌过程中尚需考虑传热问题，应当在MHD基本方程组中加上能量方程，而在此方程中必须考虑钢水中感生的焦耳热的影响。因此，MHD的能量方程为：

$$\rho c_p\left(\frac{\partial T}{\partial t}+\boldsymbol{v}\cdot\nabla T\right)=k\nabla^2 T+\frac{\boldsymbol{J}^2}{\sigma} \tag{2-22}$$

式中 T——温度；

c_p——等压比热容；

k——导热系数。

2.2 描述磁流体力学现象的向量图

为了使复杂的磁流体力学现象有个直观的空间概念，并使各个物理量之间的关系更清晰，为此建立空间中各个物理量的向量图，见图2-1。

下面对物理量的向量图做一简单的物理描述：考虑钢水以速度$\boldsymbol{v}$运动，与此成直角地切割外加磁场$\boldsymbol{B}_{外加}$，两者的相互作用感生起感应电场$\boldsymbol{E}_{感应}$，其关系式为：

$$\boldsymbol{E}_{感应}=\boldsymbol{v}\times\boldsymbol{B}_{外加} \tag{2-23}$$

它们之间的关系成右螺旋法则，即$\boldsymbol{E}_{感应}$与$\boldsymbol{v}$和$\boldsymbol{B}_{外加}$相垂直。由于假设钢水是各向同性的，在电磁场作用下仍然保持各向同性，其电导率σ是标量常数且为有限值，则根据欧姆定律，在钢水中感生起感应电流密度$\boldsymbol{J}_{感应}$，其表达式为：

$$\boldsymbol{J}_{感应}=\sigma\boldsymbol{E}_{感应}=\sigma\,\boldsymbol{v}\times\boldsymbol{B}_{外加} \tag{2-24}$$

感应电流密度$\boldsymbol{J}_{感应}$与当地的外加磁场$\boldsymbol{B}_{外加}$相互作用产生有质动力即电磁力$\boldsymbol{F}_{感应}$，其表达式为：

$$\boldsymbol{F}_{感应}=\boldsymbol{J}_{感应}\times\boldsymbol{B}_{外加} \tag{2-25}$$

其方向也成右螺旋法则，即它与$\boldsymbol{J}_{感应}$与$\boldsymbol{B}_{外加}$相垂直。需要注意的是，$\boldsymbol{F}_{感应}$与钢水运动速度$\boldsymbol{v}$相平行但方向相反，即感应电磁力有阻碍流体流动的作用。

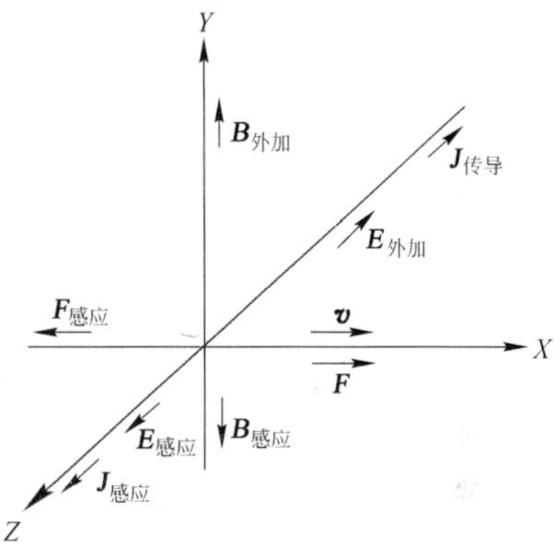

图2-1 磁流体力学各个物理量的向量图

$\boldsymbol{B}_{外加}$—外加的磁感应强度；$\boldsymbol{B}_{感应}$—由于感应电流感生的感应磁感应强度；$\boldsymbol{E}_{外加}$—外加的电场强度；$\boldsymbol{J}_{传导}$—由于外加电场产生的传导电流密度；$\boldsymbol{F}_{感应}$—感应的电磁力；$\boldsymbol{v}$—导电流体的运动速度；$\boldsymbol{E}_{感应}$—感应电场强度；$\boldsymbol{J}_{感应}$—由于外加磁场感应的电场强度感生的感应电流密度

为使构图更具普遍性，现在我们假设电场$\boldsymbol{E}_{外加}$方向与$\boldsymbol{B}_{外加}$和$\boldsymbol{v}$相垂直，从而$\boldsymbol{E}_{外加}$与$\boldsymbol{E}_{感应}$的方向相反。由外加电场$\boldsymbol{E}_{外加}$产生的电流密度称为传导电流密度$\boldsymbol{J}_{传导}$。这样，在钢水中流动的合成电流密度$\boldsymbol{J}_{合成}$应为外加电流密度$\boldsymbol{J}_{外加}$与感应电流密度$\boldsymbol{J}_{感应}$之和，其表达式为：

$$J_{合成} = \sigma(E_{外加} + E_{感应}) = \sigma(E_{外加} + v \times B_{外加}) \quad (2-26)$$

此电流密度与当地外加磁场相互作用产生有质动力即洛伦兹力 F_e，其表达式为：

$$F_e = J_{合成} \times B_{外加} = \sigma(E_{外加} + v \times B_{外加}) \times B_{外加} \quad (2-27)$$

在式（2-27）中，如果 $E_{外加} > v \times B_{外加}$，即外加电场大于由于钢水运动产生的感应电场，则钢水被电磁场加速，电磁能转化成机械能即钢水的动能，电磁搅拌正是基于这一条件；反之，如果 $E_{外加} < v \times B_{外加}$，则变成发电了，即钢水运动的动能转化成电能，磁流体力学直接发电就是基于这一原理。

2.3 磁流体力学的无量纲方程

无量纲参数或称相似参数在普通流体力学和磁流体力学中都有着重要的应用。由于描述电磁搅拌过程的磁流体力学的基本方程组具有很强的非线性特征，要严格求解上述的基本方程是相当困难的。为了阐明电磁搅拌过程中产生的现象的物理本质，分析主要因素对现象的影响，我们从上述的磁流体力学基本方程组出发，运用物理量的量纲分析，导出一些无量纲参数。运用这些无量纲参数，既可以比较两种物理量的相对大小，估计这些物理量对现象影响的程度，又可根据其大小，在方程中保留起主要作用的各项而忽略影响不大的项，从而有助于掌握现象的物理本质，简化分析计算；同时运用这些无量纲参数为物理模拟试验的参数选择提供理论依据。

2.3.1 单位和量纲

在描述电磁搅拌过程的磁流体力学基本方程组中，共有9个物理量，如长度、时间、密度、速度、压力、动力黏性系数、电导率、磁导率、磁感应强度，这些物理量可以用一些基本量来表达，除经典力学中的基本量纲，如质量（M）、长度（L）和时间（t）外，还需要引入电磁学的量纲（电场的或磁场的），最实用的是取电流（A）。因此，其他物理量的量纲都可以由这4个物理量的量纲导出。

磁流体力学中各个物理量的单位和量纲见表2-1。

表2-1 磁流体力学中各个物理量的单位和量纲

名 称	单位	符号	量纲	名 称	单位	符号	量纲
质 量	千克	kg	M	压 力	帕	Pa	$ML^{-1}t^{-2}$
长 度	米	m	L	动力黏性系数	帕秒	Pa·s	$ML^{-1}t^{-1}$
时 间	秒	s	t	电导率	西门子/米	S/m	$M^{-1}L^{-3}t^{3}A^{2}$
密 度	千克/米³	kg/m^3	ML^{-3}	磁导率	享/米	H/m	$MLA^{-2}t^{-2}$
速 度	米/秒	m/s	Lt^{-1}	磁感应强度	特斯拉	T	$Mt^{-2}A^{-1}$

注：1特斯拉 = 10^4 高斯（$1T = 10^4 Gs$）。

2.3.2 无量纲方程和无量纲参数

无论是流体力学或是磁流体力学，其中大多数物理问题的数值解都适宜用无量纲变量进行。这个无量纲组合的优点是：变量数目减少了，而其结果都更带普遍性，即一个计算点往往汇总了物理上相似且具有相同无量纲参数的一类现象。

在量纲分析中存在 π 理论，其实质是：如果描述物理现象的量纲参数等于 n，则它们可以借助 $n-k$ 个无量纲参数来描述，此处 k 是基本量的数目。例如在磁流体力学应用中，k 应等于4，即在 MKCA 制中为米、千克、秒、安培。如果再利用热量单位卡或度，则基本量数目 $k=5$。

为了推导无量纲方程，引入描述磁流体力学现象的所有变量的特征值：特征长度 L_0，在连铸电磁搅拌中可以选取铸坯的线性尺寸；其余的如速度 v_0、压力 p_0、磁感应强度 B_0、温度 T_0 等可以选取其边界值或初始值作为特征值。电流密度 J_0 的量纲为 $\mathrm{L}^{-2}\mathrm{A}$。这样可以引入无量纲变量替代磁流体力学方程中的量纲变量：

$$X'=\frac{X}{L_0},\ \nabla'=\frac{\nabla}{L_0},\ t'=\frac{t}{L_0/v_0},\ v'=\frac{v}{v_0},\ p'=\frac{p}{\rho v_0^2},\ g=\frac{g}{g_0},\ B'=\frac{B}{B_0},\ T'=\frac{T}{T_0}$$

其中带撇号的变量为无量纲变量。

利用上述无量纲变量，改写磁流体力学基本方程（2-3）、方程（2-16）、方程(2-20)、方程（2-21）、方程（2-22），并经过适当运算组合后，得到描述电磁搅拌过程中的磁流体力学无量纲方程。为书写方便，去掉无量纲变量上角的撇号，则得到如下的无量纲方程：

$$\nabla\cdot\boldsymbol{B}=0 \tag{2-28}$$

$$\frac{\partial\boldsymbol{B}}{\partial t}=\nabla\times(\boldsymbol{v}\times\boldsymbol{B})+\frac{1}{Rm}\nabla^2\boldsymbol{B} \tag{2-29}$$

$$\nabla\cdot\boldsymbol{v}=0 \tag{2-30}$$

$$\left[\frac{\partial\boldsymbol{v}}{\partial t}+(\boldsymbol{v}\cdot\nabla)\boldsymbol{v}\right]=-\nabla p+\frac{1}{Fr}\boldsymbol{g}+\frac{1}{Re}\nabla^2\boldsymbol{v}+\frac{Ha}{Re}\boldsymbol{J}\times\boldsymbol{B} \tag{2-31}$$

$$\left(\frac{\partial T}{\partial t}+\boldsymbol{v}\cdot\nabla T\right)=\frac{1}{RePr}\nabla^2T+NEc\boldsymbol{J}^2 \tag{2-32}$$

上述方程中的无量纲参数分别为：

$$\left.\begin{array}{ll}
\text{雷诺（Reynold）数} & Re=\dfrac{v_0L_0}{\eta}\\
\text{弗劳德（Froude）数} & Fr=\dfrac{gL_0}{v_0^2}\\
\text{磁雷诺（Magnetic Reynold）数} & Rm=\sigma\mu v_0L_0\\
\text{哈脱曼（Hartmann）数} & Ha^2=\dfrac{\sigma B_0^2L_0^2}{\eta}\\
\text{磁相互作用参数（coefficient of magnetic mutual action）} & N=\dfrac{\sigma B_0^2L_0}{\rho v_0}\\
\text{普朗特（Plandtl）数} & Pr=\dfrac{\eta c_p}{k}\\
\text{恩克特（Echert）数} & Ec=\dfrac{v_0^2}{C_pT_0}
\end{array}\right\} \tag{2-33}$$

值得指出的是，在磁流体力学研究和应用中，通常有四个重要的无量纲参数：雷诺数 Re、磁雷诺数 Rm、哈脱曼数 Ha 和磁相互作用参数 N。

2.3.3 无量纲参数的定义及其物理意义

运用上述无量纲方程推导的一些结果，导出各个无量纲参数的定义及其物理意义，阐明这些无量纲参数对处理实际问题的作用。

2.3.3.1 雷诺数 *Re*

由方程（2-21）中的惯性力与黏性力之比，得到雷诺数：

$$Re=\frac{\text{惯性力}}{\text{黏性力}}=\frac{|\rho(\boldsymbol{v}\cdot\nabla)\boldsymbol{v}|}{|\eta\nabla^2\boldsymbol{v}|}=\frac{v_0L_0}{\nu} \tag{2-34}$$

其中，公式左右的两条垂线表示其中物理量的量级，ν 为运动黏性系数。

由普通流体力学可知，雷诺数 *Re* 决定电磁搅拌过程中钢水的流动状态。根据流体力学原理，管道中流动的临界雷诺数 $Re=2000\sim3000$，而电磁搅拌过程中由于钢水的密度很大而黏性系数又很小，其雷诺数远比此值大得多，约为 10^4 量级。因此，电磁搅拌过程中钢水流动属湍流流动的范畴。在湍流流动中，除壁面附近很薄的边界层（其厚度为 $\frac{1}{\sqrt{Re}}$ 量级）内，速度有很大变化外，流速可按断面取平均值，即把钢水的运动视为像导电板一样做刚体运动，这样大大有利于简化计算，而且不会引起太大的误差，这使某些电磁搅拌过程的设计变得非常简单化。

2.3.3.2 磁雷诺数 *Rm*

由于 *Rm* 与普通流体力学中雷诺数在形式上相似，故称磁雷诺数。但两者的物理本质却有很大的差别：*Re* 是从动力学概念即从力的概念导出的；而 *Rm* 是从运动学概念导出的，即磁场将如何受到流动的影响。引进磁雷诺数的实际意义在于：不必求解物理问题而能预先估计该问题的一些参数的大小。

磁雷诺数 *Rm* 可以分别从四个不同角度导出，并且有不同的物理解释：

（1）磁雷诺数 *Rm* 定义为磁扩散项与磁对流项之比。电磁学的感应方程（2-16）右边的第一项表示磁场随导电流体而运动，称磁对流项；而第二项则表示钢水电导率的有限性，视为磁黏滞性，即磁场受钢水阻滞而在其中扩散，称扩散项。两者之比即可导出磁雷诺数：

$$Rm=\frac{\text{磁对流项}}{\text{磁扩散项}}=\frac{|\nabla\times(\boldsymbol{v}\times\boldsymbol{B})|}{\left|\frac{\nabla^2\boldsymbol{B}}{\mu\sigma}\right|}\sim\frac{\frac{v_0B_0}{L_0}}{\frac{B_0}{\mu\sigma L_0^2}}=\mu\sigma v_0L_0=\frac{v_0L_0}{\nu_{\mathrm{m}}} \tag{2-35}$$

其中，ν_{m} 与普通流体力学中运动黏性系数的量纲相同，故称磁黏性系数。如果 $Rm\ll1$，即磁场受钢水运动的影响很小，此时磁扩散项占优势，因此在磁感应方程（2-17）中，流速可以看做常数。在很多电磁搅拌的实际问题中，钢水的流动都比较小，因此钢水流速对磁场的影响可以忽略不计，这样使原来耦合的方程（2-16）和方程（2-21）可以分别求解，这样可以大大简化计算而且不至于影响计算的精度。所以 $Rm\ll1$ 是电磁搅拌过程中经常使用的一个重要假定。

（2）磁雷诺数 *Rm* 定义为流体流动感生的电流与激发磁场的电流之比。由欧姆定律即方程（2-5）借助方程（2-2）和方程（2-3）可以导出磁雷诺数 *Rm* 的另一定义：

$$Rm=\frac{\text{流体运动感生的电流}}{\text{激发磁场}H\text{的电流}}=\frac{|\sigma \boldsymbol{v}\times \boldsymbol{B}|}{|\nabla \times \boldsymbol{H}|}\sim\frac{\sigma v_0 B_0}{\frac{H_0}{L_0}}=\mu\sigma v_0 L_0 \qquad (2-36)$$

由于方程（2－2）中的 H 是指钢水中的 H，是合成磁场，则在理想情况下，产生 H 的电流应是外加电流即激磁电流 I_0，如果 I 和 I_i 分别表示负载电流和感应电流，则 I、I_0 和 I_i 之间的相位关系见图 2－2。

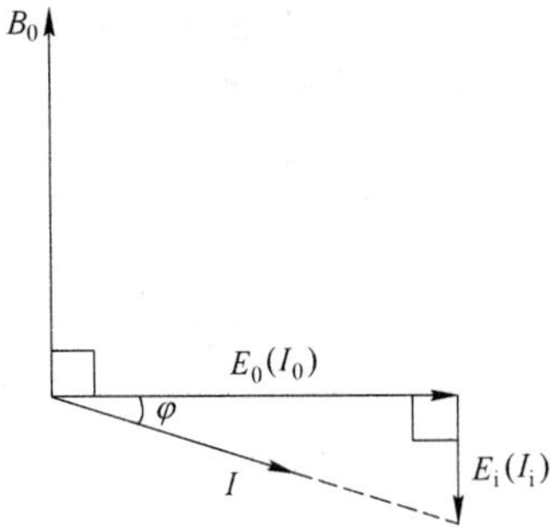

图 2－2 I_0、I_i 和 I 之间的相位图

用 φ 表示外加电流 I_0 与负载电流 I 之间的夹角，则由图 2－2 可见：

$$\tan\varphi=\frac{|I|}{|I_0|}\sim Rm \qquad (2-37)$$

其物理意义是：与普通流体力学定义的雷诺数 Re 相类似，在磁流体力学中，对流项可以比拟为电气的惯性即电抗，黏性项可以比拟为电气的黏性即电阻。所以，对流项与黏性项之比即电抗与电阻之比也可定义为磁雷诺数 Rm。由式（2－37）可见，Rm 表示感应电流相位迟后角的正切。所以在理想情况下，其功率因数为：

$$\cos\varphi=\frac{1}{\sqrt{1+Rm^2}} \qquad (2-38)$$

由此可见，Rm 减小，功率因数却随之增大，而电磁搅拌装置中的 Rm 一般比普通电机中的小得多，所以其功率因数也低得多。因为功率因数的大小反映各类电气装置对外做功的能力，所以，电磁搅拌过程中各类电磁搅拌装置对外做功的能力远比一般电机低得多。

低的功率因数表明各类电磁搅拌装置的无功功率或无功电流都比较大，故需要大容量的电容作补偿，可以说这是电磁搅拌装置的一个特点。

（3）磁雷诺数 Rm 定义为感应磁场与外加磁场之比。当钢水在磁场作用下流动时，在其中感生起感应电流，该感应电流伴生感应磁场 $\boldsymbol{B}_{\text{感应}}$，它将引起外加磁场 $\boldsymbol{B}_{\text{外加}}$ 的扰动，其扰动程度的指标就是磁雷诺数 Rm。如果 $\boldsymbol{B}_{\text{感应}}$ 很小，则钢水中合成的磁感应强度为：

$$\boldsymbol{B}_{\text{合成}}=\boldsymbol{B}_{\text{外加}}+\boldsymbol{B}_{\text{感应}}\approx\boldsymbol{B}_{\text{外加}}$$

而感应电流密度 $\boldsymbol{J}_{\text{感应}}$ 在流场特征长度 L_0 范围内环流，因此感应磁感应强度的量级为 $|\boldsymbol{B}_{\text{感应}}|\sim\mu\sigma v_0 B_0 L_0$，则由此得到 Rm 的新定义：

$$Rm=\frac{\text{感应磁场}}{\text{外加磁场}}=\frac{\sigma v_0 B_0 L_0}{H_0}=\frac{\mu\sigma v_0 B_0 L_0}{B_0}=\mu\sigma v_0 L_0 \qquad (2-39)$$

由此可见，Rm 表征感应磁场扰动外加磁场的程度。当 $Rm \ll 1$ 时，由于钢水运动产生的感应磁场对外加磁场无多大影响。因此，在电磁搅拌过程中，如果 $Rm \ll 1$，则可以把有钢水的工况看做无钢水的工况来处理。譬如，在电磁搅拌工况中，无钢水工况可以看做有钢水工况的近似，这样可以大大简化电磁搅拌参数的计算，而不会对计算结果产生太大的影响。

（4）磁雷诺数 Rm 定义为流场特征长度与磁场特征长度的平方比。如果引进磁场经钢水运动的特征长度 L_e，L_e 为普通电磁理论中的集肤效应的特征长度，即磁场特征长度为：

$$\delta = \sqrt{\frac{1}{\mu\sigma\omega}}$$

式中 ω——电磁场的角频率，$\omega = 2\pi f$；

f——电源频率。

因此，磁雷诺数为：

$$Rm = \frac{L_0^2}{L_e^2} = \frac{L_0^2}{\delta^2} = \mu\sigma\omega L_0^2 \tag{2-40}$$

由此可见，磁雷诺数 Rm 也可称为屏蔽参数。如果 $Rm \ll 1$，则磁场渗透厚度大于流场的线性尺度，磁场可以渗透到整个流场中。因此，磁雷诺数 Rm 可以作为电磁场频率（电源频率）和流场线性尺度之间匹配的依据。

通过上述磁雷诺数的四个不同定义，我们可以看出：

(1) 当 $Rm \ll 1$ 时，在磁场中钢水流动速度可以视为常数，感应方程（2-16）和运动方程（2-21）可以分别求解；

(2) 当 $Rm \ll 1$ 时，无钢水工况可以作为有钢水工况的近似；

(3) 磁雷诺数 Rm 的大小反映电磁搅拌装置对外做功的能力及其功率因数的大小；

(4) 磁雷诺数 Rm 也可以作为选择电磁场频率使之与流场特征长度相匹配的依据。

由此可见，磁雷诺数 Rm 是电磁搅拌过程中一个极其重要的无量纲参数。

2.3.3.3 哈脱曼数 Ha^2

由方程（2-21）右边的电磁力与黏性力之比得到哈脱曼数：

$$Ha^2 = \frac{\text{电磁力}}{\text{黏性力}} = \frac{|\boldsymbol{J} \times \boldsymbol{B}|}{|\eta \nabla^2 \boldsymbol{v}|} \approx \frac{\sigma v_0 B_0 B_0}{\eta \dfrac{v_0}{L_0^2}} = \frac{\sigma B_0^2 L_0^2}{\eta} \tag{2-41}$$

在普通流体力学中，黏性对流体来说是一种阻力；磁黏滞性对垂直穿过磁场的流体也产生阻力，故电磁力也可看做磁黏性力，因此哈脱曼数 Ha^2 可以比较磁黏性力作用的大小。如果 $Ha^2 \gg 1$，则磁黏性力超过普通流体的黏性力。这时，除了表面很薄的边界层外，黏性并不重要，流速可按断面平均。由于钢水电导率很大，约为 0.714×10^{-6} S/m，而动力黏性系数很小 $\eta = 6.4 \times 10^{-4}$ Pa·s，因而哈脱曼数 Ha^2 通常是很大的，这样可以大大简化分析计算。

2.3.3.4 磁相互作用参数 N

如果假定欧姆定律式（2-7）中的 $\boldsymbol{E}$ 与 $\boldsymbol{v} \times \boldsymbol{B}$ 为同一量级，则由方程（2-21）右边的电磁力与左边的惯性力之比，可以得到磁相互作用参数：

$$N = \frac{\text{电磁力}}{\text{惯性力}} = \frac{|\boldsymbol{J} \times \boldsymbol{B}|}{|\rho(\boldsymbol{v} \cdot \nabla)\boldsymbol{v}|} \approx \frac{\sigma v_0 B_0 B_0}{\rho v_0 \dfrac{v_0}{L_0}} = \frac{\sigma B_0^2 L_0}{\rho v_0} \tag{2-42}$$

由此可见，磁相互作用参数 N 表征磁场对钢水流动的作用程度，即：

$$N = \frac{\text{电磁力}}{\text{惯性力}} = \frac{\dfrac{\text{电磁力}}{\text{黏性力}}}{\dfrac{\text{惯性力}}{\text{黏性力}}} = \frac{Ha^2}{Re} \tag{2-43}$$

2.3.3.5 弗劳德数 *Fr*

由方程（2－21）左边的惯性力与其右边的重力之比，可以得到弗劳德数：

$$Fr=\frac{\text{惯性力}}{\text{重力}}=\frac{|\rho(\boldsymbol{v}\cdot\nabla)\boldsymbol{v}|}{|\rho\boldsymbol{g}|}\approx\frac{\rho v_0\dfrac{v_0}{L_0}}{\rho g_0}=\frac{v_0^2}{g_0L_0} \tag{2-44}$$

2.3.3.6 普朗特数 *Pr*

普朗特数 Pr 是与热力学有关的无量纲参数，其定义为：

$$Pr=\frac{\text{运动黏性系数}}{\text{热扩散系数}}=\frac{\eta c_p}{k} \tag{2-45}$$

2.3.3.7 恩克特数 *Ec*

恩克特数 Ec 也是与热力学有关的另一个无量纲参数，其定义为：

$$Ec=\frac{\text{绝对黏性系数}}{\text{外加温差}}=\frac{v_0^2}{C_pT_0} \tag{2-46}$$

2.3.4 连铸电磁搅拌过程中各种无量纲参数的量级

为了对钢水电磁搅拌过程中各个无量纲参数有个量级的概念，为此取特征长 $L_0=0.12\sim0.5\text{m}$，特征速度 $v_0=0.15\sim1.0\text{m/s}$，磁感应强度 $B_0=0.04\sim0.15\text{T}$，$\rho=7200\text{kg/m}^3$，动力黏性系数 $\eta=4.44\times10^{-3}\sim6.4\times10^{-3}\text{Pa}\cdot\text{s}$，电导率 $\sigma=0.714\times10^6\sim1.0\times10^6\text{S/m}$，磁导率为 $4\pi\times10^{-7}\text{H/m}$。其中四个重要的无量纲参数的量级大致见表2－2。

表2－2 各个无量纲参数的量级

参数名称	Re	Rm	Ha^2	N
量级	$0.29\times10^5\sim0.56\times10^5$	$0.016\sim0.63$	$0.37\times10^4\sim0.88\times10^6$	$0.13\sim1.57\times10^1$

由表2－2可见，Re 为 10^5 量级，表明在电磁搅拌过程中，钢水流动属湍流流动的范畴；当 $Rm<1$，在某些情况下，钢水流速对磁场的影响可以忽略；Ha^2 在 $10^4\sim10^6$ 的范围内，则电磁力远远大于黏性力，即是说，在电磁搅拌过程中，黏性并不重要。因此，借助无量纲参数的概念，针对具体电磁搅拌工况，可以在分析与计算中作必要的简化，而不至于影响所考察问题的实质。

2.4 电磁搅拌过程的相似性

2.4.1 电磁搅拌过程的相似方程

在电磁搅拌过程中，直接观察其中的MHD过程是困难的，而搞清其中的过程又是电磁搅拌装置设计计算、过程分析和寻求最佳工艺参数的基础。为此，常使用低熔点金属代替钢水，用小装置代替工业装置进行模拟研究，以求得电磁搅拌过程中MHD规律和MHD装置设计及积累运行经验。

为了描述不同导电流体和不同规模MHD装置中两个几何相似的MHD过程的相似性，必须确定MHD过程的相似参数即无量纲参数。为此，利用上面已经导出的无量纲方程组（2－28）～（2－32）。

由上面分析可见，如果两个不同的 MHD 过程相似，除几何相似外，还必须使相似参数即无量纲参数分别相等。就电磁搅拌的 MHD 而言，要求 Re、Rm、Ha^2 分别相等，所以 Re、Rm、Ha^2 也称相似准则。因此，利用无量纲方程（2－28）～方程（2－32）进行电磁搅拌过程的 MHD 的分析计算和模拟试验将是很方便的。

2.4.2 电磁搅拌过程在低频工况下的简化

由 2.3.3.2 节所述，在感应的磁感应强度很小时，由磁雷诺数定义即式（2－39）退化为：

$$Rm=\frac{\text{感应磁感应强度}}{\text{外加磁感应强度}}\sim\mu\sigma v_0 L_0 \tag{2-47}$$

在实际的电磁搅拌中，其中的特征速度 v_0 可取为磁场运动速度或滑差速度即磁场运动速度与钢水运动速度之差，而特征长度 L_0 可取为极距 τ。

以行波磁场电磁搅拌为例，此时 $Rm=\frac{\mu_0\sigma v_s}{\alpha}$，其磁场运动速度 $v_s=2\tau f$，波数 $\alpha=\frac{\pi}{\tau}$，则：

$$Rm=\frac{\mu_0\sigma v_s}{\alpha}=\frac{2\mu_0\sigma f}{\alpha} \tag{2-48}$$

显然，Rm 与频率 f 有关。由此可见，在低频工况下，Rm 非常小，如低频 5Hz 较之工频 50Hz，Rm 要小一个量级，因此铸坯中感应磁场对外加磁场的影响很小，由于外加磁场由负载电流确定，因此对负载电流的影响也很小。反之，在同样的外加磁场或相同的负载电流下，电磁力增加，而所需功率减小，功率因数降低。

在结晶器电磁搅拌或某些凝固末端电磁搅拌中，由于采用了低频电源馈电，此时 $Rm \ll 1$，因此有铸坯工况可以近似用无铸坯工况处理，这样可以大大简化电磁搅拌器的设计计算。

2.4.3 电磁搅拌过程中的几个定性结果

通过上述基本方程及有关无量纲参数的分析，可以得到如下一些有实用价值的定性结果：

（1）在电磁搅拌过程中，由于 $Re \gg 1$，$Rm < 1$，$Ha^2 \gg 1$，则除凝固面前沿很薄的边界层外，流速可以按截面平均。这样可以把原来互相耦合的电磁学方程组和流体力学方程组分别求解，因此，大大简化了电磁搅拌过程中 MHD 的分析和计算，且不至于造成太大的偏差。

（2）根据磁雷诺数 Rm 的定义，电磁搅拌过程中的电磁场频率和流场线性尺度、电磁力和功率因数之间应有合理的匹配。

（3）当 $Rm \ll 1$ 时，可利用无钢水工况代替有钢水工况进行电磁冶金装置参数的近似估计，特别是低频工况尤其如此。

（4）两个不同的 MHD 过程相似，除几何相似外，还必须使无量纲参数 Re、Rm、Ha^2 分别相等。

参 考 文 献

[1] 富拉索夫 A A. 宏观电动力学［M］. 北京：人民教育出版社，1959.

[2] 库里柯夫斯基 A Γ，留比莫夫 Γ A，著. 磁流体力学. 徐复，等译. 上海：上海科学技术出版社，1966.

[3] Moreau R. Magnetohydrodynamics. 1990.

[4] Shih－I Pai. Magnetogasdynamics and Plasma Dynamics. 1990.

[5] Cambel A B，Plasma. Physics and magnetofluid mechanics［J］. McGraw-Hill Book Company，1962.

[6] Sutton G W. Engineering magnetohydrodynamics［J］. McGraw-Hill Book Company，1965.

[7] Кирко И М. Жидкий Металл В Электромагнитном Поле "ЭНЕРГИЯ"，1964.

[8] 毛斌，等. 钢水连铸电磁搅拌的磁流体力学基础［J］. 钢铁研究，1988（1）：11～15.

[9] Nathenson R D，et al. Design of electromagnetic stirrers for continuous casting［J］. Iron and Steel Engineer，1986，(9)：36～43.

[10] 川瀬太郎ウ. 電磁誘導といの設計に関する基礎的考察. 電気学会雜誌，1987，8（947）：1582～1590.

[11] Hughes W F，et al. The electromagnetodynamics of fluids［J］. John Wiley Sons，Inc.，NewYork，1966.

3 连铸电磁搅拌的冶金原理

3.1 铸坯的凝固与传热

3.1.1 结晶器凝固过程中的传热

钢水经中间包通过浸入式水口进入结晶器，在结晶器里进行一次冷却，形成具有一定厚度的坯壳。最小的坯壳厚度是以在一定的拉速下，出结晶器时钢坯不被拉漏为原则。在这个冷却区热量主要是通过结晶器的冷却水带走的。从结晶器到二冷区的热量传输直接影响铸坯的质量，如表面裂纹、内部裂纹、铸坯的低倍组织结构（等轴晶和柱状晶的比例）等。钢水由液体转变为固体传输的热量包括：

（1）过热，即由浇注温度冷却到液相线温度放出的热量。

（2）潜热，即由液相线温度冷却到固相线温度放出的热量。

（3）显热，即由固相线温度冷却到某一温度放出的热量。

热量释放的方式主要有：

（1）对流。中间包注流进入结晶器，在液相穴内引起强制对流而进行的热量传递。

（2）传导。凝固前沿与坯壳的外表面形成温度梯度，把热量传递出去。

（3）对流 + 辐射。铸坯表面的辐射传热以及铸坯表面和喷淋水的热交换，把热量传递出去。

铸坯经过三个冷却区，以不同的方式把热量从凝固前沿传递到外界，使得铸坯逐渐凝固。所以凝固的速度取决于热量从坯壳传出的速度，而热量传递的速率又取决于坯壳和不同冷却区界面接触的状态。

3.1.1.1 传热机制

铸坯在垂直和水平方向上都有热量的散失。在垂直方向上，向上主要有钢水弯月面的散热，向下有沿铸坯拉坯方向的散热。一般来说，沿垂直方向的散热只占总散热量的3% ~6%，铸坯通过水平方向散失大部分的热量，达到一定的坯壳厚度。连铸坯的凝固过程是一个热量传递和释放的过程，过热、潜热、显热通过传导、对流、辐射 3 种方式传递出去。结晶器中热量的传递要经过以下几个过程：

（1）钢水的浇注过程中钢水和坯壳的对流换热。注流引起钢水的强制对流运动，把热量传递给坯壳。

（2）凝固坯壳的传导传热。

（3）坯壳和结晶器铜壁的传热。

（4）结晶器铜壁的传导传热。

（5）结晶器铜壁和冷却水的对流换热。

钢水经过上述 5 个环节把热量传递给冷却水。铸坯在结晶器中凝固收缩，在结晶器和铸坯之间形成了具有一定厚度的气隙，限制了热量的传递。气隙在结晶器的上部比较小，而且很不稳定，容易变化，这是因为在结晶器的这一段坯壳刚刚形成，不具有大的强度来抵抗钢水的静压力，钢水冷却收缩后在钢水的压力作用下又返回到结晶器壁，使得气隙消失。在结晶器的下部，坯壳厚度增加，足以抵抗钢水的压力，形成的气隙比较稳定。研究表明，气隙的热阻占总热阻的71% ~90%。

3.1.1.2　结晶器传热的计算

结晶器的传热系数不仅和坯壳的表面温度有关，而且还与钢的高温强度、线性收缩性及结晶器的长度和锥度有关。由于影响传热的因素复杂，通过实验方法测得铸坯和结晶器之间的传热情况再给予理论解释是很困难的。因此，一般采用热平衡法（结晶器传出的热量等于二冷水带走的热量）来研究结晶器的传热速率。

结晶器所带走的热量与结晶器进出水量、进出水的温差及铸机拉速等因素都有关，不同的文献采用的公式不同。据文献［5］和文献［6］，常用式(3-1)计算结晶器的热流密度：

$$\phi = A - Bt \tag{3-1}$$

式中　ϕ——瞬时热流，$kJ/(m^2 \cdot s)$；

t——铸坯运动到某一位置所对应的时间，s。

式(3-1)反映了结晶器传热热流大小的一个规律。由式(3-1)可以看出，通过平均热流密度可以求出 B 的值，从而得到与具体情况相对应的热流密度的表达式。

3.1.2　铸坯内部柱状晶区的形成

柱状晶区是表面层区晶体向内单向延伸生长的结果。随着液体中对流的减弱，型壁上或凝固层上晶体的脱落减少，结晶潜热的析出使界面前液体温度升高，细晶区不能扩展，而此时界面前温度梯度较大，成分过冷区小，一些细晶粒区的晶体转向为枝晶状单向生长。由于结晶中各枝晶的一次分枝方向不同，其中一次分枝的方向（如面心立方和体心立方〔100〕）与凝固方向接近者，长得较快，逐渐超过其他树枝而优先长大，其析出的潜热又使其他枝晶前沿的液体温度升高，从而抑制其他晶体的生长，更使自己优先向内延伸形成柱状晶。这种晶体生长过程中的相互竞争淘汰，称为晶体的“择优生长”。

如果柱状晶的长大过程中，在界面前沿始终保持较窄小的成分过冷区，或前方没有新的晶核形成，则柱状晶可一直延伸到铸件中心，直至与对面型壁长出的柱状晶相遇为止，这种柱状晶称为“穿晶”，在铸坯中称为“搭桥”。如果界面前方能生核长大，它们与柱状晶相遇，柱状晶停止长大，而在内部形成新的等轴晶区。

如前所述，界面前沿成分过冷区的大小，对于已知合金，主要与温度梯度与凝固速度的比值，即 G/R 有关，其中更重要的因素是温度梯度。

从界面以 R（cm/s）速度生长时的热平衡可知：

$$\lambda_S G_S = R\rho L + \lambda_L G_L \tag{3-2}$$

或

$$G_L = \frac{\lambda_S G_S - R\rho L}{\lambda_L} \tag{3-3}$$

可见，界面前液体中的温度梯度 G_L 主要取决于固相的导热能力（导热系数 λ_S 和固相中的温度梯度 G_S），这与铸型的导热能力有关。此外，G_L 还受合金其他性质（λ_S、L、

ρ）和界面生长速度 R 的影响。表面层刚形成时，G_S 最大，故在其他条件相同的情况下，界面前的温度梯度大，如液体中生核能力（包括晶体和分枝的脱落）小，最有利于柱状晶的形成。液态合金的导热系数 λ_L 小，也容易形成柱状晶。此外，浇注温度高、合金凝固温度范围小、液体流动的抑制、合金中有效质点少，都能促使柱状晶的发展。

3.1.3 铸坯内部中心等轴晶区的形成

从本质上来讲，中心等轴晶的形成是由于液体内部的独立生核和长大。存在着多种关于等轴晶生核的理论，各有自己的实验根据。等轴晶的形成很可能是多种途径的，在一种情况下可能这种机理起主导作用，而在另一种情况下可能另一种机理起主导作用，或者是几种途径的综合作用。归纳起来，等轴晶生核的途径有以下 4 种：

（1）液体中存在外来生核的质点。随着凝固层的向内推进，固相的散热能力越易削弱，而溶质原子在液体中越来越富集，从而引起成分过冷的增大，使外来质点（包括晶体碎片）能生核长大。外来质点的生核作用越强，其生核所需的过冷则越小，所以当采用很强的生核剂时，可以使铸件整个断面都获得细等轴晶。

（2）型壁晶体的脱落。在柱状晶中有时夹有个别的等轴晶粒，其来源只能用型壁晶体的脱落并包入来解释。

（3）晶枝上分枝的熔断脱落。

（4）液面冷却上部晶体的沉积。

3.1.4 二冷区铸坯的传热

具有一定坯壳厚度的铸坯离开结晶器后，进入二冷区进行进一步的冷却，使得中心液体在进入矫直区前完全凝固，所以铸坯在二冷区释放大量的热量才能完全凝固。在二次冷却的过程中，随着坯壳厚度的增加，铸坯导出的热量减少。理想的二冷配水应该是冷却水量沿着铸坯由上到下逐渐减少，这样就要把二冷区分为多个冷却段，但在实际应用中这是不能实现的，因此，一般把二冷区分为若干段，在每一段上水量是相同的。

3.1.4.1 传热机制

冷却水通过喷嘴喷水到铸坯的表面，表面温度突然降低，从而在铸坯的中心和铸坯的表面之间形成大的温度梯度，成为铸坯冷却的动力。铸坯中心的热量通过坯壳传到铸坯的表面，喷雾水滴再从铸坯表面把热量带走。二冷区铸坯的主要传热方式如图 3－1 所示。

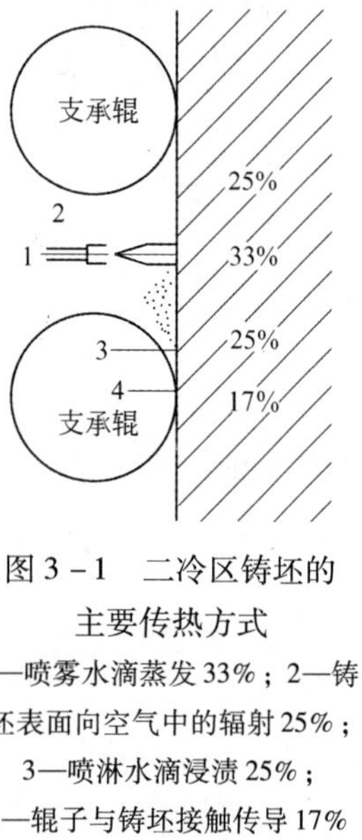

图 3－1 二冷区铸坯的主要传热方式

1—喷雾水滴蒸发 33%；2—铸坯表面向空气中的辐射 25%；3—喷淋水滴浸渍 25%；4—辊子与铸坯接触传导 17%

在设备和工艺一定的情况下，板坯的辐射传热和支承辊的接触传热变化不大，喷淋水的传热占据主导地位，为了提高二次冷却的效率，提高喷雾水滴和高温铸坯表面的热交换是必要的。其传热是一个很复杂的过程，可用式（3－4）来描述：

$$Q = h(T_s - T_w)A \qquad (3-4)$$

式中 Q——热流密度，$kJ/(m^2 \cdot s)$；

h——传热系数，$kJ/(m^2 \cdot s \cdot ℃)$；

T_s——铸坯的表面温度，℃；

T_w——喷淋水的温度，℃；

A——喷雾水冷却铸坯表面积，m^2。

由式（3-4）可以看到，除了冷却水温度和铸坯的表面温度对传热有影响外，其他的影响因素都反映在传热系数上。想要提高二冷区的冷却效率，保证铸坯的质量，就要合理地确定二冷区各段传热系数的分布。

3.1.4.2 二冷区的传热系数

二冷区传热系数 h 反映了铸坯表面和二次冷却水的传热效率，h 越大，则传热效率就越高，它与许多因素有关，如喷水量、水温、水流密度、喷水压力、喷嘴距离、喷嘴结构，铸坯表面温度等，一般通过实验的方法测定统计后，然后用经验公式表示。

二冷区传热的影响因素有以下几个方面：

（1）铸坯表面温度。热流与表面温度不是线性关系，可分为三种情况：

1）热流随温度升高而增加，此时为对流传热；

2）随温度升高热流下降，在高温表面有蒸汽膜，有核态沸腾状态；

3）热流几乎与表面温度无关，甚至呈下降趋势，表面形成稳态蒸汽膜阻止喷射水滴与铸坯接触。

（2）水流密度。水流密度是指铸坯在单位时间内单位面积上所接受的冷却水量。水流密度增加，传热系数增大，它们之间的关系以经验公式表示为：

$$h = AW^n \tag{3-5}$$

式中 n 取值 0.5～0.7；

A——常数；

W——水流密度，$L/(m^2 \cdot s)$。

但是，不同的作者得到的 h 与 W 的经验公式不同。

3.1.5 二冷区铸坯的凝固

铸坯在二冷区的冷却直接影响到铸机产量和铸坯质量。当其他工艺条件一定时，二冷强度增加，可提高拉坯速度；同时，二次冷却强度又与铸坯缺陷（如内部裂纹、表面裂纹、铸坯鼓肚和菱变形等）密切相关。因此，了解铸坯在二冷区的传热规律，对制定合理的二冷制度，提高铸机产量和铸坯质量都是十分重要的。

铸坯在二冷区凝固时，中心部分的热量通过坯壳传到表面，而表面接受喷水冷却，使温度降低，这样就在铸坯表面和中心之间形成了较大的温度梯度，为铸坯的冷却传热提供了动力。不同类型的连铸机或不同的工艺条件下，各种传热方式的传热比例可能有很大的区别。对小方坯连铸机而言，二冷区主要是纯辐射和喷雾水滴蒸发两种传热方式，而对板坯和大方坯连铸机则有上述四种传热方式。但占主导地位的还是喷雾水滴与铸坯表面之间的传热。因此，要提高二冷区的传热效率，获得最大的凝固速度，就必须尽可能地改善喷雾水滴与铸坯表面之间的热交换。

二冷区凝固传热的影响因素有：

（1）铸坯表面温度。由图 3－2 可知，热流与铸坯表面温度 T_s 不是线性关系，可分为三种情况：

1）$T_s < 300℃$，热流随 T_s 增加而增加，此时水滴湿润高温表面，为对流传热；

2）$300℃ < T_s < 800℃$，随温度提高热流下降，在高温表面有蒸汽膜，呈核态沸腾状态；

3）$T_s > 800℃$，热流几乎与铸坯表面温度无关，甚至呈下降趋势，这是因为高温铸坯表面形成了稳定的蒸汽膜，阻止了水滴与铸坯接触。

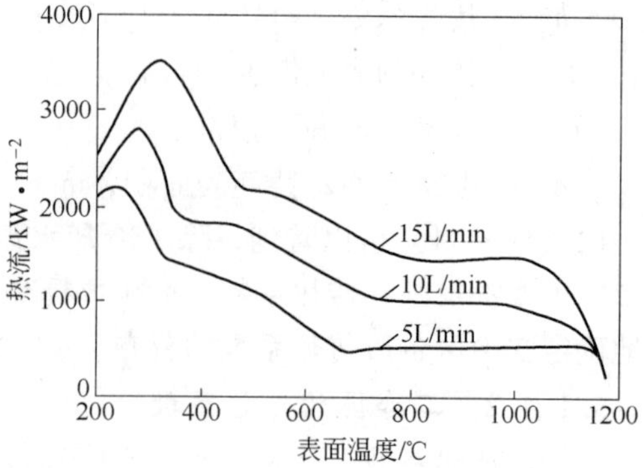

图 3－2　铸坯表面温度与热流的关系

可是，二冷区铸坯表面温度在 1000～1200℃之间，因此应通过改善喷水雾滴状况来提高传热效率。

（2）水流密度。水流密度是指铸坯在单位时间单位面积上所受的冷却水量。试验表明，水流密度增加，传热系数增大，从铸坯表面带走的热量也增多。这是因为水流密度增加，单位体积水滴数目增加，它与喷射在铸坯表面而被反弹回来的液滴相撞失去了能量，使得水滴不能穿透蒸汽膜而达到铸坯表面的缘故。

（3）水滴速度。水滴速度决定于喷水压力和喷嘴直径。水滴速度增加，穿透蒸汽膜达到铸坯表面的水滴数增加，提高了传热效率。

（4）水滴直径。水滴直径大小是雾化程度的标志。水滴尺寸越小，单位体积水滴个数就越多，雾化就越好，有利于铸坯均匀冷却和提高传热效率。

水滴的平均直径是：压力水喷嘴，200～600μm；气－水喷嘴，20～60μm。水滴越细，传热系数越高。

（5）喷嘴的布置。喷嘴的布置对传热也有重要的影响。如果喷嘴布置不合理，会造成铸坯表面局部冷却强度的差异，使铸坯经历反复的强冷和回热，容易造成铸坯表面和内部裂纹的产生。为了使铸坯承受最小的热应力，必须合理地布置喷嘴，对铸坯进行均匀的冷却。

由于连铸坯特别是板坯在角部的散热条件不好，冷却强度大，因此靠近角部的喷水量应当少些。有的板坯在靠近角部 50mm 处不直接喷水冷却。由于喷嘴在覆盖边缘处冷却强度较弱，因此边缘处采用覆盖重叠的布置法。

3.1.6　二冷区凝固坯壳的生长

二冷区坯壳的生长服从于凝固平方根定律。由于在二冷区冷却水直接喷射到铸坯表面上，冷却强度较大，凝固速度较快，因此坯壳生长厚度决定于二冷水量，如图 3－3 及图 3－4 所示。

以比水量来表示冷却强度，即通过二冷区单位质量铸坯所接受的水量（L/kg）。比水量的大小主要决定于钢种，一般取 0.5～1.5L/kg。对低碳钢或裂纹不敏感钢，比水量取大一些；对高碳钢、合金钢或裂纹敏感钢，比水量取小一些。

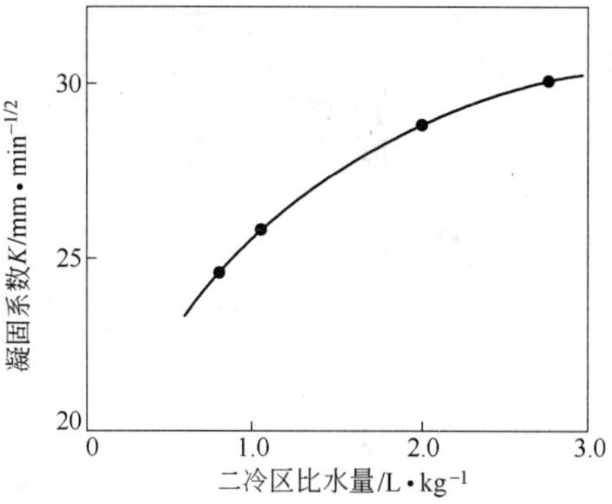

图 3 - 3　小方坯的凝固系数与冷却强度的关系

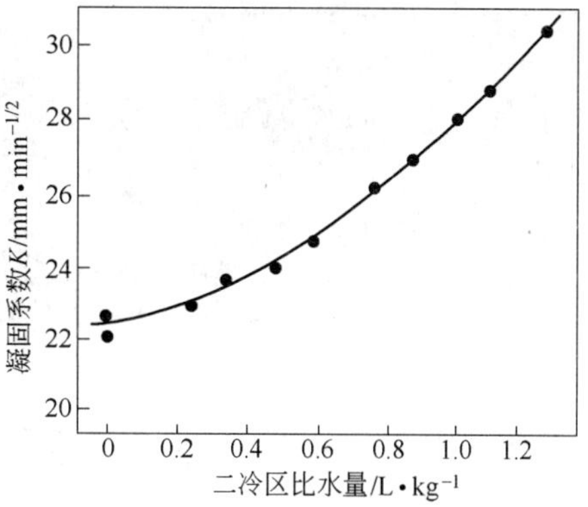

图 3 - 4　板坯的凝固系数与冷却强度的关系
220mm × 1600mm，拉速 1.15m/min

3.2　电磁搅拌对铸坯凝固组织影响的冶金原理

3.2.1　结晶器电磁搅拌对铸坯凝固组织的影响

加强液体在浇注和凝固期间的流动促使已凝固层晶体和分枝的脱落，造成较强的温度起伏，加强晶体脱落以后的增值作用，都可获得细等轴晶。如使这种流动保持在整个凝固过程中，先脱落的晶体即使重新熔化，新脱落的晶体仍在不断产生，故其细化作用受浇注温度的影响很小。

电磁搅拌可以改善铸坯凝固组织，增加等轴晶率，减少中心偏析。在旋转磁场中，铸坯中的液体金属不断切割磁力线，从而被搅动。因此，旋转的液体金属不断地冲刷着以后的凝固层，这种冲刷作用是很强的，而且可以保持于整个凝固过程中。从理论上说，它可以施加于凝固过程的不同阶段，可以使铸件外部为粗晶粒而内部为细晶粒，也可以使铸件的不同部分获得不同的晶粒组织。

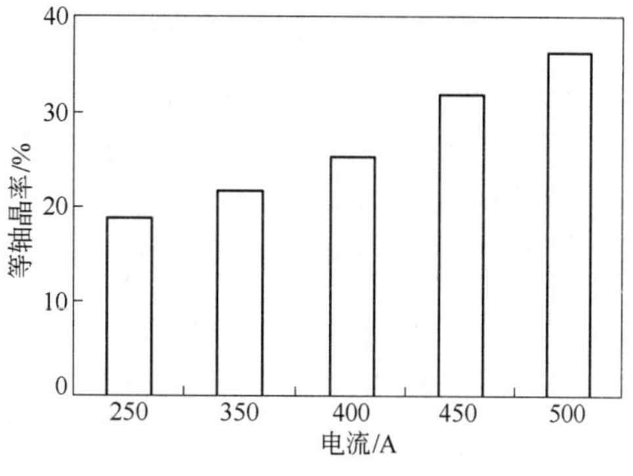

图 3 - 5　电磁搅拌对重轨钢等轴晶率的影响

图 3 - 5 是电磁搅拌对重轨钢等轴晶形成的影响。由图可见，电磁搅拌下铸坯的等轴晶率比未搅拌的等轴晶率有显著的提高。对于重轨钢搅拌电流由 250A 增至 500A，铸坯中心区等轴晶率由 18.80% 增至 36.24%。

图 3 - 6 是结晶器电磁搅拌对重轨钢低倍组织的影响。由图可见，在连铸拉速、过热度基本相当的条件下，增大电磁搅拌电流强度，重轨钢铸坯凝固组织的致密性和均匀性明显增加。

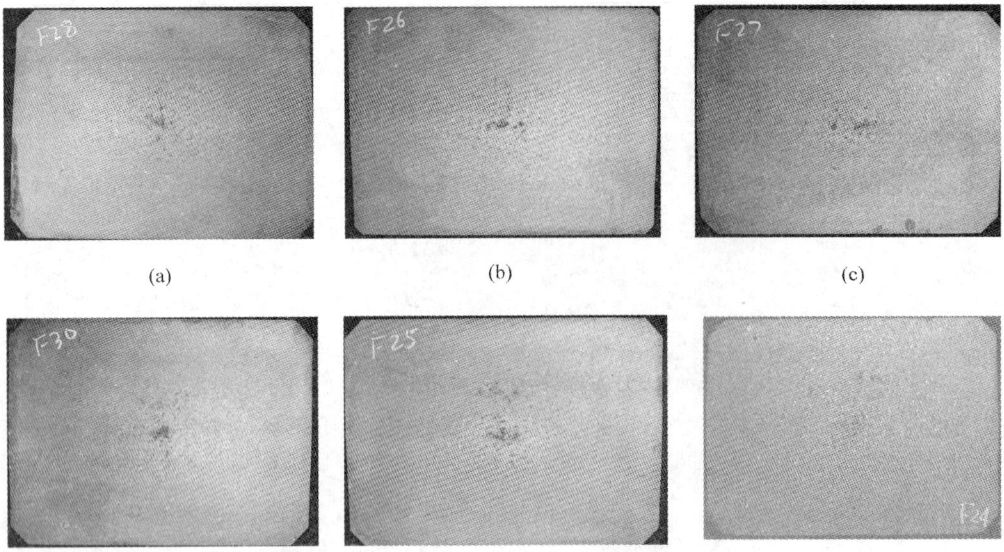

(a) (b) (c)

(d) (e) (f)

图 3-6 电磁搅拌对重轨钢低倍组织的影响

(a) $I=250\mathrm{A}$ ($\Delta T=35$℃，$v_c=0.75\mathrm{m/min}$)；(b) $I=300\mathrm{A}$ ($\Delta T=35$℃，$v_c=0.75\mathrm{m/min}$)；
(c) $I=350\mathrm{A}$ ($\Delta T=35$℃，$v_c=0.75\mathrm{m/min}$)；(d) $I=400\mathrm{A}$ ($\Delta T=35$℃，$v_c=0.75\mathrm{m/min}$)；
(e) $I=450\mathrm{A}$ ($\Delta T=35$℃，$v_c=0.75\mathrm{m/min}$)；(f) $I=500\mathrm{A}$ ($\Delta T=35$℃，$v_c=0.75\mathrm{m/min}$)

3.2.2 二冷区电磁搅拌对铸坯凝固组织的影响

二冷区电磁搅拌恰好在柱状晶强劲生长的区域，通过搅拌钢水使先期生长的柱状晶破碎，与钢水混合在一起，随后将成为后期凝固的等轴晶的核心；同时搅拌将促进未凝固钢水流动，加强对流作用，提高固液相间的热传导，有利于消除残余过热度，减轻凝固前沿的温度梯度，抑止晶体的定向增长，从而有利于等轴晶的增长。S-EMS 可以改善凝固组织，扩大铸坯中心等轴晶区域，减轻中心偏析和中心疏松。凝固末端电磁搅拌发生在凝固末端的糊状区，具体位置的选择十分关键，通过搅拌促进高浓度钢水对流，消除晶间的搭桥，从而减轻铸坯中心偏析和中心疏松。

图 3-7 所示为二冷区电磁搅拌对准硅钢凝固组织的影响。

由图 3-7 可以看出，铸坯凝固组织由三个结晶区组成，即激冷层（边缘等轴晶）、柱状晶区和中心等轴晶区。

本实验所用钢种均为高碳钢，钢中的合金元素量也较高，实验时冷却强度大，而且钢水过热度较低；同时，由于钢水量少，钢水与感应炉坩埚和中间包耐火材料的相对接触面积较大，致使溶入或被裹入钢水的耐火材料量较大，使钢水形核能力增加。这些因素都有利于等轴晶的形成。在未经电磁搅拌的铸坯组织里，等轴晶率也很高，平均占 85% 左右；经过电磁搅拌的铸坯，等轴晶率进一步提高，平均占 93% 左右，而且等轴晶晶粒较未经电磁搅拌的更加细化。

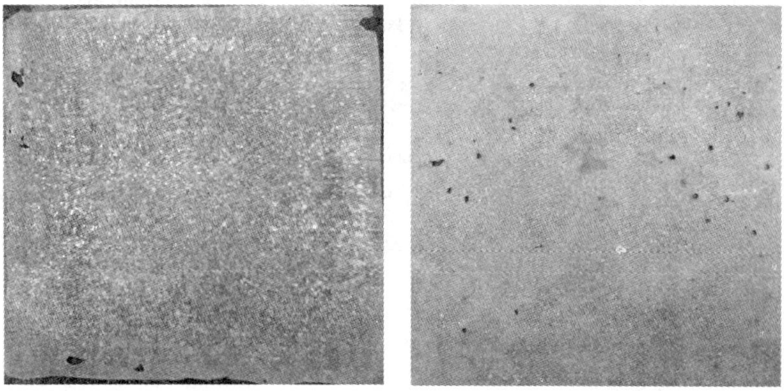

(a) (b)

图 3 –7 二冷区电磁搅拌对准硅钢凝固组织的影响（$T=1530℃$，$Q=11.2m^3/h$）

（a）无电磁搅拌，等轴晶率 83%；（b）有电磁搅拌，300A，12s，等轴晶率 92%

3.2.3 末端电磁搅拌对铸坯凝固组织的影响

图 3 –8 所示为 65Mn 铸坯有无末端电磁搅拌下的低倍组织对比。由图可知，在连铸拉速、过热度基本相当的条件下，在末端电磁搅拌下，65Mn 铸坯凝固组织的致密性和均匀性明显增加。

(a) (b)

图 3 –8 65Mn 铸坯有无末端电磁搅拌下的低倍组织对比

（a）有末端电磁搅拌；（b）无末端电磁搅拌

连铸过程中，钢水被铜质结晶器和结晶器下方的喷淋水强制冷却，然后以柱状晶的形式由表面向中心生长，只要钢水温度在液相线温度之上就一直强制冷却。当铸坯凝固到中心时，钢水在凝固两相区流动，偏析形成的浓化钢水通过两相区内的“通道”往下流动。按照小钢锭结构的形成机理，发达的柱状晶会导致中心部分“搭桥”，阻碍钢水补充。在临近最后凝固时，钢水在“通道”中形成了“V”形偏析。小方坯凝固结构中“搭桥”的形成，加剧了溶质元素（S、P、Mn、C）的中心偏析，最终导致中心疏松和中心偏析。

凝固过程中，当凝固壳受到拉伸形变时，由于柱状组织对柱间裂纹的高敏感性，使得在整个浇注断面上这种析出物进一步增加。电磁搅拌的基本功能是使钢水产生强烈运动，使过热度更快消失，同时促进枝晶的增加，两种效果都会抑制柱状晶的生长而有利于断面中心等轴晶组织的形成。很显然，通过减少两种不利因素（即小钢锭结构和内部裂纹），就可以提高连铸产品的内在质量。凝固末端电磁搅拌（F-EMS）使铸坯内部产生电磁力。在电磁力的作用下，铸坯内部钢水开始旋转。中心高温的钢水绕使枝晶倾斜，导致树枝晶根部熔化脱落，成为凝固的核心，使组织更加致密。另外，机械力的作用也可折断正在长大的树枝晶，增加等轴晶晶核。

3.2.4　电磁搅拌对铸坯凝固组织影响的分析

熔体的流动可以分为枝晶间熔体流动与枝晶外部熔体的流动。从微观来看，在熔体与两相区的分界面上，初生枝晶在液相中的生长的情况如图 3－9 所示。当枝晶间彼此尚未接触时，枝晶外部熔体的宏观流动与枝晶间熔体的局部流动相互独立，枝晶外部熔体能够携带等轴枝晶共同运动，但两相混合物的表观黏度随固相百分数的增大而迅速增大。枝晶外熔体的局部流动对一次枝晶臂尖端的生长情况有重要的影响，直接影响到晶粒的最终尺寸及枝晶由尖端生长向熟化过程转变的临界条件。枝晶间熔体的局部对流作用对凝固组织及溶质元素的分布具有更重要的影响：一方面，对流作用直接改变了溶质在枝晶间不同部位的浓度；另一方面，由于对流作用改变了一次枝晶间距，在两相区内部，由于枝晶臂与熔体之间的温差电动势而产生的局部感生电流与磁场交互作用，使晶间熔体受到洛伦兹力的作用，在熔体中产生强迫对流，使整个熔体内部的温度梯度减小、液穴变浅、两相区变宽，通过枝晶重熔效应将初生凝固壳处熔断的枝晶臂带入熔体内部，促进了异质形核，从而有效地细化了晶粒。

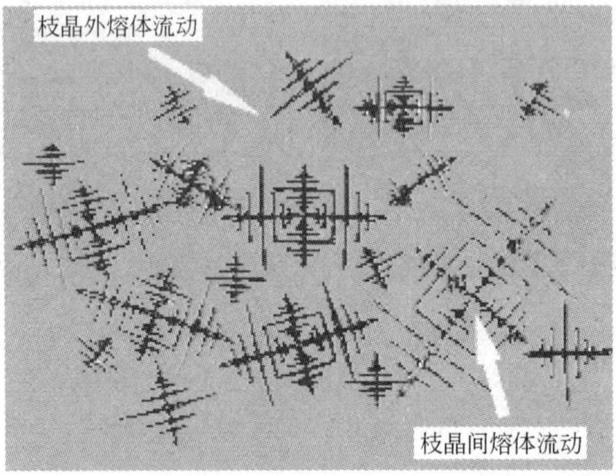

图 3－9　等轴晶凝固过程中的凝固前沿示意图

对于凝固体系来说，焦耳热相当于内热源，它将使凝固系统的整体冷却速度降低，过冷度减小。对于固液共存的状态而言，因为固体金属的电导率比同材质的液体金属大数倍，所以固相是电流优先选择的通道，因而固相内产生的热效应大于相邻的液相。因此，完全有可能导致固相的重熔，至少可以促进降低界面处的温度梯度和整体的同时凝固。

在施加旋转电磁场作用的情况下，由于引起结晶前沿的金属液发生流动而改变晶体的生长状态。当金属液呈层流流动时，树枝晶迎流倾斜生长的特点，使枝晶向迎流方向倾斜，在横断面上形成与液流旋转方向一致的倾向柱状晶。电磁力增大，流速增大，如果在结晶前沿处金属液的流动状态呈湍流，界面前沿的液固两相区会增厚，由于旋转电磁场为连续旋转，再加上由于每相绕组通过正弦交流电时，所产生的是在空间按正弦分布且随时间按正弦变化的磁场，从而使结晶前沿的柱状晶反复产生形变而熔断或折断。

3.3 电磁搅拌对铸坯凝固坯壳影响的冶金原理

3.3.1 结晶器内坯壳的形成

钢水浇入结晶器是进入凝固全过程的第一个区域，在该区域把钢水与结晶器接触部分激冷成设计的外壳尺寸，除了小部分的热量从钢水弯月面垂直向上辐射及垂直传导到铸坯的下部外，绝大部分的热量从铸坯表面通过结晶器壁水平传导给结晶器冷却水。

在结晶器冷却区内，冷却铜结晶器的水，迅速带走钢液大量的热，使铸坯尽快形成均匀且具有一定厚度的坯壳，以抵抗钢液的静压力，保证铸坯在拉出结晶器时有足够的强度，而不致发生拉漏事故。

钢液注入结晶器后，即与铜壁接触，急剧冷却，很快形成了钢液－凝固壳、凝固壳－铜壁的交界面。沿结晶器的竖直方向，按坯壳表面与铜壁的接触状况可将钢液的凝固过程分为弯月面区、紧密接触区、气隙区三个区域，如图 3－10 所示。

3.3.1.1 弯月面区

注入到结晶器内的钢液与铜壁接触，形成一个半径很小的弯月面，如图 3－11 所示。

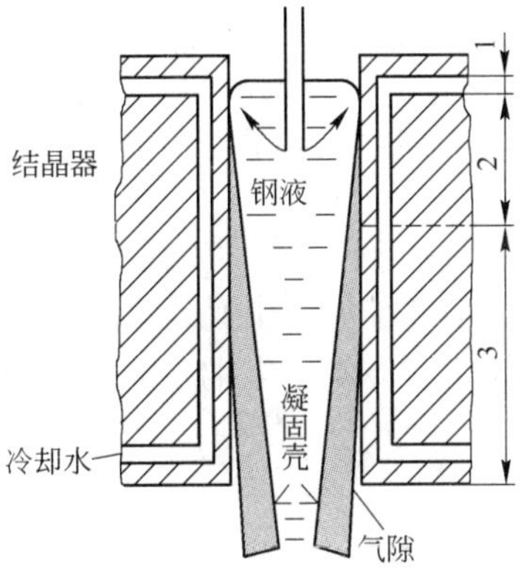

图 3－10 钢液在结晶器内的凝固
1—弯月面区；2—紧密接触区；3—气隙区

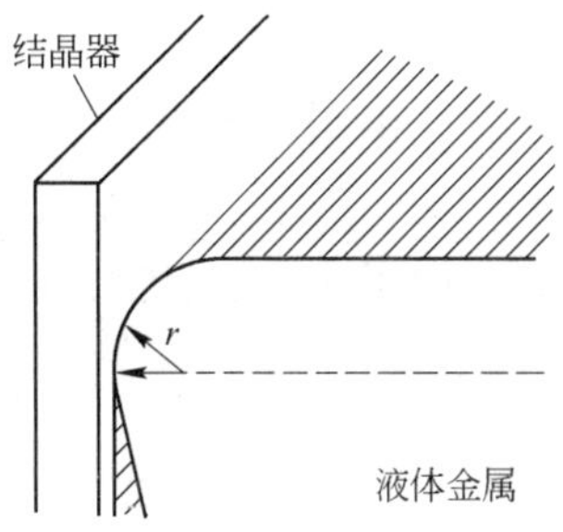

图 3－11 钢液与铜壁弯月面的形成

在半径为 r 的弯月面根部，由于冷却速度很快（100℃/s），初生坯壳很快形成。在表面张力作用下，钢液面具有弹性薄膜的性能，能抵抗剪切力。随着结晶器的振动，向弯月面下输送钢液而形成新的固体坯壳。

3.3.1.2 紧密接触区

弯月面下部的初生坯壳由于不足以抵抗钢液静压力的作用，与铜壁紧密接触，如图

3－12（a）所示。在该区域坯壳以传导传热的方式将热量传输给铜壁，越往接触区的下部，坯壳越厚。

3.3.1.3　气隙区

坯壳凝固到一定厚度时，发生 $\delta \rightarrow r$ 的相变，引起坯壳收缩，牵引坯壳向内弯曲，脱离铜壁，气隙开始形成。然而，此时形成的气隙是不稳定的，在钢液静压力的作用下，坯壳向外膨胀，又会使气隙消失。这样，接近紧密接触区的部分坯壳，实际上是处于气隙形成和消失的动态平衡过程中。根据测定，方坯的气隙宽度为 1mm，板坯的气隙宽度为 2～3mm。气隙形成后，坯壳与铜壁之间以辐射和对流的方式进行热传输。

值得注意的是，随着气隙的形成，传热减慢，气隙形成区的坯壳表面会出现回热，导致坯壳温度升高，强度降低，在钢液静压力的作用下，坯壳将发生变形，形成皱纹或凹陷。同时，凝固速度降低，坯壳减薄，坯壳局部收缩会造成局部组织的粗化，如图 3－12（b）所示，从而产生明显的裂纹敏感性。

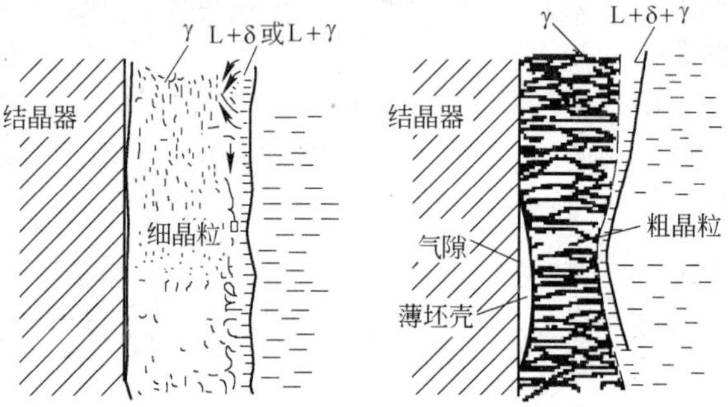

图 3－12　钢液与结晶器铜壁的紧密接触（a）与气隙的形成（b）

在结晶器的角部区域，由于是二维传热，坯壳凝固最快，最早收缩，气隙首先形成，使传热减慢，推迟了凝固。随着坯壳的下移，气隙从角部扩展到中心，由于钢液静压力的作用，结晶器中间部位的气隙比角部要小，因此角部坯壳最薄，常常是产生裂纹和拉漏的敏感部位，如图 3－13 所示。

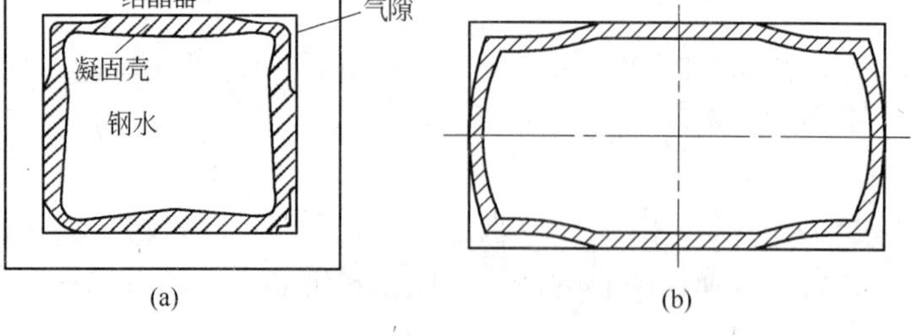

图 3－13　横向气隙形成

（a）方坯；（b）板坯

3.3.2 结晶器内坯壳的生长规律

被拉出结晶器的铸坯的坯壳必须有足够的厚度，以防在失去铜壁支撑后变形或漏钢。一般来说，小方坯要求出结晶器下口处坯壳厚度应大于 8 ~ 10mm，板坯要求厚度应为 15 ~ 20mm。计算结晶器的坯壳厚度公式见式（3 - 6）：

$$\delta = K\sqrt{t} = K\sqrt{\frac{l}{v}} \tag{3-6}$$

式中 δ——坯壳厚度，mm；

K——凝固系数，$mm/min^{1/2}$；

t——凝固时间，min；

l——结晶器有效长度，mm；

v——拉坯速度，mm/min。

凝固系数 K 代表了结晶器的冷却能力，选择合适的 K 值就可以准确地计算出结晶器的坯壳厚度。

3.3.3 钢液在结晶器内凝固的影响因素

在传热的过程中，由于坯壳与结晶器壁间存在气隙，而气隙的热阻又最大（气隙热阻占热阻的 70% ~90%），因此，气隙是结晶器传热的限制性环节，它对结晶器内钢液凝固的快慢起着决定性的作用，显然减小气隙热阻就成为改善结晶器传热的首要问题。钢液在结晶器内凝固的影响因素如下：

（1）结晶器设计参数对传热的影响，包括结晶器锥度、结晶器长度、结晶器材质、结晶器内表面形状的影响。

（2）操作因素对结晶器传热的影响，包括冷却强度、（强制对流、核沸腾、膜态沸腾）、冷却水质、结晶器润滑、拉速、钢液过热度的影响。

（3）钢液成分的影响。对结晶器导出热量的研究发现，当钢中碳含量为 0.12% 左右时，热量最小，因此结晶器铜壁温度波动较大，约为 100℃；当碳含量大于 0.25% 时，热量基本不变。此外，对坯壳的研究发现，当碳含量为 0.12% 左右时，坯壳内外表面均成皱纹状，随着碳含量增加，皱纹减少。通常认为，这是由于碳含量为 0.12% 时，坯壳有最大的收缩（0.38%），因此形成较大的气隙，而且此时的硫、磷的枝晶偏析小；坯壳高温强度高，钢液静压力要将坯壳压向铜壁比较困难，钢液在弯月面下凝固后，形成较大的弯曲和气隙，导致坯壳表面与结晶器壁接触面减小，所以热流最小，形成坯壳最薄，而且不均匀，这是这种碳含量的钢容易产生裂纹和拉漏的原因。

3.3.4 结晶器电磁搅拌对铸坯凝固坯壳的影响

由于电流的周期交变性和线圈在周向分布的对称性，电磁场对金属熔体所产生的电磁力表现为水平面内的切向力和离心力。在电磁搅拌力的作用下，金属熔体所产生的强迫对流（又称动量对流）改变了金属凝固的传质、传热过程。金属凝固时熔体黏度是沿径向向外逐渐增大的。当施加电磁场时，一定强度的电磁力只能搅动低于某一黏度的金属熔体，这样在半固态区域里就存在一个边界层区域，边界层以内的金属熔体在动量对流作用下使热、质均匀传输。边界层是受动量对流影响的区域，它受到剪切的黏滞力作用；边界层外的金属熔体则不受电磁搅拌力的作用。边界层是电磁驱动力对金属熔体作用下凝固壳变薄的原因。动量对流强度一定时，随着凝固时间的延长，熔体用的极限区域，该区域的金属熔体具有特征固相分数，特征固相分数与电磁搅拌力大小有关。增大动量对流强度可使边界层外移，动量对流强度越大，则可搅动的金属熔体的黏度越大，边界层外移得越多，这就是磁场使表观黏度增大，边界层向内移动。一定凝固时间后（$t=40s$），熔体黏度增大致使边界层不再移动，施加电磁搅拌与未加电磁搅拌的凝固壳相差不大。在均匀的电磁搅拌力作用下，随着凝固时的延长，边界层均匀向里移动，因此在电磁搅拌力作用下凝固壳更为均匀。此外，凝固壳均匀生长还有利于防止裂纹的萌生。

分别在不施加和施加磁感应强度为 36mT 的电磁场两种条件下，铸坯在凝固一定的时间（5s、10s、20s 和 40s）后，提拉铸型得到不同厚度的凝固壳。图 3－14 和图 3－15 所示为所测得的凝固壳平均厚度及其标准差 S。当凝固时间 $t<40s$ 时，施加电磁场条件下的凝固壳厚度都比未加电磁场的明显变薄，随着凝固时间延长，两种条件下坯壳厚度的差值减小；当 $t=40s$ 时，施加电磁场条件下的凝固壳反而比没施加电磁场的略微大一些。由图 3－15 可见，无论凝固时间多长，施加电磁场所形成的凝固壳厚度的标准差比未加电磁场的都小，即施加电磁搅拌后铸坯的凝固壳厚度更均匀，这样有利于防止裂纹的产生。

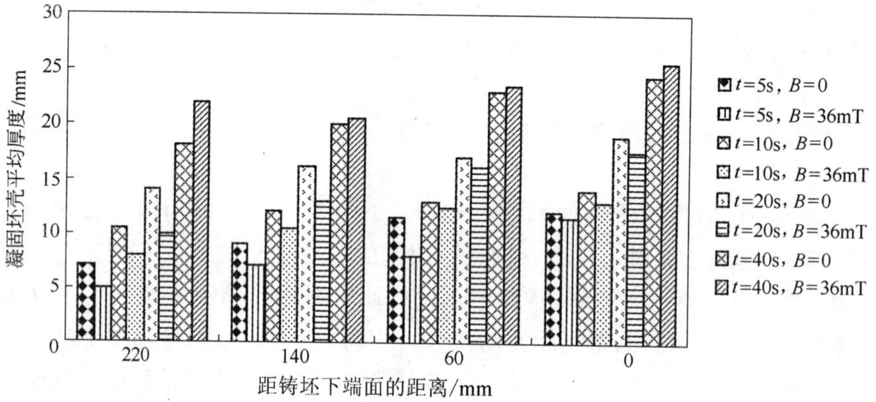

图 3－14　不同结晶器电磁搅拌条件下凝固壳的平均厚度

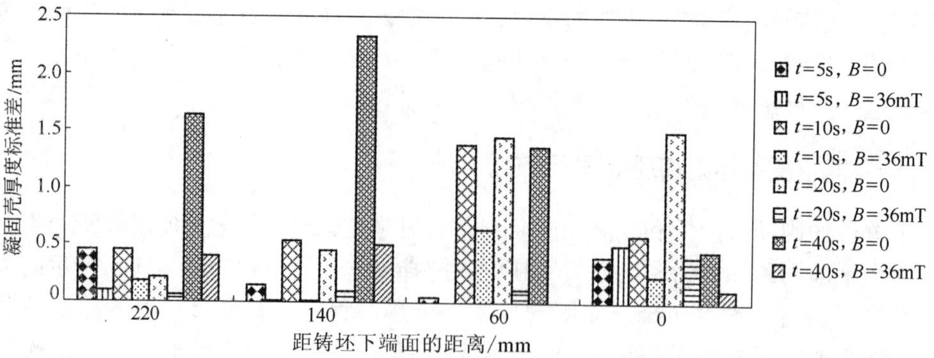

图 3－15　不同结晶器电磁搅拌条件下凝固壳厚度的标准差

图3－16所示为距铸坯底端100mm处凝固壳厚度与凝固时间（t）平方根的关系。由图可见，当$t<5s$时，施加电磁场比未施加电磁场时熔体的凝固速率减小了；施加电磁场时，在强迫对流的作用下加快了熔体的质量传输过程，将内部的热量带到靠近型壁处，因而靠近型壁处的熔体温降较小，故开始阶段的凝固速率较低，当$5s \leqslant t \leqslant 20s$时，未施加与施加电磁场的熔体的凝固速率相差不大，该阶段施加电磁场使内部熔体的温度梯度变小；当$20s \leqslant t \leqslant 40s$时，施加电磁场条件下熔体温度已降至固液两相区内接近固相线，且心部熔体的温度梯度较小，此时固相分数随温度降低快速增大，故凝固速率增大；当$t \geqslant 140s$时，凝固壳已经很厚，施加电磁场对熔体的温度梯度影响不大，两种条件下凝固速率相差不大，铸坯的凝固壳厚度基本相同。

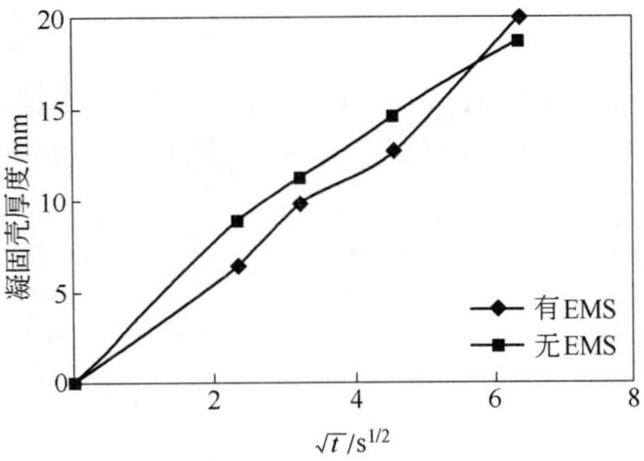

图3－16 凝固壳厚度与凝固时间平方根的关系

3.4 电磁搅拌对铸坯中心疏松影响的冶金原理

3.4.1 铸坯中心疏松的形成

中心疏松是铸坯中心线附近的小孔隙。中心疏松的产生可以看成是铸坯凝固时由于柱状晶向中心生长，碰到一起造成了“搭桥”，阻止了钢水向桥下面钢水凝固收缩的补充，在凝固末期，在铸坯厚度中心的枝晶间产生微小空隙，全部凝固后就留下许多小孔隙。小钢锭凝固理论认为，当浇注碳含量超过0.45%的钢时，即使是中等过热度的钢液也有柱状晶强烈增长的趋势，易形成枝晶“搭桥”，形成“小钢锭”结构而产生中心疏松。中心疏松的主要影响因素有浇注速度、浇注温度、铸坯断面形状、钢的成分等，特别是钢中碳含量。

研究表明，液体金属凝固时补缩的动力有表面张力、液态金属的压力以及可能有的外界强制力等；液态金属补缩的阻力有补缩液体的黏滞力、晶间弯曲通道阻力等。随着凝固的进行，补缩通道进一步变窄，缩小成毛细管状，根据金属凝固理论和流体力学理论，可建立式（3－7）的模型：

$$\frac{u}{D}=\frac{d^2G}{32\mu\Delta T\varphi\eta}\left(\frac{G}{\Delta Y\eta}\left(\frac{4\sigma}{d}+p\right)-\gamma\right) \tag{3-7}$$

式（3－7）左端表示液态金属单位时间所流过的晶粒的个数。其中，u为液态金属的补缩速度；D为晶粒的平均直径；d为毛细管内径；G为固液相两相区的温度梯度，$G>0$；μ为液态金属的动力黏度；ΔT为结晶温度范围；φ为系数；η为补缩通道的实际长度与固液两相区的厚度之比；σ为液态金属的表面张力；p为外界压力，γ为液态金属的重度（$\gamma=\rho g$）。

对于连铸而言，外界压力$p=p_0+\gamma h$，h为补缩处压头高度，p_0为大气压，可建立式（3－8）的模型：

$$\frac{u}{D}=\frac{d^2G}{32\mu\Delta T\varphi\eta}\left(\frac{G}{\Delta Y\eta}\left(\frac{4\sigma}{d}+p_0+\gamma h\right)+\gamma+\rho R\omega^2\right) \tag{3-8}$$

式中，ρ 为液态金属的密度；R 为熔体转动半径；ω 为熔体转动的角速度。钢液的密度约为 $7.8\times10^3\mathrm{kg/m^3}$。令 n 为施加与未施加电磁场时连铸的补缩能力之比，则 n 可以表示为：

$$n=\frac{\frac{G}{\Delta T\eta}\left(\frac{G}{\Delta Y\eta}\left(\frac{4\sigma}{d}+p_0+\gamma h\right)+\gamma+\rho R\omega^2\right)}{\frac{G}{\Delta T\eta}\left(\frac{G}{\Delta Y\eta}\left(\frac{4\sigma}{d}+p_0+\gamma h\right)+\gamma\right)} \tag{3-9}$$

经计算 $n>1$，即表明电磁力引起的动量对流对熔体凝固的补缩能力提高了数倍。

3.4.2　结晶器电磁搅拌对铸坯中心疏松的影响

研究表明，当施加变化电磁场时，通过电磁力驱动的强迫对流将液穴内部的过热熔体带向边缘区域，起到减小温度梯度与液穴深度的作用。电磁力驱动的强迫对流是以铸锭中心线为对称轴的轴对称有旋流动，熔体内部的流动场由有旋力场决定。对于连铸过程而言，熔体涡流中心与中心轴的距离具有特别重要的意义。当涡流中心与中心轴的距离较小时，表明熔体的有旋流动深入到熔体的内部，此时熔体的流动能够更有效地将中心部分的高温熔体带向边缘区域，减小液穴内部的温度梯度，当熔体的涡流中心与中心轴的距离很大时，即涡流中心的位置靠近熔体的边缘区域，此时虽然在边缘及熔体的自由表面区域存在较强的局部流动场，但液穴内部熔体的流动速度很小，不能及时将分配器浇注的高温熔体带向表面，因而对流作用对温度场的影响有限。只有通过调整电磁感应线圈与结晶器的相对位置、电磁场的强度与频率，使有旋力场产生的涡流中心位置靠近中心轴，从而更有效地降低熔体中心区域的温度，获得较小的液穴深度。

可见施加电磁场使心部熔体温度分布较为均匀，且凝固速率增大，即在短时间内使熔体达到特征固相分数。这样心部熔体的热力学条件基本相同，这种凝固状况避免了熔体由于凝固次序的先后引起的补缩，因而消除了中心疏松和缩孔的形成。

图 3－17 所示为结晶器电磁搅拌对重轨钢方坯中心疏松的影响。从图中可以看出：当搅拌电流由 250A 增至 500A，铸坯中心疏松减轻，中心疏松全部控制在 1.5 级以下。其中，2.0 级疏松评级比例由 12.5% 减至 0%，1.5 级疏松评级比例由 54.17% 减至 12.50%，1.0 级疏松评级比例则由 33.33% 增至 54.17%，0.5 级疏松评级比例则由 0% 增至 33.33%。

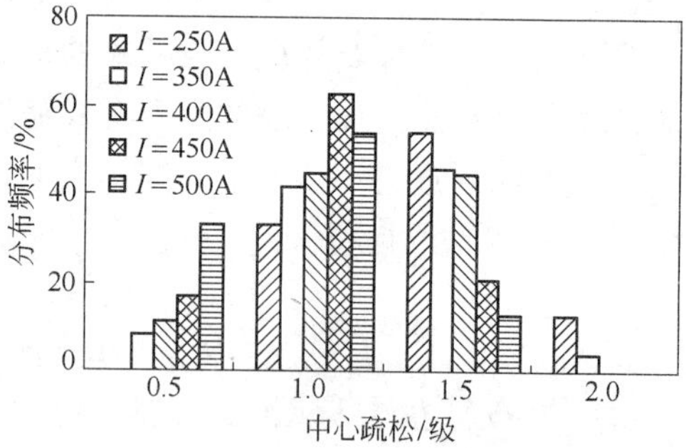

图 3－17　电磁搅拌对重轨钢中心疏松的影响

3.4.3　末端电磁搅拌与铸坯的中心疏松

图 3－18 所示为 GCr15 在有末端电磁搅拌和无末端电磁搅拌下的两块纵剖试样和两块横剖试样分别进行热酸浸蚀后所做的低倍检验。

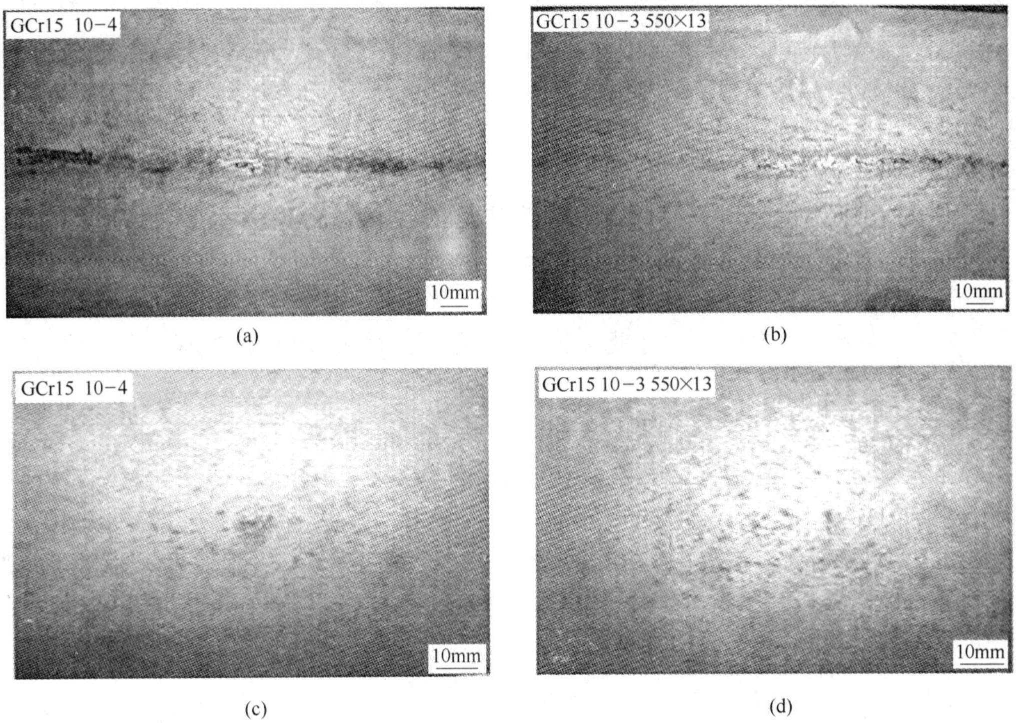

图 3-18 GCr15 的低倍组织（$I=550A$，$f=13Hz$）

（a）无末端搅拌，纵剖；（b）有末端搅拌，纵剖；（c）无末端搅拌，横剖；（d）有末端搅拌，横剖

从图 3-18 中可以看出，在两块铸坯的有效搅拌区域，有末端电磁搅拌的试样 10-3 上可以看到有明显的搅拌痕迹，并且中心缩松程度与没有末端电磁搅拌的试样 10-4 相比明显降低。按照缺陷等级划分则试样 10-4 的中心缩松程度为 4 级，而试样 10-3 的中心缩松程度下降到 1 级。从横断面低倍图上也可以看出，没有电磁搅拌的试样 10-4 中心有 ϕ4mm 大的缩松缺陷，并伴有零星的点状偏析，点状偏析出的碳含量比基体高，而硫、磷等元素则比基体稍高。有电磁搅拌的试样 10-3 上有明显的搅拌痕迹，基本上已经看不到中心缩松，搅拌效果明显。

3.4.4 末端电磁搅拌与铸坯中心缩孔

缩孔是连铸坯常见的一种质量缺陷，被视为一种严重的中心疏松。在方坯连铸中使用凝固末端电磁搅拌能够减轻缩孔的程度，改善铸坯的中心疏松，然而凝固末端电磁搅拌并不能完全消除缩孔的发生，只能使缩孔级别降低，缩孔由连续的孔洞变成弥散分布。试验统计了 65Mn 铸坯 60 个经过搅拌的铸坯缩孔，其与未经过搅拌的铸坯缩孔级别的分布对比如图 3-19 所示。从图中可以看

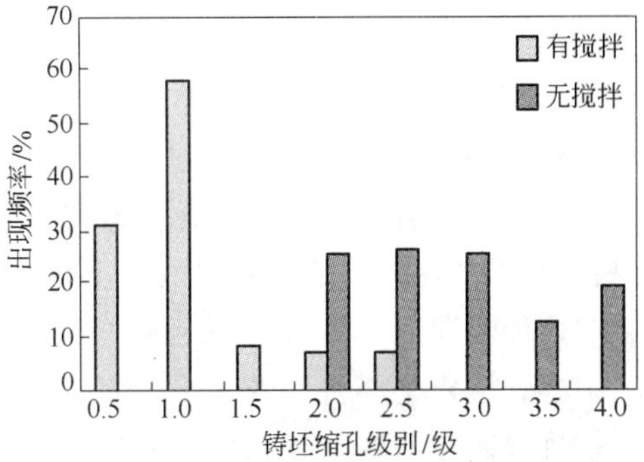

图 3-19 末端电磁搅拌后铸坯缩孔级别对比

到，经过末端电磁搅拌后铸坯的缩孔得到了明显的改善且缩孔的分布变得弥散，低倍检验未见连续的缩孔分布。

3.5 电磁搅拌对铸坯中心偏析影响的冶金原理

3.5.1 铸坯偏析的形成

钢液是一种合金熔体，在凝固过程中必然发生选分结晶和溶质再分配，在连铸条件下，凝固过程为非平衡凝固，获得化学成分完全均匀的铸坯是不可能的。

偏析可以分为两大类：微观偏析和宏观偏析。微观偏析是指微小范围内的化学成分不均匀现象，一般在一个晶粒尺寸范围左右。宏观偏析又称区域偏析，其成分不均匀现象表现在较大的尺寸范围内。

3.5.1.1 微观偏析

微观偏析是非平衡结晶时溶质的再分配现象，可分为晶内偏析和晶界偏析。晶内偏析多产生于具有结晶温度范围，能形成固溶体的合金中，在铸造条件下，当合金冷却较快时，将形成不平衡结晶。在实际铸造条件下，由于冷却速度较快，溶质来不及充分扩散，凝固后所得的固溶体中，每一个晶粒内的成分都是不均匀的，晶粒内先结晶部分和后结晶部分的成分是不同的，这就是晶内偏析。固溶体合金的结晶也具有方向性，通常按树枝状晶形式长大，先结晶的枝干和后结晶的分枝的成分也存在差异。

微观偏析的另一种形式是晶界偏析。铸件在凝固过程中有以下两种情况能够产生晶界偏析：第一种情况为两个晶粒相对生长，相互接近，相遇，在铸坯中称为“搭桥”。在固液界面，还可能有其他低熔点的物质也被排出至固液界面。这样在最后凝固的晶界将有较多的溶质成分或其他低熔点的物质。第二种情况为晶界位置与晶粒生长方向平行。合金在凝固过程按柱状晶生长时，柱状晶界面之间有着明显的晶界偏析。晶界之间除溶质元素富集外，同样也可能存在其他低熔点和高熔点的杂质。

3.5.1.2 宏观偏析

由于凝固过程中选分结晶的作用使树枝晶间的液体富集溶质元素，凝固时富集溶质的液体的流动导致了区域溶质元素分布的不均匀性，通常将这种化学成分的不均匀性称为宏观偏析或者低倍偏析。宏观偏析发生在整个钢锭内，成分的差异可表现在几厘米或者几十厘米的距离上。在钢锭和连铸坯中，可用化学分析或硫印法显示宏观偏析。宏观碳偏析主要表现为碳元素在铸坯中心分布的不均匀性即中心偏析。一般在铸坯中心位置附近出现碳的正偏析，而在中心线两侧有负偏析现象。中心偏析的形成机理为：钢液的选分结晶特性导致了晶间液相区溶质元素的富集；与此同时，铸坯凝固收缩又使得富集溶质元素的钢液不断向铸坯中心附近补充并凝固，从而形成了溶质含量中心高、周围低的分布状态，即中心偏析。对于小方坯连铸来讲，由于液相穴的形状较为细长，因此在铸坯内部很容易产生“晶桥”。受“晶桥”结构的阻隔，下部的钢液在凝固收缩过程中将得不到上部钢液的补充。在这种情况下，常常会形成残余缩孔或中心疏松缺陷，同时伴随着较严重的中心偏析。中心碳偏析是连铸坯的主要缺陷之一，它给连铸特殊钢尤其是高碳钢带来了很多困难，并且限制了一些高碳钢种的开发。

连铸坯中心碳偏析的程度与铸坯凝固速度、凝固方向和凝固末期钢水的补缩条件存在密切的关系。连铸是一种一边浇注一边凝固一边拉坯的浇注过程。凝固速度快，铸坯具有较好的显微偏析，但存在一些难以克服的问题：液芯长，最终凝固点离弯月面的距离很远，液芯末端周围的钢水温度低、流动性差；由于单方向传热的特点，液芯末端的形状为狭窄型，不利于钢水的补缩；由于是单方向传热且传热速度快，极易形成搭桥甚至穿晶组织。

高碳钢的一个突出质量问题就是碳化物偏析，这种碳化物偏析主要指渗碳体在晶界的聚集。随着碳含量增加，钢中渗碳体量也随之增多，其偏析和聚集长大，势必破坏钢质均匀性，进而影响性能（塑性）的均匀性，其表现为钢丝内部纤维硬度不同，在拉丝和扭转过程中，引起断裂。为此，要求对整个连铸冶金过程中实行严格控制，特别是钢的成分、钢水温度、过热度和二次冷却等的控制。而电磁搅拌现在被认为是连铸这类钢的标准操作，现已证明电磁搅拌对减轻高碳钢偏析有积极作用。对连铸高碳钢小方坯来说，低过热度、电磁搅拌并辅以强的二次冷却被认为是减轻碳化物偏析的三项有效措施。

3.5.2 结晶器电磁搅拌与铸坯偏析

研究表明，电磁搅拌可以有效地减轻或消除中心偏析，它通过控制熔体的流动方式，来改变枝晶之间的熔体流动状况，促进熔体去填充因凝固收缩所产生的孔隙，控制游离晶体随熔体的运动方式。

使用结晶器电磁搅拌后，在电磁力的作用下，凝固前沿的液相对流会加剧，对以柱状晶生长的凝固前沿进行冲刷和清洗，凝固前沿的液相流动使母液与两相区的液体互相混合，使溶质浓度趋向均匀。在搅拌过程中，将较冷的熔体带入熔体内部而将温度较高的熔体带来补充，从而延缓了这些部位温度的降低，推迟了表层稳定凝固壳层的形成。较冷的熔体进入内部，较热的熔体到表层受到冷却，这种混合作用加速了内部熔体温度的降低，从而使全部液态金属在一个相对较短的时间内降到凝固温度，整个熔体处于过冷状态而不只是表层，并且温度相对均匀，同时金属液体的紊流，使金属液中许多小的热起伏和成分起伏区域同时具备了形核条件，从而可以大量生核，并使得晶粒在熔体内部运动漂移过程中得以留存下来继续长大。

从传热方面来说，电磁搅拌造成的对流使得熔体内部热量的传输方式主要以快速对流而不是热传导来进行。搅拌对流作用延缓了结晶器壁和液面处熔体的冷却，同时又加速了内部熔体及熔体整体的温度降低。

从传质方面来说，熔体中物质传输为对流控制而非扩散控制，物质处于快速混合状态，晶粒生长排出的溶质被及时带走，不会在界面前沿堆积，因而使得熔体中宏观成分相对均匀。

图 3－20 是结晶器电磁搅拌对重轨钢中心偏析的影响。由图可知，搅拌电流由 250A 增至 500A，铸坯中心偏析减轻，中心偏析评级全部控制在 1.5 级以下，2.0 级偏析评级比例由 8.33% 减至 0%，1.5 级偏析评级比例由

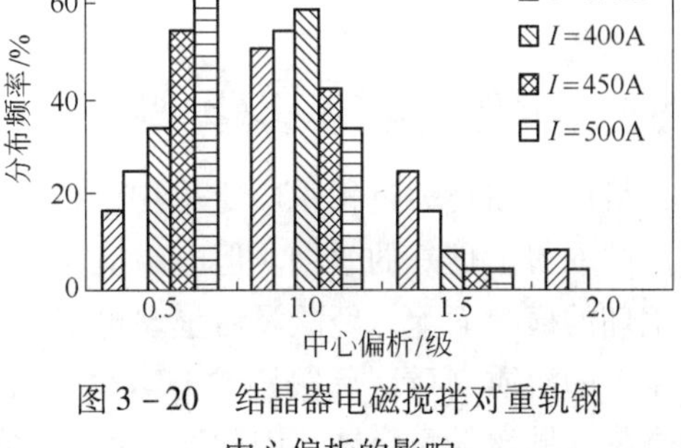

图 3－20 结晶器电磁搅拌对重轨钢中心偏析的影响

25%减至4.17%，1.0级偏析评级比例由50%减至33.33%，0.5级偏析评级比例则由16.67%增至62.5%。

3.5.3 二冷区电磁搅拌与铸坯的偏析

图3－21是二冷电磁搅拌对铸坯凝固组织的影响，选择碳含量较高的60Si2Mn和未经吹氧脱碳的准硅钢作为实验钢种。准硅钢沿截面中心碳元素分布平均为：未搅拌0.234%，电磁搅拌0.240%。

由图3－22可知，电磁搅拌可以明显地降低小方坯的中心碳偏析，准硅钢的中心碳偏析指数分别从搅拌前的1.154降到1.032。电磁搅拌使其表面附近碳元素的正偏析增加，总体来说，电磁搅拌均匀了碳元素的分布。钢种在距离边部37mm出现了碳元素的正偏析，这是由于本实验采取双侧水平行波磁场的电磁搅拌，此处正位于钢液双循环流动的中心处，凝固较慢。

由于溶质元素在固相中溶解度较小，而在液相中溶解度较大。钢液在凝固过程中，溶质元素在固液相间发生再分配。一方面柱状晶的生长使枝晶间未凝固钢水的溶质元素得到了富集；另一方面铸坯液相穴末端的凝固收缩使中心产生强大的抽吸力，气孔裂纹等空穴具有负压，致使富集了溶质元素的钢液被吸入芯部。所以，随着结晶的进行，较多的碳被排挤到循环流中心，因而形成正偏析。而对于不经过电磁搅拌的铸坯，其四周冷却强度相当，中心最后凝固，溶质富集到铸坯中心，形成中心正偏析。

经搅拌的铸坯虽然在钢液循环中心处出现碳的正偏析，但却比未经搅拌铸坯中心处碳的正偏析有明显降低。

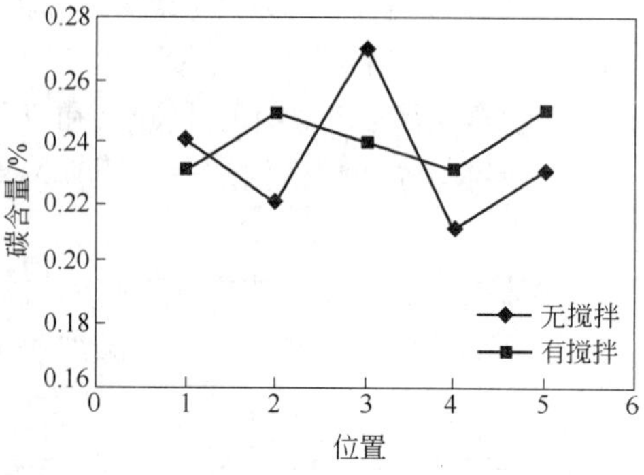

图3－21 铸坯内的碳成分分布

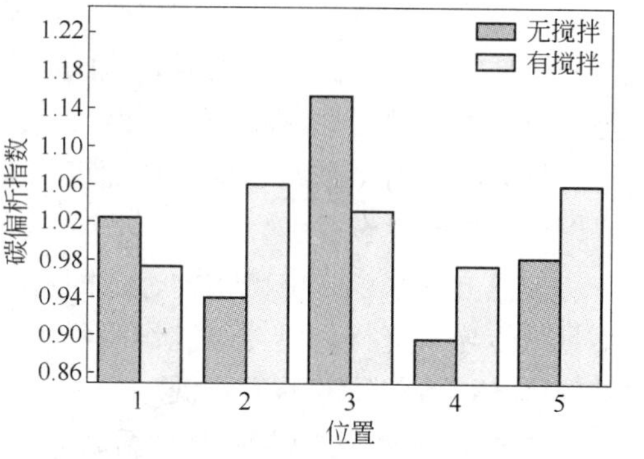

图3－22 二冷区电磁搅拌对碳元素分布的影响

3.5.4 二冷区电磁搅拌与铸坯的负偏析

目前，在连铸过程中广泛采用电磁搅拌来改善连铸钢坯的中心疏松和中心偏析等缺陷，并取得了良好的效果。但电磁搅拌后经常在连铸钢坯上产生白亮带，该白亮带位于连铸钢坯的横断面上，经酸浸后呈现出一个颜色较浅的亮框。在白亮带区域，平衡分配系数小于1的溶质（碳、硫等）含量较低，即发生了这些溶质的负偏析。由于碳含量低，使白亮带区域比较耐腐蚀，因此酸浸后它的颜色较浅，从而呈现为白色亮带。负偏析的程度随电磁搅拌强度的提高而增大。白亮带的外边界对应于钢坯进入搅拌区时的凝固前沿；而它的内边界不一定对应于钢坯离开搅拌区时的凝固前沿。在白亮带的内边界处（白亮带结束处），平衡分配系数小于1的溶质含量较高，即发生这些溶质的正偏析，其偏析程度较负偏析弱，钢坯经热加工后白亮带仍不能被消除，因此用户常认为它可能对性能不利。

图3-23所示为20CrMnTiH、ϕ70mm圆钢白亮带的低倍组织。在1mm宽的白亮带上及其内、外基体上用小钻头钻取试样，做成分分析，其结果见表3-1。

图3-23 20CrMnTiH钢白亮带的低倍组织

表3-1 成分偏析分析 (%)

成分 / 取样部位	C	Si	Mn	P	S	Cr	Ti
白亮带上	0.13	0.21	0.62	0.021	0.020	1.12	0.068
白亮带内基体	0.18	0.28	0.96	0.020	0.020	1.12	0.057
白亮带外基体	0.21	0.28	0.97	0.020	0.019	1.12	0.055

3.5.5 二冷区电磁搅拌负偏析原因分析

正在凝固的铸坯进入电磁搅拌线圈后，铸坯芯部未凝固的钢水因搅拌而产生流动，使原来富集溶质的枝晶间钢水的溶质含量降低，这样，枝晶间的钢水凝固后所得到的固体的溶质浓度也降低，从而形成了宏观的负偏析，即白亮带。因此白亮带的起始位置（外边界）位于进入搅拌线圈时钢坯的凝固前沿。由于枝晶盘根错节，枝晶间钢水的溶质浓度虽然下降了，但仍高于钢水母体的溶质浓度。因电磁搅拌造成钢水流动，经过一段时间的搅拌后凝固方向上的温度梯度变小，即枝晶间未凝固钢水的温度与凝固前沿处钢水温度接近。此时，凝固前沿处钢水的溶质浓度与钢水母体的溶质浓度一致，即凝固前沿处钢水的溶质浓度低于枝晶间钢水的溶质浓度，这使得凝固前沿处的钢水比枝晶间的钢水具有更大的过冷度。因此凝固前沿处的钢水先结晶，枝晶间的钢水后结晶。具体过程为：凝固前沿处的钢水在一次枝晶的顶部凝固，并沿着凝固前沿形成一个薄壳，同时向枝晶间的钢水和钢坯芯部排出热量和溶质。随后，枝晶间的钢水凝固。由于薄壳的存在，枝晶间的钢水凝固时既不能排出溶质，也不能从别处得到钢水来补缩，从而在白亮带结束处（白亮带的内边界上）形成正偏析和疏松。也就是在上述过程中形成了先发生负偏析紧接着发生正偏析的白亮带。同样是枝晶间的钢水，在薄壳形成之前的结晶发生宏观负偏析，而在薄壳形成之后的结晶却发生宏观正偏析。这是因为在薄壳形成之前，枝晶间的钢水可以排出溶质结晶，凝固时产生的体积收缩还可从凝固前沿吸入溶质含量较少的钢水，所以凝固后溶质含量低；薄壳形成之后，枝晶间的钢水既不能排出溶质结晶，也无法从凝固前沿吸入溶质含量低的钢水，加上薄壳形成时还向枝晶间的钢水排出一些溶质，所以凝固后溶质含量高，造成正偏析。

3.5.6　二冷区电磁搅拌负偏析控制原则

在连铸生产中，电磁搅拌强度的控制原则是：最低搅拌强度，使铸坯上产生轻微白亮带；最高搅拌强度，白亮带及其附近区域化学成分的偏析在钢种要求的范围之内。合适的搅拌强度介于最高强度和最低强度之间。

为了消除白亮带，除了从搅拌器设计方面入手，来改善钢液流动状况，避免局部钢液流速过大外，主要是通过控制搅拌功率以及搅拌方式，如非对称线性搅拌、多段组合搅拌、静磁场通电法等以限制其发展。现在，关于白亮带的形成机理及减轻白亮带的有效措施仍有待进行更深入的研究和探讨。

3.5.7　末端电磁搅拌与铸坯的中心偏析

对 GCr15 铸坯试样中碳和硫进行成分分析，以检验铸坯中心偏析的程度，其成分分析数据见表 3－2，碳的偏析如图 3－24 所示。将钻下的粉末作为分析和比较的样品，检测其中碳、硫的偏析。

从表 3－2 和图 3－24 中可以看出，未经过末端电磁搅拌的 GCr15 试样，其中心碳含量达到了 1.07%，经过末端电磁搅拌后的 GCr15 试样其中心碳含量降低到了 0.99%，铸坯中心的碳峰值大大降低了；硫的成分分析图没有画出，但是表 3－2 中成分分析的数据表明：施加末端电磁搅拌以后试样中心硫含量降低到了 0.001 以下，中心部位硫的峰值也得到了很大程度的缓解。这表明搅拌后铸坯中心碳和硫的成分偏析程度与未施加末端电磁搅拌相比都有明显减轻。

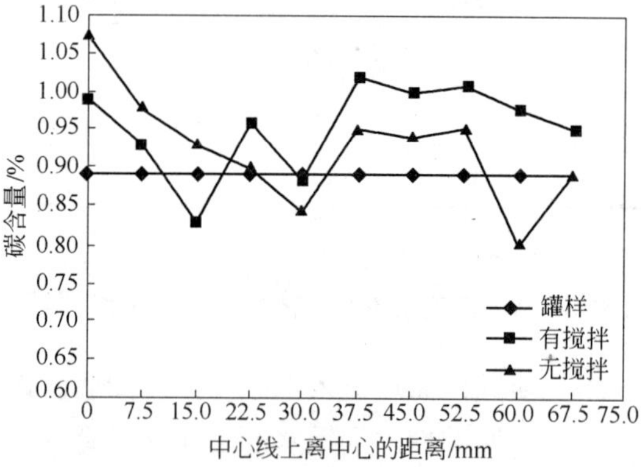

图 3－24　铸坯沿中心线上碳含量的分布

表 3－2　成分分析数据　（%）

元素	样号	1	2	3	4	5	6	7	8	9	10
C	10－3	0.99	0.93	0.83	0.96	0.88	1.02	0.99	1.00	0.98	0.95
	10－4	1.07	0.98	0.93	0.90	0.84	0.95	0.94	0.95	0.81	0.88
S	10－3	<0.001	<0.001	<0.001	<0.001	0.001	0.001	0.001	0.001	0.001	<0.001
	10－4	0.005	0.001	0.003	0.001	0.003	0.002	0.001	0.002	0.004	0.002

根据中心偏析产生的机理，通过 F-EMS 的作用来控制宏观偏析的主要途径有：

（1）在结晶电磁搅拌产生宽的等轴晶区的基础上，通过 F-EMS 的作用细化等轴晶，产生宽而细的等轴晶区，使其可以致密地填充凝固末端。

（2）通过 F-EMS 的作用减少二次枝晶臂的间距，以控制粥状区的穿透性。

（3）通过 F-EMS 的作用增加粥状区的长度，并保持其流动性、温度和成分的均匀性。

（4）通过 F-EMS 的作用阻碍钢水在枝晶间的渗透和偏析槽的形成。

3.5.8 末端电磁搅拌与铸坯负偏析

表 3－3 所示为末端电磁搅拌电流对于白亮带出现的影响。由表可知，过强的末端电磁搅拌会在凝固前沿产生严重的负偏析。凝固末端电磁搅拌强度过大，在高碳钢小方坯的搅拌位置产生明显的白亮带。

表 3－3 末端电磁搅拌电流对于白亮带出现的影响

钢 种	67A	67A	67A	72A	72A	72A	82B	82B
电流/A	200	350	350	200	350	350	250	350
白亮带单边长度/mm	0	65	52	0	53	40	0	37
白亮带宽度/mm	0	5	2	0	3	3	0	2

由前面的负偏析形成机理可知：白亮带区域的显微凝固组织检验显示，由于搅拌位置凝固前沿固液两相区的强制搅动，改变了白亮带区域的枝晶生长方向而生成弯曲的枝晶。白亮带形成的最重要机理是冲刷机理。

3.6 电磁搅拌对铸坯内部裂纹影响的冶金原理

3.6.1 铸坯内部裂纹的形成

在连铸方坯各类缺陷中，裂纹（见图 3－25）是重要的缺陷之一，约占各类缺陷的 50%。其中，内部裂纹主要有角部裂纹、三角区裂纹、中间裂纹、中心线裂纹等。

铸坯中心裂纹的形成是连铸过程中冶金特性和力学因素综合作用的结果。铸坯内裂纹包括中心裂纹的形成是由于凝固前沿受到拉应力或拉应变的作用。当拉应力超过了凝固前沿钢的强度或拉应变超过某一临界值时，凝固前沿就会沿柱状晶间开裂，形成内裂纹。钢的临界应变值受偏析和柱状晶搭桥的影响会大幅度降低。中心裂纹也可由钢液在凝固收缩时产生，即被封在靠近凝固前沿的钢液冷却收缩形成的缩孔。

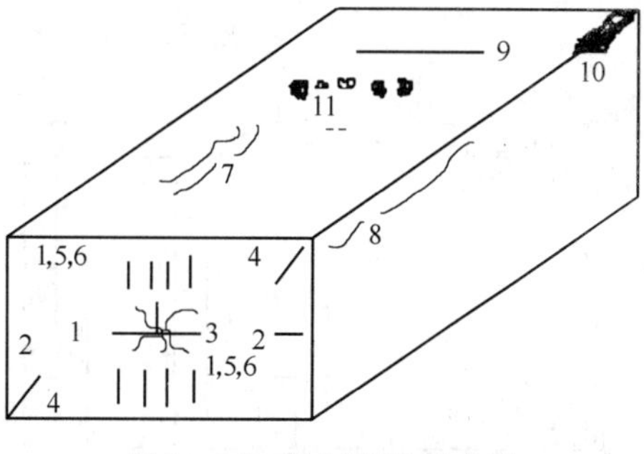

图 3－25 铸坯裂纹示意图

内部裂纹：1—中间裂纹；2—三角点裂纹；3—中心线裂纹；4—对角线裂纹；5—矫直裂纹；6—皮下裂纹

表面裂纹：7—纵裂；8—纵向角裂；9—横裂；10—横向角裂；11—星裂

铸坯在连铸机内凝固冷却过程中所产生裂纹决定于三个条件：（1）固液交界面所能承受的外力和由此产生的塑性变形超过了所允许的钢的高温强度和极限应变值，形成树枝晶间裂纹；（2）铸坯凝固结构，即柱状晶和等轴晶比例。柱状晶发达促使裂纹的扩展；（3）残余杂质元素的含量。如硫、磷越高，产生裂纹的倾向和几率就越大。

3.6.2 结晶器电磁搅拌对铸坯内部裂纹的影响

在前面理论分析中得知，在变化电磁场存在的条件下，液穴深度减小，铸锭内外温差下降，因而热应力也相应地减小；同时，在电磁场强度不变的条件下，铸造过程中的流动场与温度场受到电磁场频率的显著影响，从而也会对内应力的分布产生影响，当达到最浅液穴深度的电磁场频率条件时，也同时最有效地减小了高温区间的内应力，从而降低了铸锭的冷裂倾向性。

在前面章节已讨论过在电磁场存在条件下，能够获得细小均匀的等轴晶组织，这不仅能降低线收缩开始温度，减小有效结晶区间的线收缩率，而且细小的等轴晶组织更有利于晶界的塑性变形，提高脆性区的伸长率，使合金的热脆性下降。电磁场引发的强迫对流能够减小熔体内部的温度梯度与液穴深度，液穴深度的减小使铸坯的高温脆性区主要处于压应力区，从而降低了热裂倾向性；液穴深度变浅导致铸锭内外温差减小，冷却收缩过程中铸坯中心部分的拉应力相应减小，使铸锭发生冷裂的倾向性下降。因此在方坯连铸过程中，通过施加电磁场能够有效减小铸坯的裂纹倾向性。

结晶器电磁搅拌对中碳钢铸坯中心裂纹、中间裂纹、角部内裂影响如图 3－26～图 3－28 所示。对于 280mm×380mm 断面，采用电磁搅拌电流 $I=200$A 所浇中碳钢铸坯中心裂纹、中间裂纹、角部内裂等的评判级别均不大于 1.0 级的比例为 100%；而采用搅拌电

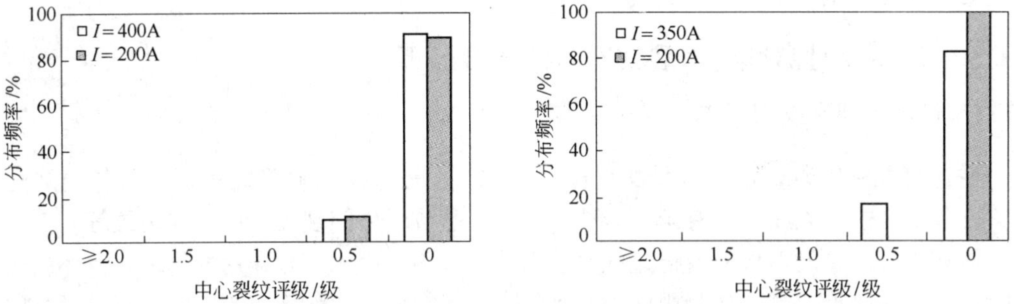

(a) (b)

图 3－26 不同结晶器电磁搅拌强度对中碳钢铸坯中心裂纹评级分布对比

（a）断面 280mm×380mm；（b）断面 280mm×325mm

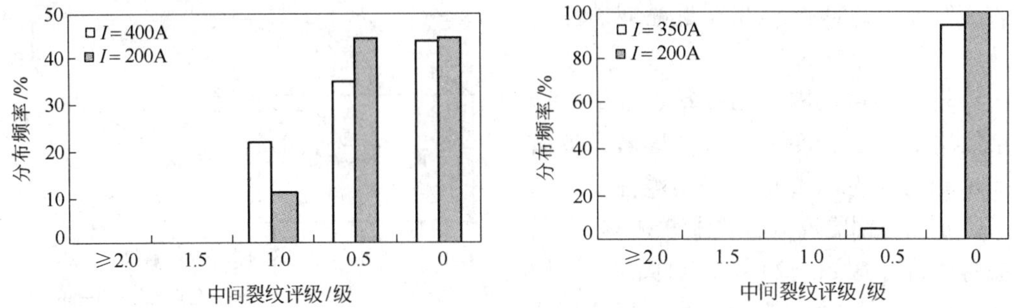

(a) (b)

图 3－27 不同结晶器电磁搅拌强度对中碳钢铸坯中间裂纹评级分布对比

（a）断面 280mm×380mm；（b）断面 280mm×325mm

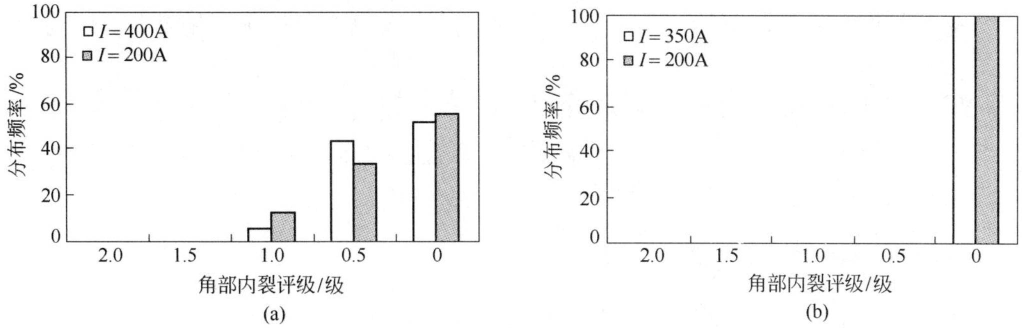

图 3-28 不同结晶器电磁搅拌强度对中碳钢铸坯角部内裂评级分布对比

（a）断面 280mm×380mm；（b）断面 280mm×325mm

流 $I=400$A 所浇铸坯的评判级别均不大于 1.0 级的比例为 100%；对于 280mm×325mm 断面，采用电磁搅拌电流 $I=200$A 所浇中碳钢铸坯中心裂纹、中间裂纹、角部内裂等的评判级别均不大于 1.0 级的比例为 100%；而采用搅拌电流 $I=350$A 所浇铸坯的评判级别均不大于 1.0 级的比例为 100%，夹杂评级不大于 0.5 级的比例为 100%。

3.7 电磁搅拌对铸坯夹杂物影响的冶金原理

3.7.1 铸坯非金属夹杂物的形成

通常来讲，钢中非金属夹杂物来源于如下几种渠道：（1）没有排除的一次脱氧产物；（2）随着钢液的温度降低，硫、氧、氮等杂质元素的热力学平衡浓度积下降，析出非金属化合物并残留在钢中形成的夹杂物；（3）钢液凝固过程中析出的非金属夹杂物；（4）炉渣的卷入或耐火材料侵蚀带入的夹杂物。因此钢中非金属夹杂物可分为内生夹杂和外生夹杂物两大类。内生夹杂物主要是钢液在冶炼和凝固时进行的各种物理化学反应形成的，相对而言内生夹杂物尺寸较小，是钢中主要的非金属夹杂物。外生非金属夹杂物是由于炉衬和浇注系统耐火材料、炉渣等进入钢液并滞留其中而造成的，它们的出现具有极大的偶然性，通常颗粒较大，呈多角形，为成分复杂的氧化物，分布也没有规律。外生夹杂物在钢中的含量通常只占夹杂物总含量的少部分。

为了说明连铸过程中钢包、中间包、结晶器和铸坯内夹杂物的演变，从弧形板坯连铸机进行的试验表明（弧形半径 10.5m，铸坯端面 250mm×2100mm，浇铝镇静钢），各个阶段夹杂物的平均值是（mg/10kg 钢）：钢包 12.2；中间包 30.3；结晶器 98.8；铸坯 4.7。即从钢包—中间包—结晶器，由于二次氧化和外来夹杂物的污染，钢水中夹杂物是增加的；而结晶器内钢水夹杂物上浮分离，因此铸坯中夹杂物是减少的。

连铸坯中夹杂物的类型：

（1）内生夹杂物。由于钢液的二次氧化，钢中的脱氧产物形成的夹杂物。

（2）外来夹杂物。耐火材料的脱落、钢液卷渣和保护渣产生的夹杂物。

（3）夹杂物按其粒度大小的不同可分为：夹杂物粒度小于 50μm 的称微细夹杂物，粒度大于 50μm 的称大型夹杂物。

连铸坯中夹杂物的分布特点：

（1）来源复杂。和模铸相比，钢水除了经过钢包之外，还要和中间包、浸入式水口的耐火材料长期接触；同时，钢液裸露在空气中的机会也有所增加，钢液的洁净度也会降低。

（2）上浮困难。由于结晶器内钢液的对流，夹杂物会被带到铸坯液相穴的深处，而且液相穴内上浮的夹杂物，还会被铸坯的下降所抵消，因此，夹杂物上浮比较困难。尤其是小断面铸坯，夹杂物上浮的条件更恶劣，上浮更加困难。

3.7.2 结晶器电磁搅拌与铸坯中夹杂物

目前，已被用于工业生产的电磁冶金技术主要是电磁制动和电磁搅拌，其目的是改变钢液凝固过程的流动、传热、传质的分布，进而影响连铸坯的凝固组织。与常规连铸相比，电磁搅拌能够加强液芯内钢水的对流运动，均匀钢液过热度，打碎树枝晶，促进非金属夹杂物和气泡的上浮，促进等轴晶的形成，减轻中心偏析、中心疏松和缩孔。采用结晶器电磁搅拌对夹杂物的作用机理如图 3－29 所示。结晶器中的钢液在搅拌线圈产生的磁场作用下，会产生一定大小的感生电流，生成的感生电流与磁场作用就会产生电磁力，在液相的整个横断面上造成一个转矩，从而驱动凝固坯壳内部的钢液运动，当钢液旋转速度足够大时产生离心力，所有密度小的夹杂物与气体受到离心力的作用而脱离表面，并浮到液面上的渣窝中被保护渣所吸收。为了保证电磁搅拌过程的效果，通过改变搅拌器的电参数，还可以调节钢液的旋转速度，从而达到理想的搅拌效果。

旋转磁场的电磁搅拌使钢水产生旋转运动，旋转的钢水由于旋涡作用，不断把处于表层区域的夹渣和大型夹杂物向上清洗而带入保护渣中，从而获得洁净的表层。钢水电磁搅拌电流强度与夹杂物总量的关系如图 3－30 所示。由图可知，随着电流强度的增大，铸坯夹杂物总量随之减少。当电流强度增至 320A 时，夹杂物总量减小幅度明显下降。

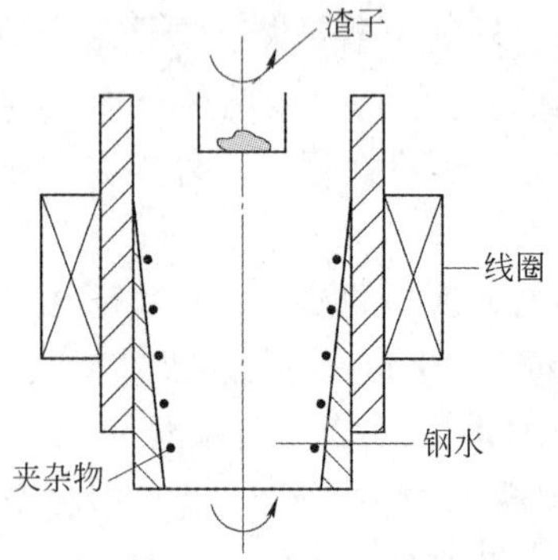

图 3－29　钢水电磁搅拌机理

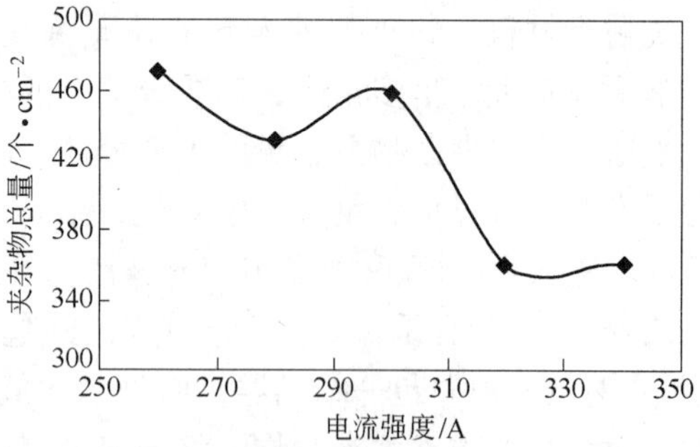

图 3－30　钢水电磁搅拌的电流强度与夹杂物总量的关系

3.7.3 二冷区电磁搅拌与铸坯中夹杂物

图 3－31 是未经吹氧脱碳的准硅钢施加二冷区电磁搅拌与否铸坯不同取样位置上夹杂物形态的照片，以下照片均从各试样中心位置照取。

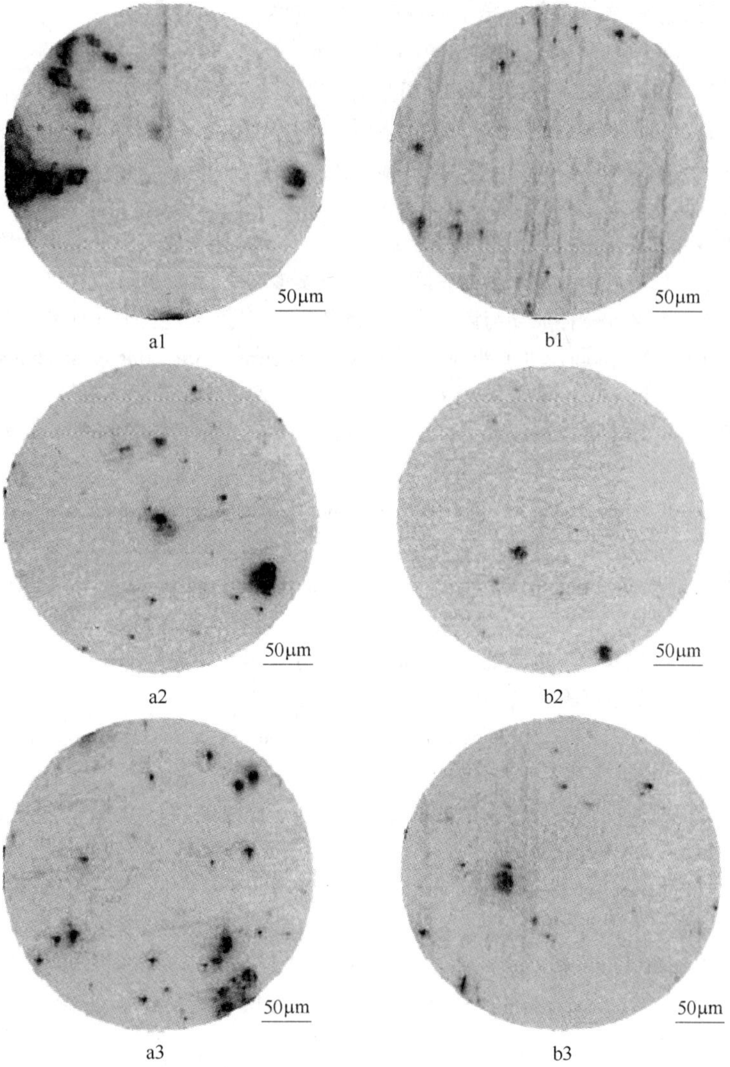

图 3－31 二冷电磁搅拌与钢中夹杂物影响

a 为无电磁搅拌；b 为有电磁搅拌；1～3 为取样位置

从图 3－31 中可以看到，搅拌以后试样中没有大颗粒夹杂物和集中的簇状夹杂物，夹杂物总体数量减少。

参 考 文 献

[1] 韩传基，等．板坯连铸二冷区凝固传热过程与控制[J]．北京科技大学学报，1999，21（6）：525.

[2] 蔡开科．浇注与凝固[M]．北京：冶金工业出版社，1987：88～96.

[3] 王恩刚，等．气隙对连铸坯凝固影响的有限元数据模拟[J]．钢铁，1996，31（11）：22～26.

[4] Yasumoto K，Maehare Y，Nagamichi T. Effect of thermo-mechanical history on surface cracking of As-Cast. Low Carbon Low Alloy Steel，1987，73（10）：1381～1388.

[5] Robert D. Computer simulation of solidification processes——The evolution of a technology[J]. Metallurgical

and Materials Transactions B, 2002, 33 (4): 519 ~ 541.
[6] 蔡开科. 连铸结晶器[M]. 北京: 冶金工业出版社, 2008: 13 ~ 21.
[7] 陈家祥. 连续铸钢手册[M]. 北京: 冶金工业出版社, 1990: 12 ~ 19.
[8] 蔡开科. 连铸二冷区凝固传热及冷却控制[J]. 河南冶金, 2003, 11 (1): 3 ~ 7.
[9] 谢海唯. 连铸方坯凝固末端轻压下位置的预报研究[J]. 材料与冶金学报, 2003, 2 (3): 185 ~ 188.
[10] 沈颐身, 等. 冶金传输原理[M]. 北京: 冶金工业出版社, 2001: 294 ~ 297.
[11] 包燕平, 等. 钢铁冶金学教程[M]. 北京: 冶金工业出版社, 2008.
[12] 张桂芳. 攀钢大方坯电磁搅拌工艺与铸坯质量的研究[R]. 博士后报告, 清华大学.
[13] 杨健. 方坯连铸二冷区用行波磁场电磁搅拌实验室模拟研究[D]. 武汉: 武汉科技大学, 2006.
[14] 王晓东. 电磁力对金属熔体驱动与运动形态控制的研究[D]. 大连: 大连理工大学, 2002.
[15] Chung S I, Yoon J K. Numerical analysis of effect of electromagnetic stirring on solidification phenomena in continuous casting[J]. Ironmaking and Steelmaking, 1996, 23 (5): 425 ~ 432.
[16] 氏家义太郎, 等. 用电磁搅拌改善连铸坯的凝固组织 [C]//国外钢铁新技术译文集 (一), 1982: 226 ~ 235.
[17] Raihle C M, et al. Improving inner quality in continuously cast billets: comparison between mold electeo-magnetic stirring and themal soft reduction[J]. Ironmaking and Steelmaking, 1994, 21 (6): 487 ~ 495.
[18] 高木功, 等. Improvement of center defect in cast bloom by hard reduction. CAMP-ISIJ, 1994 (7): 183 ~ 185.
[19] 王晓东. 旋转电磁场作用下金属凝固补缩机理探讨[J]. 材料工程, 2001 (11): 3 ~ 5.
[20] 朱丽娟, 等. 特种铸造及有色合金[J]. 1997, 34 (6): 34 ~ 38.
[21] 锅岛诚司, 等. Control of centerline segregation in continuously cast bloom with continuous forging process [J]. CAMP-ISIJ, 1994 (7): 179 ~ 182.
[22] 张景新, 等. 电磁搅拌制备半固态材料非枝晶组织的形成机制[J]. 中国有色金属学报, 2000, 10 (4): 511 ~ 515.
[23] Flemings M C. Behaviour of metal alloys in the semi-solid state[J]. Metallurgical Transactions A, 1991, 22A: 957 ~ 961.
[24] Kirkwood D H. Semi-solid metal processing[J]. International materials review, 1994, 39 (5): 173 ~ 177.
[25] 李俊. 末端电磁搅拌对合金钢连铸坯中心偏析与缩松影响的试验研究[D]. 沈阳: 东北大学, 2006.
[26] Wolf M. 改进高碳钢中心致密度//中国金属学会连续铸钢学会编. 现代连铸理论与实践[M]. 北京: 冶金工业出版社, 1986: 250.
[27] 杨吉春. 电磁搅拌重轨钢连铸大方坯的质量研究[D]. 北京: 北京科技大学, 2003.
[28] 胡赓祥. 材料科学基础[M]. 上海: 上海交通大学出版社, 2000: 205 ~ 213.
[29] 王日红. 连铸坯中心碳偏析的特点及其控制技术[J]. 江苏冶金, 1998: 48 ~ 50.
[30] 薛正良, 等. 连铸坯凝固偏析的原位统计分布分析[J]. 特殊钢, 2007: 13 ~ 15.
[31] 曹红福. 连铸复合电磁搅拌对低碳钢碳偏析的影响[J]. 特殊钢, 2010: 38 ~ 39.
[32] 吴夜明, 等. 电磁搅拌对铸坯化学成分偏析影响机理[J]. 特殊钢, 1999: 13 ~ 16.
[33] 钱刚, 等. 连铸轴承钢大方坯中心偏析的成因及对策[J]. 钢铁, 2002: 16 ~ 18.
[34] 赵航, 等. 连铸钢坯上白亮带的形成机制[J]. 钢铁研究学报, 2000: 71 ~ 72.
[35] 张伟, 等. 连铸合金钢白亮带分析[J]. 莱钢科技, 2006: 35 ~ 37.
[36] 贾光霖, 等. 消除电磁搅拌连铸坯中"白亮带"的试验研究[J]. 东北大学学报, 1994: 290 ~ 293.
[37] 贾光霖, 等. 电磁冶金原理与工艺[M]. 沈阳: 东北大学出版社, 2003: 50 ~ 55.

[38] 蔡开科．连铸坯凝固过程中裂纹的原因[J]．连铸，1994：39～44.

[39] 倪满森．连铸坯的中心偏析问题[J]．连铸，2001：24～26.

[40] 田春江，等．安阳连铸小方坯裂纹形成的原因和预防措施[J]．钢铁研究，2002（3）：21～25.

[41] 颜建新．连铸方坯中心裂纹成因分析及控制方法[J]．湖南冶金，1998（3）：16～19.

[42] Walker J S. Bridgman crystal growth with a strong, low-frequency, rotating magnetic field[J]. Journal of Crystal Growth, 1998, 192: 318～327.

[43] Oreper G M, Szekely J. The effect of an externally imposed magnetic field on buoyancy driven flow in a rectangular cavity[J]. Journal of Crystal Growth, 1983（64）: 505～515.

[44] Zheng X, Wang Y, Li Z, Jin J. Numerical simulation of the temperature field in the electromagnetic semi-continuous casting of slab[J]. Science and Technology of Advanced Materials, 2001（1）: 109～111.

[45] Spitzer K H, Reiter Q, Schwerdtfeger K. Multi-frequency electromagnetic stirring of liquid metals[J]. ISIJ International, 1996, 36（5）: 487～492.

[46] Birat J P, Chone J. Electromagnetic stirring on billet, bloom and slab continuous casters: state of art in 1982[J]. Ironmaking and Steelmaking, 1983, 110（6）: 269～281.

[47] 陈雷．连续铸钢[M]．北京：冶金工业出版社，1998.

[48] 王文科．连铸坯夹杂物及钢水流动行为的研究[D]．北京：北京科技大学．

[49] 叶仲超，等．LF 钢中的夹杂物[J]．金属学报，1999（10）：1057～1061.

[50] 李代锤．钢中非金属夹杂物[M]．北京：冶金工业出版社，1983.

[51] 戴云阁，等．连铸坯中的非金属夹杂物[J]．钢铁钒钛，1997：34～36.

[52] 吕伟，等．薄板坯连铸结晶电磁制动的数值模拟[J]．沈阳航空工业学院学报，1998：15～22.

[53] 周伟，等．小方坯连铸结晶器电磁搅拌磁场和流场的模拟仿真[J]．包钢钢铁学院学报，1999：139～142.

[54] 龚志翔，等．结晶器电磁搅拌对 ϕ450mm 连铸圆坯组织和夹杂物的影响[J]．特殊钢，2004：35～37.

[55] 钟凌鹏，张桂芳，等．内置式结晶器电磁搅拌对 60 钢小方坯夹杂物的影响[J]．铸造技术，2010：31～35.

[56] 陈伟，等．结晶器电磁搅拌对 60 钢铸坯质量的影响[J]．特殊钢，2009：34～36.

[57] 于海岐，朱苗勇．圆坯结晶器电磁搅拌过程三维流场与温度场数值模拟[J]．金属学报，2008：1465～1473.

4 连铸电磁搅拌的数值模拟

4.1 连铸电磁搅拌的电磁场数值分析概述

依据物理和化学的基本规律，利用数学的方法，在掌握连铸过程的基础上，建立合理的数学模型，从而对连铸全过程进行数值模拟，是非常有效的一种研究手段。结晶器电磁搅拌（M-EMS）是数值模拟研究关注的主要领域，因为它涉及了流动、凝固及传质等许多问题，特别是金属介质的流动与电磁场分布的耦合问题，直接影响计算结果的准确性。由于生产条件的限制及控制连铸过程钢液流动存在难度，电磁搅拌的数值模拟显得十分必要。

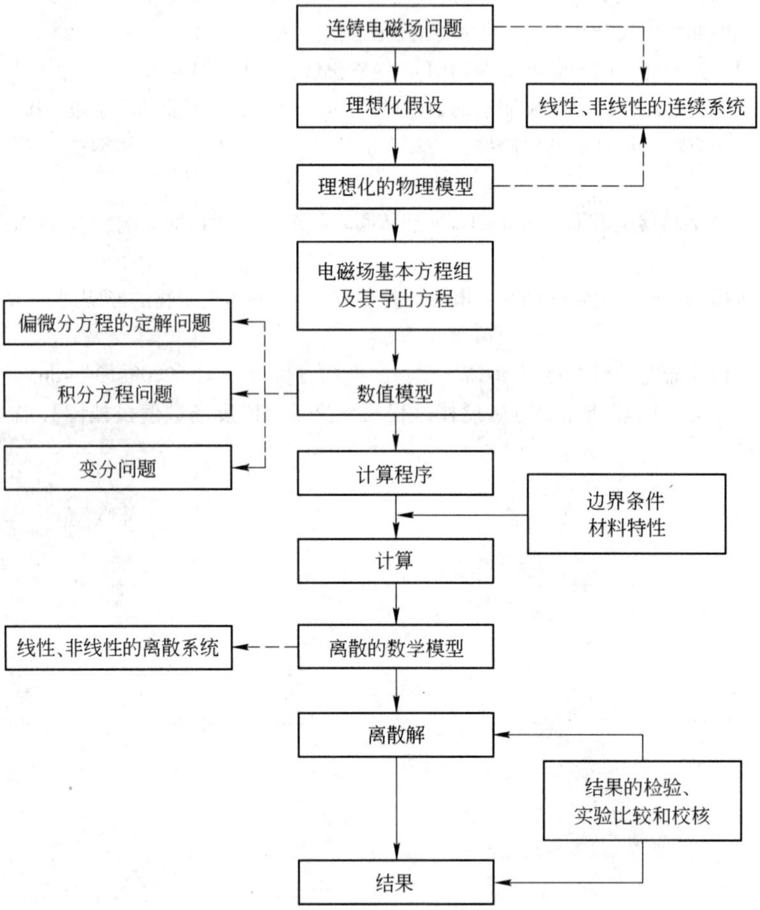

图 4－1　连铸电磁搅拌的电磁场数值分析过程

计算电磁搅拌器中的电磁场问题在于利用给定场的计算区域、各区域材料（媒质）组成和特性，以及激励源的特性，求其场域中场量随时间、空间分布的规律。图4－1所示为电磁搅拌的电磁场数值分析过程，即基于麦克斯韦方程组，首先建立逼近实际工程电磁场问题的连续型的数学模型；然后，采用相应的数值计算方法，经离散化处理，把连续型数学模型转化为等价的离散型数学模型——由离散数值构成的联立代数方程组（离散方程组），应用有效的代数方程组解法，计算出待求离散数学模型的离散解（即场量的数值解）；最后，在所得的该电磁场问题的场量（含位函数）离散解的基础上再经各种后处理过程，就可以求出所需的场域中任意点处的场强，任意区域的能量、耗损分布，以及力、力矩和各类电磁参数与性能指标等，以达到对给定的工程电磁场问题进行理论分析、工程判断乃至优化设计等目的。由图4－1可见，以各种数值计算方法为其核心，进行电磁场问题数值分析不仅必须具备一定的数学、物理基础和较扎实的电磁场专门知识，而且建模过程在很大程度上还必须有赖于工程知识和经验的积累，使之有可能采用恰当的理想假设，准确地给定问题的定解条件。此外，对应于计算流程的前处理（如场域剖分、数据文件构成等），数据处理和后处理（如等位线、通量线描绘以及场强、电磁参数、能量和力的计算等），分析者在计算机编程和应用方面的能力，以及计算机软件支持条件等，都是实现数值计算的主要因素。

4.2 连铸电磁搅拌的数值计算方法

4.2.1 有限差分法

在电磁场数值计算方法中，有限差分法（FDM）是应用最早的一种方法。有限差分法以其概念清晰、方法简单、直观等特点，在电磁场数值分析领域内得到了广泛的应用。现阶段各种电磁场数值计算方法发展很快，尤其是在有限差分法与变分法结合的基础上形成的有限元得到日益广泛的应用，但有限差分法以其固有的特点仍然是一种不容忽视的数值计算方法。

有限差分法将求解域划分为差分网格，用有限个网格节点代替连续的求解域。有限差分法以Taylor级数展开等方法，把控制方程中的导数用网格节点上的函数值的差商代替进行离散，从而建立以网格节点上的值为未知数的代数方程组。

4.2.2 有限元法

有限元法（FEM）的基础是变分原理和加权余量法，其基本求解思想是把计算域划分为有限个互不重叠的单元，在每个单元内，选择一些合适的节点作为求解函数的插值点，将微分方程中的变量改写成由各变量或其导数的节点值与所选用的插值函数组成的线性表达式，借助于变分原理或加权余量法，将微分方程离散求解。采用不同的权函数和插值函数形式，便构成不同的有限元方法。

有限元法最主要的特点是根据该方法编制的软件系统对各种各样的电磁计算问题具有较强的适应性，通过前处理过程能有效地形成方程并求解。它所形成的代数方程具有多数矩阵对称正定、稀疏等特点，所以求解容易、收敛性好，占用计算机内存量也较少。但有限元法对形状和分布复杂的三维问题，由于其变量多和剖分要求细，往往因计算机内存而受到限制，特别是包含开域自由空间的电磁计算问题，其建模及求解都比较困难。

4.2.3 积分方程法

积分方程法（VIEM）的基础是麦克斯韦方程的积分形式。通过对场中源区的离散，便可获得对应的代数方程，并数值求解，然后，根据毕奥－萨伐定律求解每个点场量的数值。如果求解区域内介质数目少，交界面形状不是特别复杂，采用积分方程法往往有突出优点。这种方法不需要对全部求解区域划分网格，只需对有源区和感应或极化产生的“第二次源”区划分网格，因而节点数大大减少，系数矩阵的阶数比有限元法或差分法的低得多，约为后者阶数的平方根，在求解时计算时间短、费用低。

4.2.4 边界元法

边界元法（BIEM）是在有限元法之后发展起来的一种较精确有效的工程数值分析方法，又称边界积分方程－边界元法。它以定义在边界上的边界积分方程为控制方程，通过对边界分元插值离散，化为代数方程组求解。它与基于偏微分方程的区域解法相比，由于降低了问题的维数，而显著降低了自由度数，边界的离散也比区域的离散方便得多，可用较简单的单元准确地模拟边界形状，最终得到阶数较低的线性代数方程组。又由于它利用微分算子解析的基本解作为边界积分方程的核函数，而具有解析与数值相结合的特点，通常具有较高的精度，特别是对于边界变量变化梯度较大的问题，如应力集中问题或边界变量出现奇异性的裂纹问题，边界元法被公认为比有限元法更加精确、高效。由于边界元法所利用的微分算子基本解能自动满足无限远处的条件，因而边界元法特别便于处理无限域以及半无限域问题。边界元法的主要缺点是它的应用范围以存在相应微分算子的基本解为前提，对于非均匀介质等问题难以应用，因此其适用范围远不如有限元法广泛，而且通常由它建立的求解代数方程组的系数矩阵是非对称满阵，对解题规模产生较大限制。对一般的非线性问题，由于在方程中会出现域内积分项，从而部分抵消了边界元法只要离散边界的优点。

4.2.5 计算软件

数值模拟的另一个重要步骤就是计算软件（程序）的设置。在 20 世纪 60 年代，英国帝国理工学院研究人员就开始致力于计算软件的设置，其中 Gosman 等出版了专著《Heat and Transfer in Recirculating Flows》，虽然只是在二维问题计算中应用流函数－涡量法的介绍，但为以后的开发工作奠定了基础。20 世纪 70 年代以来，随着湍流模型和计算方法的发展（如 $k-\varepsilon$ 模型和 SIMPLE 算法问世），计算软件的开发变得十分活跃，并朝商业化方向发展。Gosman 等先后推出计算软件 TEACH 系列和 FLOW－3D。Spalding 等在 1981 年推出 PHEONICS。美国 Creare 有限公司先后推出了 FLUENT 系列。这些以有限差分、SIMPLE 算法为基础并带有图像处理功能的计算软件已在国际市场上销售并得到了较好的应用。PHEONICS 软件包含的模块比较多，开发的比较早，国内外应用比较广泛。FLUENT 软件已发展到 FLUENT5.5 版本，引入了 QUICK 格式（Quadratic Upstream Interpolation for Convective Kinetics），能够计算燃烧的问题。

国外进行冶金过程的模拟研究大多数使用商业软件，如 PHEONICS、FLUENT、STAR-CD、FIDAP、CFDS-CFX 等。这些商业软件主要采用有限差分或控制容积法离散来求解控制方程。此外，市场上也有一些有限元软件，如 MARC 和 ANSYS 软件等，它们包含了流体流动计算和热分析模块。商业软件的设计出发点是通用化、包罗万象，因此程序结构比较庞大，需要很大的计算机内存和比较长的 CPU 时间。特别是对一些比较复杂的体系，因软件设计缺乏针对性，且对体系的基本现象缺乏足够的认识，有些现象得不到很好的描述。

连铸结晶器电磁搅拌过程的模拟计算要涉及电磁场问题。分析工程电磁场问题，现有图解法、模拟法、解析法和数值计算法四种方法。其中，数值计算法包括有限差分法、有限元法、积分方程法、边界元法、混合法等。普遍应用的是有限元法，并已有一些商业化软件被推出。目前，国外专门从事有限元电磁计算商业化软件开发销售的专业公司已有三十多家。美国、加拿大、英国等国的软件公司开发了一些用有限元法进行电磁计算的商业化软件，见表 4－1。通常，有限元法电磁计算商业化软件包含场域几何尺寸的处理模块、介质物理参数的选择模块、网格剖分生成模块、方程形成及求解模块、后处理及用户界面模块等五个主要部分。

表 4－1　电磁场计算软件功能比较

电磁场 / 公司		静止场				似稳场				时变场			
		静止		运动		静止		运动		静止		运动	
		线性	非线性	线性	非线性	线性	非线性	线性	非线性	线性	非线性	线性	非线性
ANSOFT	二维 三维	★ ★	★ ★										
MacNeal Schwendler	二维 三维	★ ★	★ ★								★ ★		
Integrated Engineering Software	二维 三维	★ ★	★ ★										
Bath University	二维 三维	★ ★	★ ★		★ ★		★ ★		★ ★		★ ★		★ ★
Infolytica	二维 三维	★ ★	★ ★				★				★		
Vector Fields	二维 三维	★ ★	★ ★		★		★				★		
Swanson Analysis Systems	二维 三维	★ ★	★ ★								★ ★		
ANSYS	二维 三维	★ ★	★ ★		★ ★								

注：★表示软件功能适用领域范围。

4.3　连铸电磁搅拌的数学模型建立

4.3.1　符号定义与约定

本章着重介绍基于有限差分法和 SIMPLER 算法建立的耦合的电磁场及流场的计算模型，在本章中，如无特别说明，各运算符号按如下方法定义。

4.3.1.1　数量场的梯度

设 f 是定义在区域 $\boldsymbol{\Omega}$ 上的函数，引进记号：

$$\nabla = \frac{\partial}{\partial x}\boldsymbol{i} + \frac{\partial}{\partial y}\boldsymbol{j} + \frac{\partial}{\partial z}\boldsymbol{k}$$

则 f 在 (x, y, z) 处的梯度是：

$$\nabla f(x,y,z) = \left(\frac{\partial}{\partial x}\boldsymbol{i} + \frac{\partial}{\partial y}\boldsymbol{j} + \frac{\partial}{\partial z}\boldsymbol{k}\right)f(x,y,z)$$

4.3.1.2　向量场的散度

对于任意向量场：

$$\boldsymbol{v}(x,y,z) = X(x,y,z)\boldsymbol{i} + Y(x,y,z)\boldsymbol{j} + Z(x,y,z)\boldsymbol{k}$$

定义其散度：

$$\nabla \cdot v(x,y,z) = \left(\frac{\partial}{\partial x}\boldsymbol{i} + \frac{\partial}{\partial y}\boldsymbol{j} + \frac{\partial}{\partial z}\boldsymbol{k}\right) \cdot (X\boldsymbol{i} + Y\boldsymbol{j} + Z\boldsymbol{k}) = \frac{\partial X}{\partial x} + \frac{\partial Y}{\partial y} + \frac{\partial Z}{\partial z}$$

4.3.1.3　向量场的旋度

对于任意向量场：

$$\boldsymbol{v}(x,y,z) = X(x,y,z)\boldsymbol{i} + Y(x,y,z)\boldsymbol{j} + Z(x,y,z)\boldsymbol{k}$$

定义其旋度：

$$\nabla \times \boldsymbol{v}(x,y,z) = \left(\frac{\partial}{\partial x}\boldsymbol{i} + \frac{\partial}{\partial y}\boldsymbol{j} + \frac{\partial}{\partial z}\boldsymbol{k}\right) \times (X\boldsymbol{i} + Y\boldsymbol{j} + Z\boldsymbol{k}) = \begin{vmatrix} \boldsymbol{i} & \boldsymbol{j} & \boldsymbol{k} \\ \dfrac{\partial}{\partial x} & \dfrac{\partial}{\partial y} & \dfrac{\partial}{\partial z} \\ X & Y & Z \end{vmatrix}$$

$$= \left(\frac{\partial Z}{\partial y} - \frac{\partial Y}{\partial z}\right)\boldsymbol{i} + \left(\frac{\partial X}{\partial z} - \frac{\partial Z}{\partial x}\right)\boldsymbol{j} + \left(\frac{\partial Y}{\partial x} - \frac{\partial X}{\partial y}\right)\boldsymbol{k}$$

其余符号、向量及单位参见表 4－2。

表 4－2　符号定义与约定

符号	物理意义	单位	符号	物理意义	单位
ρ	流体密度	kg/m^3	S, S_i	源项	—
u	x 方向速度矢量	m/s	k	紊流脉动动能	m^2/s^2
v	y 方向速度矢量	m/s	ε	紊流脉动动能耗散率	m^2/s^3
w	z 方向速度矢量	m/s	Γ	扩散系数	—
$\boldsymbol{u}_i$	x, y, z 任意方向速度矢量	m/s	μ_c	层流黏度系数	kg/(m·s)
U	速度场	m/s	μ_t	紊流黏度系数	kg/(m·s)
t	时间项	s	ϕ	通用微分方程的因变量	—
p	流体压强	$kg/(m \cdot s^2)$			

4.3.2 模型假设条件

在保证计算精度的前提下，为了简化计算，对电磁场和流场数值计算模型做如下假定：

（1）磁极附近的磁场均匀分布，从磁极穿出的磁力线垂直于磁极表面；
（2）只有磁极表面部分对空间磁场分布产生影响；
（3）结晶器中的钢液为液态；
（4）结晶器壁为绝缘体；
（5）忽略流场的变化对磁场的影响；
（6）钢液为不可压缩黏性流体；
（7）物性参数均为不随时间变化的常数；
（8）只考虑液相区的流动。

4.3.3 电磁场计算数学模型

描述电磁场规律的方程经过推导后，可以得到四个方程式，通常称为电磁场基本方程组，又称为麦克斯韦方程组（Maxwell Equations）。四个方程分别为：

安培定律
$$\boldsymbol{F}=\boldsymbol{J}\times\boldsymbol{B} \tag{4-1}$$

法拉第定律
$$\nabla\cdot\boldsymbol{E}=-\frac{\partial\boldsymbol{B}}{\partial t} \tag{4-2}$$

磁通连续性方程
$$\nabla\cdot\boldsymbol{B}=0 \tag{4-3}$$

欧姆定律
$$\boldsymbol{J}=\sigma(\boldsymbol{E}+\boldsymbol{U}\times\boldsymbol{B}) \tag{4-4}$$

$\boldsymbol{H}$ 与 $\boldsymbol{B}$ 之间满足：

$$\boldsymbol{B}=\mu\cdot\boldsymbol{H} \tag{4-5}$$

其中

$$\mu=\mu_0\cdot\mu_r \tag{4-6}$$

电磁力求解方程为：

$$\boldsymbol{F}=\boldsymbol{J}\times\boldsymbol{B} \tag{4-7}$$

式（4-1）为麦克斯韦第一方程，表明传导电流可以产生磁场。式（4-2）是推广的电磁感应定律，称为麦克斯韦第二方程，表明变化的磁场也会产生电场。式（4-3）是磁通连续性原理，表明磁力线是无头无尾的闭合曲线，这一方程原来是在恒定磁场中得到的，麦克斯韦将其推广到变化的磁场中。这组方程表明变化的磁场和变化的电场相互激发、相互联系形成统一的电磁场。利用这组方程原则上可以解决各种宏观电磁场问题。

4.3.4 流场计算数学模型

4.3.4.1 流场控制方程

SIMPLE 方法作为计算流体力学的经典方法已被广泛采用。在开发本程序的过程中，使用了改进的 SIMPLER 方法。考虑到结晶器流场的特性，采用了稳态模型。流场控制方程，即连续性方程和 Navier-Stokes 方程由下列形式给出：

$$\nabla\cdot(\rho\boldsymbol{U})=0 \tag{4-8}$$

$$\frac{\partial}{\partial t}(\rho u_i) + \nabla \cdot (\rho \boldsymbol{U} u_i) = \nabla \cdot (\mu_{\text{eff}} \cdot \nabla u_i) + S_i \quad (u_i = u, v, w) \tag{4-9}$$

其中，源项 S_i 包含了电磁力 F。在紊流计算时，对于 u，v，w，式（4－9）中：

$$\mu_{\text{eff}} = \mu + \mu_t = \mu + \rho C_\mu \frac{k^2}{\varepsilon} \tag{4-10}$$

求解 k 和 ε 的方程分别为：

$$\frac{\partial}{\partial t}(\rho k) + \nabla \cdot (\rho \boldsymbol{U} k) = \nabla \cdot \left(\left(\mu + \frac{\mu_t}{\sigma_k}\right) \cdot \nabla k\right) + G - \rho\varepsilon \tag{4-11}$$

$$\frac{\partial}{\partial t}(\rho \varepsilon) + \nabla \cdot (\rho \boldsymbol{U} \varepsilon) = \nabla \cdot \left(\left(\mu + \frac{\mu_t}{\sigma_\varepsilon}\right) \cdot \nabla \varepsilon\right) + C_1 G \frac{\varepsilon}{k} - C_2 \frac{\varepsilon}{k}\rho\varepsilon \tag{4-12}$$

其中

$$G = \mu_t \left\{ 2\left[\left(\frac{\partial u}{\partial x}\right)^2 + \left(\frac{\partial v}{\partial y}\right)^2 + \left(\frac{\partial w}{\partial z}\right)^2\right] + \left(\frac{\partial u}{\partial y} + \frac{\partial v}{\partial x}\right)^2 + \left(\frac{\partial u}{\partial z} + \frac{\partial w}{\partial x}\right)^2 + \left(\frac{\partial v}{\partial z} + \frac{\partial w}{\partial y}\right)^2 \right\} \tag{4-13}$$

4.3.4.2 通用方程及其离散化

从上面 Navier-Stokes 方程和 $k-\varepsilon$ 双方程可以看出，所需求解的变量都服从一个通用的守恒原理。如果用 ϕ 表示因变量，则通用微分方程可以写作：

$$\frac{\partial}{\partial t}(\rho \phi) + \nabla \cdot (\rho \boldsymbol{U} \phi) = \nabla \cdot (\Gamma \cdot \nabla \phi) + S \tag{4-14}$$

或者

$$\frac{\partial(\rho\phi)}{\partial t} + \frac{\partial(\rho u \phi)}{\partial x} + \frac{\partial(\rho v \phi)}{\partial y} + \frac{\partial(\rho w \phi)}{\partial z} = \frac{\partial}{\partial x}\left(\Gamma \frac{\partial \phi}{\partial x}\right) + \frac{\partial}{\partial y}\left(\Gamma \frac{\partial \phi}{\partial y}\right) + \frac{\partial}{\partial z}\left(\Gamma \frac{\partial \phi}{\partial z}\right) + S \tag{4-15}$$

式（4－15）中的四项分别是不稳态项、对流项、扩散项和源项。因变量 ϕ 可以代表各种不同的物理量。与此相应，对于不同的变量必须给定不同的扩散系数 Γ 以及源项并赋予适当的物理意义，见表 4－3。

表 4－3 三维直角坐标中的通用方程

因变量 ϕ	扩散系数 Γ	源 项 S
u	$\mu + \mu_t$	$-\frac{\partial p}{\partial x} + \frac{\partial}{\partial x}\left(\mu_{\text{eff}}\frac{\partial u}{\partial x}\right) + \frac{\partial}{\partial y}\left(\mu_{\text{eff}}\frac{\partial v}{\partial x}\right) + \frac{\partial}{\partial z}\left(\mu_{\text{eff}}\frac{\partial w}{\partial x}\right)$
v	$\mu + \mu_t$	$-\frac{\partial p}{\partial y} + \frac{\partial}{\partial x}\left(\mu_{\text{eff}}\frac{\partial u}{\partial y}\right) + \frac{\partial}{\partial y}\left(\mu_{\text{eff}}\frac{\partial v}{\partial y}\right) + \frac{\partial}{\partial z}\left(\mu_{\text{eff}}\frac{\partial w}{\partial y}\right)$
w	$\mu + \mu_t$	$-\frac{\partial p}{\partial z} + \frac{\partial}{\partial x}\left(\mu_{\text{eff}}\frac{\partial u}{\partial z}\right) + \frac{\partial}{\partial y}\left(\mu_{\text{eff}}\frac{\partial v}{\partial z}\right) + \frac{\partial}{\partial z}\left(\mu_{\text{eff}}\frac{\partial w}{\partial z}\right)$
k	$\mu + \frac{\mu_t}{\sigma_k}$	$G - \rho\varepsilon$
ε	$\mu + \frac{\mu_t}{\sigma_k}$	$C_1 G \frac{\varepsilon}{k} - C_2 \frac{\varepsilon}{k}\rho\varepsilon$

当所有项的形式确定后，可以很容易地根据式（4－15）将其离散化，得到可求解的离散化方程。

方程的最终形式可以表示为：

$$a_p\phi_p = \sum a_{nb}\phi_{nb} + b \tag{4-16}$$

通过采用合适的迭代方法，如 Gauss-Seidel、Jaccobi、TDMA 和块修正等方法，得到最终的收敛解。具体计算过程如下：

（1）估计一个速度场 u_0，v_0，w_0，一个初始的压力场 p_0。

（2）计算动量离散方程的系数。

（3）根据已知的速度计算虚拟速度 vir$u$，vir$v$，vir$w$。

（4）求解压力方程。

（5）根据解出的压力，求解动量方程，得到 u，v，w。

（6）根据 u，v，w 求解压力修正值 p。

（7）利用 p' 修正速度。

（8）用已知的速度场、压力场，求解 k，ε 的离散方程。

（9）如果没有收敛返回到（2）；如果收敛，则求解电位方程或磁场方程，得到电位或磁场的结果。

（10）将 F 加入动量方程源项，返回（2）。

4.4 方坯连铸结晶器电磁搅拌模拟

4.4.1 电磁搅拌磁场模拟

模拟计算条件：本算例利用 ANSYS 程序，采用有限元方法计算电磁搅拌电磁场。方坯连铸结晶器电磁搅拌模拟计算条件见表 4－4。

表 4－4 方坯连铸结晶器电磁搅拌模拟计算条件

参 数	值	参 数	值
结晶器长度/mm	850	水口浸入深度/m	0.15
最大搅拌断面/mm × mm	280 × 380	拉速/m · min^{-1}	2.5
额定电流/A	565	钢液密度/kg · m^{-3}	7.02×10^3
电磁搅拌装置安装位置	结晶器上口之下 400mm 处	层流黏度系数/kg · m^{-1} · s^{-1}	5.6×10^{-5}
视在功率/kW	400	电导率/(Ω · m)$^{-1}$	7.14×10^5
额定电压/V	380	磁导率/H · m^{-1}	$4\pi\times10^{-7}$
中心磁感应强度/Gs	约 450		

图 4－2 所示为是空载条件下不同时刻的磁场分布，模拟表明：不同时刻的磁场分布形式完全相似，只是磁场的相位发生了变化，旋转磁场以一定同步速度旋转表明交流磁场分布在不同时刻有不同的方向。

4.4.2 搅拌工艺参数对电磁搅拌磁场影响的模拟

4.4.2.1 电流强度对磁场的影响

计算条件见表 4－4。电流强度对磁场的影响如图 4－3 所示。图 4－3 表明：结晶器内的磁感应强度大小与通电电流强度呈线性关系，即电流强度越大，磁感应强度越大；电流强度不改变磁场分布结构，只对磁感应强度的大小有影响。图中图例的数值表明了磁感应强度大小与电流强度呈正比关系。

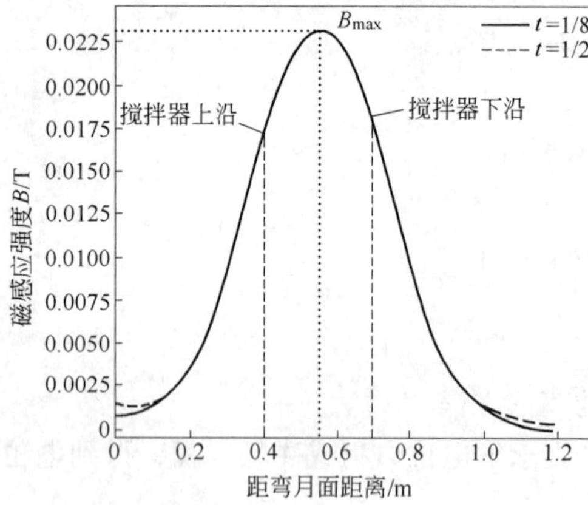

图 4-2 空载时磁感应强度分布

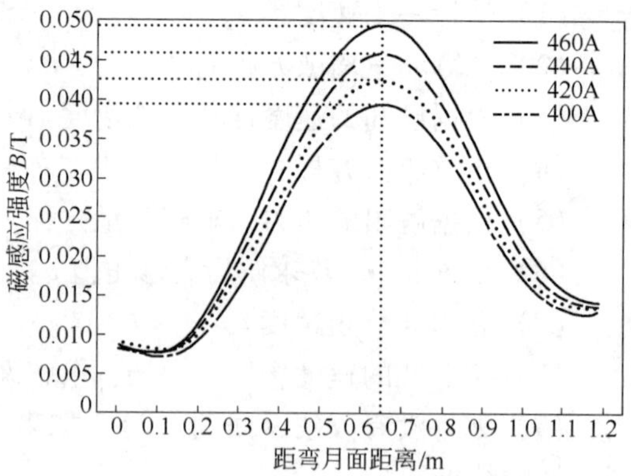

图 4-3 电流强度对磁感应强度的影响
(f=2.4Hz)

4.4.2.2 电流频率对磁场的影响

根据表 4-4 所列的计算条件，其他参数不变，结合攀钢现场工艺参数，分别模拟频率为 1.0Hz、1.5Hz、2.0Hz 和 2.5Hz 条件下的电磁场和流场进行计算。图 4-4 所示为四种条件下沿拉坯方向的中心磁感应强度曲线。可以看到，随着搅拌频率的增大，结晶器中心磁感应强度降低。其中，频率为 1.0Hz 时，中心磁感应强度最大值为 0.047T，而当频率为 2.5Hz 时，该值降低为 0.037T，下降了约 20%。各个频率下磁感应强度最大值之间的差值较为接近，搅拌频率每增加 0.5Hz，最大值约下降 0.0035T。而在计算区域上下边界处，由于均使用了相同的边界条件，计算值比较接近。可以看到，在搅拌器作用中心位置，磁感应强度随搅拌频率增大而减小。

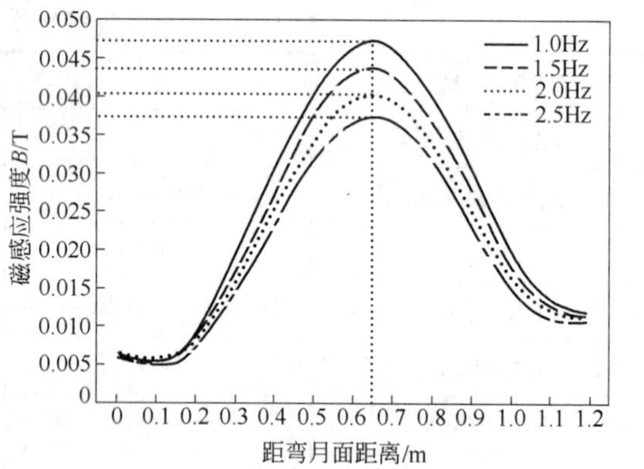

图 4-4 不同搅拌频率下结晶器中线上的磁感应强度

4.4.3 结晶器电磁搅拌的电磁力特征

4.4.3.1 结晶器内电磁场和电磁力分布

计算条件见表 4-4，以搅拌电流 I=500A，搅拌频率 f=2.5Hz 为计算条件。电磁搅拌装置中心截面磁感应强度随时间的变化如图 4-5 所示。由图可见，随时间的变化，结晶器内的磁感应强度方向发生明显的变化，并产生旋转磁场，其作用必然是使钢水发生搅拌。

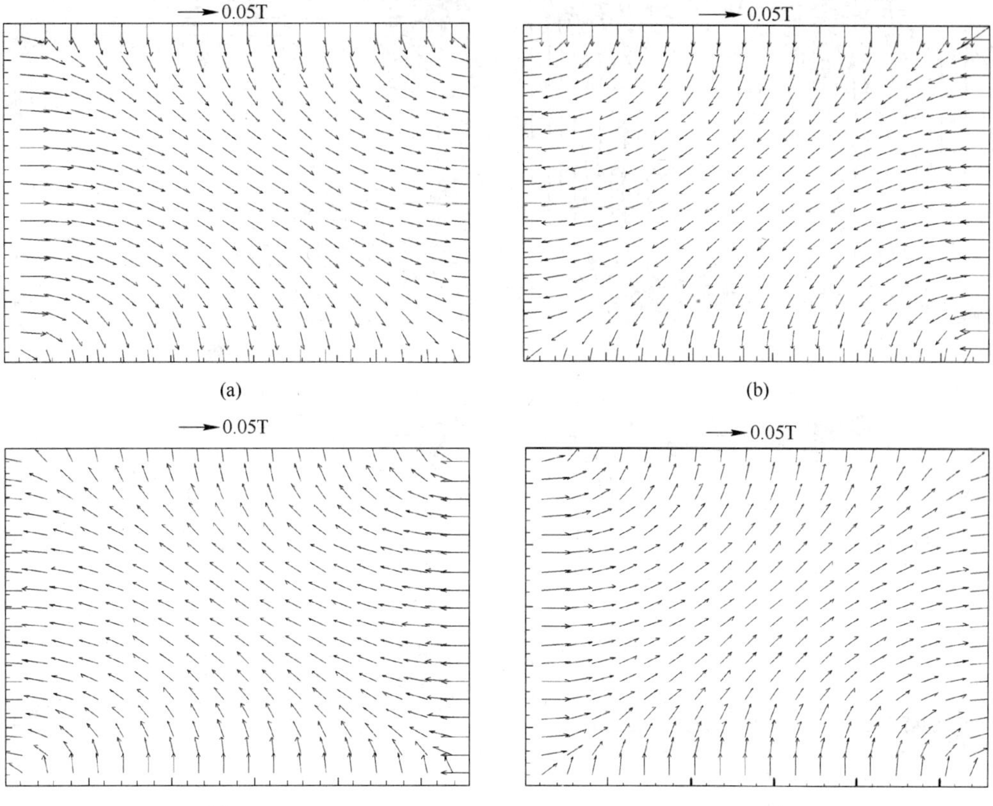

图 4 - 5 电磁搅拌装置中心截面磁感应强度随时间的变化
(a) $t=1/8$ 周期; (b) $t=3/8$ 周期; (c) $t=5/8$ 周期; (d) $t=7/8$ 周期

在电磁感应强度的作用下，电磁力也做有规律的周期分布，如图 4 - 6 所示。由图可见，电磁力分布基本上是对称的，且随时间变化而做周期变化。由于铸坯外部磁场强度变化较快，感应电流较集中于铸坯的表面，角部尤为突出，因而在铸坯的表面产生的电磁力也较强，角部更为明显。

图 4 - 7 为电磁力沿结晶器内轴向的分布，由图可见，切向分力在轴向上呈两端小、中间大的分布状态。

图 4 - 8 为搅拌器中心横截面上切向电磁力沿径向的分布，切向电磁力从表面到中心迅速衰减，铸坯中心受到的电磁力很小。

4.4.3.2 搅拌电流对电磁力的影响

图 4 - 9 所示为铸坯中心截面切向电磁力随电流强度的变化曲线。可以看出，电磁力随电流强度的增大而增大。

4.4.3.3 搅拌频率对电磁力的影响

图 4 - 10 所示为搅拌频率对铸坯中心截面切向电磁力的影响。由于电磁搅拌力是在磁场和感应电流的相互作用下产生的，因此，随着激磁频率的增大，感应电流的大小将会受

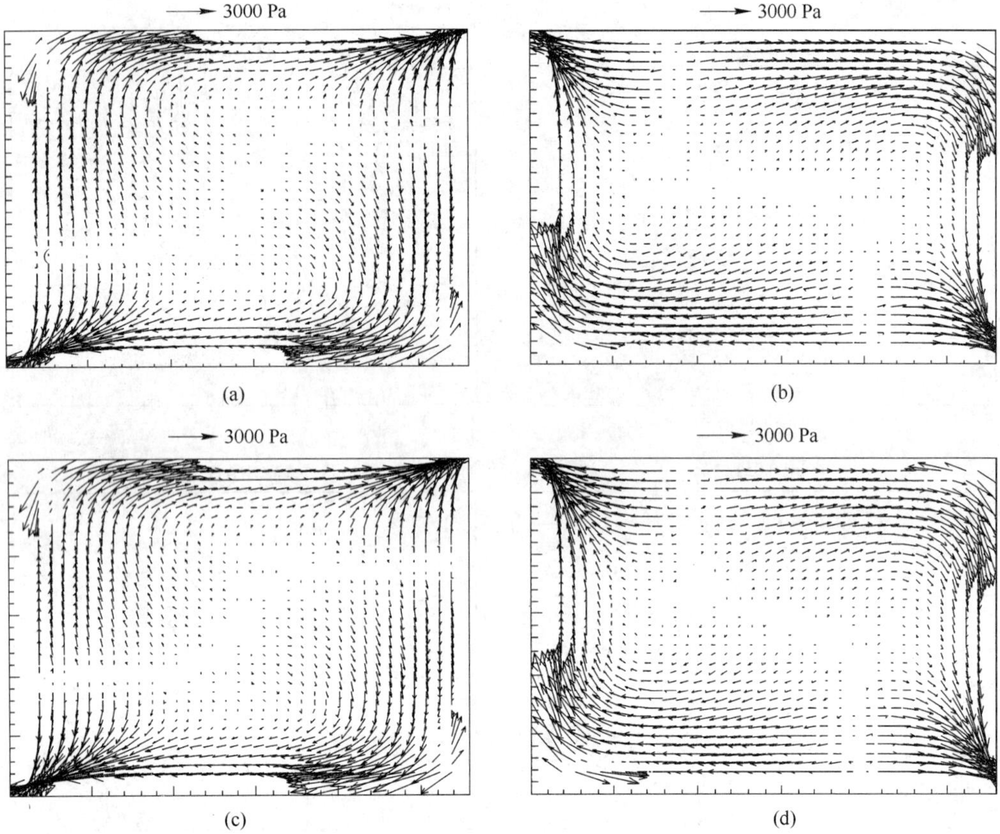

图 4 - 6　电磁搅拌装置中心截面电磁力随时间的变化（$B=0.05T$）
（a）$t=1/8$ 周期；（b）$t=3/8$ 周期；（c）$t=5/8$ 周期；（d）$t=7/8$ 周期

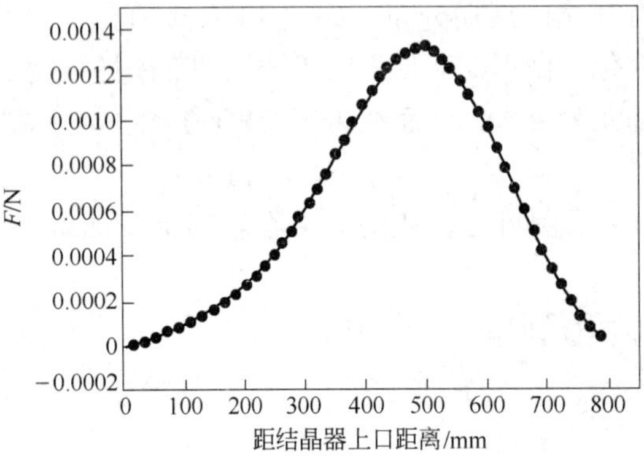

图 4 - 7　沿结晶器内轴向上的电磁力分布

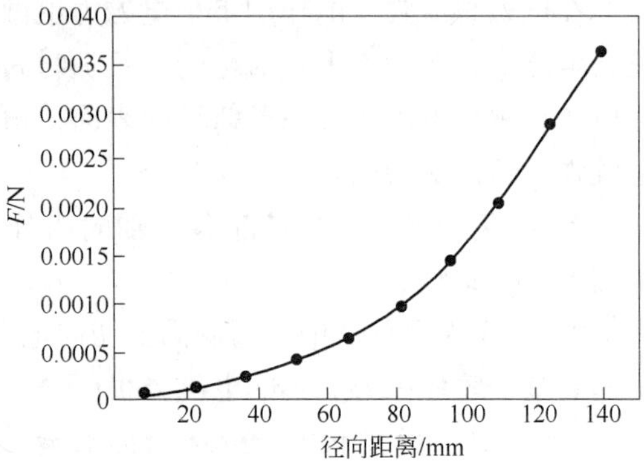

图 4 - 8　沿径向方向电磁力的分布

到集肤效应的影响，即随着搅拌频率的降低，电流的透入深度越大，电磁力衰减越小，即搅拌效率越高。

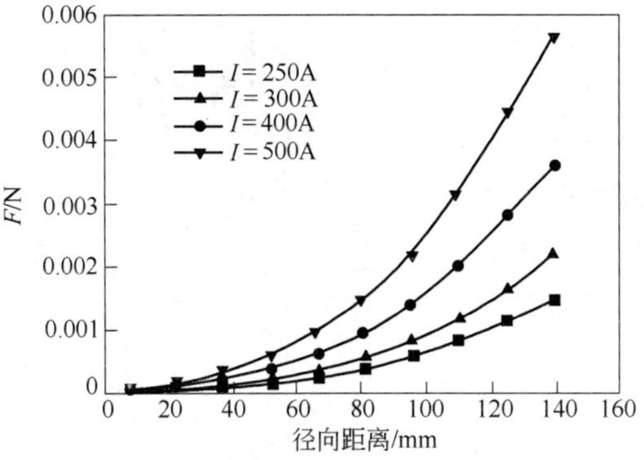

图4-9 电流强度与铸坯中心截面切向电磁力的关系

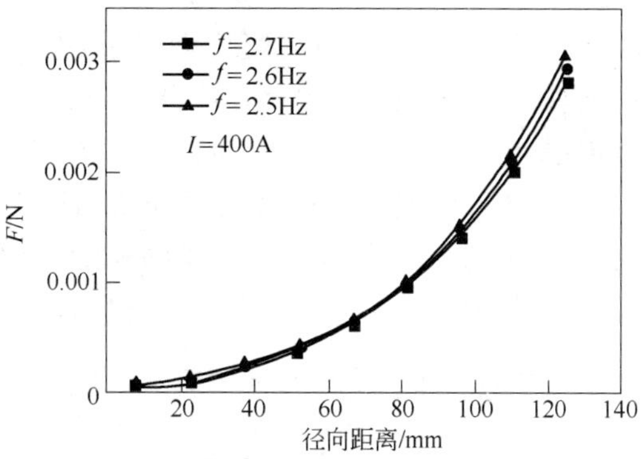

图4-10 搅拌频率与铸坯中心截面切向电磁力的关系

4.4.4 结晶器电磁搅拌的流场特征

图4-11和图4-12所示为电磁搅拌对结晶器内钢液流场的影响。施加电磁搅拌后，结晶器内钢液流场发生了较大的改变，在浸入式水口下部形成钢液的旋转运动，并且在结晶器电磁搅拌器中心横截面上搅拌速度达到最大值。

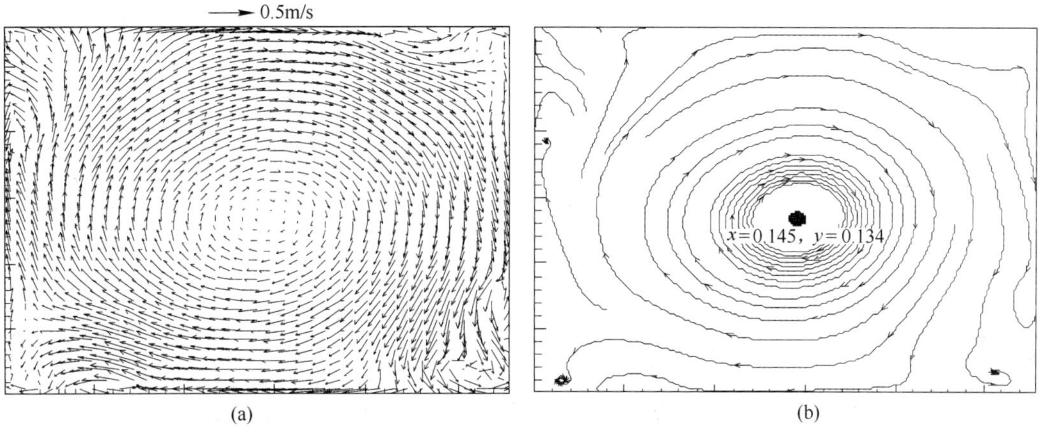

图4-11 电磁搅拌装置中心截面流场分布
（a）矢量分布图；（b）流线分布图

从图4-12中可见，电磁搅拌使浸入式水口下部的回流区变小，同时使冲击深度也变小。浸入式水口出流在撞击窄面后即开始沿结晶器下部做螺旋运动，在进入搅拌器后旋转速度增大，在向外离心力作用下心部液体被“甩出”，洗刷结晶器内表面。结晶器钢液的旋转运动及下回流区的减小有利于夹杂物的上浮，减少铸坯夹杂物。

在电磁力的驱动下，结晶器内的钢液发生螺旋运动（见图4-12）。钢液在电磁力的驱动下，在结晶器的横截面上产生旋转运动，其运动速度与旋转流动区域和电磁力的大小有关，在电磁搅拌装置中心截面，磁场强度较高，所以旋转流动的区域很大，而且宽面中心处的流动速度大于窄面和角部。因此，旋转磁场带动钢液的旋转流动，对宽面的凝固前沿冲刷很强，热交换也快，柱状晶的生长受到抑制。因此可以说，钢液中大部分“自由晶粒”是在该面上产生的，同时在该面沉积的也多。从第3章研究电磁搅拌对铸坯质量影响及结果来看，说明钢液中的“自由晶粒”在凝固前沿沉积的几率增加，阻碍柱状晶的生长，因此试验可以证明该理论是正确的。

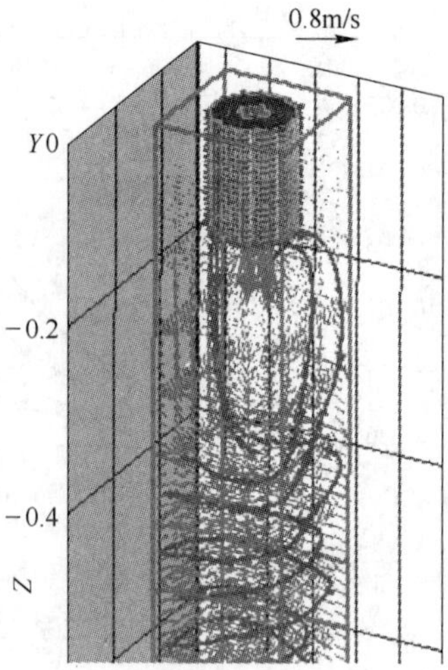

图4－12 电磁搅拌对小方坯结晶器钢液流场的影响

4.4.5 电磁搅拌结构参数对电磁场影响

4.4.5.1 有、无结晶器铜管

结晶器铜管具有良好的导电性能，对磁场有很强的屏蔽作用。图4－13表示有和无结晶器铜管时结晶器内磁感应强度沿径向（y轴）的分布，模拟是在方坯断面为150mm×150mm，结晶器铜管壁厚为15mm，电流强度取400A，电流频率为5Hz的条件下进行的。由图可见，结晶器内的磁感应强度沿径向（y轴）呈中心轴对称分布；在靠近磁极（铁芯内径）附近最大，在结晶器中心最小。结晶器铜管对磁场分布影响很大：有结晶器铜管时，结晶器内的磁感应强度整体偏小，约0.0698T；无结晶器铜管时，结晶器中心的磁感应强度为0.1607T。这是因为在外加磁场作用下铜管内产生了感应电流，该感应电流感生感应磁场，由于感应磁场方向与外加磁场相反，从而削弱了外界磁场。

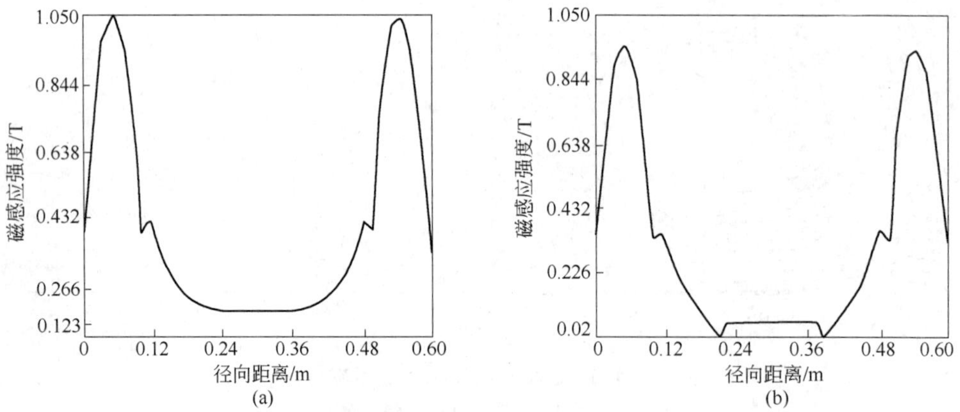

图4－13 无结晶器铜管（a）和有结晶器铜管（b）时结晶器内磁感应强度沿径向的分布

图4－14方坯断面为150mm×150mm、电流强度为400A、电流频率分别为2Hz、3Hz、4Hz、5Hz、6Hz和7Hz时结晶器中心磁感应强度的变化。由图可见，在电流强度一定的情况下，随着电流频率的增大，无结晶器铜管时，磁感应强度基本不变；有结晶器铜管时，结晶器中心的磁感应强度逐渐减小。这是因为电流频率越大，在具有高导电性能的结晶器铜管内产生的感应电流也越大。也就是说，电流频率越高，铜管的磁屏

蔽现象越明显。因此，为了获得最佳的搅拌力，应综合考虑电磁感应效应和铜管磁屏蔽效应的影响。

4.4.5.2 铜管厚度

由于结晶器铜管对磁场具有很大的屏蔽作用，探讨结晶器铜管厚度对结晶器内磁场的影响具有重要的意义。所模拟的电磁搅拌器的馈电电流强度取400A，电流频率5Hz，方坯断面尺寸为150mm×150mm，铜管厚度分别取12mm、14mm、15mm、16mm和18mm时，模拟结晶器中心磁感应强度的变化如图4－15所示。可以看出，随着结晶器铜管厚度的增加，结晶器中心的磁感应强度减小。这说明铜管厚度对结晶器内磁感应强度的影响很大。因此在设计电磁搅拌器时，为了得到合理的电磁搅拌强度，必须考虑铜管的厚度。

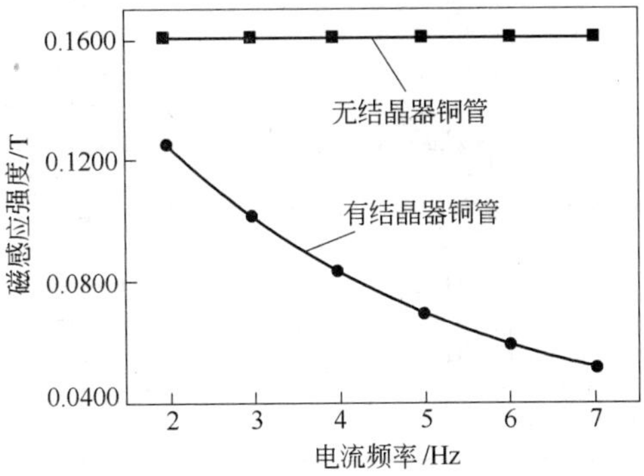

图4－14 无结晶器铜管和有结晶器铜管时结晶器中心磁感应强度与电流频率的关系

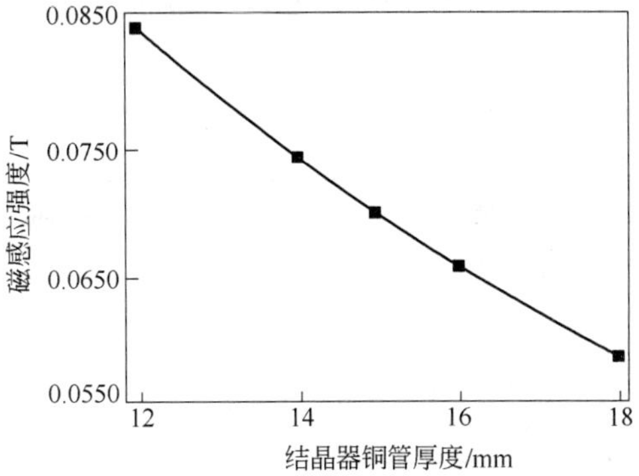

图4－15 结晶器铜管厚度对中心磁感应强度的影响

4.4.5.3 铸坯断面尺寸

当电流强度取400A、频率为5Hz时，对断面尺寸为150mm×150mm方坯和200mm×200mm方坯进行了数值模拟，磁感应强度沿径向（y轴）的分布情况如图4－16所示。可以看出，150mm×150mm方坯结晶器中心的磁感应强度为0.0698T，而200mm×200mm

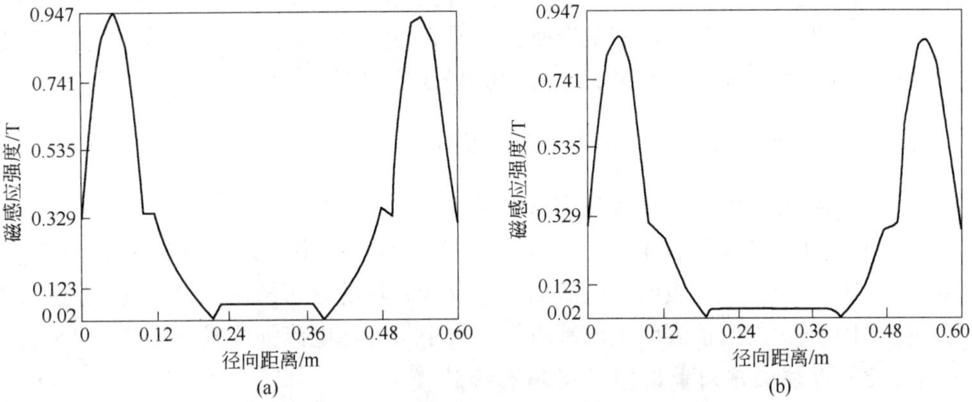

图4－16 铸坯断面尺寸不同时结晶器内径向磁感应强度的变化

（a）150mm×150mm方坯；（b）200mm×200mm方坯

方坯结晶器中心磁感应强度为0.0493T。这是因为在电流相同的条件下，受结晶器铜管磁屏蔽区域的影响，结晶器中心的磁感应强度随着断面尺寸的增大而减小。

4.5 圆坯连铸结晶器电磁搅拌模拟

4.5.1 电磁搅拌磁场模拟

本算例模拟计算条件见表4－5。

表4－5 圆坯连铸结晶器电磁搅拌模拟计算条件

参数	值	参数	值
结晶器长度/mm	780	水口浸入深度/m	0.08～0.12
最大搅拌断面/mm	ϕ150	水口倾角 α/(°)	0～90
频率/Hz	6	拉速/m · min^{-1}	2.3～2.7
额定电流/A	400	钢液密度/kg · m^{-3}	7.02×10^3
电磁搅拌装置安装位置	结晶器上口之下380mm处	层流黏度系数/kg · m^{-1} · s^{-1}	5.6×10^{-5}
视在功率/kW	188	电导率/(Ω · m)$^{-1}$	7.14×10^5
额定电压/V	157	磁导率/H · m^{-1}	$4\pi\times10^{-7}$
中心磁感应强度/Gs	约450		

本算例利用ANSYS程序采用有限元方法计算电磁搅拌电磁场。为便于比较，分析电磁搅拌参数（电流强度、频率）和负载对磁场分布的影响，首先假定搅拌器轴向磁场的分布均相同，采用有限元法计算电磁搅拌器内的二维磁场分布，模拟结果如图4－17～图4－19所示。

从二维低频交流磁场分布计算结果来看，不同时刻的磁场分布形式相似，只是磁场的相位发生了变化。图4－17～图4－19分别显示了空载和结晶器内充满钢液条件下不同时刻的磁场分布，旋转磁场以一定同步速度旋转表明交流磁场分布在不同时刻有不同的方向。图4－19表明，当结晶器内有钢液时，结晶器壁面处磁场分布形式发生了细微变化，同时内部磁场与空载时相比略有增大，磁感应强度分布更为均匀。

4.5.2 搅拌工艺参数对电磁搅拌磁场影响的模拟

4.5.2.1 电流对电磁搅拌磁场影响的模拟

本算例模拟计算条件见表4－5。图4－20为连铸过程中，频率为6Hz时不同电流强度的磁感应强度分布，该图表明了电流强度不改变磁场的分布结构，只对磁感应强度的大小有影响。图中图例的数值表明了磁感应强度大小与通电电流强度成正比关系。

4.5.2.2 电流频率对电磁搅拌磁场影响的模拟

本算例模拟计算条件见表4－5。有钢液时电源频率对二维磁场分布的影响如图4－21所示。

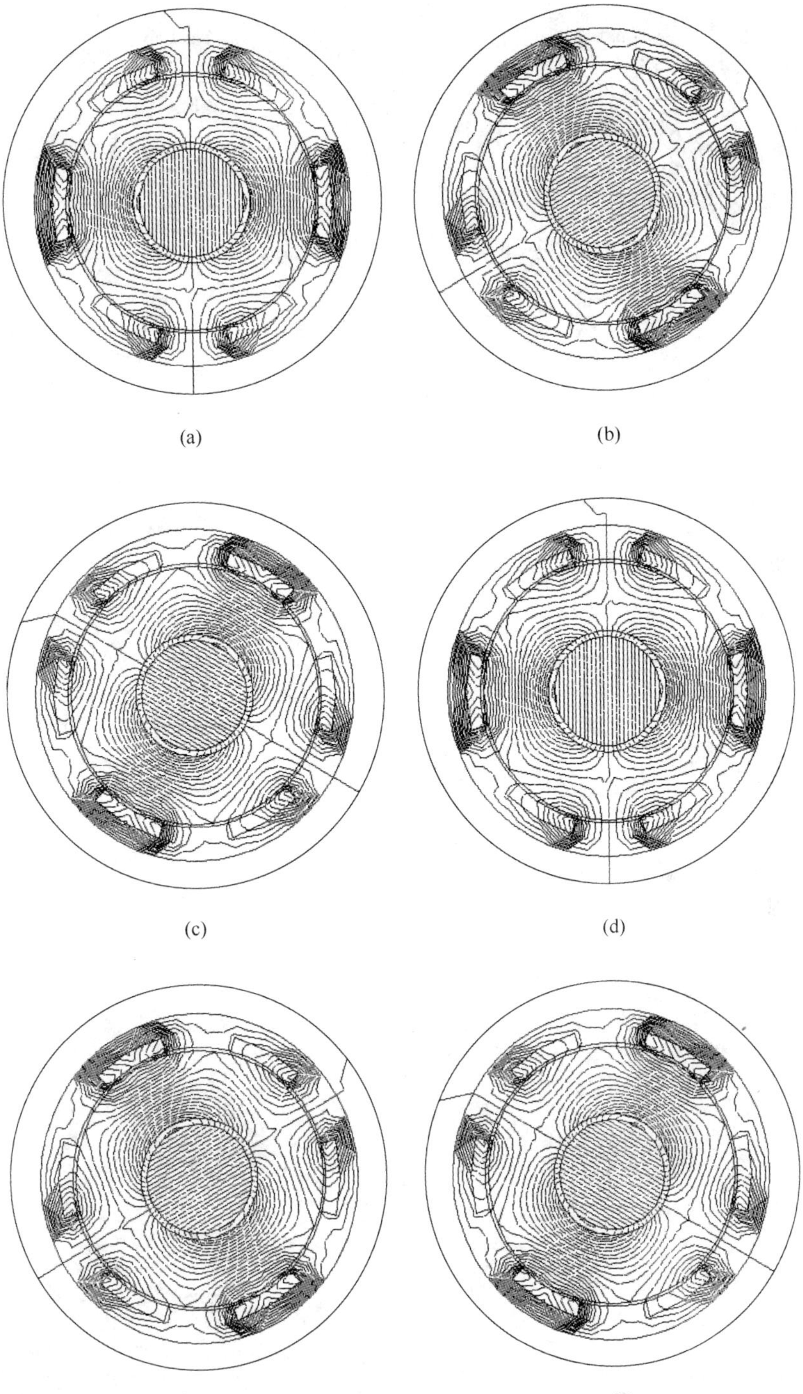

图 4-17 空载时电磁搅拌器内二维磁感应强度分布（200A，6Hz）
（a）$t=0$；（b）$t=1/6$ 周期；（c）$t=2/6$ 周期；（d）$t=3/6$ 周期；
（e）$t=4/6$ 周期；（f）$t=5/6$ 周期

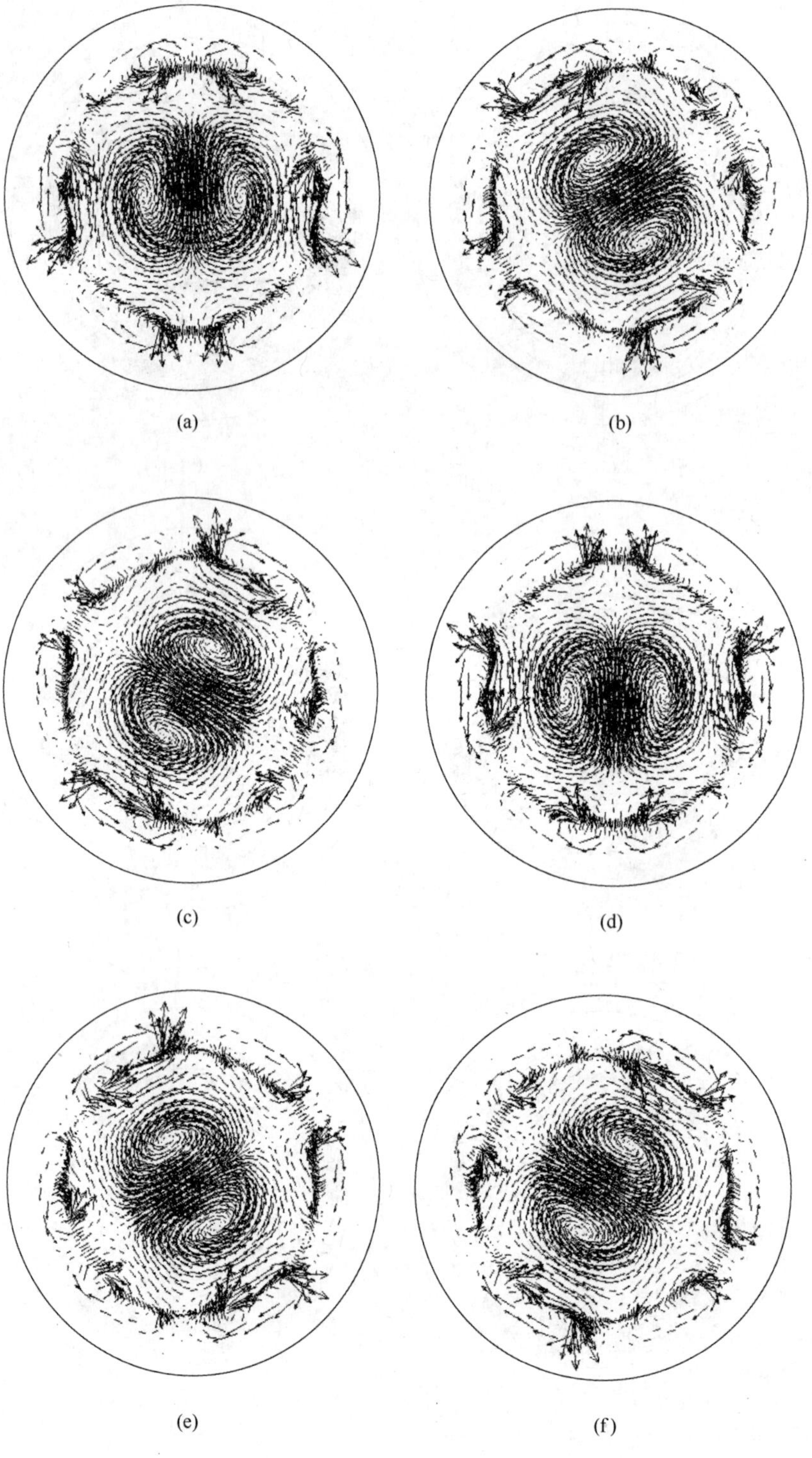

图 4-18 有钢液时电磁搅拌器内二维磁感应强度分布（200A，6Hz）
（a）$t=0$；（b）$t=1/6$ 周期；（c）$t=2/6$ 周期；（d）$t=3/6$ 周期；
（e）$t=4/6$ 周期；（f）$t=5/6$ 周期

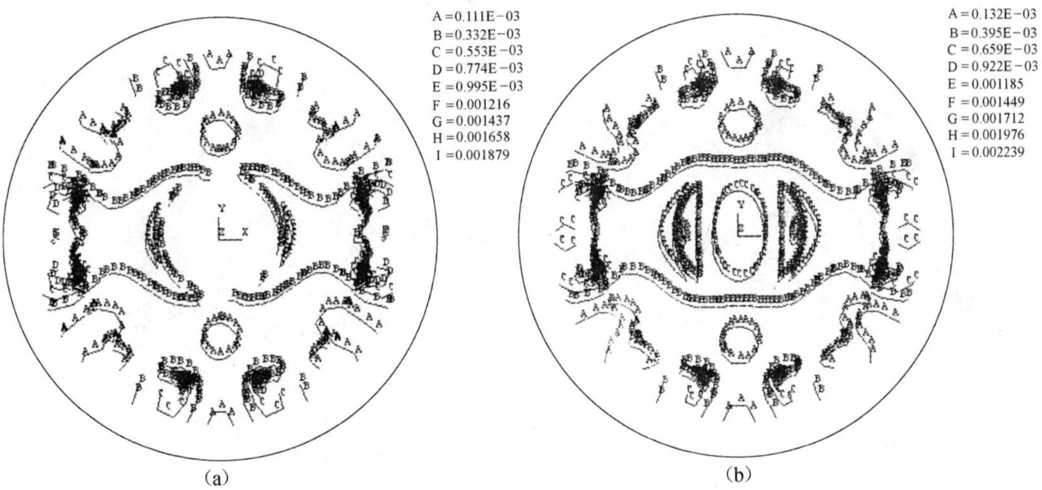

图 4-19 钢液对电磁搅拌器内二维磁感应强度分布的影响（200A，6Hz）

（a）结晶器内无钢液；（b）结晶器内有钢液

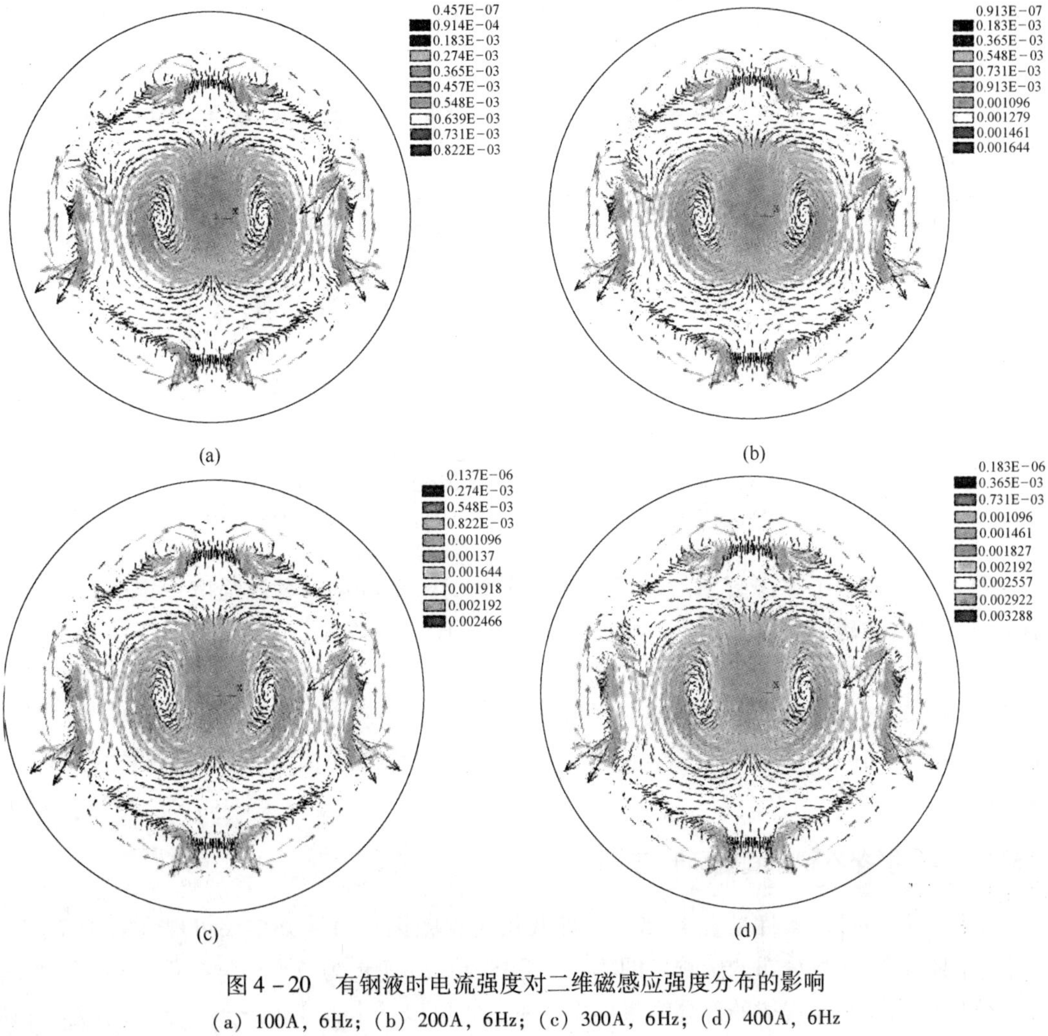

图 4-20 有钢液时电流强度对二维磁感应强度分布的影响

（a）100A，6Hz；（b）200A，6Hz；（c）300A，6Hz；（d）400A，6Hz

图 4 - 21　有钢液时电源频率对二维磁感应强度分布的影响

(a) 200A，3Hz；(b) 200A，4Hz；(c) 200A，5Hz；(d) 200A，6Hz

图 4 - 21 显示了电源频率对磁场分布的影响，由图可见，电流强度一定时，频率越小，结晶器内的磁感应强度越大。而频率小（如 3Hz 或 4Hz），对磁场分布干扰大，即结晶器外壁处磁感应强度等值线不再连续。而使用频率为 5Hz 和 6Hz 时，在结晶器内部产生的磁场比较均匀。如考虑到磁感应强度的大小，则连铸时选用频率 5Hz 更佳。从理论上讲，结晶器内的磁感应强度大小与通电电流强度呈线性关系，即电流强度越大，磁感应强度越大。

4.5.3　电磁搅拌不同断面磁场分布模拟

本算例模拟计算条件见表 4 - 5。三维低频交流磁场分布计算结果可以有效地考察结晶器空间位置对磁场分布的影响。图 4 - 22 和图 4 - 23 所示为三维模型条件下的电磁搅拌器内磁感应强度分布规律的计算结果。由图 4 - 23 可以看出，在生产条件下，电磁搅拌磁

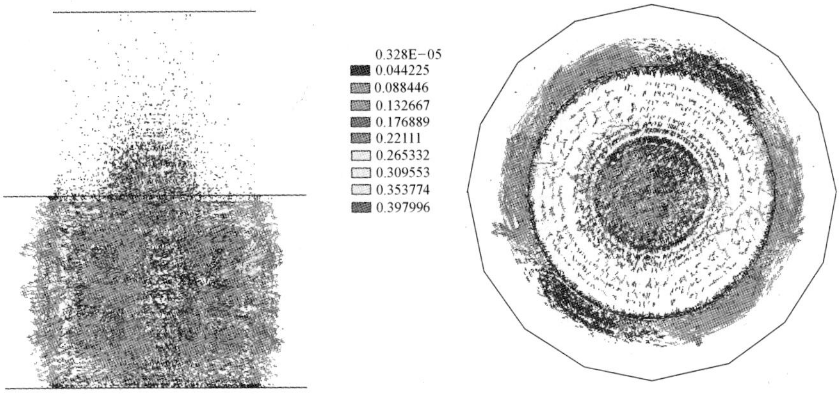

(a) (b)

图4-22 电磁搅拌器内三维磁感应强度分布（400A，6Hz）
（a）侧视图；（b）俯视图

感应强度在搅拌器轴向方向上并非均匀分布，而是呈现中间大、两端小的规律，但同一端面位置上的分布特点与二维磁感应强度分布具有类似的特征。由图4-23还可以看出，结晶器内部磁感应强度的纵向分布特点是高峰值出现在搅拌器中心位置的上部，并非真正出现在搅拌器高度对称中心。图4-23表明，在同一断面位置上磁感应强度的分布特征各不相同。在结晶器上下端部，磁感应强度值较小，但分布较为均匀。在接近搅拌器高度中心位置，结晶器内的磁感应强度大，分布出现不均匀，方向也变得不一致，并有突变值发生。此外，在搅拌器线圈外侧和磁轭内部，磁感应强度很小，甚至为零，而结晶器内部的磁感应强度要比搅拌器与结晶器之间的空气中的值要大。总的来说，由于搅拌器线圈激发产生的励磁作用，在结晶器高度对称中心上部和下部区域，结晶器内部的磁感应强度分布是均匀的，下部区域的磁感应强度值要大一些，而在结晶器高度对称中心位置附近，结晶器内部的磁感应强度局部出现突变点。磁场计算结果证明了实际操作中将搅拌器位置安装在结晶器下方，可以保证结晶器内磁感应强度分布在高度位置上呈现中间大、两端小的特征，使得结晶器水口附近没有很大的环流产生，可以有效地防止卷渣现象发生。这样，在结晶器下部区域，钢液流动也不会对凝固坯壳产生很大的冲刷作用，可以防止拉漏事故发生。

4.5.4 电磁搅拌结构参数对电磁场的影响

4.5.4.1 结晶器铜管对结晶器内电磁场分布的影响

本算例模拟计算条件见表4-5，断面尺寸为ϕ450mm。安装和未安装结晶器铜管，以2Hz频率操作的搅拌器的电磁效应如图4-24所示。图中磁力线表示A相电流达到峰值时的磁通量分布。由图可见，在无结晶器时，磁力线均匀分布并直接穿过结晶器。在装有结晶器时，磁通量与Y轴方向成一定角度穿过结晶器。在结晶器相对的边上磁力线的符号相反，最大的磁通量产生在结晶器壁附近。

图4-25是有、无结晶器铜管时搅拌器径向磁感应强度分布。由图可见，结晶器铜管对磁场有很强的屏蔽作用，有结晶器铜管时钢液内磁感应强度大大减小，约为原来的60%。因此在研究结晶器内电磁场分布时，结晶器铜管的影响是必须考虑的。

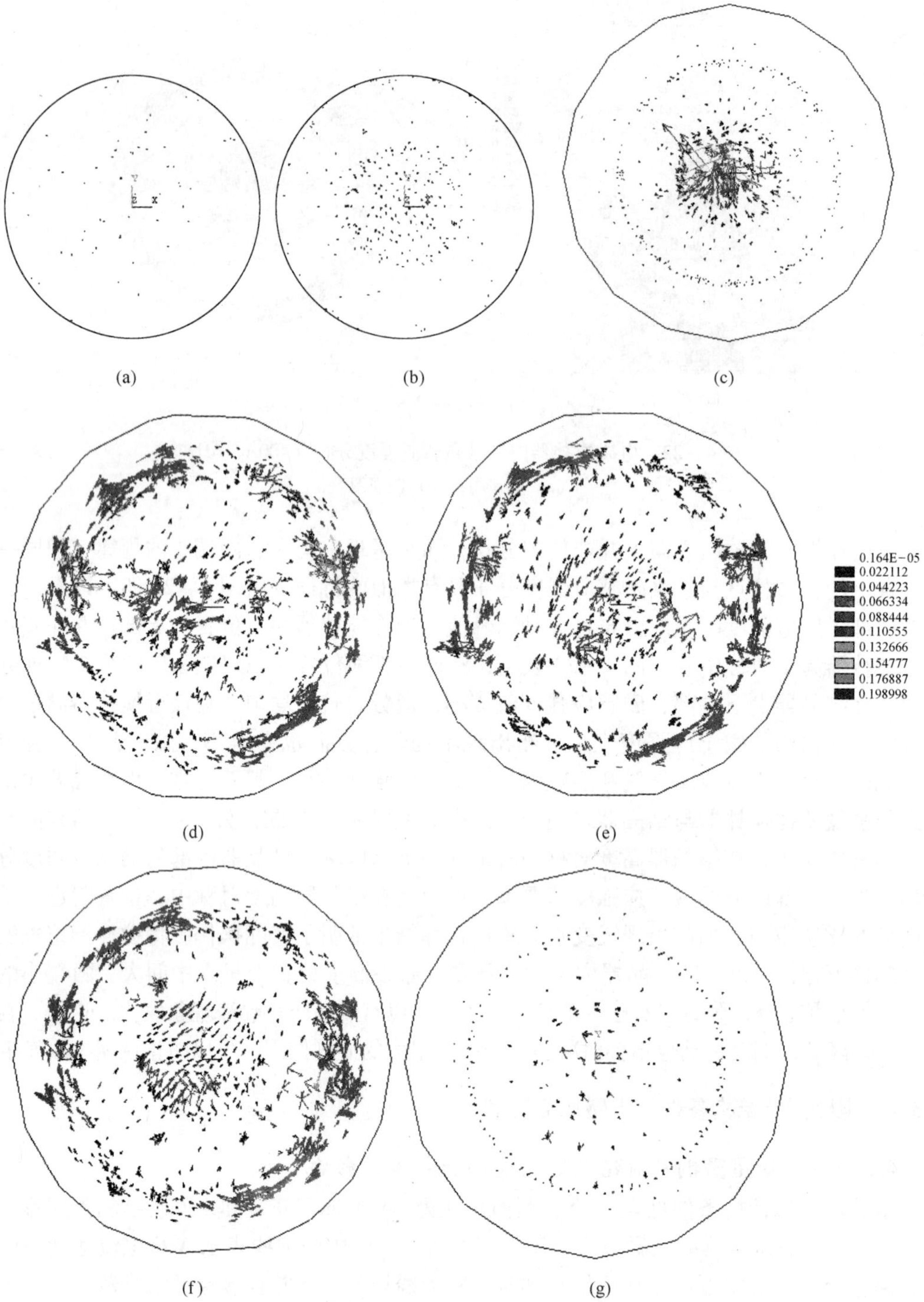

图 4 - 23 电磁搅拌器内不同深度位置的磁感应强度分布（200A，6Hz）

（a）1 - 1 端面，距结晶器顶部深度 180mm；（b）2 - 2 端面，距结晶器顶部深度 280mm；
（c）3 - 3 端面，距结晶器顶部深度 380mm；（d）4 - 4 端面，距结晶器顶部深度 480mm；
（e）5 - 5 端面，距结晶器顶部深度 580mm；（f）6 - 6 端面，距结晶器顶部深度 680mm；
（g）7 - 7 端面，距结晶器顶部深度 780mm

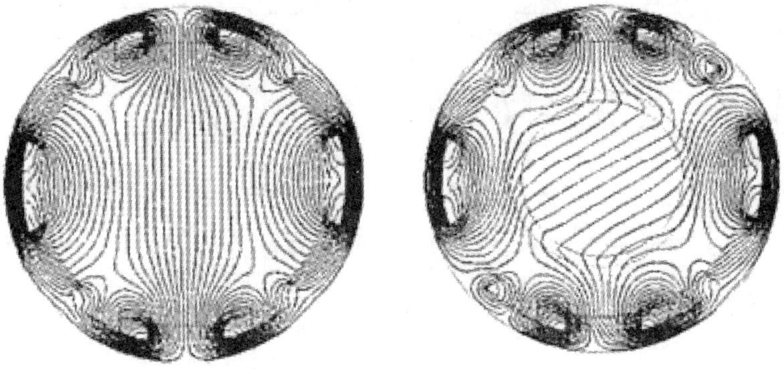

(a) (b)

图 4-24 搅拌器内磁力线分布
（a）无结晶器铜管；（b）有结晶器铜管

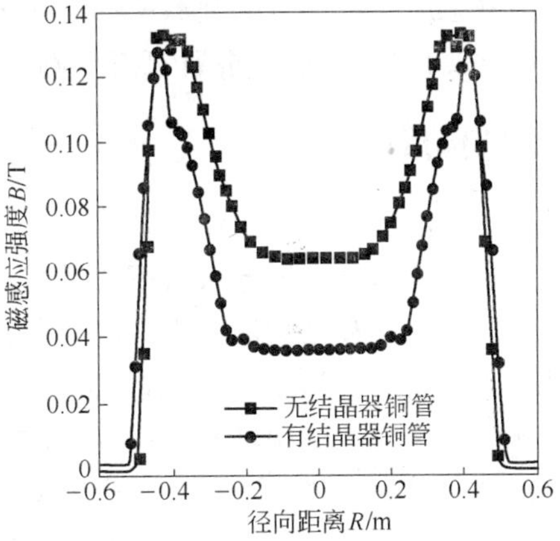

图 4-25 有、无结晶器铜管时搅拌器径向磁感应强度分布

4.5.4.2 断面尺寸对结晶器内电磁场分布的影响

本算例模拟计算条件见表 4-5。按照现场实际生产工艺条件，模拟计算不同断面钢液内电磁场的分布，研究不同断面尺寸对电磁场分布的影响。计算所采用的电磁搅拌参数为：350A，2.0Hz。图 4-26 ~ 图 4-28 所示为断面尺寸对结晶器内电磁场分布影响的研究结果。

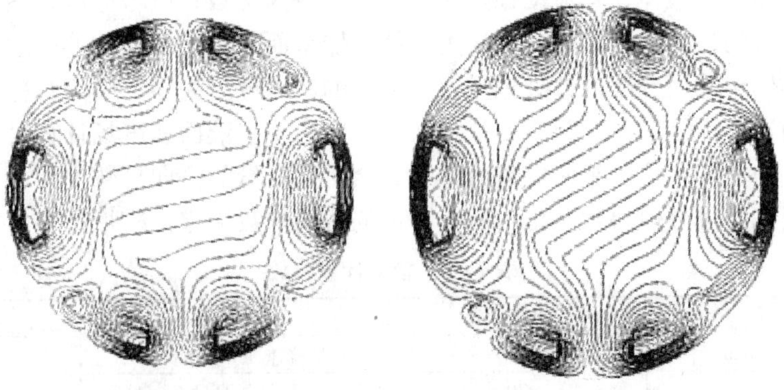

(a) (b)

图 4-26 不同断面尺寸的磁力线分布（2.0Hz）
（a）$\phi=450$mm；（b）$\phi=380$mm

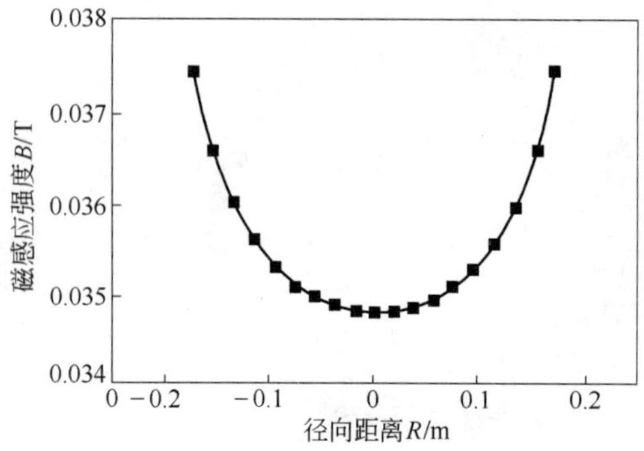

图 4 – 27　断面尺寸为 ϕ380mm 的径向磁感应强度分布

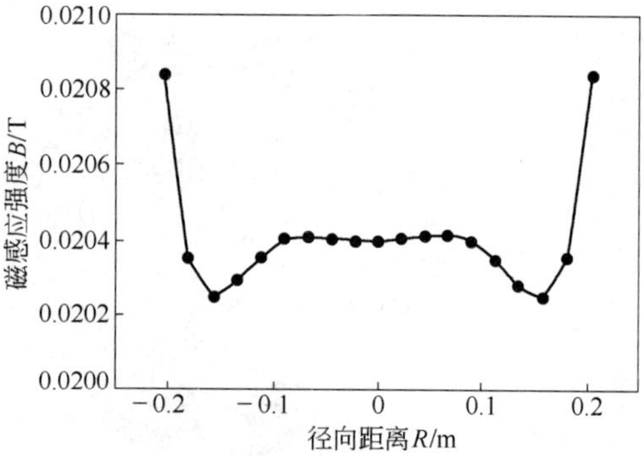

图 4 – 28　断面尺寸为 ϕ450mm 的径向磁感应强度分布

研究发现，小断面钢液内磁感应强度的变化比较平缓，大断面钢液内磁感应强度比较均匀，小断面钢液内磁感应强度明显比大断面钢液内磁感应强度大得多。

4.6　板坯连铸结晶器电磁制动数值模拟

在连铸过程中，钢液从浸入式水口喷射流入结晶器中，与结晶器窄面撞击，并在结晶器中形成上下两个旋涡。过高的流体速度可能导致凝固壳重熔，产生拉漏事故，或者形成较大的液面波动，造成卷渣，同时也不利于钢液中夹杂物和气泡的上浮，影响钢坯内部质量。采用连铸结晶器电磁制动，可以通过静磁场与结晶器中的钢液作用感生起感应电流，产生与钢液运动方向相反的制动力，从而减缓结晶器中的钢液流速，控制液面波动，提高连铸坯的产量和质量。本节通过对不同电磁制动条件下结晶器内的流场进行模拟，研究电磁制动的效果和不同电磁制动工艺的影响规律。本算例是利用有限差分数值模拟软件 VCast，对全幅一段和全幅二段电磁制动下连铸过程中的流动状态进行模拟。

4.6.1　模拟计算条件

本算例研究电磁制动下板坯连铸结晶器中的钢水流动。当采用全幅二段制动时存在两个磁场区域，全幅一段电磁制动时只存在下方的一个磁场区域。并假设：结晶器中的液态金属为不可压缩黏性液体，其流动稳定并且物性参数为常数；只考虑液相区电磁场为稳定和均匀的。相应的边界条件的处理方法为：结晶器壁面采用无滑移的速度边界条件，靠近结晶器壁面的网格采用壁面函数处理。感应电流的法向分量为零。中心对称面采用对称边界条件，法向速度为零，其余所有变量的法向导数为零。液面速度场计算时，弯月面处理为平液面，法向速度和法向感应电流为零，其余所有变量的法向导数为零。入口速度由连铸工艺参数根据质量守恒得到。出口所有变量的法向导数为零。模拟计算参数见表 4 – 6。

表 4 – 6　模拟计算参数

参　数	值	参　数	值
结晶器宽度/mm	1200	拉速/m · $\min^{-1}$	7.7
结晶器厚度/mm	70	计算区域高度/mm	2000
水口浸入深度/mm	315	网格数	100 × 10 × 150
水口出口角度/(°)	向下 45		

4.6.2 磁感应强度对制动效果的影响

在电磁制动中，制动磁场区域位于水口出口下方，并且贯穿结晶器的宽度方向。图4-29所示为不同磁感应强度条件下，结晶器中的流场分布。图中的粗线为制动磁场区域。从图中可以看到，采用全幅一段电磁制动后，随着磁感应强度的增加，结晶器下部区域中的流速逐渐减弱，下部旋涡区域逐渐缩小，在磁感应达到0.3T以后，下部旋涡基本消失，结晶器下部呈现比较均匀的单向流动状态。同时，从水口流出的钢液对窄面的撞击也大大降低。但是由于制动区域位于水口下方，对结晶器上部流体的作用较弱，结晶器上部区域流速依然较大，可能导致较大的液面波动。通过对不同磁感应强度下波高的研究也表明，在全幅一段电磁制动条件下，结晶器弯月面的液面波动基本不发生变化。

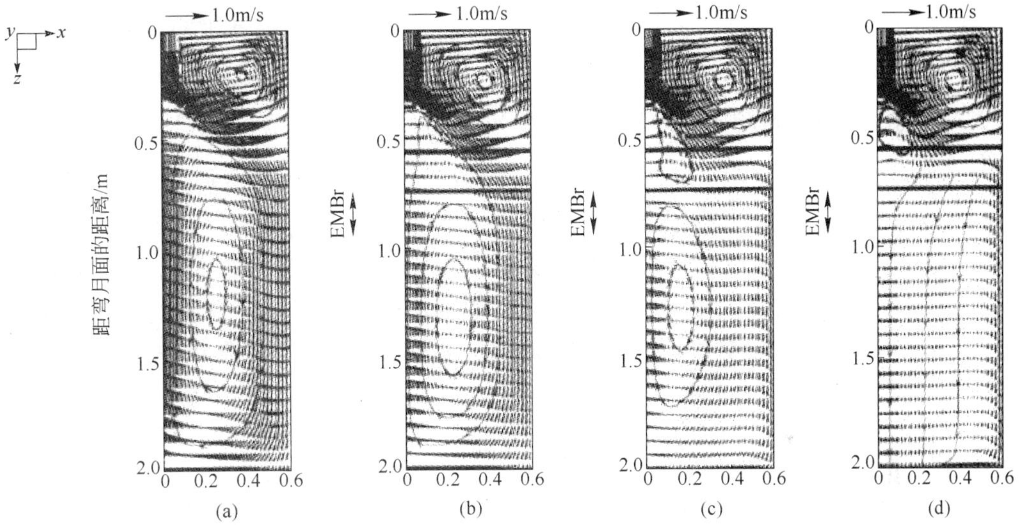

图4-29 磁感应强度对流场影响模拟

(a) 半铸坯宽度，$B=0$；(b) 半铸坯宽度，$B=0.1T$；(c) 半铸坯宽度，$B=0.2T$；(d) 半铸坯宽度，$B=0.3T$

图4-30所示为不同电磁制动强度下结晶器窄面承受的剪切应力对比。从图中可以看到，在磁感应强度低于0.2T时，结晶器窄面上部（坯壳）承受正应力，下部承受负应力。剪切应力大小随着制动强度的增加而减小。当磁感应达到0.3T以后，结晶器窄面上部承受的剪切应力变得很小，而且随着结晶器内流态的变化，窄面下部（坯壳）承受的应力变为正应力。并且随着磁感应的继续增大，应力值基本不再变化。

图4-31所示为电磁制动强度对液面波高的影响。结果表明，液面波动受电磁制动的影响较大，随着磁感应强度的增大，波高迅速减小。当磁感应强度大于0.2T时，结晶器上部流速很低，液面波动现象非常微弱。在实际连铸生产中，需要维持一个适合的液面波动，一方面避免太大的波动造成卷渣，另一方面又需要一定的波动来促进钢液与液态熔渣的冶金反应。所以需要选择合适的磁感应来将液面波动保持在适合的范围内。

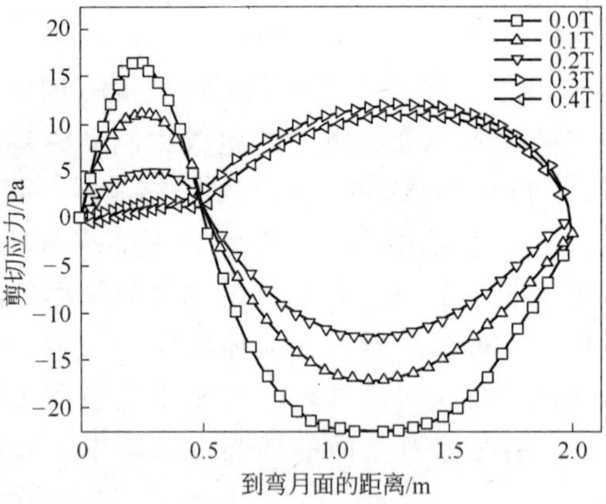

图 4-30 不同电磁制动强度下结晶器窄面承受的剪切应力对比

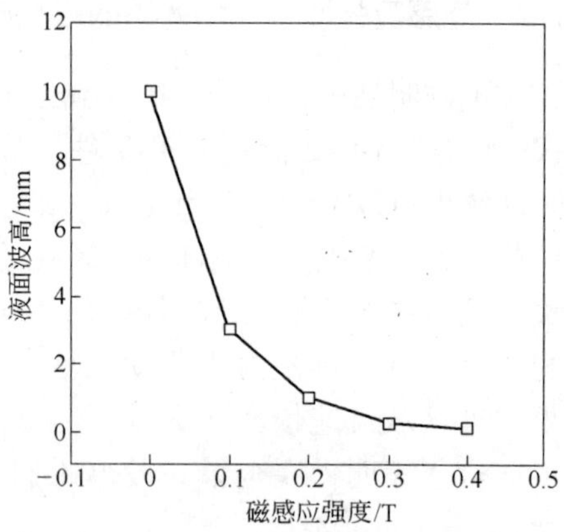

图 4-31 电磁制动强度对液面波高的影响

4.6.3 磁场作用位置对制动效果影响的模拟

将磁感应强度设定为 $B=0.2\text{T}$，磁场沿 x 方向作用范围仍然是全幅，沿 z 起始位置分别为 0.45m、0.50m、0.55m 和 0.60m，比较在四个位置流场的异同。从图 4-32 中可以看到，磁场作用位置下方，流态没有太大变化，下方均没有形成大的旋涡，只是在水口下方形成一个很小的回流区。水口流出得到了有效抑制，只是水口下方形成的小涡逐渐增大。随着磁场作用位置 z 的下降，上部回流区的涡心位置逐渐降低，并且靠近结晶器窄面。

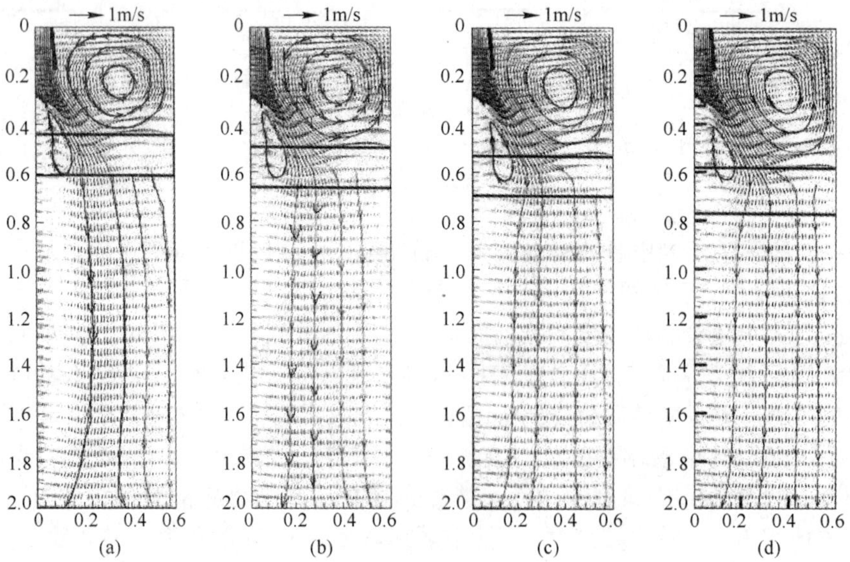

图 4-32 磁场作用位置对制动效果影响的模拟

(a) $z=0.45\text{m}$，$B=0\text{T}$；(b) $z=0.50\text{m}$，$B=0.1\text{T}$；(c) $z=0.55\text{m}$，$B=0.2\text{T}$；(d) $z=0.60\text{m}$，$B=0.3\text{T}$

4.6.4 全幅二段电磁制动结晶器流场模拟

与全幅一段电磁制动不同，全幅二段电磁制动中，结晶器内有两段制动区域，一段位于水口下方，另一段则位于弯月面附近。两段制动区域均贯穿结晶器宽度方向，磁感应强度大小相等，方向相反。图 4－33 是全幅二段电磁制动下结晶器中的流场分布。从图中可以看到，在全幅二段电磁制动中，水口下方制动磁场和全幅一段制动一样，起到减缓结晶器下部流体流动，降低对结晶器窄面凝固坯壳冲击的作用。同时，由于弯月面附近制动磁场的存在，结晶器上方的流体流速也大大降低，上部旋涡被控制在水口出口附近区域，液面附近流速很低，有利于降低液面波动，防止卷渣。通过和全幅一段电磁制动的比较可以看到，采用全幅二段电磁制动，能够更为有效地减小结晶器内的钢液流速，控制液面波动，得到更好的铸坯质量。

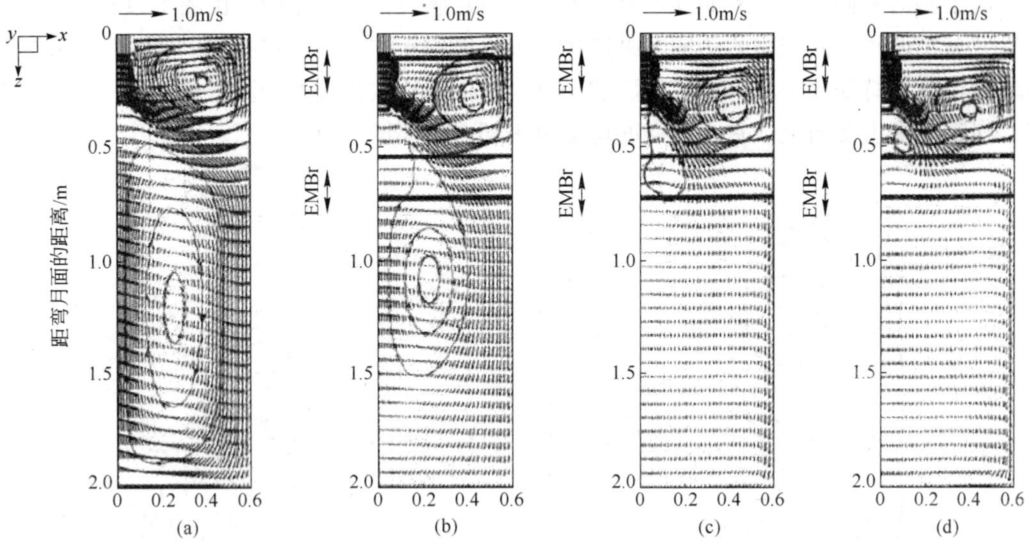

图 4－33 全幅二段电磁制动结晶器流场模拟

（a）半铸坯宽度，$B=0$；（b）半铸坯宽度，$B=0.1\mathrm{T}$；（c）半铸坯宽度，$B=0.2\mathrm{T}$；（d）半铸坯宽度，$B=0.3\mathrm{T}$

4.7 板坯连铸二冷区电磁搅拌数值模拟

4.7.1 模拟计算条件

本算例主要以提高搅拌力为目的，对二冷区板坯电磁搅拌器结构尺寸进行改造，并优化工艺参数。依据电磁场的基本原理、计算流体动力学（CFD）理论及有限元法，建立了描述板坯连铸二冷区电磁搅拌的电磁场、流场及磁－流耦合的三维有限元数学模型，借助 Ansys 软件对板坯二冷区电磁搅拌过程进行了瞬态数值模拟耦合分析，详细分析了电磁搅拌过程中铸坯内磁感应强度、电磁力以及钢液流动的情况。本小节的电磁搅拌器作用在二冷区内，所取铸坯的尺寸为 1500mm × 1500mm × 200mm，搅拌器各部分所用材料的物理属性见表 4－7。

表 4-7 搅拌器各部分所用材料物理属性

材料名称	相对磁导率	电阻率/Ω·m	密度/kg·m^{-3}	黏性系数
铸 坯	1	1.4×10^{-6}	7400	0.006
线 圈	1	0.0171×10^{-6}	8960	—
空 气	1	—	—	—

边界条件的处理：在计算过程中，在外围空气边界处施加与磁力线平行的边界条件。计算中根据实际情况，电流强度取 800A，电流频率取 2Hz，经整理后，得到的计算结果分析见 4.7.2 ~4.7.4 节。

4.7.2 二冷区内电磁搅拌磁场模拟

图 4-34 是凸极式电磁搅拌器在电流强度 800A、频率 2Hz 时的电磁搅拌过程中，铸坯纵向中心对称面处一个周期内 4 个时刻的瞬态磁感应强度矢量图。由图可以看到，板坯二冷区采用两种不同结构的单侧电磁搅拌器进行电磁搅拌时，钢液受到电磁搅拌器作用产生的磁场分布特征相似：由铸坯宽面的一侧向另一侧起伏移动的行波磁场。由图还可以看出，在铸坯宽度方向上，磁感应强度均是由边部向中部增加很快。

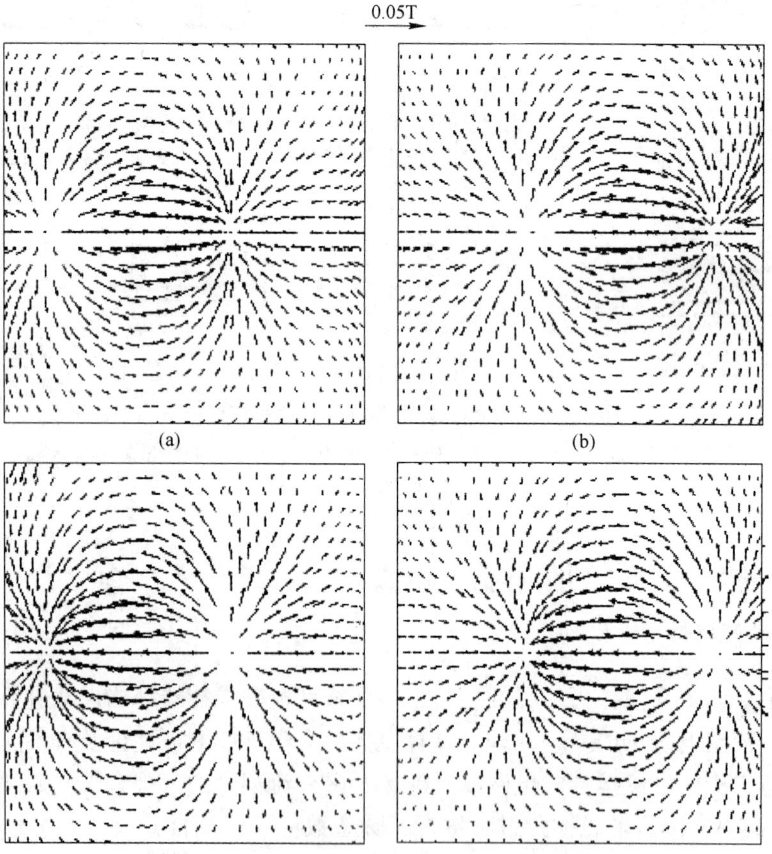

图 4-34 二冷区内电磁搅拌铸坯 $x-y$ 对称面上的磁场
（a）1/4 周期；（b）2/4 周期；（c）3/4 周期；（d）4/4 周期

4.7.3 搅拌工艺参数对二冷区内钢液流动影响的模拟

4.7.3.1 电流对二冷区电磁搅拌过程中钢液流动的影响

图4-35是在单匝线圈电流频率2Hz，凸极式电磁搅拌器，线圈电流强度分别为600A、700A、800A时，计算的流场矢量图。从图中可以看出，二冷区内的钢液流场基本特征没有明显的改变，随着搅拌器线圈电流强度的增加，在计算区域宽度方向，上、下两回流区的涡心距铸坯中心位置基本没变，但上、下两回流区域的面积随之扩大，且以电流强度为800A时的较为明显。由图4-35还可看出，当电流强度为800A时，铸坯两回流区域的钢液流速提高较为明显。由此可知，当电流强度800A时，钢液的运动效果较好，即可达到较为理想的搅拌效果。

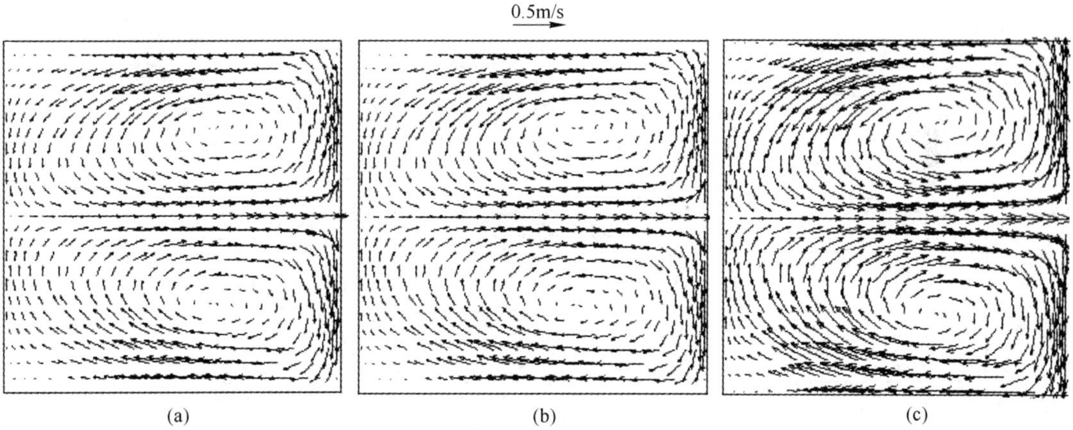

图4-35 不同电流强度对铸坯纵向对称面流场矢量图的影响
(a) 600A；(b) 700A；(c) 800A

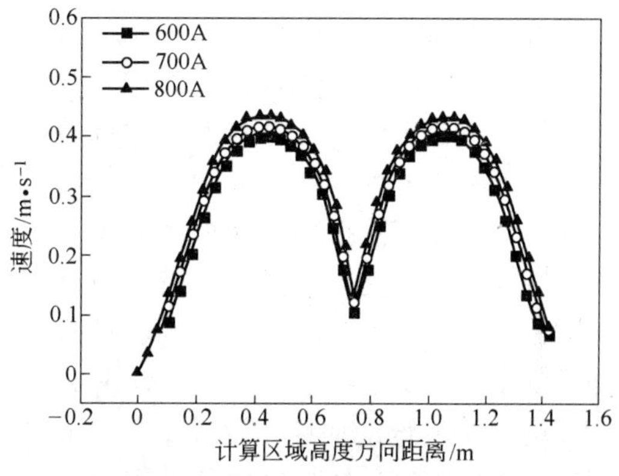

图4-36 不同电流强度对距铸坯窄面14mm处的速度分布影响

图4-36是在单匝线圈电流频率2Hz，凸极式电磁搅拌器，线圈电流强度分别为600A、700A、800A时的电磁搅拌过程中，距离铸坯窄面14mm处沿计算区域高度方向中心线上钢液的速度分布。从图中可以看出，随着电流强度的增加，计算区域内钢液流动特征基本没变，分流位置及流速最大位置也没有明显改变，但钢液的运动速率却随之增加：当电流强度由600A升高到800A时，钢液运动加快，上回流区最大流速由0.39613m/s增加到0.4306m/s，下回流区的最大流速由0.3963m/s增加到0.42728m/s。由此可知，电流强度对搅拌效果有一定影响，在电磁搅拌作用下，钢液流速随着电流强度的增加而增加，且由以上计

算结果及分析可知，电磁搅拌的电流强度为800A时可获得较高流速，即此时搅拌效果较好。

4.7.3.2　电流频率对二冷区电磁搅拌过程中钢液流动的影响

图4－37是在单匝线圈电流800A，凸极式电磁搅拌器，线圈电流频率分别为2Hz、3Hz、5Hz时计算的流场矢量图。从图中可以看出，二冷区内的钢液流场基本特征没有明显的改变，随着搅拌器线圈电流频率的增加，在计算区域宽度方向，上、下两回流区的涡心距铸坯中心部位略有偏移，同时在高度方向，上、下两回流区的涡心向主流股的方向偏移，且以频率为5Hz时的最为明显。由图4－37还可看出，当频率为3Hz时铸坯两回流区域的钢液流速提高较为明显，而当频率为5Hz时钢液流速却减小。由此可知，当电流频率增至3Hz时，钢液的流动强度得到较明显的提高，然而继续增加电流频率至5Hz时，钢液的流速却有所减弱。

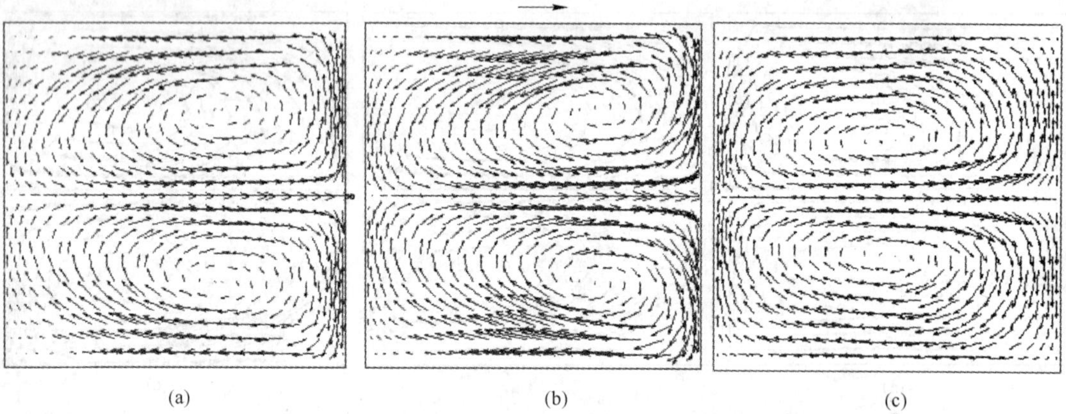

图4－37　不同电流频率对铸坯纵向对称面流场矢量图影响

(a) 2Hz；(b) 3Hz；(c) 5Hz

图4－38是在单匝线圈电流800A，凸极式电磁搅拌器，线圈电流频率分别为2Hz、3Hz、5Hz时的电磁搅拌过程中，距离铸坯窄面14mm处沿计算区域高度方向中心线上钢液的速度分布。从图中可以看出，随着电流频率的增加，计算区域内钢液流动特征基本没变，分流位置及流速最大区域也没有明显改变，但钢液的运动速率却受频率影响显著：当频率由2Hz升高到3Hz时，钢液运动加快，尤其是上、下两回流区域的钢液流速增加明显，当继续增加频率，钢液流速反而有所减小。由此可知，电流频率对搅拌效果有很大影响，

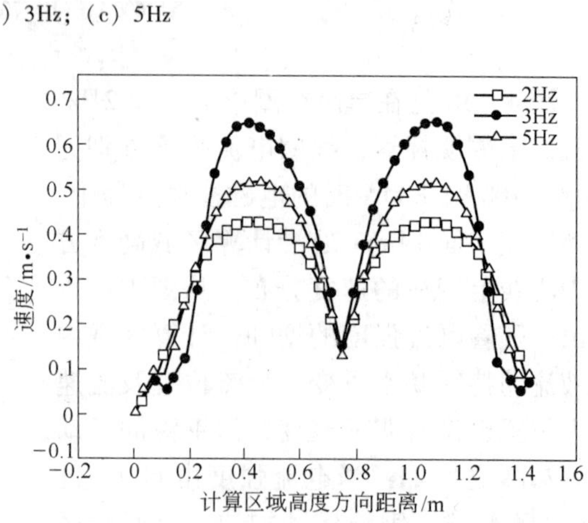

图4－38　不同电流频率对距铸坯窄面14mm处的速度分布影响

在电磁搅拌作用下，钢液流速随着频率的增加先增加后减小，且由以上计算结果及分析可

知，电磁搅拌的电流频率为3Hz时较为合适，即此时搅拌效果最好。

4.7.4 结构参数对二冷区钢液流动影响的分析

4.7.4.1 磁极宽度对电磁搅拌过程中钢液流动的影响

图4-39是在单匝线圈电流800A，频率2Hz条件下，凸极式电磁搅拌器，磁极宽度分别为120mm、220m、270mm时电磁搅拌作用下，距离铸坯窄面14mm处沿计算区域高度方向中心线上钢液的速度分布。从图中可以看出，随着磁极宽度的增加，由于铸坯内所受磁感应强度也随之增加，因此钢液在增加的电磁力驱动下流速也随之不同程度地增加，然而当磁极宽度大于150mm时回流区钢液的最大流速反而随着磁极宽度的增加而降低。由图4-39可知，主流股在窄面分流时，在距计算区域顶面750mm处开始发生分流，此处的流速由磁极宽度100mm时的0.13121m/s，增加到磁极宽度170mm时的0.27327m/s；上回流区钢液的最大流速由磁极宽度为100mm时的0.42935m/s，增加到磁极宽度150mm时的0.58418m/s；下回流区钢液的最大流速由磁极宽度为100mm时的0.42749m/s，增加到磁极宽度150mm时的0.58486m/s；当继续增加磁极宽度至170mm时，上回流区钢液的最大流速降至0.55739m/s，下回流区钢液的最大流速降至0.56266m/s。

4.7.4.2 磁极、磁轭高度对电磁搅拌过程中钢液流动的影响

图4-40是在单匝线圈电流800A，频率2Hz，凸极式电磁搅拌器，磁极、磁轭高度分别为250mm、350m、450mm时电磁搅拌过程中，距离铸坯窄面14mm处沿计算区域高度方向中心线上钢液的速度分布。从图中可以看出，随着磁极、磁轭高度的增加，计算区域内钢液的流速也随之增加，然而钢液流动特征基本没变，分流位置及流速最大位置也没有改变，主流股在分流处的速度由250mm时的0.13121m/s，增加到450mm时的0.43336m/s。沿计算区域高度方向中心线上的钢液，在上回流区的最大流速由250mm时的0.42935m/s，增加到450mm时的0.8502m/s；在下回流区的最大流速由250mm时的0.42749m/s，增加到450mm时的0.85511m/s。

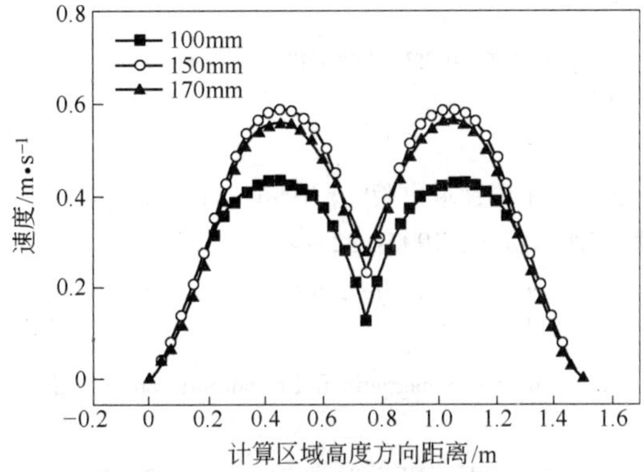

图4-39 不同磁极宽度对距铸坯窄面14mm处的速度分布影响

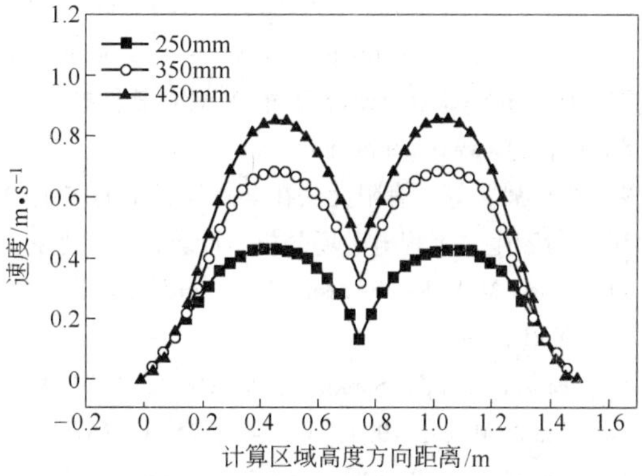

图4-40 不同磁极、磁轭高度对距铸坯窄面14mm处的速度分布影响

4.7.4.3 磁轭厚度对电磁搅拌过程中钢液流动的影响

图4-41是在单匝线圈电流800A，频率2Hz，凸极式电磁搅拌器，磁轭厚度分别为

120mm、220mm、270mm 时电磁搅拌过程中，距离铸坯窄面 14mm 处沿计算区域高度方向中心线上钢液的速度分布。从图中可以看出，随着磁轭厚度的增加，计算区域内钢液流动特征基本没变，然而钢液的流速随之略微减小，分流位置及流速最大位置也没有明显改变。随着磁轭厚度的增加，主流股在分流处的速度先由 120mm 时的 0.13121m/s，增加到 220mm 时的 0.1617m/s，当磁轭厚度再增加到 270mm 时，分流处的流速度反而减小至 0.11151m/s。沿计算区域高度方向中心线上的钢液，在上回流区的最大流速先由 120mm 时的 0.42935m/s，增加到 220mm 时的 0.44952m/s，当磁轭厚度再增加至 270mm 时，分流处的流速反而减小至 0.37631m/s。在下回流区的最大流速先由 120mm 时的 0.42749m/s，增加到 220mm 时的 0.44701m/s，当磁轭厚度增加至 270mm 时，分流处的流速反而减小至 0.38482m/s。由此可知，磁轭厚度对钢液流速影响不明显，从而对搅拌质量影响不大。

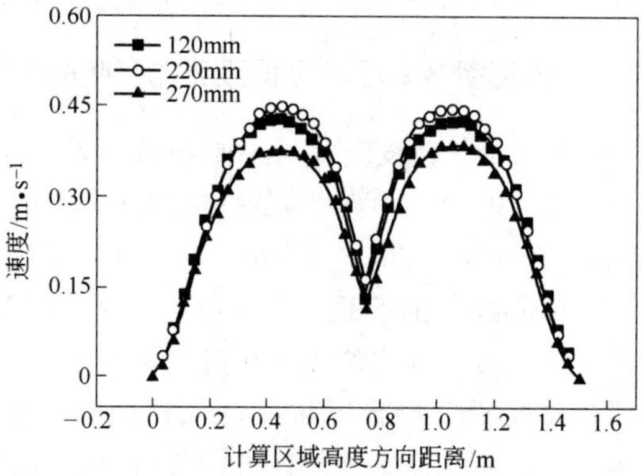

图 4－41　不同磁轭厚度对距铸坯窄面 14mm 处的速度分布影响

参 考 文 献

[1] Gosman A D, Pun W M, Runchal A K, et al. Heat and Transfer in Recirculating Flows[M]. New York: Academic Press Inc. Ltd., 1969.

[2] Gosman A D, Ideriah F J K. TEACH-2E. Internal Report. Iperial College, University of London, 1976.

[3] Gosman A D, Ideriah F J K. TEACH-3D. Internal Report. Iperial College, University of London, 1976.

[4] Spalding D B. Mathematics and computers in simulation, XIII. North Holland, Holland, 1981.

[5] Create Ltd. FLUENT V3.02. New Hampshire, US, 1987.

[6] Mueller A. Proceedings of world user association-CFD conference. Freiberg, Germany, 1994.

[7] 美国 MARC 分析研究公司. MARC 软件技术报告，1997.

[8] http://www.ansys.com.cn.

[9] 张榴晨，等. 有限元法在电磁计算中的应用[M]. 北京：中国铁道出版社，1996：45~53.

[10] 俞宏生. 工程电磁场分析与计算[M]. 北京：人民交通出版社，1997：32~41.

[11] Chari M V K, Silvester P P. Finite element in electrical and magnetic field problems[J]. Wiley, New York, 1980.

[12] Emson C R J, Simkin J, Trowbridge C W. A status report on electromagnetic field computation[J]. IEEE Trans. Mag., 1994, 30 (4): 1533~1540.

[13] Lavers J D. Electromagetic field computation in power engineering[J]. IEEE Trans. Mag., 1993, 29 (6): 2347~2352.

[14] Sabonbadiere J C, Konrad A. Computing EM Fields. IEEE Spectram, 1992 (11): 52~56.

[15] 张桂芳. 攀钢大方坯电磁搅拌工艺与铸坯质量的研究[R]. 博士后报告，清华大学.

[16] 陈永，等. 280mm×380mm 方坯连铸结晶器电磁搅拌数值模拟[J]. 钢铁钒钛，2008：44~49.

[17] 王东. 方坯连铸结晶器电磁搅拌磁场的数值模拟[J]. 2006：10~14.

[18] 吴扣根．圆坯连铸结晶器电磁搅拌过程数学模拟与实验研究[D]．上海：上海大学，2001.

[19] 王学兵．圆坯连铸结晶器内电磁场、流场的数值模拟与实验研究[D]．鞍山：辽宁科技大学，2008.

[20] 张焕鑫．全幅一段与全幅二段电磁制动对薄板坯连铸结晶器流场的影响[J]．钢铁，2004：372～375.

[21] 宿国栋．板坯连铸二冷区电磁搅拌耦合分析[D]．内蒙古：内蒙古科技大学，2007.

5 方(圆)坯连铸结晶器电磁搅拌技术

随着品种钢连铸技术的发展，电磁搅拌技术也有了长足的进步和广泛的应用，已成为改善品种钢铸坯质量的重要技术手段，尤其是结晶器电磁搅拌装置也已成为连铸设备的常规配置。

5.1 结晶器电磁搅拌器的配置

5.1.1 结晶器电磁搅拌器的选型与特点

5.1.1.1 结晶器电磁搅拌器的选型

用于方坯、圆坯、宽厚比接近 1 的矩形坯连铸，M-EMS 通常采用旋转磁场搅拌器。电磁搅拌器的选型对其性能、运行以至获得良好的冶金效果至关重要。无论哪种类型的电磁搅拌器，基本上都由激发磁场的感应器和防护感应器的非磁不锈钢壳体组成。目前在线应用最广泛的结晶器电磁搅拌器（以下简称 M-EMS）形式大致有两类：一类是凸极铁芯铜扁线绕组，简称凸极式；一类是环形铁芯克兰姆绕组，简称环形式，如图 5－1 所示。两者结构上的主要区别见表 5－1。

(a) (b)

图 5－1 M-EMS 的结构形式

（a）凸极式；（b）环形式

表 5－1 两类 M-EMS 结构的比较

M-EMS 类型		凸 极 式	环 形 式
铁 芯		圆环形轭铁上嵌有六个凸极，俗称齿	一圈圆环形轭铁
绕组	材质	铜扁线绕制	铜管绕制
	形状	形似数字的“0”字，俗称 0 形绕组	与 0 形绕组相似，由克兰姆首次用于环形轭铁上，俗称克兰姆绕组
	安装方式	每个凸极上套一个 0 形绕组	12 个绕组全部套在轭铁上

续表 5－1

M-EMS 类型		凸　极　式	环　形　式
冷却方式	方式	线圈和铁芯全部浸泡在冷却水中，直接通水冷却，称外冷式	绕组中每根铜管都能通水冷却，称内冷式
	效果	冷却不均匀且有死角； 冷却水量大； 冷却效果差	冷却均匀无死角； 冷却水量小； 冷却效果好
优缺点		制作较简单； 体积较小； 成本较低； 使用寿命较短	制作较复杂； 体积稍大； 成本较高； 使用寿命较长

5.1.1.2　影响两类 M-EMS 性能的关键因素

现将影响凸极式和环形式 M-EMS 性能的关键因素综述如下：

（1）环形式 M-EMS 的有效作用长度比凸极式要长。由于环形式绕组在铁芯上下端的短接线比凸极式的要短，在一定安装高度下，前者铁芯高度即有效搅拌区的长度比后者要长约 30%。由于大方坯结晶器铜管长度较短，安装搅拌器的高度受到一定制约，因此，环形式 M-EMS 对大方坯连铸是特别有效的，不仅加大了有效搅拌区的长度，而且有利于延长搅拌时间，提高搅拌效果。

（2）环形式 M-EMS 的电磁力比凸极式的要大。图 5－2 表示在相同的铁芯高度和安匝数下，电磁力随频率变化的数值模拟结果。由图可见：

1）无论哪种形式的 M-EMS，电磁力随频率的变化都有个最大值；

2）环形式的电磁力比凸极式的要大；

3）三相的电磁力比两相的都要大。

（3）环形式 M-EMS 的能效比（单位功率产生的电磁力矩，N · m/kW）比凸极式要高。图 5－3 表示在相同的铁芯高度和安匝数下，能效比随频率变化的数值模拟结果。由图可见：

1）无论哪种形式的 M-EMS，能效比随频率变化都有个最大值。

2）环形式的能效比比凸极式的要高。

3）在频率较低的范围内，两相的能效比三相高；当频率提高时，两相的能效比三相

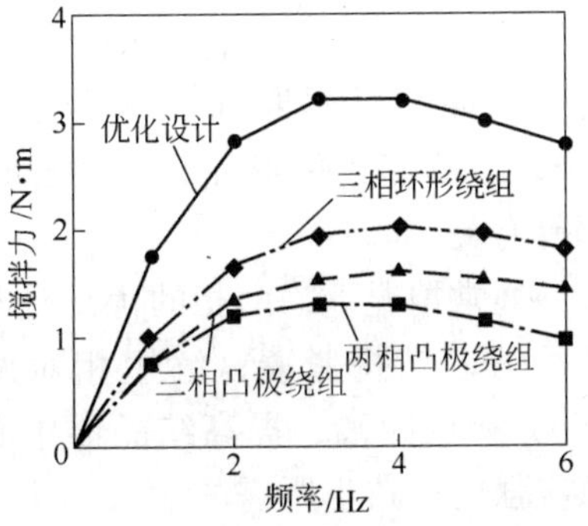

图 5－2　电磁力随频率的变化

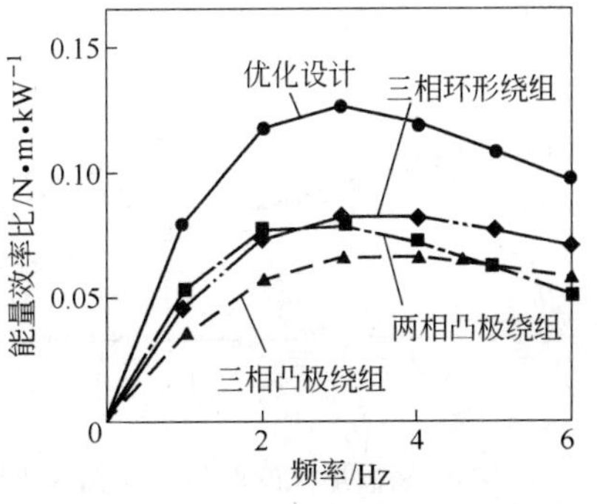

图 5－3　能效比随频率的变化

的要低。

（4）环形式 M-EMS 的使用寿命比凸极式长得多。M-EMS 的使用寿命取决于其线圈对地绝缘电阻在使用过程中能否持久保持在一个水平上。

由于环形式 M-EMS 的绕组采用内冷方式，在铜管内直接通水冷却，绝缘层与冷却水不接触而且每根导线都能有效冷却，线圈温度低，不会导致因线圈过热而使绝缘老化；而且其绕组外部又整体灌注了硅橡胶，周围环境干燥且绝缘好，因此对地绝缘电阻可以长期地保持在一个较高水平上。

由于凸极式 M-EMS 的绕组采用外冷，线圈浸泡在冷却水中直接通水冷却，受水的冲刷和水质的影响较大；另外，由于冷却不均匀甚至有死角，线圈温度高，易加速线圈绝缘老化，绝缘电阻随使用时间延续而下降较快。

图 5－4 表示对地绝缘电阻随使用时间的变化。由图可见，尽管环形式的对地绝缘电阻在使用初期低于凸极式的，但随使用时间推延可长期保持在一个较高水平上。实践表明，环形式 M-EMS 的使用寿命比凸极式的长一倍以上。

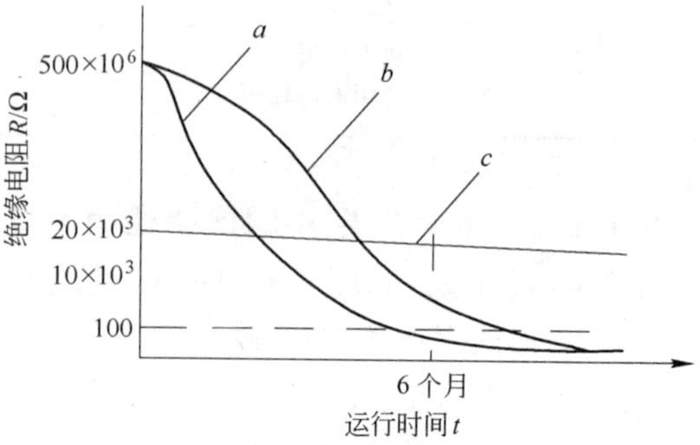

图 5－4　对地绝缘电阻随使用时间的变化

a—与结晶器冷却水串联共用的外冷式；*b*—独立冷却水的外冷式；*c*—铜管内冷式

5.1.1.3　两相和三相激磁问题

两相 M-EMS 由 ABB 公司开发成功，四个模块布置在铸坯四周，相对的两个模块串接成一相，构成一对极，简称 ModM-EMS。有关两相和三相 M-EMS 的设计方案，ABB 和 Rotelec 进行了激烈的争论，目前比较一致的看法是：铸坯断面小于 150mm × 150mm 时，两相和三相的设计方法具有相当的搅拌效果，但随铸坯断面增大，偏离也增大。数值模拟的结果如图 5－2 和图 5－3 所示。

图 5－5 表示不同断面和形状的两相和三相 M-EMS 的能效比与频率的关系。由图可见，在 140mm × 140mm 断面下，两相和三相的能效比相当，而对 1.40：1 的矩形坯，两者偏离较大。

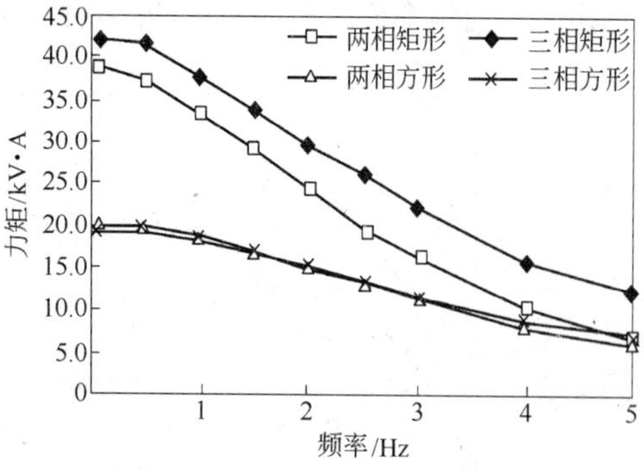

图 5－5　不同断面形状的两相和三相 M-EMS 的能效比与频率的关系

即使对于小方坯连铸是选择两相或是三相激磁要看电磁力的品质（量值、空间分布和方向），它与几个关键因素有关，如结晶器断面尺寸、几何形状（方坯、圆坯或矩形坯）和馈给电源频率等有关。

通常情况下，两相的优点是与铸坯匹配好，结构紧凑；缩短相对两个磁（凸）极的距离，提高结晶器中心的磁感应强度；减小所需的输入功率。而两相的缺点也是很严重的：在结晶器横断面上磁场分布不均匀并随着结晶器断面或宽厚比增大而增加；磁场的高次谐波能产生反向力矩，两相的反向力矩比三相的约大 57%，在极端情况下两相的反转力矩能强烈地抵消主要的搅拌作用。

另外，从国内使用情况看，两相使用的并不多，有的虽仍在小方坯连铸上使用，但有的已改造成三相激磁的。因此，从使用角度看，即使是小方坯连铸还是采用三相激磁为好。

5.1.2 结晶器电磁搅拌器的安装位置和有效作用长度

5.1.2.1 安装位置的选择

M-EMS 的安装位置对搅拌器有效运用和获得良好冶金效果是至关重要的。M-EMS 的安装位置与铸坯断面、铜管长度、SEN 浸入深度、弯月面的位置和液面测量装置等密切相关。

M-EMS 的安装位置既要使结晶器内部搅拌流动足够大，使铸坯内部获得良好的质量，又要使弯月面附近搅拌流动不太大，以避免弯月面波动而破坏结晶器润滑、保护渣卷吸及 SEN 的侵蚀，导致表面和皮下缺陷。因此，M-EMS 的安装位置不能过高，也不能太低。合适的安装位置需要考虑三个因素：

（1）从 SEN 吐出的过热钢水尽可能多地滞留在结晶器上部，提高弯月面附近的钢水温度，减缓凝固速度，降低凝固起始点的位置，并使保护渣熔融良好。由于结晶器是冷却强度最强的区域，这样能使过热度尽快消失，如图 5－6 所示。

（2）弯月面附近的磁场应尽可能小，以避免弯月面的波动和卷渣；通常要求弯月面附近的磁感应强度约为搅拌器中心平面处的 1/5，如图 5－7 所示。

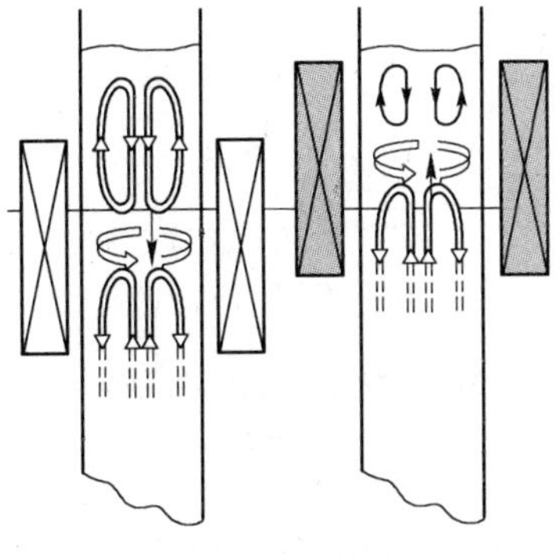

图 5－6 不同 M-EMS 位置的结晶器内钢水流动图案

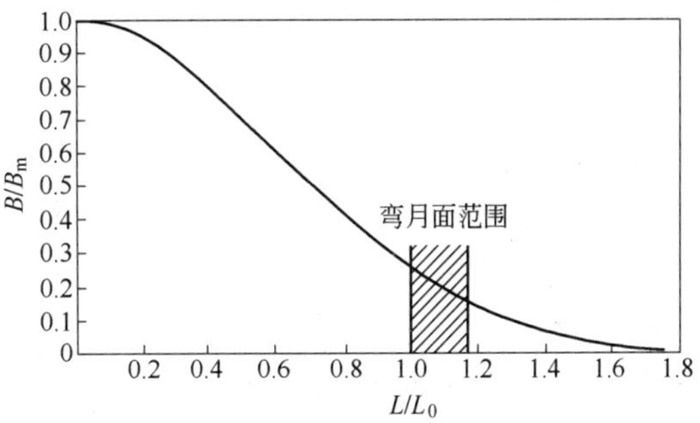

图 5－7 磁感应强度沿轴向分布

图 5－8 表示某钢厂结晶器铜管内沿轴向实测的中心磁感应强度的分布。由图可见，在弯月面附近的磁场已足够小，不会引起弯月面的波动。

（3）弯月面附近的钢水要保持一定的流动速度，既不能太快也不能太慢，使保护渣性缺陷和外来的气泡及夹杂物的缺陷尽可能少，如图 5－9 所示。

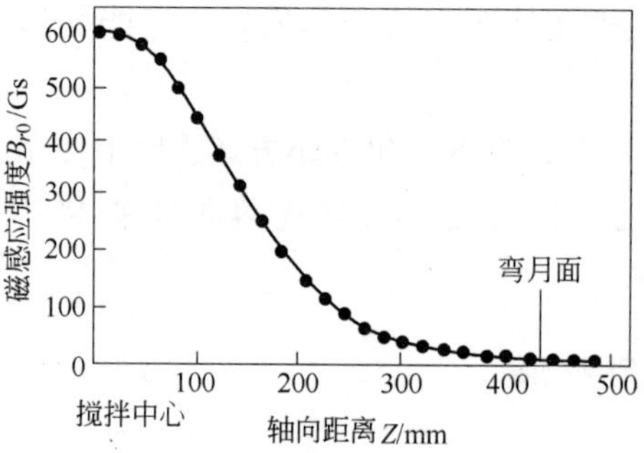

图5－8　中心磁感应强度沿轴向分布

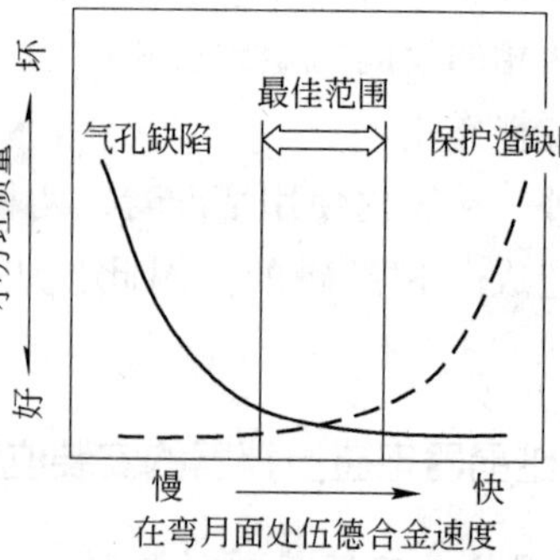

图5－9　在弯月面处的流速与铸坯质量的关系

一般来说，无论哪种浇注方式，M-EMS安装位置就冷却机理来说高一点好，有利于改善铸坯质量。但是，近年来的实践表明，M-EMS不仅能有效改善铸坯表面和皮下质量，而且能改善内部质量特别是中心偏析，其关键是提高搅拌速度也即搅拌强度。为避免高搅拌强度对弯月面波动的影响，将M-EMS安装位置适当往下降是一个趋势，一般来说，通常将搅拌器铁芯上缘与结晶器铜管中心线相重合。具体地说，对于大方坯，搅拌器中心平面离铜管上缘的距离多数为500～600mm。根据实践经验：

1）对敞开浇注方式。搅拌器安装位置应靠近弯月面，通常搅拌器铁芯上缘离铜管上缘的距离约130～200mm，弯月面高趋向取上限，弯月面低趋向取下限。目的是使从敞开式水口注入结晶器的钢水中的夹杂物和气泡，借助钢水中感生的离心力使其上浮到弯月面而去除。

2）对保护浇注方式。搅拌器铁芯上缘离铜管上缘的距离约300～450mm，水口浸入浅应趋向取上限，水口浸入深趋向取下限；或者搅拌器铁芯高度小趋向取上限，铁芯高度大趋向取下限。

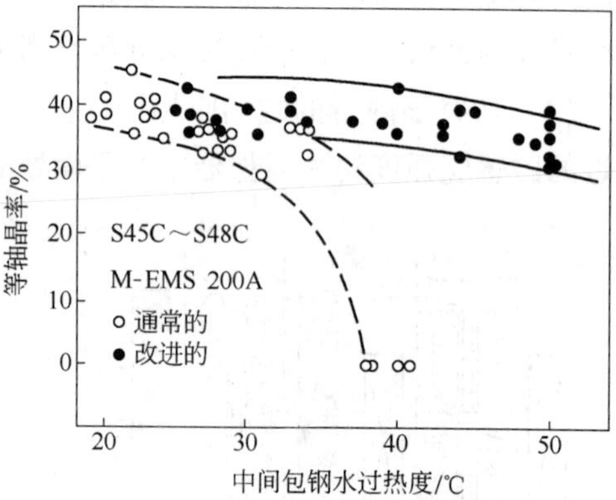

图5－10　搅拌位置调整前后等轴晶率与过热度的关系

（4）搅拌位置调整后的效果。图5－10表示搅拌位置调整前后等轴晶率与过热度的关系。由图可见，调整好搅拌位置将大大放宽过热度的适用范围。

5.1.2.2　电磁搅拌器的有效作用长度

电磁搅拌器的有效作用长度指搅拌器的铁芯高度，它将影响磁感应强度的轴向分布和平均值，而它又与过热度和拉速密切相关。适当加长有效作用长度有利于：

（1）延长搅拌时间，也即延长钢水在结晶器的滞留时间，而结晶器是冷却强度最强的区域，使过热度能尽快消失，这对高拉速尤其重要。

（2）提高搅拌速度。由于钢水旋转作用距离加长，有更多动量转移到铸坯液相穴中，这有利于提高搅拌速度和扩展搅拌区的长度。而搅拌速度又是搅拌工艺参数的主要指标，直接影响搅拌效果。图5－11表示在视在功率（kV·A）保持不变的条件下，不同有效作用长度下的钢水流速。

（3）减少搅拌器的端部漏磁，并使其中的磁场分布均匀，提高磁场有效利用程度，即能效比。图5－12表示某钢厂在两台搅拌器的不同有效作用长度 L 和内径 D 之比下，搅拌器内腔的空载磁感应强度的径向分布。由图可见，L/D 比值越小，磁感应强度沿径向衰减越大，即沿径向分布越不均匀。

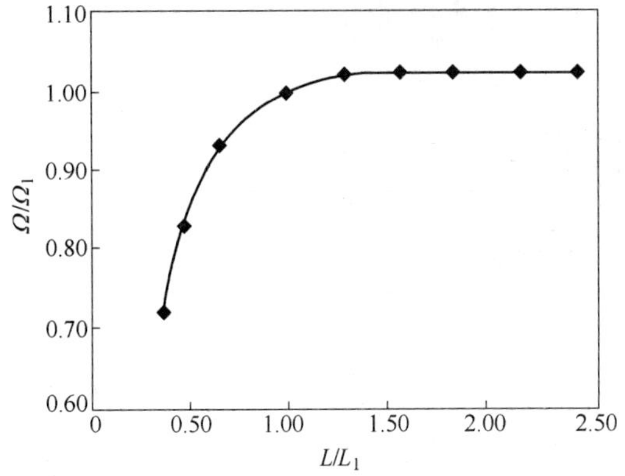

图5－11　不同有效作用长度下的钢水流速（视在功率为常数）

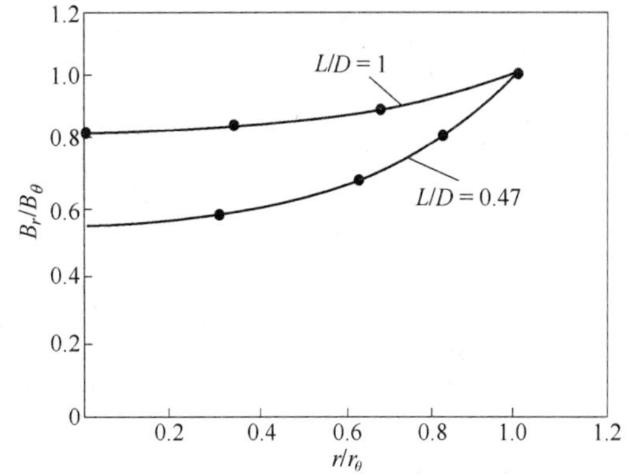

图5－12　不同 L/D 下的磁感应强度比

（4）由于结晶器内钢水的过强搅拌，会在铸坯皮下产生不同程度的负偏析，单位长度上的搅拌强度越强，负偏析越严重。为减轻负偏析的影响，而同时又要达到比较理想的搅拌效果，宜采用降低搅拌强度而增加搅拌长度（有效作用长度）的办法，俗称长距离的弱搅拌。这样有利于扩大搅拌强度的调控范围，以适应不同钢种、不同断面和拉速的搅拌工艺的优化。

目前在线使用的大方坯M-EMS的有效作用长度即铁芯高度已达300～350mm。

（5）需要指出的是，搅拌器有效作用长度即铁芯长度的增加，搅拌器阻抗也随之增加，为了在视在功率为常数的条件下，使电流强度维持在一定水平，必须降低使用频率。

5.1.3 结晶器电磁搅拌器的安装方式

5.1.3.1 安装方式

根据结晶器结构和使用要求，M-EMS的安装方式通常有内装式、封装式和外装式，如图5－13所示。内装式和封装式适用于断面较小且单一的工况；外装式适用于多断面且更换频繁的工况。

内装式：搅拌器安装在结晶器水箱内并直接用结晶器冷却水冷却。冷却水必须具有锅炉水的质量，特别是无悬浮的磁性粒子。因为搅拌器最贴近结晶器铸坯布置，这种方式给出最高的效率。同时，因为更换结晶器意味着也从铸机上移走搅拌器，搅拌器数量需要和结晶器同样多，至少按流数一用一备。由于结晶器冷却水的水量很大，水质不易控制，冷却水对线圈冲刷也很大，致使搅拌器的使用寿命很短，甚至短到只使用两周时间，目前已

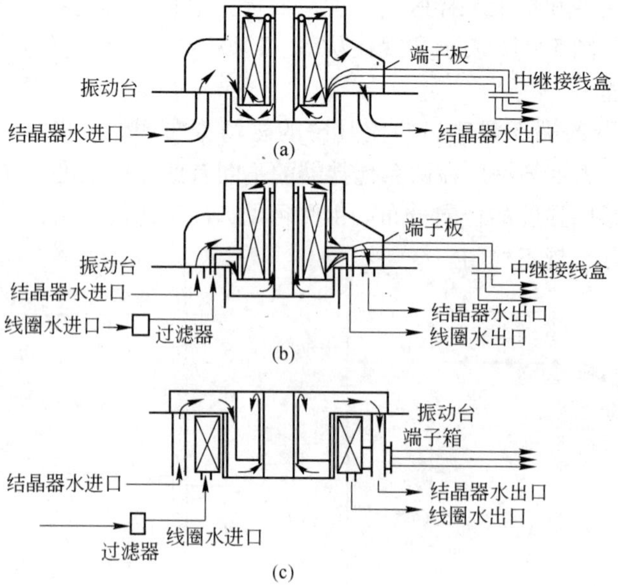

图 5－13　M-EMS 的安装方式

（a）内装式；（b）封装式；（c）外装式

很少使用这种安装方式。

封装式：这是一种内装式搅拌器的变型，它自身在结晶器水箱内独立封装成一体，采用独立的闭环优质冷却水冷却。如果结晶器冷却水的质量不好，这种安装方式是一个较安全的解决方案，有利于提高冷却水质量，从而延长搅拌器的使用寿命。其搅拌器配置数量与内装式的相同。

外装式：搅拌器安装在结晶器水箱外面，自身封装成一体，固定在结晶器框架上，更换结晶器时无需移走搅拌器，因此搅拌器的数量较少，一般按流数加一或两台配置即可。由于采用独立的去离子冷却水系统，冷却水量小，水质容易控制，搅拌器的使用寿命较长。

5.1.3.2　各种安装方式的差异

各种安装方式的差异见表 5－2。

表 5－2　各种安装方式的差异

比较内容		内装式	封装式	外装式
与铸坯断面匹配		好	较好	差
搅拌器	激磁电流	小	稍大	大
	所需功率	小	稍大	大
	所需低频电源功率	小	稍大	大
	效率	高	稍高	低
	冷却水系统	不要	要	要
	造价	低	稍高	高
	运行费用	低	稍高	高
	备件	多	多	少
	使用寿命	短	长	更长
搅拌效果		好一些	好一些	稍差一些
与铸坯断面的适应性		断面较单一	断面较单一	断面多且更换频繁

5.1.4　结晶器电磁搅拌器设计中的两个关键问题

在电磁搅拌实践中，往往会出现一些矛盾现象：对搅拌品种钢来说，实测的磁感应强度足够大而电磁力矩则偏小，使电磁搅拌无效果。上述矛盾现象如何解析呢？

众所周知，对搅拌钢水来说，在钢水中感生的电磁力矩才是推动钢水运动的原动力，而磁感应强度只是联系搅拌器激磁电流（俗称搅拌电流或搅拌强度）和钢水中感生的电磁力矩之间的一个中间参数，且有隐性假象。严格来说，它不能作为电磁搅拌器的技术指标，更不能作为评定是否有搅拌效果的尺度。所以对电磁搅拌来说，应该把电磁力矩定为搅拌器的技术指标，作为评定搅拌效果的主要尺度之一。

上述矛盾现象反映了电磁搅拌装置设计中的两个本质问题：铁芯饱和和变频电源的品质。

5.1.4.1　铁芯饱和问题

电磁搅拌器设计中的核心问题是磁路设计，磁路设计的关键又是铁芯饱和。图 5－14 表示某钢厂的一台 M-EMS 的磁感应强度随电流强度变化的实测结果，它反映了搅拌器铁芯饱和的趋势图。由图可见，图上曲线在 300A 之前是一段直线，表明 B 与 I 成正比，符合理论规律；过了 300A 后开始弯曲，表明铁芯开始饱和；随 I 的继续增加，B 趋向某个定值。从某种意义上说，直线段应视为搅拌器的有效工作段，因此，良好的搅拌器设计就要求直线段尽可能长，即铁芯尽量不饱和。要使铁芯不饱和，一要做好磁路设计即铁芯结构和尺寸；二要选好铁芯的材质。

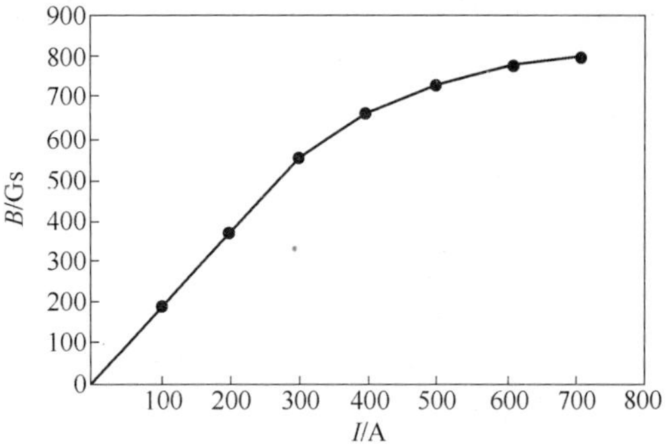

图 5－14　铁芯磁饱和趋势图

5.1.4.2　变频电源的品质好坏至关重要

结晶器电磁搅拌器内的磁场是由馈给它的电流强度激发的，而无论是理论分析或实验研究甚至在线应用，在钢水中感生的电磁力矩都是以基波电流激发的基波磁场为基础的。但变频电源的输出电流不同程度地存在高次谐波，而高次谐波电流激发的高次谐波磁场不仅起不到好的作用，反而造成有害影响。

变频电源品质好坏的主要标志是：输出电流的波形是正弦波，即一次基波要尽可能大，而高次谐波要尽可能小。激磁电流高次谐波的危害主要有：

（1）由理论分析可知，无论哪次谐波电流都能激发相应谐波的磁场。由于磁场的可叠加性，各次谐波的磁场在空间同一位置可叠加成一个磁场，称合成磁场。用高斯计测到的是合成磁场而非一次基波磁场。而理论与实践都表明，电磁搅拌需要的是纯正基波磁场。当高次谐波很大时，容易造成磁感应强度很大的假象。

（2）一般来说，正弦波形的电流激发正弦波形的磁场，而高次谐波增加磁场的畸变。磁场的畸变会引发机械振动，它是由谐波电流和基波磁场相互作用造成的。如果机械振动频率与电气激磁频率重合，会发生共振，进而产生很高的机械应力，有导致机械损坏的危险。

（3）和旋转电机一样，电磁搅拌器的高次谐波电流不仅增加其铜损和铁损，而且影响其电磁力矩，特别是5次谐波产生的旋转磁势与基波磁势反向，从而减少了基波的电磁力矩。

（4）由于输出电流波形失真，增加其输出的峰值电压，直接后果是影响搅拌器的绝缘和使用寿命。

（5）由于激磁电流的高次谐波会在输电线路中产生集肤效应，导致电缆发热和中间连接端子烧化等事故。

5.2 结晶器电磁搅拌的基本特征

5.2.1 结晶器电磁搅拌作用下结晶器内的钢水流动特征

众所周知，结晶器内钢水流动特征对结晶器冶金具有重大影响。在常规连铸条件下，结晶器内钢水流动特征大致是，钢水从浸入式水口（SEN）吐出，向下侵入液相穴深处，然后沿凝固面一侧向上回流，由于流体的连续性，从而形成单一的环流。然而在M-EMS作用下，结晶器内钢水与常规连铸有完全不同的流动特征，形成三个流动区域：主流区、上环流区和下环流区，如图5－15所示。M-EMS之所以能形成三个不同的流动区域，其机理是：在M-EMS作用下，结晶器内钢水受到由浸入式水口吐出的钢水动能和两个电磁力的作用：一是切向电磁力，它驱使钢水做旋转运动；二是径向电磁力，它驱使钢水由中心向外流动。

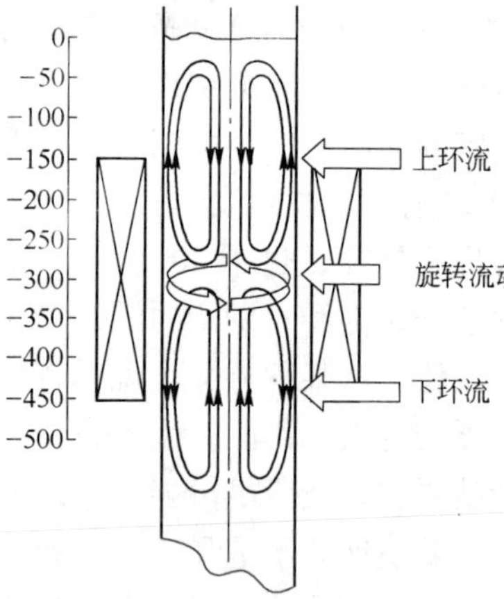

图5－15 在M-EMS作用下的钢水流动特征

主流区——切向电磁力使钢水产生旋转运动，改变了从SEN吐出的钢水流动方向，即由垂直向下改变为水平旋转，使从SEN吐出的钢水的向下侵入深度变浅。其主要效果是：

（1）凝固前沿的剪切力清洗凝固前沿，使被其捕获的夹杂物和气泡被清洗出来。

（2）凝固前沿的剪切力清洗凝固前沿，阻止自然的不规则凝固，使坯壳生长均匀。

（3）凝固前沿的剪切力打断枝晶梢而成为晶核，促进等轴晶增殖。

（4）钢水旋转流动的离心力，使夹杂物和气泡向中心集中上浮。

上环流区——由于径向电磁力和切向电磁力的离心力的作用使钢水由中心向外流动，当碰到凝固面后，一部分流动转向沿凝固面向上，而电磁力的轴向梯度强化了这种流动；从SEN吐出的向下的钢水受到主流区旋转流动的阻断，改变为由中心向外而后沿凝固面向上流动。由于这些流动的共同作用，形成了由凝固面向上而由中心向下的上环流，其主要效果是：

（1）提高热区位置，使弯月面附近温度提高，有利于保护渣熔融，增强熔融保护渣的润滑以及吸收气泡和夹杂物的能力。M-EMS的搅拌强度和弯月面的脉动对弯月面温度的影响可参看7.1.1节。

（2）降低过热度，减缓凝固速度。

（3）降低初始凝固点位置，减轻振痕的影响，有利于铸坯表面质量的提高。

在 M-EMS 实践中，当 M-EMS 安装位置偏高或弯月面较低或搅拌强度过强时，可以直接观察到上环流存在的三个迹象：

（1）在结晶器壁附近弯月面隆起。

（2）弯月面上的保护渣随弯月面下钢水流动而缓缓向水口方向移动。

（3）钢水中气泡穿透保护渣层逸出而形成火花点，而随搅拌强度的增加，弯月面下钢水流速加快，使火花点向水口方向移动。

需要指出的是，上述这些现象不仅充分证明上环流的存在，而且也说明上环流对弯月面产生较大影响，这就要求在具体实施 M-EMS 时应引起特别的注意。

下环流区——由于径向电磁力和切向电磁力的离心力使钢水由中心向外流动，当碰到凝固面后，一部分钢水转向沿凝固面向下，电磁力的负的轴向梯度强化了这种流动，由于这两个流动的共同作用，形成由凝固面向下由中心向上的下环流。其主要效果是：

（1）使结晶器内钢水温度更加均匀，芯部温度梯度减小，凝固前沿温度梯度增高，有利于向外传热。

（2）进一步降低过热度，使铸坯出结晶器后，过热度基本消失。

需要指出的是，由于 SEN 吐出的钢水动压对下环流的影响较弱以及弯月面的存在，制约了上环流的流动，因此导致上、下环流的不对称。

5.2.2 结晶器电磁搅拌作用下结晶器内的钢水温度分布特征

在常规连铸下，在结晶器区域内钢水的温度分布大致是：过热钢水从 SEN 吐出，向下流动侵入液相穴深处，过热度消失缓慢；在铸坯断面上，其芯部温度高，而向凝固面一侧急剧下降，其温度分布呈单驼峰状。

在 M-EMS 作用下。由于在结晶器内形成三个不同流动区域，导致结晶器内钢水温度分布的重大变化：

（1）过热钢水大部分滞留在主流区和上环流区，从而提高热区位置，使弯月面附近的钢水温度提高 5~10℃。

（2）芯部温度急剧下降而凝固前沿温度升高，形象地说“削峰填谷”，使铸坯断面上温度分布趋于平坦，从而降低凝固面前沿母液的温度梯度，使凝固速度减慢。图 5-16 表示在搅拌器进口处（离结晶器上缘 200mm）和出口处（离结晶器上缘 500mm）的铸坯断面温度分布的数值模拟结果。模拟计算所用的基本工艺参数为：钢种 0Cr18Mo2，断面 120mm×120mm，注温 1535℃，拉速 2.2m/min。由图可见，在 M-EMS 作用下，无论哪个断面上，铸坯芯部温度降低，而凝固前沿的温度升高。

（3）提高凝固前沿的温度梯度，改善凝固前沿的热交换，有利于消除剩余过热。

图 5-17 表示在不同搅拌工况下，300mm×400mm 大方坯弹簧钢浇注时铸坯断面温度演变的数值模拟结果。由图可见，大方坯液相穴中心线温度达到液相线温度所需时间是：无 M-EMS 为 14min；S-EMS 为 9min。有 M-EMS 时，在结晶器出口处几乎达到液相线温度 T_L。

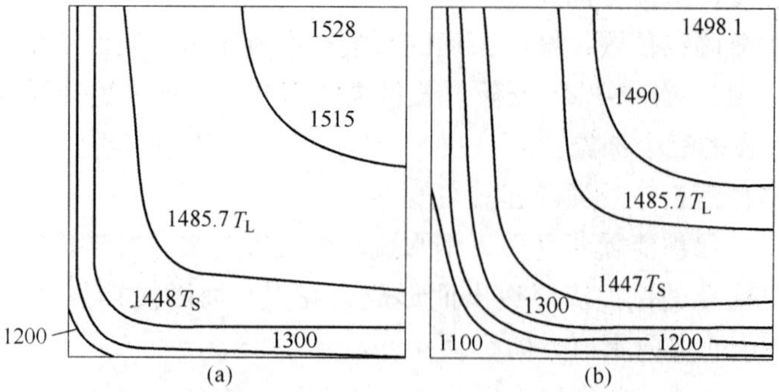

图 5－16 在不同搅拌工况下铸坯断面温度分布的数值模拟结果

（a）离结晶器上缘 200mm；（b）离结晶器上缘 500mm

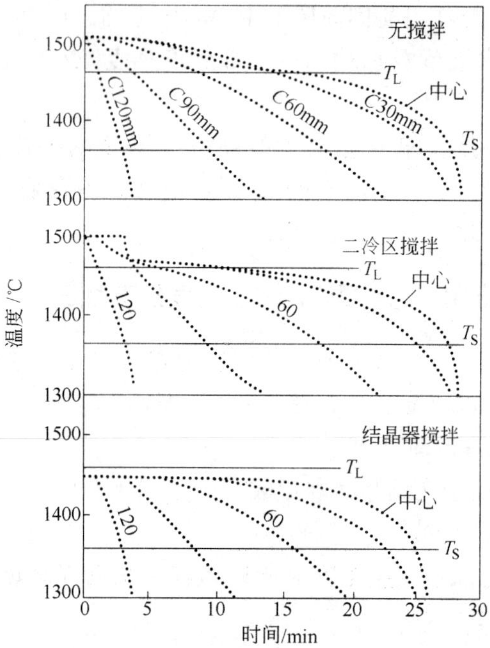

图 5－17 不同搅拌工况下铸坯内温度分布的数值计算结果

（图中 C 为距中心的距离）

图 5－18 表示在不同搅拌工况下铸坯内过热度随浇注时间变化的实测结果，由图可见，在 M-EMS 作用下，过热度消失的时间大大缩短。

由此可见，上述的数值模拟和实验测定都证实了 M-EMS 对降低过热度的良好作用。

图 5－19 形象地表示不搅拌与 M-EMS 作用下，过热的液相区（L）、温度介于液相和固相线的粥状区（M）和固相区（S）之间的关系。在不搅拌工况下，过热度高，粥状区短，等轴晶很少，利于枝状晶生长，导致枝状晶搭桥而形成小钢锭结构。而在 M-EMS 作用下，过热度低，粥状区长，等轴晶多。这是因为搅拌运动改善了从铸坯中心向表面的传热，加速了过热的耗散。只有在过热耗散并冷却到液相线与固相线之间的温度后，细小的

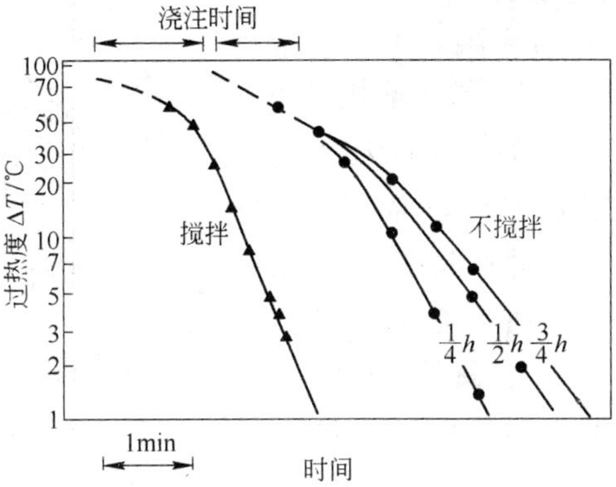

图 5-18 不同工况下铸坯内过热度随浇注时间变化的实测结果

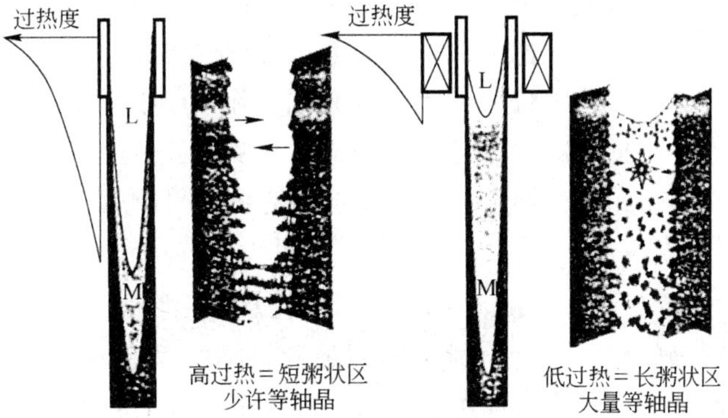

图 5-19 不搅拌和 M-EMS 的冷却效果示意图

等轴晶才能在液相区存在并与液相共存。在进一步冷却之后，这些等轴晶继续增殖、下沉并充满液相穴，从而避免凝固搭桥、小钢锭结构，有利于减少中心缩孔、中心疏松和中心偏析，提高铸坯芯部质量问题。

5.2.3 结晶器电磁搅拌器的空载和有载磁场分布特征

5.2.3.1 结晶器电磁搅拌器的空载磁场分布

搅拌器激发的磁场严格地说是不均匀的，这种不均匀性受到搅拌器各种参数的影响，如极对数、相位、绕组模式、布置的对称性、结晶器几何形状和尺寸等的影响。

所谓空载是指电磁搅拌器内腔内除很薄的一层非磁不锈钢保护套或壳体外，无其他高导电材料的工况，相应的磁场分布通常称为空载磁场分布。空载磁场分布之所以重要，是因为它是电磁搅拌工艺参数调控的基础。

图 5-20 是电磁搅拌器的磁路示意图。由图可见，搅拌器激发的磁场从 N 极出发要穿过其空腔内的铸坯才能达到 S 极，由此构成磁回路。根据铸坯断面的大小，其间的气隙（相当于搅拌器内腔的直径）一般在三四百毫米至七八百毫米之间，甚至更大，远比旋转电机的气隙（大电机一般在几个毫米，小电机甚至小到零点几毫米）大得多，因此其磁

场分布特征也远比旋转电机复杂得多。

理论分析表明，对于一对无限长或其长度与内径之比 $L/D \geqslant 2.5$ 的搅拌器，其内腔内的空载磁场分布大致是均匀的，且与频率无关。然而实际搅拌器都是有限长的，因而磁场从N极穿过空腔到达S极时，除在搅拌器有效作用长度上产生主磁场外，还会在空腔两端向外弥散，造成漏磁场。由于漏磁的影响，不仅削弱了空腔内主磁场，而且使其空间分布不均匀。

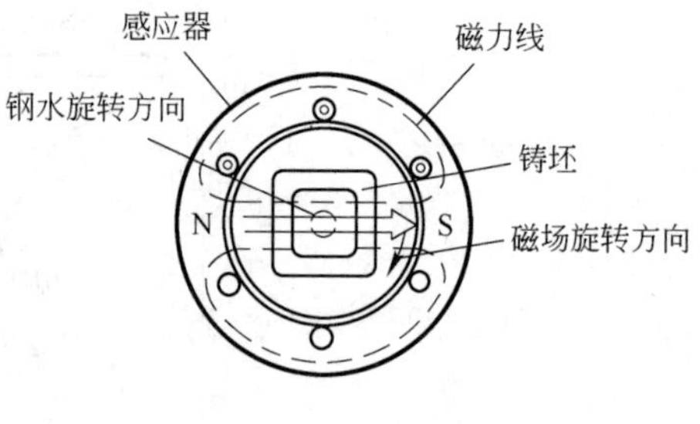

图5－20 电磁搅拌器磁路示意图

图5－21表示某钢厂使用的一台搅拌器中心（$r=0$）实测的中心磁感应强度 B_0 在不同频率下随电流强度的变化。由图可见，在空载条件下，中心磁感应强度幅值 B_0 随电流强度的变化与频率无关；无论哪个频率的中心磁感应强度 B_0 随电流强度的变化都是一条经过原点的直线，表明两者成正比关系。它们都符合理论规律。

需要强调的是，无论是理论分析、实验研究或实际应用中，磁感应强度都取幅值而有效值没有意义，以后说到磁感应强度都是指幅值。在实际检测中，磁感应强度通常使用高斯计测量，高斯计的测量值有的用有效值表示，有的用平均值表示，两者与幅值的关系是：

$$B_{幅值} = 1.1B_{平均} = \sqrt{2}B_{有效}$$

图5－22表示某钢厂使用的一台搅拌器实测的磁感应强度 B_r 沿半径 r 的变化。由图可见，磁感应强度由搅拌器内表面向中心衰减，衰减幅度较大，这种衰减情况反映了搅拌器铁芯有限高度的结构特征。

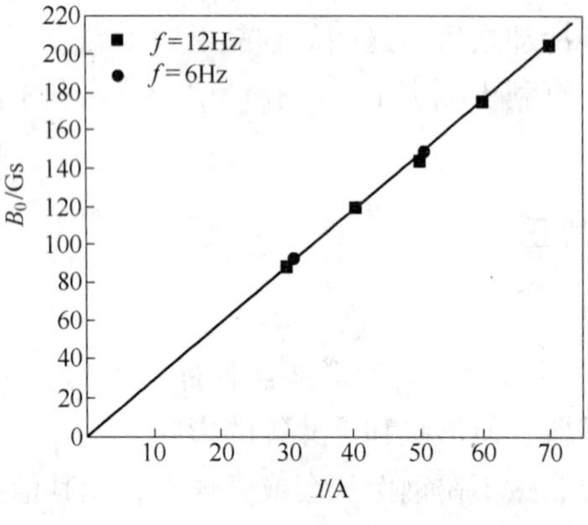

图5－21 不同频率下中心磁感应强度 B_0 与电流强度 I 的关系

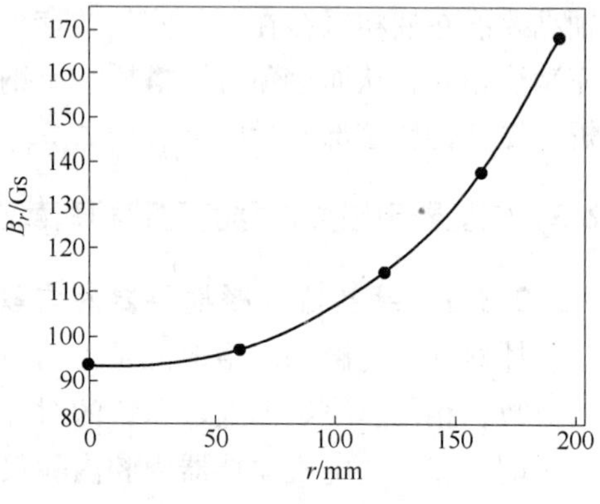

图5－22 磁感应强度 B_r 沿半径 r 的变化

图5－23表示某钢厂使用的一台搅拌器实测的磁感应强度 B_r 沿轴向 Z 的变化。由图可见，在搅拌器中心 $r=0$ 处测量的 B_r 沿轴向变化相当平缓，表明由于铁芯有限长度且半径 r 较大，即铁芯长度与内径比小，磁场向铁芯外弥散范围较大，致使在其中心处 B_r 沿

轴向变化平缓。在邻近搅拌器铁芯表面即 $r=202$mm 处测量的 B_r，由铁芯中心平面向上端部逐渐增大，在离铁芯中心平面约 90mm 的端部处达到最大值，然后由铁芯端部向外急剧降低。这是由于铁芯有限高度致使磁场在端部向外弥散，由于磁场在空间闭合的特性，使邻近端部的向外弥散的部分漏磁场又循着磁阻最小路径经端面返回到铁芯中，导致磁场在端部附近增大，其变化大体符合理论规律，这就是铁芯有限高度的边缘效应。这种边缘效应在上下端都存在，但上端部的边缘效应是引起弯月面波动以至自由面扰动的主要原因，也是导致保护渣卷吸的重要因素。由于边缘效应的内容超出本书讨论的范围，此处不再赘述。

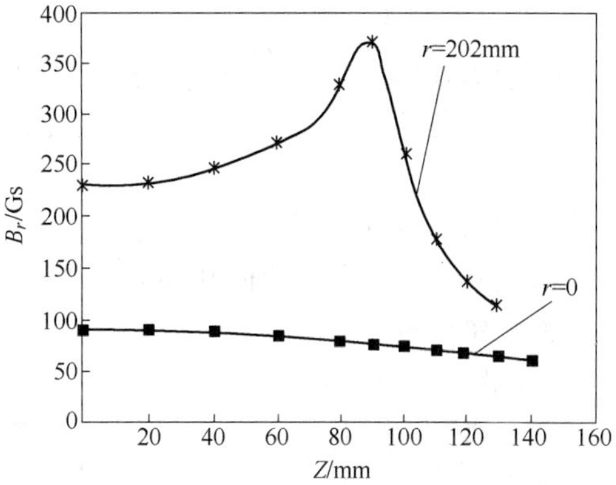

图 5－23　磁感应强度 B_r 沿轴向 Z 的变化

5.2.3.2　结晶器电磁搅拌器内有载磁场分布

所谓有载是指在搅拌器内腔内有高电导率的结晶器铜管的工况，相应的空间磁场分布称有载磁场分布。由于150℃的铜管的电导率要比钢水的电导率约大60倍，根据2.4.2节所述，在低频情况下结晶器铜管内有无钢水对有载磁场分布影响不大，因此无钢水工况可以作为有钢水工况的近似。

A　结晶器铜管内中心磁感应强度与频率和电流强度的关系

理论分析表明，在结晶器铜管内的磁感应强度 B_r 随频率增加而减小，而随电流强度的增加而增大，也就是说它们是单调的。图 5－24 表示某钢厂使用的一台搅拌器中心（$r=0$）的中心磁感应强度在不同频率下随电流强度变化的实测结果。由图可见：

（1）所有测量值基本上落在经过坐标原点的相应的直线上，表明在不同频率下磁感应强度都与电流强度成正比，符合理论规律。

（2）无论哪个电流强度下，频率越高，相应的磁感应强度越小，频率高的直线居于频率低的直线之下，也符合理论规律。这表明高电导率的结晶器铜管对磁场的衰减作用。

B　结晶器铜管内磁感应强度的径向分布

图 5－25 表示某钢厂一台搅拌器的结晶器铜管内实测的磁感应强度 B_r 的径向分布。由图可见，B_r 由搅拌器内表面向中心逐渐减小，即其径向分布不均匀；高频率经结晶器铜管后衰减也更大。但两者衰减与空载的相比较平缓，表明磁感应强度经高电导率铜管屏蔽后，其量值减小但空间分布均匀一些，这也与理论规律相吻合。

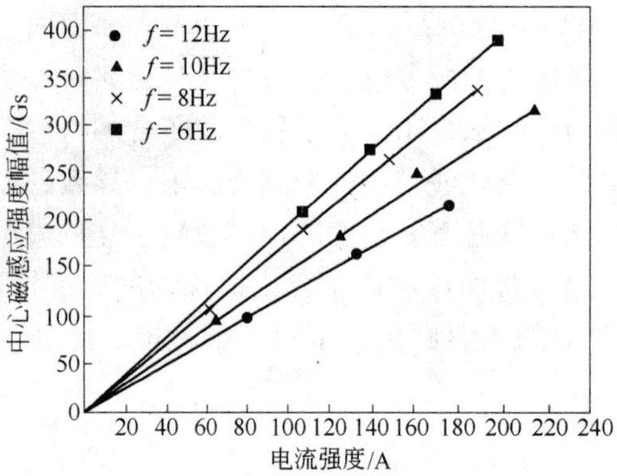

图 5－24　在不同频率下结晶器内中心磁感应强度随电流强度的变化

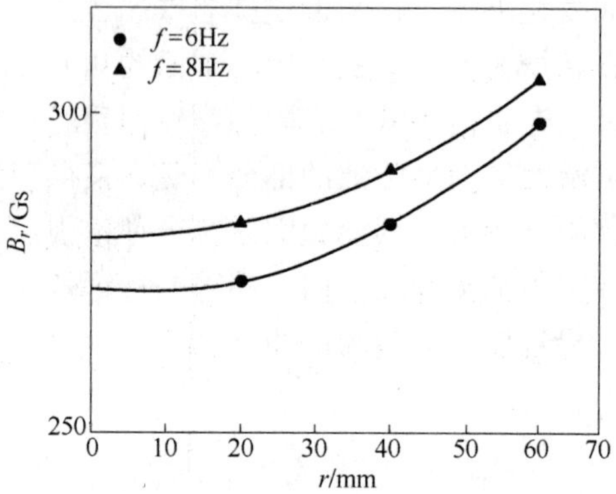

图 5－25　结晶器铜管内磁感应强度 B_r 的径向分布

C　结晶器铜管内磁感应强度的轴向分布

通常在结晶器内腔中磁感应强度有径向、角向和轴向三个分量，图 5－26 表示某钢厂使用的一台搅拌器的结晶器铜管中心的磁感应强度的径向分量 B_r 和角向分量 B_θ 沿轴向的分布，B_r、B_θ 和 B_Z 由三维高斯计测量。由图可见，B_r、B_θ 两者几乎重合，表明其值差别不大；两者都由搅拌器的中心向上下两端急剧衰减，由于搅拌器的有限长度导致端部漏磁很严重，轴向分布向两侧陡降，无论是 B_r 的径向分布还是轴向分布，气隙越大，衰减得越厉害，它主要依赖于搅拌器的铁芯长度与其内径之比 L/D，L/D 越小，磁场分布越不均匀；轴向分量 B_Z 近似为零。它们都符合理论规律。

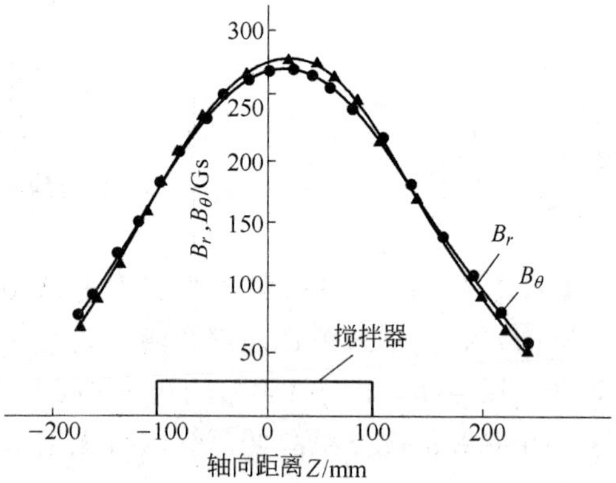

图 5－26　磁感应强度径向分量 B_r 和角向分量 B_θ 沿轴向的分布

如何利用图 5－24～图 5－26 的实测结果为在线电磁搅拌工艺技术服务：

（1）图 5－24 的 B_r 的径向分布可用于调整不同断面电磁搅拌工艺参数。具体做法是：

第一步：先对一个断面 r_1 进行在线工艺试验，得到优化的电磁搅拌工艺参数 f_1、I_1 和 B_{r1}；

第二步：对另一个断面 r_2，与图 5－25 和图 5－24 做比对，对 I 和 B_r 做相应调整，得到 f_2、I_2、B_{r2}。

由此可见，将图 5－24 和图 5－25 的实测结果做得精细些是非常重要的，这有利于减少在线工业试验次数，能快速获得各个断面的优化电磁搅拌工艺参数。

（2）由图 5－26 的 B_r 的轴向分布可以判定搅拌器安装位置的合理性。由图中的轴向分布在弯月面处的量值可以判断搅拌位置是否合适。通常要求弯月面附近的 B_r 值为最大值的 1/5，则表明搅拌器的安装位置比较合适。如果弯月面附近的 B_r 值偏大，可能会引起弯月面波动而造成卷渣。

5.2.3.3 结晶器电磁搅拌器需要低频电源的物理表述

无论是内装式或是外装式，电磁搅拌器都安装在结晶器铜管的外围，由于结晶器铜管的高导电性，对搅拌器激发的交变磁场具有很强的屏蔽作用。因此，为了在钢水内达到一定的搅拌力，结晶器电磁搅拌器需要低频电源激磁。这一现象的物理表述是：

（1）趋肤效应和趋肤深度。当交变磁场由导体表面向内部渗透时，其强度也由表面向内部逐步减小，这种物理现象称为趋肤效应。当磁场由导体表面向内部渗透 δ 距离后，其强度减小到表面的 1/e，即：

$$B_{\delta} = B_0/\mathrm{e} \tag{5-1}$$

式中 B_0——导体表面磁感应强度；

B_{δ}——导体内部磁感应强度；

e——自然对数的底，e = 2.718。

从物理角度来说，距离 δ 之后的磁场可以视为零，而对物理问题不会产生实质的影响。定义 δ 为交变磁场的趋肤（渗透）深度，其定量表达式为：

1）对单相交变磁场：

$$\delta = \sqrt{\frac{2}{\mu\sigma\omega}} \tag{5-2}$$

2）对旋转磁场：

$$\delta_r = \sqrt{\frac{2}{\mu\sigma(\omega - \Omega)}} \tag{5-3}$$

3）对行波磁场：

$$\delta_t = \sqrt{\frac{2}{\sqrt{\left(\frac{\pi}{\tau}\right)^4 + (\mu\sigma\omega)^2} + \left(\frac{\pi}{\tau}\right)^2}} \tag{5-4}$$

式中 μ——磁导率，对铜管或钢水，其磁导率与真空磁导率相当，即 $\mu = \mu_0 = 4\pi \times 10^{-7}$ H/m；

σ——导体的电导率，S/m；

ω——电源的角频率，Hz，$\omega = 2\pi f$；

f——电源频率，Hz；

Ω——钢水旋转角速度，(°)/s；

τ——行波磁场的极距，m。

（2）各种金属材料在不同频率下的趋肤深度。各种金属材料在不同频率下的趋肤深度见表 5-3。

表 5-3 各种金属材料在不同频率下的趋肤深度

金属材料	温度/℃	金属状态	电导率/$S \cdot m^{-1}$	趋肤深度/mm				
				3Hz	6Hz	10Hz	25Hz	50Hz
钢（0.22%C）	1500	液体	6.25×10^5	367	260	201	127	90
		液体	1.366×10^6	249	176	136	86	60
不锈钢	100	固体	1.0×10^6	255	180	140	88	62
紫铜	30	固体	5.56×10^7	39	28	21	14	9.5
	150	固体	3.76×10^7	47	34	26	16	12

5.2.3.4　结晶器铜管对磁感应强度影响的理论描述

结晶器铜管因其高导电性在 M-EMS 中具有头等重要性。其原因：一是由于趋肤效应和相对于外加磁场的相位滞后，结晶器铜管影响着磁感应强度的衰减和分布，不过与衰减相比较，它对分布只有轻微的变形；二是过滤磁场波形中的高次谐波，使其波形畸变小、锯齿更光滑，且更接近正弦波；三是用于制造结晶器铜管的铜合金的电导率约为 IACS 的 85%，或在室温（20℃）下为 49.3×10^6S/m。因此，趋肤效应和铜管厚度是影响磁感应强度的极重要的因素，而结晶器几何形状和尺寸对磁感应强度分布也起了相当大的作用，小断面比大断面的影响小一些。

为了简明分析结晶器铜管对磁感应强度的影响，以图 5－27 为例导出磁感应强度的解析表达式。圆坯结晶器铜管的内径 r_1、外径 r_2，铜管电导率 σ，处于以角速度 ω 旋转的、强度为 B_0 的旋转磁场中，假设铸坯的特征长度为 r_1，根据 2.3.3.2 节所述，磁雷诺数为：

$$Rm=\omega\sigma\mu_0 r_1^2 \ll 1 \qquad (5-5)$$

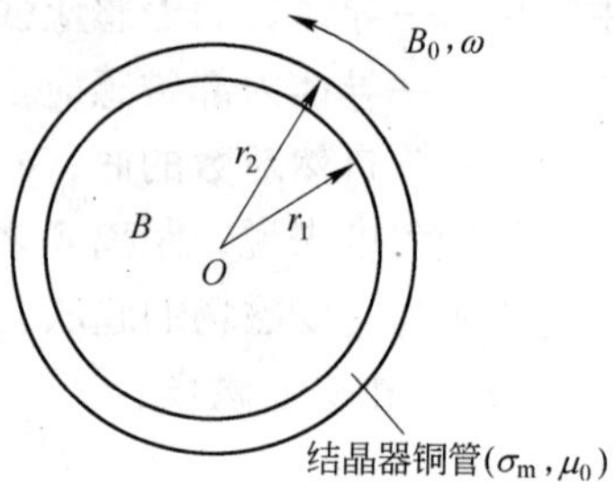

图 5－27　均匀旋转磁场中的圆坯分析模型

即是说由钢水中的感应电流感生的磁感应强度可以忽略。这是因为结晶器铜管的电导率比钢水和坯壳的电导率大得多，而结晶器电磁搅拌又采用频率为几赫兹的低频电源馈电，因此在连铸电磁搅拌的大多数情况中，$Rm \ll 1$ 成立，即钢水和坯壳对磁场的衰减可以忽略不计，则结晶器铜管内磁感应强度的表达式由式（5－6）给出：

$$B=B_0\frac{2}{\left|(\gamma r_1)^2\left(K_2(\gamma r_1)I_0(\gamma r_2)-K_0(\gamma r_2)I_2(\gamma r_1)\right)\right|} \qquad (5-6)$$

式中　B——结晶器铜管内的磁感应强度；

B_0——在结晶器铜管外壁的磁感应强度；

γ——复数量，$\gamma^2=j\omega\sigma\mu_0$，虚数 $j=\sqrt{-1}$；

I_i，K_i——第一类和第二类 i 次修正贝塞尔函数。

在搅拌器内表面由三相对称正弦电流激发的磁感应强度幅值为：

$$B_0=\frac{m\mu_0 k_w N I_m}{\pi r_0}=\frac{3\mu_0 k_w N\sqrt{2}I}{\pi r_0} \qquad (5-7)$$

式中　m——相数；

μ_0——真空磁导率；

k_w——绕组分布系数；

N——搅拌器每相的绕组匝数；

I_m——电流强度幅值；

I——电流强度有效值；

r_0——搅拌器内径。

图 5－28 表示方形结晶器内磁感应强度的实测值与按式（5－6）计算结果的比较，由图可见，两者比较吻合。因此，对于方坯结晶器，只要选择方坯边长 a 和 b 按公式折算成圆坯等效半径 $r=\frac{ab}{2(a+b)}$，使结晶器铜管内截面积和结晶器铜管厚度与圆坯的保持一致，则公式（5－6）同样适用。

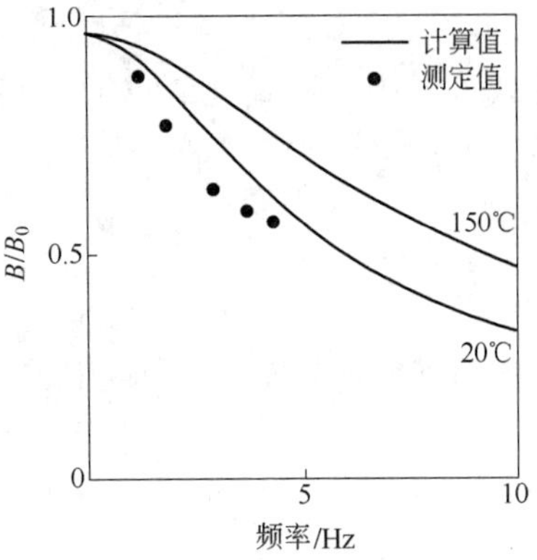

图 5－28 方坯结晶器内磁场衰减的计算与实测值的比较

如果结晶器铜管壁厚 t 很薄，它与其外壁等效直径 d 和趋肤深度 δ 满足 $d/t \geqslant 10$，$t/\delta \leqslant 0.2$，这个条件对大圆（方）坯是可以满足的。则磁感应强度表达式（5－6）退化成简单的公式：

$$B=\frac{B_0}{\sqrt{1+\frac{d^2t^2}{4\delta^4}}} \tag{5-8}$$

由式（5－8）可以清晰地看出，在外加的磁感应强度 B_0 保持不变情况下，结晶器内的磁感应强度 B 随趋肤深度减小而减小；也随结晶器铜管外径和铜管厚度增加而减小。

由上述分析可以得到结晶器铜管对磁感应强度影响的定性结果：在外加磁感应强度 B_0 保持不变的情况下，结晶器铜管内磁感应强度：

（1）随频率提高而减小；

（2）随铜管厚度及其电导率的增大而减小；

（3）随结晶器铜管外径增大而减小。

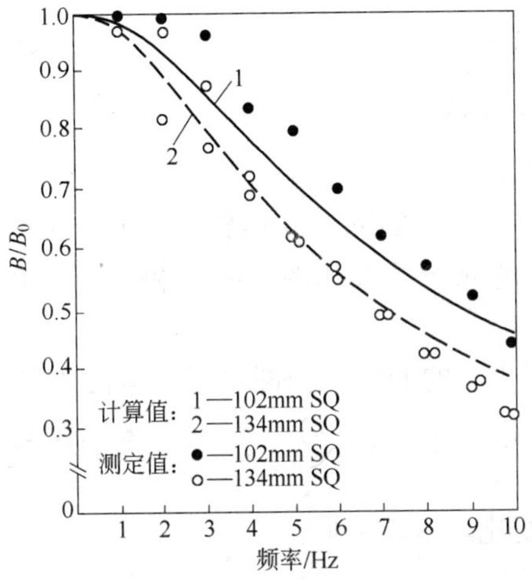

图 5－29 方坯结晶器内磁感应强度的计算值与实测值的比较

对于两个方形断面 102mm 和 134mm、壁厚 12.7mm 的结晶器铜管，按式（5－8）的计算值和实测值的比较如图 5－29 所示。由图可见，计算值和实测值吻合得比较好，之所以有些偏差可能起因于磁感应强度测量精度、壁厚误差和磁场波形偏离正弦波等。对于矩形结晶器如 134mm×192mm，按式（5－8）的计算值与实测值的偏差要大一些，简单的校正办法是将矩形坯按其大边的方坯（如 192mm×192mm）来处理，可以获得比较满意的结果。

5.2.4 结晶器电磁搅拌的电磁力的解析表达式及模拟测量

5.2.4.1 电磁力的解析表达式

根据电磁搅拌器的结构特点和在线实测结果，磁感应强度主要有径向和角向两个分量，轴向分量 $B_z \approx 0$，即：

$$\boldsymbol{B}=B_r\boldsymbol{e}_r+B_\theta\boldsymbol{e}_\theta \tag{5-9}$$

而钢水中感生的感应电流主要是轴向分量，在不考虑钢水流动条件下，即：

$$\boldsymbol{J} = J_z \boldsymbol{e}_z = \sigma \omega r B_r \boldsymbol{e}_z \qquad (5-10)$$

由式（5－9）和式（5－10）可得，铸坯内钢水中感生的电磁力也有径向和角向两个分量，即：

$$\boldsymbol{F} = \boldsymbol{J} \times \boldsymbol{B} = F_r \boldsymbol{e}_r + F_\theta \boldsymbol{e}_\theta = J_z B_\theta \boldsymbol{e}_r + J_z B_r \boldsymbol{e}_\theta \qquad (5-11)$$

其中，$\boldsymbol{e}_r$，$\boldsymbol{e}_\theta$，$\boldsymbol{e}_z$ 为 r、θ、z 方向的单位向量。

当 $Rm \ll 1$ 时，在钢水中感生的平均的径向和切向电磁力由下式给出：

$$\overline{F}_r = J_z B_\theta = \frac{1}{8}\mu_0 \sigma^2 \omega^2 r^3 B_r^2 \qquad (5-12)$$

$$\overline{F}_\theta = J_z B_r = \frac{1}{2}\sigma \omega r B_r^2 \qquad (5-13)$$

此处 B 的表达式由式（5－6）确定；当 $r_2/t \geqslant 10$，$t/\delta \leqslant 0.2$ 时，也可由式（5－8）代入。

对于钢水流速 $v_\theta \neq 0$ 的情况，只要将 ω 用（$\omega - v_\theta/r$）代替，也可以得近似表达式：

$$\overline{F}_r = J_z B_\theta = \frac{1}{8}\left(\omega - \frac{v_\theta}{r}\right)\mu_0 \sigma^2 r^3 B_r^2 \qquad (5-14)$$

$$\overline{F}_\theta = J_z B_r = \frac{1}{2}\sigma\left(\omega - \frac{v_\theta}{r}\right) r B_r^2 \qquad (5-15)$$

其中，v_θ 可以由 5.3.1.1 节中介绍的钢水流速估计方法获得。

5.2.4.2　电磁力的模拟测量

在 150mm × 150mm 的铜管内，放置 140mm × 140mm × 1000mm 的铝锭作测试工质，用压力传感器测量电磁力，在不同频率和电流强度下的测量结果如图 5－29 和图 5－30 所示。

图 5－30 表示在一定频率下，电磁力 F_θ 随电流强度 I 的变化。由图可见，电磁力随电流强度增加而增大，基本符合理论分析的平方规律，与式（5－7）、式（5－8）和式（5－13）相吻合。

图 5－31 表示在一定电流强度下电磁力随频率的变化。由图可见：

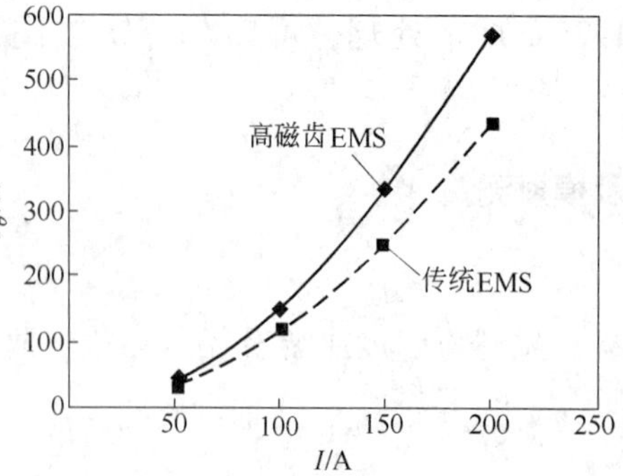

图 5－30　电磁力随电流强度的变化

断面：150mm × 150mm；f = 3Hz

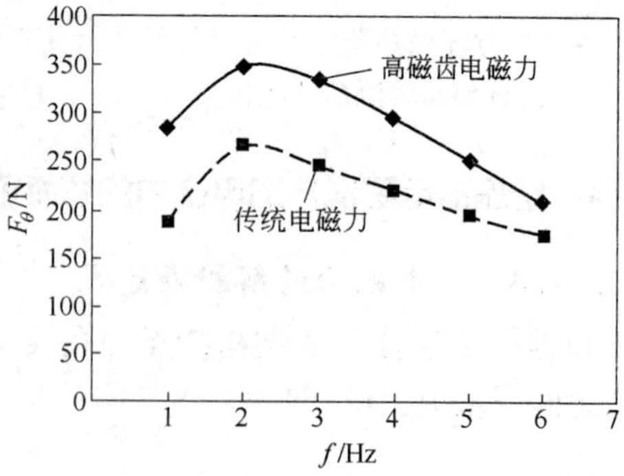

图 5－31　电磁力随频率的变化

断面：150mm × 150mm；I = 250A

（1）电磁力 F_θ 随频率 f 的变化不是单调的，而是有个幅值，相应地有个最佳频率 f_m，实测结果验证了理论预测。

（2）在最佳频率的左侧，电磁力 F_θ 随频率 f 的变化比较陡，而在其右侧则比较平缓，这也符合理论分析的结果。因此，考虑一些实际因素的影响，在实际使用中，M-EMS 的使用频率应选在最佳频率的右侧为好。这样，即使频率选择不当，也不至于对电磁力有太大的影响。

5.2.5 结晶器电磁搅拌器的性能指标——电磁力矩的解析表达式及模拟测量

5.2.5.1 电磁力矩的解析表达式

5.2.4.1 中电磁力的解析表达式是在无限长搅拌器的假设下导出的，但实际的搅拌器是有限长的，而在液相穴中的旋转流动是由搅拌器激发的电磁力矩引起的，如图 1－16（a）所示。为此需要导出一对方向相反、量值相等、相距 $2r$ 的平均电磁体力 F_θ 作用在半径 r、有效作用长度 L 的圆柱上产生的电磁力矩：

$$T = \int_0^{r_1}\int_0^{2\pi}\int_{-\frac{L}{2}}^{\frac{L}{2}} \overline{F}_\theta \cdot r \cdot r\mathrm{d}\theta \cdot \mathrm{d}l = \int_0^{r_1}\int_0^{2\pi}\int_{-\frac{L}{2}}^{\frac{L}{2}} \frac{1}{2}B^2\omega\sigma r \cdot r^2\mathrm{d}r \cdot \mathrm{d}\theta \cdot \mathrm{d}l = \pi B^2\omega\sigma L\int_0^{r_1} r^3\mathrm{d}r$$

$$= 0.25\pi\omega\sigma B^2 r_1^4 L \tag{5-16}$$

式中 ω——电源角频率，$\omega = 2\pi f$；

f——电源频率；

r_1——铸坯（或液芯）等效半径；

L——搅拌器有效作用长度；

B——磁感应强度由式（5－6）或式（5－8）确定。

由式（5－16）可见，作用于有效搅拌区内钢水中切向电磁力矩主要由两部分参数决定：搅拌器电磁参数 $B^2\omega$ 或 B^2f 和搅拌器与铸坯的结构参数 r_1^4L。

需要指出的是，式（5－16）是在搅拌器有效作用长度 L 上平均的切向电磁力不变的条件下导出的，而由图 5－26 可见，实测的磁感应强度在搅拌器有限作用长度上随轴向距离 Z 而变化的，即是说 B 是 Z 的函数，因而平均切向电磁力也随轴向距离 Z 而变化。对于 $B(Z)$ 的情况，式（5－16）同样适用，只要将其改写成：

$$T = 0.25\pi\omega\sigma r_1^4 \int_{-\frac{L}{2}}^{\frac{L}{2}} B^2(Z)\mathrm{d}Z \tag{5-17}$$

此处 $B(Z)$ 需要在实测的 $B-Z$ 平面上运用回归分析方法导出 B 与 Z 的回归表达式，然后将此回归表达式代入式（5－17）即可。

5.2.5.2 电磁力矩的在线测量结果

图 5－32 表示在某钢厂 150mm×150mm 铜管内使用电磁力矩测量仪在线测量的电磁力矩随电流强度变化的实测结果。由图可见，电磁力矩与电流强度的平方成正比，曲线是一条抛物线，符合理论规律。

图 5－33 表示在某钢厂 150mm×150mm 铜管内使用电磁力矩测量仪在线测量的电磁力矩随频率变化的实测结果。由图可见，与磁感应强度随频率变化是单调的不同，电磁力

矩随频率的变化有个最大值，相应地有个最佳频率，也符合理论规律。

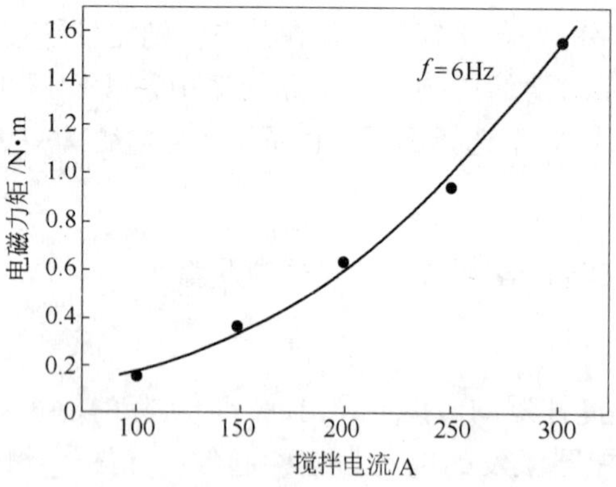

图 5－32 电磁力矩随电流强度的变化

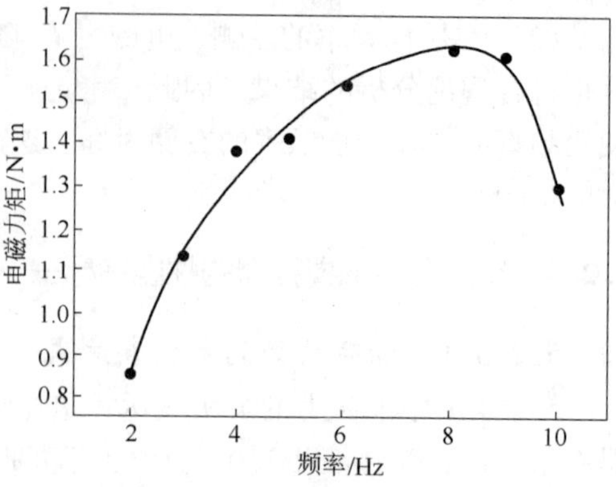

图 5－33 电磁力矩随频率变化

基于实测结果，电磁力矩的特征是：

（1）电磁力矩与电流强度的平方成正比。

（2）电磁力矩随频率的变化有个最大值。

两者都符合理论规律。有关电磁力矩更详细的分析见 5.2.7 节。

（3）电磁力矩是电磁搅拌器性能的主要指标。前面已经分析了激磁电流的高次谐波对磁感应强度的影响，表明以磁感应强度作为搅拌器性能的技术指标既不科学也不合理。从理论上说，磁感应强度只是联系搅拌器激磁电流与钢水中感生的电磁力矩的中间参数，为清晰起见做一简单分析：

将式（5－7）代入式（5－11）后，得到：

$$T = 0.25\pi\omega\sigma B_{r_1}^2 r_1^4 L \propto B_{r_1}^2 r_1^4 L \propto I_{r_1}^2 r_1^4 L / r_0^{\ 2} \qquad (5-18)$$

由式（5－18）可知，电磁力矩：

（1）与电流强度的平方成正比，符合理论规律；

（2）与铸坯等效半径或液芯等效半径的 4 次方成正比；

（3）与搅拌器有效作用长度成正比；

（4）与搅拌器内腔半径的平方成反比。

由式（5－18）可见：磁感应强度只是联系电磁力矩与激磁电流的中间参数，把磁感应强度作为搅拌器的技术指标是不妥当的。由上述分析也可看出，对于一台给定的搅拌器，可以把激磁电流视为调节搅拌强度的参数，这是合理的。

由上所述，把磁感应强度作为电磁搅拌器性能指标具有不科学性，因此应该把电磁力矩作为电磁搅拌器的性能指标，其主要理由是：

（1）更接近电磁搅拌器的真实性能，不会出现像磁感应强度那样的隐性假象。

（2）更直接地判断电磁搅拌器的工作能力即搅拌效果，即是说只要电磁力矩达到某个值，就可以判断一定会有搅拌效果，不会出现像磁感应强度那样，其值虽大但没有搅拌效果的现象。

（3）电磁搅拌是借助在钢水中感生的电磁力矩驱动钢水，使之达到一定的流动速度，从而获得预期的搅拌效果。由此可见，作为搅拌器性能指标的电磁力矩与作为搅拌工艺参数的搅拌速度（流动速度）之间可以建立一一对应的关系。

5.2.6 结晶器电磁搅拌的有功功率及模拟测量

5.2.6.1 M-EMS 有功功率的含义

M-EMS 有功功率 W 的大小反映 M-EMS 对外做功的能力，它包含有两部分：

（1）诱起钢水流动的机械做功。

（2）在各个部件中感生的焦耳热。

1）钢水中感生的焦耳热；

2）搅拌器绕组的焦耳热和铁芯中涡流产生的热损耗（铁损）；

3）搅拌器内包括结晶器铜管、结晶器的水套壁和水箱外壳、搅拌器壳体等金属构件中感应电流的焦耳热；

4）由漏磁在搅拌器外部金属构件中感应电流的焦耳热等。

在这些搅拌器产生的有功功率中，用于诱起钢水流动的机械做功只占很小一部分，大部分有功功率都以热的形式耗散掉，因此搅拌器效率是很低的，通常只有千分之几，这与电机是无法比拟的。

5.2.6.2 M-EMS 有功功率的模拟测量

A 一定频率下有功功率随电流强度的变化

图 5-34 表示在一定频率下搅拌器产生的有功功率随电流强度的变化。由图可见，与电磁力一样，在一定频率 f 下，有功功率 W 基本上与电流强度 I 的平方成正比，符合理论规律。

B 一定电流强度下有功功率随频率的变化

图 5-35 表示在一定电流强度下搅拌器产生的有功功率随频率的变化。由图可见，与电磁力随频率变化不同，有功功率随频率的变化基本上是单调的，频率越高，有功功率也越大。

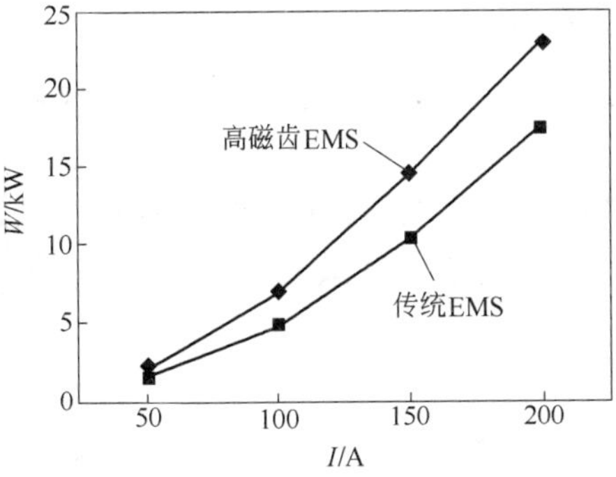

图 5-34 搅拌器产生的有功功率与电流强度的关系

断面：150mm × 150mm；f = 5Hz

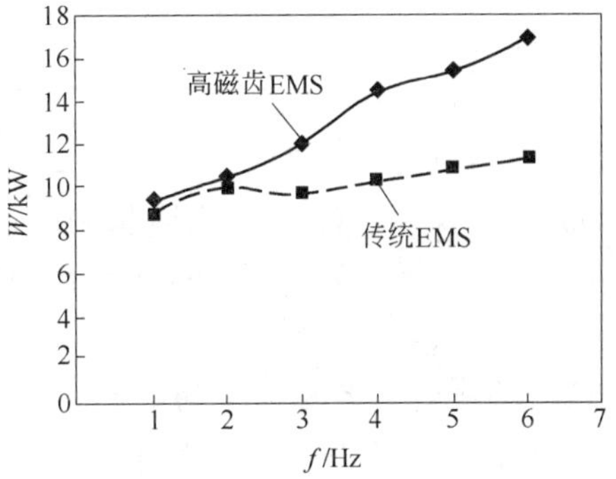

图 5-35 搅拌器产生的有功功率与频率的关系

断面：150mm × 150mm；I = 150A

5.2.7 结晶器电磁搅拌的最大电磁力和最佳频率

5.2.7.1 最大电磁力和最佳频率的定义

理论和实践都表明，对电磁搅拌起决定作用的不是在其中感生的磁感应强度而是电磁力。M-EMS 采用低频电源馈电，分析表明，切向电磁力随频率的变化不是单调的，而是

有个最大值 $F_{\theta m}$，相应有个最佳频率 f_m。图 5－36 是按式（5－13）和式（5－6）计算的切向电磁力与频率的关系。由图可见，切向电磁力随频率的变化有个最大值；结晶器铜管温度的变化对切向电磁力的量值和最佳频率的位置有很大影响，结晶器铜管温度高，其电阻率增加，电导率就低，对磁场的衰减作用就小，因此切向电磁力的量值就高，与此同时，最佳频率位置也提高。反之亦然。

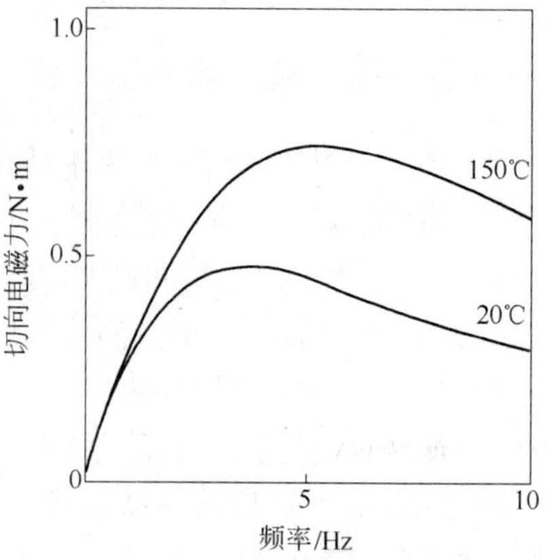

图 5－36　切向电磁力与频率的关系

对于给定的电磁搅拌器和连铸工艺参数，根据式（5－13）、式（5－6）和式（5－7），平均切向电磁力随频率的变化可以简写成式（5－19）：

$$\overline{F}_\theta = I^2 \Phi(f) \qquad (5-19)$$

式中　$\Phi(f)$——频率 f 的函数。

由式（5－19）可见，求 $\overline{F}_\theta$ 随频率变化的最大值，实质上退化为求函数 $\Phi(f)$ 的极值。

5.2.7.2　影响最大电磁力和最佳频率位置的因素

最佳频率通常由理论计算确定，影响最佳频率的因素主要有：

（1）铸坯断面。断面大小对最大电磁力的量值无多大影响；断面越大，最佳频率越小。如图 5－37（a）所示。

（2）铜管壁厚。铜管壁越厚，最大电磁力越小，最佳频率也越小。如图 5－37（b）所示。

（3）铜管电导率。对同一材质的铜管，其温度不同，电导率也不同，温度高，电导率低；电导率越低，最大电磁力越大，最佳频率也越高。如图 5－37（c）所示。

（4）钢水电导率。实质上它反映不同钢种的影响，钢水电导率越高，最大电磁力越大，但最佳频率则变化不大，如图 5－37（d）所示，这与 2.3.3.2 节的讨论相一致。

（5）钢水流速。由于 M-EMS 采用低频电源馈电，因此磁场的运动速度与钢水的运动速度处于同一量级，钢水流速的影响不能忽略。钢水流速越小，最大电磁力越大，但最佳频率则变化不大。如图 5－37（e）所示。

5.2.7.3　讨论最佳频率的实际意义

讨论最大电磁力与最佳频率的实际意义在于：一是根据理论计算所得的最佳频率的位置，就比较容易确定使用频率；二是合理地选择使用频率，使电磁力达到尽可能大的值，有利于减小激磁电流，降低功率消耗。具体讨论如下：

（1）有利于确定使用频率。在连铸过程中，一般来说，断面越大，铜管壁也越厚。图 5－38 表示在不同铸坯断面和铜管壁厚（纯铜）计算的电磁力与频率的关系。由图可见，对于一台给定的搅拌器，断面越大，铜管壁越厚，最大电磁力和最佳频率越小。

由图 5－37 和图 5－38 可见，在最佳频率的左侧曲线较陡，而在其右侧则较平缓。考虑到实际因素的影响，实际使用频率宜选在最佳频率的右侧，即比最佳频率稍大些，否则有可能大大降低电磁力。

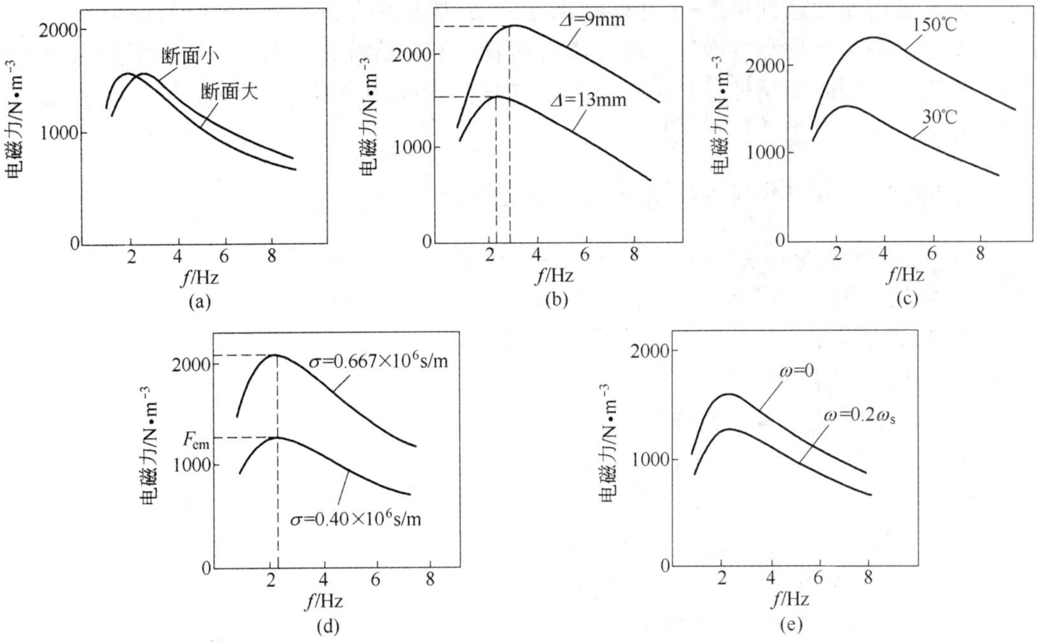

图 5-37　最大电磁力和最佳频率的影响因素

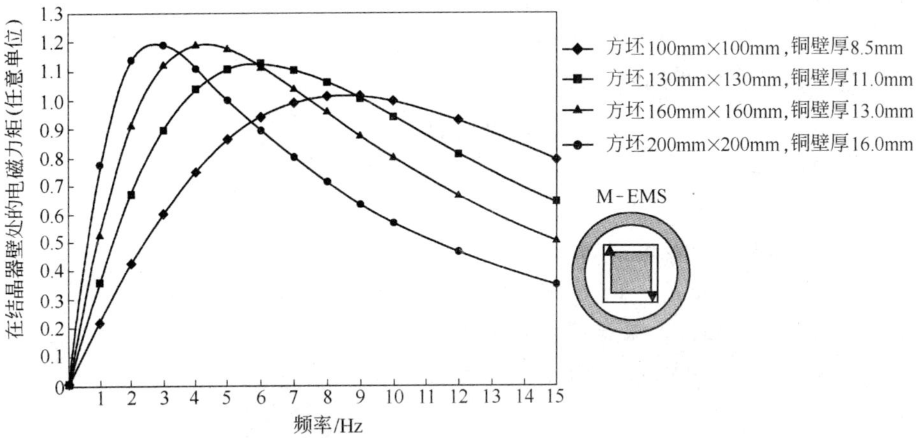

图 5-38　电磁力矩与频率、结晶器断面和铜管壁厚的关系

（2）有利于降低功率消耗。对于一个确定的搅拌工况，所需电磁力是一定的，即式（5-19）等号左边的 $\overline{F}_\theta$ 一定，而由等号右边可见，$\Phi(f)$ 大则 I 就小，如果恰当选择频率，使 $\Phi(f)$ 达到尽可能大的值。因此，对于搅拌所需的一定的电磁力而言，可以适当降低电流强度，从而降低搅拌所需功率。

5.3　结晶器电磁搅拌诱起的钢水流动速度

电磁搅拌的实践表明，搅拌强度通常以搅拌器在铸坯液相穴中诱发的旋转运动的速度即搅拌速度为特征。为使 M-EMS 获得良好的冶金效果，其基本要求是：必须使有效搅拌区内的钢水流动速度达到0.3～1.0m/s，以获得足够大的离心力和凝固前沿的剪切力。前者有利于钢水中夹杂物和气泡的上浮分离；后者有利于清洗凝固面，使皮下组织洁净并使坯壳生长均匀；同时切断柱状晶梢形成等轴晶核。为此必须对M-EMS诱起的钢水流动速度做一分析。

5.3.1　结晶器电磁搅拌诱起的钢水流动速度的估计

作为电磁搅拌工艺参数的主要指标，搅拌速度的确定有很多方法：

（1）直接在钢水中测速法。采用应变法或旋转四叶片传感器测量。

（2）低熔点合金模拟测速与数值模拟的结合。

（3）由枝晶倾角的计算法。

（4）由白亮带中负偏析率的计算法。

（5）由Davidson发展的半经验解析法。

前两个方法虽直接且精度也高，但做起来有实际困难；后三者虽较粗糙，做起来相对容易，对估计搅拌速度是行之有效的，而且三者可互为印证。

5.3.1.1　由枝晶倾角与流速的实验结果计算流速

由T. Takahashi等通过实验结果导出的枝晶倾角与流速和凝固速度之间的关系是：

$$\theta = 22.49u^{-0.177}\lg(3.72\times10^{-3}u^{2.08}/v) \quad (5-20)$$

式中　θ——枝晶倾角，（°）；

v——凝固速度，cm/s；

u——流动速度，cm/s。

凝固速度v按经典的凝固公式计算：

$$v = \frac{d\delta}{dt} = \frac{1}{2}\frac{K}{\sqrt{t}} \quad (5-21)$$

式中　δ——坯壳厚度，$\delta = K\sqrt{t}$，mm；

K——凝固系数，mm/min$^{1/2}$；

t——凝固时间，min。

由式（5－20）可知，如果枝晶倾角和凝固速度已知，就可以计算出钢水的流速，即搅拌速度。

图5－39表示枝晶倾角θ与在不同母液流速u时的凝固速度v之间的关系。由图可见，无论在哪个母液流速下，枝晶倾角与凝固速度都呈线性关系。即枝晶倾角随凝固速度增大而成直线减小；在同一凝固速度下，枝晶倾角随母液流速增加而增大，这与式（5－20）相吻合。

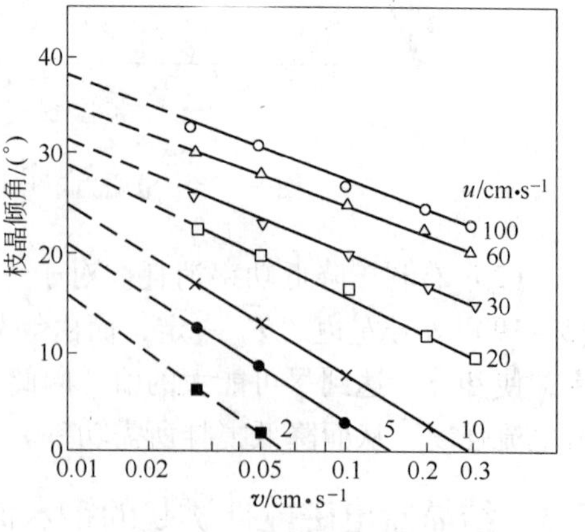

图5－39　θ、v和u的关系

图5－40表示在M-EMS作用下不同钢种枝晶倾角与搅拌强度的关系。由图可见，在M-EMS作用下，一次枝晶迎着钢水流动方向倾斜，无论哪一类钢种，其枝晶倾角随搅拌强度提高而增大；不同钢种枝晶倾角也不一样，

碳钢和合金钢的倾角比不锈钢的更大些，因为不锈钢中加入了铬，使钢水运动黏度变大，流速降低，导致枝晶倾角变小。

图 5-41 是根据式（5-20）计算的钢水流速与搅拌强度的关系。由图可见，在同一搅拌强度下，不锈钢的搅拌速度比低合金钢和碳钢等的要低；而要得到同一钢水速度，不锈钢的搅拌强度约为碳钢和低合金钢的 1.6 倍。

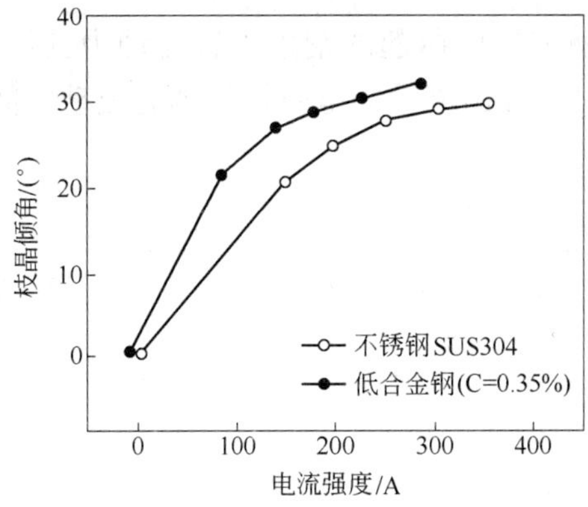

图 5-40 不同钢种的枝晶倾角与电流强度的关系

断面：145mm×145mm；拉速：1.6~1.8m/min

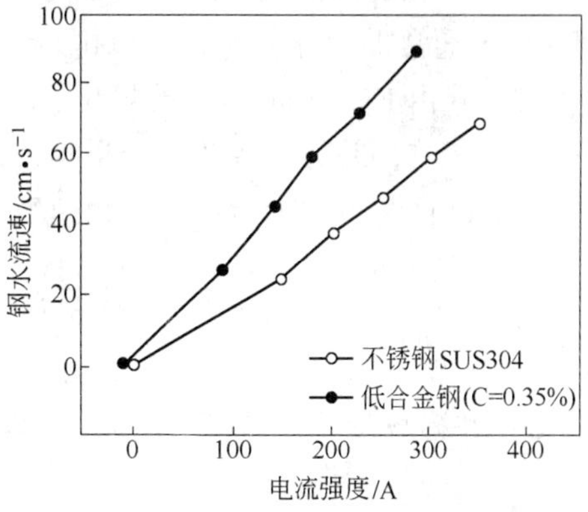

图 5-41 钢水流速与电流强度的关系

断面：145mm×145mm；拉速：1.6~1.8m/min

5.3.1.2 由白亮带中负偏析率计算钢水流速

在没有搅拌时，无论是高碳钢或低碳钢，铸坯皮下的碳、硫元素的含量几乎都没有变化，大体是固定值。而在 M-EMS 作用下，在铸坯皮下 5~40mm 范围内会形成负偏析带，负偏析的程度随搅拌强度增加而增大，即随搅拌速度增加而增大，如图 5-42 所示。最大负偏析离弯月面的位置大体在搅拌器中心平面处，与最大磁感应强度区域相对应。另外，通过最大负偏析位置与低倍照片的比较，最大负偏析发生在柱状晶区。由于铸坯皮下的负偏析程度比较轻微，在铸坯硫印上肉眼不易察觉；也由于该负偏析程度处在钢种成分的波动范围内，对铸坯质量没有太大的负面影响。因此对 M-EMS 作用下铸坯皮下的负偏析并未进行太多专门的研究。但是铸坯皮下的负偏析率对估计结晶器内由 M-EMS 诱起的钢水流速提供了实测基础。需要注意的是，从负偏析区的化学分析来估计钢水流速，由搅拌产生的负偏析的程度依赖于钢种的碳含量。

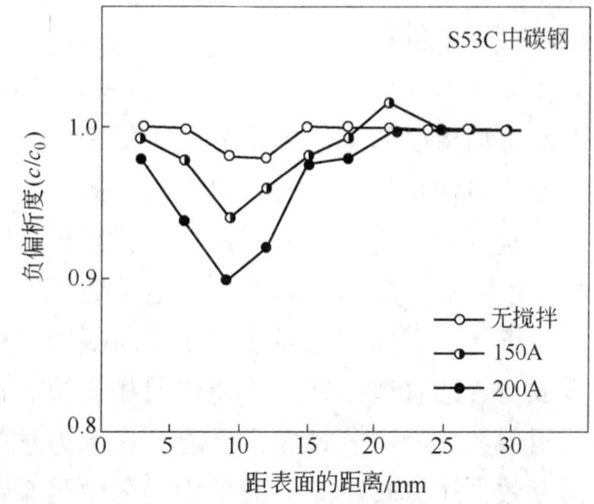

图 5-42 在 M-EMS 作用下铸坯皮下的碳的负偏析率

断面：145mm×145mm；拉速：1.6~1.8m/min

高桥等导出负偏析率与钢水流速 u、凝固速度 v 的经验公式：

$$c/c_0 = \frac{7500 + (u/v)K_0}{7500 + (u/v)} \qquad (5-22)$$

式中 u——流速；

v——凝固速度；

K_0——平衡分配系数。

根据图5-42所示数据，并由式（5-22）计算的钢水流速：150A时38cm/s；200A时67cm/s。这个结果与式（5-20）计算的结果，即图5-39所示的大致吻合。

5.3.1.3 搅拌速度的解析表达式

M-EMS通常采用旋转搅拌，以电磁力矩在液相穴中诱起的钢水旋转流动为其特征。此解析表达式由P. A. Davidson等导出，考虑了SEN吐出流动和电磁搅拌诱起流动之间的相互作用的影响，并与一些实验结果吻合得很好。

对于圆断面，钢水旋转搅拌的角速度可由式（5-23）计算：

$$\left(\frac{r}{20L}+C_f\right)\left(\frac{\Omega}{\omega}\right)^2+\left(\frac{v_c}{2\omega L}+N\right)\left(\frac{\Omega}{\omega}\right)-N=0 \tag{5-23}$$

式中 Ω——钢水旋转角速度，(°)/s；

ω——磁场旋转角速度，(°)/s，$\omega=2\pi f$；

f——电源频率，1/s；

r——液芯半径，m；

L——铁芯高度，m；

C_f——凝固面摩阻系数；

v_c——拉坯速度，m/s；

N——磁相互作用参数，定义为电磁力与惯性力之比，$N=\dfrac{\sigma B^2}{4\rho\omega}$；

σ——钢水电导率，S/m；

B——磁感应强度，T；

ρ——钢水密度，kg/m^3。

钢水旋转搅拌线速度为：

$$v_\theta=r\Omega \tag{5-24}$$

上述公式是对圆断面导出的，对方形断面，只要按式（5-23）和式（2-24）解出后，乘以减小系数0.66，即：

$$v_f=0.66v_\theta \tag{5-25}$$

需要特别指出的是，尽管上述公式不是严格意义上的理论公式，但在一定理论分析下，考虑了多种实际因素的影响，如连铸工艺参数（断面、液芯尺寸和拉坯速度v_c），电磁参数（搅拌器铁芯长度L、磁感应强度B、电源频率f），钢水物性（电导率σ、密度ρ）以及与钢水流动有关的凝固面的摩阻系数C_f。

由于铸坯的凝固过程通常是非平面凝固，柱状晶在凝固面上的生长是参差不齐的，这可以看成与普通管道中壁面粗糙状况相比拟。这样的比拟，使得借鉴普通水力学的管道中局部摩阻系数的经验公式成为可能。在水力学的管道流动中，对管壁完全粗糙的情况，沿搅拌器有效作用区长度L上的平均局部摩阻系数为：

$$C_f=\left(1.89-1.62\lg\frac{\varepsilon}{L}\right)^{-2.5} \tag{5-26}$$

其中，凝固面的粗糙度参数为：

$$\varepsilon = 0.056\Delta d \tag{5-27}$$

式中，Δd 为凝固面柱状晶生长差异的粗糙度，其典型值为 1mm；如果按洗涤深度概念，当流速达 60cm/s 时，凝固面受洗涤的深度约 2mm。

另外，按上述公式计算的钢水流动速度与一些实际结果吻合得很好。因此，可以说式（5－23）～式（5－27）是估计搅拌速度的一些较实用的半经验解析表达式。

5.3.2 计算钢水流动速度的实际意义

计算 M-EMS 诱起的钢水流动速度的实际意义在于：一是为搅拌工艺参数的设定和调整提供定量依据；二是为判断搅拌器性能提供定量指标。具体地讲，在搅拌器使用之前，根据给定的连铸工艺参数和在线实测的磁感应强度幅值，计算钢水流动速度，看看搅拌工艺参数的设定是否合理。同理，当连铸工艺参数变化时，通过对流动速度的计算来调整搅拌工艺参数。

一般来说，搅拌器性能随着使用周期的延长是在逐步降低的。根据在线实测的磁感应强度，通过对流动速度的计算，就能判断搅拌器是否完好。若算出的流动速度小于 0.3m/s，则可以大致判定搅拌器的性能已下降，即使使用也可能无实际效果。

5.4 结晶器电磁搅拌的基本要求和搅拌强度的调控

5.4.1 结晶器电磁搅拌的基本要求

实践表明，为了获得良好的冶金效果，M-EMS 须要满足的基本要求是：

（1）必须要有一定的搅拌强度，使结晶器内有效搅拌区的钢水最大流速达到某个值，以产生足够大的旋转运动的离心力和凝固前沿的剪切力。对大方坯，最大流速 v_{max} 通常要求在 0.30～0.60m/s 范围内；而对小方坯，则 v_{max} 要求在 0.5～1.0m/s 范围内；当 $v_{max} < 0.3$m/s 时，搅拌效果降低，不可能达到满意的铸坯凝固组织；当 $v_{max} > 1.0$m/s 时，则显示了负面的冶金效果。

（2）既要使弯月面保持稳定，又要使弯月面附近的钢水有一定的流动速度；既不会使保护渣卷吸，又提高了弯月面附近钢水的温度，使保护渣熔融良好，有利于提高保护渣吸收气泡和夹杂物的能力，又有利于提高其润滑作用。通常弯月面附近的钢水流速应控制在 0.3～0.6m/s 范围内。

（3）提高热区位置，造成热顶效应。一是使凝固起始点的位置降低，有利减小振痕深度。二是使初始凝固变慢并使钢水过热度尽快消失。

5.4.2 结晶器电磁搅拌强度调控的理论依据

和连铸机一样，一台电磁搅拌器要适用几个钢种和断面，当钢种和断面改变时如何调控其工艺参数？

当搅拌器安装位置确定后，结晶器电磁搅拌的工艺参数的调控归结为频率和搅拌强度的选择。使用频率的选择在 5.2.7 节中已有阐述，此处介绍搅拌强度的调控。

对于一台给定的电磁搅拌器，其绕组匝数一定，则搅拌器激发的磁感应强度与电流强度成正比，即：

$$B \propto I/r_0 \tag{5-28}$$

式中　r_0——搅拌器内径。

而在一定频率下，电磁力与磁感应强度平方成正比，即与电流强度平方成正比，即：

$$F_\theta \propto B^2 \propto I^2/r_0^{\ 2} \tag{5-29}$$

因此，搅拌强度通常用电流强度来表示。

连铸电磁搅拌是磁流体力学（MHD）在冶金技术中的一个应用。由2.4节的MHD相似理论可知，从两个电磁搅拌工况中几何相似的磁流体力学过程的相似性出发，可以导出搅拌强度调整的定性规律：

（1）铸坯尺寸的影响。两个磁流体力学过程相似，除几何相似外，必须使无量纲参数Re、Rm、Ha^2分别相等。由相似性规律和式（2-31）、式（2-32）、式（2-38），经适当运算后，得到：

$$\frac{I_2}{I_1} = \frac{L_1}{L_2} \tag{5-30}$$

式中　L——铸坯或液芯尺寸；

　　I——电流强度；

1，2——分别表示两个搅拌工况。

由式（5-27）可见，电流强度与铸坯的几何尺寸成反比，即铸坯断面越小，搅拌强度越大，反之亦然。这是因为一台搅拌器用于多种断面，断面大的离搅拌器内表面越近，搅拌力就越大；而断面小的离搅拌器表面越远，即铸坯与搅拌器之间气隙大，由于磁感应强度随气隙衰减越大，电磁力就越小，为了达到同样的搅拌力，搅拌小断面比大断面需要更大的电流强度。

（2）钢种电导率的影响。由相似性规律得到：

$$\frac{I_2}{I_1} = \sqrt{\frac{\sigma_1}{\sigma_2}} \tag{5-31}$$

式中　σ——钢种电导率。

由式（5-31）可见，电流强度与钢水电导率的平方根成反比，电导率越小，搅拌强度越大。

（3）钢水黏性的影响。由相似性规律得到：

$$\frac{I_2}{I_1} = \sqrt{\frac{\eta_2}{\eta_1}} \tag{5-32}$$

式中　η——钢水动力黏性系数。

由式（5-32）可见，搅拌强度与钢水动力黏性系数的平方根成正比，即钢水黏性越大，搅拌强度也越大。以碳钢和不锈钢为例，两者的流速与搅拌强度的关系如图5-53所示。由于含钛不锈钢黏性大，搅拌不锈钢时要达到与碳钢同样的速度，其搅拌强度约大一倍。

由此可见，只要将一个断面和钢种的搅拌工艺参数调整充分了，根据上述结果，比较容易把握另一断面和钢种的调控趋向。

5.4.3 结晶器电磁搅拌的工艺参数指标——搅拌速度的调控

结晶器电磁搅拌的搅拌强度实质上是以搅拌器在铸坯液相穴中诱起的旋转流动的速度为表征，定量上，搅拌速度主要由搅拌器激发的渗透到铸坯液相穴中的磁场产生的电磁力矩决定的。理论和实践都表明，搅拌速度除了受搅拌参数如电源频率和电流强度外，还受各种连铸工艺因素的影响，分析这些工艺因素的影响对正确调控搅拌速度是很重要的。

5.4.3.1 搅拌器参数的影响

搅拌器参数的影响主要表现在结晶器内的磁感应强度和铸坯液相穴内的搅拌速度。

A 搅拌器参数对结晶器内磁感应强度的影响

a 搅拌器铁芯长度对磁感应强度轴向分布的影响

由于搅拌器铁芯长度总是有限长的，通常搅拌器的铁芯长度与铁芯直径之比 $L/D<1.5$，在搅拌器的上下端部出现漏磁，铁芯长度越短，漏磁也越大。搅拌器铁芯长度影响磁感应强度的轴向分布和平均值，如图 5-43 所示。由图可见，在视在功率（kV · A）一定的情况下，铁芯越长，磁感应强度沿轴向分布越平缓；相反，铁芯越短，在分布曲线上的磁感应强度最大值越大，而向两端部衰减也越大。尽管如此，如果在给定的视在功率值条件下，当 L/D 大于某个阈值时，两者在磁感应强度分布曲线下的面积实质上保持不变，因此，在铁芯长度上平均的电磁力矩也保持不变。低于这个阈值，铁芯端部损失增加，导致磁感应强度整体减小。

b 搅拌器铁芯长度对最大磁感应强度的影响

图 5-44 表示搅拌器铁芯长度对最大磁感应强度的影响。由图可见，在视在功率一定的情况下，最大磁感应强度随铁芯长度增加而增加达到峰值，而后当铁芯长度继续增加时，最大磁感应强度则快速减小；另外，随着铁芯长度增加，搅拌器的感抗也增加，如果没有附加的输入功率来补偿，即使铁芯长度增加，最大磁感应强度也会降低。

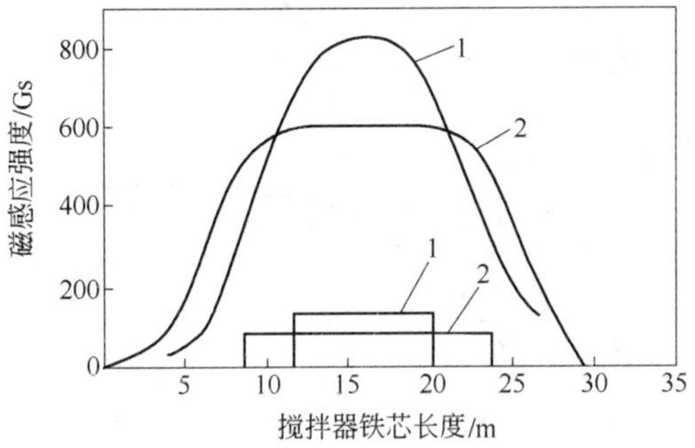

图 5-43 铁芯长度在磁感应强度轴向分布上的影响（视在功率为常数）

1—铁芯长度短；2—铁芯长度长

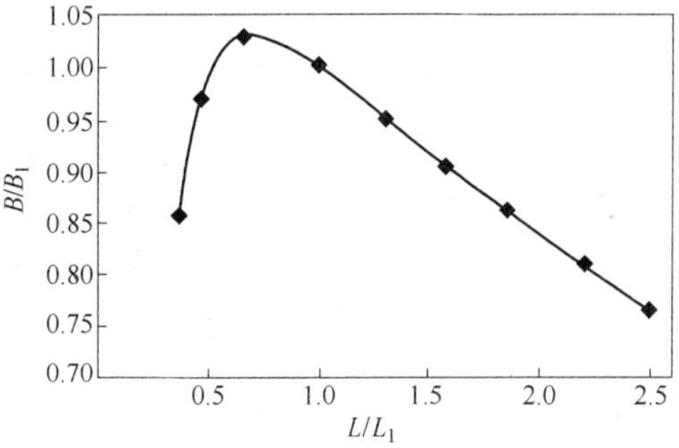

图 5-44 最大磁感应强度与铁芯长度的关系（视在功率为常数）

c 搅拌器内径的影响

图 5-45 表示磁感应强度与搅拌器内径的关系。由图可见，在一定的视在功率下，随搅拌器内径增加，磁感应强度成直线减小，即磁感应强度随搅拌器内径增加成反比减小。这与式（5-7）相一致，但比理论预测的更小些。由此可见，搅拌器内径最小化具有实

际重要性，不仅有利于提高磁感应强度，而且也能相应地减小所需功率。

B 搅拌器参数对搅拌速度的影响

a 在不同电流强度下频率对钢水流速的影响

图 5-46 表示在 M-EMS 的不同电流强度下，搅拌器中心平面内的钢水流速与频率的理论计算和实验结果的比较。由图可见，数值模拟和实验结果比较吻合；钢水流速主要由搅拌强度决定，而频率的影响并不大。

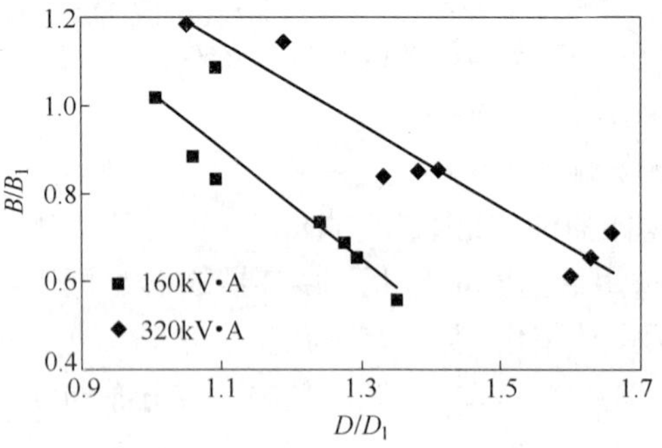

图 5-45 磁感应强度与搅拌器内径的关系

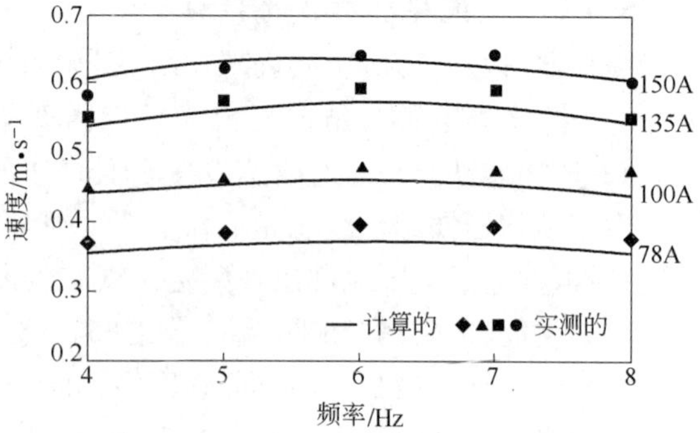

图 5-46 在不同电流强度下钢水流速与频率的关系

钢种：中高碳钢；断面：125mm×125mm；拉速：2.5±0.5m/min；过热度：30±5℃；搅拌器：两相

b 在一定频率下电流强度对钢水流速的影响

图 5-47 表示在一定频率下，搅拌器中心平面内钢水流速与电流强度的关系。由图可见，数值模拟与实测结果吻合得很好；再一次证明，钢水流速主要由电流强度决定而与频率关系不大。

c 不同断面的最大流速随频率的变化

图 5-48 表示在 M-EMS 作用下的凝固面前沿的最大流速随频率的变化。由图可见，

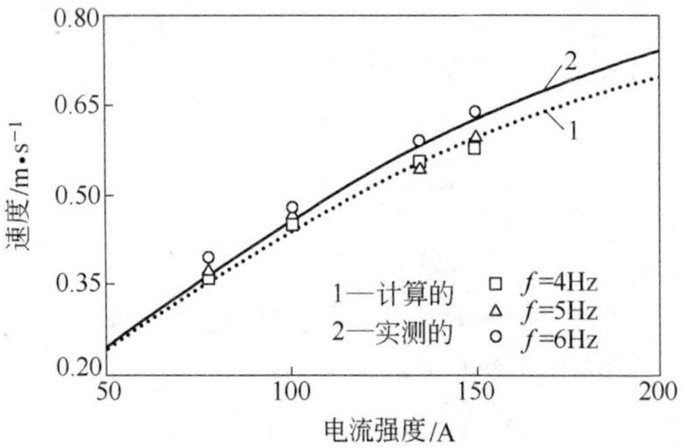

图 5-47 在一定频率下钢水流速与电流强度的关系

钢种：中高碳钢；断面：125mm×125mm；拉速：2.5±0.5m/min；过热度：30±5℃；搅拌器：两相

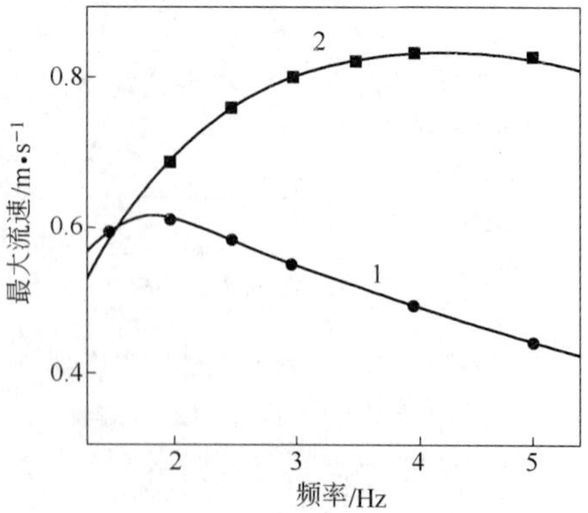

图 5-48 不同断面结晶器内的最大流速随频率的变化

断面：1—ϕ360mm；2—ϕ250mm；I—200A

无论哪个断面的最大流速随频率的变化都有个最大值：对 ϕ360mm，拉速 v_c = 0.45 ~ 0.5m/min，最佳频率约在 1.5 ~ 2.5Hz 范围内；对 ϕ250mm，拉速 0.60 ~ 0.70m/min，最佳频率约在 3.5 ~ 5.0Hz 范围内。

5.4.3.2 结晶器参数的影响

结晶器尺寸、形状和铜管材质对搅拌器激发的磁场经结晶器铜管的渗透有强烈影响，分析这些参数的影响对调控搅拌强度至关重要。

A 结晶器断面尺寸的影响

图 5 - 49 表示在磁感应强度 B_0 = 常数下，搅拌速度随铸坯断面尺寸的变化。由图可见，搅拌速度随铸坯断面尺寸增大而降低，角速度下降得更快些。

B 结晶器形状的影响

图 5 - 50 表示搅拌强度对不同断面形状的结晶器内钢水流速的影响。由图可见，在相同的电流强度下圆坯比矩形坯能获得更高的搅拌速度；对方形结晶器，当流速超过 0.4m/s，角部出现旋涡流动，导致保护渣卷吸，见图上的小黑圆点；而对圆形结晶器，即使流速达到 0.6m/s，也不会发生保护渣卷吸。

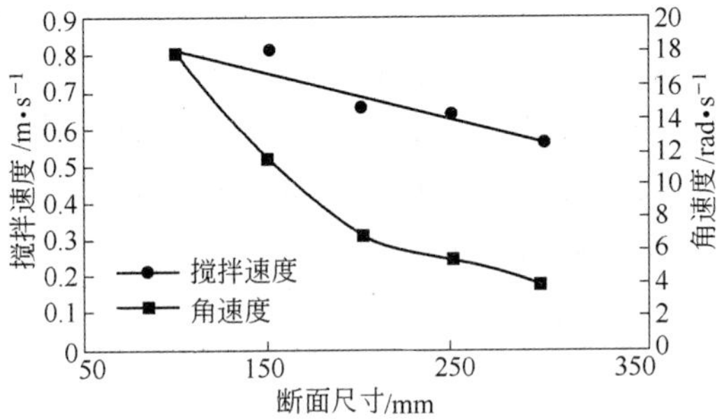

图 5 - 49 断面尺寸对搅拌速度的影响
（B_0 = 常数）

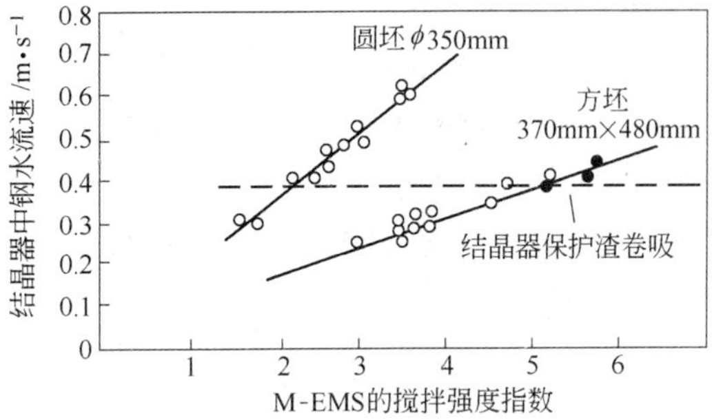

图 5 - 50 断面形状对搅拌速度的影响
钢种：0.35% C 强韧钢

C 结晶器铜管材质的影响

图 5 - 51 表示在不同铜管电导率下搅拌速度随频率的变化。由图可见：

（1）因为铜管电导率高，磁场经铜管渗透到钢水中的就小，电磁力矩也小，搅拌速度也就小，铜管电导率的大小与铜管材质和使用温度有关。

（2）和电磁力矩一样，搅拌速度随频率的变化也有个最大值，因此，使用频率的调节是重要的。

由上所述，结晶器铜管材质的选择对搅拌速度以至电磁搅拌效果都是重要的，要尽可能选择低电导率的材质。需要注意的是，一般来说，铜管电导率低，其导热性也差，前者对搅拌有利，而后者对结晶器导热不利，

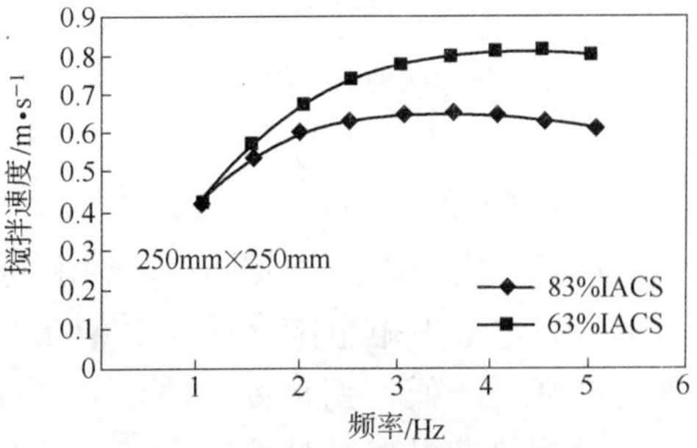

图 5 - 51 在不同铜管材质下搅拌速度随频率的变化
（IACS 为国际退火工业纯铜标准）

所以在选择铜管材质时需要同时兼顾两者要求。

（3）图 5－52 表示最佳频率与结晶器尺寸的关系。在铜管的电导率和壁厚不变情况下，最佳频率随结晶器尺寸成直线减小。

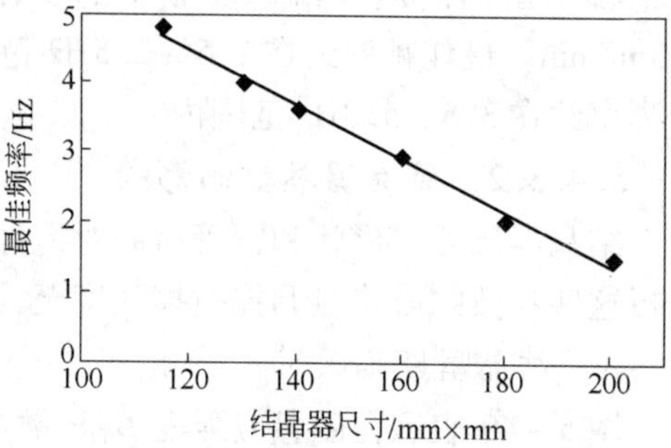

图 5－52　最佳频率与结晶器尺寸的关系（σ = 常数）

D　钢种的影响

图 5－53 表示不同钢种对搅拌速度的影响。因为钢种不同，其物性系数如电导率、黏性系数等也有所不同。以普碳钢和不锈钢为例：普碳钢在 1800K 时的动力黏性系数为 0.005Pa · s，不锈钢在 1773～1900℃时的动力黏性系数为 0.006～0.008Pa · s；普碳钢在 1808K 时的电导率为 0.714×10^6S/m，不锈钢在 1773K 时的电导率为 0.789×10^6S/m。由于这两者的影响，在相同的磁感应强度下，碳钢和合金钢的搅拌速度约为不锈钢的 1.2～1.6 倍，因此搅拌不锈钢需要比碳钢和合金钢高得多的激磁功率。

E　拉速的影响

图 5－54 表示在不同搅拌强度下拉速对钢水流速的影响。由图可见，搅拌速度随拉速提高而降低。这是因为在搅拌器有效作用长度一定的情况下，拉速越高，搅拌时间就越短，因而搅拌速度也越小，但其影响不太大。在高搅拌强度（400A）时，拉速几乎无影响，在低搅拌强度（200A）时，钢水流速随拉速的提高而有所降低。

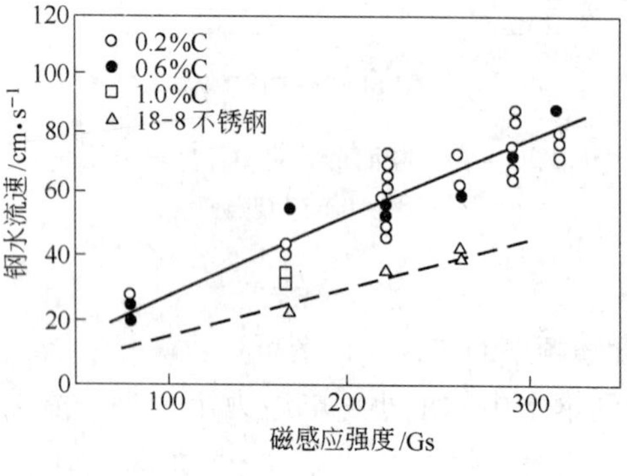

图 5－53　钢种对搅拌速度的影响

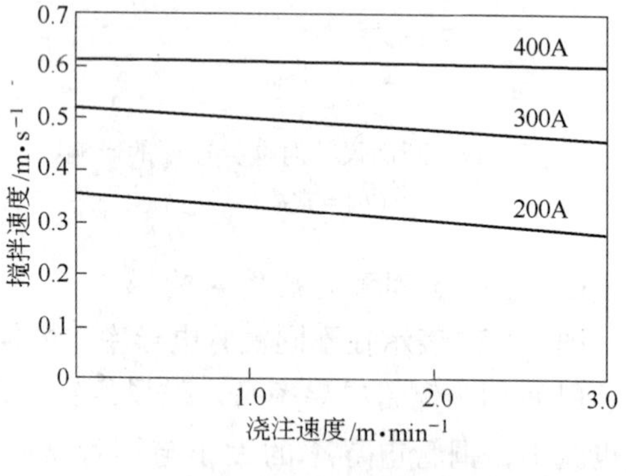

图 5－54　拉速对搅拌速度的影响

F　过热度的影响

钢水过热度的影响主要体现在钢水的电导率和黏性系数上。钢水电导率随过热度提高而降低，电磁力矩也随之减小，钢水流速也会相应地降低；而钢水黏性系数则随着过热度提高而降低，钢水黏性降低，其流动性提高，有利于提高钢水流速。相比较而言，钢水过热度提高对黏性系数的影响比电导率要更有利一些，因而有利于提高钢水流速。

由上述讨论得出一个启示：在实施 M-EMS 时，除拉速外，必须针对铸坯断面和形状、铜管尺寸和材质、钢种、过热度等来调整搅拌工艺参数。

5.4.3.3 在弯月面附近搅拌速度的控制

弯月面附近搅拌速度的控制对浇注方式（敞开浇注或 SEN 浇注）特别重要。在有效搅拌区内的搅拌速度基本上由铁芯长度决定，实际上是不怎么变化的。然而在有效搅拌区外，由于磁感应强度急剧减小，再加上钢水黏性的影响，搅拌速度开始平稳下降，随着离搅拌器铁芯的距离 L_1 与搅拌的液相穴直径 D_1 之比 L_1/D_1 减小而降低。

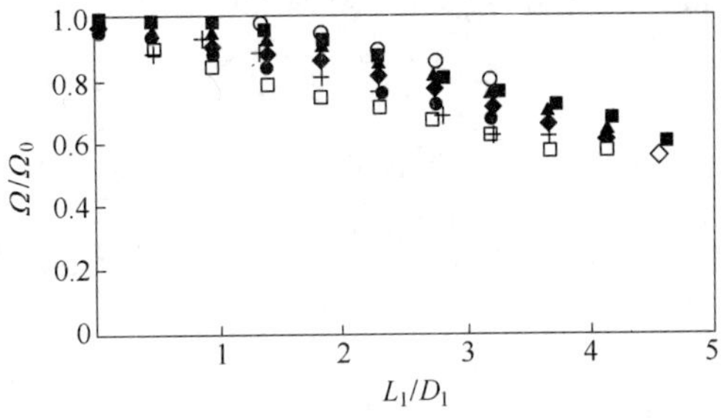

图 5-55 搅拌角速度随 L_1/D_1 的变化

图 5-55 表示搅拌角速度随 L_1/D_1 的增加而下降。由图可见，弯月面附近搅拌速度的控制除控制当地的磁感应强度外，还应考虑弯月面离搅拌器铁芯的距离和液相穴的直径，通常弯月面附近的搅拌速度应控制在 0.3 ~0.6m/s 范围内。

5.5 结晶器电磁搅拌对连铸冷却制度的影响

在 M-EMS 作用下，结晶器受热情况有别于常规连铸：一是由 5.2.2 节所述，结晶器内钢水的温度分布完全不同于常规连铸；二是在结晶器内附加了来自外部的感应电流产生的焦耳热。为保证连铸工艺稳定和获得良好的铸坯质量，因此需要对连铸冷却制度做必要的调整，特别对老铸机增装 M-EMS 尤为重要。

5.5.1 一冷冷却的调整

一般来说，在常规连铸下，一冷进出水温差控制在 6 ~7℃之间，在水缝中流速不大于 12m/s。而在 M-EMS 下，为保证连铸工艺的稳定和获得更好的铸坯质量，需要对一冷制度做必要的调整，其原因是：

（1）在 M-EMS 作用下，结晶器内钢水温度分布由单驼峰状变为平坦状，即铸坯芯部温度降低，凝固面前沿温度升高，温度分布趋于均匀。而在凝固前沿的温度梯度增加，有利于铸坯向外导热。此时，如能适当加大一冷冷却水的流量，则能使钢水温度迅速降低，过热度尽快消失。

（2）在 M-EMS 作用下，在搅拌钢水的同时，也会在结晶器相关部件上由其中的感应电流产生焦耳热。以内装式 M-EMS 为例，电磁搅拌器安装在结晶器水箱里面，其冷却水与结晶器冷却水串联共用，其在结晶器相关部件如钢水、铜管、导流套中的感应电流产生的焦耳热，以及电磁搅拌器的绕组焦耳热，这些热量通常有十几、几十甚至上百千瓦，都必须由结晶器冷却水予以带走，而连铸工艺又对结晶器冷却水有比较严格的规定：如结晶器冷却水的进出水温差、水缝中的流速等。因而一方面需要增加结晶器冷却水的水量，带走结晶器相关部件上的焦耳热；另一方面又要对结晶器水缝及其中的流速予以调整，这样才能满足连铸工艺的要求。

图 5-56 表示在有或无电磁搅拌作用下，一冷冷却水温升的动态变化，测试是在 $T=1570℃$、$Q=3.7m^3/h$ 条件下进行的。由图可见，在没有电磁搅拌情况下，冷却水

在 38 ~ 39s 的时间内温度逐渐升至最高，温升为 9.172℃；而在有电磁搅拌作用时，自浇注后 30s 的时间内冷却水温升最高达到 14.518℃，这表明铸坯向外传热大大增加。因此，在电磁搅拌条件下，必须调整一冷冷却水的流量，以满足连铸工艺对一冷冷却水温升的要求。

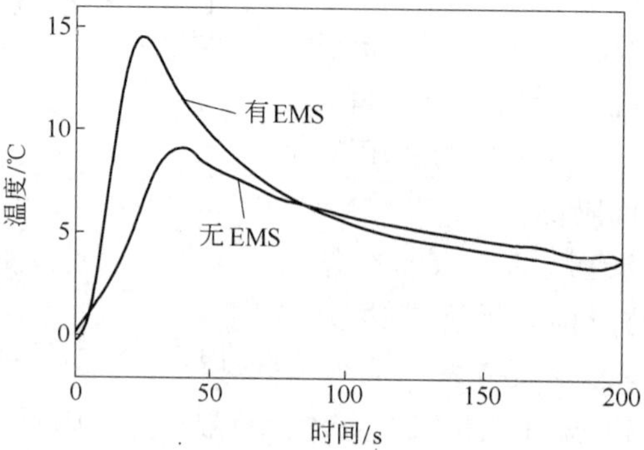

图 5 - 56　有或无电磁搅拌下一冷冷却水温升的动态变化

5.5.2　二冷总水量和各段比水量的调整

连铸工艺对连铸二冷的总水量及其各段的比水量也有严格的要求，然而在 M-EMS 作用下，导致二冷区铸坯温度和传热情况也有很大的不同，因此在调整一冷制度的同时，也需对二冷制度包括总水量和各段的比水量做适当的调整。根据作者等在某钢厂的实践，原则上二冷应采用弱冷，为此将二冷的总水量适当下调，同时将二冷各段比水量按强、中、弱分配，以利于将铸坯剩余过热尽快传导出来，最终加速凝固过程。

在 M-EMS 作用下，如何调整冷却制度目前还没有成熟的经验和方法，仍需在实践中探索和总结经验。

5.6　结晶器电磁搅拌对浸入式水口侵蚀的影响

在 M-EMS 作用下，结晶器内钢水流动和温度分布有重大变化，特别是上环流区内流动的加强和弯月面附近钢水温度的提高，强化了对浸入式水口的物理和化学侵蚀的程度。图 5 - 57 表示各种工况下水口的侵蚀程度。由图可见，左边的显示渣线附近水口侵蚀较深，影响区较小，表明弯月面比较稳定；中间的显示水口侵蚀较浅，影响区较大，表明弯月面不稳定；右边的水口侵蚀较严重，水口下部断裂，外部成纯圆头状，内部成喇叭状，表明 M-EMS 作用过强。实践表明，在 M-EMS 作用下，水口使用寿命缩短。为延长水口使用寿命，在实践中通过在水口内外渣线部位加涂一层锆 - 炭质涂层，并使 M-EMS 在最佳工况下运行，能基本消除 M-EMS 对浸入式水口的不利影响，从而提高水口使用寿命。

图 5 - 57　水口侵蚀情况

5.7 结晶器电磁搅拌相对于二冷区电磁搅拌的优势

尽管 M-EMS 的制造成本和运行费用都比 S-EMS 要高，但目前方（圆）坯连铸电磁搅拌在线使用的绝大多数还是 M-EMS。究其原因是，与 S-EMS 比较，M-EMS 有以下几个优势：

（1）等轴晶区更大。众所周知，EMS 最主要的冶金效果是在铸坯内将柱状晶转变为等轴晶，它受三个效应驱动，即晶核的增值、过热度的消除和成分过冷。由于 M-EMS 安装位置比 S-EMS 更高，且结晶器的冷却强度比二冷区的更强，能更容易且更有效地耗散和消除钢水过热度，因此 M-EMS 增大等轴晶区的效果比 S-EMS 更好，如图 5-58 所示。

（2）改善铸坯的表面和皮下质量更好。由于 M-EMS 从凝固一开始就起作用，能有效改进表面和皮下质量，这是其他搅拌模式所无法替代的。

（3）坯壳生长更均匀。由于 M-EMS 几乎从凝固一开始就起作用，能更有效地抑制柱状晶的不均匀生长，从而使坯壳生长更均匀，这对圆坯连铸来说尤为重要。

（4）能有效地改善芯部质量。M-EMS 在改善内部质量上之所以优于 S-EMS，其主要原因是：由于搅拌运动改进了从铸坯中心到表面的传热，因此加速过热耗散。在过热耗散之后，钢水冷却到液相线和固相线之间的温度，小的等轴晶才能在液相中出现并与液相共存，充满液相穴，终止了铸坯轴向上枝状晶组织的生长，在铸坯内部形成细等轴晶组织；还由于 M-EMS 能阻止“自然”的不规则凝固，即阻止枝状晶向中心生长、阻止凝固搭桥和小钢锭结构的形成，使上部钢水能顺畅地向下部补缩，从而能有效改善铸坯芯部质量。

实践表明，M-EMS 不仅能有效地改进表面和皮下质量，而且在改进内部质量上都优于 S-EMS：等轴晶区更大、晶粒更细、中心缩孔更小、中心偏析更低。如图 5-59 所示。

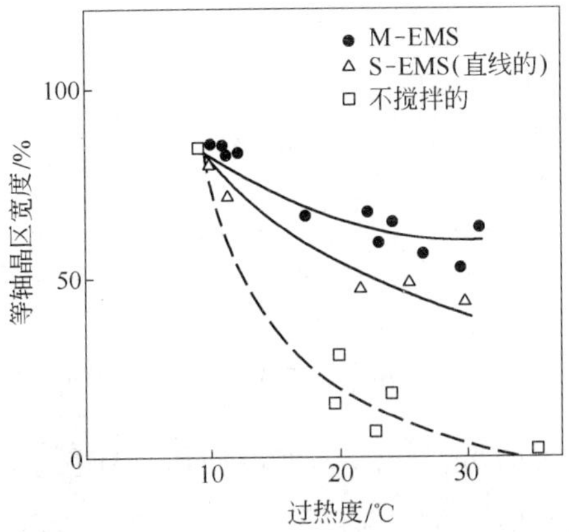

图 5-58 不同搅拌模式下等轴晶率随过热度的变化

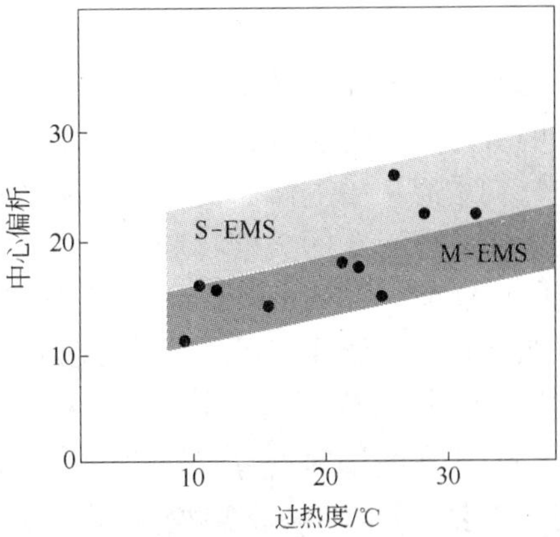

图 5-59 M-EMS 和 S-EMS 改善中心偏析效果的比较

（5）更好地消除白亮带。尽管 M-EMS 也会在铸坯皮下出现几个至十几毫米宽的很轻微的负偏析带，但不会像 S-EMS 那样在铸坯内部出现明显的白亮带，如图 5-60 所示。白亮带是一个宏观缺陷，可以说是 S-EMS 的一个特征。白亮带是成分负偏析带，它是热处理事故的一个来源，因此，对淬火比较敏感的钢种是不允许的。

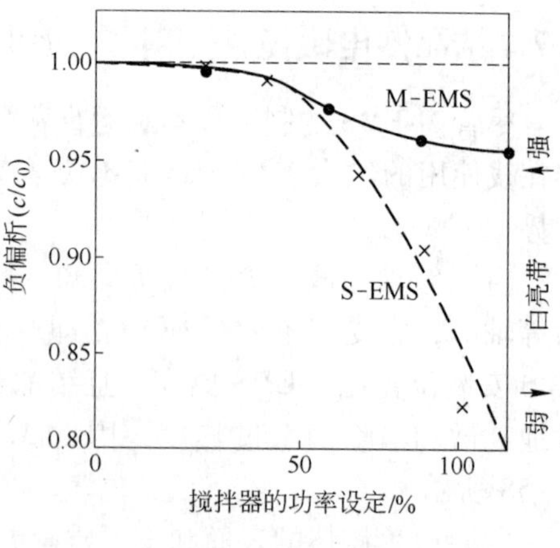

图 5-60　负偏析与搅拌功率设定的关系

（6）如果在凝固末端两相区的适当位置安装 F-EMS 组成 M + F-EMS 的组合搅拌，将进一步减少高碳钢和高合金钢的中心疏松、中心缩孔和中心偏析。

由上所述，S-EMS 显然不能有效地改善表面和皮下质量，只能改善内部质量。目前在方坯连铸上单独使用 S-EMS 已不多见，主要原因一是易产生白亮带，二是其改进内部质量的效果已大部分被 M-EMS 所涵盖。当然，S-EMS 在经济上还具有一定的优势，另外还可和 M-EMS、另一 S-EMS、F-EMS 组成二段和三段组合搅拌，以及与轻压下等组成新的集成技术。

5.8　结晶器电磁搅拌的冶金机理和主要冶金效果

5.8.1　结晶器电磁搅拌的冶金机理

结晶器电磁搅拌的冶金机理如图 5-61 所示。具体地说：

（1）由于钢水的旋转运动，一是改变了铸坯液相穴中钢水的流动特征；二是改变铸坯内部的温度分布；三是凝固前沿的熔蚀。这三者作用的结果，使过热度很快消失，非常类似于低温浇注，利于等轴晶生长。以 300mm × 400mm 铸坯为例，无 M-EMS，距表面 70mm 处等轴晶开始生长，有 M-EMS 则为 35mm。

（2）由于钢水旋转运动产生了离心力和凝固面前沿的剪切力，前者促进了轻相物质（如夹杂物和气泡）向中心集中上浮而被保护渣吸收分离；后者将被凝固前沿捕获的夹杂物和气泡清洗出来。两者作用的结果减少了表面和皮下的夹杂物和气泡，提高了铸坯清洁度：无 M-EMS，皮下气泡大于 20 个/m^2；有 M-EMS，则为 0.25 个/m^2。

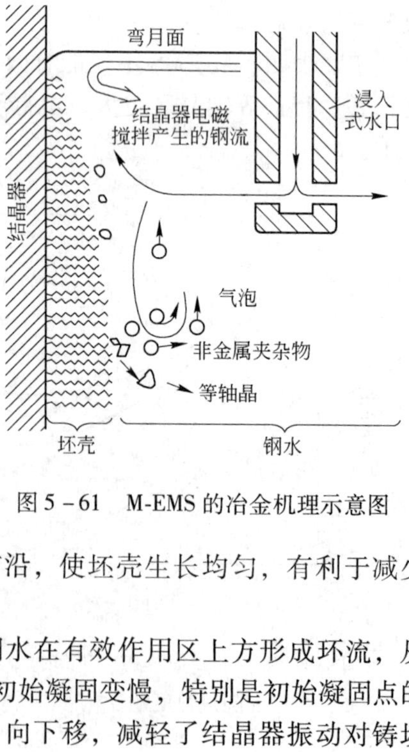

图 5-61　M-EMS 的冶金机理示意图

（3）由于凝固前沿剪切力的作用，清洗了凝固前沿，使坯壳生长均匀，有利于减少漏钢、角裂及表面和皮下裂纹。

（4）由于钢水旋转运动，从浸入式水口吐出的钢水在有效作用区上方形成环流，从而提高了钢水的热区位置，造成热顶效应。其结果使初始凝固变慢，特别是初始凝固点的位置由弯月面附近的三重点（铜管、钢水、保护渣）向下移，减轻了结晶器振动对铸坯表面的影响，使振痕变浅。同时提高弯月面附近的温度 5～10℃，促进了保护渣的有效熔融，这样，一能提高熔融保护渣吸收夹杂物和气泡的能力，二能增加润滑作用，两者作用的结果有利于改善表面和皮下组织的均匀性和清洁度。

综上所述，M-EMS 的冶金机理主要表现在两个方面：力的效应和热的效应。图 5－62 简明地表述了 M-EMS 的主要冶金机理和效果。

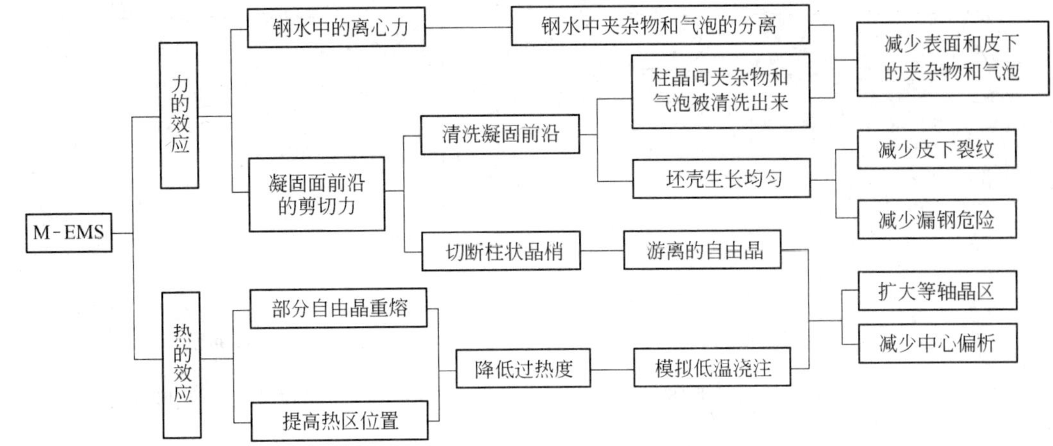

图 5－62 M-EMS 的主要冶金机理和效果

5.8.2 结晶器电磁搅拌的主要冶金效果

基于上述机理，M-EMS 最主要的冶金效果是：

（1）降低过热度，模拟低温浇注；

（2）降低凝固面前母液的温度梯度，使温度分布均匀并有利于向外传热；

（3）扩大等轴晶率，改善了内部凝固组织；

（4）减少了表面和皮下的夹杂物和气泡，提高了表面和皮下的清洁度；

（5）提高了表面和皮下组织的均匀性和坯壳生长的均匀性；

（6）能有效地改善铸坯内部质量特别是中心偏析。

有关结晶器电磁搅拌冶金效果的详细内容请参看第 7 章。

5.9 方（圆）坯连铸结晶器电磁搅拌的几个新问题

5.9.1 结晶器电磁搅拌能有效改善中心偏析

以往方（圆）坯连铸 M-EMS 实践中，有两个认识误区：一个误区是，M-EMS 只改善铸坯表面质量和增加等轴晶率，而对中心偏析作用不大；另一个误区是，说到搅拌强度往往就是指馈给搅拌器的电流强度。

5.9.1.1 提高搅拌速度是改善中心偏析和钢水清洁度的关键

A 提高搅拌速度是改善中心偏析的关键

很长时间以来，认为 M-EMS 只能改善铸坯表面质量和增加等轴晶率，而对中心偏析作用不大，而近年来 M-EMS 的实践表明，M-EMS 既能改善铸坯表面质量又能改善内部质量，特别是中心偏析，关键是要有足够大的搅拌强度即搅拌速度。但是，搅拌强度的调控受到两个因素的制约：

（1）要获得最大等轴晶率只要适中的搅拌强度，如图5－63所示；而要获得低的中心偏析，要求比获得最大等轴晶率高得多的搅拌强度，如图5－64所示。这一要求对小断面、高拉速和高过热度的浇注特别重要。

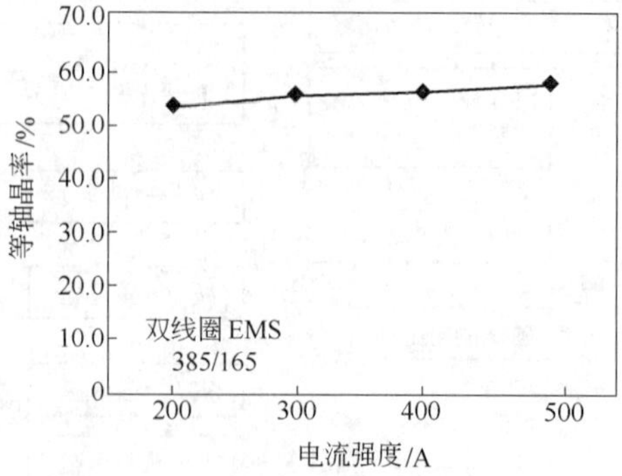

图5－63 等轴晶率与电流强度的关系

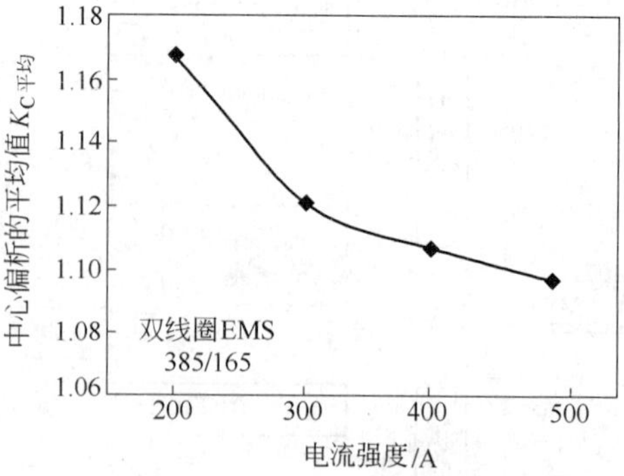

图5－64 中心偏析与电流强度的关系

（2）为了获得铸坯表面和皮下的高清洁度，要求弯月面下有一定的流速，既不能太快也不能太慢，使铸坯表面和皮下的夹杂物最少，如图5－9所示。

（3）近年来的实践已经证明：

1）中心偏析与等轴晶率特别是细等轴晶有相当强的关系。

2）搅拌速度是决定等轴晶区大小和晶粒细化的关键因素。

3）达到最大等轴晶率只需要比较适中的搅拌强度（搅拌速度）。

4）为使高碳钢中心偏析显著减小，搅拌强度必须超过获得最大等轴晶区所需的最小值。当搅拌强度（搅拌速度）超过某个最小值之后，晶粒尺寸随搅拌强度的增加而急剧减小，如图5－65所示。

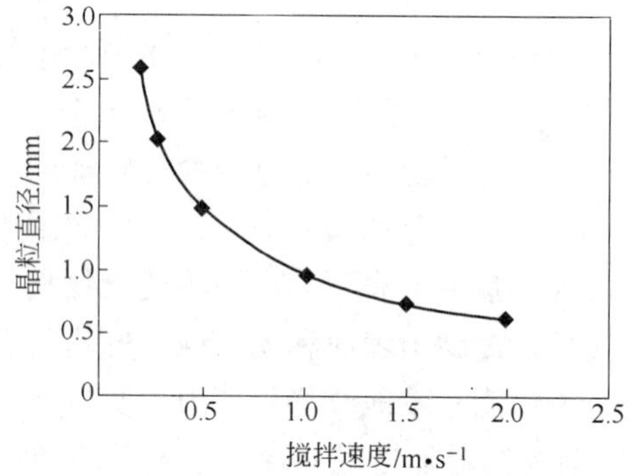

图5－65 晶粒尺寸与搅拌速度的关系

由上所述，M-EMS不能只满足于改善铸坯表面质量和增加等轴晶率，而要在此基础上继续提高搅拌强度即搅拌速度来改善铸坯内部质量特别是中心偏析，这对品种钢连铸有重要的意义。

B 结晶器电磁搅拌改善中心偏析的机理

结晶器电磁搅拌使钢水获得一定的流速，当钢水流出有效搅拌区后，由于惯性作用仍以某个速度向下侵入液相穴深处；同时由于钢水黏性的阻滞作用，在其侵入过程中流速也逐渐降低。搅拌速度越大，侵入液相穴的深度也越深，即是说搅拌的影响区也越大；搅拌速度越大，因碰撞破碎使晶粒也越小。同时，在侵入液相过程中大量的细等轴晶沉降而致密地充填粥状区，阻断了柱状晶向中心生长，从而避免因凝固搭桥产生的中心缩孔和中心偏析；也阻碍了钢水在柱状晶间的渗透和偏析槽的形成，从而消除了V形偏析。

图 5－64、图 5－66、图 5－67 分别表示在 M-EMS 作用下，中心碳偏析率的平均值、中心碳偏析率的标准偏差及中心碳偏析率的展宽与电流强度的关系。由图可见，当电流强度超过获得最大等轴晶率所需的搅拌强度的最小值（此处为 200A）之后，随着电流强度的继续增加，平均碳偏析率的标准偏差及中心碳偏析率的展宽都有较明显的减小。

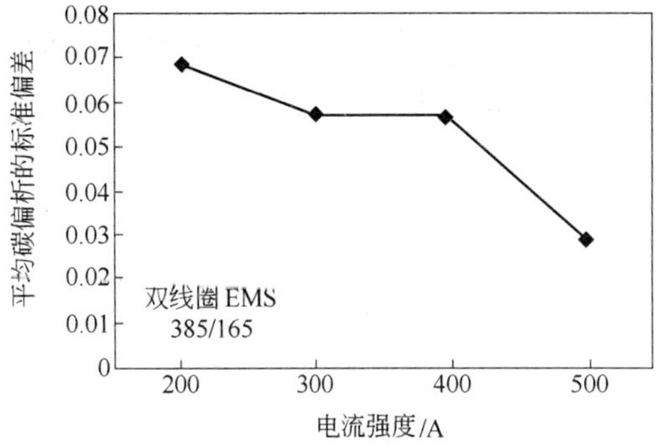

图 5－66　平均碳偏析率的标准偏差与电流强度的关系

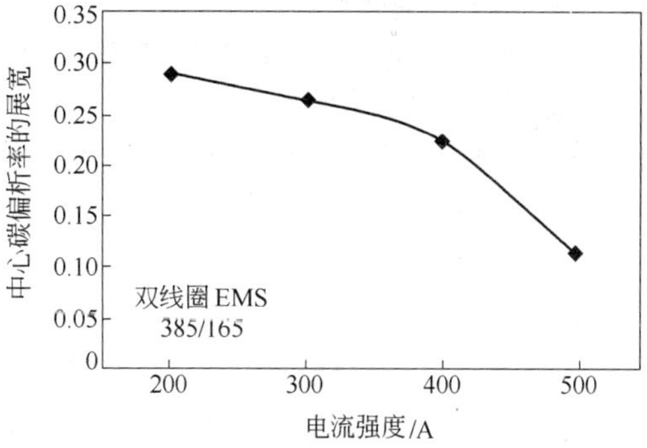

图 5－67　中心碳偏析率的展宽与电流强度的关系

图 5－68 表示使用与不使用 M-EMS 的高碳钢小方坯的中心偏析沿中心线的分布。由图可见，搅拌与不搅拌铸坯的中心偏析的平均值没有明显差别；然而，用标准偏差来表示的中心偏析的展宽，搅拌比不搅拌的减小了一半。

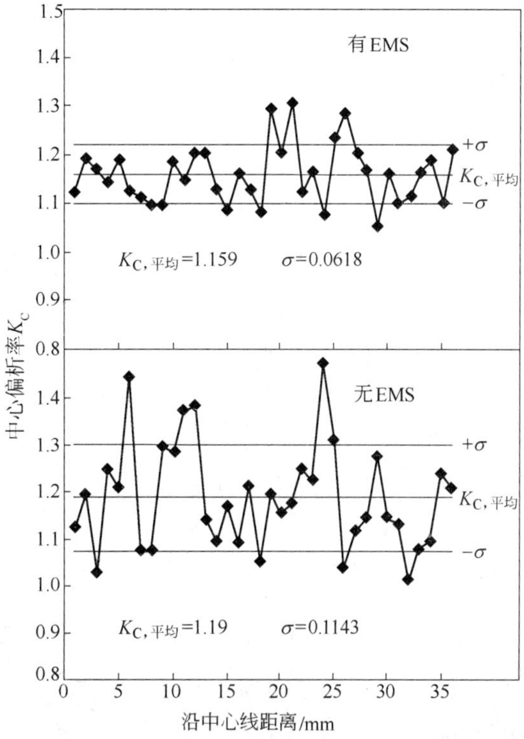

图 5－68　搅拌与不搅拌铸坯的中心偏析沿中心线的分布

钢种：1074（0.74%C），断面：120mm×120mm，拉速：1.78m/min

综上所述，M-EMS 不仅能改善铸坯表面和皮下质量及获得大的等轴晶率，而且也能显著地改善中心偏析，关键是要调整好 M-EMS 的参数，使之能获得足够大的搅拌强度进而搅拌速度。以往把获得大的等轴晶率作为 M-EMS 参数调整的标准甚至作为搅拌器设计指标是有失偏颇的！其核心问题是如何在强搅拌下保持弯月面的稳定。

5.9.1.2 搅拌速度是搅拌强度的唯一测度

另一个误区是，说到搅拌强度往往意指馈给搅拌器的电流强度。电流强度虽是 EMS 的一个测度，但它仅对一台特定的 EMS 是合理的；对不同 EMS 工况则不尽合理。由电磁搅拌作用原理可知，钢水中感生的电磁力矩推动钢水的运动，因此，对不同的 EMS 工况，搅拌速度是搅拌强度的唯一测度。由此可见，对不同 EMS 工况，电磁搅拌参数的优化，归结为建立搅拌速度与 EMS 参数、浇注参数之间的关系。

根据实践经验，要获得最大等轴晶率，M-EMS 的搅拌速度大致在 0.3 ~ 0.6m/s 范围内；要使中心偏析有较大改善，M-EMS 的搅拌速度大致在 0.3 ~ 1.0m/s 范围内。

由此可见，获得最大等轴晶区的搅拌强度有个最小值，此处为 220A，如图 5 - 63 所示。

为使高碳钢中心偏析显著减小，搅拌强度必须超过获得最大等轴晶区所需的最小值（此处为 220A）。当搅拌强度（搅拌速度）超过某个最小值之后，晶粒尺寸随搅拌强度（搅拌速度）增加而急剧减小，见图 5 - 65。这个要求对高碳钢的小断面、高拉速、高过热度的连铸特别关键。

但是，在很多情况下，往往把获得最大等轴晶区的比较适中的搅拌强度作为 M-EMS 运行参数设定的基准，甚至成为 M-EMS 设备设计的指标。所以很长时间以来，认为 M-EMS 对改善中心偏析作用不大，实践证明，这是一个误解。

5.9.1.3 表征中心偏析的指标

中心碳偏析由下列几个参数表征：

（1）平均碳偏析率 K_{av}：

$$K_{av} = \frac{\sum_{i=1}^{n} K_i}{n} \tag{5-33}$$

且

$$K_i = \frac{C_{oi}}{C_{ib}}$$

式中 $C_{ib} = \frac{C_{i1} + \cdots + C_{i4}}{4}$——第 i 个横切片的全碳含量；

C_{oi}——第 i 个切片的中心碳含量；

n——切片数。

（2）平均碳偏析率的标准偏差 St. Dev：

$$\sigma = \sqrt{\frac{\sum_{i=1}^{n} (K_i - K_{av})^2}{n - 1}} \tag{5-34}$$

（3）中心碳偏析率的展宽：

$$S = \frac{K_{max} - K_{min}}{K_{av}} \tag{5-35}$$

5.9.2 圆坯连铸结晶器电磁搅拌可以采用交替搅拌方式

随着石油、天然气、化工、建筑、铁道和国防等行业的发展，对各种材质的不同规格无缝钢管、机车车轮等有着巨大的需求。由于圆坯对后续加工的独特优势，连铸圆坯－无缝管生产工艺与传统工艺相比较，可节省成本并提高成材率。因此，近几年来圆坯连铸技术有了长足的进步和发展：据不完全统计，国内已有近百家钢厂能连铸圆坯；连铸的断面也由小断面圆坯逐步开发成大断面、超大断面圆坯，最近已开发成世界上最大的ϕ800mm圆坯；已能连铸低碳钢、中高碳钢、轴承钢和不锈钢等圆坯。由于结晶器电磁搅拌能确保坯壳生长均匀；有利于减小圆坯的椭圆度；有利于提高圆坯的表面清洁度；有利于减少表面裂纹和漏钢危险。因此 M-EMS 对圆坯连铸是特别有效的。

5.9.2.1 圆坯和方坯结晶器电磁搅拌的差异

圆坯和方坯结晶器电磁搅拌的差异主要体现在：

（1）结构上。方坯断面有四个角部而圆坯则没有角部，而结晶器电磁搅拌通常采用圆形旋转磁场搅拌器且安装在结晶器的外面，因而与圆坯结晶器的匹配比方坯的紧凑得多，有利于减小所需功率和提高搅拌效果。

（2）结晶器内流场分布呈现较大差别。图 5－69 表示数值模拟的方（圆）坯结晶器内流场分布。由图可见，圆坯结晶器内流动围绕中心做旋转运动，速度呈中心对称分布，与其断面形状相匹配；方坯结晶器内流动在中部，围绕中心做旋转运动，而在四个角部呈现旋涡状的二次流，夹杂物一旦进入其中则无法去除，形成角部夹渣，严重的导致角部裂纹甚或漏钢。

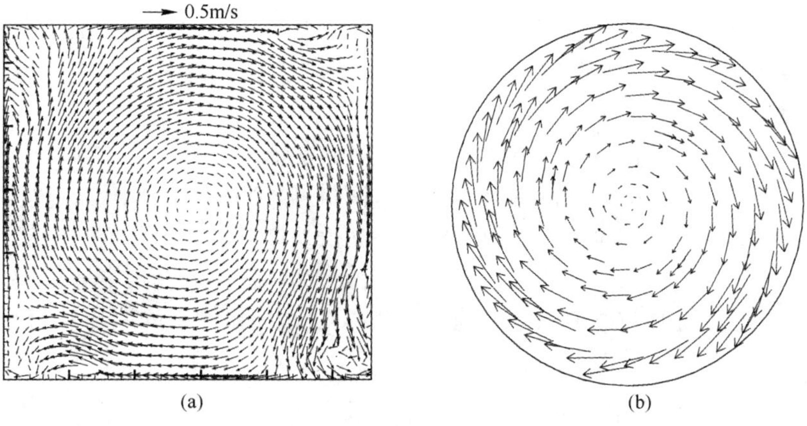

图 5－69 在 M-EMS 下方（圆）坯结晶器内流场的数值模拟

（3）在相同 M-EMS 条件下圆坯的搅拌速度比方坯的大得多。

图 5－70 表示在不同浇注方式和相同 M-EMS 条件下搅拌器中心平面和弯月面下搅拌速度与电流强度的关系。由图可见，无论采用哪种浇注方式、无论哪个搅拌位置，圆坯的搅拌速度都比方坯的要大得多。众所周知，搅拌速度越大，钢水所受离心力也越大，钢水沿结晶器铜壁附近隆起也越高，这种隆起导致弯月面的变形和保护渣铺展不匀，有可能使圆坯的表面和皮下质量甚至内部质量恶化。因此控制搅拌速度特别是弯月面附近搅拌速度

对获得良好铸坯质量是重要的，对圆坯连铸尤为重要。

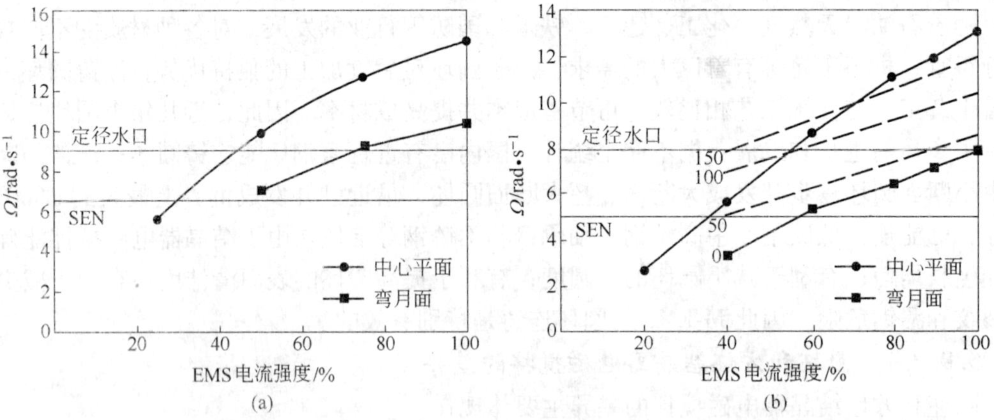

图 5－70　不同浇注方式和相同 M-EMS 条件下搅拌器中心平面和弯月面处的搅拌速度和电流强度的关系

（a）圆结晶器：ϕ269mm，L＝0.81m；（b）方结晶器：140mm×140mm，L＝0.81m

5.9.2.2　圆坯连铸结晶器电磁搅拌采用交替搅拌的效果

交替搅拌方式通常用于方（圆）坯连铸的二冷区或凝固末端电磁搅拌，在方坯连铸 M-EMS 中未见应用。但是，由于与方坯不同，圆坯没有四个角部，这为圆坯 M-EMS 采用交替搅拌提供了很大的有利条件。

国内圆坯结晶器电磁搅拌最早采用交替搅拌方式当属天津大无缝，湖南中科电气将其推广，至今已有不少钢厂采用这项技术，都取得了良好的冶金效果，实践表明这一工艺技术是可行的。

M-EMS 交替搅拌的作用机理是：

由上所述，圆坯的搅拌速度比方坯大，而圆坯结晶器的长度又比方坯的要短，搅拌器安装位置相对弯月面又较高，因此容易造成弯月面附近流速过快，导致弯月面沿结晶器铜壁上升而变形过大。为了获得铸坯表面和皮下的高清洁度，既要保持弯月面的稳定，又要求弯月面下有一定的流速，既不能太快也不能太慢，使铸坯表面和皮下夹杂物最少且等轴晶区最大。为了抑止弯月面变形而又使 M-EMS 充分发挥作用，在圆坯连铸 M-EMS 上采用交替搅拌方式，取得比较好的冶金效果。

圆坯 M-EMS 交替搅拌的模式与方坯二冷区电磁搅拌一样：即正搅—停—反搅—停—正搅的周期循环。这样，当正搅时，譬如柱状晶向左侧迎流方向倾斜，部分枝晶折断形成等轴晶核，部分柱状晶生长受到抑制；当停搅时，柱状晶回复并继续生长，由于初生的枝晶比较细而脆弱，易折断；当反搅时，柱状晶则向右侧迎流方向倾斜，同时把初生的枝晶折断，部分折断的枝晶又形成等轴晶核。这样交替往复，可以使等轴晶增殖。打个比喻，日常生活中为折断一根树枝需上下或左右摇动，交替搅拌与此相类似。

此外，正搅—停—反搅的运行过程，使其中的钢水形成加速—减缓—先反向制动而后反向加速的往复循环的流动过程，这样有利于缓和弯月面附近的流动，从而有利于稳定弯月面。

值得注意的是，交替搅拌方式的关键是正、反搅时间特别是停顿时间的设定。

作为实例，在国内某钢厂生产 ϕ600mm 大圆坯时，使用外置式结晶器电磁搅拌器。起初采用连续搅拌模式，设定电磁搅拌工艺参数为 350A、1.5Hz，连续搅拌，观察发现保护渣层有轻微波动，通过降低使用电流（每次降低 20A）进行观察，直至电磁搅拌工艺参数为 180A、1.5Hz 时，保护渣层趋于平稳，但搅拌效果不明显。后采用交替搅拌模式，设定电磁搅拌工艺参数为 350A、1.5Hz，交替搅拌模式，保护渣层平稳，未发现有波动现象。

通过使用连续搅拌与交替搅拌后进行低倍分析：

（1）采用连续搅拌模式，因为考虑到保护渣的波动，电磁搅拌使用电流受到限制，搅拌后铸坯等轴晶率约为 45%，内部质量相对较差，如图 5－71 所示。

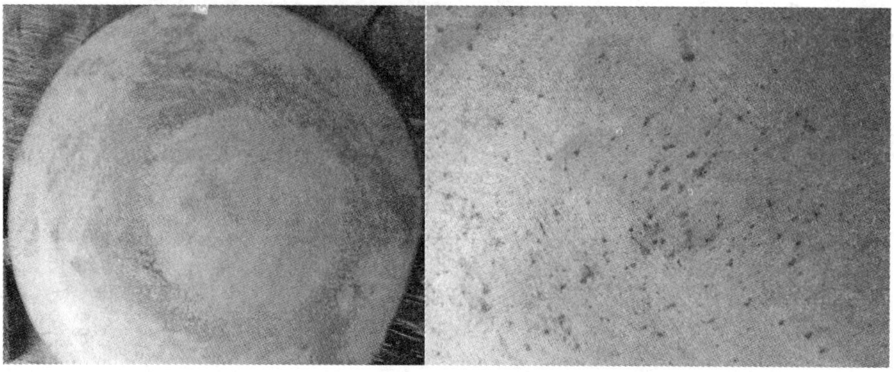

图 5－71　圆坯采用连续搅拌的凝固组织

钢种：45 号；断面：ϕ600mm；M-EMS 型号：DJMR－1150CW；I=350A；f=1.5Hz；连续搅拌

（2）采用交替搅拌模式，电磁搅拌可使用的电流强度较大，搅拌后铸坯等轴晶率大于 55%，且等轴晶区域分布均匀，内部质量相对较好，如图 5－72 所示。

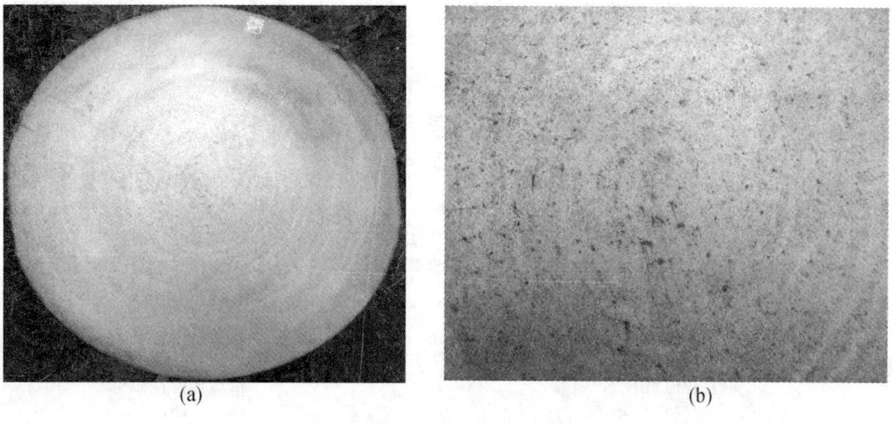

图 5－72　圆坯采用交替搅拌的凝固组织

（a）铸坯整体；（b）铸坯中心放大

钢种：45 号；断面：ϕ600mm，M-EMS 型号：DJMR－1150CW；I=350A，f=1.5Hz，交替搅拌

5.9.3　偏心搅拌的问题

随着轴承、机车车轮、优质钢管等对产品质量要求的提高，对相关连铸坯质量也提出更高要求：凝固组织对称致密、清洁度高、成分均匀、偏析小等，由此偏心搅拌对铸坯质量的影响便引起相关厂家的重视。

5.9.3.1　偏心搅拌的特点

和连铸机一样，一台电磁搅拌器也要适用多种断面，而搅拌器是按最大断面设计的，除内装式外，其安装位置通常是固定不动的，但连铸机断面是通过移动内弧侧调整的，如图5－73所示。这就造成不同断面铸坯的几何中心与搅拌器轴心不重合，即所谓偏心的问题，断面跨度越大，偏心也越大，如图5－74所示。

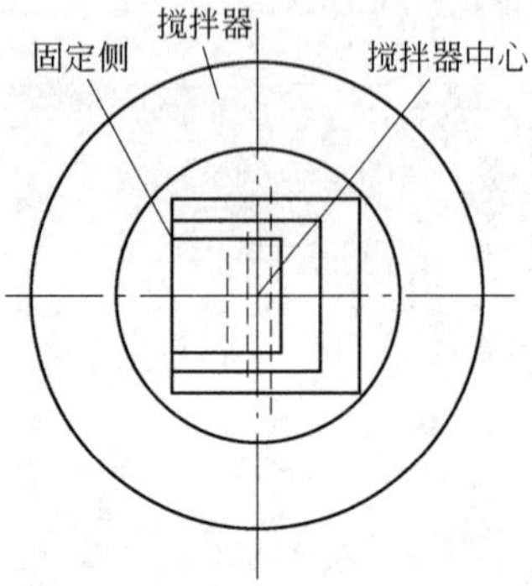

图5－73　偏心搅拌示意图

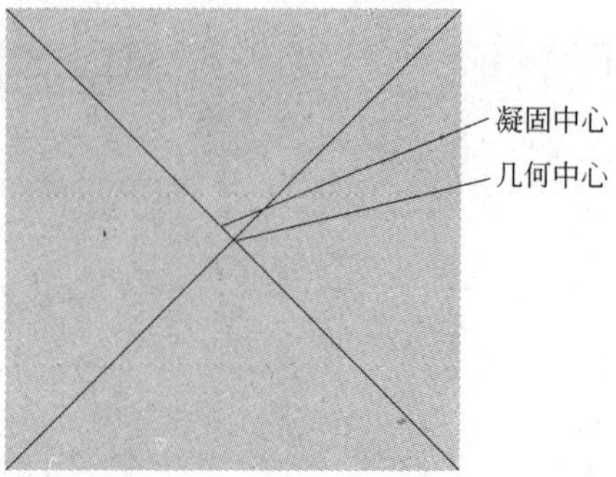

图5－74　方坯连铸偏心搅拌的铸坯凝固组织

由于偏心搅拌问题，结晶器（铸坯）外弧侧离搅拌器内弧侧的距离比内弧侧要小。图5－75是由苏旺等数值模拟的有无偏心搅拌的磁场分布。由图可见，由于磁场空间衰减的特点，铸坯外弧侧的磁场要比内弧侧的强，对应地作用在铸坯外弧侧钢水中的电磁力也比内弧侧大。由于电磁力在铸坯内分布不均匀，导致钢水流动也不均匀，其图案是，由外弧侧的流动快逐渐向外弧侧减速变慢，造成类似后浪推前浪的情景，然后再由内弧侧的流动慢逐渐向外弧侧加速变快，造成类似前浪拽着后浪走的情景，这种流动情景是周期性循

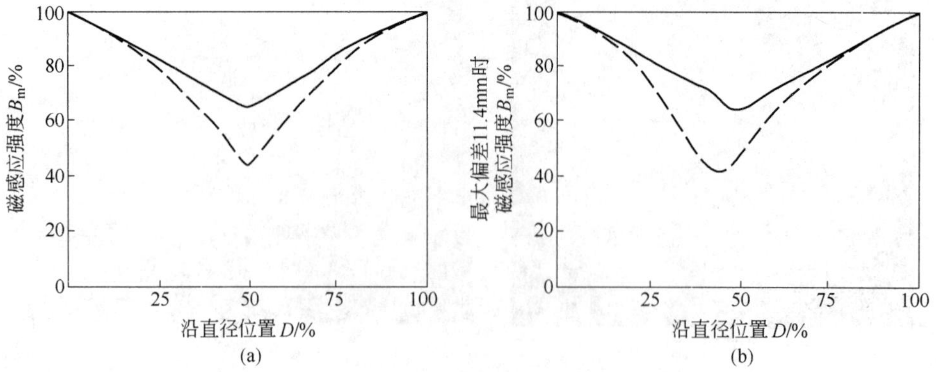

图5－75　无或有偏心搅拌的磁感应强度的径向分布
（a）无偏心搅拌；（b）有偏心搅拌

环的。这种流动不均匀性对铸坯内的流场、温度场和浓度场都会产生一定影响，这方面的内容还需更多理论分析、实验研究和工业实践来佐证。

5.9.3.2 方（圆）坯偏心搅拌对凝固组织的影响

方（圆）坯偏心搅拌对凝固组织的影响如图 5－76 和图 5－77 所示。偏心搅拌对铸坯宏观组织造成的影响可能有：

（1）凝固组织不对称，外弧侧比内弧侧更致密些。

（2）凝固中心与铸坯几何中心不重合而偏向外弧侧；在评定中心偏析时不应以铸坯几何中心而应以凝固中心作标准来取样，据某钢厂报道，两者有明显的差别，见表 5－4。

（3）由于内外弧侧流动快慢不一，对凝固前沿冲刷不一样，使铸坯内外弧清洁度也会有差别。

（4）更为严重的是，偏心搅拌使坯壳生长不均匀极易造成漏钢，影响连铸作业；对铸坯质量极为不利，所以要尽量避免偏心搅拌。

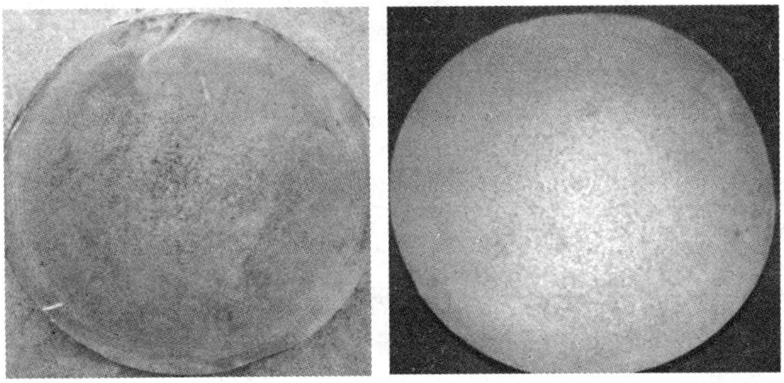

(a) (b)

图 5－76 圆坯偏心搅拌的凝固组织

（a）钢种：37Mn1；断面：ϕ210mm；M-EMS 型号：DJMR－780CW；

（b）钢种：45 号；断面：ϕ400mm；M-EMS 型号：DJMR－780CW

(a) (b)

图 5－77 方坯偏心搅拌的凝固组织

（a）钢种：SWRHC35K；断面：160mm × 160mm；M-EMS 型号：DJMR－740CW；

（b）钢种：SWRHC35K；断面：280mm × 325mm；M-EMS 型号：DJMR－740CW

5.9.4　单一断面电磁搅拌作用下的偏心问题

5.9.4.1　单一断面的结晶器电磁搅拌下的偏心问题

表 5－4 表示某钢厂的单一断面在 M-EMS 作用下凝固中心与几何中心碳含量的变化，测量是在钢种 82B、断面 150mm×150mm、拉速 0.5～4.5m/min 条件下进行的。由表 5－4 可见：

（1）凝固中心碳偏析率与几何中心碳偏析率存在明显差别，凝固中心的碳偏析率比几何中心的要大。

（2）同样在凝固中心取样，用 ϕ8mm 钻头比用 ϕ5mm 的要小。

（3）为避免钻头磨削的粉末对取样分析的影响，应选择质量好一点的钻头。

表 5－4　凝固中心与几何中心碳含量的变化　（%）

项　目	凝固中心碳含量（ϕ5.0mm 钻头）	几何中心碳含量（ϕ5.0mm 钻头）	凝固中心碳含量（ϕ8.0mm 钻头）
D26－1	0.97	0.94	0.87
D26－2	0.95	0.83	0.87
D27	0.84	0.87	0.84
D28	0.98	0.94	0.88
D29	0.83	0.84	0.86
D30	1.00	0.86	0.91
最小值	0.80	0.83	0.84
最大值	1.00	0.94	0.91
平均值	0.93	0.88	0.87
中心碳偏析指数（一）	1.13	1.07	1.06

5.9.4.2　单一断面的结晶器和凝固末端组合搅拌下的偏心问题

图 5－78 表示某钢厂的单一断面在结晶器和凝固末端组合搅拌下，不同拉速的凝固中

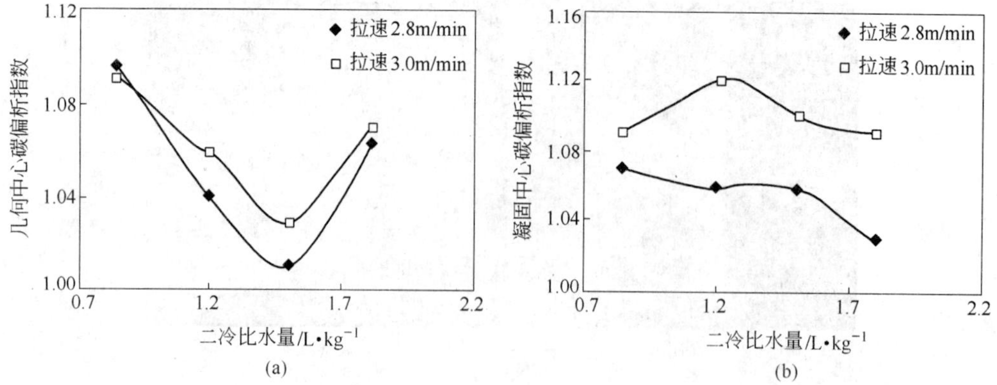

图 5－78　在 M＋F-EMS 作用下不同拉速的几何中心与凝固中心的碳偏析指数随比水量的变化

（a）几何中心；（b）凝固中心

心和几何中心碳偏析指数随比水量的变化，测量是在钢种 SWRH82B、断面 130mm × 130mm 条件下进行的。由图可见：

（1）在相同的比水量下，拉速为 3.0m/min 的两个中心的碳偏析指数都大于拉速为 2.8m/min 的碳偏析指数，即拉速越高，铸坯的两个中心的碳偏析指数也越高。

（2）当比水量为 1.5L/kg 时，两种拉速的几何中心的碳偏指数都达到最小值。

（3）当比水量为 1.8L/kg 时，两种拉速的凝固中心的碳偏指数都达到最小值。

上述两个例子表明，不仅是多断面情况下会出现偏心问题，而且单一断面同样也会出现类似的偏心问题。

5.9.5 在结晶器电磁搅拌作用下弯月面流动的共振

连铸实践表明，弯月面流动的动态行为对改进铸坯质量是至关重要的。在 M-EMS 作用下，弯月面流动的动态行为不仅受到电磁力特别是激磁频率的影响，而且也受到结晶器自然（机械）振动频率的影响。

然而，为了进一步改进铸坯的表面和皮下质量，弄清楚弯月面流动的动态行为是非常必要的。众所周知，弯月面是铸坯凝固的初始位置，也是结晶器内流动的自由边界，而弯月面流动的动态行为与铸坯表面质量又有重大关系，因此，在 M-EMS 作用下，考虑随时间变化的电磁力在弯月面流动上的影响是非常必要的。

5.9.5.1 随时间变化的电磁力

M-EMS 由三相交流激磁，理论分析表明，M-EMS 不仅产生随时间平均的电磁力（DC 分量）而且也产生随时间变化的电磁力（AC 分量）。而在常规的 M-EMS 设计、实际使用以至数值模拟中，通常都采用随时间平均的电磁力，因为它的主要目的是估计随时间平均的流动的主流。由于随时间变化的电磁力比惯性力小得多，因此在计算中可以不考虑。

然而，当 M-EMS 的使用频率非常低（通常在 0.5 ~ 8Hz 之间），在搅拌器与钢水之间还存在高电导率的结晶器铜管，再加上结晶器自身振频也很低，在这些条件下，在 MHD 计算和弯月面流动的动态行为中需要考虑随时间变化的电磁力。

在电磁学理论中，磁感应强度、感应电流密度、电磁力都是复数场量，而电磁力的实部可以表达为：

$$F_{\mathrm{em}}^{i} = F_{\mathrm{DC}}^{i} + F_{\mathrm{AC}}^{i}\cos(\omega t + \theta^{i}) \tag{5-36}$$

式中 F_{DC}^{i}——随时间平均的 i 分量电磁力；

F_{AC}^{i}——随时间变化的 i 分量的电磁力；

θ^{i}——电磁力的相位；

$i = x,\ y,\ z$。

5.9.5.2 激磁频率对弯月面流动的动态行为影响的新指标——响应率 R

由式（5 - 36）可见，实践中所采用的电磁力是由随时间平均的不变的电磁力和随时间周期（两倍激磁频率）地变化的电磁力构成的。两者电磁力的频率特征如图 5 - 79 所示，由图可见，在外加的电流强度一定的条件下，两者的电磁力都随激磁频率而变化。这种电磁力随激磁频率的变化一定会引起弯月面流动的动态行为的差别，这种差别可以用一个新的指标——响应率 R 来描述。图 5 - 80 表示响应率 R 随激磁频率的变化，由图可见，在小于 2Hz 的低频区，响应率 R 的值相当高，此后，响应率 R 随激磁频率的增加而急剧减小，在10Hz时趋于零，因此，随时间变化的电磁力在弯月面流动的动态行为上的影响在低频区是比较高的。在激磁频率为1Hz时响应率 R 达最大值，这无疑是弯月面流动受到结晶器自然振频引起的共振的影响，因为此时结晶器自然振频约为2Hz（120c/min），这表明结晶器的自然振频有较高的共振能力。

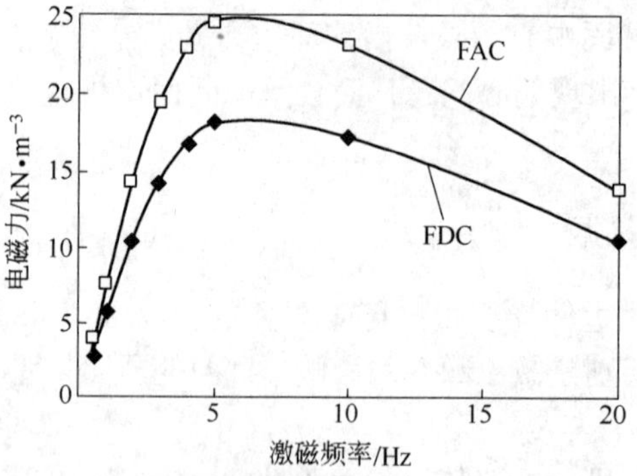

图5－79　电磁力随频率的变化

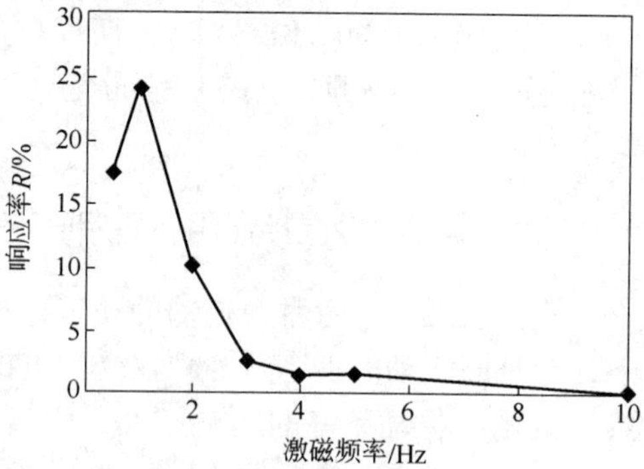

图5－80　弯月面响应率 R 与激磁频率的关系

上述讨论的实际意义是：在拉速较低的大圆坯和大方坯或板坯连铸上实施M-EMS时，若其激磁频率不大于2Hz时，需要充分注意激磁频率对弯月面流动的动态行为的影响；同时，若结晶器处于较低振频（约2Hz）时，还需要注意其自然振频对弯月面流动产生共振的影响，即是说在连铸工艺正常的情况下，如果出现较大幅度的弯月面波动，就应意识到M-EMS的激磁频率和结晶器自然振频引起的共振。

参考文献

[1] Favre E, et al. The mechanism of mould electromagnetic stirring-single coil versus double coil steel times international [J]. Continuous Casting, 1998 (9): 9～12.

[2] Starck A V, et al. Situation report on the electromagnetic stirring technique for the continuous casting of steel. AEG—ELOTHER.

[3] 渡辺才省三ウ. 鋳片品质に及ぼす鋳型内電磁攪拌位置の影響 [J]. 材料とプロセス, 1990, 3: 255.

[4] 毛斌. 方坯连铸电磁搅拌技术的若干问题 [J]. 连铸, 1999 (5): 36～41.

[5] Beitelman L, et al. Flexible control of stirring in a continuous casting mold with a dual-coil system. 1997 Electric Furnace Conference Proceedings, 1997: 333～340.

[6] Kunstreich S, et al. 小方坯和大方坯电磁搅拌（EMS）技术现状和指南 [C] //庐山：第二届全国连铸电磁搅拌技术研讨会论文集，1998：46～69.

[7] Jacobi H, et al. A metallurgical process during solidification using EMS [C] //Processding of Cotinuous Casting Conference. London: 1982 : B4/1～B4/7.

[8] 中国科学院力学研究所、上海五钢转炉厂. 结晶器和二冷区电磁搅拌器冷态性能测试报告 [R]. 中国科学院力学研究所（内部报告），1997.

[9] 叶枫. 连铸0Cr18Mo2不锈钢120mm小方坯时电磁搅拌冶金效果评价与工艺探讨 [C] //第二届全国连铸电磁搅拌技术研讨会论文集，1998：69～83.

[10] 毛斌，等．结晶器和凝固末端电磁搅拌技术［R］．中国科学院力学研究所（内部报告），1986.
[11] Kunstreich S. Electromagnetic stirring for continuous casting（Part 1）［J］．La Revue de Metallurgie CIT，2003，100（4）：395～408.
[12] Ayata K，et al. Fluid flow of carbon and stainless steels by electromagnetic stirring［C］//111th ISIJ Meeting，1986，4，B－311.
[13] Davidson P A，Bietelman L. Interaction between the pouring stream and electromagnetically induced flow in a CC mold［J］．The 2nd Inter. Symp. On Electromagnetic Processing of Materials，1997，2：45～52.
[14] 小林純夫．連統鋳造における電磁撹拌装置の設計手法［J］．住友金属，1987，39（3）：1～7.
[15] Mulcahy A，et al. Rotary electromagnetic stirring for continuous casting of billets and blooms［J］．Iron and Steel Engineer，1984（7）：49～57.
[16] 毛斌，等．结晶器电磁搅拌装置在线冷态性能测试分析报告［R］．（内部报告），2002，6.
[17] 李晋，等．新型高磁齿电磁搅拌器的实验研究［J］．连铸，2006（1）：28～36.
[18] 中田博也，高橋 元．高碳素鋼ブルームCCにおける内部品质改善［J］．電気制鋼，1991，62（1）：42～48.
[19] 森井 廉 ウ．大同特殊鋼（株）知多工場第2号連鋳設備の建設と操業［J］．電気製鋼，1993，64（1）：13～21.
[20] 早川静則ウ．鋳型内電磁攪拌によょる連鋳鋳片の品質改善［J］．電気製鋼，1989，60（2）：216～223.
[21] 吴耀光，等．圆坯连铸工艺优化试验研究［J］．钢铁，2008，43（8）：31～34.
[22] 陈永．连铸结晶器电磁搅拌技术［J］．钢铁钒钛，2003，2（2）：29～33.
[23] 钟云波，等．旋转磁场净化钢液的实验研究［J］．上海金属，2006，28（2）：9～14.
[24] 张桂芳，等．结晶器电磁搅拌对重轨钢大方坯内部质量的影响［J］．炼钢，2008，24（4）：21～25.
[25] Roederer Ch，et al. 用连铸结晶器电磁搅拌工艺改善产品的清洁度［J］. Clear Steel，The Metals Society（UK），1982.
[26] 龚志翔，等．结晶器电磁搅拌对圆坯质量的影响［J］．马钢技术，2003（1）：1～3.
[27] Moreault J，et al. EMS Intensity as a critical factor in controlling segregation in high carbon steel billets［J］．AISTech 2005 Proceedings，2005，2：75～85.
[28] 张桂芳．连铸电磁搅拌的冶金基础［C］//第五期连铸电磁搅拌技术学习研讨班论文集，2008：34～57.
[29] 毛斌，等．方坯连铸结晶器电磁搅拌技术的优化［C］// 第五期连铸电磁搅拌技术学习研讨班论文集，2008：81～94.
[30] 李爱武，等．方圆坯连铸结晶器电磁搅拌应用的几个新问题［J］．冶金信息导刊2010年增刊，（2010）Z393号：30～35.
[31] Limoges J，et al. Continuous casting of high carbon and alloy steel billets in mold dual coil electromagnetic stirring system［C］// 1997 Steelmaking Conference Proceedings，1997：243～254.
[32] 高橋忠義ウ．鋼块の凝固偏析におよぼす溶汤流動の影響［J］．鉄と鋼，第61年（1975）第9号：2198～2213.
[33] 王庆贤．电磁搅拌的工业应用［C］// 第五期连铸电磁搅拌技术学习研讨班论文集，2008：166～177.
[34] Beitelman L. Effect of mold EMS design on billet casting productivity and product quality［J］．Canadian Metallurgical Quarterly，1999，38（5）：301～309.
[35] Рогачиков ю м. Кристллизатор Сустройством Электромагнитного Перемешивания-Современный

Синтез Механического и электротехниэеского Оборудования для Получения Высококачественных Непрерывнлитых Заготовок. Черные Металлые Яневарь, 2008: 18 ~ 23.
[36] Spitzer K H, et al. The magnetic field of inductors used for rotational stirring in the continuous casting of steel [J]. Iron & Steelmaking, 1990, 9: 57 ~ 71.
[37] Сивак Б А. Физико-математическое. моделирование. МГД-процессов. при. ЭМП. жидкой. фаз. непрерывнолитого слитка в сортовых и блюмовых МНЛЗ. Сталь, 2009 (9): 24 ~ 31.
[38] Beitelman L. Effects of casting parametres on stirring flow velocity and its control in continuous casting molds// [C] 2002 Electric Furnace Conference Proceedings, 2002: 471 ~ 481.
[39] 苏旺，等. 连铸结晶器电磁偏心搅拌过程数值模拟研究 [J]. 连铸，2009 (3): 42 ~ 46.
[40] Sato S, et al. Respronsiveness of free surface flow to M-EMS exciting frequency [J]. IEEE Transaction Magnetics, 2005, 41 (10): 3451 ~ 3458.

6 方(圆)坯连铸二冷区和凝固末端及水平连铸电磁搅拌技术

6.1 方(圆)坯连铸二冷区电磁搅拌技术

尽管方坯连铸二冷区电磁搅拌技术的作用已大部分被结晶器电磁搅拌技术所涵盖，目前在方坯连铸中单独使用二冷区电磁搅拌技术已不多见，但还是有其存在的意义：一是经济上还具有一定的优势；二是与其他搅拌位置组成多段组合搅拌；三是与其他连铸技术如轻压下技术组成集成技术。

6.1.1 二冷区电磁搅拌技术的冶金机理

二冷区电磁搅拌技术的冶金机理主要有：

(1) 借助二冷区电磁搅拌诱起的钢水流动在凝固前沿产生的剪切力折断或熔断枝晶梢，一部分枝晶梢作为等轴晶核，在钢水中悬浮、生存和生长，最终形成等轴晶；另一部分枝晶梢被过热钢水重熔，降低了钢水过热度。

(2) 借助二冷区电磁搅拌诱起的钢水流动，促进凝固前沿较冷钢水与芯部过热钢水的大范围混合，有利于消除芯部母液剩余过热，进一步降低甚至消除过热度。

(3) 借助二冷区电磁搅拌诱起的钢水流动，促使进入二冷区液相穴内的非金属夹杂物和气泡经碰撞破碎而细化，并使其分布均匀，不至于在弧形铸机的内弧侧偏聚。

(4) 借助二冷区电磁搅拌诱起的钢水流动，在凝固前沿产生的剪切力清洗凝固前沿，使坯壳生长均匀，阻止了小钢锭结构的形成，使芯部钢水易于向下补缩，有利于提高铸坯芯部质量。

二冷区电磁搅拌的这些冶金机理不仅阻止了柱状晶的进一步生长，而且促进了等轴晶的增殖，使铸坯宏观组织从柱状晶结构过渡到细小而有序的等轴晶组织。

6.1.2 二冷区电磁搅拌技术的主要类型

二冷区电磁搅拌技术无论是搅拌形式或是搅拌位置，与结晶器电磁搅拌技术比较更具多样性和灵活性。图 6-1 表示二冷区电磁搅拌技术的配置模式，图 6-2 表示其中最具广泛应用的三类电磁搅拌技术示意图。在线应用中最常用的是两类：一是旋转搅拌，二是单边或双边上下直线搅拌。两者比较，旋转搅拌更具有一些实际优点：

(1) 搅拌器的安装及其产生的流场的对称性更好些。

(2) 从流体力学观点看，其流动更有效且在搅拌器下方的影响区更大些。

(3) 由于铸坯与搅拌器的铁芯更接近，且铁芯是闭合的，端部损失小。因此，电效率要高得多。

(4) 由于有效磁场全部沿径向磁极组成回路，因而轴向尺寸可以减小。

尽管旋转搅拌具有上述一些优点，但实践表明，两类搅拌的冶金效果是相当的，只是

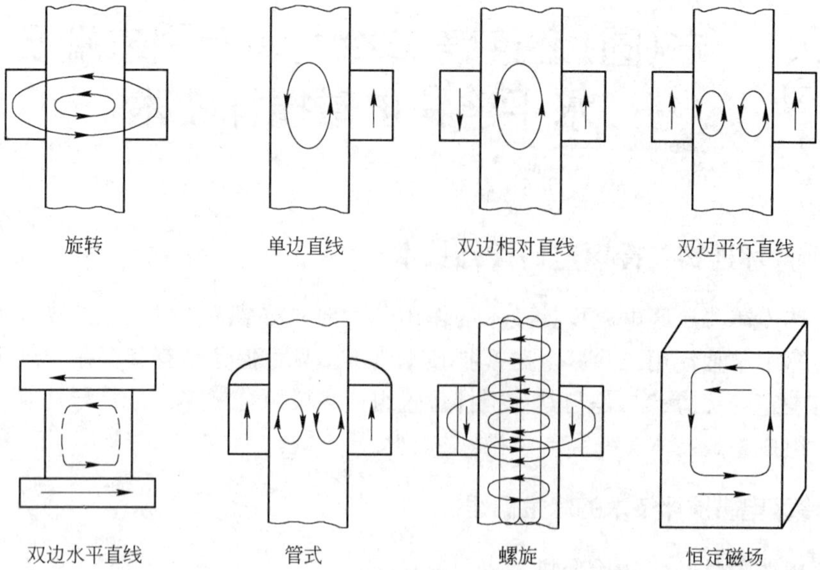

图 6-1　二冷区和凝固末端电磁搅拌配置模式

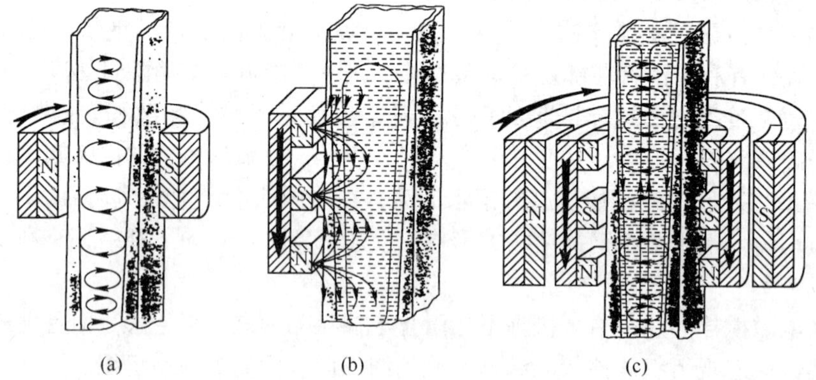

图 6-2　常用的二冷区电磁搅拌技术

（a）旋转搅拌；（b）直线搅拌；（c）螺旋搅拌

直线搅拌产生的白亮带更轻微些。

螺旋磁场搅拌器由一个简单的铁芯和两组独立的线圈构成，一个线圈激发绕铸坯轴旋转的旋转磁场，另一个线圈激发平行于铸坯轴的轴对称的行波磁场。根据磁场可叠加性原理，两者合成螺旋磁场。螺旋磁场在铸坯液芯内使钢水产生螺旋运动。两组线圈可分别馈电，因而有可能独立地控制旋转和行波磁场，或使其中的一个磁场强一点或弱一点，这样的结果实际上调整了螺旋磁场的螺旋角，甚至可以激发单纯的旋转磁场或轴对称行波磁场。

两类搅拌的组合作用的好处是：铸坯的等轴晶组织更细小，中心偏析更小，甚至在低碳和中碳钢情况下可以消除。

尽管螺旋磁场搅拌技术具有较好的冶金效果，但是由于搅拌器结构的复杂性，未能在实际中得到推广应用。

另外也研制过永磁体旋转搅拌器，也未见在实际中得到使用。

6.1.3 二冷区电磁搅拌器的安装位置

对于给定的铸坯尺寸 a、钢种、拉速和冷却条件来说，搅拌器在铸坯上的安装位置确定坯壳厚度（或柱状晶区宽度）b 和等轴晶区宽度 $c(c = a - 2b)$ 之比。最佳位置由两个矛盾的准则确定：

（1）为了在柱状晶搭桥形成之前，早早阻止柱状晶的生长，搅拌器应安装在接近结晶器的高的位置。

（2）假设柱状晶直至中心还不能转变到等轴晶的话，搅拌器应安装在离结晶器远一点的低的位置。经验表明，最佳安装位置大致处于液芯的半厚度 $c/2$，即对应于坯壳厚度 $b = a/4 \sim a/3$ 的范围内，如图 6－3 所示。

6.1.4 二冷区电磁搅拌强度的调控

在二冷区电磁搅拌中，不管使用哪种类型的电磁搅拌，都会在铸坯低倍组织上出现一圈几个毫米宽的白亮带，即成分负偏析带，位于搅拌位置的坯壳厚度处，这也是二冷区电磁搅拌的一个特征。因此，搅拌强度的调控既要考虑扩大等轴晶区和改善中心偏析，又要减轻白亮带的影响。

6.1.4.1 从白亮带与等轴晶率的关系调控搅拌强度

搅拌强度的调控实质上与搅拌位置处的液芯宽度 c 有关，而液芯宽度 c 与给定的铸坯断面和冷却条件下的拉速有关，液芯 c 越大，搅拌强度越小。对于给定的液芯宽度 c，磁感应强度必须选择在：

（1）比最小值要大，低于最小值，柱状晶向等轴晶转变不充分；

（2）比最大值要小，超过最大值，在搅拌位置的凝固面处出现负偏析带。

图 6－4 表示二冷区电磁搅拌最佳搅拌强度的设定。由图可见，要减轻白亮带的影响又不至于减少电磁搅拌的有益效果，必须在较大范围上实施缓和搅拌，这意味着合适的搅拌强度的设定应处于等轴晶率最大和白亮带最轻微的范围内。

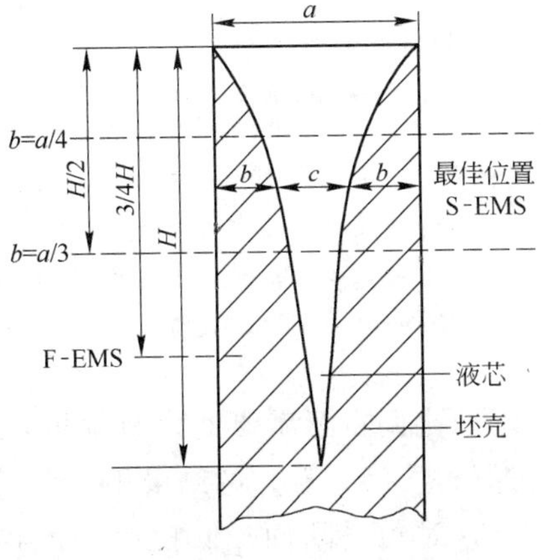

图 6－3 S-EMS 和 F-EMS 的安装位置

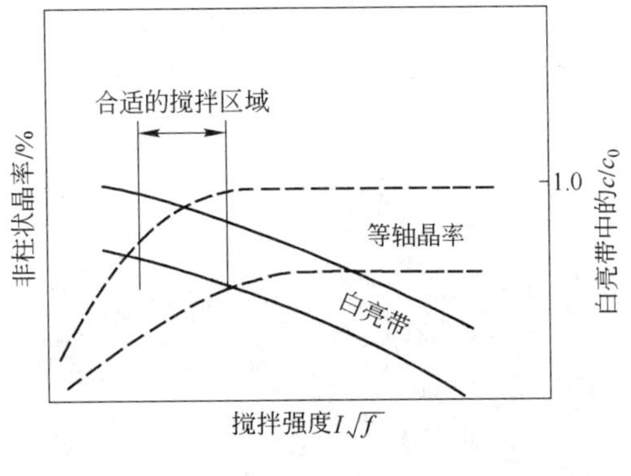

图 6－4 二冷区电磁搅拌最佳搅拌强度的设定

6.1.4.2 从白亮带与中心偏析的关系调控搅拌强度

图6－5表示S-EMS作用下三个钢种的中心偏析与负偏析的关系。由图可见，采用电磁搅拌后，随着中心偏析的改善，负偏析（白亮带）也越严重，所以应根据两者的情况选择合适的搅拌强度。至于其他钢种，可以从碳含量推测出相应的搅拌强度。

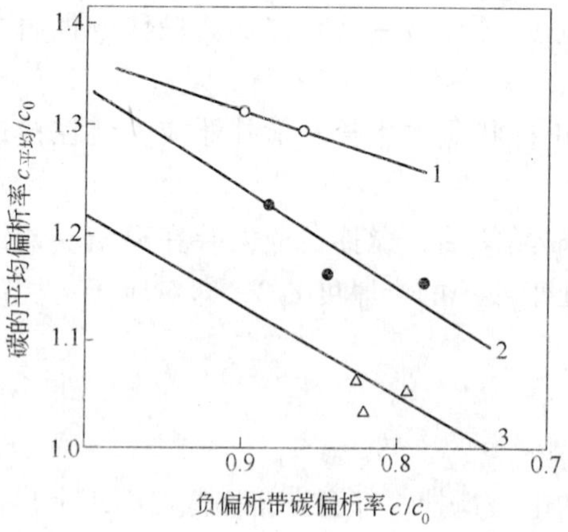

图6－5 S-EMS作用下中心偏析与负偏析的关系

1—GCr15；2—60Si2Mn；3—35CrMo

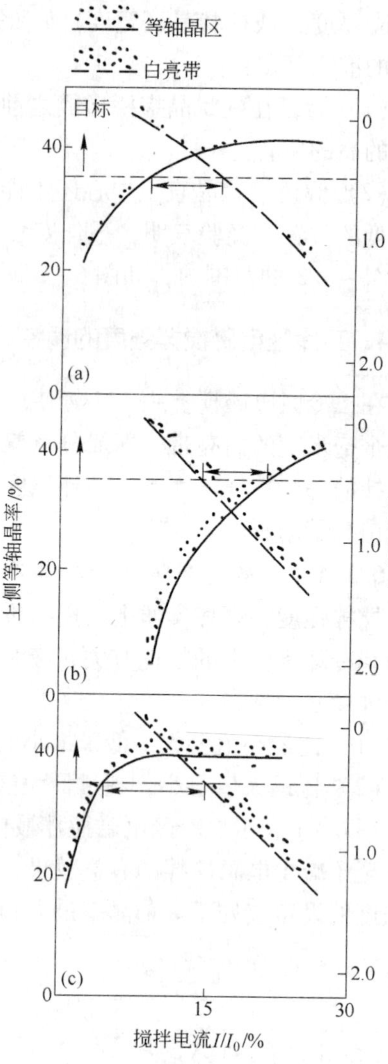

图6－6 在不同搅拌位置下最佳搅拌强度的设定（I_0为最大电流强度）

（a）EMS在上部；（b）EMS在下部；（c）下部两段搅拌

6.1.4.3 不同搅拌位置下的搅拌强度的调控

图6－6表示不同搅拌位置在等轴晶率和白亮带形成上的影响。由图可见，高位搅拌与低位搅拌的最佳搅拌强度比值的范围差不多，而其比值则明显小得多；组合搅拌不仅最佳搅拌强度的比值范围大，而且其比值也小。

6.1.4.4 在不同断面和拉速下的搅拌强度的调控

图6－7表示不同断面和拉速时搅拌强度的调控规律。由图可见，对一台给定的搅拌器，搅拌小断面比大断面需要更大的搅拌强度，这与式（5－30）的结果相一致。

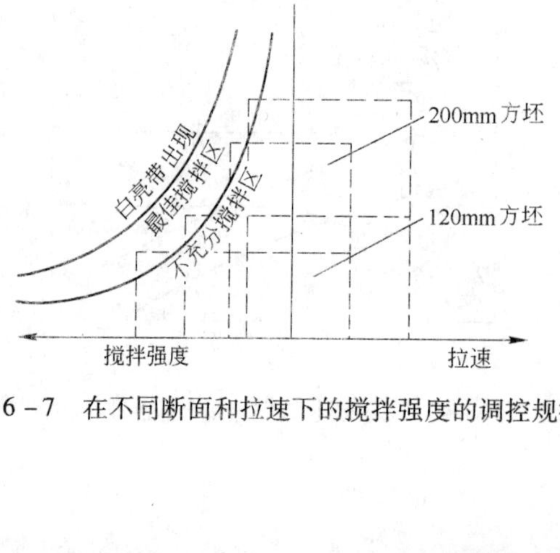

图6－7 在不同断面和拉速下的搅拌强度的调控规律

对同一断面，低拉速时搅拌比高拉速时需要更大的搅拌强度。拉速低，坯壳厚，渗透到液相穴中磁场就小，所以要获得同样搅拌力，低拉速比高拉速需要更大的搅拌强度。

6.2 二冷区电磁搅拌与轻压下的双S集成技术

6.2.1 二冷区电磁搅拌技术在双S集成技术中的冶金作用

连铸电磁搅拌技术的实践表明，结晶器电磁搅拌技术的出现，涵盖了二冷区电磁搅拌的冶金功能，且比后者更好些。因此，在方坯连铸中单独使用S-EMS已不多见。由于S-EMS + 轻压下的双S集成技术的出现，使S-EMS重新焕发生机成为可能。二冷区电磁搅拌是借助在二冷区铸坯液相穴的钢水中感生的电磁力，迫使钢水产生旋转运动或直线运动，以获得相应的冶金功能，主要有：

（1）在液相穴钢水中剩余过热的迅速消失。由于搅拌作用，使液相穴内的冷区和热区钢水被均匀混合，使断面上温度分布趋于均匀；同时也使芯部温度降低而凝固前沿温度升高，向外传热加速。另外其潜热也被搅拌作用折断的部分柱状晶梢的重熔所吸收，从而使液相穴内钢水的剩余过热迅速消失。

（2）柱状晶生长的限制和等轴晶的增值：

1）由于上述液相穴内钢水剩余过热的迅速消失，使得在凝固前的温度梯度减小，限制了柱状晶生长；在固－液界面处钢水已变得稍稍过冷而引起成分过冷，导致等轴晶的成核，有利于等轴晶生成。

2）由于搅拌作用清洗了凝固面，其上的柱状晶或者被固－液界面处加速的传热熔蚀掉，或者被作用于其上的搅拌力所机械折断。这些折断的柱状晶梢被运动的钢水卷入到液相穴中，其中一部分被重熔，而另一部分成为等轴晶的晶核，有利于等轴晶生成和生长。

（3）防止凝固搭桥。由于搅拌的作用，等轴晶增值，限制了柱状晶生长，因此宏观组织从柱状晶组织向均匀的细的等轴晶组织转变而避免搭桥的危险。由于搅拌作用改善了粥状区中的固液界面，从一个典型的分叉形状转变成更光滑的形状，这样也能避免凝固桥的形成。由于过热的消失和向外传热的增加，减小了两相区的宽度；悬浮在两相区的细等轴晶粒能致密充填到漏斗形的末端；两相区末端从漏斗形变成纯头形。这些都有助于防止凝固搭桥。

6.2.2 二冷区电磁搅拌与轻压下双S集成技术的特点与使用效果

6.2.2.1 S-EMS + 轻压下双S集成技术的特点

众所周知，中心偏析是由残余的已偏析的钢水由于凝固时体积变化而被抽吸到收缩孔洞造成的。改善中心偏析的对策之一是阻碍残余钢水向收缩孔洞的渗透流动；另一种对策是补偿由凝固收缩引起的体积变化。低过热度浇注和S-EMS是前一种方法，轻压下是后一种方法。实践表明，这两种方法单独使用都各有其优点和不足：简言之，电磁搅拌方法能产生宽而细的等轴晶区但无法实施体积的变化；而轻压下方法可以实施体积的变化但无法产生等轴晶。如将两者结合起来，取长补短，达到既能产生宽而细的等轴晶组织而又显著改善中心偏析和中心缩孔，特别是偏析均匀性的效果。

6.2.2.2 国外使用情况摘录

据了解，国内也有不少钢厂已实施或正在研发电磁搅拌 + 轻压下的双S集成技术，如方坯连铸有：东北特钢的 M + F-EMS + 轻压下，新冶钢的 M + S-EMS + 轻压下；板坯连铸有：柳钢和济钢的 S-EMS + 轻压下。表 6 - 1 引录国外几家钢厂的相关资料；表 6 - 2 引录韩国 Posco 的使用效果。

表 6 - 1 国外 S-EMS + 轻压下的集成技术

厂 家	铸坯断面/mm × mm	钢 种	EMS 配置	轻压下
德国 Saarstahl	150 × 150 180 × 180	0.45% C	S-EMS	有
韩国 Posco	300 × 400	超细轮胎帘布钢 引擎阀门弹簧钢 汽车用球轴承钢	M + S-EMS	有
日本住友 Kokura	300 × 400	C1045，C1050，C1055，C1070，C1080	M + S-EMS	有

表 6 - 2 韩国 Posco S-EMS + 轻压下的集成技术的使用效果

中心偏析指数	等轴晶率/%	表面缺陷的最大深度/mm	轴承钢清洁度/%
1.10	50	0.02	0.0007 ~ 0.0008

注：中间包采用等离子体加热技术。

6.2.3 二冷区电磁搅拌与轻压下的双 S 集成技术初步探讨

二冷区电磁搅拌（S-EMS）与轻压下（Soft Reduction）的集成技术，简称双 S 技术。双 S 集成技术中，要清晰阐明 S-EMS 对轻压下技术的影响，目前还有困难，需要进一步做理论探讨和实践经验的积累，但 S-EMS 的四点机理对轻压下技术应该会有正面影响：

（1）由于 S-EMS 的作用，加速铸坯向外传热，铸坯凝固加快，使铸坯凝固终点的位置提前，这样就有可能减少轻压下的机架。

（2）由于 S-EMS 的作用，打断凝固搭桥，同时使铸坯凝固面前沿变得光滑些，从而使钢水向下补缩顺畅，这样有可能减小轻压下的压下量。

（3）由于 S-EMS 的作用，两相区内钢水在进入轻压下区域之前已处于较活跃的流动状态，这有利于强化轻压下的效果。

（4）由于 S-EMS 的作用，在铸坯内部产生较大的等轴晶区，等轴晶率的提高，不仅有利于提高铸坯芯部质量，无疑也将减轻轻压下技术的“负担”。

6.3 方(圆)坯连铸凝固末端电磁搅拌技术

从连铸电磁搅拌技术的实践看，单独使用凝固末端电磁搅拌技术的几乎没有。通常它与结晶器电磁搅拌组成二段组合搅拌 M + F-EMS 或与二冷区电磁搅拌组成二段组合搅拌 S + F-EMS，甚至三段组合搅拌 M + S + F-EMS，用于高碳钢或难以连铸的高合金钢等的连铸。

6.3.1 影响合金钢冶金缺陷的基本因素

合金元素的加入改变了钢的高温物性和凝固特征，致使合金钢在液—固过程中容易产生与普通钢不同的缺陷：

（1）合金元素的加入改变了钢水的黏度。钢水黏度增大后，降低了流动性，使其中的气体和夹杂物不易排除；成分扩散也较困难，使偏析加剧；钢水在凝固过程中补缩很差，而造成疏松和缩孔。

钢水的流动性与温度直接有关，合金元素增多后一般来说使钢的熔化温度下降。常见合金元素对钢水流动性的影响见表6－3。

表6－3 常见合金元素对钢水流动性的影响

元 素	Mn	Si	P	S	Ni	Co	Mo	Cr	V	Ti	Al	W	RE
增加1%使熔点降低值/℃	5	8	30	25	4	1.5	2	1.5	2	18	3	1.0	
生成夹杂物类型（熔化难易）	易	易	易	易				难	难	难	难		难
对两相区影响	扩大	扩大	扩大	扩大				减少					
对流动性影响	好①	好	好	好	好	好	好	坏	坏	坏	坏	坏	坏

① 浇沸腾钢时变坏。

（2）合金元素的加入改变了钢的凝固组织。不同化学成分的钢水结晶时柱状晶发展的程度及等轴晶的粗大程度也不同。高碳钢比低碳钢的柱状晶更发达，含钛钢的柱状晶比其他钢种发达些，其树枝晶的枝条发展得特别长，含铝和含钛钢的树枝晶都很细小，柱状晶很难充分发展。

一般来说，在其他条件相同的情况下，如增加合金元素的含量则中心等轴晶区扩大。其原因是合金元素增加后，液固相线的间距加大，凝固温度范围变宽。在同样的温度梯度下，固液共存的粥状区变宽，晶体增殖容易进行。

另外，树枝晶随着固液共存时间的延长，二次晶臂间距加大，从而增加了微观偏析。

（3）合金元素的加入增加了偏析程度。在实际凝固过程中扩散速度总是慢于凝固速度，液相线和固相线的距离越大则扩散越困难，偏析也就越大。同时合金元素也加重了碳的偏析。合金元素的偏析倾向见表6－4。

表6－4 合金元素的偏析倾向

元 素	S	P	C	Cu	Si	Mo	Ni	Mn	V	Al	Cr	W
偏析度	0.95	0.93	0.87	0.44	0.34	0.30	0.20	0.16	0.10	0.08	0.05	0.05
偏析倾向	大⟶小											

一些合金元素如硫、磷、碳等受凝固末期搭桥的影响，造成明显的中心偏析。

（4）合金元素的加入改变了钢的凝固收缩量。普通钢和合金钢在凝固过程中都存在收缩，收缩量的大小是造成铸坯缩孔和疏松的主要原因，钢中元素（碳及合金元素）含量不同，将直接影响到液体收缩和凝固收缩。合金元素对钢收缩的影响见表6－5。

表6－5 合金元素对钢收缩的影响

元 素	含量/%	$\Delta V_{液}$（每降100℃）/%	$\Delta V_{凝}$/%	$\Delta V_{固}$（每降20℃）/%	$\Delta V_{总}$/%
Ni	9.44	0.85	3.40	6.07	9.72
Mn	8.5	2.28	0.44	6.15	8.87

续表 6-5

元　素	含量/%	$\Delta V_{液}$（每降100℃）/%	$\Delta V_{凝}$/%	$\Delta V_{固}$（每降20℃）/%	$\Delta V_{总}$/%
Si	3.60	2.05	1.77	5.95	9.77
Cr	13.70	1.66	0.90	6.14	11.03

由表可见，硅和锰使钢的平均收缩量提高，这可能是高锰和高硅钢容易出现缩孔的原因。

（5）合金元素的加入改变了钢在凝固冷却过程中的导热能力。合金钢的热导率较低，冷却时内外温差较大，容易产生较大的热应力，这可能是许多合金钢裂纹敏感性较强的原因之一。

随合金化程度增加，热导率下降，如Mn、Cr、Ni等均使热导率减少，例如：

20号：0℃时，$\lambda=52.2W/(m\cdot K)$；1Cr18Ni9：0℃时，$\lambda=16.2W/(m\cdot K)$

在不锈钢系列中，导热能力都比碳钢小得多，SUS304比SUS430更小。因此，应避免冷却强度过大。

（6）合金元素的加入改变钢水的易氧化性。易氧化元素的加入增加了钢的氧化能力，加剧了钢水的污染，使铸坯内气体和夹杂物增加。

（7）合金元素的加入使固态的相变过程发生了变化。

（8）合金元素的加入，改变了固态钢的高温性能。

6.3.2 高碳钢和高合金钢连铸的凝固特点

高碳钢连铸为什么会产生中心偏析，又为什么需要凝固末端电磁搅拌？这需要从高碳钢连铸的凝固特点来理解。

6.3.2.1 高碳钢产生中心偏析的机理

钢中高碳含量和高合金含量有使凝固组织恶化的趋向：高碳钢和高合金钢的液相和固相间温度区间扩大，凝固区间的温度变化也较大；凝固间隙长度增加，粥状区加宽。而高碳钢连铸坯的两个主要缺陷即中心偏析和中心缩孔是在粥状区形成和发展的，而且一旦形成，对产品的力学性能和耐腐蚀性能产生有害的影响，如产品中心硬度的异常性、在冷拔过程中的内裂、在冷挤压过程中的内裂、拔丝时的杯形和锥形断裂，以及减少疲劳寿命等。

宏观偏析是在凝固末期粥状区内的溶质富集的液体由于凝固收缩引起流动，沿粥状区内枝晶间通道传输、聚集而形成的。显然它极大地受粥状区内流体流动和传质所控制，有时形成中心偏析，有时形成V形偏析。前者是由于在其整个凝固过程中倾向于生成柱状晶组织，产生“搭桥”现象，从而导致中心偏析，其形成机理可以用“小钢锭”的凝固模型来解析，如图6-8所示；而后者的形成比较复杂，主要是由于在铸坯中心部分的固相分率f_S约0.15~0.25，即在等轴晶凝固时产生的收缩力，对冷凝钢水的抽吸作用以及钢水沿树枝通道渗透引起的，可以用V形偏析模型来解析，如图6-9所示。

由图6-9可见，t_7-t_3为大方坯中心线的局部凝固时间，碳含量越高，则该时间间隔越长，而中心偏析的严重程度与时间间隔长度有关。因此，减少中心偏析的机理是提高凝固率，减少凝固的时间间隔；在中心区分散偏析斑点，使粥状区变窄。

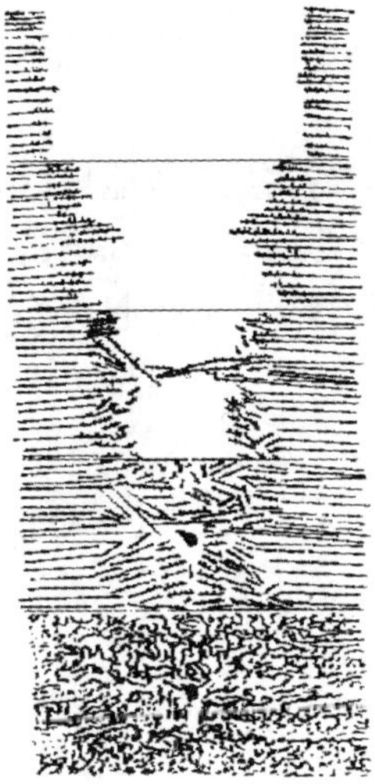

图6-8 “小钢锭”的凝固模型

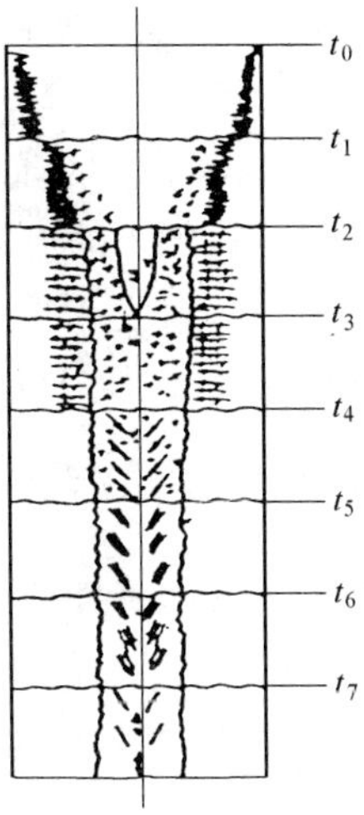

图6-9 V形偏析的凝固模型

6.3.2.2 高碳钢连铸需要凝固末端电磁搅拌

根据上述的宏观偏析减少机制，控制宏观偏析的主要途径是：

（1）促进柱状晶向等轴晶的转化，产生宽而细的等轴晶区，使之能致密地充填凝固末端，使其从漏斗形变成钝头形，防止了凝固搭桥。

（2）减小二次枝晶臂的间距，使微观组织细化，以控制粥状区的穿透性。二次枝晶臂间距作为金属凝固组织的重要参数之一，其大小直接影响合金成分的偏析和显微缩孔的大小和分布。

（3）尽量增加粥状区的长度和减小粥状区的宽度，并保持其流动性及温度和成分的均匀性。

（4）阻碍钢水在枝晶间的渗透和偏析槽的形成。

要达到上述目的，在结晶器电磁搅拌基础上，采用凝固末端电磁搅拌，组成M+F-EMS二段组合搅拌是最为有效的。实践表明，M-EMS能大幅度降低过热度，产生宽的等轴晶区，而F-EMS对增加等轴晶区影响不大，但能细化等轴晶；M-EMS虽能减少中心偏析，但对V形偏析影响不大，而F-EMS则能消除V形偏析；M-EMS可以减小中心偏析的偏析程度和峰值，但对其平均值影响不大，而M+F-EMS中心偏析的变化和平均值都显著减小了。

6.3.3 凝固末端电磁搅拌的最佳搅拌条件

由上所述，F-EMS的作用不是期望产生新的等轴晶，而是通过搅拌打碎正在生长的枝晶网络，因此，凝固末端电磁搅拌的最佳搅拌条件简单地说是：

（1）凝固末期的凝固组织为致密的细等轴晶。

（2）搅拌时机即搅拌位置从凝固一开始即铸坯芯部刚析出晶体之后，固相分率f_S=0.1时就可以搅拌。

（3）仅用弱搅拌即搅拌线速度v=10～20cm/s，就足以使等轴晶得到较好填充，得到无V形偏析的铸坯。

（4）搅拌时间要求长一点，这意味着或者搅拌器有效作用长度要长一些，或者拉速要适当慢一点。

（5）交替搅拌，因为交替搅拌能防止细等轴晶的聚合，并使细等轴晶能致密地填充到凝固末端；定期交替枝晶间浓化钢水的流动方向，能抑制偏析槽的形成。交替时间不能太短，如5s，则钢水和等轴晶的流动还未充分展开；交替时间太长，如30s，则引起两相区的枝晶液体流动，造成螺旋形的V形偏析。

6.3.4 凝固末端电磁搅拌安装位置（搅拌位置）的确定

6.3.4.1 F-EMS的安装位置的确定

A 安装位置的重要性

F-EMS安装位置的选择可以说是获得良好冶金效果的一个先决条件，否则得不到所期望的效果，或者说它是整个M+F-EMS搅拌系统获得最大整体效果的最重要的因素。粗略地选择，凝固末端电磁搅拌位置大致在冶金长度的3/4处，如图6－10所示。但是，一台F-EMS通常适用于多个断面和钢种，在不同连铸工艺条件下，凝固末端的位置也不尽相同。然而，通常搅拌器是安装在一个固定位置，这是一个矛盾。如果断面跨度大，钢种较多，则必须根据断面大小移动安装位置，在不可能随断面和钢种相应地改变安装位置的情况下，需要谨慎地选择安装位置。图6－10表示F-EMS安装位置的示意图。

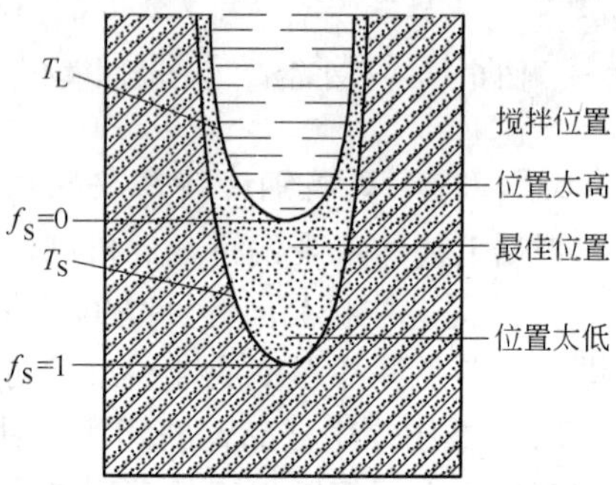

图6－10 F-EMS安装位置示意图

由图可见，过早搅拌等同于S-EMS，不能起到应有的效果，而过迟搅拌，钢水已快凝固了，搅拌已失去意义。搅拌位置决定所搅拌的液相穴尺寸，也将影响搅拌力的量值，原则上，F-EMS的安装位置在液芯占坯厚的30%～20%或凝固率为70%～80%；碳含量高趋向下限，碳含量低趋向上限；铸坯断面大趋向下限，铸坯断面小趋向上限。

凝固末端电磁搅拌所期望的是细化凝固组织，即不是通过搅拌产生新的晶粒而是破碎正在生长的枝晶网络。从固相分率f_S看，在0～0.4的小固相分率范围内，借助电磁搅拌可以获得细化等轴晶，当f_S超过0.4时，意味着液相穴中固相过多，使液相穴的黏度增加而难于搅拌。

B 确定F-EMS的安装位置的四种方法

a 由综合凝固系数K计算坯壳厚度

（1）综合凝固系数的选择。为了初步确定F-EMS的位置，最简便的方法是，先根据连铸机和连铸工艺参数，初步选择一个坯壳厚度T_S，而后由综合凝固系数K计算安装位置离弯月面的距离：

$$T_S = K\sqrt{\frac{L}{v_C}} \tag{6-1}$$

式中 L——弯月面到F-EMS安装位置的距离，m；

K——凝固系数，$mm/min^{1/2}$；

v_C——拉坯速度，m/min。

当F-EMS运行之后，可以在铸坯低倍组织上测量实际的坯壳厚度，以此验证初选的坯壳厚度是否合理。需要指出的是，在电磁搅拌条件下，实际坯壳厚度要比计算的薄几个毫米。

为使用方便起见，下面引录国际钢铁协会列出的综合凝固系数 K 的取值范围，供参考：

板坯　$K=26\sim29mm/min^{1/2}$

大断面大方坯　$K=25\sim27mm/min^{1/2}$

中等断面大方坯　$K=26\sim28mm/min^{1/2}$

小断面大方坯或小方坯　$K=27\sim30mm/min^{1/2}$

大圆坯　$K=28\sim30mm/min^{1/2}$

小圆坯　$K=30\sim32mm/min^{1/2}$

根据国外某工程公司的连铸机技术说明，连铸机综合凝固系数 K 的取值范围如下：

大方坯　$K=26.5\sim27.5mm/min^{1/2}$

小方坯　弱冷 $K=27mm/min^{1/2}$

小方坯　中冷 $K=28mm/min^{1/2}$

小方坯　强冷 $K=29mm/min^{1/2}$

（2）实测的综合凝固系数。为应用方便起见，此处引录了几个钢厂基于实测的坯壳厚度推算的不同钢种、不同断面的综合凝固系数（平均值），见表6－6。

表6－6　实测的综合凝固系数

钢　种	断面/mm×mm	拉速/m·min^{-1}	比水量/L·kg^{-1}	凝固系数/mm·min$^{-1/2}$	检测方法
45	150×150	2.00	0.86	25.6	射钉
45	180×180	1.35	0.244	23.8	射钉
60	150×150	1.81～1.99	0.7	22.14	射钉
60	160×160	1.80～2.20	0.7	26.32	射钉
65	160×160	1.80～2.00	0.7	24.90	射钉
70	280×380	0.70	0.25～0.3	26.67	射钉
HPB235	160×160	2.30～2.60		23.97	射钉
HRB400	165×165	2.00	0.95	23.12	射钉
20CrMnTi	180×220	1.05～1.20		25.79	射钉
20CrMnTi	260×300	0.55～0.7		26.20	射钉
22CrMo	260×300	0.55～0.7		25.33	射钉
20CrMo(H)	200×200	1.3～1.5	0.62	27	二冷仿真
42CrMo	180×220	1.05～1.20		25.74	射钉
42CrMo	260×300	0.55～0.7		24.81	射钉
52CrMnBA	180×180	1.20	0.22	24.6	射钉
50CrVA	180×180	1.26	0.22	22.6	射钉
65Mn	150×150	2.00	0.86	25.6	射钉

续表 6－6

钢 种	断面/mm × mm	拉速/m · min^{-1}	比水量/L · kg^{-1}	凝固系数/mm · min$^{-1/2}$	检测方法
60Si2Mn	180 × 180	1.3	0.218	22.8	射钉
60Si2Mn	220 × 220	1.25	0.4	26.5	二冷仿真
77B	150 × 150	1.92	0.86	25.1	射钉
77B	160 × 160	1.58 ~ 2.01	0.45	25.63	射钉
82B	130 × 130	2.82	1.19	27.60	射钉
82B	150 × 150	2.1 ~ 2.3	0.70	20.59	射钉
82B	160 × 160	1.8 ~ 2.14	1.90	28.94	射钉
82B	180 × 180	0.95 ~ 1.0	0.42	28 ~ 32	射钉
GCr15	150 × 150	2.00		25.6	射钉
GCr15	180 × 180	0.85 ~ 0.90	0.42	28 ~ 32	射钉
GCr15	180 × 220	0.7 ~ 0.9	0.3	27.6	射钉
GCr15	180 × 220	1.05 ~ 1.20		25.94	射钉
GCr15	220 × 220	1.20	0.4	26.5	二冷仿真
GCr15	260 × 300	0.55 ~ 0.7		24.97	射钉
304	150 × 150	1.51 ~ 1.59	0.35	24.07	射钉
304HC	150 × 150	1.82	0.423	22.41	射钉
0 ~ 1Cr18Ni9Ti	220 × 220	1.25	0.6	26.5	二冷仿真
T91	220 × 220	1.1	0.5	25	二冷仿真
0 ~ 1Cr18Ni9Ti	ϕ220	1.25	0.6	26.5	二冷仿真
T91	ϕ220	1.1	0.5	25	二冷仿真
60	ϕ380	0.53	0.23 ~ 0.26	28.19	射钉
Q420B	220 × 1600	0.9	0.68	22.65	射钉
Q345B	220 × 1600	1.0	0.68	24.11	射钉
AH32	200 × 1400	1.05	1.06	27.56①	射钉

①距弯月面为 9.7m 和 11.4m 的两个测点的平均值。

b 铸坯凝固传热数值模拟法

（1）数值模拟法。根据连铸设备和工艺条件，计算出沿铸机长度的铸坯液相穴内液相线 T_L 和固相线 T_S 的温度分布，如图 6－11 所示，然后按定义 $f_S = \frac{T_L - T}{T_L - T_S}$ 计算出相应于 $f_S = 0.1$ 或 0.2 时的温度 T，就能确定 F-EMS 应安装在弯月面下的某个位置处。

需要指出的是，之所以选择 f_S 为 0.1 ~ 0.2，因为 f_S 低，等轴晶粒和钢水掺和成粥状，还可以呈流动状态；如果 f_S 高达 0.2 ~ 0.4，等轴晶呈互相绞合状态，流动性变差；如果 $f_S \geqslant 0.4$，粥状区液体就不能流动了。

图 6－11 是 T. Fujimura 的高碳钢大方坯凝固传热的数值模拟结果。由图可见，F-EMS 安装在距弯月面约 15m 的位置，数值模拟结果表明，对两种断面、不同拉速的工况，F-EMS 的位置都落在 $f_S = 0.1 \sim 0.2$ 的范围内，只是断面大、拉速慢的靠近 0.2，断面小、

拉速快的靠近 0.1。上述结果已经由 F-EMS 位置处的表面温度和白亮带得到检验，大断面吻合得更好些，这意味着大断面对等轴晶的细化更好些，此外，拉速慢意味着搅拌时间长，对细化等轴晶则更有利。

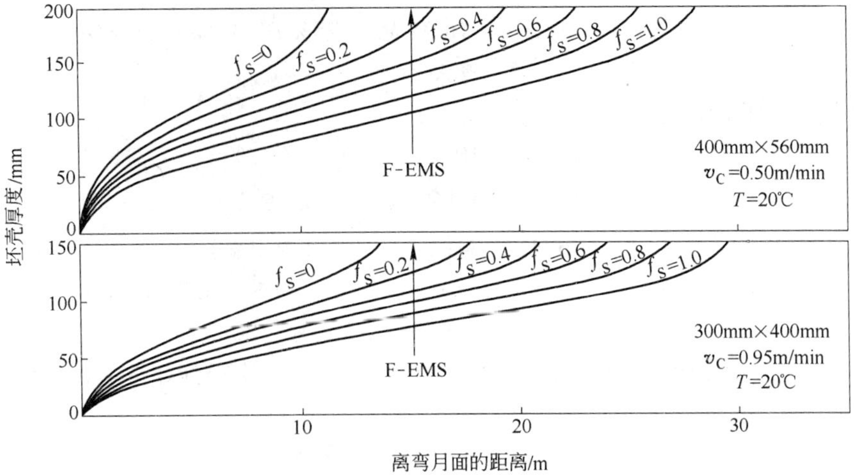

图 6－11　高碳钢大方坯凝固传热的数值模拟结果

图 6－12 是 L. Beitlman 的铸坯凝固传热的数值模拟结果，数值模拟是在钢种 K－55（0.44%～0.46%C）和碳钢（0.25%～0.40%C）、断面 267mm×267mm、拉速 0.71～1.07m/min、最大过热度 40℃的条件下进行的。由图可见，搅拌液相穴的边界约在 f_S = 0.4 处，这是因为 f_S 高，晶粒互相绞合，液相就很难运动；另外，f_S = 0.4 后，相应的等温线也较密集，相互间的温差已较小，所以，在 f_S = 0.4 后搅拌已无意义。考虑到在液相穴中搅拌运动随液相穴尺寸减小而消失，可以想象，在给定条件下液相穴芯部的固相分率为 0.1～0.2 时搅拌是最佳的。为了在所选的固相分率下获得满意的搅拌效果，在浇注过程拉速必须相当稳定，但实际情况拉速总是有点变化的，因此 F-EMS 的定位应当不在模拟图中所示的最佳点，而稍微向 f_S 小的方向偏移。

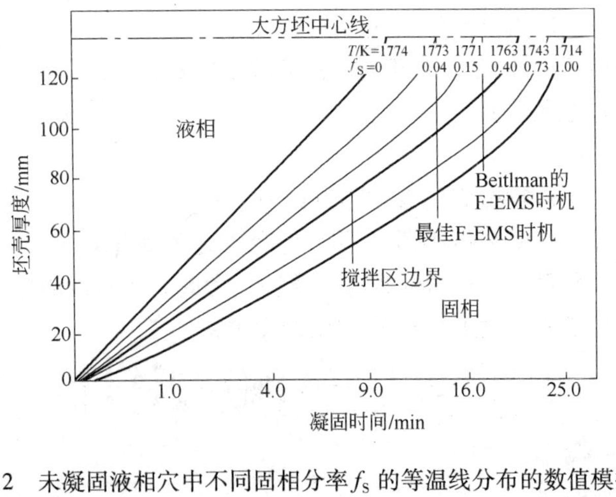

图 6－12　未凝固液相穴中不同固相分率 f_S 的等温线分布的数值模拟结果

（2）液、固相线温度的解析表达式。上述的铸坯凝固传热数值模拟法虽能比较精确模拟铸坯凝固过程的液相线和固相线的温度分布，但对一般的工程技术人员来说，应用此方法仍然有较大困难且不太方便。为此，引录钢种的固、液相线温度的计算公式。

液相线温度的计算公式：

$$T_L = 1536 - 90\%C - 6.2\%Si - 1.7\%Mn - 28\%P - 40\%S - 1.8\%Cr - 2.6\%Cu - 2.9\%Ni - 5.1\%Al \tag{6-2}$$

固相线温度的计算公式：

$$T_S = 1534 - 410[C_E] \quad (C < 0.1\%) \tag{6-3a}$$

$$T_S = 1493 \quad (0.1\% \leqslant C \leqslant 0.2\%) \tag{6-3b}$$

$$T_S = 1534 - 184[C_E] \quad (C \geqslant 0.2\%) \tag{6-3c}$$

其中

$$[C_E] = [80.5\%C + 33.5\%(P+S) + 17.8\%Si + 3.75\%Mn + 3.4\%(Cu+Al) + 1.5\%Cr + 3\%Ni]/80.5$$

运用上述公式对40Cr和82B两个钢种进行了计算，分别得到如下液相线和固相线的温度：

40Cr：$T_L = 1493℃$，$T_S = 1436℃$

82B：$T_L = 1460℃$，$T_S = 1365℃$

由此可见，由上述公式根据不同钢种的化学成分就能比较快捷地计算出液相线和固相线温度，配合 f_S 的定义及铸坯表面温度的测量，这样就能比较快捷地确定F-EMS的安装位置。

有关更多的液相线和固相线温度计算公式请参看干勇主编的《现代连续铸钢实用手册》第52页（冶金工业出版社）。

c 射钉实测法

根据硫印图显示出来的射钉的形貌和硫扩散来确定射钉时刻的坯壳厚度，以此确定F-EMS安装位置。

d 白亮带法

一旦搅拌器上线使用，借助一个方向连续的旋转搅拌，在铸坯硫印上会呈现白亮带，测定白亮带离铸坯表面的距离就可确定搅拌位置的坯壳厚度，以此来检验搅拌位置选择的合理性，也可作为进一步调整搅拌位置的实测依据。

上述方法中的前两种比较适用于初选F-EMS的安装位置，后两种可以作为调整F-EMS的安装位置，使之最佳化。

C 圆（方）坯凝固定律

张兴中等指出，经典的凝固平方根定律即式（6-1）一般不适合于描述圆（方）坯连铸的坯壳长大过程，特别是描述圆（方）坯凝固过程的中后期的问题较多，其根源是忽略了该式只适用于平面一维凝固过程这一条件。为此，作者以顺序凝固现象为基础，推导出描述圆（方）坯连铸坯壳长大过程的凝固定律：

$$\frac{K^2}{r_0^2}t = \frac{1}{2} + \left(1 - \frac{d}{r_0}\right)^2\left[\ln\left(1 - \frac{d}{r_0}\right) - \frac{1}{2}\right] \tag{6-4}$$

式中 K——凝固系数；

t——凝固时间；

r_0——圆坯半径；

d——t 时刻的坯壳厚度。

同时作者在工业连铸机上对 150mm×150mm 方坯、钢种 20MnSi、拉速 2.3m/min 工况用射钉法测定坯壳厚度，并与式（6-4）做了对比，如图 6-13 所示。用式（6-4）替代式（6-1）对精确确定 F-EMS 的安装位置会有裨益。

圆（方）坯凝固定律式（6-4）与平方根定律式（6-1）的比较如图 6-14 所示。由图可见，随着时间的延长，两者差距是明显的，这表明用平方根定律来描述圆（方）坯的坯壳长大过程是不合适的。

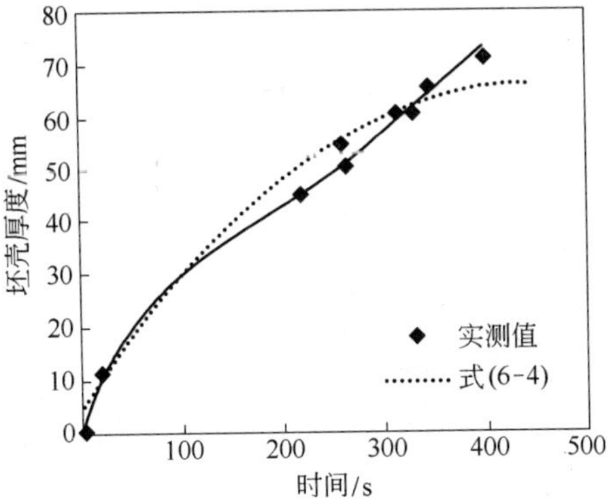

图 6-13 圆坯和方坯凝固定律的实验验证

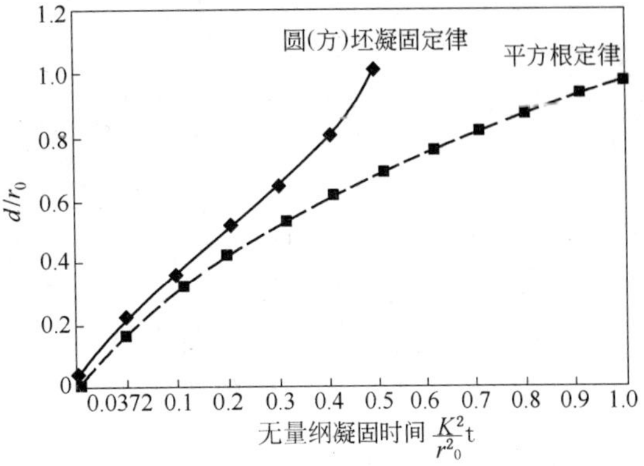

图 6-14 圆（方）坯凝固定律与平方根定律的对比

6.3.4.2 国内外 F-EMS 安装位置的一些信息

一台 F-EMS 通常适用于多个断面和钢种。在不同连铸工艺条件下，凝固末期的位置也不尽相同。然而，通常搅拌器是安装在一个固定位置，这是一个矛盾。如果断面跨度大，则必须根据断面大小移动安装位置。在不可能随断面和钢种相应地改变安装位置的情况下，需要谨慎地选择安装位置。一般来说，应照顾到主要断面和钢种，寻求一个折中的位置，否则安装位置偏高，变成二冷区搅拌，起不到真正凝固末端搅拌的作用；安装位置偏低，铸坯凝固完了，再搅拌也不会起多少作用。正确选择搅拌位置不是一件容易的事，需要进行一些在线试验和实践经验的积累。

下面引录国内外选择 F-EMS 安装位置的一些信息，供参考。

A Concast 公司

图 6-15 是 Concast 公司建议的方坯连铸 F-EMS 的安装位置。由图可见，对 180mm×180mm 方坯，F-EMS 安装在液芯厚度 30~40mm 处，对 240mm×240mm 则安装在液芯厚度 50~70mm 处。

B 日本大同特钢

对 C≤0.6% 钢种，在凝固率为 0.6%~0.7% 时搅拌，中心偏析最轻，因为在凝固率为 0.62%~0.71% 时，其固相分率 f_S 为 0.2~0.1，此时 V 形偏析开始形成并生长，如图 6-16 所示。

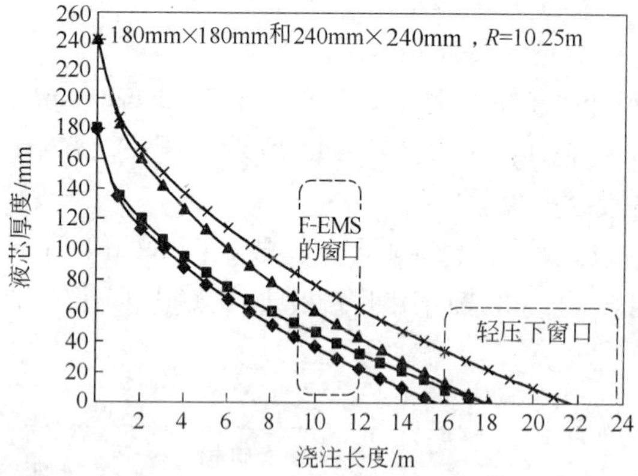

图 6－15 Concast 公司建议的方坯连铸 F-EMS 的安装位置

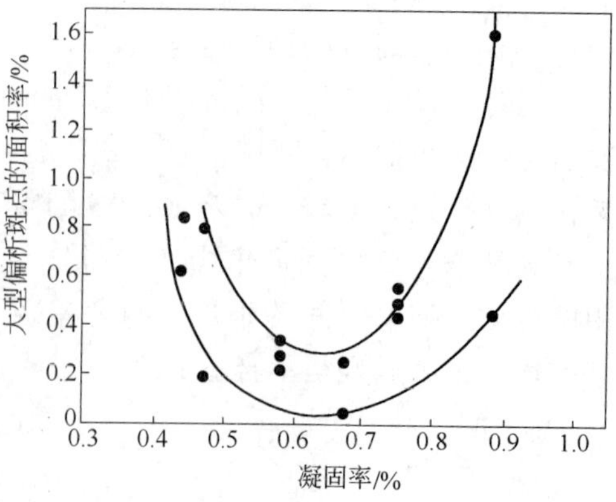

图 6－16 F-EMS 的安装位置

对于轴承钢，在断面为 370mm × 480mm，过热度为 20 ~ 40℃，拉速为 0.4m/min 下，根据凝固理论计算，在中心固相分率 f_S = 0.1 ~ 0.2 的位置进行搅拌最好。

C 韩国浦项公司

不同钢种和浇注速度与最佳搅拌的液芯厚度之间的关系见表 6－7 和图 6－17。由表和图可见，最佳搅拌液芯厚度 d_0 随碳含量的增加而减小，随断面增大而减小，而局部凝固时间随碳含量的增加而增加。

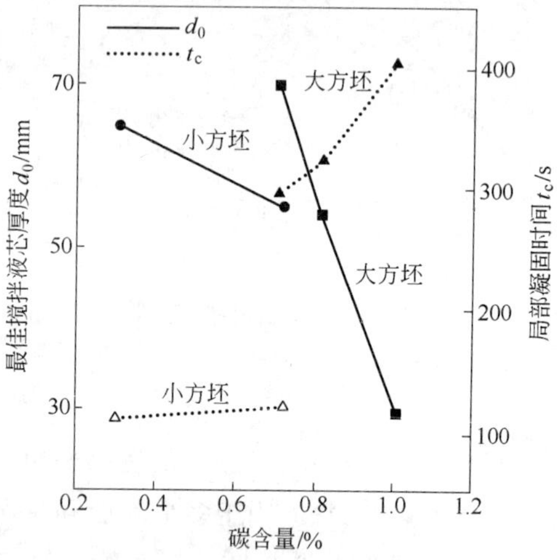

图 6－17 最佳搅拌的液相穴厚度

表 6－7 不同钢种和浇注速度与最佳搅拌的液芯厚度之间的关系

铸坯断面 /mm × mm	钢种	碳含量/%	最佳液芯厚度 d_0/mm	最佳浇注速度 v_c/m · min^{-1}	局部凝固时间 t_c/s
250 × 300	P70	0.71	70	0.8	294
	S80	0.82	54	0.7	320
	WU2	1.01	30	0.65	405
160 × 160	S72	0.72	55	2.0	120
	S30	0.30	65	1.9	109

D 日本神户制钢公司

日本神户制钢从实验室模拟和在线试验结果得到，对 C = 0.6% 的钢种，当液相穴与铸坯断面之比小于 0.2 或粥状区中固相分率 f_S 在 0.1 ~ 0.2 时搅拌，减少中心偏析效果最好。

E 湖南中科电气股份有限公司

基于多年实践经验，根据固相分率 $f_S=0.1$ 的概念，F-EMS 安装在液芯厚度占坯厚的20% ~28%的区域较合适。

6.3.4.3 不同安装位置冶金效果实例

某钢厂在优化 F-EMS 安装位置时，对两个安装位置的冶金效果做了对比试验。试验是在钢种65Mn、断面 150mm×150mm、拉速 2.0~2.1m/min、搅拌方式 M+F-EMS 的条件下进行的。M+F-EMS-1 表示 F-EMS 安装在弯月面下 7.65m，M+F-EMS-2 表示 F-EMS 安装在弯月面下 6.65m。

F-EMS 两个安装位置对比试验结果为：

（1）对低倍组织的影响。根据 YB/T 153—1999《优质碳素结构钢和合金结构钢连铸方坯低倍组织评级图》，对铸坯横截面酸蚀样低倍缺陷进行评级，结果见表 6-8。由表可见，F-EMS 安装在弯月面下 6.65m 处与 7.65m 处比较，中心缩孔和中心疏松均有改善，平均等轴晶率也有所提高。

表 6-8 不同搅拌位置对中心缩孔和中心疏松的影响

电磁搅拌方式	缩孔（样个数）					中心疏松（样个数）					平均等轴晶率/%
	0.5 级	1.0 级	1.5 级	2.0 级	2.5 级	0.5 级	1.0 级	1.5 级	2.0 级	2.5 级	
M+F-EMS-1	2	2	2	1	1	6	4	5	4	1	48.6
M+F-EMS-2	3	1	1	0	0	9	5	5	1	0	50.9

（2）对中心偏析的影响。从现场红坯上切取横剖样 150mm×30mm 及纵剖样 150mm×250mm 各 20 个。每间隔 10mm 用 ϕ5mm 钻头取样，按 GB 226—1991 对中心偏析进行检验，结果如图 6-18 所示。由图可见，无论是横剖低倍或是纵剖低倍检验，F-EMS 安装在弯月面下 6.65m 处与 7.65m 处比较，平均中心偏析指数都有明显降低，且偏析值比较稳定。

由上可见，优化 F-EMS 的安装位置对获得良好的冶金效果的重要性！

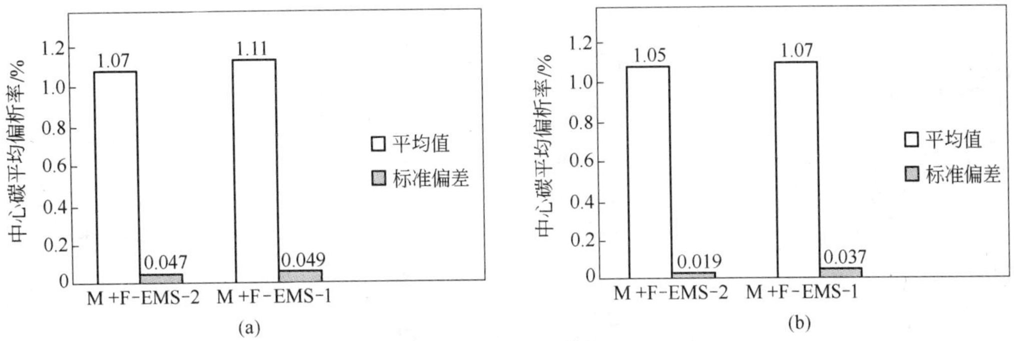

图 6-18 F-EMS 不同安装位置对中心偏析的影响
（a）横剖；（b）纵剖

6.3.5 凝固末端电磁搅拌工艺参数的调控

6.3.5.1 由搅拌速度估计搅拌强度

从国内外使用情况看，F-EMS 应采用弱搅拌，钢水搅拌速度约为 10~20cm/s，搅拌过强，反而使中心偏析和中心疏松加重。

在旋转搅拌下，钢水搅拌速度由式（6－5）计算：

$$v = KBr\sqrt{f\sigma/\rho\mu}^{-0.44} \tag{6-5}$$

式中　K——与搅拌器有关的常数；

B——铸坯中心的磁感应强度，Gs；

f——频率，Hz；

r——液芯半径，cm；

σ——钢水电导率，S/cm；

ρ——钢水密度，g/cm^3；

μ——钢水动力黏度，cP（1cP＝0.001Pa·s）。

6.3.5.2　中心磁感应强度

由于 F-EMS 位置处的坯壳已有相当大的厚度，且液芯几乎成粥状，故 F-EMS 需要较大的磁感应强度，才能使钢水流速达到 10～20cm/s。以中心磁感应强度作为技术指标，一般 B_0 在 600～900Gs 之间，断面小或碳含量高的钢种，B_0 倾向取下限。对含钛和高铬钢种，因其钢水黏度大，不易搅动，甚至可以超过下限。

6.3.5.3　最佳频率

电源频率的选择对 F-EMS 的经济运行是很重要的。像 M-EMS 和 S-EMS 一样，F-EMS 也有个最佳频率 f_m，由于坯壳的电导率比结晶器铜管的小得多，F-EMS 的最佳频率 f_m 的量值比 M-EMS 的高一些。f_m 的大小与断面、钢种、拉速等有关。图 6－19（a）是 f_m 与断面的关系，曲线 1 表示小断面，由图可见，断面大的，f_m 要小一些；图 6－19（b）是 f_m 与电导率即钢种的关系，曲线 3 表示电导率高的钢种，由图可见，钢水电导率高，f_m 就低。

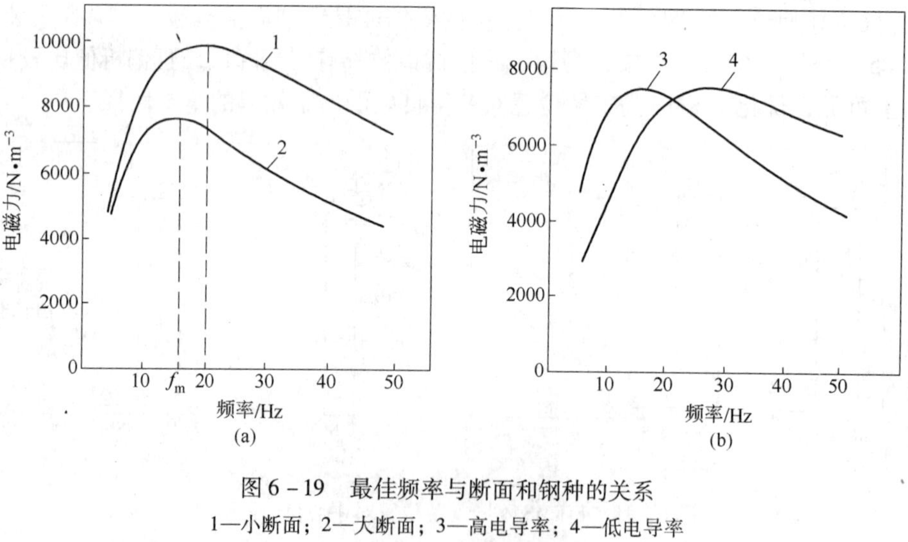

图 6－19　最佳频率与断面和钢种的关系

1—小断面；2—大断面；3—高电导率；4—低电导率

6.4　二冷区和凝固末端电磁搅拌产生的铸坯宏观缺陷——白亮带

6.4.1　白亮带的形成机理

白亮带是成分负偏析带，是铸坯客观存在的一个宏观缺陷，是二冷区和凝固末端旋转搅拌所不可避免的，即使铸坯经过顺序均热的扩散、热处理或热轧，白亮带会有某种程度的改善，但大多数仍将保留在轧坯里而无法消除。需要注意的是，未使用电磁搅拌的铸坯由于二冷一段强冷引起回热而使凝固速度突然减小时也会出现白亮带，但这种白亮带没有负偏析。

以往曾提出过白亮带形成的多种机理，现选择四种主要机理简要地表述如下。

6.4.1.1 溶质洗涤机理

溶质洗涤机理由日本学者提出。当钢水在电磁力作用下产生流动，洗涤两相区，将两相区中柱状晶周围的浓化溶质带走，使这个区域的元素含量降低，如图 6－20 所示。两相区被洗涤的深度越深，负偏析越严重。但这种机理无法解析搅拌停止时的元素富集现象。

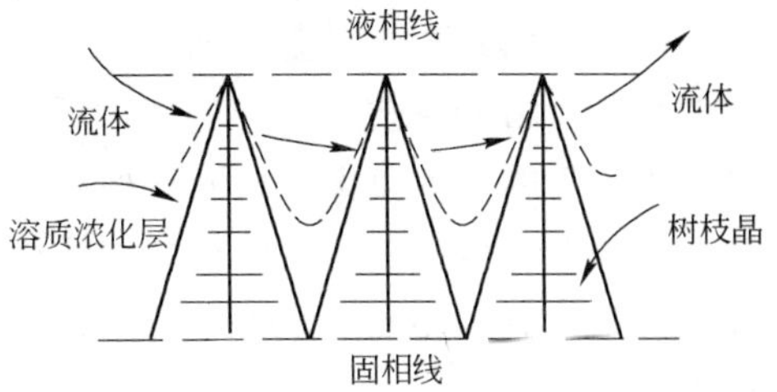

图 6－20 洗涤机理

根据上述机理可以导出有效分配系数 K_e 与洗涤深度 S_h、钢水流速 u 和凝固速度 v 之间的关系，钢水流速大洗涤深度深，而凝固速度快洗涤深度浅。这四者之间的关系可以用三个公式表述：

（1）有效分配系数 K_e 与洗涤深度 S_h 的关系。假设在凝固区中固相分率是距离的线性函数，洗涤深度可以转换成固相分率。如果两相区被洗涤直到固相分率达到某个值 $S_h(f_S)$，则根据质量守恒定律导出有效分配系数的近似表达式：

$$K_e = C_p/C_L = 1-(1-K_0)S_h \tag{6-6}$$

或

$$f_S = (1-K_e)/(1-K_0)$$

式中 C_p——柱晶和枝晶区的平均溶质浓度；

C_L——母液中的溶质浓度；

K_0——平衡分配系数：高碳钢的平衡分配系数为 0.4，中低碳钢的平衡分配系数为 0.17。

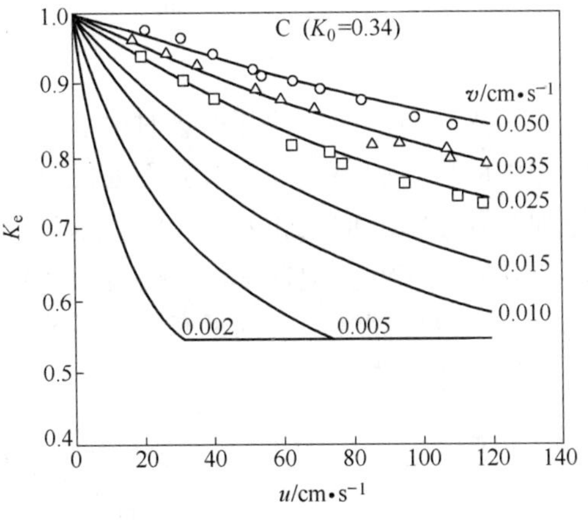

图 6－21 在不同 v 下 K_e 与 u 的关系

由此式可见，K_e 随 S_h 增加而减小。

（2）洗涤深度 S_h 与钢水流速 u 和凝固速度 v 的关系。相应于洗涤深度 S_h 的固相分率可以由凝固速度 v 和母液中的流速 u 控制，根据实验数据整理出三者之间的关系为：

$$u/v = 7500S_h/(1-S_h) \tag{6-7}$$

（3）有效分配系数 K_e 与 S_h、u 和 v 的关系。对于 $0 \leqslant S_h < 0.67$，由式（6－6）和式（6－7）即可导出四者之间的关系：

$$K_e = 1.33\times10^{-4}(1-K_0)(1-S_h)u/v \tag{6-8}$$

图 6－21 表示碳和磷有效分配系数 K_e 在不同凝固速度 v 时随母液流速 u 变化的计算和实验值的比较。由图和式（6－8）可见，对每一合金元素的有效分配系数 K_e 随母液中的流速 u 的增大和凝固速度 v 的减小而减小。碳和磷的平衡分配系数分别为 0.34 和 0.20，当 u 和 v 是常数时，平衡分配系数越小，有

效分配系数也越小。

6.4.1.2　凝固速度突变机理

此机理先由 Alberny 提出，后由 Kor 实验证实：白亮带的形成是在搅拌开始和结束时凝固速度变化的结果。凝固速度由大变小时出现负偏析，由小变大时出现正偏析。用这种机理较好地解析白亮带元素先是负偏析后又升高的现象，但由于忽视了钢水流动的作用，因此不能解析为什么白亮带带有柱状晶的弯曲和被折断现象。

6.4.1.3　液相线速度变化机理

此机理由 Bridge 提出，白亮带的形成应遵循常规的偏析理论。由此提出，当两相区移动速度降低时发生负偏析，两相区移动速度增大时发生正偏析。由此可见，当搅拌开始引起的负偏析，可以认为是液相线速度减慢的结果，而当搅拌停止的正偏析则是液相线速度加速的结果，但他也认为钢液流动并非造成负偏析的主要原因。

上述三种白亮带的形成机理，本质上是一致的，只是从不同角度去观察而已。电磁搅拌对连铸坯凝固有两个方面的重要作用，一方面电磁力引起钢水流动冲洗凝固面（机械作用）；另一方面由于钢水流动引起传热情况的变化（温度作用）。机械作用导致两相区变窄、柱状晶逆流动方向倾斜或被折断以及凝固前沿的浓化溶质被带走等；温度作用导致液相区内温度梯度变小，固液界面温度升高，凝固速度减慢等。在这两种作用的共同影响下，在搅拌开始处流速突然增大而发生负偏析，而在搅拌终了处流速突然变小而发生正偏析，如图 6－22 所示。

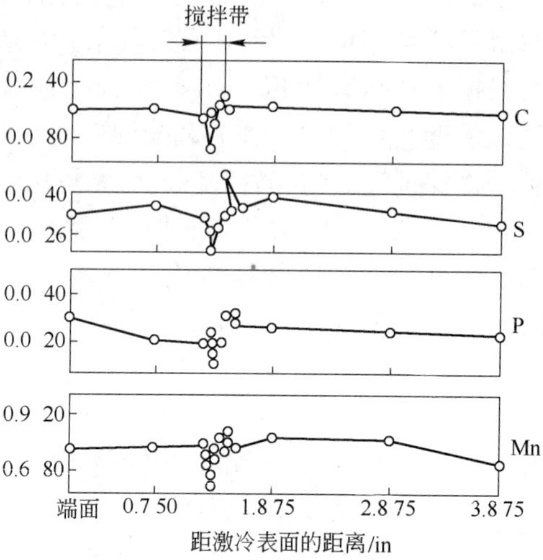

图 6－22　电磁搅拌铸坯横断面上溶质分布曲线（1in＝25.4mm）

6.4.1.4　溶质“析出－扩散”机理

吴夜明等提出铸坯中产生偏析的根本原因是，当固－液界面向液相推进时由于固相和液相中溶质元素的溶解度不同，固相中的小而液相中的大，因而在固－液界面处发生溶质的析出，使溶质浓度增加。界面处溶质浓度的增加会导致溶质向液相扩散，浓度越高扩散速率也越快，最终达到界面处的溶质析出速率等于其向液相的扩散速率，并一直保持到铸坯几乎完全凝固。根据上述机理导出在钢水流动状态下溶质固液相间的平衡分配系数、有效扩散系数、铸坯凝固系数和固液相间溶质浓度之间的相互关系为：

$$K_e = \frac{K_c(K + 2\sqrt{D_{eff}/\pi})}{K_e K + 2\sqrt{D_{eff}/\pi}} \qquad (6-9)$$

式中　K_e——有效分配系数；

K_c——平衡分配系数；

K——凝固系数；

D_{eff}——有效扩散系数，它反映铸坯液芯内流动状态对溶质扩散的影响。

连铸电磁搅拌使铸坯液相内钢水成分和温度趋向均匀化，使固－液相间的有效扩散系数提高而凝固系数降低，导致 K_e 减小，即电磁搅拌会在铸坯上产生负偏析。当铸坯进入搅拌区前，有效扩散系数 D_{eff} 较小，而进入搅拌区后，D_{eff} 增大，K_e 也增大。由式（6－9）可知，K_e 减小即产生负偏析。当离开搅拌区时，D_{eff} 又重新变小，使得 K_e 也重新增大，这样就可能出现某种程度的正偏析。这个机理很好地解释了为什么进入搅拌区是负偏析而离开搅拌区后是正偏析的现象。

6.4.2 影响白亮带的几个主要因素

理论研究和实践表明，影响白亮带的因素很多，大致可分为两大类：一类与电磁搅拌参数有关，如搅拌强度、搅拌位置、搅拌形式（旋转或直线的）、搅拌时间等；另一类与连铸工艺有关，如钢中碳含量、浇注温度、拉速、凝固速度等。综合分析有以下几个主要影响因素：

（1）搅拌强度的影响。由前面一些白亮带形成机理分析，钢水流速对白亮带的形成起了主导作用，而钢水流速则主要由搅拌强度决定。实践表明，搅拌强度越大，电磁搅拌力也越大，钢水流速也随之增大。钢水流速增大，浓化溶质被洗涤的也越多，负偏析也越严重。不同钢种和断面的有效分配系数 K_e 与搅拌强度的关系如图 6－23 所示。

图 6－24 表示不同钢种的负偏析与搅拌强度的关系。由图可见，随着搅拌强度的增加，中心偏析改善了，而负偏析却增加了。碳含量越高，负偏析率也越小。所以，对高碳钢来说，二冷区电磁搅拌可以适当采用高强度搅拌。

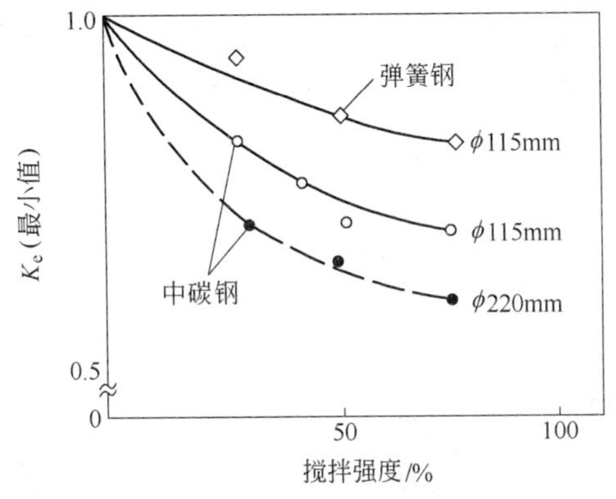

图 6－23　不同钢种和断面的 K_e 与搅拌强度的关系

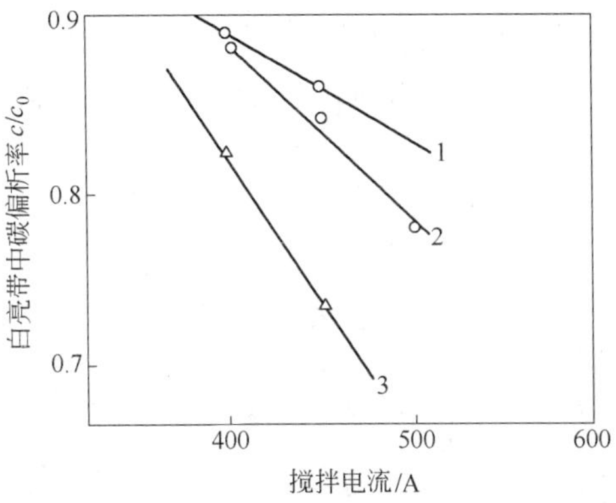

图 6－24　不同钢种的负偏析率与搅拌强度的关系

1—GCr15；2—60Si2Mn；3—35CrMo

（2）钢水流速的影响。图 6－25 表示不同碳含量的白亮带中的负偏析率与钢水流速的关系。由图可见，无论哪类钢种，钢水流速越高，负偏析率越小；对同一钢水流速，碳含量越低，负偏析率也越低。

负偏析率与流速的关系也可由经验公式计算，高桥等导出负偏析率与钢水流速、凝固速度等的关系，详见式（5－21）。

（3）搅拌时间的影响。搅拌时间表示铸坯进出搅拌器的时间间隔。搅拌时间的长短主要决定白亮带的宽度。搅拌时间主要由两个因素决定：一是搅拌器有效作用长度即搅拌器的铁芯高度，在一定拉速下，搅拌器有效作用区长度越长，搅拌时间就越长；二是在一定搅拌器有效作用长度下，拉速快慢又决定搅拌时间的长短。实践表明，在一定安装位置、一定凝固速度下，白亮带的外缘大致表示铸坯进入有效搅拌区时的坯壳厚度，白亮带的内缘大致表示铸坯拉出有效搅拌区时的坯壳厚度，而白亮带的宽度则大致表示铸坯进入和拉出有效搅拌区所生成的坯壳厚度。需要指出的是，搅拌位置决定白亮带的外缘的位置即坯壳厚度，而凝固速度则对白亮带的宽度也会有一定的影响。

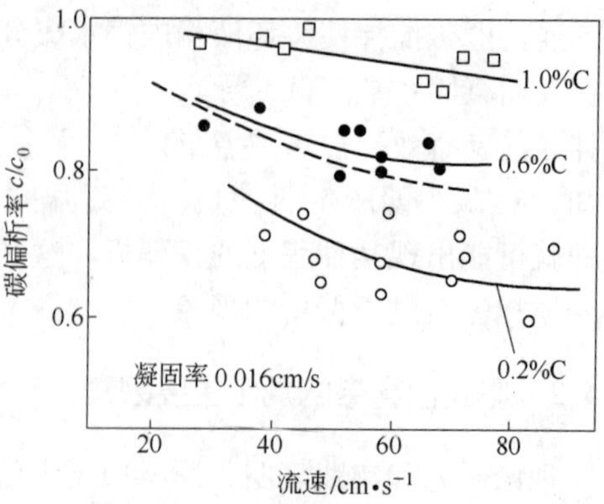

图 6－25　不同钢种的负偏析率与钢水流速的关系

（4）钢水碳含量的影响。随着钢中碳含量降低，负偏析增加。因为随着钢中碳含量增加，两相区宽度增加，由上述机理可知，冲洗深度只和流速有关而与钢中碳含量关系不大。因此与两相区较宽的高碳钢比较，低碳钢的两相区较窄，其洗涤区与两相区之比较高碳钢大，从而使负偏析程度增加，有效分配系数 K_e 与钢中碳含量的关系如图 6－26 所示。

（5）钢水过热度的影响。图 6－27 表示中间包钢水过热度对白亮带宽度的影响。测试是在断面为 170mm × 250mm、钢种为 20 管钢和硅钢、电源频率为 50Hz、电流强度为 200A 条件下进行的。由图可见，白亮带宽度随着中间包温度增加而增加，这表明在高温浇注时，钢水黏度降低，使钢水流速增加，流动影响区扩大。钢水温度升高，钢水电导率降低，这又会降低钢水流速。但钢水温度提高对黏性的影响远比电导率的要大。

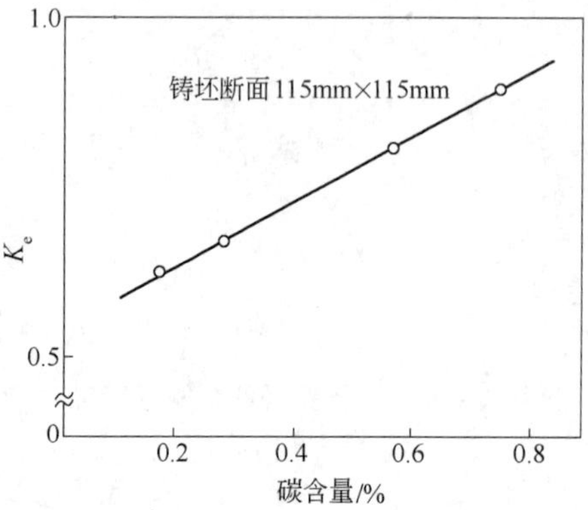

图 6－26　钢中碳含量对 K_e 的影响

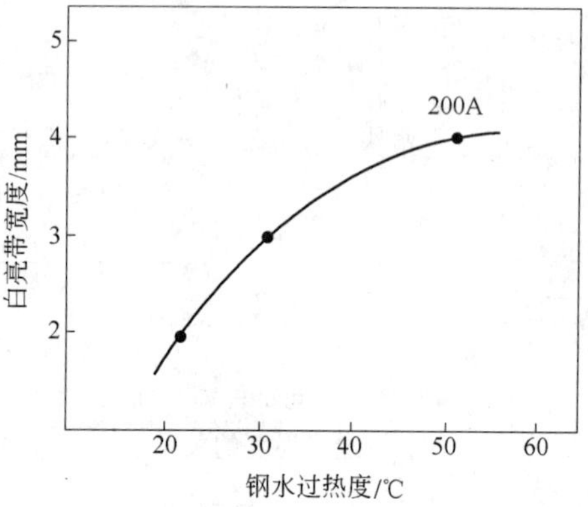

图 6－27　20 管钢和硅钢的白亮带宽度与钢水过热度的关系

6.4.3　减轻白亮带的有效措施

从电磁搅拌实践来看，减轻白亮带的措施大致有三种：一是 6.1.4 节中提到的通过调控搅拌强度来减轻白亮带的影响，显然，这种方法要影响搅拌效果，不足取；二是实施交替搅拌；三是改变搅拌方式。具体介绍如下：

（1）采用交替搅拌。交替搅拌是在确保搅拌效果下减轻或消除白亮带的有效方法。交替搅拌能周期地反转流动方向，导致枝晶间浓缩的钢水也定期地反向流动，而且能抑制枝晶区浓缩钢水的流出，从而能避免形成白亮带；定期地反转流动方向可以缩小有效搅拌区以外的流动影响区的范围，从而能减轻白亮带的影响。

交替时间不能太短也不能太长，间隔太短，稳定搅拌的时间也短，流动还未展开；间隔太长，稳定搅拌的时间也长，流动已充分展开，不利于减轻白亮带。根据国内外实践经验，交替时间大致在 10 ~ 15s 之间较好。

（2）采用直线搅拌。由于不同的搅拌方式造成铸坯内未凝固钢水的流速也不同，因此其偏析量也不同。采用行波磁场的直线搅拌方式，其磁场运动方向及由此磁场作用引起的钢水流动方向与拉坯方向一致（或反向）。某钢厂在 140mm × 140mm 小方坯的二冷区上采用行波磁场的直线搅拌，实践中通过对枝晶倾角的测定来计算钢水流速，在 12 ~ 20 cm/s的范围内，实验表明，当凝固前沿的流速小于 9cm/s 时不产生负偏析。对 40Cr、40Mn、65Mn 等的低倍组织检验显示，多数试样没有白亮带，少数试样有轻微白亮带；各试样断面测点的取样分析，其成分都在国标 GB 222—1984 的成分偏差范围内，应该对铸坯质量没有影响。

（3）研发多频电磁搅拌器。多频电磁搅拌器馈给多频激磁电流，能在铸坯液相穴中的每个位置感生随时间不断变化方向和量值的电磁力。该电磁力一能有效增加铸坯等轴晶率，二能减小凝固面附近的速度梯度，从而能有效地减轻白亮带。另外，对于一些新型电磁搅拌器的思路，包括螺旋磁场（或二轴移动磁场）搅拌器、可调谐旋转磁场搅拌器等，从机理分析都有助于减轻白亮带，值得进一步探索。

另一钢厂在断面为 160mm × 260mm、钢种为硅钢的二冷区上采用行波磁场的直线搅拌，铸坯低倍组织显示，在垂直搅拌条件下，白亮带总体上比较轻微，有的白亮带不连续。不同搅拌强度的白亮带的亮度和宽度稍有差别，当搅拌强度小于 90A 时，看不到白亮带；当搅拌强度大于 95A 时，白亮带宽度约为 1.5 ~ 2.5mm。但白亮带对硅钢片的电磁性能没有不良影响。

对矩形坯和大断面方坯连铸，二冷区采用行波磁场的直线搅拌是值得考虑的一种方案！

6.4.4 白亮带的危害性

白亮带即负偏析带，它是溶质化学成分偏析的一种反映，因此，只要铸坯白亮带及其周围区域的化学成分的变化在钢种化学成分允许波动的范围之内，那么白亮带就不会对铸坯质量产生不利的影响。如果白亮带内化学成分的变化超出钢种允许波动的范围，则有可能对铸坯质量产生不利影响。例如，当白亮带处的碳含量低于钢种要求的下限时，白亮带处的硬度和机械强度就有可能降低。

实践表明，硫含量越高，白亮带也越亮。但国内外检验都表明，白亮带对产品的力学性能没有太大的影响，但对淬火比较敏感的钢种是不能允许的，它是热处理事故的一个来源。如果材料的淬透性较差，或淬透深度较浅，达不到白亮带所在位置，对产品使用也不会造成致命的影响。对高碳钢线材或用于简单拔丝和其他常规应用的中碳钢也不会有问题。然而，在低合金钢（SCM440）、机械结构钢（S45C）和某些其他钢种中，因为他们的线材或棒的轧制产品一般不是直接用做最终产品，而是需要再经受进一步拉拔、冲压、锻压和机加工等。如果这些产品经受热处理如表面淬火，最终产品的表面硬度等有可能达不到可接受的水平，这是由于淬透性已经受到白亮带内负偏析所削弱。因此，在生产上述钢种时，如果可能的话，应该尽量避免白亮带的出现。

6.4.5 凝固末端电磁搅拌的白亮带

电磁搅拌实践表明，由旋转磁场搅拌器激起的旋转搅拌，无论是二冷区搅拌或是凝固末端搅拌，都会在铸坯的硫印上呈现一圈白亮带。只是凝固末端的白亮带比二冷区的轻微一些，一是由于凝固末端钢水黏性较大，钢水不易流动；二是由于凝固末端电磁搅拌所要求的搅拌速度较低。所以，凝固末端电磁搅拌即使产生白亮带也比较轻微。

6.5 水平连铸电磁搅拌技术

水平连铸技术由于其设备简单、工艺稳定且能获得与弧形连铸相当的铸坯质量，在1980~1990年代曾经有过较快的发展，近年来由于其生产率较低而逐步被边缘化，但水平连铸在特殊钢、多断面、小批量连铸生产中仍有用武之地！

水平连铸由于其工艺和冶金特点，且因其结构简单，不需要像弧形连铸机那样，有辊子的支承，通常也不需要二次冷却；其中间包直接与结晶器相连接，不会产生二次氧化，不会出现弧形连铸机浸入式水口冻结问题，这对浇注小断面以及含铝和含钛的钢种特别有利；另外也易于安装电磁搅拌装置等。因此，几乎从水平连铸技术一起步就采用了电磁搅拌技术。

6.5.1 水平连铸的特点及电磁搅拌技术的作用

水平连铸与弧形连铸相比较，有其一些独特的特点：

（1）水平连铸多采用间歇拉坯方式，即拉—停—反推—拉的方式，这样一方面易造成铸坯表面的冷隔及冷隔裂纹；另一方面也在铸坯内部产生一定的等轴晶率。

（2）中间包直接与结晶器连成一体，钢水不易产生二次氧化，从而防止了非金属夹杂物的增加，可以获得较高的钢水清洁度。

（3）在结晶器内钢水静压力比弧形连铸机高，钢水与结晶器铜管壁接触良好，导热快，因此其凝固速度比弧形连铸快。

（4）钢水凝固过程自始至终都是在水平状态下进行的，由于重力的影响在铸坯垂直方向上坯壳生长不均匀，下侧较上侧大，以及等轴晶下沉的倾向，导致凝固组织的不对称性，极易造成中心缩孔和疏松。

（5）通常在水平连铸条件下极易产生缩孔，这是因为：

1）在凝固温度区间内，当液相凝固时会引起凝固收缩，就要求树枝晶间的钢水流动来补充这部分收缩，当这种晶间流动不充分时就容易产生缩孔；

2）在水平连铸下二冷区的钢水静压较其他连铸方法要小，流动驱动力就小，也易产生缩孔；

3）在凝固温度区间内固液的流动性由于固相率增加而大幅度降低，这也是缩孔产生的重要因素。

(6) 由于二冷区钢水静压力比弧形连铸机低，不会产生铸坯鼓肚，因而中心偏析轻。

(7) 由于水平连铸铸坯无需矫直，不会出现弧形连铸坯那样的矫直裂纹。

由于水平连铸的上述工艺和冶金特点，导致铸坯缺陷主要表现为表面的冷隔和冷隔裂纹、中心缩孔和中心疏松。至于中心偏析对低碳钢和低合金钢来说并不太严重，而对高碳钢和高合金钢仍是一个严重的问题。鉴于这种认识，水平连铸电磁搅拌的目的在于：

(1) 使铸坯表面冷隔变浅，冷隔裂纹减少；

(2) 尽可能使坯壳生长均匀些；

(3) 产生尽可能多的等轴晶核并使之能保持在芯部而凝固，从而有利于改善或消除中心缩孔和中心偏析。

6.5.2 电磁搅拌技术对铸坯凝固组织不对称的影响

由于水平连铸电磁搅拌技术起步较晚，它充分吸收了弧形连铸电磁搅拌技术的发展成果，因此其发展模式如配置模式、搅拌方式和搅拌器形式等与弧形连铸的基本相同。需要指出的是，水平连铸结晶器由铜管和石墨套构成，铜管较短约150mm，石墨套紧接铜管，所以水平连铸的所谓的结晶器电磁搅拌实际上是跨于铜管和石墨套（相当于二冷区上部）的搅拌。

由于重力的作用，水平连铸铸坯液相区中悬浮的等轴晶核有向下侧沉积的倾向，导致等轴晶集中在铸坯下侧，芯部很少有甚至没有等轴晶。要造成铸坯中心的等轴晶化，既有赖于搅拌位置及多段组合搅拌间距的选择，也有赖于搅拌强度的选择。如果两者选择不当，即使采用多段组合搅拌也不能使铸坯中心等轴晶化，起不到改善铸坯质量的作用。这是水平连铸电磁搅拌的一个重要特征。

水平连铸电磁搅拌的作用，一是在液相区内产生尽可能多的、悬浮的等轴晶核，二是使等轴晶核尽可能多地沉积在芯部。实践证明，为达此目的，采用多段组合搅拌是行之有效的方法。采用多段组合搅拌的基本思路是：一段电磁搅拌的作用在于产生尽可能多的、悬浮的等轴晶核，二段电磁搅拌的作用则要保持这些晶核大部分继续悬浮直至芯部，使芯部等轴晶化。如果两段电磁搅拌的间距过大，则由一段搅拌产生的悬浮晶核，在二段搅拌之前在重力作用下大部分或全部沉降到铸坯的下侧，使芯部不能完全等轴晶化，达不到稳定地改善铸坯质量的目的。由此可见，多段组合搅拌的位置及其间距的选择是非常重要的！

6.5.3 组合搅拌安装位置的选择

为了确定两段组合搅拌的最佳间距，需要研究由电磁搅拌产生的晶核的沉降速度，为此建立一个简单的晶核沉降模型（见图6－28）。假定完全凝固后的等轴晶区的顶部为A点，它是由B点处的经电磁搅拌后的晶核沉降所致。假设晶核从B点到A点的沉降时间为t_f，而C点到A点的凝固时间为t_s，若两者相等即$t_f = t_s$，则可估算出电磁搅拌后沉降的晶核的平均沉降速度为0.2～0.5mm/s；另一方面实践表明，经电磁搅拌后的晶核多为多边形的，近似认为是球形的，其直径约为100～250μm，在沉降过程中服从Stokes定律，则也可估算类似的结果。图6－29表示按Stokes定律估算出的晶核尺寸与沉降速度的关系，由沉降速度和沉降间距可以算出沉降时间，则结合拉速可以估算出两段电磁搅拌的间距。

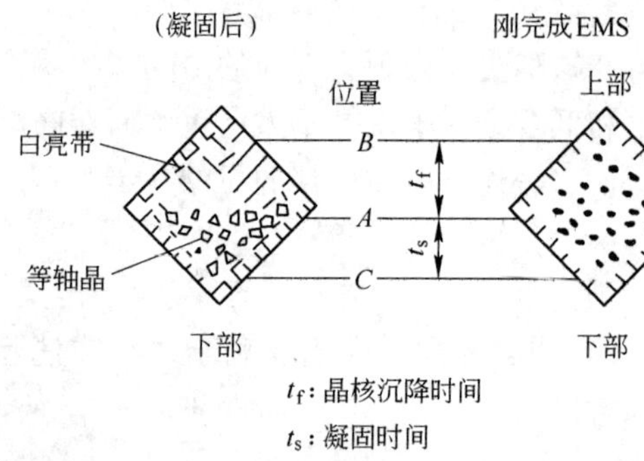

图 6－28 电磁搅拌产生的晶核沉降模型

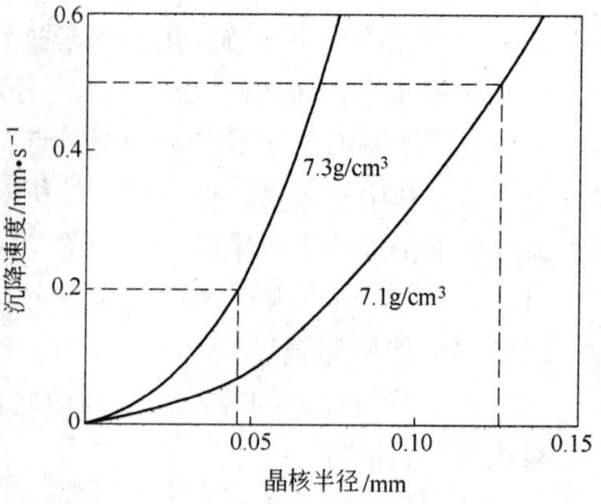

图 6－29 沉降速度与晶核半径的关系

以 0.25% C 钢、115mm × 115mm 方坯、拉速为 2.5m/min 为例，根据上述的估计值，搅拌产生的晶核沉降间距为 10～20mm，由此推出两段搅拌器的间距约为 1.5m。实验证明，此时铸坯质量最好。

除了两段搅拌器的间距外，还需要考虑最佳搅拌位置主要是凝固末端搅拌位置的选择。图 6－30 和图 6－31 表示在两段组合搅拌中，二段（R_2）搅拌位置处液芯尺寸对不同钢种的等轴晶区宽度及负偏析的影响，其中 H_e 是指横断面上铸坯中心到等轴晶区顶端的距离。由图可见，对同一断面不同钢种都有个最佳搅拌区域，钢种不同，最佳搅拌区域的大小也不同。这是由于液相区过小，坯壳厚，搅拌功率大都消耗在坯壳中，搅拌效果降低；反之液相区过大，虽能获得较大搅拌力，但悬浮的等轴晶核在到达凝固终端前就沉积了，达不到使芯部等轴晶化，因此搅拌效果也不显著。

值得指出的是，最佳搅拌位置和间距的选择不仅有利于获得最好的铸坯质量，也有利于减小所需功率。

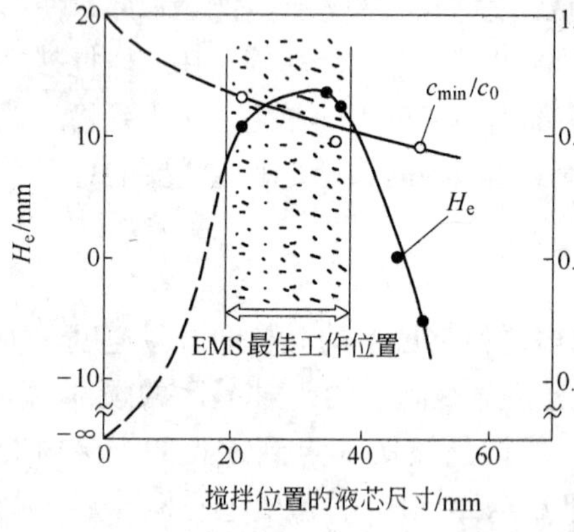

图 6－30 二段搅拌位置处液芯尺寸对等轴晶宽度的影响（0.55% C 钢）

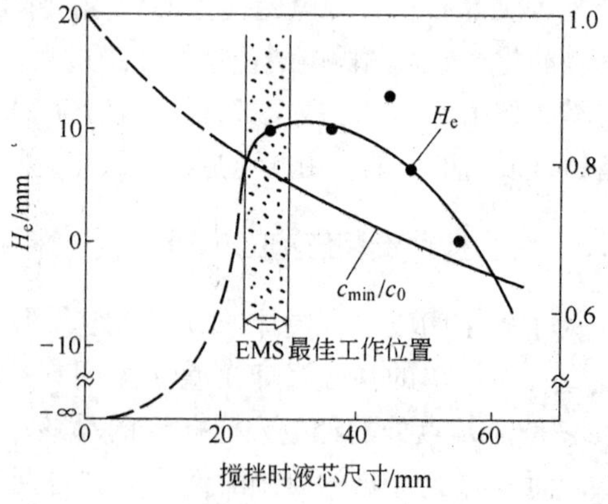

图 6－31 二段搅拌位置处液芯尺寸对等轴晶宽度与负偏析的影响（0.13% C 钢）

对于制造无缝钢管用的 SUS347 和 SUS321，由于加入了 Ti、Nb 等元素，有使中心疏松范围扩大的倾向。为了抑制中心疏松的扩展，减轻中心疏松对穿管的影响，需要采用M+S+F-EMS的三段组合搅拌。为使SUS347、SUS321有较好效果，F-EMS的液芯内径应从固相线温度基准的液芯40~50mm，即相当于铸坯中心的固相分率f_S约0.2开始。由于在f_S=0.2的附近，铸坯中心部分的等固相线急剧密集，考虑到流动性界限，固相分率可高达0.5。因此，F-EMS的位置可以设置在固相线温度基准的液芯内径40~70mm范围内，如图6-32和图6-33所示。

现在，F-EMS的位置已经可以做到自动控制，有可能使芯部没有残余的中心疏松。

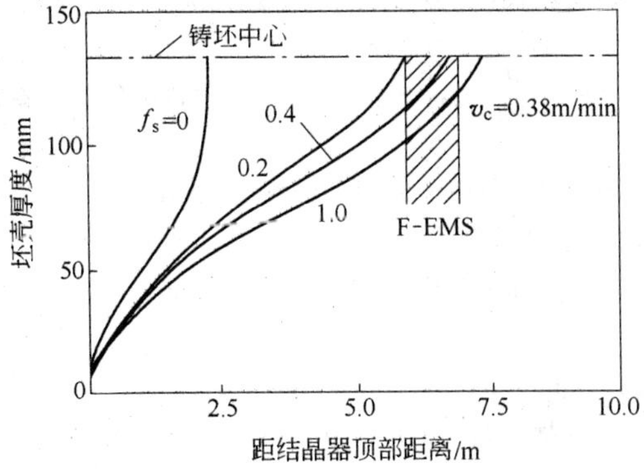

图6-32 F-EMS的位置与中心疏松扩展的关系

钢种：SUS347、SUS321；断面：ϕ265mm

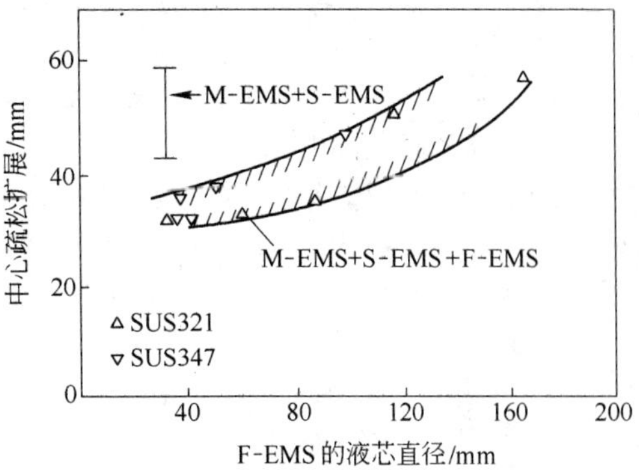

图6-33 F-EMS的液芯直径与中心疏松扩展的关系

钢种：SUS347、SUS321；断面：ϕ265mm

参 考 文 献

[1] CEM (France). Development of Electromagnetic Stirring in Continuous Casting Plants.

[2] Anders Halldin. Electromagnetic Stirring in Continuous Casting [J]. ASEA Metallurgy Technical Symposium, Vasteras Siweden, 1983: 28~29.

[3] 森 隆資ウ. ハンガリー. レーニン製鉄所における小断面連鋳ビレットの品質调查 [J]. 神户製鋼技報, 1985, 35 (1): 95~96.

[4] Moore J J, Shah N A. A Review of the effects of electromagnetic stirring (EMS) in continuously cast steels. The application of electromagnetic stirring (EMS) in the continuous casting of steel [J]. Continuous Casting, 3: 35~45.

[5] 重钢三厂. 连铸电磁搅拌试验 [J]. 三钢科技, 1983, (2): 1~13.

[6] Takahashi T, et al. Effect of fluid flow on macrosegregation in steel ingots. Solidification and Casting of Metals. Proc. of Intern. Conf. on Solidification Sheffield UK, 1977: 18~21, 331~333.

[7] 陈雷. 电磁搅拌连铸坯中白亮带的形成机理和影响因素 [C] //唐山: 1987年连续铸钢学术会议论文选集, 1987: 143~153.

[8] 吴夜明, 姚榴枋. 电磁搅拌对铸坯成分偏析影响的机理 [J]. 连铸, 1999 (4): 26~29.

[9] 叶枫, 等. 电磁搅拌对连铸小方坯质量的影响 [C] //第六届全国连铸年会论文集, 1999: 224~234.

[10] Fujimura T, et al. Effect of electric magnetic stirring on the centerline segregation of continuously cast steel.

［11］Alberny R J，et al. 北京：连续铸钢专题技术讲座，第一部分，电磁搅拌．中国金属学会，1984，11：1～96.
［12］Birat J P，et al. 对凝固温度区间大的钢的连铸及电磁搅拌［C］//连续铸钢用电磁搅拌译文集：149～159.
［13］李万国．连铸机工艺设计若干问题的认识［J］．连铸，2010（3）：16～22.
［14］干勇，等．现代连续铸钢实用手册［M］．北京：冶金工业出版社，2010.
［15］张春苗，等．合金钢连铸凝固末端位置测定［J］．连铸，2009（5）：21～24.
［16］朱惠刚，等．连铸方坯末端电磁搅拌工艺实践［J］．连铸，2007（6）：35～36.
［17］王彪，等．凝固末端电磁搅拌参数确定及其对中心偏析的影响［J］．钢铁，2007，42（3）：18～21.
［18］易兵，张怀远，等．利用射钉法确定凝固末端电磁搅拌位置的试验研究（湖南中科电气股份有限公司内部资料），2010.
［19］蒋军，等．利用二冷仿真技术进行优化设计（中国重型机械研究院内部资料），2010.
［20］张春杰，等．射钉法测量板坯凝固坯壳厚度的应用实践［J］．连铸，2011（3）：28～30.
［21］岳铁军，等．首钢 3 号连铸机凝固末端电磁搅拌技术应用研究［J］．连铸，2011（4）：8～12，16.
［22］孙永栋，等．连铸板坯凝固坯壳厚度的研究和应用［J］．连铸，2011（5）：5～7.
［23］张兴中，等．方圆坯凝固定律的导出与验证［J］．金属学报，2004，40（3）：281～284.
［24］高木政明．ウ．電磁攪拌によょる連鋳鋳片の中偏析改善［J］．電気製鋼，1987，58：36～44.
［25］Kyung Shik O H et al. Macrosegregatlon Behavior in Continuously Cast High Carbon Steel Blooms and Billets at the Final Stage of Solidification in Combination Stirring［J］．ISIT International，1995，35（7）：866～875.
［26］中田博也ウ．高碳素鋼ブルームCCにおける内部品质改善［J］．電気制鋼，1991，62：42～48.
［27］Mizukami H，et al. Effect of Electromagnetic Stirring at the Final Stage of Solidification of Continuously Cast Strand［J］．Trans. ISIJ，1984，24（11）：923～930.
［28］Грачев В Г. Физико-Математическое Модлирование Процесса ЭМП Жидкого Металла в Кристаллизаторе сортовой МНЛЗ. Тяжелое Машиностроение，2002（5）：2～6.
［29］森井 廉 ウ．大同特殊鋼（株）知多工場第 2 号連鋳設備の建設と操業［J］．電気製鋼，1993，64：13～21.
［30］Beitelman L，et al. Influence of Chemistry and superheat on the Solidification Structure of Blooms Cast with EMS［J］．Iron & Steelmaker，1988：43～51.
［31］森 隆資ウ．ブルムビレットの連鋳設備と鋳片品質［J］．鉄と鋼，1981，37（8）：1103～1113.
［32］Wolf M，et al. 连铸技术的最新进展［C］//中国金属学会连续铸钢分会，1988：237.
［33］Welburn R W，et al. Initial Experience with the new Billet Casting Machine at B. S. C Special Steels Continuous Casting［C］//4th International Iron and Steel Congress：17/1～17/16.
［34］Mori T，et al. Quality Improvement of Continuous Cast Billets by Combination Electromagnetic Stirring. KOBE Steel LTD.
［35］菊地克彦ウ．棒线用ブルーム鋳片の鋳型内電磁攪拌による内質改善［J］．材料とプロセス，1993，6：1197.
［36］竹内英磨ウ．ステンレス鋼丸ブルーム性状におよぼす鋳型内電磁攪拌の影響［J］．鉄と鋼，1985，71（4）：209.
［37］Kitamura M，et al. Production of high grade wire rod from large section continuously cast bloom［J］．Ironmaking and Steelmaking，1983，10（2）：82～90.

[38] Ishiznka A, et al. 凝固终端电磁搅拌对大方坯质量的影响 [C] //连续铸钢用电磁搅拌译文集: 313 ~ 315.

[39] 许纯良, 等. 行波磁场电磁搅拌 [J]. 首钢科技, 1987 (5): 16 ~ 21.

[40] 詹书中, 等. M + F-EMS 在济钢小方坯连铸生产中的应用实践 [C] //厦门: 第五期连铸电磁搅拌技术学习研讨班论文集, 2008: 213 ~ 217.

[41] K. H. Spitzer, et al. Multi-Frequency Electromagnetic Stirring of Liquid Metals [J]. ISIJ international, 1996, 36 (5): 487 ~ 492.

[42] 毛斌. 水平连铸电磁搅拌技术 (中国科学院力学研究所内部报告), 1989.

[43] 森隆 资, 等. 水平连铸的发展和冶金特点 [J]. 钢铁, 1984, 19 (8): 42 ~ 46.

[44] 竹内英磨ウ. 電磁攪拌にょるステンレス鋼連鋳ブルームの品質改善 [J]. 鉄と鋼, 1997, 63 (8): 59 ~ 68.

[45] Klaus Wünnenberg, et al. Metallurgische Probleme beim Electromagnetischen Rühren von Stahl während der Erstarrung. Stahl u Eisen, 1984, 104 (9): 423 ~ 427.

[46] Cheng Chao-Min, et al. The Application of Electromagnetic Stirring in the Seconoary cooling zone for Continuous Cast Bloom at C S C [C] // SEAISI Indonesiq Conference.

[47] Syuhei Takeda, et al. 通过电磁搅拌改善水平连铸坯的凝固组织//冶金部情报研究总所, 国外连铸新技术 水平连铸 (四), 1986: 190 ~ 198.

[48] 照沼 正明ウ. 水平連鋳ビレットの電攪によるセンタ - ポロツティ改善 [J]. 材料とプロセス, 1994, 7: 171 ~ 172.

7 方(圆)坯连铸电磁搅拌的冶金效果

实践表明，电磁搅拌的冶金效果因铸机和连铸工艺不同而有所不同，也因电磁搅拌器和电磁搅拌参数不同而有所不同。从目前的电磁搅拌技术应用现状来看，对于不同铸机和不同连铸工艺采用什么样的电磁搅拌工艺参数，能获得什么样的冶金效果，还很难做定量的预测。对于每个用户来说，重要的是应根据自身铸机状况和连铸工艺条件，采用不同的电磁搅拌工艺参数的匹配，通过铸坯低倍组织等的检验手段，获得大量的冶金效果的数据，经过综合分析建立在不同连铸工艺条件和不同电磁搅拌工艺参数下的良好的冶金效果的定量规律，即在电磁搅拌条件下优化的连铸工艺软件。

作者尽可能多地收集了国内外电磁搅拌冶金效果的案例，汇集成一章。其目的：一是比较全面地介绍电磁搅拌冶金效果的丰富多彩的内容；二是介绍在某些连铸工艺条件下的冶金效果与电磁搅拌工艺参数之间的关系和规律；三是尽可能全面地反映国内电磁搅拌技术的应用和研发成果。

7.1 方(圆)坯连铸结晶器电磁搅拌的典型冶金效果

在5.2.1节中已阐述了在M-EMS作用下结晶器内钢水流动特征。一方面，这些流动产生两个作用：一是冷却作用，即钢水流动加速了从铸坯芯部向表面的传热和内部温度分布均匀化，使过热尽快耗散，过热度尽快降低；二是离心作用，使轻相物质如气泡和夹杂物向中心集中上浮。另一方面，结晶器内钢水流动又不能太强，避免弯月面的波动和保护渣的卷吸。因此结晶器内钢水流动对铸坯表面和皮下质量及内部质量具有重大影响。影响钢水流速的重要因素主要有：搅拌器的搅拌强度和频率、铸机的结晶器的形状和断面、连铸工艺的拉速和钢种等。

7.1.1 结晶器电磁搅拌对弯月面温度的影响

由5.2.1节所述，结晶器内上环流区的流动对弯月面的温度产生重大影响。图7－1表示在M-EMS作用下钢水流速和弯月面脉动对弯月面附近温度脉动的影响。由图可见，由于上环流的作用使过热钢水不断地向弯月面附近补充，流速越高，弯月面附近温度脉动也越大；也由于上环流的作用，导致沿凝固前沿上升的钢水在三重点（弯月面、结晶器铜壁和保护渣层交界点）处拱起，减小了熔融保护层的厚度，引起保护渣的不均匀流动；弯月面附近钢水流动势必引起自由面的脉动，而自由面的脉动又促进了保护渣不均匀流动，也影响了弯月面附近的温度脉动。

7.1.2 结晶器电磁搅拌及其组合搅拌对铸坯凝固的影响

结晶器内钢水流动清洗了凝固前沿，不仅使坯壳生长均匀，而且也使坯壳生长速度变慢。坯壳均匀有利于减少漏钢危险，也有利于减少表面和皮下裂纹。坯壳厚度与钢种、铸

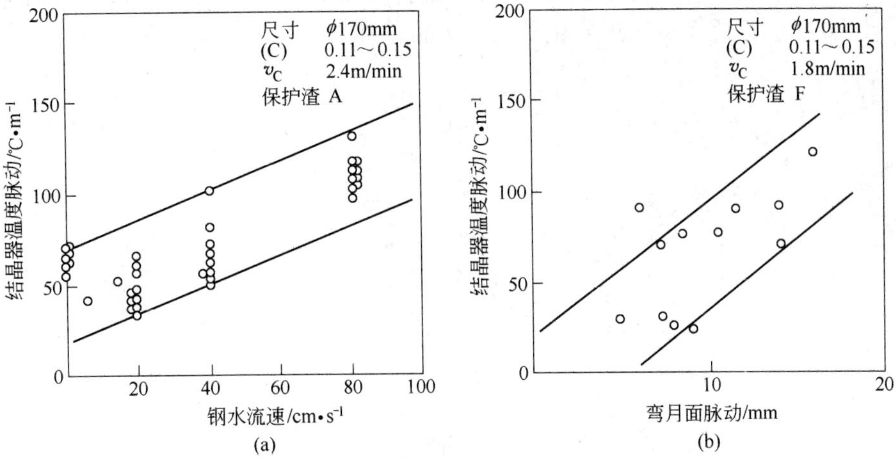

图 7－1 钢水流速和弯月面脉动对弯月面附近温度脉动的影响

坯断面、搅拌强度等有关。

7.1.2.1 M-EMS 对大方坯坯壳生长的影响

图 7－2 表示在不同的搅拌强度下，坯壳厚度与弯月面下距离的关系。由图可见，有搅拌的坯壳厚度都比无搅拌的要薄一些，搅拌强度大的又比搅拌强度小的更薄一些。

7.1.2.2 M-EMS 对不锈钢圆坯坯壳生长的影响

图 7－3 表示不锈钢圆坯在有和无 M-EMS 工况下的坯壳厚度与凝固时间的关系。由图可见，无论搅拌与否，坯壳与搅拌时间的平方根成正比；有搅拌的坯壳比无搅拌的要薄几个毫米；两者都符合坯壳生长的理论规律。

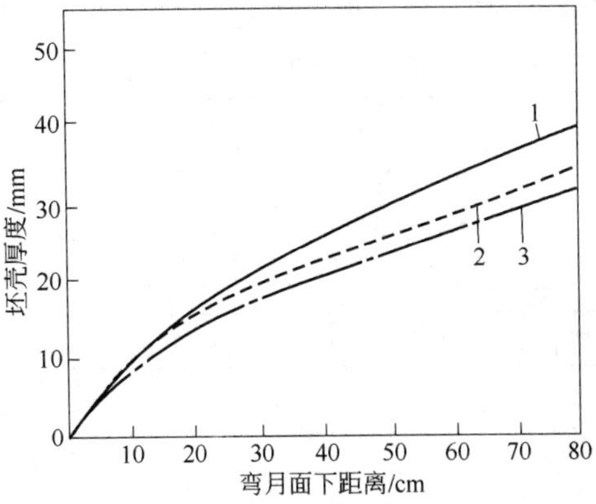

图 7－2 坯壳厚度与弯月面下距离的关系

1—无 M-EMS；2—有 M-EMS：1500A，2Hz；3—M-EMS：2300A，2Hz

铸坯断面：300mm×400mm；旋转搅拌

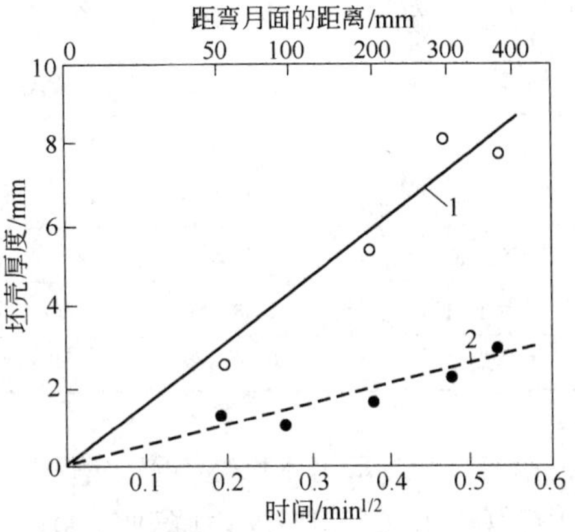

图 7－3 不锈钢圆坯在有和无 M-EMS 工况下的坯壳厚度与凝固时间的关系

1—无 M-EMS；2—有 M-EMS

钢种：0Cr18Ni9；圆坯；旋转搅拌

7.1.2.3 M＋S-EMS 对坯壳生长的影响

图 7－4 表示 M＋S-EMS 组合搅拌对细晶粒钢小方坯坯壳生长的影响。由图可见，无

论是在 M-EMS 或 M + S-EMS 作用下，所有测量值都分布在一条直线附近，表明坯壳厚度与时间的平方根成正比，符合坯壳生长的平方根定律。

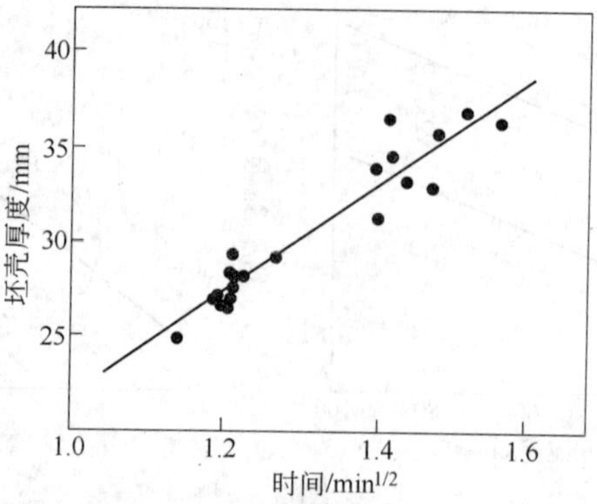

图 7－4　M + S-EMS 组合搅拌坯壳厚度与凝固时间的关系

钢种：细晶粒钢；断面：140mm × 140mm；M + S-EMS（M-EMS 采用旋转搅拌；S-EMS 采用单边直线搅拌）

7.1.3　结晶器电磁搅拌对铸坯清洁度的影响

由于 M-EMS 诱起的钢水旋转运动的离心力迫使钢水中的轻相物质如气泡和夹杂物向中心集中、上浮；也由于凝固面前沿的剪切力把被凝固面前沿捕获的气泡和夹杂物清洗出来，使其集中上浮而去除。这样提高了铸坯表面和内部的清洁度。

7.1.3.1　对铸坯中的 $[O]_t$ 含量的影响

表 7－1 表示 M-EMS 对车轮轮箍钢大圆坯内气体含量的影响。测量是在钢种为 CL600 车轮轮箍钢、断面为 ϕ450mm、拉速为 0.45 ~ 0.50m/min、f = 2.0 ~ 2.5Hz 条件下进行的。由表可见，铸坯中氮含量和 $[O]_t$ 含量较低；内外弧无明显的质量差别。

表 7－1　在 M-EMS 作用下车轮轮箍钢大圆坯气体含量　（%）

项　目	$[O]_t$		氮 含 量	
	内弧 1/2R	外弧 1/2R	内弧 1/2R	外弧 1/2R
最大值	0.00272	0.00247	0.00713	0.00708
最小值	0.00158	0.00129	0.00465	0.00452
平均值	0.00209	0.00198	0.00584	0.00571

图 7－5 表示 M-EMS 对重轨钢圆坯中 $[O]_t$ 的影响。采用 M-EMS 后，使 PD_3 重轨钢圆坯中 $[O]_t$ 由 0.00151% 下降到 0.00126%。

7.1.3.2　对大型夹杂物的影响

图 7－6 表示不同搅拌强度和水口浸入深度对小方坯大型夹杂物的影响。由图可见，在有保护浇注情况下，水口浸入深度对铸坯大型夹杂物有重要影响。在采用M-EMS 下，钢水旋转运动有使自由面向下凹的倾向，从而减少了水口的有效浸入深度。因此，在 M-EMS 运行时水口浸入深度宜大于 100mm，典型的是 130mm，此时夹杂物的卷吸被制止了，大于 150mm 为最好。

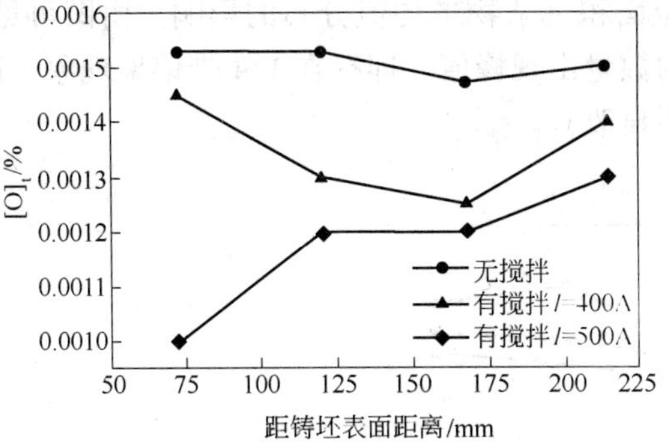

图 7-5 铸坯中[O]$_t$含量沿圆坯半径的变化

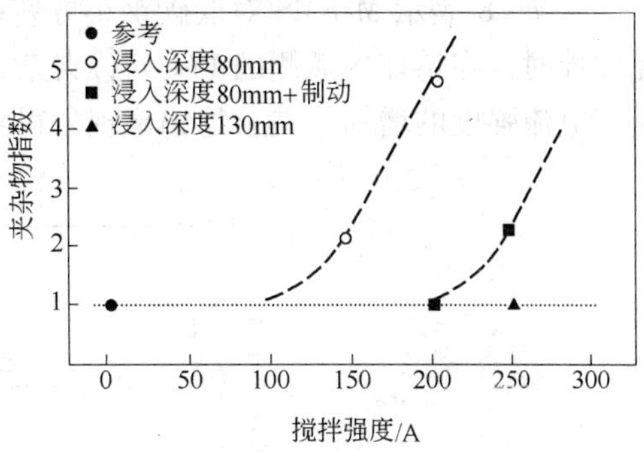

图 7-6 搅拌强度和水口浸入深度对大型夹杂物的影响

图 7-7 表示 M-EMS 对车轮轮箍钢大圆坯夹杂物级别、尺寸和分布的影响。由图可见，M-EMS 可有效改善铸坯内部夹杂物分布，使夹杂物级别有所降低，夹杂物尺寸也有所减小。

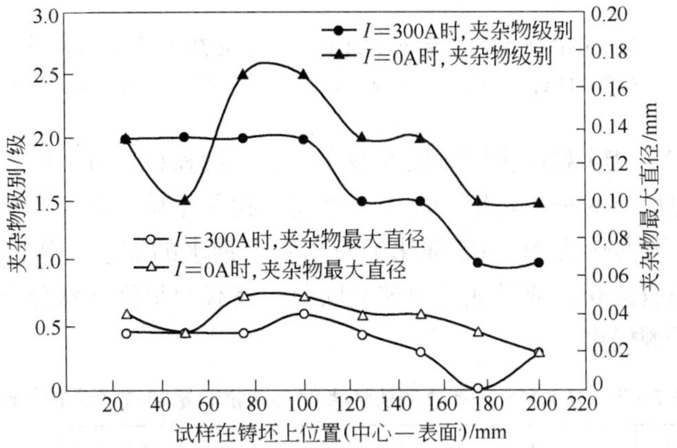

图 7-7 M-EMS 对大圆坯内夹杂物级别、尺寸和分布的影响

钢种：车轮轮箍钢；断面：ϕ450mm；拉速：0.45～0.50m/min；f=2.0～2.5Hz

表 7-2 表示 M+F-EMS 对高碳钢小方坯夹杂物分布的影响，检测是在断面为 150mm×150mm、拉速为 2.0m/min 的条件下进行的。由表可见，经电磁搅拌的铸坯无论哪个部位夹杂物的评级都比未搅拌的要小，而最大尺寸则小得多；经电磁搅拌的试样中没有发现共晶硫化物，而未经搅拌的试样中芯部硫化物呈共晶分布。

表 7-2 M+F-EMS 作用下高碳钢小方坯的夹杂物分布

试样	钢种	是否搅拌	芯部					1/4 处					边部				
			A	B	C	D	最大尺寸/μm	A	B	C	D	最大尺寸/μm	A	B	C	D	最大尺寸/μm
8179	72A	未搅拌	2.5	0.5	1.5	1.5	20	2.0	0.5	1.0	0.5	25	0.5	0.5	1.5	1	20
8379	72A	搅拌	1.5	0.5	1.0	1.0	12	1.0	0.5	1.0	1.0	15	<0.5	<0.5	1.0	<0.5	10
8380	82B	搅拌	1.0	<0.5	<0.5	0.5	5	1.0	<0.5	<0.5	0.5	<5	<0.5	<0.5	0.5	<0.5	<5
8518	82B	搅拌	1.0	<0.5	<0.5	0.5	<5	1.0	<0.5	0.5	0.5	<5	<0.5	<0.5	1.0	<0.5	<5

图 7－8 表示 M-EMS 对低碳钢小方坯单位面积夹杂物平均值分布的影响。由图可见，无搅拌时，在铸坯内弧侧的 1/4 处，夹杂物的数量出现峰值，即存在 1/4 带偏聚现象，而随着电流强度的增加，夹杂物偏聚现象得到明显改善。

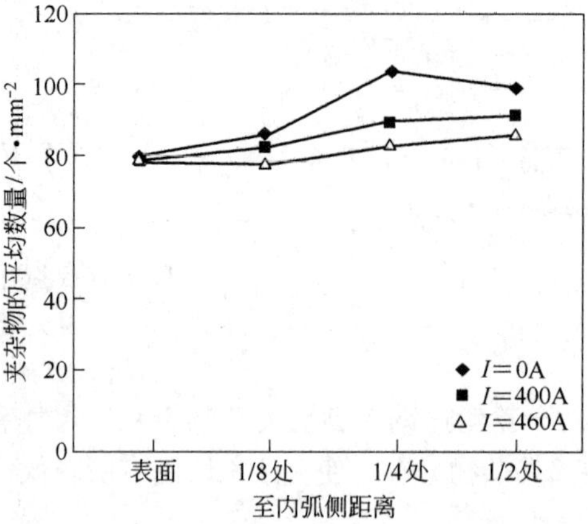

图 7－8 M-EMS 对低碳钢小方坯单位面积夹杂物平均值分布的影响

钢种：SWRCH8A；断面：140mm×140mm；拉速：最大 3.2m/min；f=2～7Hz

表 7－3 表示 M-EMS 对重轨钢铸坯大型夹杂物总量和粒径分布的影响。由表可见，采用结晶器电磁搅拌后，两种重轨钢铸坯中大型夹杂物总量均较低，而且随着电流强度增加而减少。其原因主要是因为 M-EMS 强化了液相穴中钢水的流动，清洗凝固前沿，促进夹杂物上浮并被保护渣捕获，或是随机地被凝固前沿捕获而呈弥散状分布，从而消除或减少夹杂物在铸坯内弧侧偏聚。

表 7－3 M-EMS 对重轨钢铸坯大型夹杂物总量和粒径分布的影响

钢种	电流强度/A	夹杂总量 /mg·(10kg)$^{-1}$	夹杂物粒径分布/%			
			50～100μm	101～180μm	181～280μm	>280μm
U71Mn	250	8.28	33.9	26.69	22.88	8.9
	300	7.87	45.64	34.44	13.69	
	350	7.07	37.22	30.04	22.42	
	450	4.90	45.58	12.93	25.85	6.8
	500	3.87	38.69	29.93	18.25	
U75V	250	8.53	25.2	35.83	20.08	13.38
	300	7.30	24.69	37.04	23.46	3.7
	350	6.54	37.38	34.47	17.96	
	400	6.00	26.24	39.82	24.89	
	450	4.68	30.15	28.99	21.5	

图 7－9 表示 M＋S-EMS 对合金钢小方坯非金属夹杂物出现几率和平均级别的影响。由图可见，经结晶器电磁搅拌后，非金属夹杂物处于 0 级和 0.5 级的达 100%，其平均评

级低至0.03级；而未搅拌的0级的只有50%，0.5级有28.57%，1级有17.86%，其平均评级为0.45级。由此可以认为，在浇注过程中由钢水带入的外来非金属夹杂物，如脱氧化产物、耐火材料冲刷剥落、水口结瘤被冲刷而进入的夹杂物，经电磁搅拌后绝大部分可以被排除。

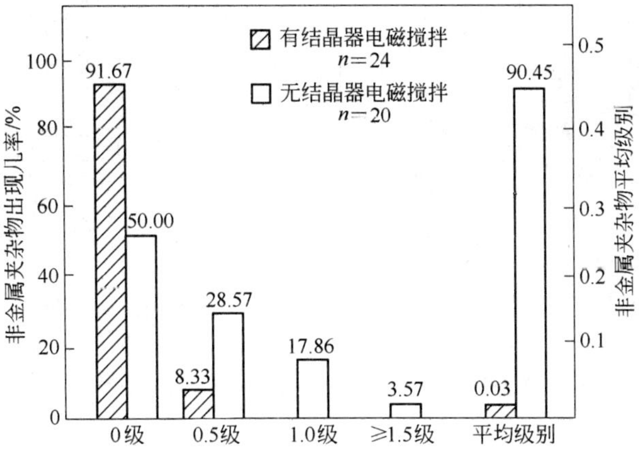

图7－9　电磁搅拌对合金钢小方坯非金属夹杂物出现几率和平均级别的影响

断面：140mm×140mm；拉速：1.5～2.2m/min；M-EMS：旋转磁场，6～10Hz，110～160A；S-EMS：行波磁场，50Hz

7.1.4　结晶器电磁搅拌对铸坯表面和皮下质量的影响

结晶器电磁搅拌通常采用旋转搅拌，旋转搅拌在结晶器钢水内产生两个力：一是离心力，迫使轻相物质向中心集中上浮；二是凝固前沿产生的剪切力，它能清洗凝固前沿，使得被凝固前沿捕获的气泡和夹杂物被清洗出来。两者有利于减少铸坯表面和皮下的气泡和夹杂物，从而提高铸坯的表面和皮下质量。

7.1.4.1　对铸坯表面和皮下气孔的影响

图7－10表示M-EMS对不同碳含量小方坯气孔相对频率的影响。由图可见，不采用M-EMS，大多数铸坯的气孔数量在3～60个/m^2的范围内（平均41个/m^2）；采用M-EMS后，气孔数量明显减少，仅有0～2个/m^2（平均1.1个/m^2）的铸坯达到100%。由此可见，采用M-EMS后，表面气孔的范围极大地减少了。

图7－11表示M-EMS对不同碳含量小方坯表面针孔分布的影响。由图可见，在M-EMS作用下，无论哪类钢种的表面针孔分布和平均值都比不搅拌的大大减少。碳含量为0.5%～0.65%时，无论搅拌与不搅拌，针孔出现率相对较高。

图7－12表示M-EMS对不锈钢小方坯表面气孔的影响。由图可见，无论哪个不锈钢种，经M-EMS后，表面气孔的个数大大地减少，尤其是303钢和304钢更为明显。

图7－13表示M-EMS对高碳钢大方坯表面气孔和尺寸的影响。由图可见，无M-EMS时，小于0.5mm的气泡数很高，而有M-EMS的则很少，而不小于0.5mm的气泡，有或无M-EMS，几乎相当。

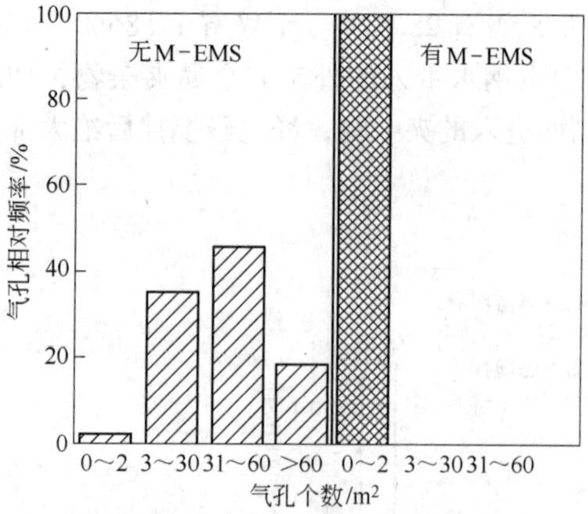

图 7－10　M-EMS 对不同碳含量小方坯表面气孔率的影响

钢种：低、中、高碳钢；
断面：115mm×115mm；旋转搅拌

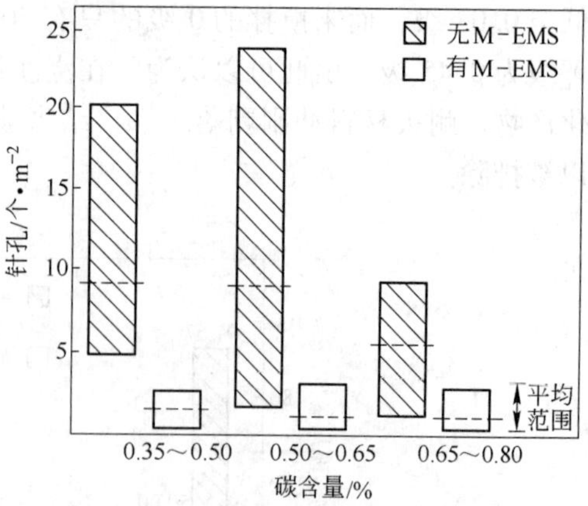

图 7－11　M-EMS 对不同碳含量小方坯表面针孔分布的影响

钢种：低、中、高碳钢；
铸坯断面：115mm×115mm；旋转搅拌

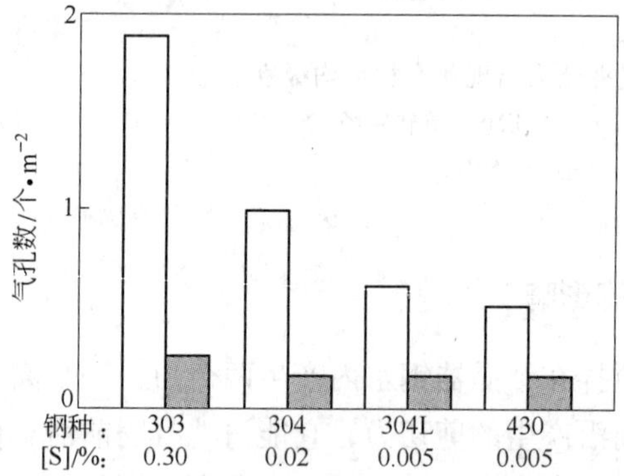

图 7－12　M-EMS 对不锈钢小方坯表面气孔的影响

钢种：303、304、304L、430；
铸坯断面：150mm×150mm，旋转搅拌

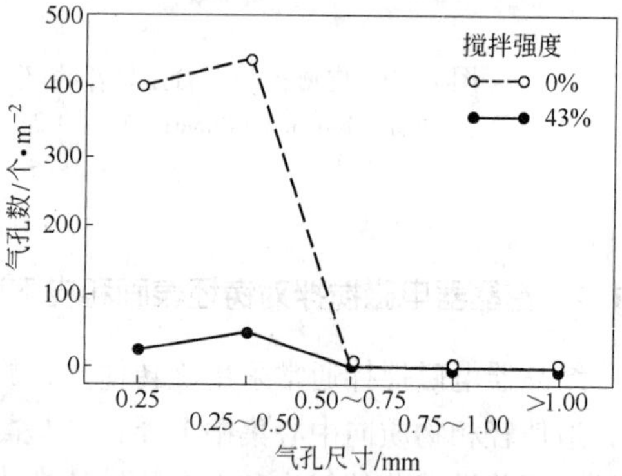

图 7－13　有或无 M-EMS 对大方坯表面气孔数与气孔尺寸的影响

钢种：高碳钢；铸坯断面：310mm×440mm；
拉速：0.4～0.7m/min；过热度：10～40K，旋转搅拌

图 7－14 表示在 M-EMS 作用下表面气孔和夹渣发生个数与钢水流速的关系。由图可见，M-EMS 能明显改善铸坯表面的气孔和夹渣，当流速达到 30cm/s 时，气孔减少大致趋于一个定值，即使流速再增加也不再减少；而当流速超过 60cm/s 时，夹渣又继续增加，这显示保护渣和已被保护渣层吸收的夹杂物等被强烈搅拌所卷吸。因此，应恰当选择 M-EMS 的搅拌强度，使弯月面附近的钢水流速控制在 30～60cm/s 范围之内。

7.1.4.2　对铸坯表面和皮下缺陷的影响

图 7－15 表示 M-EMS 对中碳钢小圆坯表面缺陷分布的影响。由图可见，在未经 M-EMS 作用的铸坯上存在明显的不对称性，内弧半径侧缺陷多于外弧半径侧，特别在 10～15mm 范围内，缺陷更多，表明缺陷在内弧半径侧偏聚；而有 M-EMS，内、外弧半径侧的缺陷都很少。

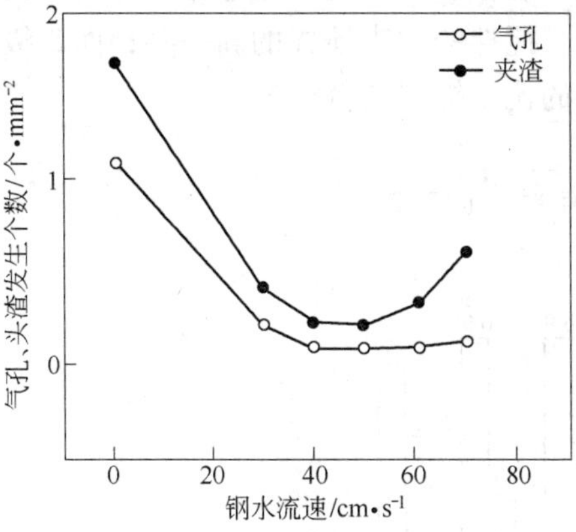

图 7－14 M-EMS 作用下表面气孔和夹渣与钢水流速的关系

钢种：304；断面：145mm×145mm；拉速：1.6～1.8m/min

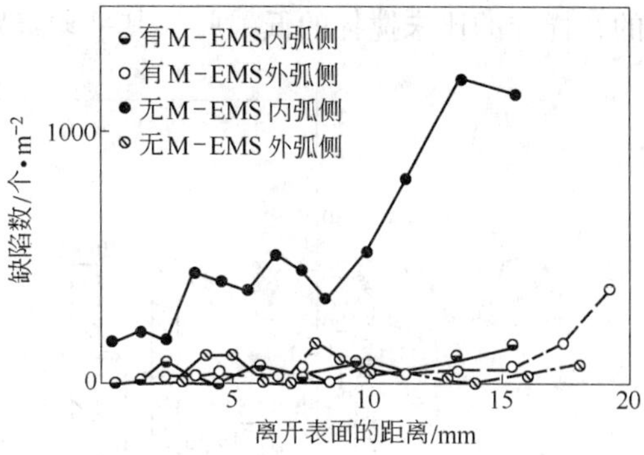

图 7－15 M-EMS 对中碳钢小圆坯表面缺陷分布的影响

7.1.4.3 对铸坯表面和皮下裂纹的影响

图 7－16 表示 M-EMS 对铸坯皮下条状裂纹的影响。由图可见，通过合理地选择 M-EMS 的参数，可以显著地减少表面和皮下裂纹，从表面至皮下 15mm 处，裂纹指数均可稳定在较低水平。通过 M-EMS 改善铸坯表面质量，精整工作量减少，金属收得率提高，并且轧材质量也得到相应提高，棒材的表面无缺陷率由 23% 提高到 96%。

日本神户钢铁公司采用 M-EMS 后，铸坯清理率由 20%～25% 下降到 2%～3%；金属收得率由 94% 提高到 97%，清理损耗减少 3%。

图 7－17 表示 M-EMS 对中高碳钢铸坯纵向角裂的影响。由图可见，铸坯经 M-EMS 后，在结晶器内形成的坯壳厚度比较均匀，减少了铸坯角裂的危险，使中碳钢铸坯纵向角裂指数由 5.2 下降到 0.5；高碳钢则由 9.5 下降到 3.75。这样不仅可以减少拉漏事故，而且还可能提高拉速和产量。

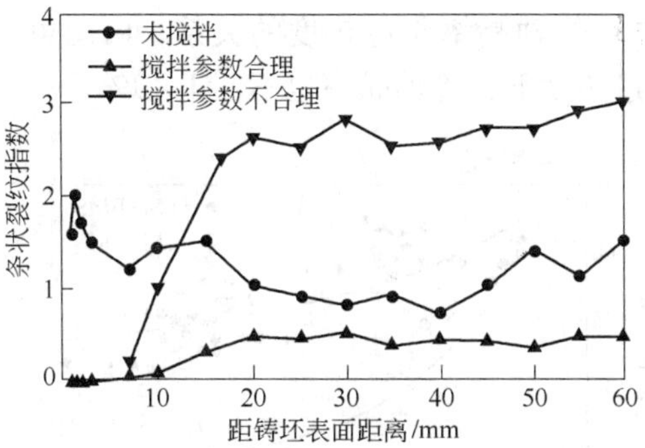

图 7－16 M-EMS 对铸坯皮下条状裂纹的影响

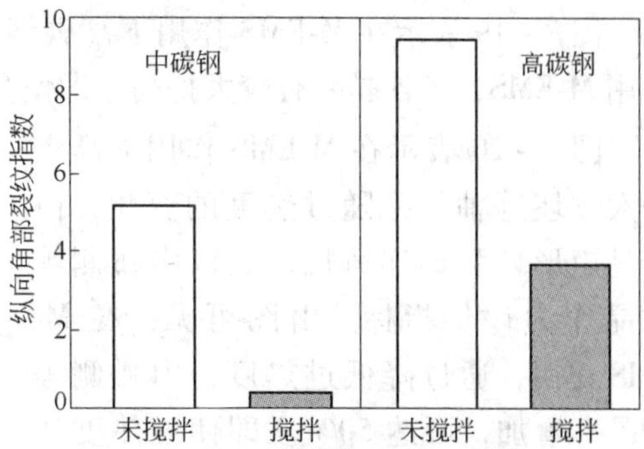

图 7－17 M-EMS 对高碳钢铸坯纵向角裂的影响

钢种：中高碳钢；铸坯断面：ϕ135mm；过热度：20～45℃；拉速：1.5～2.2m/min；旋转搅拌

图7－18表示电磁搅拌对合金钢小方坯角裂的影响。由图可见，经电磁搅拌后，铸坯角裂现象明显减少，其中1级以下的角裂出现几率，搅拌的比未搅拌的高一些；而2级以上的，搅拌的比未搅拌的低一些；其平均级别搅拌的比未搅拌的低。

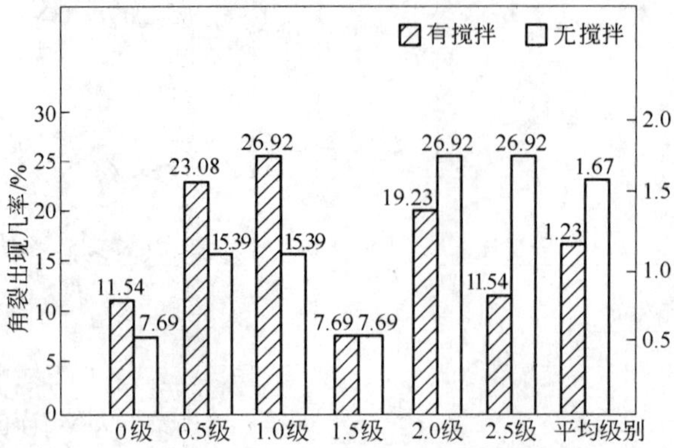

图7－18 电磁搅拌对合金钢小方坯角裂的影响

断面：140mm×140mm；拉速：1.5～2.2m/min；M-EMS：旋转磁场，6～10Hz，110～160A；S-EMS：行波磁场，50Hz

7.1.5 结晶器电磁搅拌和组合搅拌对铸坯等轴晶率的影响

众所周知，等轴晶的生成简单地说需要三个基本条件：一是低过热度；二是足够数量的晶核；三是成分过冷。结晶器电磁搅拌强化结晶器内钢水的流动，加速铸坯芯部向表面的传热，使过热度迅速消除，两相区迅速扩大；凝固前沿过热钢水的流动折断和熔蚀枝晶梢而形成大量晶核，理论计算指出，枝晶强度非常小，约为1～3N/mm^3，打碎枝晶的力约为1～1.5×10^{-2}N；强烈的流动将加速传质过程，溶质浓度梯度增大，从而使两相区内成分过冷增加。由于这三个作用机理满足等轴晶生成的三个基本条件，从而使铸坯等轴晶率增加，等轴晶率扩大有利于改善中心偏析和中心缩孔。

图7－19表示在M-EMS作用下高碳钢小方坯等轴晶率与过热度的关系。由图可见，采用M-EMS，等轴晶率有较大提高，即使在高过热度下，等轴晶率也不低于40%。

图7－20表示在M-EMS作用下高碳钢大方坯等轴晶率随过热度的变化，由于是矩形坯弧形连铸机，故以内弧侧等轴晶作为评价指标。由图可见，在M-EMS作用，通过降低过热度，内弧侧等轴晶率增加，可达50%。即使过热度达30℃，等轴晶率也在35%以上。

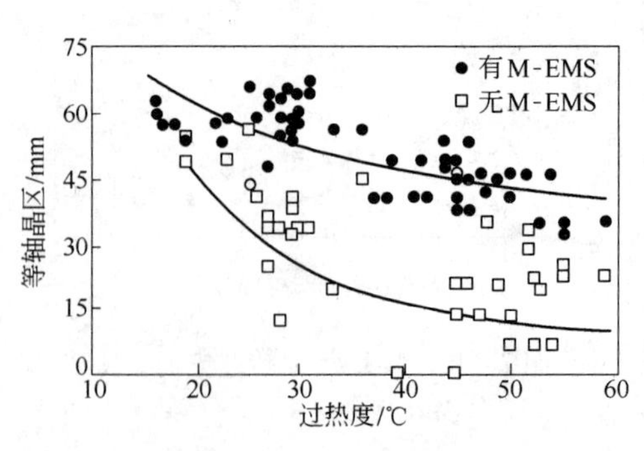

图7－19 在M-EMS作用下等轴晶区与过热度的关系

钢种：高碳钢；铸坯断面：125mm×125mm，旋转搅拌

图7－21表示在M-EMS作用下内弧侧等轴晶率随搅拌强度的变化，由于是矩形坯弧形连铸机，故以内弧侧等轴晶

作为评价指标。由图可见，内弧侧等轴晶率随搅拌强度增大而增加，增加到约 40% 时呈饱和状态。

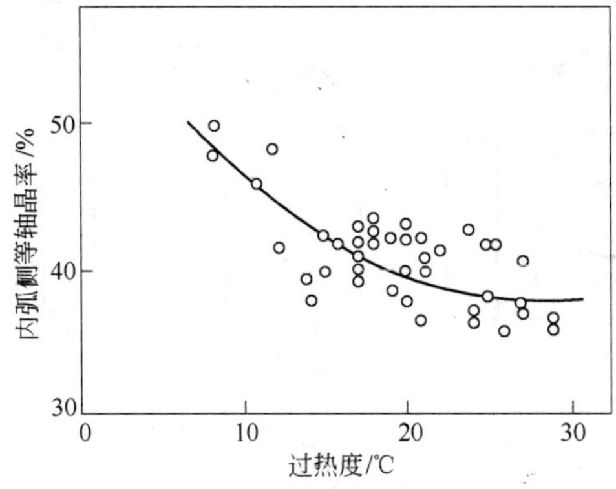

图 7－20 在 M-EMS 下高碳钢大方坯内弧侧等轴晶率随过热度的变化

钢种：0.82% C 钢；断面：380mm×550mm；拉速：0.45～0.50m/min

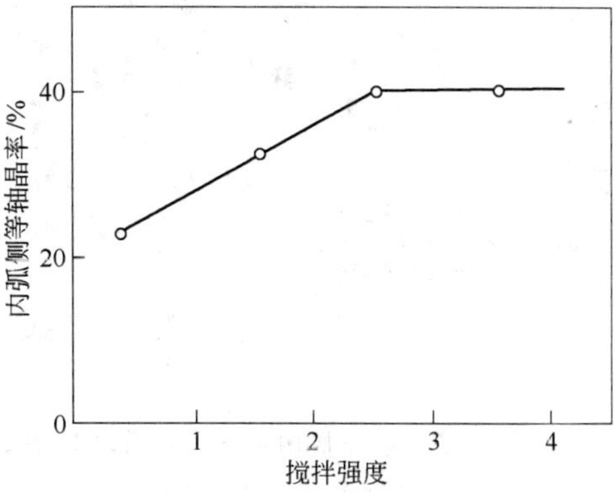

图 7－21 在 M-EMS 下内弧侧等轴晶率随搅拌强度的变化

钢种：0.82% C 钢；断面：380mm×550mm；拉速：0.45m/min；过热度：15～24℃

表 7－4 和图 7－22 表示在 M-EMS 作用下车轮轮箍钢（0.60% C）大圆坯等轴晶率随过热度的变化。由表 7－4 可见，不使用 M-EMS，铸坯的等轴率很小，平均为 7.6%；当电流强度分别为 250A、300A、450A 时，等轴晶率也相应增加，最高达 72.2%，其平均值分别为 36.8%、53.0%、58.1%；搅拌强度由 250A 提高到 300A 时，搅拌强度只提高 50A，而其平均值提高约 16%；当电流强度由 300A 提高到 450A 时，其平均值只提高约 5%，表明随电流强度增加，等轴晶渐渐达到饱和。由于其他连铸工艺条件的变化会引起等轴晶率的波动，此处的波动范围在 50% 左右。由图 7－22 可知，随着过热度的提高，等轴晶率减小；电流强度小的等轴晶率比电流强度大的等轴晶率减小得更快一些。

表 7－4 M-EMS 作用下车轮轮箍钢大圆坯等轴晶率随过热度的变化

搅拌电流/A	中心等轴晶比率/%		中间包钢水过热度/℃	
	波动范围	平均值	波动范围	平均值
0	2.0～12.3	7.6	20～53	38
250	31.2～45.6	36.8	18～49	37
300	44.4～66.3	53.0	8～61	37
450	48.3～72.2	58.1	20～61	40

图 7－23 表示 M-EMS 对重轨钢（U71Mn、U75）大方坯等轴晶率的影响。由图可见，等轴晶率随电流强度的提高而逐渐增加，当电流强度从 300A 增至 580A 时，等轴晶率由 21.5% 增至 38.4%。

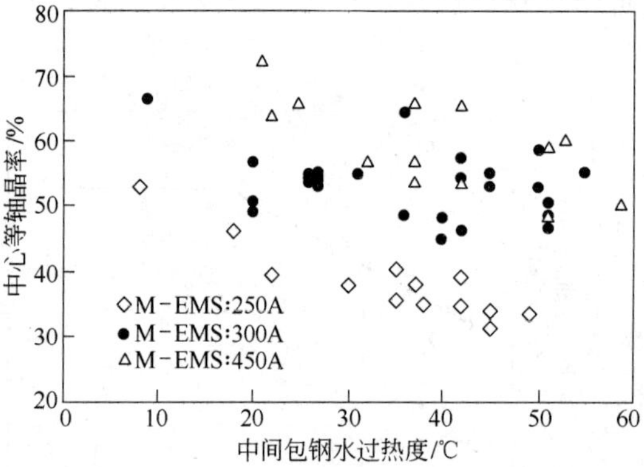

图 7-22　在不同电流强度下等轴晶率随钢水过热度的变化

钢种：车轮轮箍钢；断面：ϕ450mm；拉速：0.45～0.50m/min；f=2.0～2.5Hz

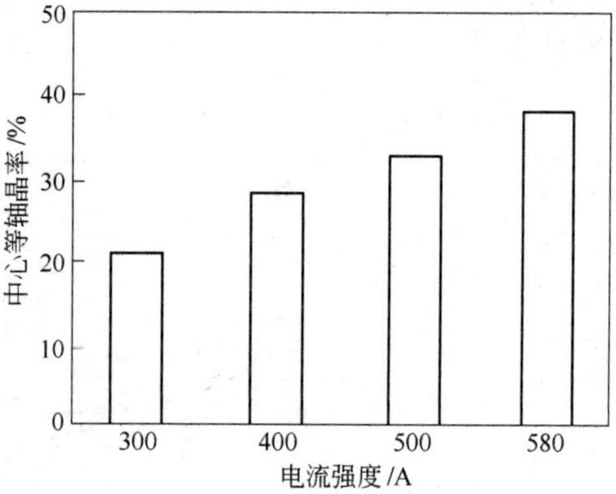

图 7-23　M-EMS 对重轨钢大方坯等轴晶率的影响

钢种：U71Mn、U75V；断面：280mm×380mm；拉速：0.65～0.75m/min；f=1.8Hz

图 7-24 表示 M-EMS 对低碳钢和高碳钢小方坯等轴晶率的影响。由图可见，无论低碳钢（SWRCH8A）或高碳钢（70），等轴晶率都随电流强度增大而增加。

图 7-25 表示在 M-EMS 作用下高碳钢大方坯等轴晶率与拉速的关系。由图可见，对于 0.45% C 钢，无论有或无 M-EMS，等轴晶率随拉速提高呈直线下降，所以，最大拉速不能超过 0.68cm/s。当然拉速的选择还要兼顾中心偏析等因素。

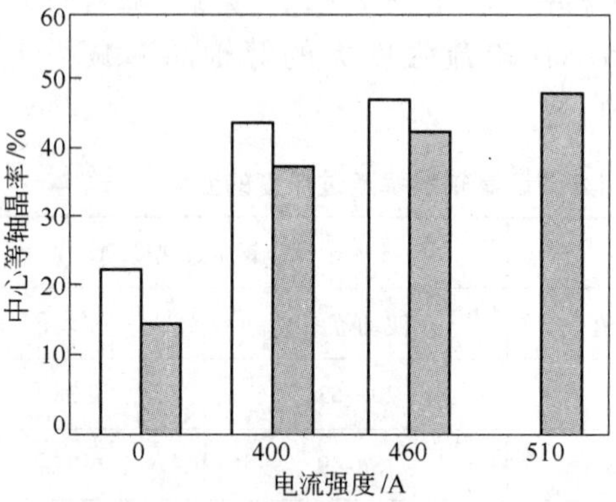

图 7-24　M-EMS 对低碳钢和高碳钢小方坯等轴晶率的影响

钢种：SWRCH8A（白）、70（黑）；断面：140mm×140mm；拉速：最大 3.2m/min；f=2～7Hz

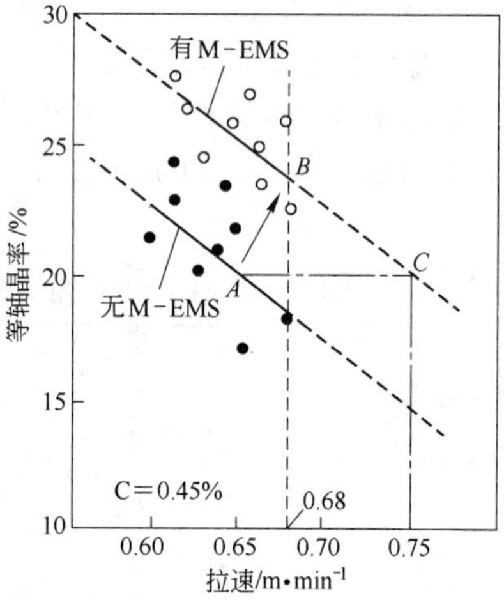

图 7-25　在 M-EMS 作用下高碳钢大方坯等轴晶率与拉速的关系

断面：370mm×480mm；M-EMS：1200A；f=0.5～3.9Hz；过热度：35℃

图 7-26 表示 M-EMS 和 M+S-EMS 对不锈钢等轴晶率的影响。由图可见，经电

磁搅拌的不锈钢大方坯，有较大的等轴晶区，其中尤以 SUS304 不锈钢最为显著。各个不锈钢种等轴晶率由大到小的排列次序是 SUS316、SUS321、SUS304、SUS410、SUS430。组合搅拌的等轴晶率比 M-EMS 的要大。

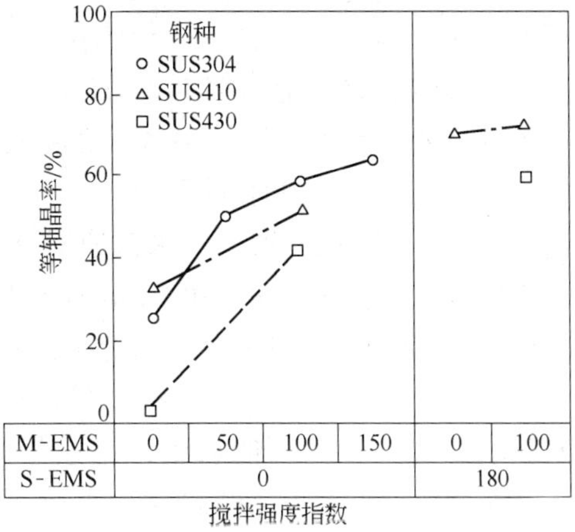

图 7－26　M-EMS 和 M＋S-EMS 对不锈钢等轴晶率的影响

断面：ϕ155～210mm；

拉速：1.2～1.4m/min

图 7－27 表示 M-EMS 对不同碳含量钢种等轴晶率的影响，由于是大方坯弧形连铸机，故以内弧侧等轴晶作为评价指标。由图可见，对碳含量小于 0.1%，若不采用 M-EMS，几乎无等轴晶率；对碳含量 0.30%～0.40%，无论搅拌有否，两者的等轴晶率都是最大的，而采用 M-EMS 后，等轴晶率增加了 10%～15%；对碳含量大于 0.5%，若不采用 M-EMS，等轴晶率几乎为零，而采用 M-EMS 后，能获得大的等轴晶率，并随碳含量增加而增加，可以确保 20%～40% 的等轴晶率。

图 7－28 表示 M＋S-EMS 对不同钢种小方坯等轴晶率的影响。由图可见，无论哪个钢种，采用电磁搅拌后，中心等轴晶区都显著扩大，等轴晶率的平均值比未搅拌的分别增大 2.6～4.36 倍。

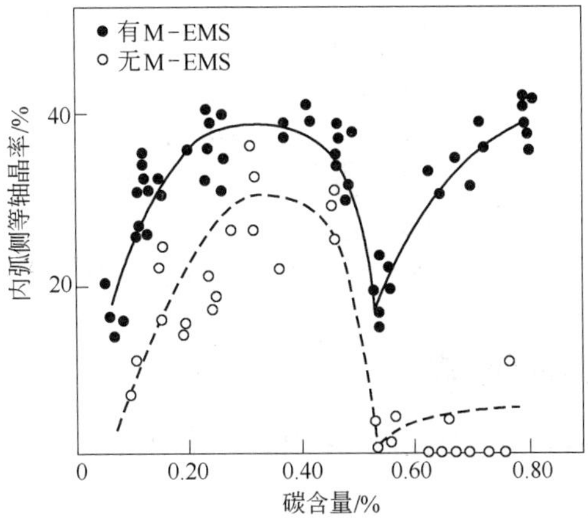

图 7－27　在 M-EMS 作用下大方坯内弧侧等轴晶率与碳含量的关系

断面：380mm×550mm；

过热度：25～35℃；

拉速：0.6m/min

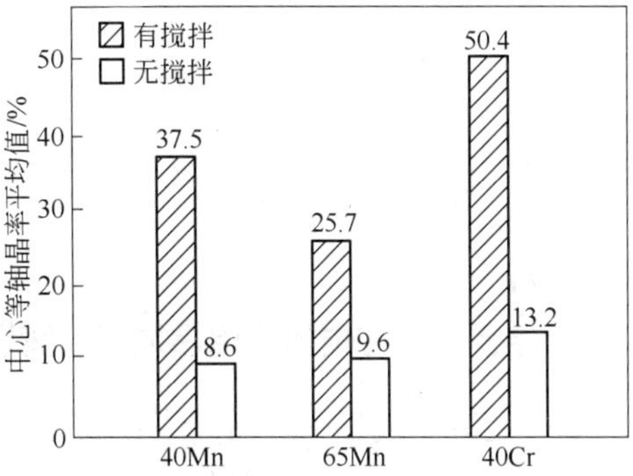

图 7－28　M＋S-EMS 对不同钢种小方坯等轴晶率的影响

断面：140mm×140mm；拉速：1.5～2.2m/min；

M-EMS：旋转磁场，6～10Hz，110～160A；

S-EMS：行波磁场，50Hz

图 7－29 表示 M-EMS 对不同钢种小方坯等轴晶率的影响。由图可见，M-EMS 可以促进等轴晶区的形成，但并不是所有钢种都能获得较大的等轴晶率，钢中碳含量对等轴晶率大小也有影响。碳含量不大于 0.1% 和大于 0.52% 的钢种，M-EMS 对等轴晶率的大小影响不明显；碳含量在 0.2%～0.4% 之间的钢种，等轴晶率随碳含量增加而增大，达到一个峰值后随碳含量增加而逐渐减小。

图 7－30 表示结晶器内钢水流速对不同钢种大方坯等轴晶率和皮下保护渣卷吸的影响，测量是在既有 S_1+S_2-EMS 又增加 M-EMS 的条件下进行的。由图可见，对于碳含量不大于 0.60 的钢种，流速为零时的等轴晶率可视为由 S_1+S_2-EMS 产生的，当使用 M-EMS 时，等轴晶率随流速提高而增加，当流速达到 30cm/s 时大致趋向一定值，即等轴晶区达到饱和。而对 1% C 的轴承钢，流速增加，等轴晶率增大效果不明显；当流速超过 0.35cm/s，保护渣卷吸急剧恶化。由此可见，M-EMS 诱起的最佳流速应控制在 30cm/s 为宜。

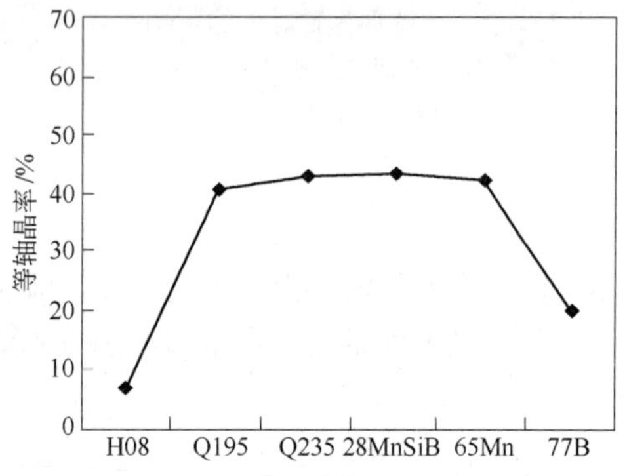

图 7－29　M-EMS 作用下不同钢种的等轴晶率

断面：120mm×120mm；

M-EMS：2～11Hz，0～300A

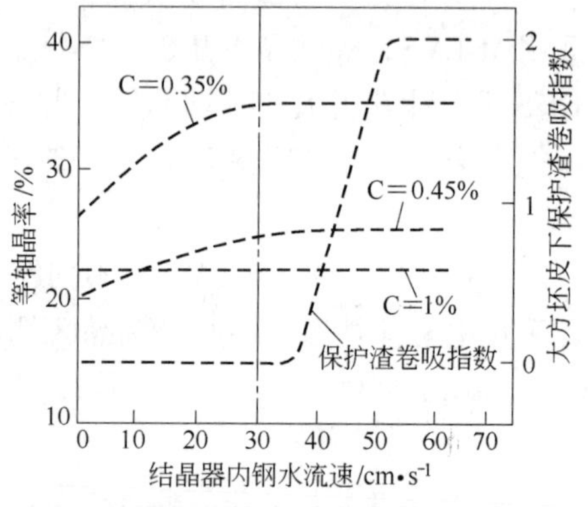

图 7－30　M-EMS 作用下钢水流速对等轴晶率和保护渣卷吸的影响

断面：370mm×480mm；拉速：0.68m/min；

S_1+S_2-EMS：$I_1=1032$A；$f_1=5\sim50$Hz，

$I_2=630$A，$f_2=0.5\sim10$Hz；M-EMS：

$f=0.5\sim3.9$Hz，$I=1200$A；过热度：35℃

7.1.6　结晶器电磁搅拌和组合搅拌对铸坯中心偏析的影响

偏析是凝固过程中溶质元素在固相和液相中再分配的结果，表现为铸坯中元素分布的不均匀性，导致力学性能恶化和韧性降低。

连铸坯的宏观偏析主要表现为中心偏析，其中以碳、磷、硫的中心偏析最为严重。严重的成分偏析导致铸坯在轧制后冷却时，在产品内产生马氏体和贝氏体的转变产物，对氢脆裂纹非常敏感，同时中心偏析区粗大沉凝物加速了裂纹的扩展。

图 7－31 表示 M-EMS 对车轮轮箍钢大圆坯中心偏析的影响。由图可见，随着电流强度的增加，铸坯中心碳、硫的偏析程度明显下降。这是由于 M-EMS 使铸坯内部温度和成分均匀化，使铸坯形成较大的等轴晶区，从而降低了铸坯的中心偏析程度，尤其是中心的

碳、磷、硫的偏析程度。

图 7 -32 表示 M-EMS 对重轨钢大方坯中心偏析的影响。由图可见，当电流强度由 300A 增至 580A 时铸坯中心偏析减轻，几乎全部控制在 1.5 级以下；中心偏析 0.5 级的分布频率随电流强度增加而增加，而 1 级随电流强度增加而减小。

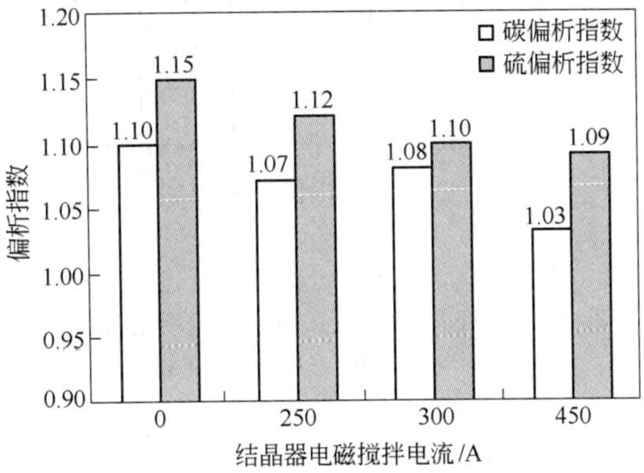

图 7 -31 M-EMS 对车轮轮箍钢大圆坯中心偏析的影响

钢种：CL60；断面：ϕ450mm；拉速：0.45 ~0.50m/min；f=2.0 ~2.5Hz

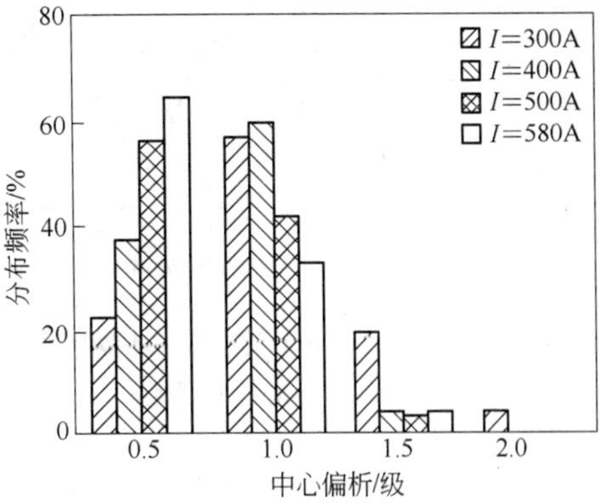

图 7 -32 M-EMS 对重轨钢大方坯中心偏析的影响

钢种：U71Mn、U75V；断面：280mm×380mm；拉速：0.65 ~0.75m/min；f：1.8Hz

图 7 -33 表示 M-EMS 对高碳钢小方坯中心偏析的影响。由图可见，随着电流强度的提高，铸坯中心碳偏析指数呈下降趋势。高碳钢方坯的中心偏析是影响线材尤其是钢帘线、钢绞线等高级线材性能的致命缺陷，使线材在拉拔、合股过程中发生断裂。对于 70 高碳钢，无 M-EMS 时，中心碳偏析指数达到 1.13；当电流强度达到 510A 时，中心碳偏析指数可以稳定地控制在 1.05 以下，完全可以满足线材深加工的要求。

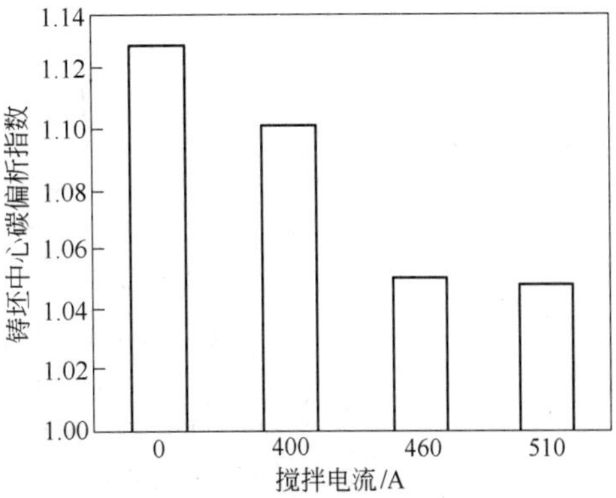

图 7 -33 M-EMS 对高碳钢小方坯中心偏析的影响

钢种：70；断面：140mm×140mm；拉速：最大 3.2m/min；f：2 ~7Hz

图 7 -34 表示 M-EMS 对碳含量为 0.82% 的钢的大方坯轴向中心偏析的影响。由图可见，采用 M-EMS 后，碳含量为 0.82% 的钢大方坯轴向中心偏析整体上减小，波动范围也减小了。

图 7 -35 表示 M-EMS、M + F-EMS 对高碳钢大方坯中心偏析指数的影响。由图可见，与 M-EMS 的中心偏析指数相比较，M + F-EMS 的不仅平均值大大降低，而且偏差也大为缩小。

图 7 -36 表示 M-EMS、M + F-EMS 对 77B -1 钢种横向和轴向中心偏析的影响。由图可见，无论是横断面还是纵断面的中心偏析，无论是其平均值还是标准偏差，M + F-EMS

都比 M-EMS 有明显的降低，且偏析值都比较均匀。

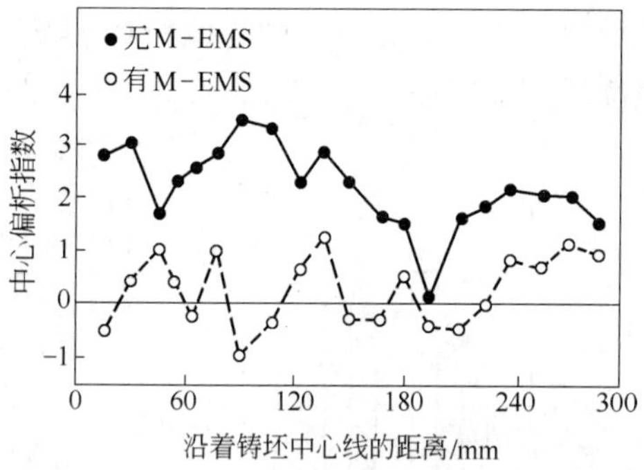

图 7－34　M-EMS 对大方坯纵向中心偏析指数的影响

钢种：0.82% C；铸坯断面：380mm×550mm；拉速：0.6m/min；过热度：25～35℃

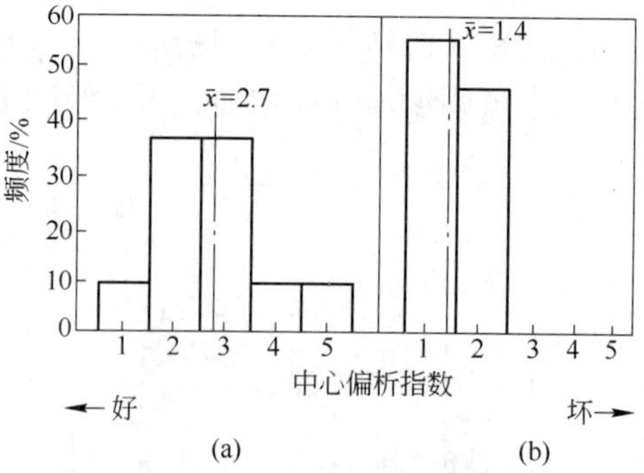

图 7－35　不同搅拌方式对中心偏析指数的影响

（a）M-EMS；（b）M＋F-EMS

钢种：0.82% C；铸坯断面：380mm×550mm；拉速：0.6m/min；过热度：25～35℃；M-EMS：旋转搅拌；F-EMS：直线搅拌

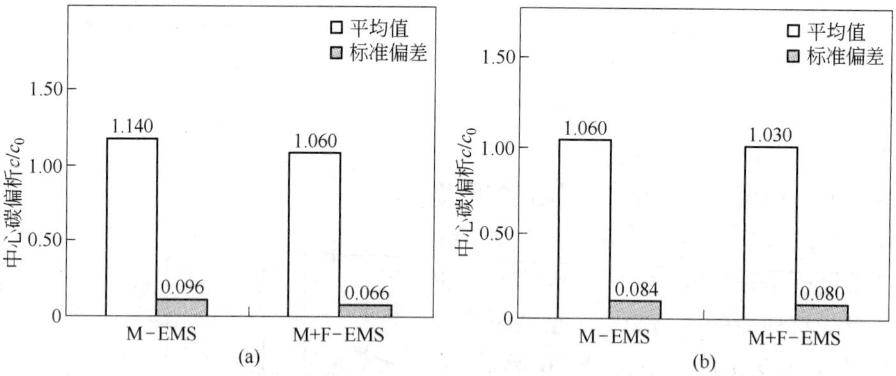

图 7－36　不同搅拌方式对横、纵断面中心偏析的影响

（a）横断面；（b）纵断面

钢种：77B－1；断面：140mm×140mm；拉速：2.8m/s；

M-EMS 双线圈：主线圈 230A，副线圈 80A；f＝5Hz；F-EMS：350A、8Hz

图 7－37 表示在 M-EMS 和 M＋F-EMS 作用下，高碳钢大方坯中心偏析 $\Delta c_{平均}$ 随过热度 ΔT 的变化。由图可见，随 ΔT 降低，无论采用哪种搅拌方式，中心偏析都减小；组合搅拌的中心偏析减小得更多些；组合搅拌的中心偏析的波动范围也更小。这表明，在正常操作的 ΔT 范围内，采用组合搅拌可以得到具有稳定内部组织的铸坯。

图 7－38 表示 M-EMS、M＋F-EMS 对不同断面高碳钢中心偏析的影响。由图可见，对小方坯，M-EMS 减小了中心偏析的平均值和偏差，M＋F-EMS 进一步减小平均值，而偏差没有变化；对大方坯，M-EMS 只减小了偏差，对平均值没有变化，M＋F-EMS 不仅减小了平均值，也减小了偏差。

图 7－39 表示 M-EMS 和 M＋F-EMS 对不同钢种大方坯轴向中心偏析的影响，试验取

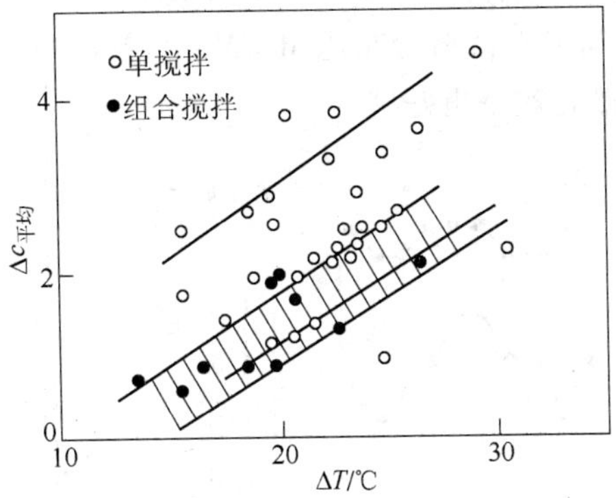

图 7 – 37　在不同搅拌方式下平均中心偏析随过热度的变化

钢种：0.82%C；断面：380mm×550mm；拉速：0.6m/min；过热度：25～35℃；

M-EMS：旋转搅拌；F-EMS：直线搅拌

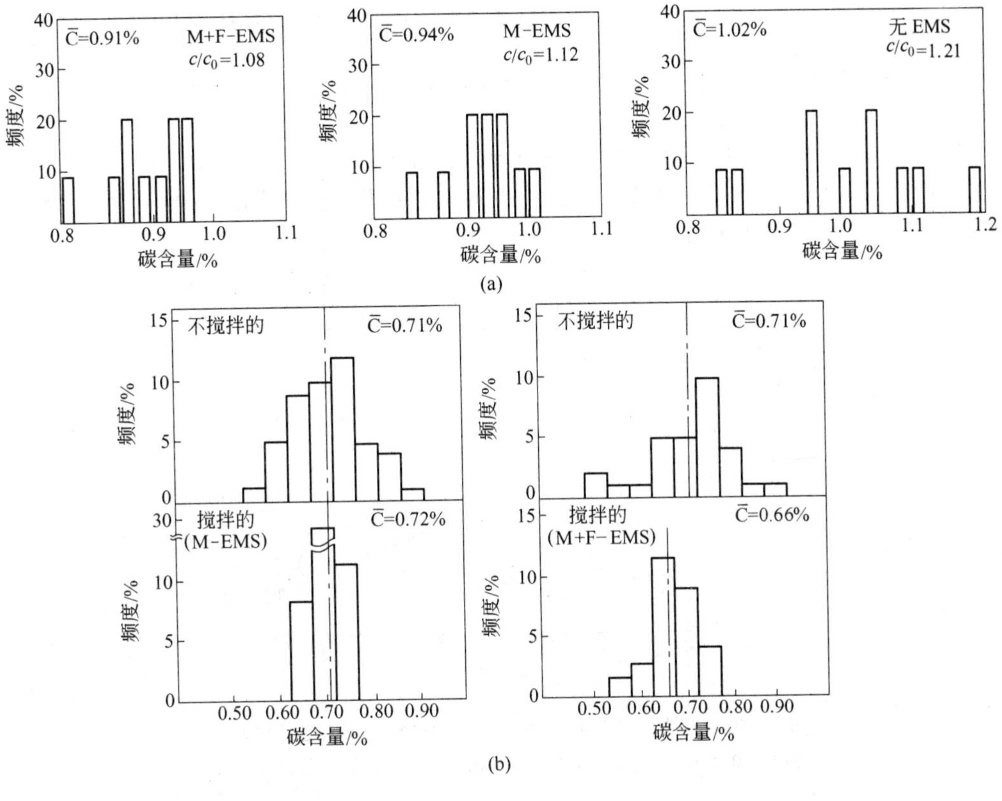

图 7 – 38　不同搅拌模式对不同断面高碳钢中心偏析的影响

（a）150mm×150mm；（b）300mm×400mm

纵剖低倍样，在铸坯中心线上每隔 10mm，用 ϕ3mm 钻头钻取试样。由图可见，无论哪种钢种，M-EMS 和 M + F-EMS 对改善轴向中心偏析都有明显效果，而 M + F-EMS 的降低程度比 M-EMS 的更好些，这表明了 F-EMS 对改善中心偏析的作用是明显的。对于低碳的

YF45MnV，M-EMS 的轴向中心偏析分布比 M + F-EMS 的更好些，波动更小些；对于高碳的 65Mn，M + F-EMS 的轴向中心偏析分布比 M-EMS 的更好些，这表明 F-EMS 强度的选择是重要的，弱搅拌比强搅拌的效果更好些。

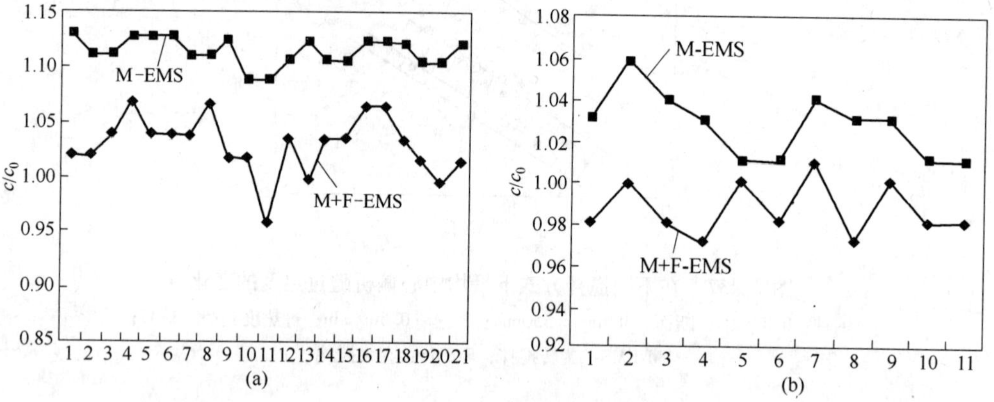

图 7 – 39　M-EMS 和 M + F-EMS 对不同钢种中心碳偏析的影响

（a）YF45MnV；（b）65Mn

断面：160mm × 245mm；拉速：1.7 ~ 1.85m/min；F-EMS：12Hz、200 ~ 400A

图 7 – 40 表示在 M + F-EMS 条件下中心偏析和等轴晶率的关系。由图可见，随着等轴晶率的提高，中心偏析率也明显降低。因此，对中心偏析成为特别问题的高碳钢来说，积极地促进等轴晶生长尤为重要。

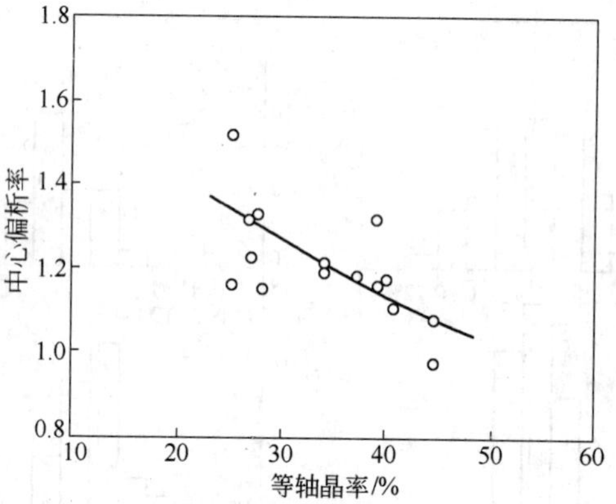

图 7 – 40　在 M + F-EMS 作用下中心偏析与等轴晶率的关系

钢种：0.43% C；断面：400mm × 520mm；拉速：最大 0.60m/min

7.1.7　结晶器电磁搅拌对铸坯皮下负偏析的影响

图 7 – 41 表示 M-EMS 作用下结晶器内钢水流速对高碳钢大方坯皮下负偏析率的影响。由图可见，当流速为 30cm/s 时，铸坯皮下负偏析率很小，当流速继续增加达到 40cm/s 时，负偏析率急剧增大。因此，M-EMS 的搅拌强度在设定钢水流速为 30cm/s 时是适宜的。

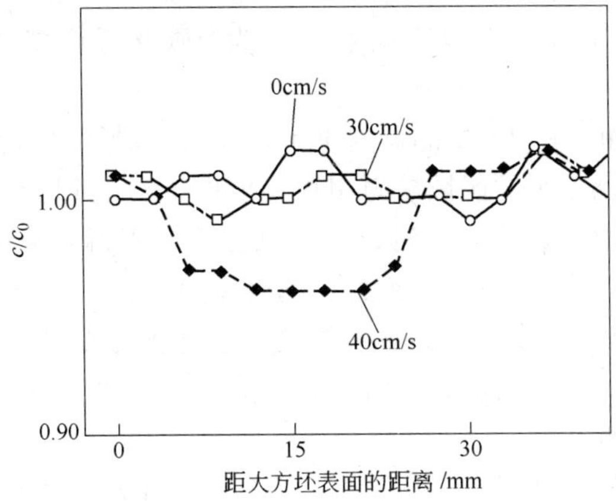

图 7－41 结晶器内钢水流速对大方坯皮下负偏析率的影响

钢种：0.35%～1%C；断面：370mm×480mm；拉速：0.68cm/s；M-EMS：0.5～3.9Hz，1200A

图 7－42 表示 M-EMS 作用下结晶器内钢水流速对大方坯固相分率 f_s 的影响。由上所述，负偏析的程度随流速增加和碳含量减小而增加，这归因于粥状区中固相分率 f_s 的减小。由图可见，由于电磁搅拌使粥状区内固相部分被大量母液所洗涤，使固相分率 f_s 随碳含量的减小和流速的增加而增加。

图 7－43 表示碳的有效分配系数 K_e 与流速 v 的关系。由图可见，随着流速增加，有效分配系数减小，按高、中、低碳钢的顺序，含碳量越低，有效分配系数的降低幅度也越大，即负偏率也越大。另外，随着流速降低到 9cm/s 左右时，K_e 值接近于 1，这表明流速小于 9cm/s 情况下，流速对凝固界面的洗涤作用不大，所以不会产生白亮带。

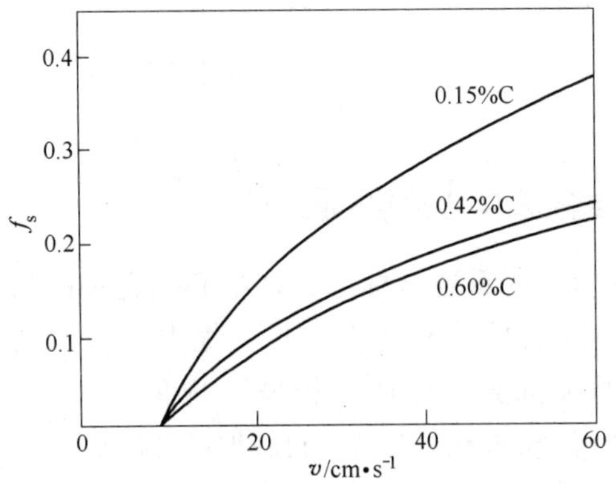

图 7－42 不同碳含量的固相分率 f_s 随流速 v 的变化

断面：300mm×400mm；拉速：0.45m/min

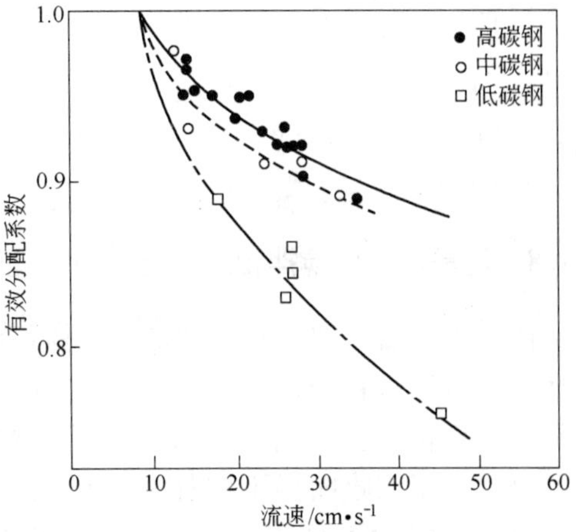

图 7－43 碳的有效分配系数与流速的关系

断面：300mm×400mm；拉速：0.45m/min

图 7－44 表示在同一搅拌条件下，高、中、低碳钢的洗涤深度随流速的变化。由图

可见，中低碳钢的洗涤深度受钢水流动的影响比高碳钢要大一些，其原因：一是当碳含量增加时，枝晶结构的复杂性也增加了；二是当碳含量增加时，固 - 液两相区也增加。

图 7 - 45 表示 M-EMS 作用下结晶器内钢水流动对半凝固区洗涤深度的影响。半凝固区定义为凝固界面的凹凸不平的区域是固相和液相共存区，其特点是固液具有分界面，固液相独立存在于互不相含的场合。这时，一般只会考虑固相或液相而不考虑过渡相（两相区）。由图可见，不管哪个碳含量的钢种，随着流速增加，洗涤深度也随之增加，流速为 60cm/s 时，受到洗涤的深度约达 2mm。这是由于铸坯的凝固界面是参差不齐的，可以认为是柱状晶前端形成的凹凸面使凝固前沿的摩擦阻力增加，影响了凝固面前沿的流动，因而使洗涤深度发生了变化。

钢中碳含量对半凝固区宽度的影响较大，碳含量越高，半凝固区宽度也越宽，碳含量为 0.60% 的碳钢半凝固区宽度约为碳含量为 0.15% 碳钢的 2 倍；流速越大，半凝固区宽度越小。在同一流速下，碳含量对洗涤深度的影响并不大，只是碳含量为 0.60% 的洗涤深度略大一点。

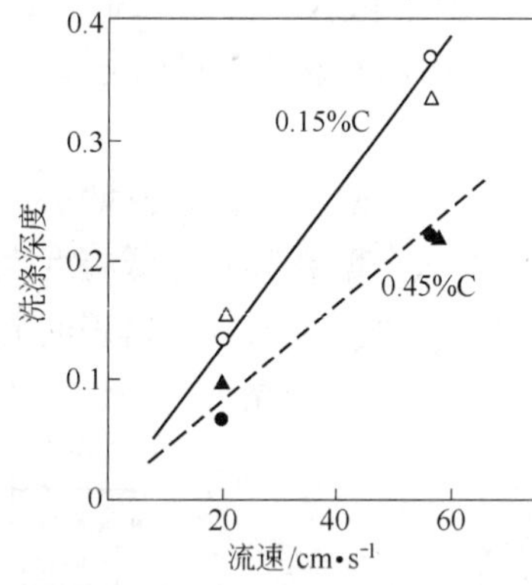

图 7 - 44 在同一搅拌条件下高、中、低碳钢的洗涤深度随流速的变化

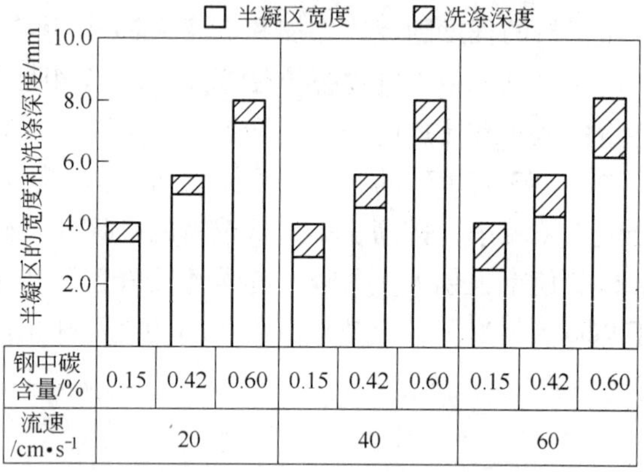

图 7 - 45 不同碳含量的洗涤深度与流速的关系

7.1.8 结晶器电磁搅拌和组合搅拌对铸坯中心缩孔及中心疏松的影响

铸坯中心缩孔和疏松程度是反映铸坯致密程度的重要指标。铸坯中心缩孔和疏松是铸坯在其凝固过程中，由于冷却不均匀导致局部的枝状晶优先生长，优先生长的枝状晶在某些部位对接或由于等轴晶下落而被枝状晶捕获而形成“搭桥”现象，使“桥”下的钢水因凝固收缩得不到补充而形成中心缩孔和疏松。中心缩孔通常呈管状的，而中心疏松呈细小孔洞且弥散分布。铸坯中心疏松和缩孔与钢中碳含量、钢水过热度、拉速和冷却制度等有关。M-EMS 特别是 M + S-EMS 或 M + F-EMS 可大大提高铸坯等轴晶区，改善铸坯凝固组织，从而改善铸坯中心缩孔和疏松的程度。中心缩孔和疏松的改善，提高了铸坯轴向致密性，减少了后续加工的压缩比和加热炉中轴向金属的再氧化。

图 7 - 46 表示 M-EMS 的不同强度对车轮轮箍钢大圆坯中心缩孔发生率的影响。由图

可见，铸坯中心缩孔发生率随搅拌强度增大而减少，中心缩孔发生率由 15.6% 下降到 5.0% 以下，因中心缩孔导致的报废率为零。

图 7－47 表示 M-EMS 作用下不同搅拌强度对不同钢种和拉速的铸坯中心缩孔指数的影响。由图可见，随着电流强度的增加，中心缩孔指数减小，这是由于 M-EMS 作用使等轴晶率随电流强度增加而增大，使中心缩孔变细小且弥散了。另外，碳含量高，拉速也高，中心缩孔指数也高。

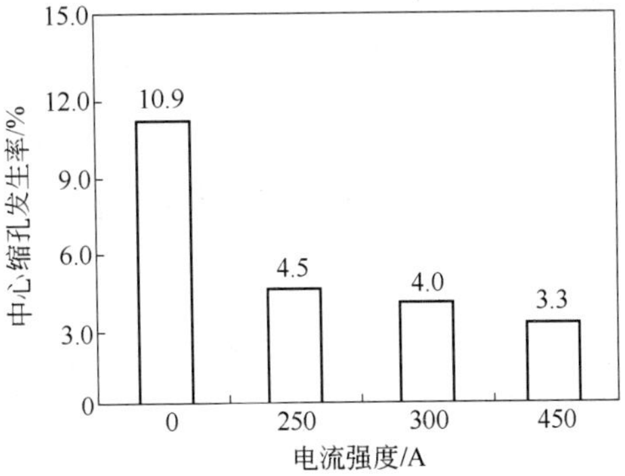

图 7－46 不同搅拌强度对铸坯中心缩孔发生率的影响

钢种：车轮轮箍钢；铸坯断面：ϕ450mm；过热度：8～61℃；拉速：0.55～0.58m/min；旋转搅拌

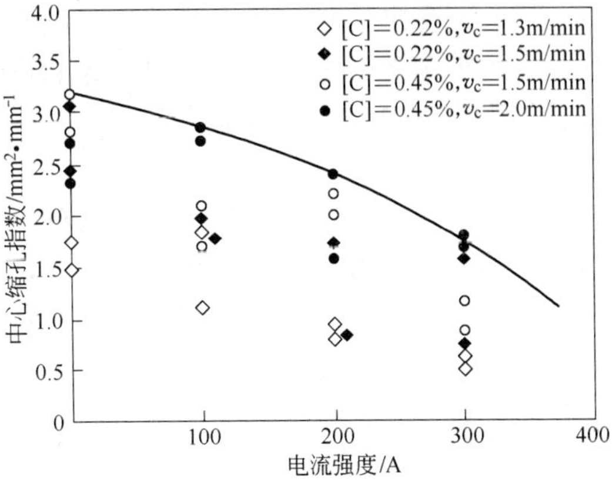

图 7－47 M-EMS 的电流强度对不同钢种和拉速的铸坯中心缩孔指数的影响

断面：ϕ170mm；过热度：45～50℃

图 7－48 表示 M-EMS 作用下中心缩孔指数与等轴晶率的关系。由图可见，等轴晶率越高，中心缩孔指数越小。其原因与图 7－47 相类似。

图 7－49 表示 M-EMS 作用下铸坯中心缩孔指数与拉速的关系。由图可见，随着拉速提高，中心缩孔指数也越高，拉速提高，铸坯通过搅拌区域的时间减小，搅拌作用不充分。

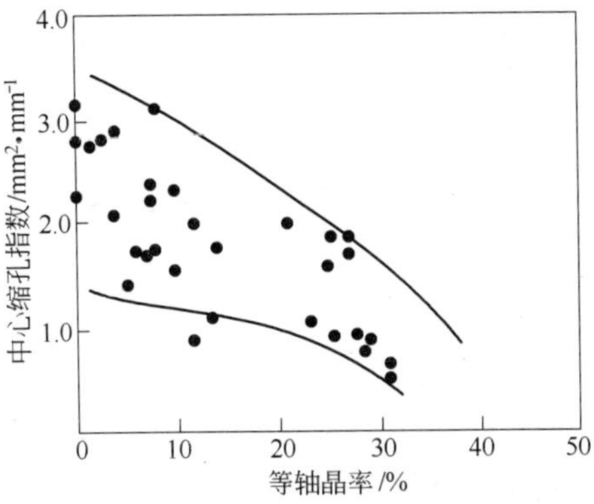

图 7－48 M-EMS 作用下中心缩孔指数与等轴晶率的关系

钢种：0.43%～0.47%C；断面：ϕ170mm；过热度：30～35℃；M-EMS：100A

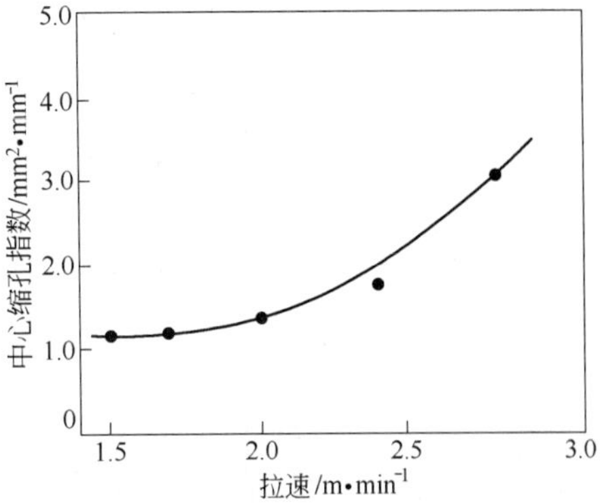

图 7－49 M-EMS 作用下铸坯中心缩孔指数与拉速的关系

钢种：0.43%～0.47%C；断面：ϕ170mm；过热度：30～35℃；M-EMS：100A

图7－50表示M-EMS作用下圆坯尺寸和钢种对铸坯中心缩孔指数的影响。由图可见，在相同断面下，高碳钢的中心缩孔指数比中低碳钢要高；对同一钢种，断面越大，中心缩孔指数越小。

图7－51表示在M-EMS作用下电流强度对中心缩孔尺寸分布的影响。由图可见，随着电流强度的增加，中心缩孔尺寸减小且小尺寸出现频率也提高了。这是由于M-EMS的作用使等轴晶率随电流强度增加而增大，使中心缩孔变细小且弥散，并且转化成中心疏松。

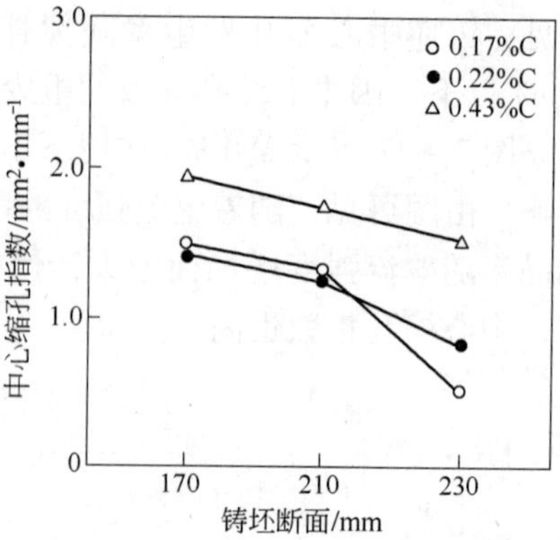

图7－50 M-EMS作用下圆坯尺寸和钢种对铸坯中心缩孔指数的影响

拉速：1.5m/min；M-EMS：100A

图7－52表示不同搅拌模式下拉速对中心缩孔评级的影响。由图可见，采用电磁搅拌后，圆坯中心缩孔评级明显降低。随着拉速提高，中心缩孔评级明显恶化，而采用电磁搅拌，中心缩孔明显改善；M＋S的组合搅拌效果比单一的M-EMS更好，不仅中心缩孔评级更低，而且适用拉速范围更宽。

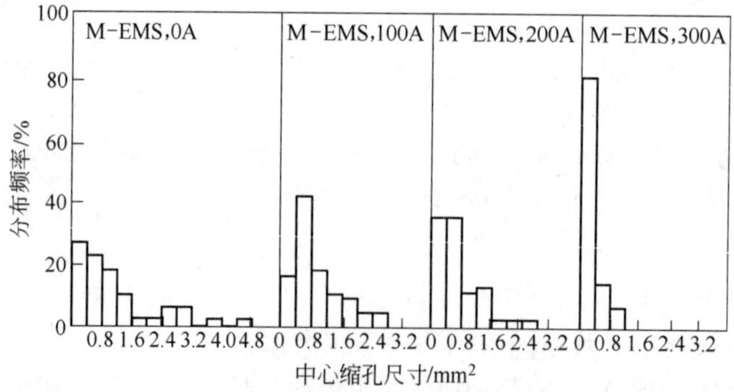

图7－51 M-EMS的电流强度对中心缩孔尺寸分布的影响

钢种：0.43%～0.47%C；断面：ϕ170mm；拉速：2.0m/min；过热度：45～50℃

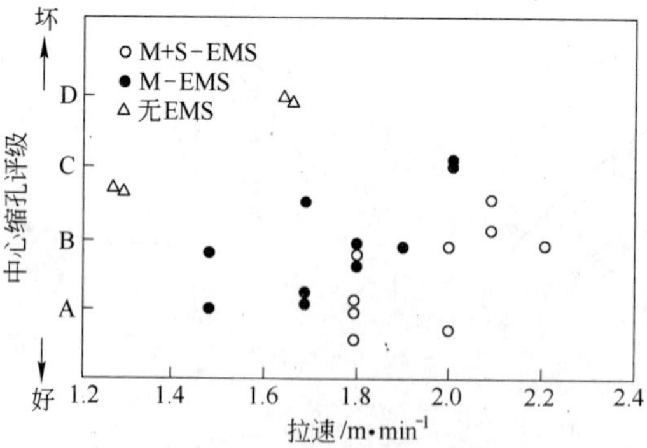

图7－52 不同搅拌模式下拉速对中心缩孔评级的影响

钢种：0.45%～0.50%C；断面：ϕ213mm

图 7 – 53 表示不同搅拌模式和搅拌强度对不锈钢小圆坯中心缩孔的影响。由图可见，在马氏体系不锈钢中，伴随凝固收缩导致 V 形缩孔发生，借助 M-EMS 和 M + S-EMS 使 V 形缩孔变成微孔，降低了大型缩孔指数。

表 7 – 5 表示 M-EMS 和 M + F-EMS 作用下不同钢种大方坯中心缩孔级别的比较。检测是在断面 160mm × 245mm，拉速 1.7 ~ 1.85m/min，F-EMS 为 12Hz 和 200 ~ 400A 条件下进行的。由表可见，M-EMS 对改善中心缩孔程度并不明显，F-EMS 虽不能完全消除缩孔的发生，但能明显降低中心疏松和缩孔的级别，而且缩孔由连续的孔洞变得细小而呈弥散分布，因此 M + F-EMS 是减少中高碳钢和合金钢大方坯中心缩孔的有效手段。

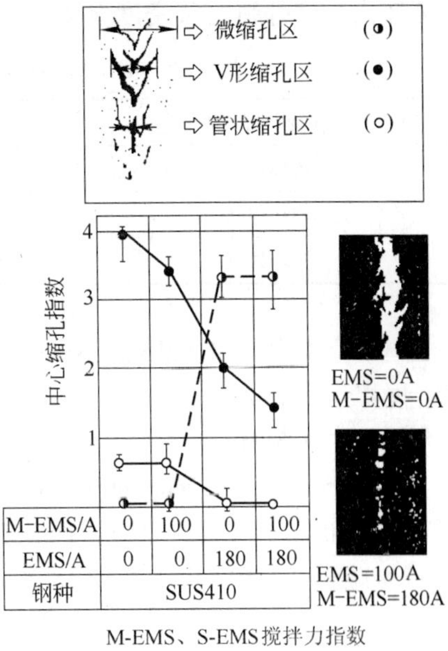

图 7 – 53 不同搅拌模式对不锈钢中心缩孔的影响

断面：ϕ155 ~ 210mm；拉速：1.2 ~ 1.4m/min

表 7 – 6 表示 M-EMS 与不搅拌条件下车轮轮箍钢大圆坯断面疏松分布的比较。检测是在连铸工艺条件：钢种 CL600 车轮轮箍钢、断面 ϕ450mm、拉速 0.45 ~ 0.50m/min、f = 2.0 ~ 2.5Hz 下进行的。由表可见，使用 M-EMS 的铸坯与不搅拌的相比较，其中心疏松评级降低，尺寸变小及密度降低，几乎都优于不搅拌的铸坯，而且三者的变化都从中心向表面逐步减小。

表 7 – 5 不同搅拌方式下不同钢种大方坯中心缩孔级别的比较

搅拌模式	YF45MnV		65Mn		45		42CrMo		40Cr	
	最大级别	最小级别	最大级别	最小级别	最大级别	最小级别	最大级别	最小级别	最大级别	最小级别
M-EMS	3.0	1.0	4.0	2.0	4.0	2.0	3.0	2.0	2.5	1.0
M + F-EMS	1.5	1.0	2.0	0.5	2.0	0.5	1.0	0.5	1.0	0.5

表 7 – 6 M-EMS 和不搅拌条件下车轮轮箍钢大圆坯断面疏松分布的比较

工艺	项　目	检测结果（铸坯中心→表面）							
I = 300A	疏松评级	2.5	2.0	2.0	1.5	1.0	1.0	1.0	0.5
	最大尺寸/mm	0.06	0.06	0.05	0.05	0.05	0.03	0.03	0.02
	密度/颗 · cm^{-2}	60	60	40	30	20	20	20	10
I = 0A	疏松评级	2.5	2.5	2.5	1.0	1.5	1.0	1.0	2.0
	最大尺寸/mm	0.06	0.05	0.07	0.05	0.07	0.04	0.07	0.04
	密度/颗 · cm^{-2}	60	60	60	30	30	30	30	20

表 7 – 7 表示 M-EMS 作用下铸坯断面表观致密度原位分析统计结果。铸坯致密度直接反映和决定了铸坯的疏松情况，使用金属原位分析系统对 ϕ380mm 圆坯断面的表观致密度进行统计分析，统计分析结果列于表 7 – 7。由表可见，所生产铸坯具有较好的致密度，

从铸坯内弧到外弧，致密度变化不大，能满足后续产品的需要。

表 7 – 7 M-EMS 作用下铸坯断面表观致密度原位分析统计结果

检测部位	致密度	疏松度
铸坯内弧	0.9731	0.0148
铸坯中部	0.9646	0.0374
铸坯外弧	0.9782	0.0196

图 7 – 54 表示 M-EMS 的不同强度对车轮轮箍钢大圆坯的中心疏松的影响。由图可见，随着搅拌强度的增大，铸坯中心疏松程度也随之降低，经过搅拌的铸坯，中心疏松出现频率大部分在 0.5 级。

图 7 – 55 表示 M-EMS 对重轨钢铸坯中心疏松的影响。由图可见，电流强度由 250A 增加到 500A 时，铸坯中心疏松评级极大部分控制在 1.0 级及以下。其中，1.5 级比例由 54.17% 减至 12.50%，1.0 级比例由 33.33% 增加到 54.17%，0.5 级比例由 0% 增加到 33.33%。

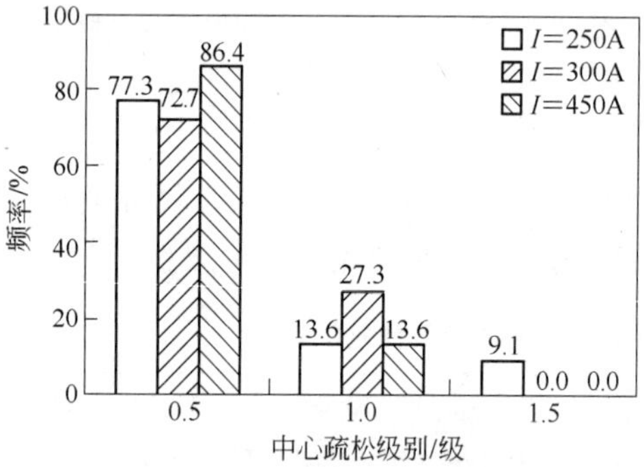

图 7 – 54 M-EMS 的不同搅拌强度对中心疏松的影响

钢种：车轮轮箍钢；铸坯断面：ϕ450mm；拉速：0.55 ~ 0.58m/min；过热度：8 ~ 61℃，旋转搅拌

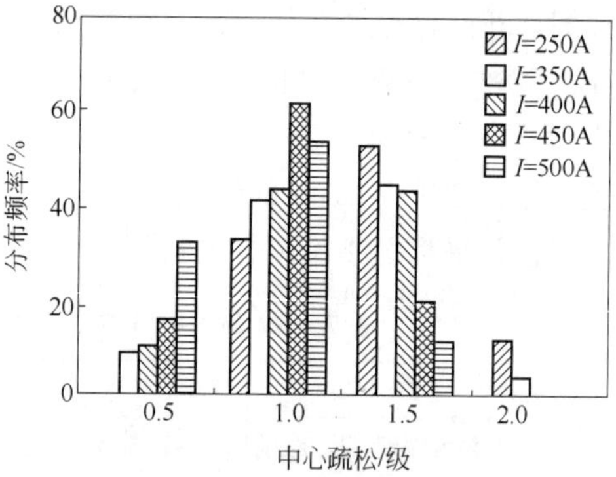

图 7 – 55 M-EMS 对重轨钢铸坯中心疏松的影响

断面：280mm × 380mm、280mm × 325mm；拉速：0.60 ~ 0.90m/min；f = 2.4Hz

图 7 – 56 表示在 M + F-EMS 中 F-EMS 搅拌强度对低碳钢大方坯中心疏松指数的影响。由图可见，随 F-EMS 搅拌强度的增加，中心疏松指数迅速降低。

图 7 – 57 表示不同组合搅拌下不同断面晶间区面积率随过热度的变化。晶间区面积率由微机辅助的图像分析仪测量，代表在大方坯中心线下 30mm 处等轴晶反向填充密度。由图可见，无论哪个断面，晶间区面积率都随过热度提高而增加。对 300mm × 400mm 大方坯，采用 S + F-EMS，晶间区面积率最高，其晶体形态呈大柱状晶，等轴晶填充疏松；如果该断面采用 M + F-EMS，晶间区面积率最低，其晶体形态呈细柱状晶，等轴晶填充致密。而对 400mm × 560mm 大方坯，采用 S + F-EMS，晶间区面积率靠近前者，其晶体形态呈小球状晶，等轴晶填充致密。小而球状的等轴晶容易随剩余钢水流动并致密地填充，有利于改善中心偏析。由此可见，对大断面方坯采用 S + F-EMS 和小断面方坯采用 M + F-

EMS 都能得到足够细的等轴晶而获得满意的结果。

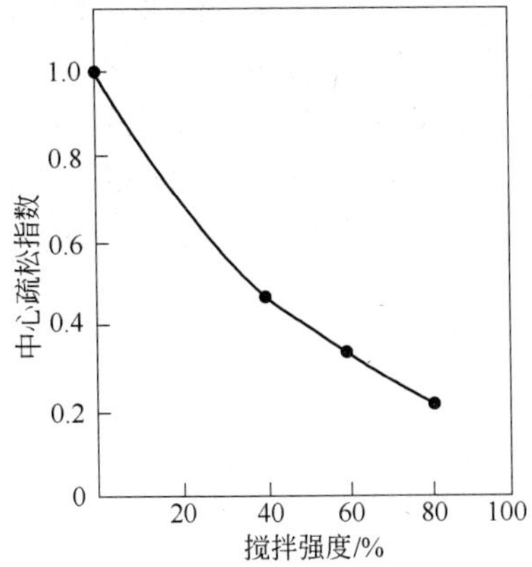

图 7－56　F-EMS 搅拌强度对中心疏松指数的影响

钢种：0.23% C；铸坯尺寸：400mm × 520mm；过热度：28 ~ 32℃；旋转搅拌

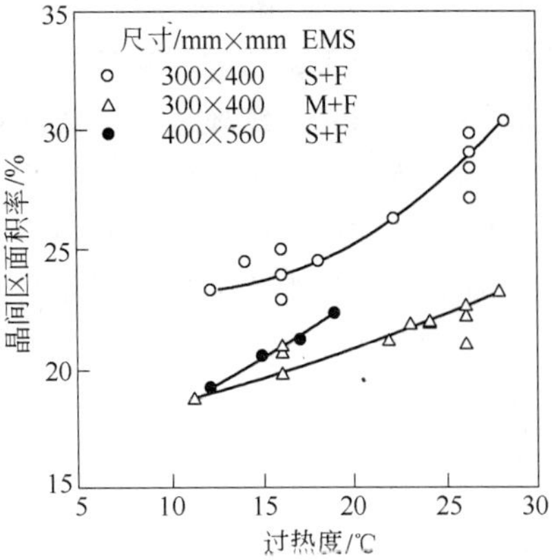

图 7－57　不同组合搅拌下不同断面晶间区面积率随过热度的变化

7.1.9　结晶器电磁搅拌和组合搅拌对铸坯二次枝晶臂间距的影响

图 7－58 表示 M-EMS 对 PD3 重轨钢二次枝晶臂间距的影响。由图可见，M-EMS 显著减小二次枝晶臂间距，尤其是靠近铸坯表层区域，晶粒明显细化，但随着离表面距离增加，二次枝晶臂间距增大，表明二次枝晶不断粗化。

图 7－59 表示 M-EMS 的不同搅拌强度对中碳钢 40Cr 二次枝晶臂间距的影响。由图可见，在铸坯相同位置处，搅拌强度越大，二次枝晶臂间距越小，表明增加搅拌强度可有效细化凝固组织；而在相同的搅拌强度下，二次枝晶臂间距随着离铸坯表面距离增加呈现先增大、后减小的规律，这是因为坯壳由表面向内部延伸时，冷却速率逐渐降低，导致二次枝晶臂间距增大，当进入等轴晶区后，二次枝晶臂间距又明显减小。

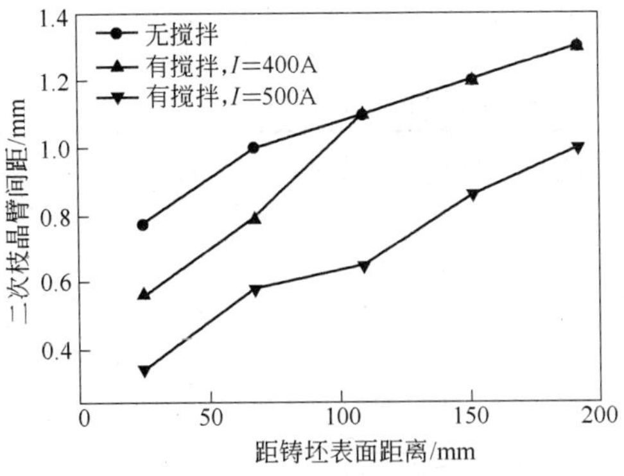

图 7－58　M-EMS 对 PD3 重轨钢二次枝晶臂间距的影响

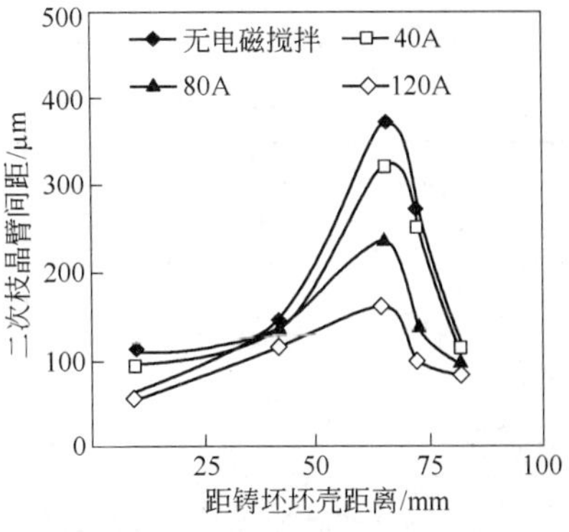

图 7－59　电流强度对二次枝晶臂间距的关系

钢种：40Cr；断面：180mm × 180mm；拉速：1.1m/min；过热度：34℃；$f = 5$Hz

图 7－60 表示 M-EMS 和 M＋F-EMS 对高强度弹簧钢二次枝晶臂间距 λ_2 的影响。二次枝晶臂间距 λ_2 作为金属凝固组织的重要参数之一，其大小直接影响合金成分的偏析和显微缩孔的大小与分布，从而影响铸坯质量。由图可见，二次枝晶臂间距 λ_2 与离铸坯表面距离 L 有关，并随着离铸坯表面距离的增加而不断粗化；M＋F-EMS 作用下的二次枝晶臂间距 λ_2 比 M-EMS 作用下的要小；二次枝晶臂间距 λ_2 由 M-EMS 作用下的 30～300μm 减小到 M＋F-EMS 作用下的 30～250μm，可见在 F-EMS 作用下，二次枝晶臂间距 λ_2 减小，晶粒尺寸细化，由此改善了铸坯凝固组织。

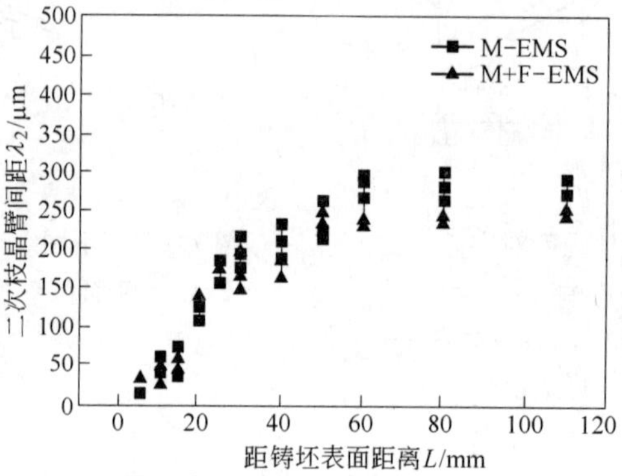

图 7－60 不同搅拌模式下二次枝晶臂间距 λ_2 与铸坯表面距离 L 的关系

钢种：60Si2CrVAT；断面：220mm×220mm 或 160mm×160mm；过热度：≤30℃

7.1.10 结晶器电磁搅拌和组合搅拌工艺参数优化对铸坯内部质量的影响

表 7－8 和图 7－61 表示 M-EMS 工艺参数优化对铸坯内部质量的影响，检测是在钢种为 U71Mn 和 U75V、断面为 280mm×380mm 和 280mm×325mm、拉速为 0.60～0.90m/min、I＝250A～500A 和 f＝2.4Hz 条件下进行的。由表和图可见，M-EMS 工艺参数优化后铸坯内部质量总体情况良好；对 U71Mn，大断面的内部质量除中间裂纹和角裂外，都比小断面的稍好一些；对 U75V，小断面的所有内部质量评级指标和分布频率都 100% 达标，明显比大断面的好得多。

表 7－8 M-EMS 工艺参数优化对铸坯内部质量的影响

钢种	断面 /mm×mm	中心偏析的级别范围	中心疏松的级别范围	中心缩孔的级别范围	中心裂纹的级别范围	角部内裂的级别范围	皮下夹杂物的级别范围
U71Mn	280×380	0～0.5 / 0.5（100%）	0～1.0 / 1.0（100%）	0～2.0 / 1.0（95%）	0～3.0 / 1.0（99%）	0～2.0 / 1.0（99%）	0～0.5 / 0.5（100%）
	280×325	0～1.5 / 1.0（99%）	0～1.5 / 1.0（99%）	0～2.0 / 1.0（99%）	0～1.0 / 1.0（100%）	0～1.0 / 1.0（100%）	0～1.0 / 0.5（99%）
U75V	280×380	0～2.0 / 1.0（99%）	0.5～2.0 / 1.0（98%）	0～2.0 / 1.0（97%）	0～2.5 / 1.0（99%）	0～2.0 / 1.0（99%）	0～0.5 / 0.5（100%）
	280×325	0～0 / 0（100%）	0～1.0 / 1.0（100%）	0～1.0 / 1.0（100%）	0～0.5 / 0.5（100%）	0～0.5 / 0.5（100%）	0～0 / 0.5（100%）

注：表中数据分子为中心偏析的级别范围，分母为小于某级别的比例。

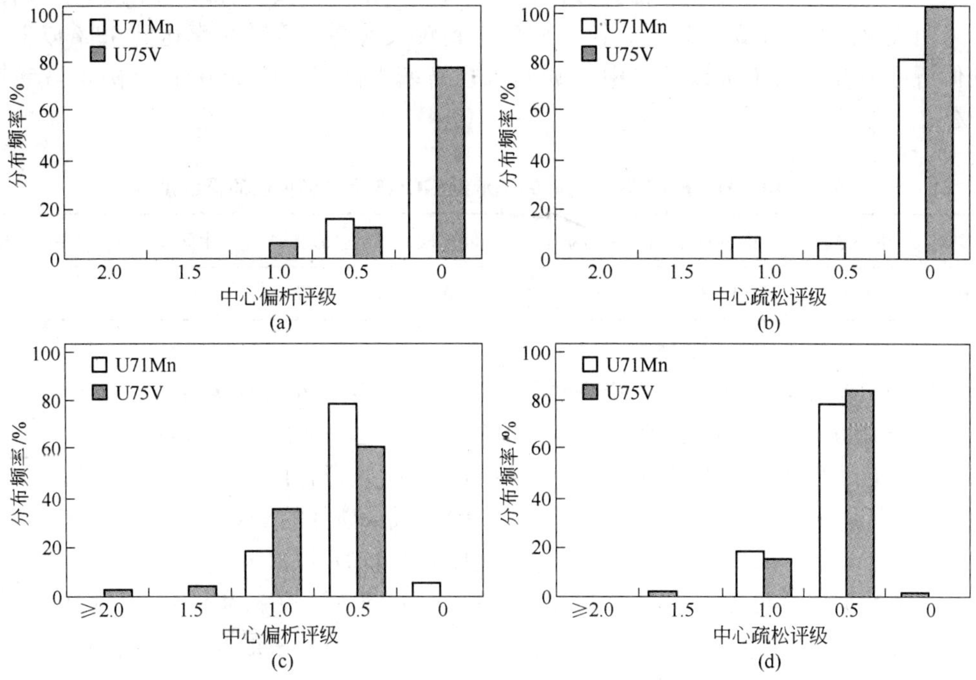

图 7-61 M-EMS 工艺参数优化后的中心偏析和中心疏松评级

（a）中心偏析评级（280mm×380mm）；（b）中心疏松评级（280mm×380mm）；
（c）中心偏析评级（280mm×325mm）；（d）中心疏松评级（280mm×325mm）

表 7-9 表示 M-EMS 工艺参数优化对中碳钢低倍评级的影响，测试是在钢种为 34Mn2V、断面为 280mm×380mm 和 280mm×325mm、拉速为 0.8m/min、f=2.4Hz 条件下进行的。由表可见，M-EMS 可以明显改善铸坯内部质量，而在铸坯内部质量已比较好的情况下，再增大电流强度将不会明显改善中碳钢铸坯内部质量。

表 7-9 M-EMS 工艺参数优化对中碳钢低倍评级的影响

电流/A	断面/mm×mm	内部缺陷评级/级						
		中心偏析	中心疏松	中心缩孔	中心裂纹	中间裂纹	角部内裂	皮下夹杂物
400	280×380	0~1.0 / 1.0(100%)	0.5~1.0 / 1.0(100%)	0~0.5 / 0.5(100%)	0~0.5 / 1.0(100%)	0~1.0 / 1.0(100%)	0~1.0 / 1.0(100%)	0~0.5 / 0.5(100%)
200	280×380	0~0 / 0(100%)	0.5~1.0 / 1.0(100%)	0~0.5 / 0.5(100%)	0~0.5 / 0.5(100%)	0~1.0 / 1.0(100%)	0~1.0 / 1.0(100%)	0~1.0 / 0.5(89%)
350	280×325	0~1.0 / 1.0(100%)	0~0.5 / 0.5(100%)	0~0 / 0(100%)	0~1.0 / 1.0(100%)	0~0.5 / 0.5(100%)	0~0 / 0(100%)	0~0.5 / 0.5(100%)
200	280×325	0~0 / 0(100%)	0.5~0.5 / 0.5(100%)	0~0 / 0(100%)	0~0 / 0(100%)	0~0 / 0(100%)	0~0 / 0(100%)	0~0.5 / 0.5(100%)

注：分子表示评级范围，分母表示评级≤1.0 级或 0.5 级的比例。

表7－10表示M＋F-EMS对高碳铬轴承钢GCr15大方坯铸坯内部质量的影响。由表可见，采用优化的组合电磁搅拌后，铸坯质量得到较大改善：等轴晶率达到40%以上，中心碳偏析可以控制在1.1以下，中心碳偏析合格率提高了20%，中心疏松合格率提高了9%。

表7－10 M＋F-EMS对高碳铬轴承钢GCr15大方坯内部质量的影响

钢种	中心疏松	中心偏析	中心缩孔	角部裂纹	边部裂纹	中间裂纹	中心裂纹
GCr15	1.22	1.08	0.53	0	0.02	0	0

表7－11表示M-EMS和M-EMS和M＋F-EMS对高碳钢小方坯内部质量的影响。由表可见，对于150mm×150mm的小方坯，经电磁搅拌后，铸坯的中心裂纹、中间裂纹、中心疏松、中心缩孔和角部裂纹都得到有效控制；经电磁搅拌的72A、82B等轴晶率达到50%以上，M＋F-EMS的等轴晶率比单一的M-EMS或未搅拌的都要大一些；以82B为例，未搅拌的中心偏析为1.25～1.38，而经电磁搅拌的为1.07～1.10。

从表中数据比较可见，当M-EMS的电流强度为250A、频率为5Hz和F-EMS的电流强度为230A、频率为8Hz时，无论是72A或82B，其等轴晶率最大，中心偏析最轻，其他铸坯内部质量改善效果也最好。

表7－11 M-EMS和M＋F-EMS对高碳钢小方坯内部质量的影响

钢种	搅拌工艺参数		拉速 /m·min^{-1}	铸坯编号	铸坯中心碳偏析指数	等轴晶区域 /mm×mm	中心疏松	边部裂纹	中间裂纹	中心裂纹	中心缩孔
	M-EMS, A/Hz	F-EMS, A/Hz									
72A	200/5	250/6	2.0	A1	1.21	75×75	1.5	0	1.0	0	1.5
				A2	1.19	80×75	1	0	1.5	1.5	1.0
	250/5	230/8	2.0	A3	1.07	82×80	0.5	0	1.0	0	1.0
				A4	1.10	80×80	1	0	0.5	1	0.5
	250/5	200/8	2.0	A5	1.28	70×70	1	0	2.0	0	0.5
				A6	1.30	75×70	1	0	1.5	1	1.0
82B	200/5	260/8	2.0	A7	1.18	75×75	1.5	0	1.5	0	1.0
				A8	1.20	70×75	1	0	1.0	1.5	1.0
	250/5	230/8	2.0	A9	1.09	82×82	0.5	0	1.0	0	1.0
				A10	1.08	82×80	0.5	0	0.5	1	0.5
	250/5	280/6	2.0	A11	1.15	70×75	1	0	2.0	0	0.5
				A12	1.18	70×70	1	0	1.5	0.5	1.0
72A			2.0	A13	1.32		2.5	1	3	2	2.0
				A14	1.38		2.0	2	2	2	1.5
82B	250/5		2.0	A15	1.26	60×70	1.5	1	1.5	1.5	1.5
	250/5			A16	1.28	70×65	2.0	1	1.5	2.0	1.5

7.1.11 结晶器电磁搅拌和组合搅拌对轧坯质量的影响

图7－62表示M-EMS对低碳铝镇静钢大方坯轧坯皮下缺陷的影响。由图可见，在M-EMS作用下，从水口吐出的钢水侵入深度变浅，使得夹杂物无论是在皮下或整个断面上都明显减少。

图7－63表示M-EMS作用下大方坯形状对不锈钢轧坯表面缺陷的影响。由图可见，圆坯的表面缺陷比大方坯的低得多，因为在相同的电磁力下，圆坯内钢水流速比方坯的大得多，因此对圆坯表面清洗作用也大得多，其表面缺陷也低得多，因此轧坯表面缺陷自然就低得多。

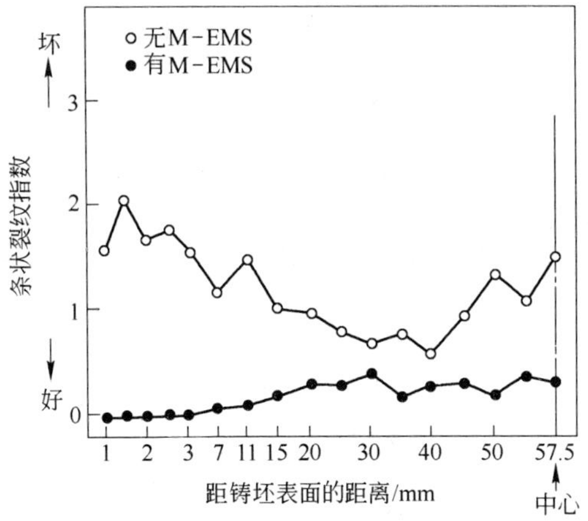

图7－62 M-EMS对低碳铝镇静钢大方坯轧坯皮下缺陷的影响

钢种：低碳铝镇静钢；铸坯断面：300mm×400mm；轧坯：115mm×115mm

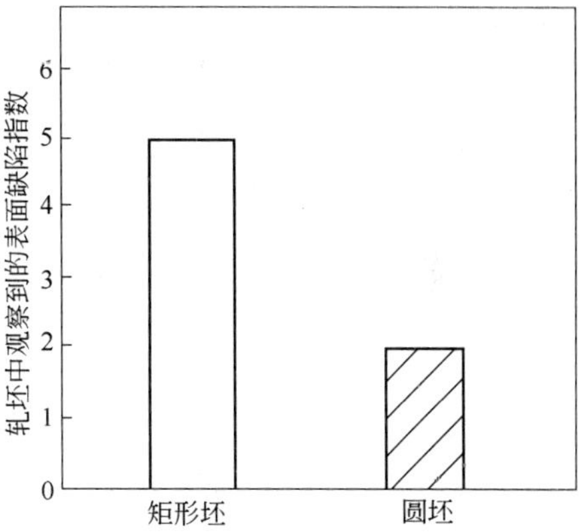

图7－63 M-EMS作用下铸坯形状对不锈钢轧坯表面缺陷的影响

钢种：304（18% Cr，8% Ni）；断面：ϕ350mm，370mm×480mm；旋转搅拌

图7－64表示M-EMS作用下钢水流速对不同断面的碳钢轧坯表面缺陷的影响。由图可见，由圆坯轧制的轧坯表面缺陷指数随钢水流速提高而减小；在拉速为0.4m/min或以下时，由圆坯轧制的轧坯表面缺陷指数都比方坯轧制的轧坯要低。在拉速为0.6m/min时，轧坯表面缺陷指数更低。

图7－65表示M-EMS对低、中、高碳钢棒材表面裂纹的影响。通过M-EMS改善铸坯表面质量后，精整工作量减少，金属收得率提高，使最终产品质量也得到明显提高，棒材表面的无缺陷比率由23%提高到96%。

图7－66表示M-EMS对铬弹簧钢棒材表面质量的影响。由图可见，经M-EMS的各种规格的棒材中，表面缺陷率都非常低，几乎与模铸流程生产的相当。

图7－67表示M＋S-EMS对0.82% C线材显微偏析的影响，测量是在铸坯尺寸380mm×550mm和拉速0.6m/min条件下进行的。由图可见，经M-EMS的线材的显微偏析指数的平均值和波动比不搅拌的都小，而经M＋S-EMS的则更小。由于铸坯中心偏析的减小，线材的杯状和锥状断裂的发生率比模铸的还小。

表7－12表示M-EMS对轴承钢轧坯内部质量的影响。由表可见，在过热度、拉速等工艺参数一致的情况下，采用M-EMS的轧坯内部质量比不搅拌的有明显改善，尤其是中

心偏析和中心疏松的级别明显降低。

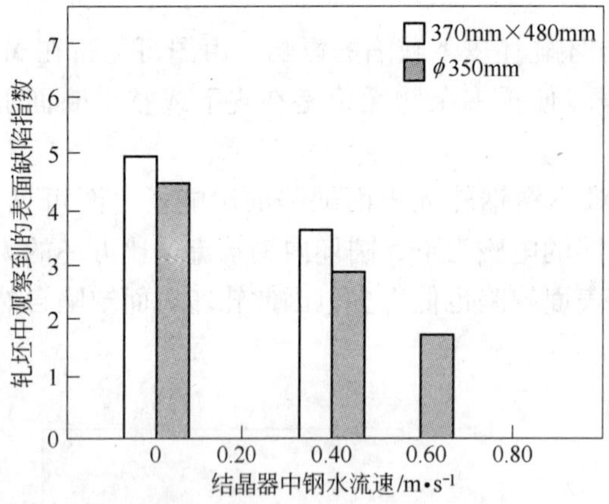

图 7－64　M-EMS 作用下钢水流速对不同断面碳钢（0.35%C）轧坯表面缺陷的影响

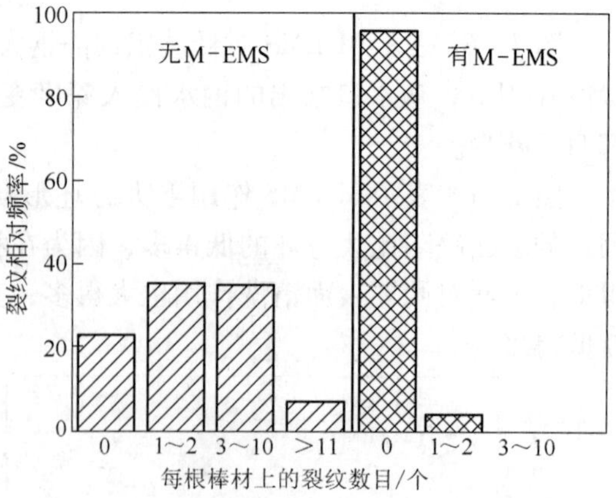

图 7－65　M-EMS 对棒材表面裂纹的影响
钢种：低、中、高碳钢；
棒材尺寸：ϕ(20～50) mm×5500mm

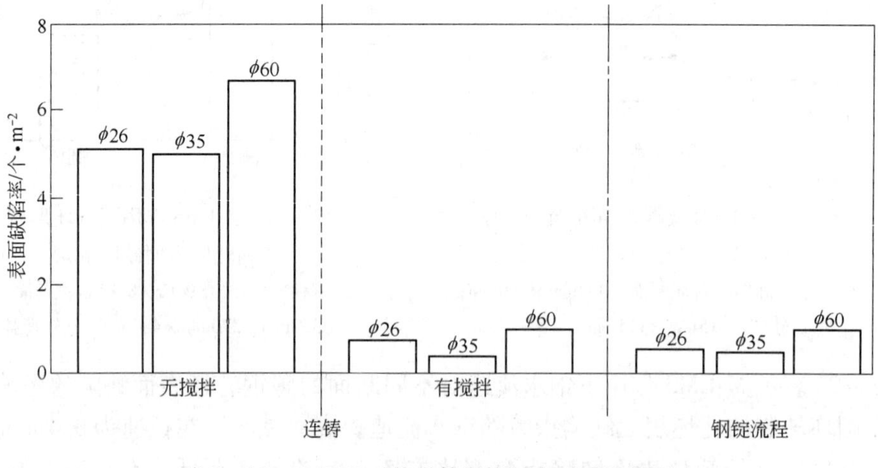

图 7－66　M-EMS 对铬弹簧钢棒材表面质量的影响

表 7－12　M-EMS 对轴承钢轧坯内部质量的影响

M-EMS	铸坯断面 /mm×mm	成材规格 /mm	批数 /批	试样数 /个	过热度 /℃	拉速 /m·min⁻¹	低倍	中心偏析 /级	一般疏松 /级	中心疏松 /级
无	350×470	ϕ60～75	8	48	15～20	0.3～0.35	范围	0.5～1	0.5～1	1～1.5
							平均	0.69	0.67	1.23
有	350×470	ϕ60～75	9	54	15～20	0.3～0.35	范围	0.5	1	2 个 1.5 级，其余 1 级
							平均	0.5	1	1.01

图 7－68 表示 M-EMS 对铝沸腾低碳钢轧坯宏观条状裂纹长度指数的影响。由图可见，M-EMS 明显减少轧坯的宏观条状裂纹长度指数，特别是 115mm×115mm 轧坯从表面到 1/4 厚度范围内。

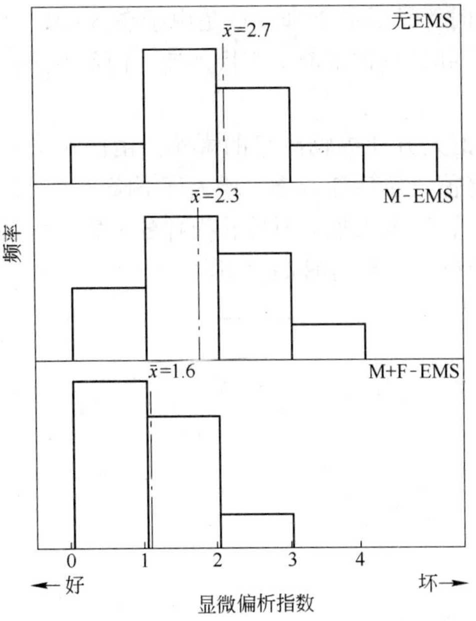

图 7-67 M+S-EMS 对线材显微偏析的影响

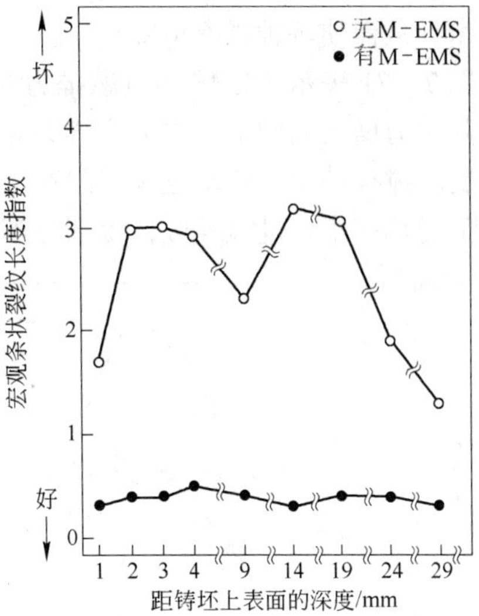

图 7-68 M-EMS 在轧坯宏观条状裂纹长度上的影响
（由 380mm×550mm 铸坯轧成 115mm×115mm 轧坯）

图 7-69 表示 M-EMS 和 M+F-EMS 对盘条力学性能的影响。由图可见，组合电磁搅拌相比单一结晶器电磁搅拌，提高了时效前盘条抗拉强度和面缩率等力学性能。

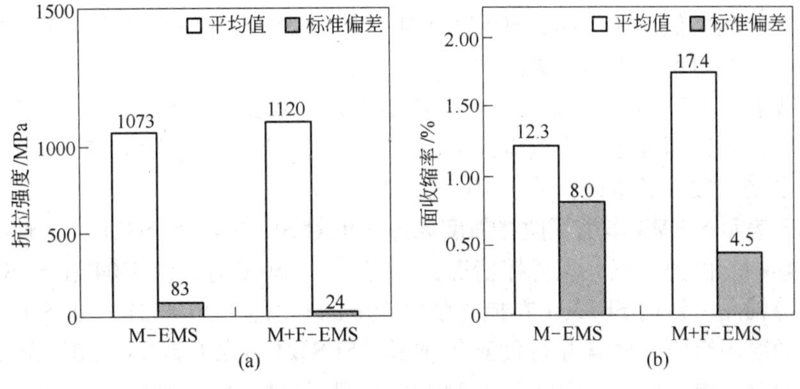

图 7-69 M-EMS 和 M+F-EMS 对盘条力学性能的影响
（a）EMS 对盘条抗拉强度的影响；（b）EMS 对盘条面收缩率的影响
钢种：77B-1；铸坯断面：140mm×140mm

7.2 二冷区、凝固末端电磁搅拌和组合搅拌的冶金效果

7.2.1 二冷区电磁搅拌对铸坯等轴晶率的影响

图 7-70 表示 S-EMS 的搅拌强度对硅钢矩形坯等轴晶率的影响。由图可见，在行波磁场产生的上、下直线搅拌中，随着电流强度增加，等轴晶率也增大，当电流强度增加到

95～98A 时，等轴晶率达到峰值，超过 100A 时等轴晶率下降。这是由于在 S-EMS 产生的上、下直线搅拌中，如搅拌强度过强，导致上部过热钢水向下交换加速，使部分游离的晶核重熔，从而使等轴晶率下降。

图 7－71 表示 S-EMS 的电磁推力对高级钢大方坯等轴晶率的影响。由图可见，等轴晶率随推力增大而增加，在某个推力时达到峰值，然后随着推力增大而下降。这是由于二冷区旋转搅拌使钢水流动范围局限在二冷区内，以及大推力时旋转搅拌的上影响区的流动将上部过热钢水带进搅拌区，使部分等轴晶重熔，导致等轴晶率下降。

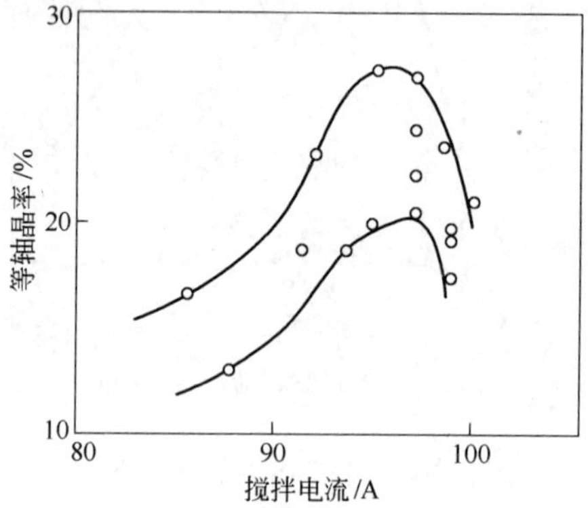

图 7－70 S-EMS 的搅拌强度对矩形坯等轴晶率的影响

钢种：硅钢；铸坯断面：160mm×260mm；过热度：20～50℃；拉速：1.3～1.5m/min；垂直搅拌

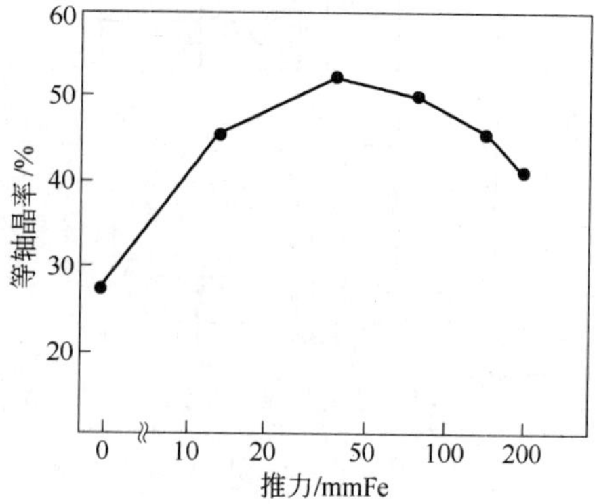

图 7－71 S-EMS 的电磁推力对大方坯等轴晶率的影响

钢种：机械结构钢、无缝钢管；断面：247mm×300mm；拉速：0.9m/min；旋转搅拌

值得指出的是，比较图 7－70 和图 7－71，前者采用直线搅拌，后者采用旋转搅拌，但两者所得结果相类似。这表明在使用 S-EMS 时，不管采用哪种搅拌方式，都要恰当选择搅拌强度，才能得到理想的效果。

图 7－72 表示 S-EMS 的电流强度对硅钢矩形坯晶粒细化的影响。由图可见，随电流强度的增加，晶粒逐渐细化，当电流强度超过 95A 时，晶粒大小在 4～2.5mm 范围内。晶粒测定方法是采用数字显微镜，放大 10 倍取其平均值。

图 7－73 表示 S-EMS 作用下搅拌强度和过热度对 SUS304、SUS321 大方坯等轴晶率和晶粒尺寸的影响。由图可见，无搅拌情况，ΔT 为 30～50℃时，SUS304 和 SUS321 仅在中心生成粗大等轴晶。然而 SUS304 在搅拌强度 19mmFe 以上、SUS321 在 4.5mmFe 以上时，铸坯搅拌区的凝固组织由柱状晶过渡到等轴晶。SUS321 在 ΔT 为 30～50℃范围内几乎不受过热度的影响，搅拌区内是 100% 的等轴晶，而且等轴晶容易细化，这是由于加入钛元素生成 TiN 晶核的原因；但 SUS304 跟 ΔT 有关，ΔT 越大，搅拌区内越易生成柱状晶而不利于生成等轴晶。

图 7－74 表示 S-EMS 作用下搅拌强度和过热度对 SUS430、SUS316 大方坯等轴晶率和晶粒尺寸的影响。由图可见，无搅拌情况，过热度 ΔT 对 SUS430 和 SUS316 的凝固组织有重大影响：两者在低过热度条件下，即 SUS430 的过热度 $\Delta T<10$℃，SUS316 的过热度 $\Delta T<10$℃才能获得等轴晶组织，而采用 S-EMS 就能扩大过热度的范围。然而随着 ΔT 的增大，各钢种都存在等轴晶形成滞后的现象，使等轴晶率下降。对 SUS316 来说，ΔT 的影响较小，而对 SUS430 来说，ΔT 的影响较大，当 ΔT 超过 20℃时，等轴晶率大幅降低，而且等

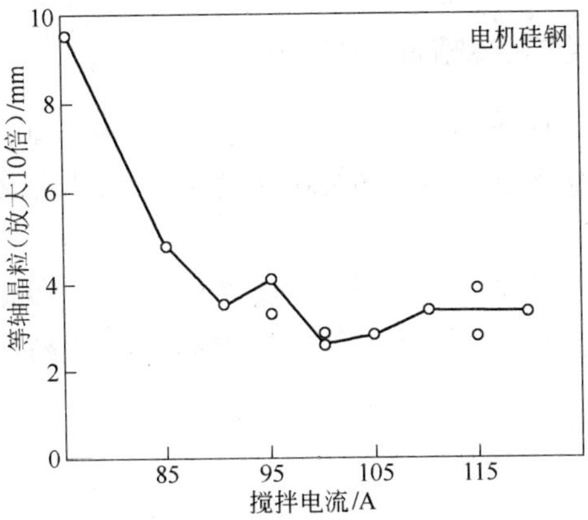

图 7－72 S-EMS 的电流强度对晶粒细化的影响

钢种：硅钢；铸坯断面：160mm×260mm，拉速：1.3～1.5m/min；过热度：20～50℃；直线搅拌；$f=50$Hz

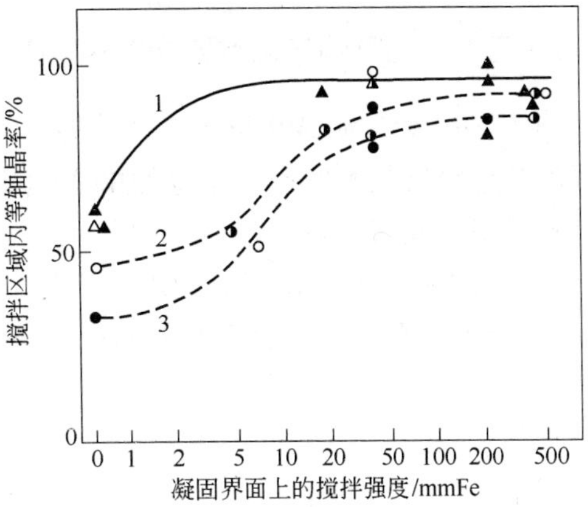

图 7－73 过热度和搅拌强度在不锈钢圆坯等轴晶率和晶粒尺寸的影响

1—SUS321，$\Delta T=41\sim50$℃；2—SUS321，$\Delta T=31\sim40$℃；3—SUS304，$\Delta T=41\sim50$℃

断面：ϕ210mm；拉速：1.0～1.2m/min；旋转搅拌

轴晶粒也粗大。因此，S-EMS 可以细化不锈钢大方坯的凝固组织，搅拌强度越大，过热度越低，等轴晶率越高，而且等轴晶粒也越细。

由图 7－73 和图 7－74 可以得到如下结果：通过电磁搅拌，可以细化不锈钢大方坯的凝固组织，搅拌强度越大，过热度越低，等轴晶率就越高，而且等轴晶粒也细化了。就等轴晶化的困难程度排列顺序为：SUS316、SUS321、SUS304、SUS430，所以 SUS430 等轴晶化最困难。

图 7－75 表示 S_1+S_2-EMS 对中碳钢大方坯等轴晶率的影响。由图可见，随着搅拌强度的增加，等轴晶率总体上也增加。

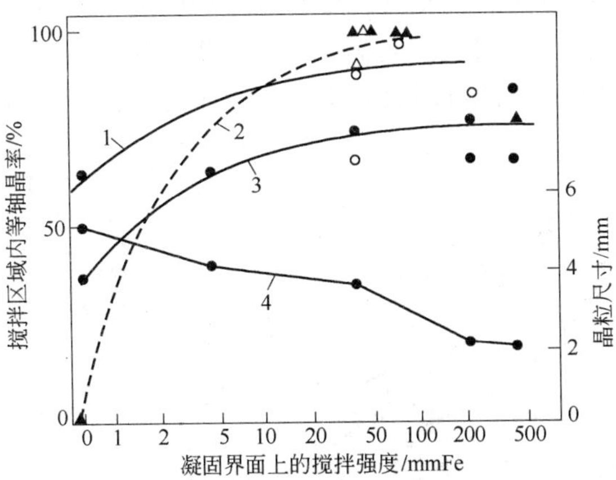

图 7－74 过热度和搅拌强度对不锈钢圆坯等轴晶率和晶粒尺寸的影响

1—SUS430，$\Delta T=21\sim30$℃；2—SUS316，$\Delta T=11\sim40$℃；3—SUS430，$\Delta T=31\sim40$℃；4—SUS430

断面：ϕ210mm；拉速：1.0～1.2m/min；旋转搅拌

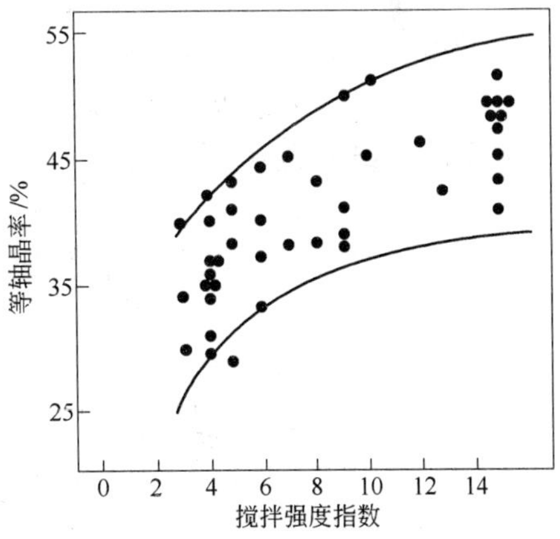

图 7－75 S_1+S_2-EMS 对大方坯等轴晶率的影响

钢种：0.4%～0.47%C；断面：220mm×220mm；过热度：20～30℃；拉速：1.2～1.4m/min

7.2.2　二冷区和凝固末端电磁搅拌对中心偏析和中心缺陷的影响

图 7－76 表示 S-EMS 与不搅拌的矩形坯中心偏析与等轴晶率的关系。由图可见，不搅拌的铸坯等轴晶率较小，相应的中心偏析也越严重；采用 S-EMS 后，中心偏析总体上随等轴晶率的提高而减小。

图 7－77 表示 S-EMS 对硅钢矩形坯中心缺陷的影响。由图可见，搅拌的铸坯内部缺陷都比未搅拌的有明显改善，尤其是中心疏松有较大改善，表明铸坯芯部的致密度有较大提高。

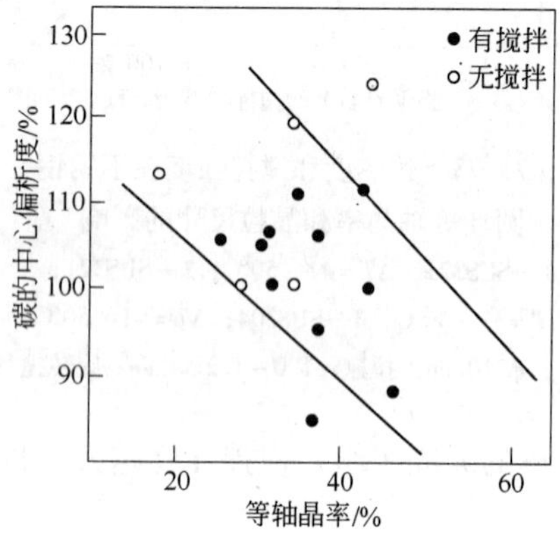

图 7－76　S-EMS 搅拌与不搅拌的中心偏析与等轴晶率的关系

钢种：20 管钢、硅钢；铸坯断面：170mm×250mm；过热度：9～56℃；拉速：1.1～1.4m/min；旋转搅拌

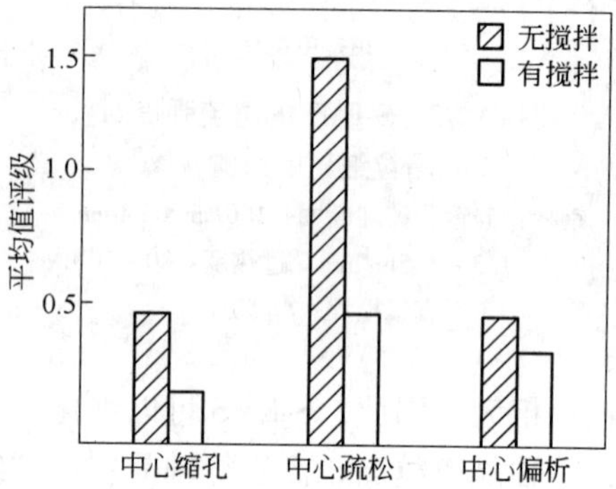

图 7－77　S-EMS 搅拌对中心缺陷的影响

钢种：硅钢；铸坯断面：160mm×260mm；过热度：30～50℃；拉速：1.3～1.5m/min；直线搅拌

图 7－78 表示 S-EMS 作用下不锈钢大方坯中心缩孔与等轴晶率的关系。由图可见，随着搅拌强度的增加，等轴晶率提高，晶粒细化，SUS304、SUS321 和 SUS430 的中心缩孔由管状缩孔变成弥散状的微孔，中心缩孔的评级变好。但是由于各个钢种凝固收缩率不同，中心缩孔改善程度也有所不同，其中 SUS430 的凝固收缩率最小，即使在低等轴晶率下中心缩孔评级也最好。

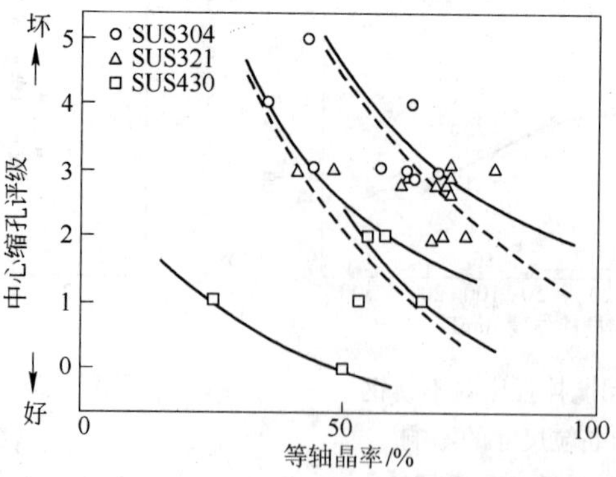

图 7－78　S-EMS 作用下中心缩孔与等轴晶率的关系

钢种：SUS304、SUS321、SUS430；铸坯断面：210mm×210mm；过热度：SUS304：31～50℃，SUS321：41～50℃，SUS430：21～50℃

图 7－79 表示 S_1+S_2-EMS 作用下中碳钢大方坯负偏析率和白亮带指数的关系，图中，C_0、S_0 是平均碳和硫含量，C 和 S 是白亮带中的碳和硫浓度。由图可见，如果白亮带指数保持在 1，则 C/C_0 和 S/S_0 比率分别为 0.95 和 0.92，这意味着“无负偏析”是可以接受的。

7.2.3 凝固末端电磁搅拌不同运行方式的冶金效果

图 7－80 表示在 M＋F-EMS 作用下 F-EMS 的间断和异相电流（DPC）搅拌方式对中心偏析指数的影响，两种搅拌方式的含义请参看“1.4 电磁搅拌运行方式”。由图可见，DPC 搅拌方式减少中心偏析的效果，无论是指数及其平均值都比间断搅拌方式要好。

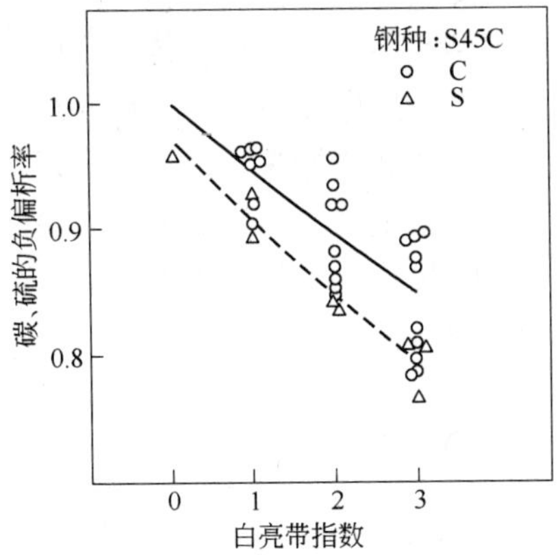

图 7－79 在 S_1+S_2-EMS 作用下负偏析率和白亮带指数的关系

钢种：0.4%～0.47%C；铸坯断面：220mm×220mm；过热度：20～30℃；拉速：1.2～1.4m/min

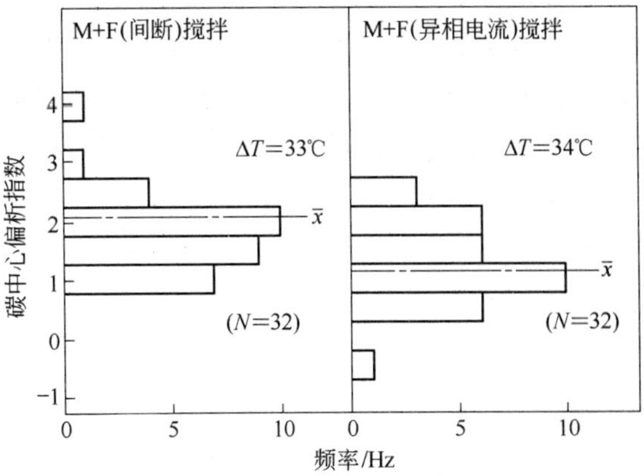

图 7－80 F-EMS 的不同运行方式对中心偏析指数的影响

钢种：0.60%C 弹簧钢；断面：300mm×400mm

图 7－81 表示 F-EMS 的不同搅拌方式作用下中心偏析指数随过热度的变化。由图可见，异相电流搅拌方式对减少中心偏析指数的效果更明显。

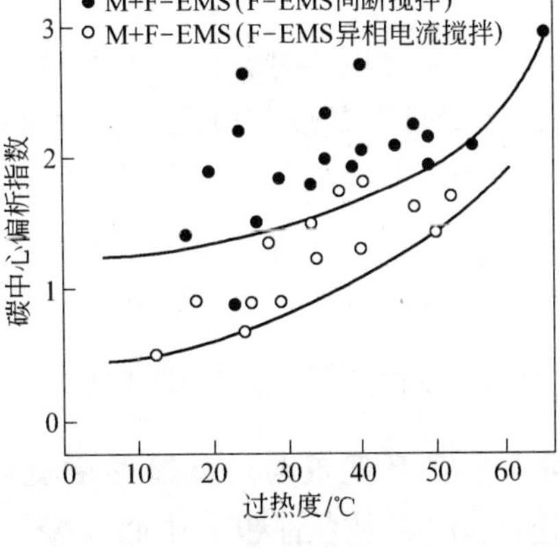

图 7－81 F-EMS 的不同运行方式下中心偏析指数随过热度的变化

钢种：0.60%C 弹簧钢；断面：300mm×400mm

7.3 电磁搅拌对水平连铸铸坯质量的影响

7.3.1 结晶器电磁搅拌对水平连铸铸坯表面冷隔深度的影响

水平连铸特有的铸坯表面缺陷主要是冷隔和冷隔裂纹，前者主要由于间歇拉坯而在结晶器铜管与分离环连接处形成的，如不加清理，会成为成品的表面缺陷，因此，为了提高铸坯精整收得率，减小冷隔深度是必不可少的。后者主要由结晶器内坯壳生长不均匀引起的。冷隔深度与拉坯频率有关，也与结晶器内坯壳不均匀生长有关，下表面比上表面要深一些。减小冷隔深度的办法，一是提高拉坯频率，二是采用结晶器电磁搅拌。

图 7－82 表示在结晶器电磁搅拌下，不锈钢小圆坯的冷隔深度与拉坯频率的关系。由图可见，冷隔深度随着拉坯频率提高而减小，由于未采用结晶器电磁搅拌，铸坯下侧与结晶器接触好，坯壳厚，其冷隔深度比上侧的要深；当采用结晶器电磁搅拌后，钢水在离心力作用下，与结晶器接触更紧密些，特别是上侧；也由于凝固面前沿受到钢水冲刷以及上下侧钢水的热交换，因而凝固面温度上升，使下侧坯壳部分被重熔，导致上下两侧表面的冷隔深度几乎达到均匀，从而导致冷隔深度变浅和表面冷隔裂纹减少甚至消失。

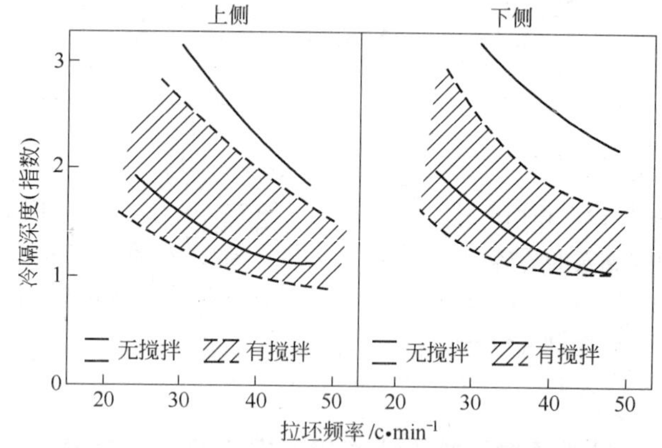

图 7－82 在 M-EMS 作用下冷隔深度与拉坯频率的关系

钢种：SUS304；断面：ϕ110～185mm；拉速：1.0～2.3m/min

图 7－83 表示水平连铸结晶器电磁搅拌对碳钢和不锈钢小圆坯冷隔深度的影响。由图可见，不管电源频率多大，冷隔深度随磁感应强度提高而变浅；在相同的磁感应强度下，频率越高，冷隔深度也越浅；下表面的冷隔深度比上表面的更浅一些。这是由于结晶器电磁搅拌促进钢水流动，频率高，流速快，阻碍了冷隔的形成。因此，要降低冷隔深度除提高拉坯频率外，加强结晶器电磁搅拌也是一个重要措施。

7.3.2 结晶器电磁搅拌和组合搅拌对铸坯等轴晶率的影响

7.3.2.1 水平连铸铸坯等轴晶区宽度与结晶器电磁搅拌的关系

和弧形连铸一样，水平连铸铸坯的柱状晶也向中心发展并形成“搭桥”和中心缩孔。实践表明，通过扩大等轴晶区可以使上述缺陷得到改善。电磁搅拌在水平连铸中的最重要优点是，无论是一段搅拌还是多段组合搅拌都能产生较大的等轴晶区。

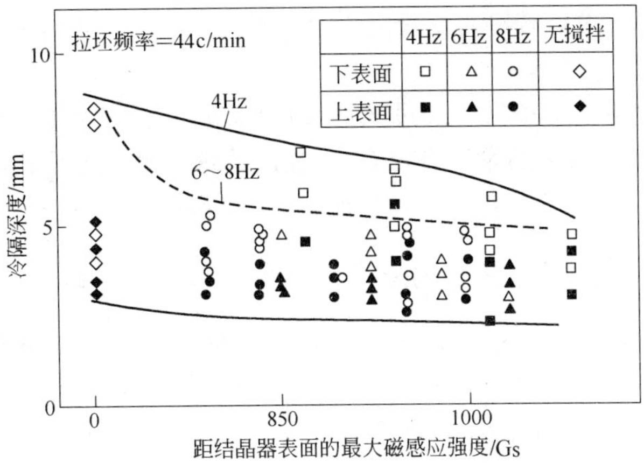

图 7－83　水平连铸结晶器电磁搅拌对碳钢和不锈钢冷隔深度的影响

钢种：0.23%～1.00%C、SUS304；断面：ϕ110～150mm；拉速：0.5～2.9m/min；拉坯频率：20～100c/min

图 7－84 表示在 M-EMS 作用下等轴晶区宽度与搅拌强度的关系。由图可见，等轴晶区宽度随搅拌强度增加而急剧扩大，若恰当选择搅拌强度，其等轴晶率甚至可达到 90% 左右，这是弧形连铸难以达到的。

7.3.2.2　水平连铸坯等轴晶区宽度与结晶器和二冷区组合电磁搅拌的关系

图 7－85 表示采用 M-EMS 或 M＋S-EMS 时，等轴晶区宽度与搅拌强度的关系。由图可见，在电磁搅拌条件下，上下两侧形成的等轴晶区不均匀，下侧较上侧大，上侧等轴晶区随搅拌强度增加而均匀增加。而下侧即使搅拌强度很弱，等轴晶区也迅速增加，由于重力影响，在某个搅拌强度时达到饱和值，再继续提高搅拌强度也不能使等轴晶区继续扩大。如果增加二冷区电磁搅拌，上侧等轴晶区又有增加，对下侧却无多大影响。

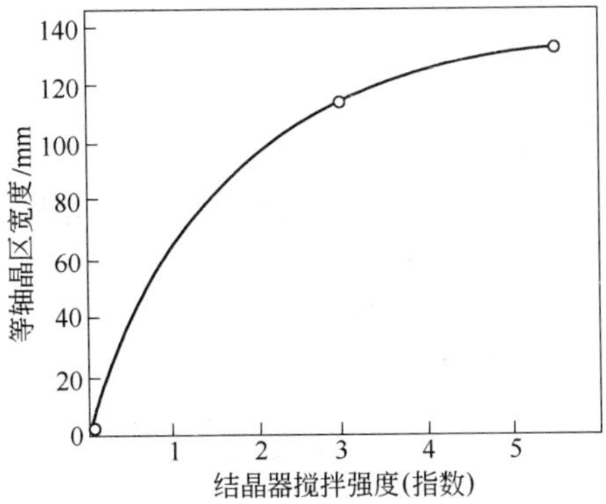

图 7－84　等轴晶区宽度与结晶器搅拌强度的关系

钢种 SUS304；断面：ϕ145mm；拉速：1.1m/min

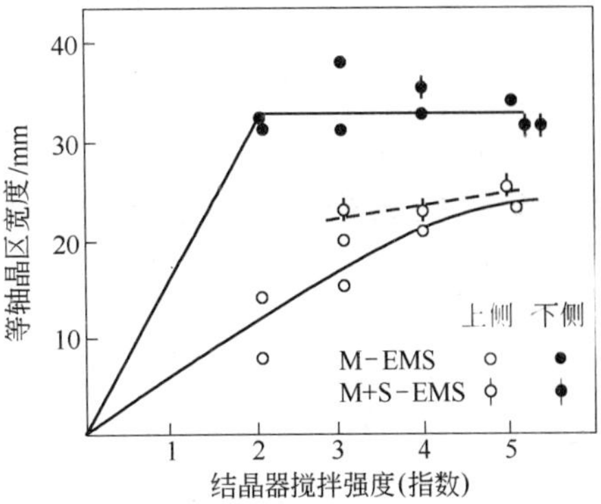

图 7－85　M-EMS 和 M＋S-EMS 作用下等轴晶区宽度与搅拌强度的关系

钢种：SWRH62A；断面：ϕ110mm；拉速 1.40～1.45m/min；过热度：22～77℃

7.3.2.3　电磁搅拌条件下水平连铸铸坯等轴晶区宽度与 $\Delta T \cdot v$ 的关系

与弧形连铸一样，即使在电磁搅拌条件下等轴晶区宽度也受拉速和过热度的影响。随着拉速提高，等轴晶区宽度减小，这是由于拉速提高，搅拌时间缩短，使钢水温度难以降低，影响了搅拌效果。

图 7－86 表示电磁搅拌条件下，过热度 ΔT（℃）和拉速 v（m/min）对等轴晶区宽度的影响，用过热度和拉速的乘积即 $\Delta T \cdot v$ 进行整理。由图可见，随着 $\Delta T \cdot v$ 的增加，等轴晶区宽度减小，由此可以根据 $\Delta T \cdot v$ 值推出等轴晶区的宽度。

7.3.3　不同搅拌方式对改善水平连铸铸坯中心疏松和裂纹的影响

图 7－87 表示不同搅拌方式对改善中心疏松的影响。由图可见，对于 0.20%～0.25%C 钢、过热度 20～30℃的条件下，两段组合搅拌对改善中心疏松的效果最好；在无电磁搅拌下，中心疏松指数随液相区增大而急剧增加，而在有电磁搅拌下，液相区有个最佳值，此时中心疏松指数最小，液相区过大或过小，中心疏松指数反而增加。由图可见，液相区最佳值大约在 1 号搅拌器处，液相比例约占 15%。

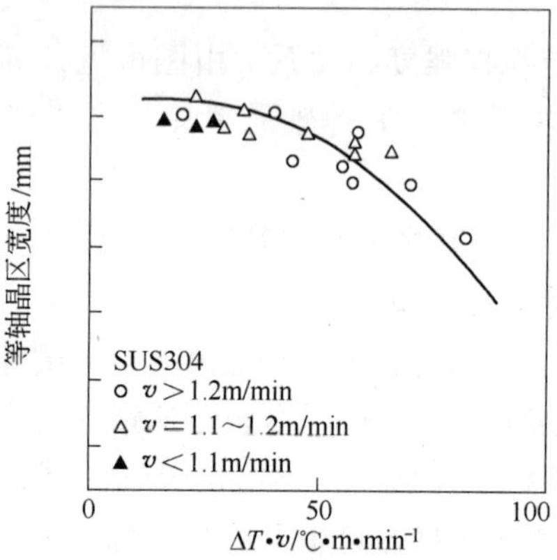

图 7－86　电磁搅拌条件下等轴晶区宽度与 $\Delta T \cdot v$ 的关系

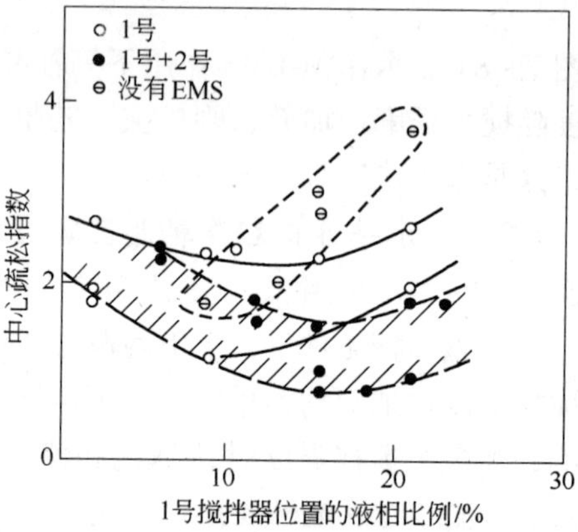

图 7－87　电磁搅拌对改善中心疏松的影响
钢种：0.20%～0.25%C；过热度：20～30℃

图 7－88 表示电磁搅拌作用下不同碳含量对中心疏松的影响。由图可见，电磁搅拌对改善中碳钢中心疏松的效果比低碳钢和高碳钢的要好，这与弧形连铸的情况大致相同。

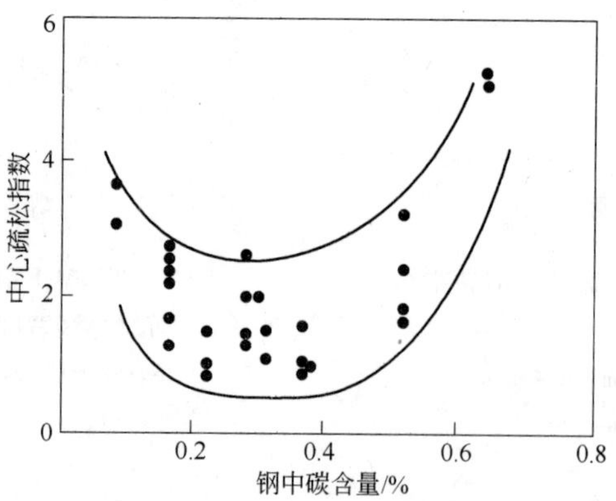

图 7－88　电磁搅拌作用下不同碳含量对中心疏松的影响
铸坯尺寸：115mm×115mm；拉速：2.5m/min；过热度：20～30℃

图7-89表示不同搅拌方式和过热度对改善内裂的影响。由图可见，对于高镍钢NCF800，在过热度大于50℃和不大于50℃条件下，各种电磁搅拌条件改善内裂的程度不同，三段组合搅拌效果最好，并且过热度越低，效果越好。这是因为仅有结晶器电磁搅拌，在铸坯上侧仍可以观察到柱状晶区，内裂沿上侧柱状晶辐射。而在三段组合搅拌下，铸坯宏观组织全为等轴晶，内裂只在很小区域内存在，即使过热度直到50℃仍然明显有效。

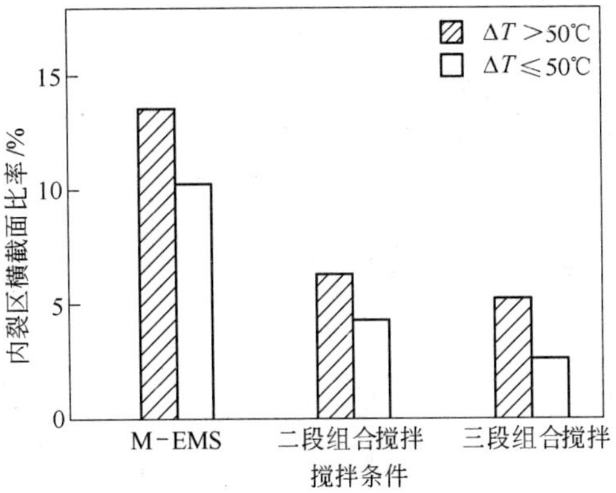

图7-89 各种电磁搅拌对改善内裂指数的影响

钢种：NCF800；断面：ϕ212mm；拉速：0.70m/min；过热度：0~100℃；

EMS型式：一、二段旋转搅拌，三段直线搅拌

7.3.4 不同搅拌方式对改善水平连铸铸坯中心偏析的影响

图7-90表示在不同拉速下不同搅拌方式对改善中心偏析的影响。由图可见，无搅拌时，中心偏析指数最高；只有结晶器电磁搅拌时，中心偏析有所降低；采用二段组合搅拌时，中心偏析指数明显降低，碳含量为0.2%~0.4%的钢种，改善程度最好。拉速越高，液相区越大，改善程度也越好。

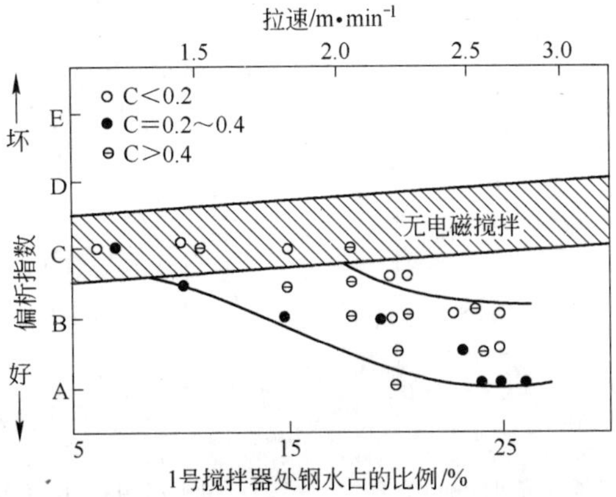

图7-90 不同搅拌方式对改善中心偏析的影响

断面：115mm×115mm

图 7 – 91 表示不同搅拌方式对中心碳偏析率的影响。由图可见，即使仅用 M-EMS 搅拌时，中心偏析的波动得到改善，与中间包的平均值的偏差也略有减少。采用 M + S-EMS 组合搅拌与仅采用 M-EMS 搅拌相比，中心偏析的平均值和波动都无大的差别。对浇注不锈钢时，采用 M + S-EMS 组合搅拌对改善中心偏析并无显著作用。而采用 M + F-EMS 组合搅拌时，中心偏析的平均值和波动都得到很大改善，说明 M + F-EMS 组合搅拌对改善不锈钢的中心偏析是有效的。

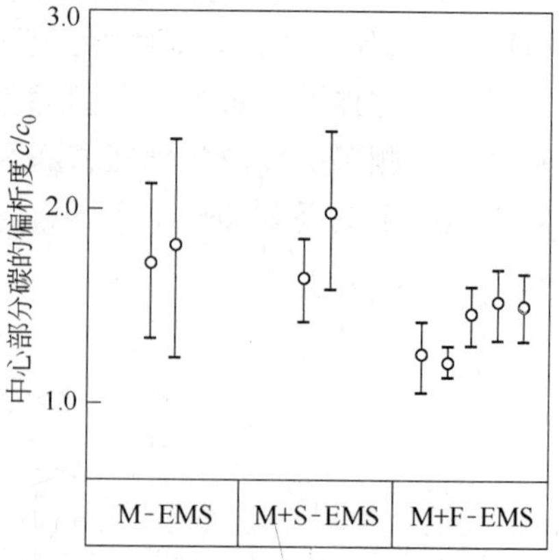

图 7 – 91　不同搅拌方式对中心碳偏析率的影响

钢种：SUS304；断面：ϕ145mm；拉速：1.1m/min

7.3.5　结晶器电磁搅拌和组合搅拌对水平连铸铸坯负偏析的影响

图 7 – 92 表示水平连铸结晶器电磁搅拌与白亮带的负偏析的关系。由图可见，与弧形连铸一样，电磁搅拌特别是二冷区或凝固末端搅拌，在改善中心偏析的同时也会出现负偏析。通常弧形连铸结晶器电磁搅拌不会出现明显的白亮带，但水平连铸结晶器电磁搅拌实际上是跨结晶器铜管和二冷区的，因此结晶器电磁搅拌产生白亮带实属正常。负偏析区的碳偏析率随电流强度和频率的增加而减小。

图 7 – 93 表示 R_2 搅拌器的搅拌强度对不同钢种、不同断面的白亮带处的负偏析的影响。由图可见，无论哪个钢种、哪个断面，随着搅拌强度的增加，负偏析都变得更加严重；在相同的搅拌强度下，中碳钢的负偏析比弹簧钢的严重，即弹簧钢的碳含量高负偏析率反而小；在相同搅拌强度下，ϕ220mm 圆坯的负偏析率比 ϕ115mm 方坯的小，因为大断面的搅拌速度比小断面的大。

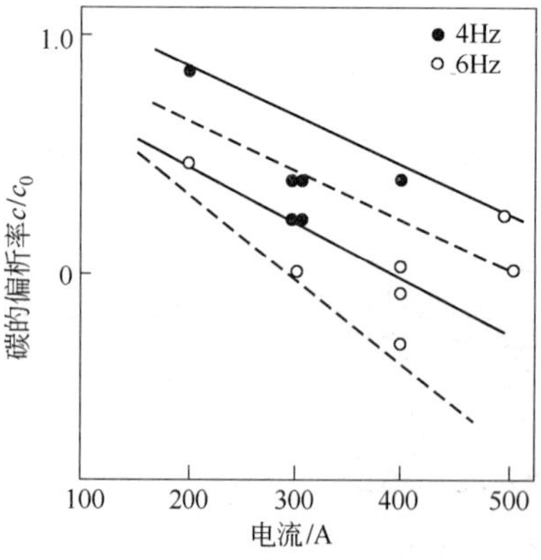

图 7 – 92　结晶器电磁搅拌与负偏析的关系

钢种：SWSH62A；断面：ϕ110mm；拉速：1.40 ~ 1.45m/min

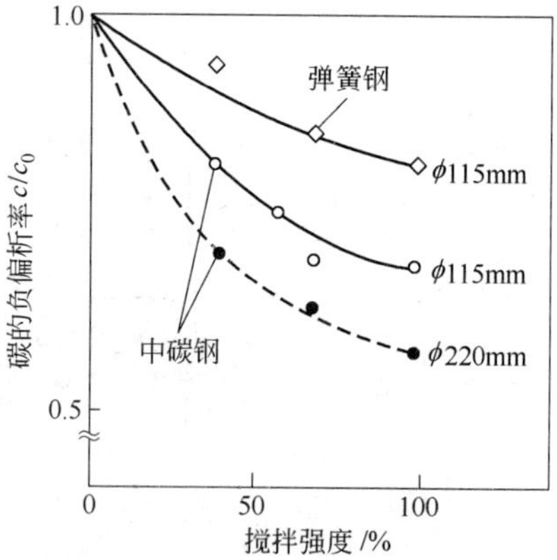

图 7 – 93　R_2 搅拌器的搅拌强度与负偏析的关系

图7－94表示碳的中心偏析率与白亮带的负偏析率的关系，此处负偏析率为1－（c/c_0），c/c_0为负偏析处的偏析率。由图可见，即使采用S-EMS搅拌也能减小中心偏析，但与M-EMS搅拌和M＋S-EMS搅拌相比，将形成明显的负偏析。因此，最适合改善中心偏析的方法是采用M＋S-EMS搅拌或M＋F-EMS搅拌。

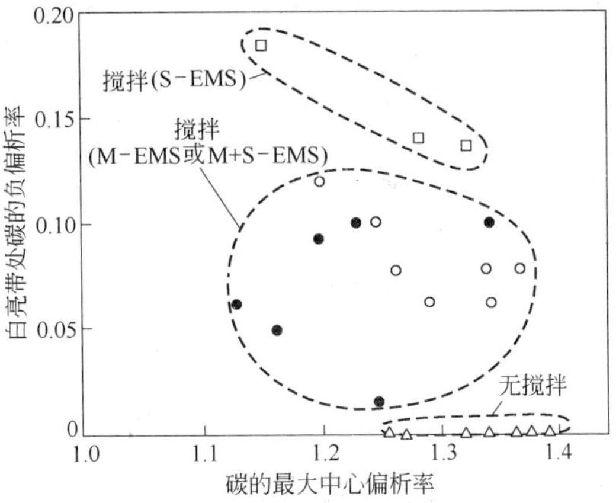

图7－94 碳的中心偏析率与白亮带的负偏析率的关系

钢种：SWRH20A；断面：ϕ110mm；拉速1.40～1.45m/min

参 考 文 献

［1］中田博也，高橋 元．高碳素鋼ブルームCCにおける内部品質改善［J］．電気制鋼，1991，62（1）：42～48.

［2］Mizukami H，et al. Effect of electromagnetic stirring at the final stage of solidification of continuouly cast strand［J］. Trans. ISIJ，1984，24（11）：923～930.

［3］Грачев В. Г. Физико－Математическое Модлирование Процесса ЭМП Жидкого Металла в Кристаллизаторе сортовой МНЛЗ. Тяжелое Машиностроение，2002（5）：2～6.

［4］毛斌．水平连铸电磁搅拌技术（中国科学院力学研究所内部报告），1989.

［5］森 隆资，等．水平连铸的发展和冶金特点［J］．钢铁，1984，19（8）：42～46.

［6］森井 廉 ウ. 大同特殊鋼（株）知多工場第2号連鋳設備の建設と操業［J］．電気製鋼，1993，64（1）：13～21.

［7］Beitelman L. Effects of casting parameters on stirring flow velocity and its control in continuous casting molds［C］// 2002 Electric Furnace Conference Proceedings，2002：471～481.

［8］森 隆資ウ. ブルムビレットの連鋳設備と鋳片品質［J］．鉄と鋼，1981，37（8）：1103～1113.

［9］Wolf M，等．连铸技术的最新进展［C］// 中国金属学会连续铸钢分会，1988：237.

［10］Welburn R W，et al. Initial experience with the new billet casting machine at B. S. C special steels Continuous Casting［C］// 4th International Iron and Steel Congress，17/1～17/16.

［11］Mori T，et al. Quality Improvement of Continuous Cast Billets by Combination Electromagnetic Stivring. KOBE Steel LTD.

［12］菊地克彦ウ. 棒线用ブルーム鋳片の鋳型内電磁攪拌による内質改善［J］．材料とプロセス，1993，6：1197.

［13］吴耀光，等．圆坯连铸工艺优化试验研究［J］．钢铁，2008，43：31～34.

[14] 龚志翔，等．结晶器电磁搅拌对圆坯组织及夹杂物分布的影响［J］．特殊钢，2004，25（4）：35～37.
[15] Suzuki K, et al. Technological improvements on high grade steel casting by round bellet caster at NKK［C］//1990 Steelmaking Conference Proceedings：198～212.
[16] 陈永，等．重轨钢连铸结晶器电磁搅拌技术应用研究［J］．钢铁钒钛，2006，27（4）：14～20.
[17] 山中章裕ウ. グルーム・丸ビレット连鋳鋳片の中心偏析，ヤンターポロツティの改善［J］．CAMP－ISIJ，1994，7：186～189.
[18] 张桂芳，等．结晶器电磁搅拌对重轨钢大方坯内部质量的影响［J］．炼钢，2008，24（4）：21～25.
[19] Roederer Ch, et al. 用连铸结晶器电磁搅拌工艺改善产品的清洁度［J］. Clear Steel, The Metals Society (UK), 1982.
[20] 龚志翔，等．结晶器电磁搅拌对圆坯质量的影响［J］．马钢技术，2003（1）：1～3.
[21] 竹内英磨ウ. ステンレス鋼丸ブルーム性状におょぼす鋳型内電磁攪拌の影響［J］．鉄と鋼，1985，71（4）：209.
[22] 徐向东，等．组合式电磁搅拌在高碳钢小方坯连铸中的应用［J］．炼钢，2004，20（5）：30～32.
[23] 李国忠，等．M-EMS对中碳钢连铸方坯碳偏析的影响［J］．炼钢，2008，24（1）：40～43.
[24] Kitamura, et al. Production of high grade wire rod from large section continuously cast bloom［J］. Ironmaking and Steelmaking，1983，1（2）：82～90.
[25] Ishiznka A, et al. 凝固终端电磁搅拌对大方坯质量的影响［J］. Trans. ISIJ，1984，24.
[26] 许纯良，等．行波磁场电磁搅拌［J］．首钢科技，1987（5）：16～21.
[27] 竹内英磨ウ. 電磁攪拌によるステンレス鋼連鋳ブルームの品質改善［J］．鉄と鋼，1997，63（8）：59～68.
[28] Klaus Wünnenberg, et al. Metallurgische Probleme beim Electromagnetischen Rühren von Stahl während der Erstarrung［J］．Stahl u Eisen，1984，104（9）：423～427.
[29] Cheng Chao-Min, et al. The Application of electromagnetic stirring in the secondary cooling zone for continuous cast bloom at C S C［C］// SEAISI Indonesiq Conference.
[30] Syuhei Takeda. et al. 通过电磁搅拌改善水平连铸坯的凝固组织//冶金部情报研究所：国外连铸新技术，水平连铸（四），1986，4：190～198.
[31] 叶枫，等．电磁搅拌对连铸小方坯质量的影响［C］//中国金属学会连续铸钢分会．第六届连续铸钢全国学术会议论文集，1999：224～235.

8 板坯连铸结晶器电磁控流技术

随着连铸技术的发展和连铸比的提高，高质量铸坯和高生产率已成为当今板坯连铸技术追求的目标。尤其是汽车、家用电器、造船、管线、建筑等用钢量较大的用户，都要求加工性能好的高质量板材的稳定供应。为满足这一要求，近年来连铸技术的发展要求获得各种能稳定浇注、高质量、高生产率的板坯连铸技术，特别致力于减少表面和内部缺陷来生产高质量的最终产品。

从20世纪80年代起，以实现高生产率的技术为背景，人们已意识到结晶器内钢水流动控制技术对实现板坯连铸机的高质量和高生产率具有重大影响。以此为背景，各国都强化发展各种板坯连铸结晶器电磁控流技术。

目前处于实用的结晶器电磁控流技术大致可以分成两类：一类是利用行波磁场（AC型）强化钢水流动的“搅拌效应”，如M-EMS和MM-EMS；另一类是利用恒定直流磁场（DC型）制动流股使其减速的“制动效应”，如EMBr、LMF、FC-Mold。前者着眼于控制板坯的表面和皮下质量，后者着眼于控制板坯的内部质量。

8.1 板坯连铸结晶器内钢水流动控制的重要性

8.1.1 板坯连铸结晶器内钢水流动存在的主要问题

连铸实践表明，板坯表面和内部缺陷及初生坯壳的侵蚀大都与结晶器内钢水流动形貌密切相关。随着拉速的提高，板坯表面和内部的气泡和夹杂物去除的恶化、表面裂纹和拉漏危险的增加严重制约了铸坯质量的改善和拉速的提高。

图8－1表示板坯结晶器内钢水流动现象的示意图。由图可见：

(1) 从浸入式水口（SEN）侧孔吐出的过热流股带着气泡和夹杂物高速冲击窄面，使坯壳重熔，甚至造成漏钢、表面和皮下裂纹。

(2) 沿窄面的凝固面前沿向上的反转流股使窄面附近的弯月面拱起，引起弯月面波动加剧，导致保护渣卷吸而被初生坯壳的凝固钩捕获，形成表面和皮下夹杂；波动的传播导致自由面上保护渣铺展不匀，易产生表面和皮下裂纹。

(3) 沿窄面的凝固面前沿向下的流股侵入液相穴深处。由于注速高，流股速度超过流

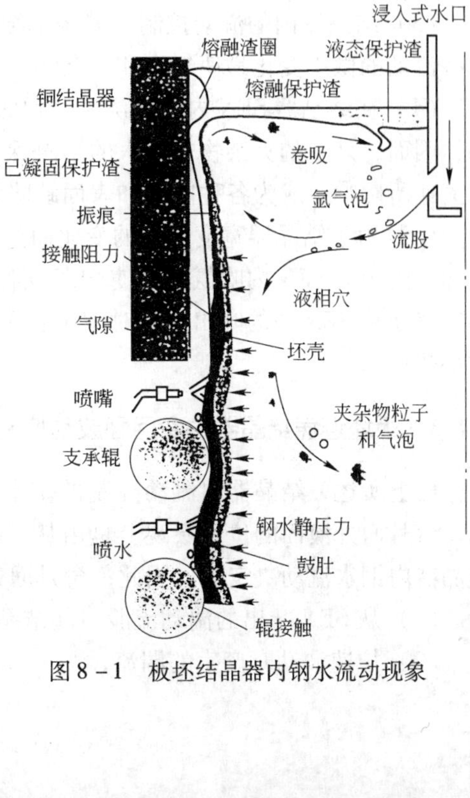

图8－1 板坯结晶器内钢水流动现象

股下方液相穴中气泡和夹杂物的上浮速度，这些夹杂物和气泡的上浮被高速流股所阻断，使气泡和夹杂物不能上浮，而在板坯内弧的1/4处夹杂带偏聚。

表8－1表示结晶器内流动控制的基本现象及其控制概念。

表8－1 结晶器内流动控制的基本现象和控制概念

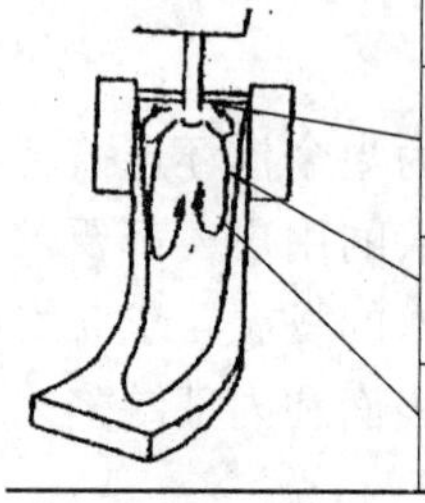

基本现象	影响因素	控制概念
保护渣型夹杂物的产生	弯月面下的流速和弯月面的稳定性等	限制流速的最大值
夹杂物和氩气泡的卷吸	弯月面下的流速等	行波磁场的水平电磁搅拌
夹杂物和氩气泡的侵入	向下流速和偏流	恒定磁场的电磁制动

8.1.2 板坯连铸结晶器内钢水流动控制的主要目的

上述这些基本现象的核心问题是结晶器内钢水流动的控制，它对产品质量有极大的影响：结晶器内钢水流动支配着夹杂物和气泡的上浮分离；弯月面附近的钢水流动又支配着保护渣熔融、铺展和卷吸。而结晶器内钢水流动又受到浇注参数（如板宽、拉速、氩气流量、SEN设计等四维组合）的影响，因此板坯结晶器内钢水流动控制的主要目的是：

（1）控制弯月面下的水平流速和增加凝固前沿的钢水流速，减少表面和皮下的夹杂物和气泡，最佳弯月面下的流速为0.12～0.2m/s，而最佳凝固前沿的流速为0.20～0.40m/s；

（2）借助结晶器内的流动控制，提高弯月面附近的温度并使结晶器内温度分布均匀化，使初始凝固和弯月面处凝固起始点降低，缩短凝固钩长度，使坯壳生长均匀，减少表面裂纹，同时稳定操作。

（3）结晶器内的流动控制，减轻了结晶器振动引起的初生坯壳端部附近流动的变化，这些流动的微小变化易使气泡和夹杂物被凝固钩捕获；

（4）在结晶器SEN内，在浇注过程的多数场合需要吹入氩气，防止SEN被氧化铝阻塞，因而，外来的夹杂物、卷入的熔融保护渣和氩气泡受弯月面下流速和SEN吐出的钢水流速所影响，成为各种内部和表面缺陷的重要原因；

（5）由于结晶器宽度尺寸的变化而产生的流动的变动也是发生大的缺陷的主要原因，例如，由于向SEN内吹氩气，使SEN两侧的流速有较大的振荡（即偏流），由于SEN底部形状使从SEN中的吐出流在时间上也有大的振荡，因此要求平均流速及其随时间的变动都要适当。

8.1.3 板坯连铸结晶器内弯月面波动控制的判据

由上所述，结晶器内流动控制的基本要求是控制弯月面下的流动，减小弯月面的波动。弯月面处液面的位置宏观上是由从SEN吐出的钢水流速和拉速决定的，微观上是由结晶器内钢水流动决定的。因此，弯月面处液面波动产生的原因主要是：

（1）从SEN吐出的湍动流股引起结晶器内钢水流速和流场的变化；

（2）拉速波动时产生的湍流；

(3) 夹辊对铸坯的压力引起铸坯中未凝固钢水的流动；

(4) 凝固坯壳的鼓肚和夹辊的热弯曲等引起铸坯内部未凝固钢水的体积变化，导致弯月面处液面的波动。

连铸实践表明，控制弯月面附近的钢水流动或窄面附近弯月面的波高是改进铸坯表面和内部质量的重要因素。

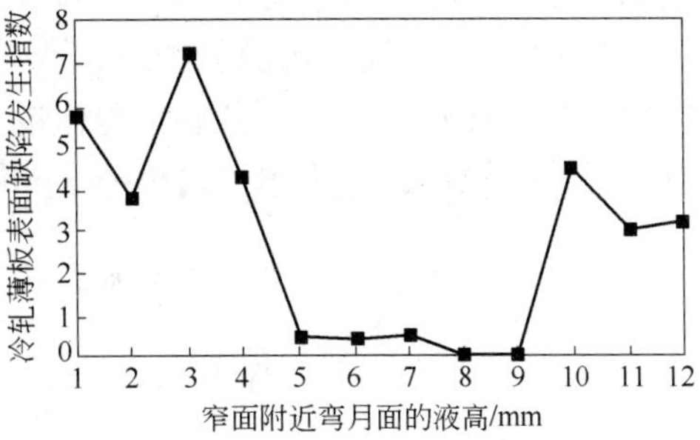

图 8-2 冷轧薄板的表面缺陷指数与结晶器窄面附近弯月面波高（Δx）的关系

图 8-2 表示冷轧薄板的表面缺陷指数与结晶器窄面附近弯月面波高（Δx）的关系。由图可见，Δx 过大或过小，表面缺陷指数都变大。对表面缺陷的分析表明，大多是保护渣性和外来 Al_2O_3 性的夹杂物等。由结晶器内流动分析可知，由 SEN 侧孔吐出的流股冲击窄面后分裂成向上反转流动和向下侵入流动，沿窄面凝固面的向上反转流动使窄面附近弯月面拱起形成波动。当向上反转流动过强时，弯月面附近流速较高，会引起弯月面激烈波动，波高变大，熔融保护渣易被卷吸，导致保护渣性夹杂物增加；反之，向上反转流动较弱时，弯月面附近流速较低，弯月面波高小，向弯月面的供热减少，使弯月面附近钢水温度低，保护渣熔融不充分，吸收夹杂物能力降低，从而使外来 Al_2O_3 性夹杂物的缺陷增大。

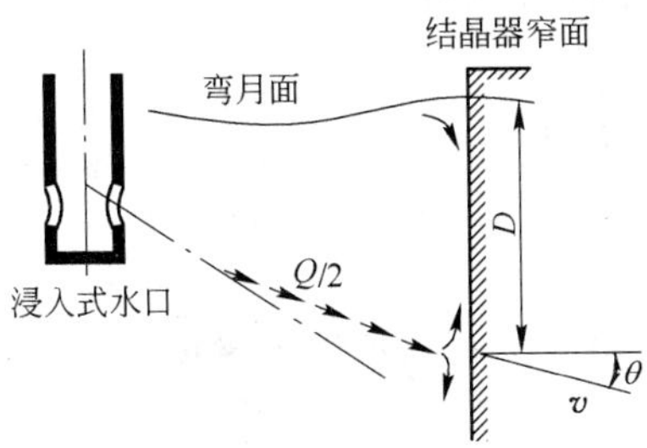

图 8-3 结晶器内钢水流动的判据（F 值）示意图

由图 8-2 可知，产品表面缺陷与弯月面的波高是相关联的。借助水模试验和流动的动量平衡，可以导出 SEN 侧孔吐出的流股速度、弯月面流速和弯月面波高与 F 值的关系（见图 8-3）。由图可见，测定流股的冲击角及其冲击深度，可以根据式（8-1）定义弯月面波动指数：

$$F = \frac{\rho Q v}{2} \cdot \frac{1 - \sin\theta}{2} \cdot \frac{1}{D} \tag{8-1}$$

式中 ρ——钢水密度，kg/m^3；

Q——体积浇注速度，m^3/min；

v——吐出流股对结晶器窄面的冲击速度，m/min；

θ——吐出流股对窄面的冲击角度，(°)；

D——冲击点离弯月面的距离，m。

此处 v、Q 和 D 由水模试验确定，与拉速、板坯尺寸、SEN 设计、浸入深度和氩气流量等有关。因为式（8-1）由动量平衡导出，因而 F 值也表示向上反转流动对弯月面的动量。F 值与弯月面的流速和 F 值与弯月水平波动之间的修正表明它们之间呈线性关系，因而也可以认定有一个使板坯缺陷最少的最佳 F 值（见图 8-2）。

由图 8-2 可知，当 F 值太大时，弯月面下流速和弯月面波动也大，容易发生卷渣；当 F 值太小时，悬浮在结晶器内钢水中的非金属夹杂物（如保护渣和脱氧产物）很容易被凝固面前沿捕获，这就是 F 值位于优化区域外会增加铸坯夹杂物缺陷的原因。

图 8－4 表示在线应用装置的 F 值与电流的关系。实测表明，在 EMLS/EMLA 由自动控制模式下，在整个 F 值的范围内电流的目标值与实际值之差可控制在 ±20A 以内，证明计算机控制的搅拌运行是非常精确的。

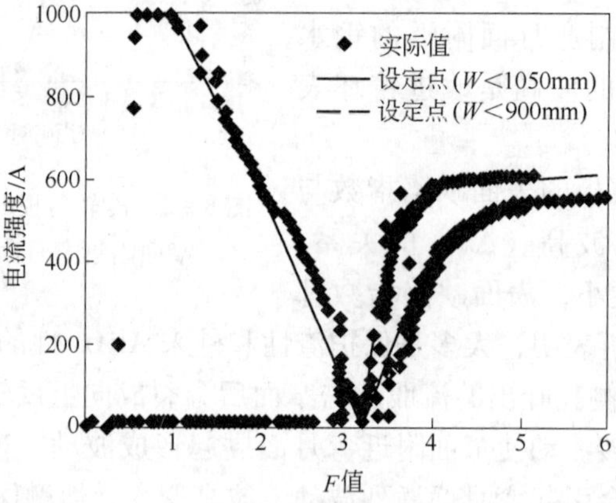

图 8－4　在自动控制模式下 F 值与电流强度的关系

8.2　板坯连铸结晶器内钢水流动控制技术的主要模式

8.2.1　三种电磁流动控制技术

板坯连铸实践表明，优化 SEN 的形状、内径、侧孔大小、倾角和浸入深度及钢水液面控制、结晶器振动等常规控制技术，虽有利于改进结晶器内的钢水流动，但不尽人意。为此，从 20 世纪 80 年代初起，研究者们对利用电磁力的非接触控制技术进行了广泛深入的研究开发并实用化，其中有代表性的列举如下：

（1）图 8－5 所示为 1981 年新日铁（NSC）的基于双边行波磁场的结晶器电磁搅拌技术。至 1999 年，新日铁几乎所有板坯连铸机都配备了 M-EMS。我国宝钢和台湾中钢公司、神户钢厂（Kobe Steel）等也都引进了新日铁的 M-EMS。

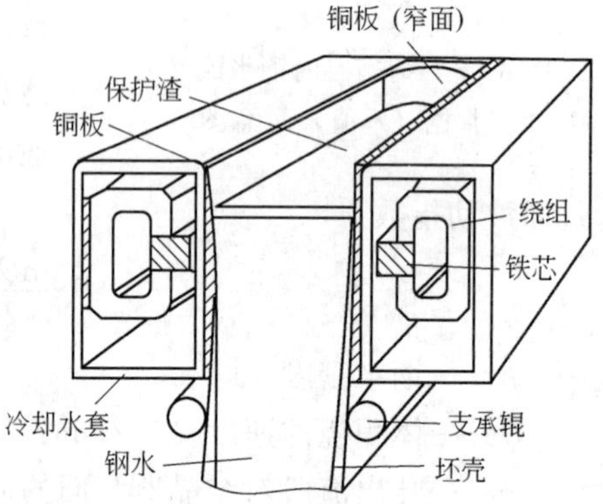

图 8－5　新日铁板坯结晶器电磁搅拌技术

（2）图 8－6 所示为 1982 年由川崎制钢（KSC）和 ASEA（ABB）基于直流磁场的结晶器电磁制动技术。该技术先后开发了三种类型：局部区域磁场（EMBr）、全幅一段磁场（LMF）、全幅二段磁场（FC-Mold，Flow Control Mold）。需要指出的是，所谓“全幅”是指沿宽面布置的制动器长度与结晶器宽度相当。

（3）1991 年日本钢管（NKK）开发了基于四个行波磁场搅拌器的流动控制技术，即可以加速的电磁水平加速器（EMLA），和可以减速的电磁水平稳定器（EMLS）。21 世纪初，由 NKK 和 Rotelec 在上述基础上开发了多模式电磁搅拌技术（Mult Mode-EMS，MM-

EMS)，即 EMLS、EMLA 和 EMRS 等，见图 8-7。

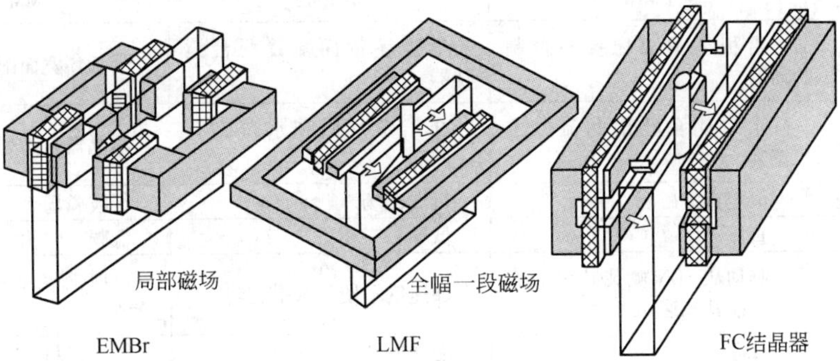

图 8-6 川崎制钢和 ASEA 板坯结晶器电磁制动装置示意图

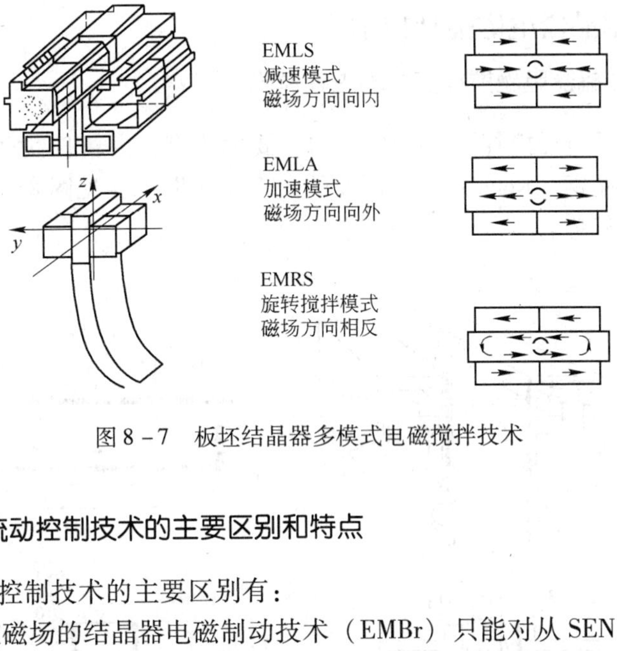

图 8-7 板坯结晶器多模式电磁搅拌技术

8.2.2 三种电磁流动控制技术的主要区别和特点

三种电磁流动控制技术的主要区别有：

(1) 基于恒定磁场的结晶器电磁制动技术（EMBr）只能对从 SEN 吐出的流股产生制动作用，制动力的大小基本上与流股的速度成正比，对速度为零的钢水不起作用，更不能使钢水加速。

(2) 基于行波磁场的常规结晶器电磁搅拌技术（M-EMS）是在结晶器的两个宽面上激发方向相反的行波磁场，产生方向相反的电磁力，从而使钢水产生水平旋转搅拌，一般来说，它只起到使钢水加速的作用，而不能制动钢水。

(3) 基于多模式结晶器电磁搅拌技术（MM-EMS)，不仅可以产生制动力，使从 SEN 两侧孔吐出的流股同时减速，也可以产生加速力，使从 SEN 两侧孔吐出的流股同时加速，还可以产生水平旋转搅拌，使结晶器中部的钢水形成一个大的水平环流。这样，可以按照不同的钢种、断面、浇注速度等浇注条件来选择最合适的搅拌和制动方式，使该系统的运行灵活方便。

三种电磁流动控制技术的主要特点见表 8-2。

表 8－2 各种电磁流动控制技术的主要特点

电磁流动控制技术		EMBr	M-EMS	MM-EMS
搅拌器	配置方式	沿板坯宽面配置两台制动器	沿板坯宽面配置两台搅拌器	沿板坯宽面配置四台搅拌器
	安装位置	水口侧孔吐出的流股主流处	介于弯月面和水口侧孔之间	结晶器半高处
	磁场形态	恒定直流磁场	行波磁场	行波磁场
	电 源	直流	低频、三相	低频、两相
流动形态		制动从 SEN 侧孔吐出的流股，使其减速	加速钢水使其水平旋转	可使钢水加速、减速或水平旋转
控制特征		被动控制	能动控制	能动控制
对结晶器要求		常规铜板	低电导率的薄铜板	低电导率的薄铜板
主要应用范围		薄板坯、高拉速	中厚板、低拉速	中厚板坯、高拉速

8.3 板坯连铸结晶器电磁搅拌技术

8.3.1 板坯连铸结晶器电磁搅拌技术的主要模式

板坯连铸结晶器电磁搅拌（M-EMS）的主要模式有：由新日铁（NSC）研发的水平旋转搅拌和由神户制钢（Kobe steel）研发的向下直线搅拌（见图 8－8）。从在线使用情况看，前者更具有优势。

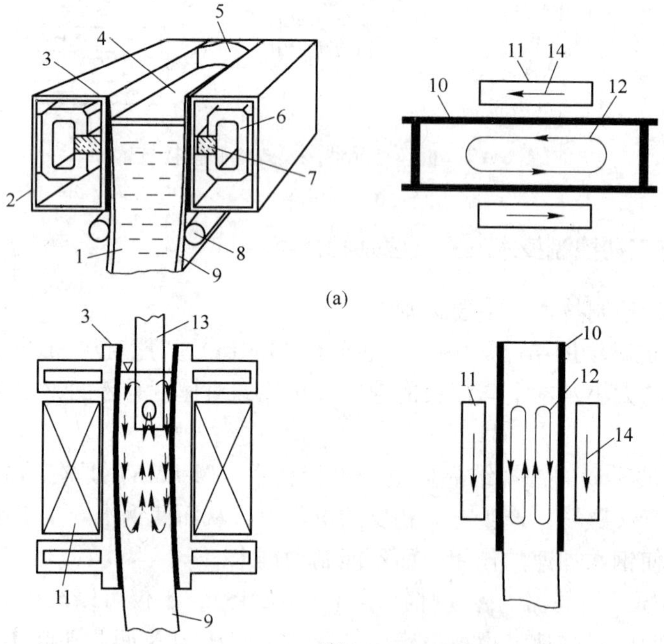

图 8－8 板坯连铸 M-EMS 的主要模式

（a）水平旋转搅拌；（b）向下直线搅拌

1—钢水；2—冷却水套；3—铜板（宽面）；4—保护渣；5—铜板（窄面）；6—绕组；7—铁芯；8—支承辊；9—坯壳；10—结晶器；11—搅拌器；12—流动方向；13—水口；14—行波磁场方向

8.3.2 板坯连铸结晶器水平旋转搅拌的电磁力特征

8.3.2.1 M-EMS的安装位置和结晶器铜板的选择

A 电磁搅拌器安装位置

在结晶器两个宽面铜板背后的固定面（F面）和可动面（L面）上水平配置一对行波磁场搅拌器，分别激发方向相反的行波磁场，见图8-8（a）。

借助低熔点伍德合金的模拟试验和钢水流动的数值对三个搅拌器铁芯的安装位置进行验证和评定（见图8-9）可以得到：

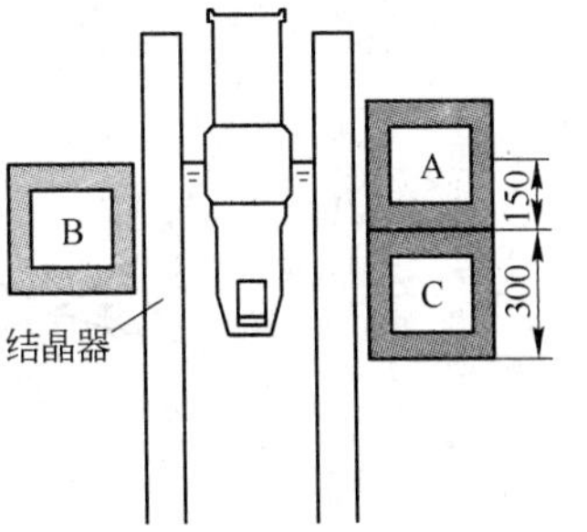

图8-9 搅拌器铁芯的安装位置

（1）搅拌器的铁芯中心置于水口侧孔的位置（即图8-9中的C）。结果发现：在弯月面位置处出现流动滞止；由于自水口侧孔吐出的流动与M-EMS引起的旋转流动相互干扰，使向下流动增大；由于向下流动在水口侧孔上方附近产生负压区，使一股流动向上上升。

（2）搅拌器的铁芯中心置于弯月面的位置（即图8-9中的A）。结果发现：由于磁场并不是全部有效地穿过钢水，能量损耗大，而流速却难以增加。

（3）搅拌器的铁芯中心置于弯月面与水口侧孔之间（即图8-9中的B）。结果发现：沿宽面方向流动稳定；弯月面的水平面也稳定；产生一定程度的向下流动。

从上述结果比较看，搅拌器的铁芯中心置于弯月面和水口侧孔之间被评定为最佳的（即图8-9中的B）。

B M-EMS用结晶器铜板的选择

板坯连铸的结晶器铜板宽度大且厚，铜板厚度和材质的选择对M-EMS的性能甚至使用效果至关重要。因此结晶器铜板的选择必须做到以下几点：

（1）从M-EMS的角度来说，要求铜板的电导率低且薄，使得由搅拌器激发的磁场被铜板屏蔽小且能更多地渗透到钢水中，使之在其中产生更大电磁力，有利于提高搅拌效果；

（2）从冷却钢水的功能来说，要求铜板的热导率高，能保持结晶器原来冷却钢水的功能。一般来说，热导率高的材质，其电导率也高；

（3）从铜板使用角度来说，希望铜板适当厚一点，以便能多次修磨以提高其使用次数。

为此，必须谨慎地选择铜板的材质和厚度，以满足功能相反的两者的要求，见图8-10。

8.3.2.2 电磁力分布的特征

当电磁搅拌器馈给多相（两相或三相）交流电时，就在其中激发向一个方向行进的行波磁场，该磁场不仅有一定的运动速度和强度，而且还有方向的交替变化。当它渗透到钢水中，就会在其中感生感应电流 $\boldsymbol{J}$，该感应电流与当地磁场 $\boldsymbol{B}$ 相互作用，就在钢水中产生电磁力：

$$F = J \times B = \sigma \times [(v_s - v) \times B] \times B \tag{8-2}$$

式中，σ 为钢水电导率，v_s为行波磁场速度，v 为钢水流速。电磁力是体积力，作用在钢水的每个体积元上，从而推动钢水运动。由此可见：电磁力的方向始终与行波磁场方向相一致，也与钢水运动方向相一致；即使钢水的流速 $v=0$，仍然有电磁力作用在钢水中，就是说仍然可以借助电磁搅拌控制钢水的流动，因此 M-EMS 具有主动控制的特征。

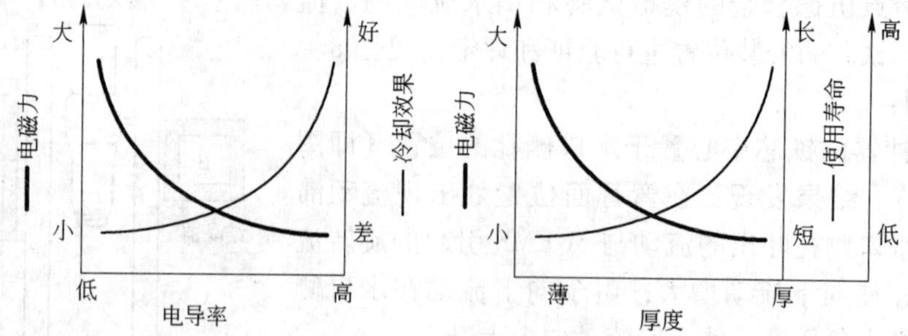

图 8－10 M-EMS 对结晶器铜板的选择要求

由于 F 面和 L 面的行波磁场方向相反，两者作用的结果导致钢水内部的磁场分布在局部地方场强为零，其数目与搅拌器的极数相同。由于局部地方场强为零，电磁力也为零，从而导致钢水内电磁力旋涡的出现，见图 8－11(a)。由于电磁力的旋涡分布，电磁力可分解成沿宽面的水平分力和垂直宽面的法向分力，前者连续分布，后者呈脉振式分布，前者比后者大得多，见图 8－11(b)。这是水平旋转搅拌中电磁力分布的一个特点。

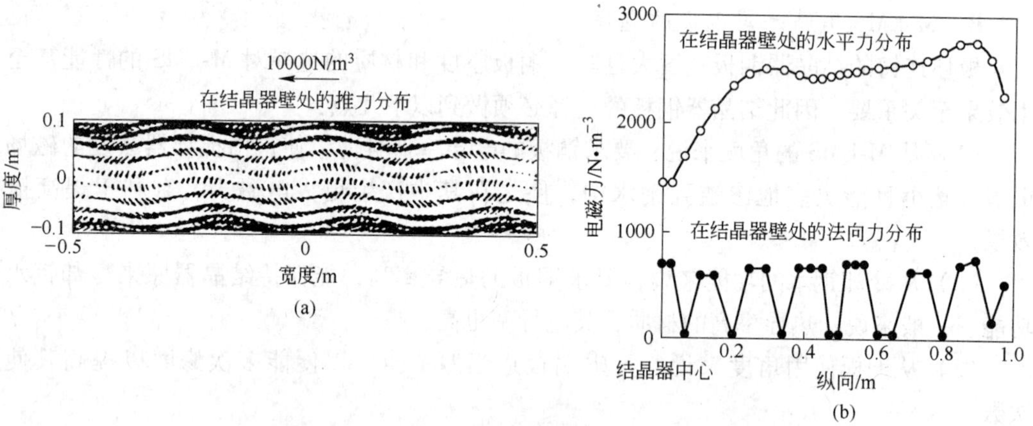

图 8－11 结晶器钢水内的电磁力分布特征(四极)

(a)电磁力的水平方向分布；(b)铁芯厚度中心高度的电磁力分布

8.3.3 板坯连铸结晶器水平旋转搅拌的流动分布特征

8.3.3.1 钢水流动分布特征

尽管电磁力呈现旋涡分布，但弯月面处的平均流速分布几乎接近水平旋转流动而没有出现旋涡，这是由于流体的连续性和惯性效应掩盖了电磁力旋涡对流动影响的结果，也由于电磁力的水平分量比法向分量大得多，流速的法向分量几乎可以忽略。

图8-12（a）表示弯月面处的平均流速分布。由图可见，由于结晶器内钢水流动方向始终与行波磁场方向相一致，使钢水形成一个大的环流，但相对铸坯厚度中心环流不对称，故称水平旋转流动；图8-12（b）表示沿凝固前沿的流速分布。由图可见，在设置M-EMS的高度处的宽面方向上，流速分布大致均匀，而在窄面附近形成下降的旋涡。该旋涡导致沿窄面一边向下流动一边沿宽面耗散，使侵入深度变浅，因此可以期望气泡和夹杂物的侵入深度受到抑制。

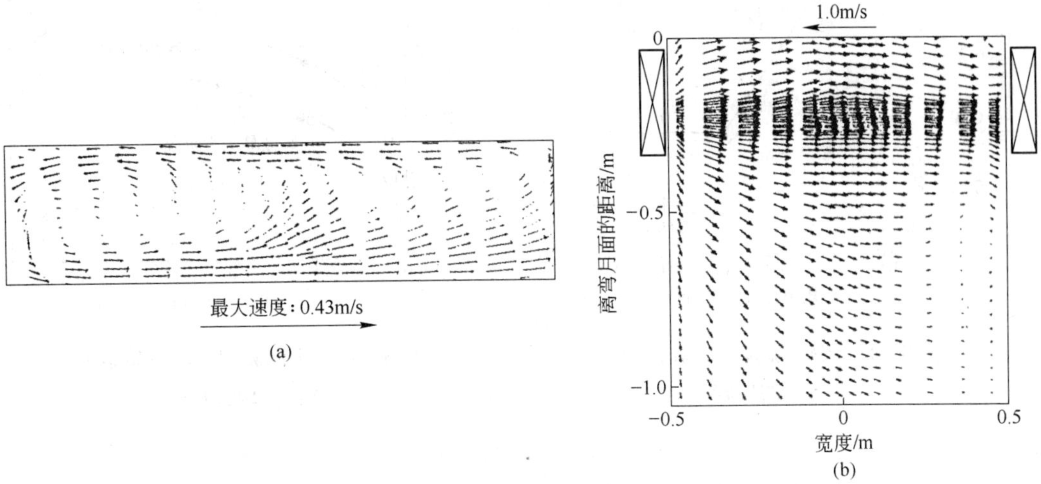

图8-12　结晶器钢水的流动特征（四极）

（a）水平旋转搅拌；（b）向下直线搅拌

8.3.3.2　钢水流速的计算和测定

A　钢水流速、凝固速度与枝晶倾角的关系

与方坯连铸相类似，板坯结晶器内的钢水流速也可由枝晶倾角计算。岡野等导出枝晶倾角与流速和凝固速度的关系式为：

$$\ln v = (\theta + 9.73\ln f + 33.7)/(1.45\ln f + 12.5) \quad v < 50 \tag{8-3}$$

$$\ln v = (\theta + 4.83\ln f + 7.2)/(0.1\ln f + 5.4) \quad v \geqslant 50$$

式中　v——钢水流速，cm/s；

θ——枝晶倾角，（°）；

f——凝固速度，cm/s。

由式（8-3）可知，钢水流速随枝晶倾角增大而增大，随凝固速度指数函数的增大而增大。同样，枝晶倾角随凝固速度与钢水流速的增大而增大。

图8-13表示由枝晶倾角计算的钢水流速和应用流动传感器实测的钢水流速的比较。由图可见，计算的和实测的结果吻合得比较好。这表明用枝晶倾角评价由M-EMS引起的钢水流速是可行的。计算表明，在弯月面附近钢水流速变小，因此，搅拌器线圈中心离弯

月面的位置需要考虑钢水流速对保护渣层熔融的影响。

B 不同凝固阶段的枝晶倾角与钢水流速的关系

图8-14表示式（8-3）计算的枝晶倾角和钢水流速的关系。由图可见，在形核初始阶段，由钢水流动造成的枝晶倾角要比枝晶长大过程的大。因此，根据枝晶生长倾角来估计钢水流速时，应考虑是在哪一个凝固阶段受到搅拌影响的。

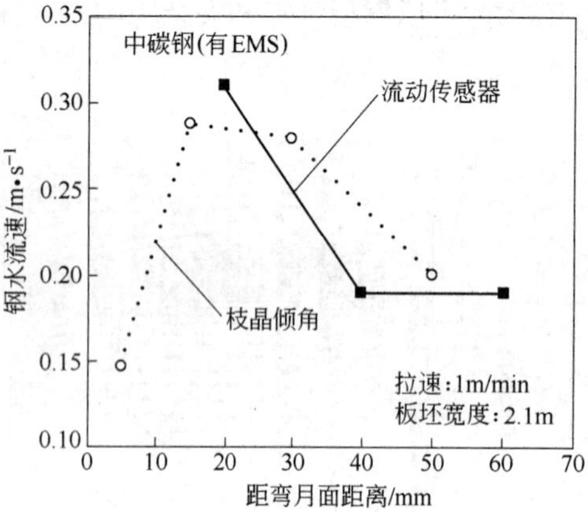

图8-13 钢水流速的计算值与实测值的比较

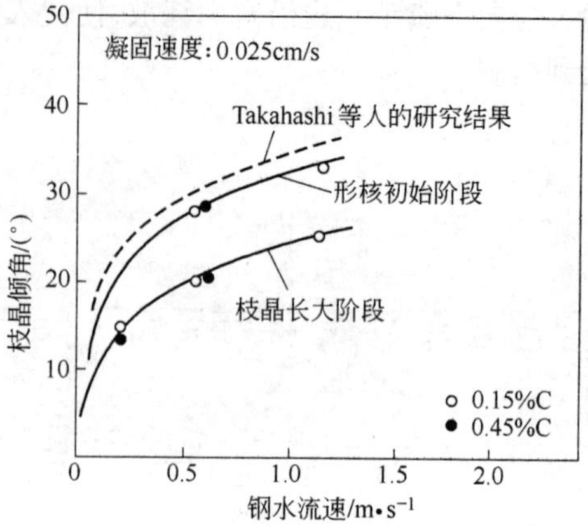

图8-14 不同凝固阶段枝晶倾角与钢水流速的关系

8.3.4 板坯连铸结晶器水平旋转搅拌对负偏析的影响

与方坯连铸一样，板坯连铸结晶器内钢水流动同样会在板坯皮下产生负偏析，图8-15表示在M-EMS作用下有效分配系数 K_e 随着离板坯表面距离的变化。由图可见，在无搅拌工况，在板坯表面附近也可见到负偏析；而使用M-EMS工况，有效分配系数的最小值更小且更靠近板坯表面。但是，无搅拌时的钢水成分为0.154%C，其负偏析率约为4%，而在有搅拌时的钢水成分为0.149%C，其负偏析率最大达到7%。

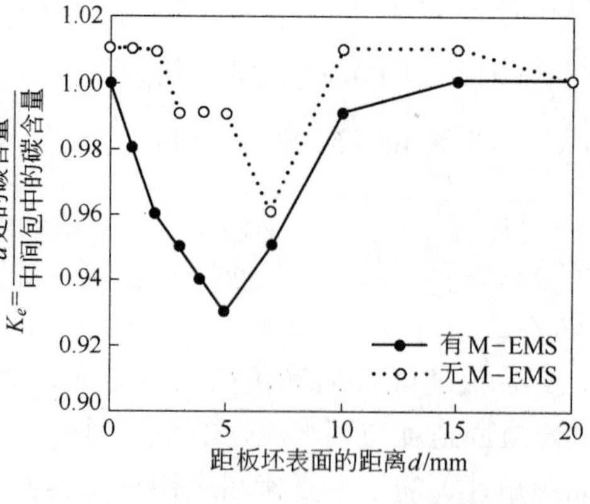

图8-15 有效分配系数 K_e 与离板坯表面距离的变化

（中碳钢0.16%C）

8.3.5 板坯连铸结晶器水平旋转搅拌对结晶器热流的影响

图 8－16 表示从结晶器冷却水的进出水温差来评价有或无 M-EMS 工况时表面平均热流量的变化。由图可见，在无搅拌工况下，外弧侧的表面平均热流量比内弧侧的要大；在有 M-EMS 工况时，内、外弧侧的表面平均热流量几乎相同，显示两侧热流量均匀化。这样，在使用 M-EMS 下，从 SEN 吐出的钢水流动在结晶器内可形成稳定旋转的大环流，消除了无搅拌时产生的钢水从坯厚中心向外弧侧的偏流情况，这样消除了 F 侧和 L 侧传热不均匀的现象，增加了向凝固界面传热的均匀性。

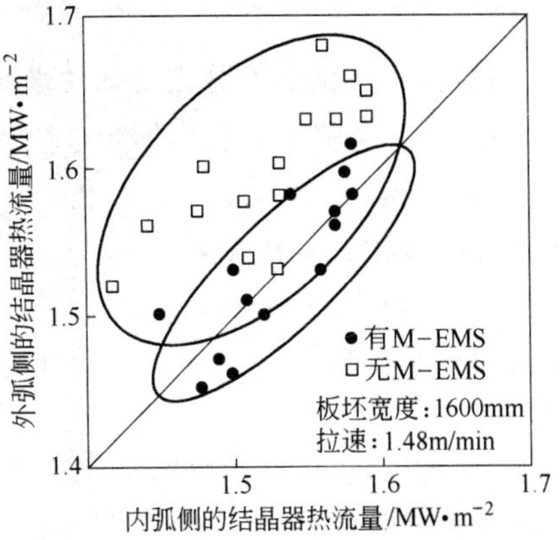

图 8－16　M-EMS 对结晶器热流的影响

8.3.6 板坯连铸结晶器向下直线搅拌磁场和流动分布的特征

8.3.6.1 电磁搅拌器的配置

在 F 面和 L 面上分别垂直配置两对行波磁场搅拌器，其激发的磁场行进方向垂直向下，使钢水形成两个大的环流（见图 8－8（b））。

8.3.6.2 磁场和电磁力分布特征

由于 F 面和 L 面的行波磁场方向相同，其搅拌器线圈的相位也应相同，因此，两者激发的磁场在 F 面和 L 面之间的空间中形成一个磁回路，例如从 F 面的 N 极出发穿过钢水到达 L 面的 S 极。其磁场强度沿结晶器厚度方向由结晶器壁向中心衰减（见图 1－12（b））。由于两个宽面上的行波磁场方向相同，它们相互叠加的结果，在结晶器内任何位置上其强度不为零，电磁力也不为零，因此电磁力不会产生旋涡分布。

8.3.6.3 流动特征

图 8－17 表示结晶器厚度中心剖面上向下垂直搅拌的数值模拟的流动形貌。由图可见，由于搅拌使得从水口吐出的比较集中且流速较高的流股被分散成沿宽面的向下流动，因而流速降低，对窄面的冲击减弱，在板宽方向上形成一对垂直旋涡；在结晶器厚度中心产生的向下流动由于流体连续性，在较浅位置处改变流动方向并沿窄面上升到弯月面。

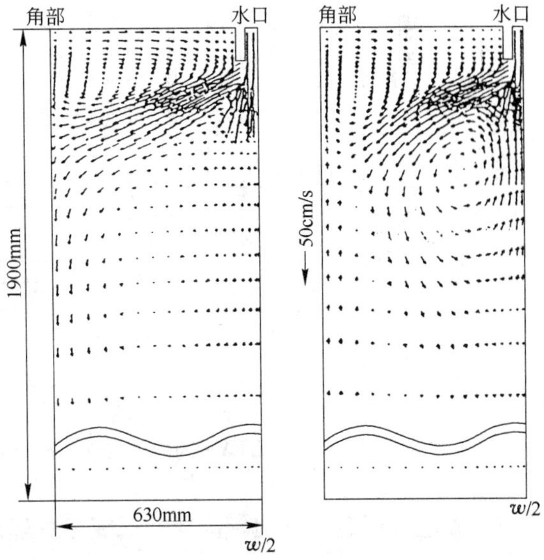

图 8－17　向下垂直搅拌的流动形貌

由于上述流场特征，从水口侧孔吐出的流股向下侵入深度变浅，使外来夹杂物易于集中上浮；由于弯月面处流速降低，保护渣卷吸减少，从而明显提高铸坯表面和皮下清洁度。

8.3.7 板坯连铸结晶器电磁搅拌的主要冶金机理

8.3.7.1 钢水搅拌流动的主要效果

在结晶器内钢水搅拌流动的主要效果有两个：

（1）清洗非金属夹杂物。图 8 – 18 所示为结晶器内钢水搅拌流动的洗净作用而使铸坯净化的过程，其机制是：

1）由行波磁场驱动的钢水搅拌流动洗涤被枝晶间捕获的非金属夹杂物，并防止它们被初始凝固钩捕获；

2）被清洗出的非金属夹杂物向中心集中，彼此碰撞而聚集、长大，并向弯月面上浮；

3）上浮到弯月面的非金属夹杂物被熔融保护渣捕获，从而从板坯中去除。

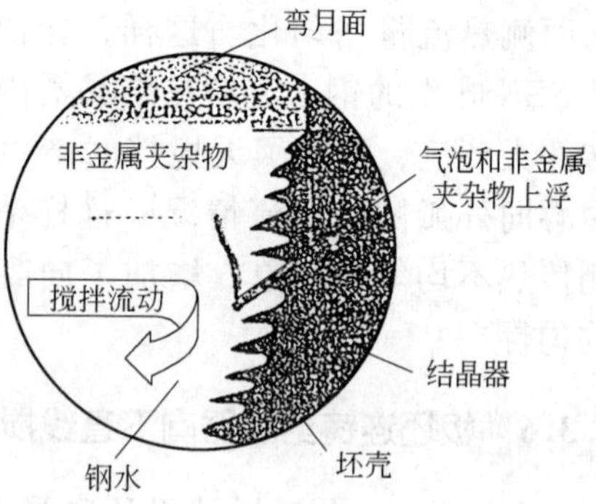

图 8 – 18 M-EMS 的洗净效果

（2）结晶器中钢水温度均匀化和坯壳均匀化。由于钢水流动也可使结晶器内温度分布均匀，减少初期凝固壳厚度的偏差，从而使初生坯壳的变形因局部凝固滞后而减轻，起到防止铸坯产生纵向裂纹的作用。

8.3.7.2 M-EMS 的冶金机理

图 8 – 19 显示了弯月面处电磁搅拌的冶金机理及其对板坯质量的影响和成本优势之间的关系。

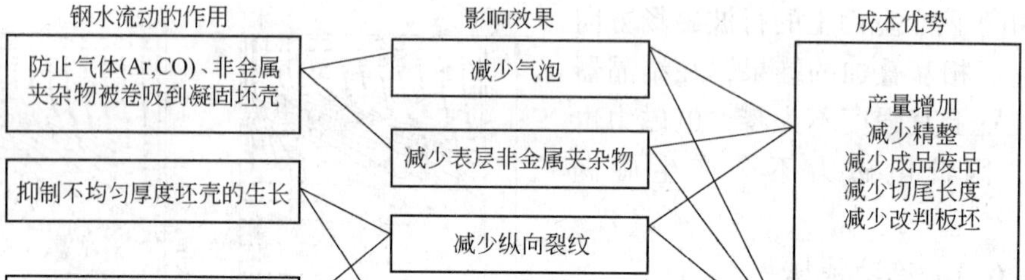

图 8 – 19 M-EMS 的冶金机理、冶金效果和成本优势之间的相互关系

8.3.8 板坯连铸结晶器电磁搅拌的主要冶金效果

8.3.8.1 M-EMS 对板坯表面质量的影响

A M-EMS 对表面和皮下清洁度的影响

图 8 – 20 是有和无 M-EMS 时不同浇注期的铸坯表面洁净度。由图可见，采用 M-

EMS 后，在减少表面夹杂物上不仅对低拉速而且对高拉速（2.0m/min）都是非常有效的；无论注入结晶器的钢水洁净度如何，铸坯表面（0～10mm）的洁净度明显改进；无论浇注状态如何，都达到正常浇注期的洁净度水平；无论在任何位置都未检测到直径大于106μm 的夹杂物。这些结果表明，铸坯表面的洁净度受结晶器内流动行为的影响要比注入结晶器内的钢水洁净度的影响更强烈些。因此，有可能减少某些钢种在浇注初期、钢包交换期和浇注末期铸坯降级的可能或缩短报废的切头长度。

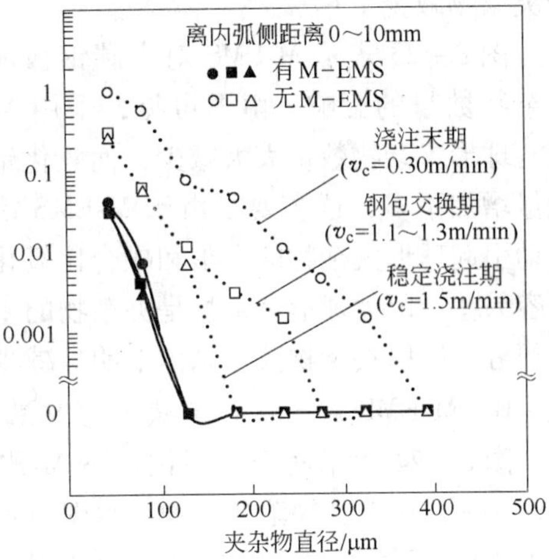

图 8－20　M-EMS 对不同浇注期板坯表面清洁度的影响

钢种：低碳铝沸腾钢；板宽：1300mm；拉速：约为 2.5m/min

M-EMS 的目的之一是增加凝固前沿附近的流速来控制皮下洁净度，为使这种控制最佳化，需要了解必要的流速和表面洁净度之间的关系（见图 8－21）。由图可见，随着凝固前沿的钢水流速增加，导致被凝固面捕获的氧化铝簇数量减少且最大尺寸变小，即使钢水内含有外来夹杂物或被卷吸的保护渣，也可借助控制钢水流速来减少夹杂物数量及减小最大尺寸。当采用水平旋转搅拌使钢水平均流速控制在 0.2～0.4m/min 范围内时，被捕获的氧化铝簇数量指数控制在 0.2 以下，而最大尺寸有可能控制在 106μm 以下。与注入结晶器内的钢水清洁度相比较，凝固前沿流速的影响则更强烈些。因此，在使用 M-EMS 场合，无论从水口吐出的钢水流动状况如何，只要凝固前沿保持稳定的钢水流动，就能在板坯皮下获得稳定且良好的清洁度。

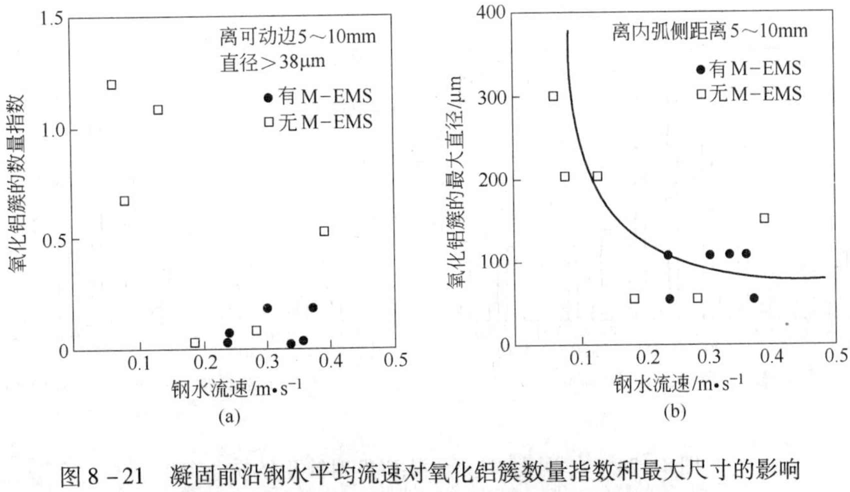

图 8－21　凝固前沿钢水平均流速对氧化铝簇数量指数和最大尺寸的影响

（a）对氧化铝簇数量指数的影响；（b）对氧化铝簇最大尺寸的影响

图 8－22 表示某钢厂 M-EMS 对板坯表面夹杂物数量指数和尺寸的影响。由图可见，使用 M-EMS 后，促进了非金属夹杂物的上浮而被熔融保护渣层吸收去除，且超过100μm

的夹杂物减少了67%。

图8-23表示M-EMS对中碳钢板坯内部夹杂物数量的影响。由图可见，采用M-EMS后，球形夹杂物数量大大减少，而氧化铝簇的数量增加不多，这主要是由于M-EMS诱发的流动引起球形夹杂物的聚集和融合比氧化铝簇更容易些。因为球形夹杂物是夹杂物的主要组成部分，所以夹杂物数量总体上明显减少。

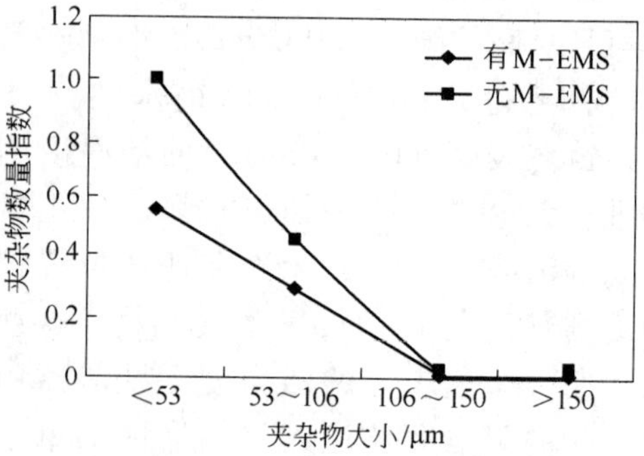

图8-22 M-EMS对板坯表面夹杂物数量指数的影响

钢种：汽车板、家用电器用钢等；

板坯尺寸：250mm×900~1930mm

B M-EMS对铸坯气泡减少的效果

图8-24表示两个不同拉速下M-EMS对铸坯表面层中针孔缺陷的影响。由图可见，使用M-EMS后针孔缺陷的数量大大减少，沿铸坯宽度方向上针孔缺陷分布均匀且稳定在一个较低水平上。

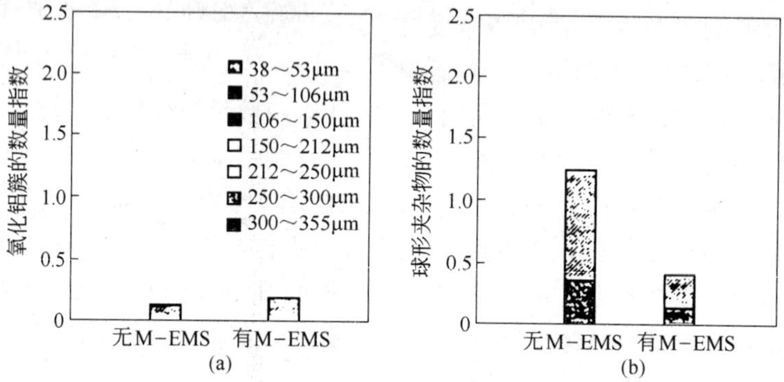

图8-23 M-EMS对中碳硅沸腾钢夹杂物数量的影响

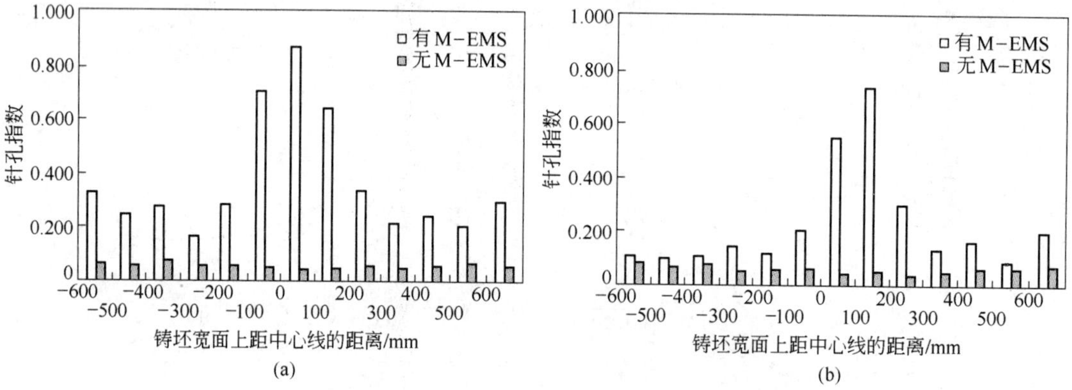

图8-24 在不同拉速下，M-EMS对针孔分布的影响

（a）拉速为1.2m/min；（b）拉速为2.0m/min

图8-25表示在板坯内弧侧表面附近的气孔分布。由图可见，采用M-EMS后，表面气孔数减少。

图 8－26 表示某钢厂 M-EMS 对铸坯表面针孔的影响。由图可见，使用 M-EMS 后，距表面 1.5mm 以上的针孔数减少 59%，效果相当明显。

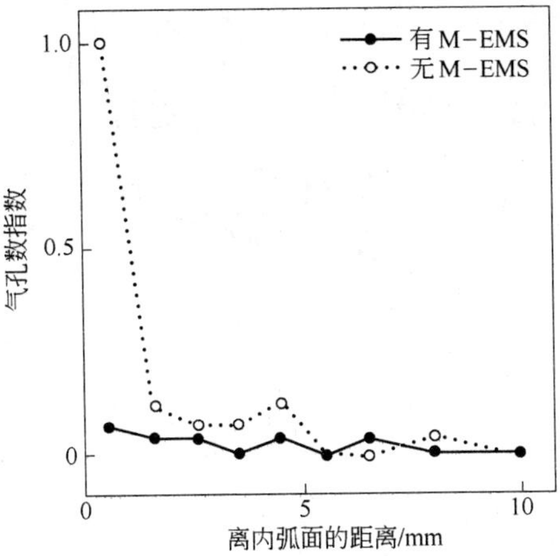

图 8－25 有或无 M-EMS 的表面附近气孔分布

钢种：超低碳钢等；铸坯断面：240mm×980～2300mm；拉速：0.8～1.7m/min；M-EMS：水平旋转搅拌，四极

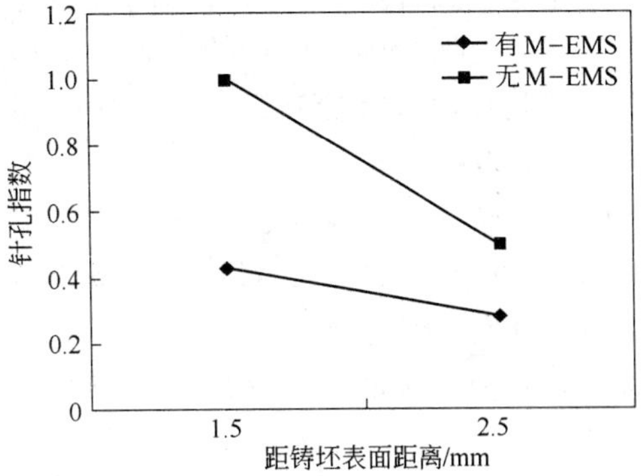

图 8－26 M-EMS 减少针孔的效果

钢种：汽车板、家用电器用钢等；板坯尺寸：250mm×900～1930mm

8.3.8.2 借助 M-EMS 控制初期凝固

近几年来，连铸技术的研究表明，初期凝固在很大程度上影响铸坯质量（特别是表面质量），因此，控制初期凝固和控制凝固起始点的位置是采用 M-EMS 的另一目的。

A M-EMS 对坯壳形貌的影响

图 8－27 表示有和无 M-EMS 的坯壳剖面的形貌。由图可见，M-EMS 抑制了不均匀凝固，使坯壳生长均匀，使得在板宽方向的温度和溶质浓度均匀，有利于减少表面裂纹的产生，也有利于防止拉漏。结晶器内的水平旋转搅拌使弯月面附近钢水温度提高，有可能使凝固起始点的位置向下移动。

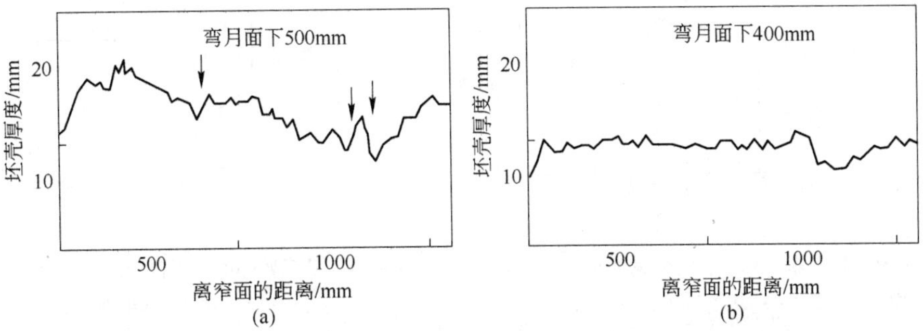

图 8－27 M-EMS 对坯壳形貌的影响

（a）无 M-EMS；（b）有 M-EMS

钢种：硅沸腾钢；板宽：2200mm；拉速：1.0m/min

B 借助 M-EMS 控制初期凝固

图 8－28 表示在有和无 M-EMS 的坯壳厚度随离弯月面距离的变化。由图可见，M-EMS 抑制了不均匀凝固，使坯壳生长均匀；由于水平旋转搅拌使弯月面附近温度提高，有可能使凝固起始点的位置向下移动。这样既有利于降低漏钢危险，又有利于减少表面裂纹。

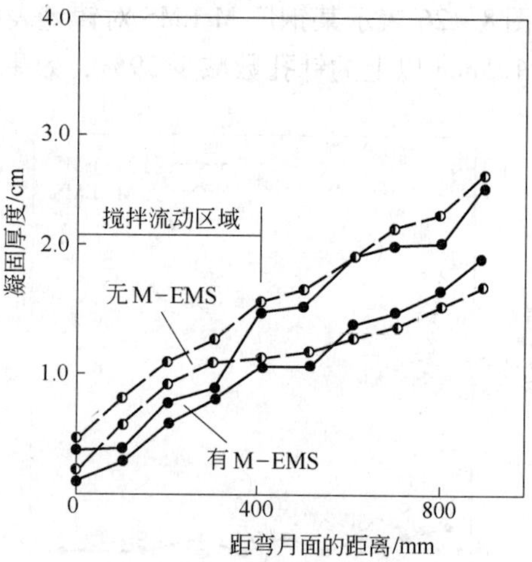

图 8－28 M-EMS 控制初期凝固

钢种：准沸腾钢；板坯尺寸：250mm × 1120 ~ 2100mm；拉速：0.7m/min

C M-EMS 减少铸坯表面纵裂

图 8－29 表示 M-EMS 对板坯纵裂的影响。由图可见，采用 M-EMS 后，板坯表面纵裂大幅减少，这是由于弯月面周围的钢水流动容易停滞，导致因铸坯宽度方向钢水温度不均匀引起坯壳厚度不均匀所产生的纵裂。特别是中碳钢（C = 0.1% ~ 0.15%）易发生因不均匀冷却而导致的纵裂。应用 M-EMS 后，弯月面周边的钢水不易停滞，使凝固滞后减少，坯壳厚度变得均匀，也使板宽方向的温度和溶质浓度均匀，从而减少铸坯表面纵裂的发生。

图 8－30 表示某钢厂的 M-EMS 对板坯表面纵裂的影响。由图可见，使用 M-EMS 后，纵裂差不多减少一半。这是因为在未使用 M-EMS 时，结晶器内弯月面处的钢水温度不均匀，造成坯壳厚度不均匀，产生应力集中，严重时在板坯表面中部产生纵裂。通过 M-EMS 使结晶器内钢水产生稳定的水平大环流，使弯月面处的钢水温度均匀，坯壳生长均匀，从而减少了纵裂的发生。

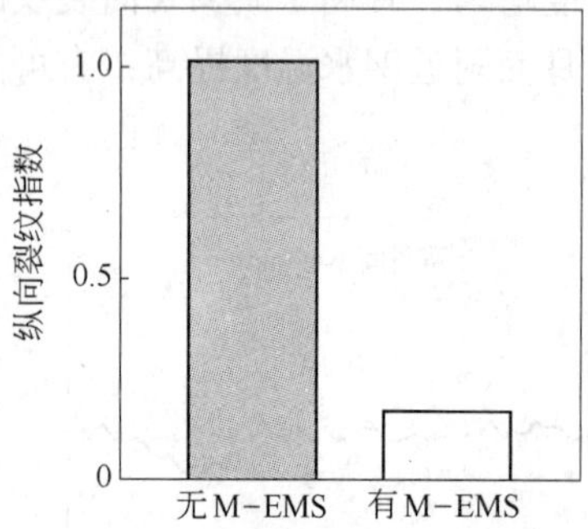

图 8－29 M-EMS 对板坯纵裂的影响

钢种：中碳钢（0.10% ~ 0.15% C）；板宽：600 ~ 2360mm；拉速：约为 2.5m/min

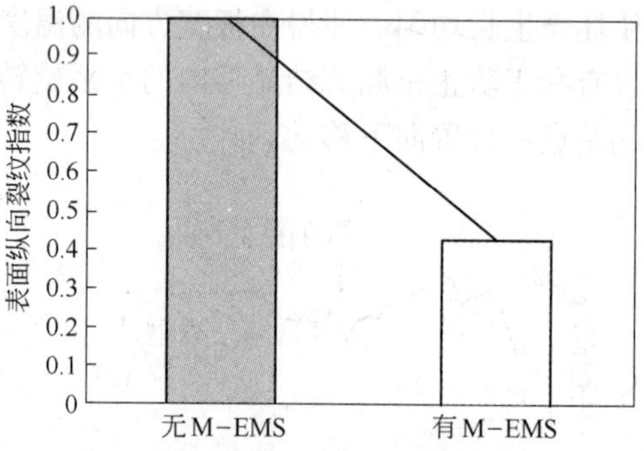

图 8－30 M-EMS 对板坯表面纵裂的影响

钢种：汽车板、家用电器用钢等；板坯尺寸：250mm × 900 ~ 1930mm

D M-EMS 减少浇注中断次数

图 8－31 表示 M-EMS 对稳定操作的影响。由图可知，由于纵向裂纹的减少，使来源

于漏钢预报的意外浇注中断次数降低 90%，从而稳定了浇注作业。

8.3.8.3 M-EMS 对清洁度控制的各种效果

A M-EMS 减少尾切长度

对于含钛轴承超低碳钢，以往要求尾切长度要比超低碳铝沸腾钢大得多，而采用 M-EMS 后，尾切长度可以减少，见图 8－32。

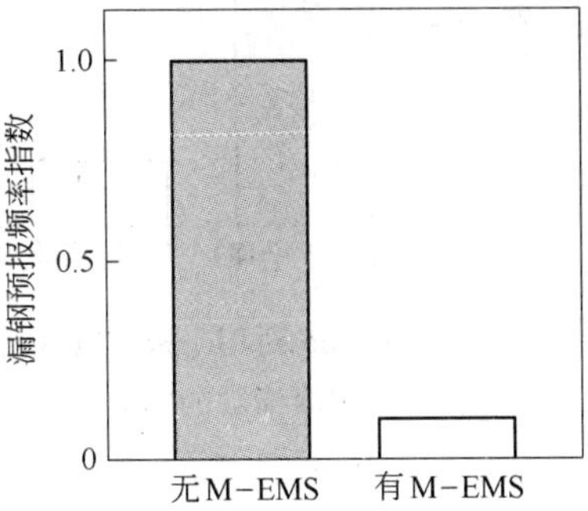

图 8－31 M-EMS 对稳定操作的影响

钢种：中碳钢（C＝0. 10%～0. 15%）；断面：600mm×2360mm；拉速：约为 2. 5m/min

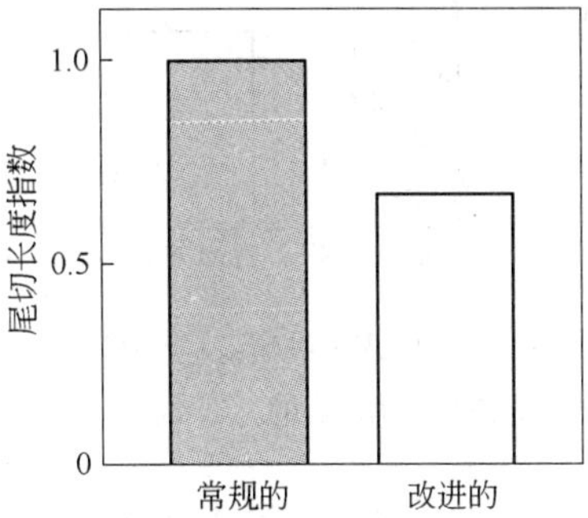

图 8－32 M-EMS 减少尾切长度（超低碳钢）

B M-EMS 减少板坯精整量

图 8－33 表示采用 M-EMS 减少炼钢厂内机械清理和磨削等板坯精整量。由图可见，无论是超低碳钢或是板和管线用钢，都因表面清洁度提高而大大减少精整量。

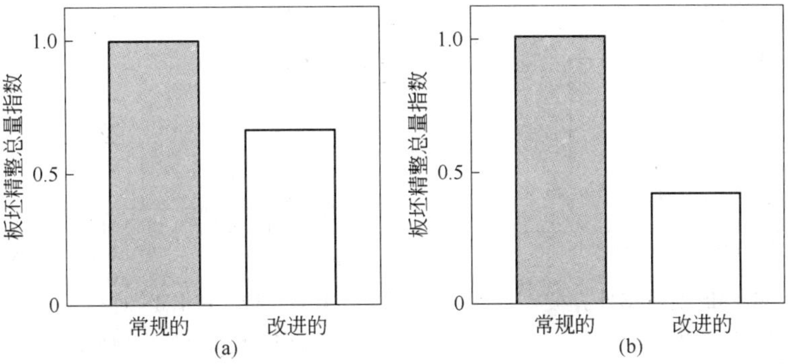

图 8－33 M-EMS 减少板坯精整量

（a）超低碳钢；（b）板和管线用钢

C M-EMS 减少最终产品的表面缺陷

图 8－34 表示由于采用 M-EMS 提高了铸坯表面清洁度，使超低碳钢最终产品中因板坯的不良表面清洁度导致报废的板卷数量大大减少。

D M-EMS 减少板材和管线内部缺陷

连铸实践表明，板坯内部缺陷主要是由于在内弧侧 1/4 坯厚区域内夹杂物偏聚造成的。图 8－35 表示 M-EMS 对用于板和管线等产品内部缺陷的影响。由图可见，由于采用

M-EMS，使得在板坯中夹杂物总量减少，并且在内弧侧 1/4 坯厚区的聚合减轻，从而使板和管线等产品报废率减少。

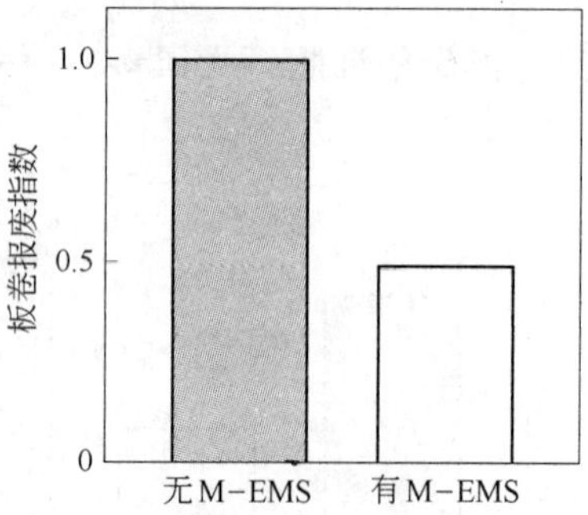

图 8-34 M-EMS 对超低碳钢最终产品中表面缺陷的减少效果

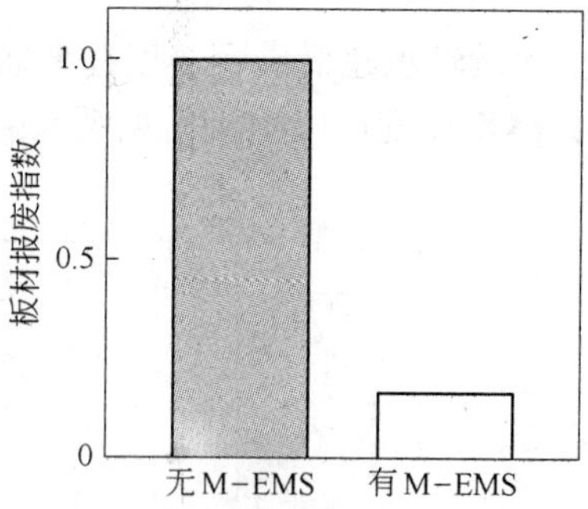

图 8-35 M-EMS 对用于板和管线等产品的报废指数的影响

8.3.8.4 M-EMS 对成品质量的影响

A M-EMS 对汽车外壳用超低碳钢成品质量的影响

图 8-36 显示 M-EMS 减少汽车外壳板分层的效果。由于采用 M-EMS，使铸坯皮下和内部的条状裂纹减少，从而在轧制过程中减少了分层的危险。

图 8-37 表示 M-EMS 对汽车外壳用冷轧板卷缺陷出现率的影响。由图可知，采用 M-EMS 后，汽车外壳用冷轧板卷上表面缺陷出现率减少了 70%。

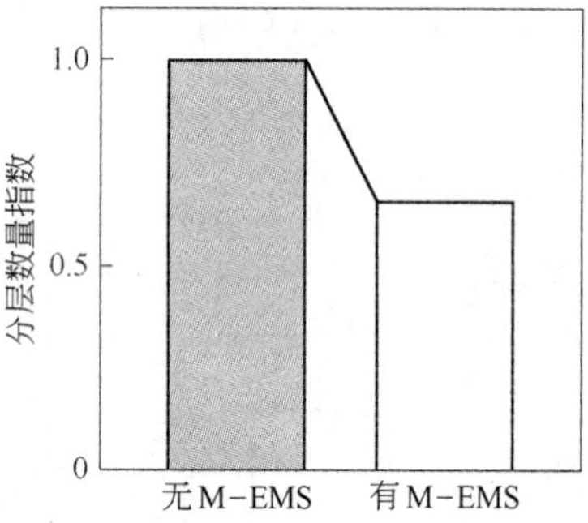

图 8-36 M-EMS 对汽车外壳板分层缺陷的影响

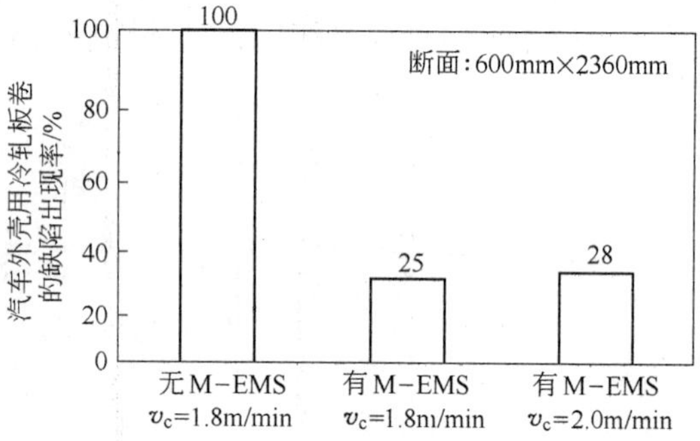

图 8-37 M-EMS 对汽车外壳用冷轧板卷缺陷出现率的影响

据日本某厂在线使用表明，采用 M-EMS 后，M-EMS 可使铸坯表层的气泡和非金属夹杂物减少，使炼钢厂需热清理和修整等的精整对象钢板减少 40%；在产品中由条状裂纹导致的不合格钢材有可能减少 50%。

B M-EMS 对生产厚板和管线的高级钢成品的影响

生产厚板和管线的高级钢，由于采用 M-EMS 控制了初期凝固，使铸坯表面的纵向裂纹大大减少，从而使其成品报废指数大大降低，见图 8-38。

8.3.8.5 利用 M-EMS 稳定生产

图 8-39 表示用于探测可能导致漏钢发生的结晶器表面异常的漏钢预报发生频率。使

用 M-EMS，漏钢预报的发生频率急剧减少，使浇注过程稳定化。这是由于 M-EMS 引起凝固界面的钢水流动使初期凝固状态稳定了，从水口注入结晶器内的钢水偏流的影响也减轻了，抑制了漏钢的发生。另外，由于纵裂的减少，来源于漏钢预报的意外浇注中断次数减少 90%。

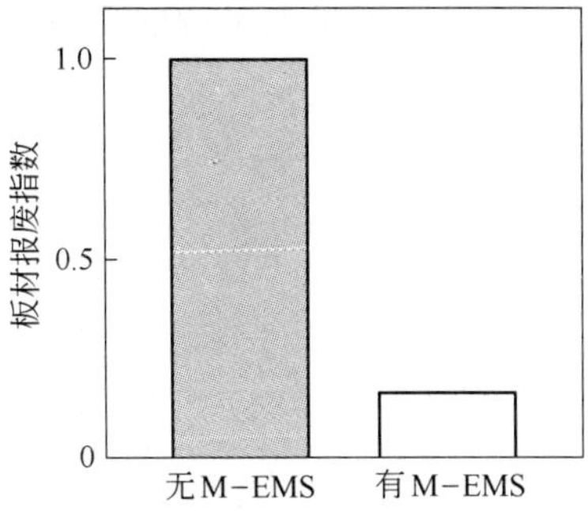

图 8-38　M-EMS 对厚板和管线钢成品报废指数的影响

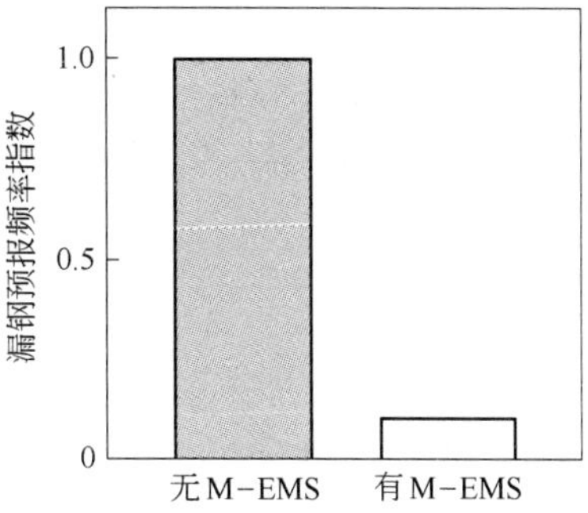

图 8-39　M-EMS 稳定生产的效果

8.3.8.6　向下直线搅拌的冶金效果

A　弯月面的波高

弯月面的波高是导致保护渣卷吸的一个重要原因。图 8-40 表示有和无 M-EMS 的浇注量与弯月面波高的关系。由图可见，由于向下直线搅拌，即使从浸入式水口吐出的流量增加，窄面附近的弯月面波高也比较低，这表明由于向下直线搅拌降低了水口吐出流股的速度，因而减轻流股对窄面的冲击，同时降低沿窄面向上的反转流动。

B　M-EMS 对表面和皮下夹杂物分布的影响

图 8-41 表示有和无 M-EMS 时铸坯表面和皮下的夹杂物分布。由图可见，采用向下直线搅拌后，整个板坯的夹杂物减少，在内弧侧夹带的夹杂物减少尤为明显。

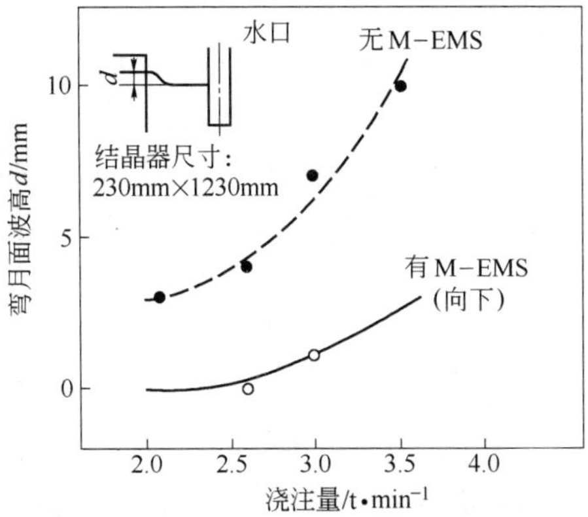

图 8-40　有和无 M-EMS 的弯月面波高与浇注量的关系

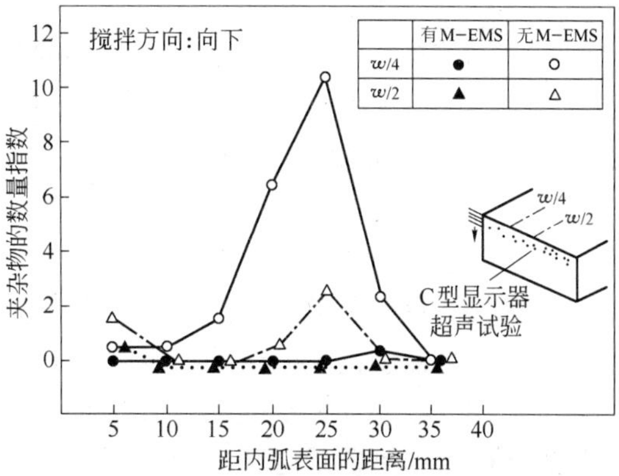

图 8-41　M-EMS 对铸坯表面和皮下夹杂物的影响

图 8-42 表示有和无 M-EMS 时夹杂物数量与浇注量的关系。由图可见，由于向下直

线搅拌，即使浇注量增加，夹杂物数量仍保持在一个稳定的较低水平上，这表示浇注速度的提高不会使夹杂物的数量大幅上升。

C　钢水流速对气泡含量的影响

图 8 - 43 表示钢水流速对气泡含量的影响。由图可见，由于结晶器的向下直线搅拌，在内弧侧偏聚带内直径大于 1mm 的气泡数目即使在浇注量增加时也保持在相当低的水平，这样可以放宽操作上的限制。

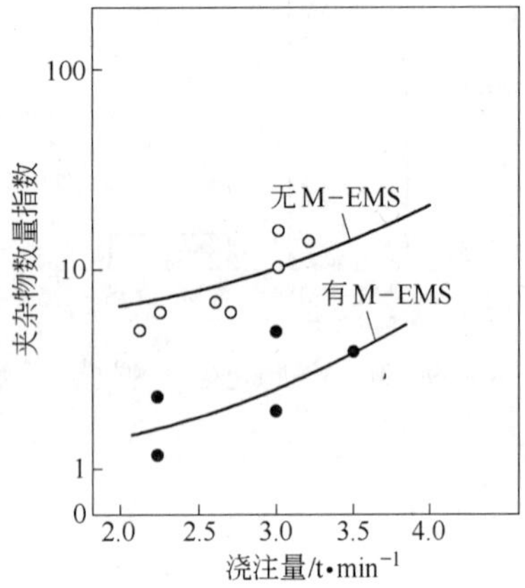

图 8 - 42　在 M-EMS 下夹杂物数量与浇注量的关系

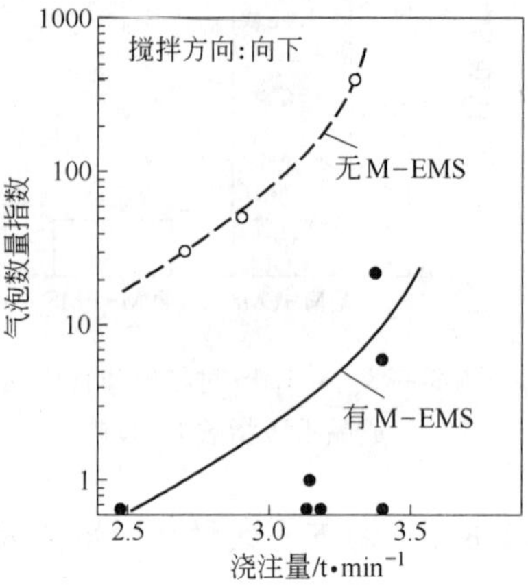

图 8 - 43　M-EMS 对气泡含量的影响

钢种：低碳铝镇静钢等；板坯尺寸：240mm × 1260mm；拉速：1.0 ~ 1.45m/min

8.4　板坯连铸结晶器多模式电磁搅拌技术

8.4.1　板坯连铸结晶器多模式电磁搅拌技术的开发背景

众所周知，当今连铸机已不是生产单一钢种和单一断面的设备，已成为包括各类钢种、不同断面和拉速的复合产品的混合体。在连铸过程中，从浇注开始到终了，浇注条件经历各种各样的变化，除稳定浇注期外，还经历如耐火材料的腐蚀、水口冻结、漏钢、重上引锭杆等调整精炼、等待钢水、改变 SEN 浸入深度、改变氩气流量、在线更换钢包和中间包及 SEN 等不稳定浇注期。这些不稳定浇注期会对产品质量产生很大的影响。连铸实践表明，调整个别的浇注参数（如板宽、拉速、氩气流量和 SEN 浸入深度）并不能改进一些缺陷，只有这些参数的四维组合（即钢水流动形貌）才能改进一些缺陷，这就是说铸坯质量缺陷是内在工艺存在瑕疵的结果。因此，连铸工作者需要一种技术，能使结晶器内的钢水流动控制在最佳范围内，从而在提高铸坯质量的同时，保持操作的稳定性，这种技术就是结晶器多模式电磁搅拌技术（Mult Mode-EMS，MM-EMS）。

由上所述，板坯连铸结晶器电磁搅拌技术和结晶器电磁制动技术对改善板坯表面和内部质量进而改善产品质量起到了很好的作用，但是，结晶器电磁搅拌技术只能加速钢水，结晶器电磁制动技术只能制动流股使流股减速。它们的单一功能不能灵活地适应浇注参数（如板宽、拉速、氩气流量、SEN 形状和浸入深度等）的变化。

连铸实践表明，控制弯月面附近钢水流动是改进铸坯表面和内部质量的重要因素。

（1）图 8 - 44 表示冷轧钢卷表面缺陷与弯月面附近钢水流速的关系。由图可见，在最佳弯月面钢水流速下，冷轧薄板的表面缺陷最低。

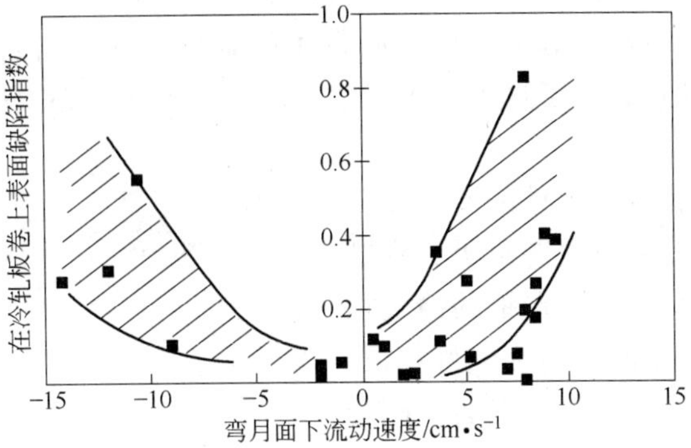

图 8 – 44 冷轧钢卷表面缺陷与弯月面附近钢水流速的关系

板坯断面：235mm × 700 ~ 1650mm；拉速：1.6 ~ 2.8m/min

1）弯月面附近钢水流速较慢（如 $v_c \leqslant 1.0$m/min）时，由于向弯月面传递的热量少并容易形成长的凝固钩，氧化铝基夹杂物就极易形成；弯月面的冻结也可能发生。使用电磁水平加速器 EMLA 可以加速钢流，使弯月面补充更多的热量以改善这种情况。

2）弯月面附近钢水流速中等（如 $v_c = 1.5$m/min）时，可以获得最佳的操作范围，并且夹杂物含量也最低。

3）弯月面附近流速较高（如 $v_c \geqslant 2.0$m/min）时，由于弯月面钢水流速过高，结晶器液面波动大，极易造成保护渣的卷吸，形成保护渣基夹杂物，其粒径可达 300μm。使用电磁水平稳定器（EMLS），可以减缓弯月面附近钢水流速，使得保护渣基夹杂物去除。

（2）图 8 – 45 表示 F 值和表面流速或冷轧板卷表面缺陷出现频率的关系，来源于高

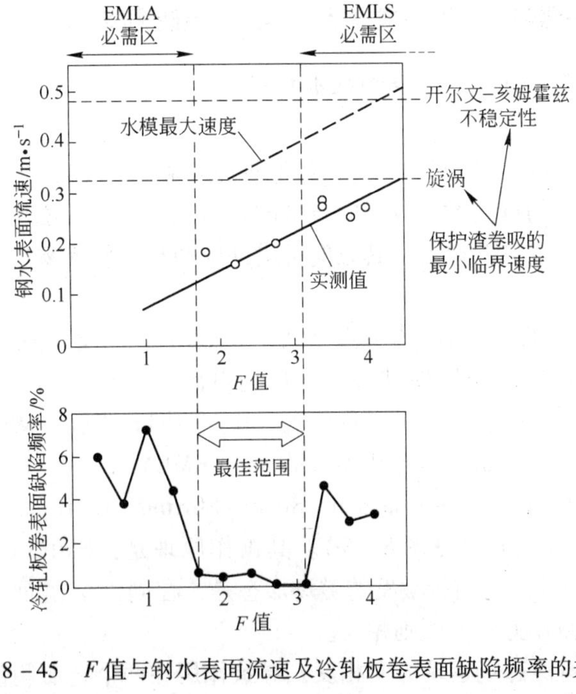

图 8 – 45 F 值与钢水表面流速及冷轧板卷表面缺陷频率的关系

速连铸时防止保护渣的卷吸。由图可见，F 值和表面流速成比例；冷轧板卷不合格率变小，F 值处于最佳范围；一方面，图中所示的钢水/保护渣之间的速度差是引起界面不稳定的原因，或是存在由旋涡引起保护渣卷吸发生的临界流速，当它高于 F 值最佳范围的上限时，钢水表面流速就超过了这个临界流速，像这样的场合必须将表面流速抑制到临界流速之下。

(3) 图 8-46 表示不同钢种的冷轧薄板表面缺陷与浇注量的关系。由图可见，在相同浇注条件下，超低碳钢与低碳钢的冷轧薄板表面缺陷在不同浇注量时的行为刚好相反。对低碳钢，随着浇注量的增加，表面缺陷指数呈上升趋势；而对超低碳钢，随着浇注量的增加，表面缺陷指数反而大大减少。另外，从超低碳钢表面缺陷分析，其缺陷主体是保护渣性的夹杂物。产生这种现象的原因是由于浇注量小，过热钢水对弯月面的热量补充就小，保护渣熔融差，对夹杂物的吸收能力也差，且由于凝固面前沿流速小，对凝固前沿的清洗能力也降低，从而导致浇注量小，表面缺陷反而增加的结果。

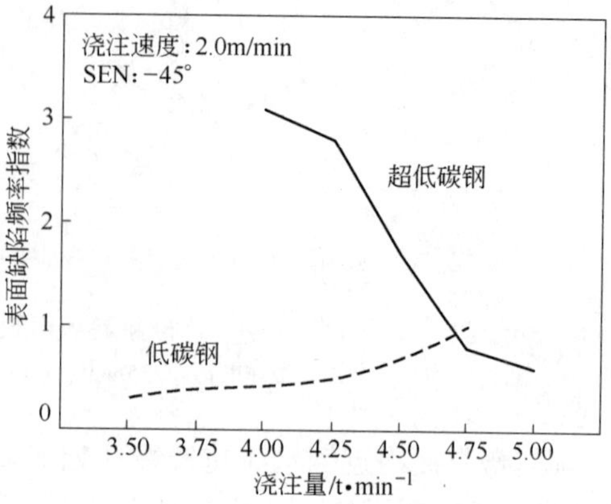

图 8-46　不同钢种的冷轧薄板表面缺陷与浇注量的关系

由上述可知，要使产品的表面缺陷尽可能少，必须将结晶器内（特别是弯月面附近）的钢水流动控制在一个恰当的范围内，从而在提高铸坯质量的同时，保持操作的稳定性。为此，开发了结晶器多模式电磁搅拌技术，它是在同一台连铸机上使用同一套电磁搅拌器组成不同的运行模式（即 EMLA、EMLS、EMRS），统称为 MM-EMS。

8.4.2　板坯连铸结晶器多模式电磁搅拌技术的工作原理和技术特点

8.4.2.1　MM-EMS 的工作原理和技术特征

A　MM-EMS 的工作原理

MM-EMS 的配置如图 8-7 所示。其工作原理是：在同一宽面上的一对行波磁场搅拌器可分别激发相向行进的行波磁场或反向行进的行波磁场。行波磁场在钢水中感生电磁体力，推动钢水按行波磁场方向运动。其方向可借助电源相位转换来选择，其量值与电流和频率有关。

在从 SEN 侧孔吐出的流股上产生两类水平电磁体力，一类是从窄面指向 SEN，其力的方向迎着流股，从而制动流股使其减速，称为电磁水平稳定器（Electromagnetic Level Stabilizer，EMLS）；另一类是从 SEN 指向窄面，其方向顺着流股，从而使流股加速，称为电磁水平加速器（Electromagnetic Level Accelerator，EMLA）。

结晶器电磁旋转搅拌（Electromagnetic Rotatic Stirring，EMRS）是在 EMLS 和 EMLA 的基础上于 21 世纪初开发的（见图 8-7）。其工作原理是：EMRS 的配置和安装位置与 EMLS/EMLA 的完全一致。它们所激发的磁场形态是：在同一个宽面上两台搅拌器的行波磁场运动方向一致，而在另一宽面则相反。

由于两个宽面的行波磁场运动方向相反，导致作用在两个宽面侧钢水上的电磁力方向也相反，因而在结晶器内的钢水作水平旋转，称为旋转搅拌。这种旋转搅拌与上述常规的M-EMS相一致，所不同的是搅拌位置。常规的M-EMS的搅拌位置位于弯月面和SEN侧孔之间，而EMRS则在结晶器半高度处。为有别于常规的M-EMS，故称此为电磁旋转搅拌（EMRS）。

B MM-EMS的技术特征

MM-EMS的技术特征是，根据不同的浇注条件，通过选择和调节加于从SEN吐出的流股上的水平电磁力的方向和大小，控制结晶器内（特别是弯月面附近）的流动。具体手段如下：

（1）在高拉速时，采用EMLS。目的是制动流股使其减速，降低弯月面附近的钢水流速；降低结晶器窄面附近弯月面的波动；减少旋涡的危险，以避免弯月面不稳定或过强的波动，从而有利于减少高速连铸的保护渣卷吸以及由此造成的黏结漏钢事故。

（2）在低拉速时，采用EMLA。目的是加速流股，提高低拉速和（或）非常宽板坯时的弯月面附近的流动速度，使过热钢水将热量传递给弯月面，提高了弯月面的温度，改善保护渣的熔融，缩短初生坯壳凝固钩的长度，减少夹杂物和气泡被凝固钩捕获的危险；同时也强化对凝固前沿的清洗作用，从而有利于减少表面和皮下的夹杂物和气泡及弯月面的冻结。

（3）在浇注开始，终了，钢包和中间包交换、更换水口、在线调宽等短暂的不稳定浇注期的拉速变化时，采用EMLA适时调整钢水的流动。

由此可见，在不同浇注条件下，可以借助同一台结晶器电磁搅拌装置，使结晶器内（特别是弯月面附近）的流动控制在一个最佳范围内，从而使铸坯表面和皮下的夹杂物及气泡含量大大降低。

8.4.2.2 结晶器内钢水流动形式

A 双环流和单环流

从常规连铸机的SEN两个侧孔吐出的流股，其流动形貌不是单一类型的，它可以是单环流或是双环流，它们受板宽、拉速、氩气流量和水口浸入深度等参数组合的影响，见表8－3。

表8－3 各种参数对环流形式的影响

流动形式	拉速	板坯宽度	氩气流量	水口浸入深度
单环流	低	宽	高	浅
双环流	高	窄	低	深

图8－47表示结晶器内两种环流模式及其对保护渣层铺展的影响。在双环流下，从SEN侧孔吐出的流股先冲击窄面，分裂成向上和向下两股流股。向上流股在弯月面附近形成驻波，局部减小熔融保护渣的厚度。在单环流下，从SEN侧孔吐出的流股先上升到弯月面，使水口附近的保护渣层被减薄，然后以较大的动量将保护渣推入液相穴内。

当氩气流量和水口浸入深度一定时，拉速和板宽对环流形式的影响见图8－48和表8－4。由图8－48可见，单环流/双环流分界线的位置和斜度随氩气流量和水口浸入深度

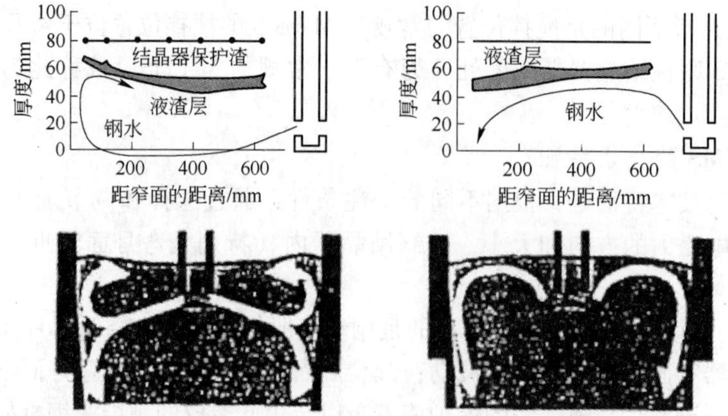

(a)　　　　　　　　(b)

图 8－47　结晶器内两种流动模式及其对保护渣层铺展的影响

(a) 双环流下示意图及对保护渣层剖面和厚度的影响；(b) 单环流下示意图及对保护渣层剖面和厚度的影响

而改变。氩气流量较低和水口浸入较深时，分界线向左移，双环流区将随之扩大。

大量研究和实践表明，不同环流形式对铸坯和产品质量有重大影响：铸坯质量与钢水流动稳定性有直接关系，不稳定流动的缺陷比稳定流动增加 4 倍；钛稳定的超低碳钢的铅笔管状报废率与流动形貌有直接关系，单环流导致的缺陷比双环流多得多。

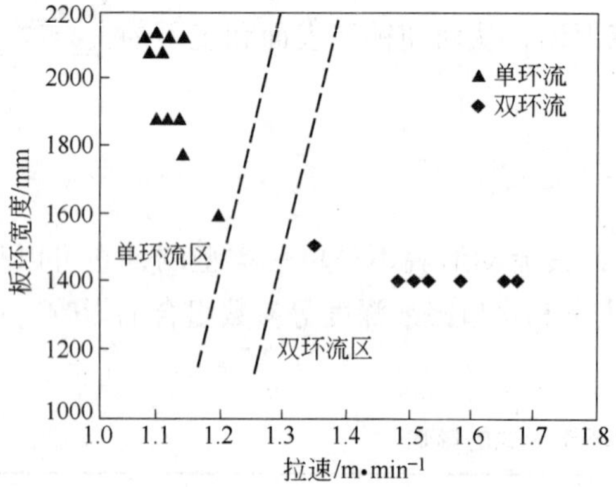

图 8－48　拉速和板坯宽度对环流形式的影响

表 8－4　拉速和板坯宽度对环流形式的影响

流动形式	拉速/m·min^{-1}	板坯宽度/mm
单环流	<1.3	>1550
双环流	>1.3	<1550

由此可见，单环流是很多板坯缺陷的来源，相反的，稳定性好的双环流是使板坯/钢卷质量最大化的关键。

B　持续不稳定流动

流动的不稳定对板坯质量有着不利影响，流动的不稳定性来源于一些非正常浇注期的浇注条件（如钢包、中间包、水口和水口浸入深度、板坯宽度、氩气流量或拉速等）的变化。板宽、拉速、水口浸入深度、氩气流量等合理的四维组合能使流动形貌从单环流转变到双环流；但当板宽、拉速、水口浸入深度、氩气流量等组合不合理时，还有另一种处于单环流和双环流之间的流动状态，称之为“持续不稳定”流动，这种流动既不对称也不稳定。

由上所述，个别浇注参数的调整不可能改善板坯缺陷，只有浇注参数的四维组合使钢水流动形貌成为稳定的双环流时，才能使板坯缺陷有实质性改善。

8.4.2.3 三种运行模式的应用范围

不同的搅拌功能可借助电源的相位和移相的专用变换装置在线实时调整。根据不同的冶金目标、浇注条件，在利用新开发的MHD计算软件和结晶器中钢水流动形貌对缺陷进行分析后选择不同的运行模式。图8－49表明了MM-EMS不同运行模式的应用范围。

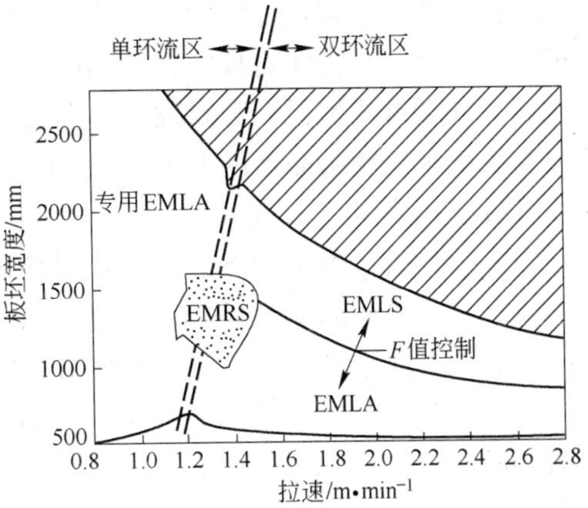

图8－49 三种运行模式的应用范围

A EMLS/EMLA运行模式

在大生产条件下采用什么样的运行方式完全由计算机自动控制。其操作程序是：按式（8－1）定义的F值将板宽、拉速、氩气流量和SEN的设计/浸入深度结合起来，用计算机每5s计算一次F值；根据计算出的F值与该钢种最佳F值的偏离，调整搅拌方向/强度。在图8－49中，两条平行的折线表示两个“自然存在”的环流区的分界线，即在低拉速/宽板坯工况下的单环流区和在高拉速/窄板坯工况下的双环流区的界线。其位置和斜率随氩气流量、SEN设计/浸入深度而变化。如在较深的SEN浸入深度和较低的氩气流量工况下，分界线将向左偏移，而相应地扩宽了双环流区。

在EMLS和EMLA区域之间有条分界线，或称平衡线，对于给定的氩气流量与SEN设计/浸入深度，这条线可以理解为常规连铸的理想操作的等浇注量线，处于这条线上的F值可以视为最佳双环流工况，此时无需利用电磁力对钢水流动进行调控。高于这条线（即浇注量过高）时，要启动EMLS；低于这条线（即浇注量过低）时，要启动EMLA。在双环流范围内，EMLS/EMLA按F值的控制器自动运行，使弯月面流速保持在最佳运行范围内。

B 专用的EMLA运行模式

在单环流范围内，一个专用的EMLA模式用于将常规拉速时不稳定的、单环流的流动形貌转换成稳定的、最佳的双环流流动（见图8－49的左侧）。这种运行模式专门用于宽板坯和（或）低拉速的连铸机，将单环流加速成为双环流。这种运行模式也用于各种不稳定浇注期，如开浇、换钢包、调宽、终浇等低拉速不稳定工况，也可用于平衡的不稳定工况。专用的EMLA模式对大多数现有的连铸机都适用。

C EMRS运行模式

EMRS在图8－49的中部，这种模式虽不能将双环流保持在最佳范围内，但有益于弯月面处钢水的初始凝固。EMRS能使结晶器周边的钢水流速和传热更均匀，钢水流动冲刷凝固前沿，大大减少针孔、气孔和夹杂物含量（主要是氧化铝和钙铝化合物类）。目前，EMRS模式只用于在常规拉速下的一些特定的钢种，可消除这些难以连铸或特殊应用钢种存在的不良制约，如准沸腾钢、彩镀板、镀锡板、包晶钢和饮料罐用钢等。

8.4.2.4 MM-EMS 的自动控制系统

在板坯连铸的运行过程中，浇注条件是经常变化的。例如，当开浇、终浇或换钢包等非正常浇注期；在浇注过程中板坯结晶器的在线调宽、氩气流量的调节等等，拉速是经常变化的。针对这些情况，需要发展一套判定在某个电流下钢水加速、减速或旋转的完全自动控制系统来控制结晶器内的钢水流动。而在线使用时，以基于浇注条件的 F 值为基础的计算机模式确定。

图 8－50 表示 MM-EMS 自动控制系统的流程示意图。由图可见，其步骤是：

（1）根据浸入式水口结构和位置、结晶器宽度、拉速和氩气流量等浇注条件按 8.2.3 节所述的方法计算出弯月面波动的判据 F 值；

（2）为了将这个 F 值所推定的弯月面流速控制在适当范围，据此选择使用 EMLS 或使用 EMLA，并确定其所需的磁感应强度，即馈给的电流强度，此过程应每 5s 重复一次，使之达到最佳的 F 值；

（3）使用最佳的 F 值控制 EMLS/EMLA 的运行，以确保弯月面的稳定和整个浇注过程钢水流动的最佳化。

上述步骤可以根据浇注过程中检测到的浇注条件的变化按有规律的周期重复，因此 EMLS/EMLA 的运行条件是自动设定的。为了估计这个系统的可控制性，将实际电流强度与在 EMLS/EMLA 自动模式下设定的数据相比较，电流强度在整个 F 值的范围内可以很好地控制在 ±20A 之内，如图 8－4 所示。由图 8－4 可以得出结论，在任何 F 值下，计算机控制的搅拌运行是非常精确的。实际使用效果参看图 8－64。

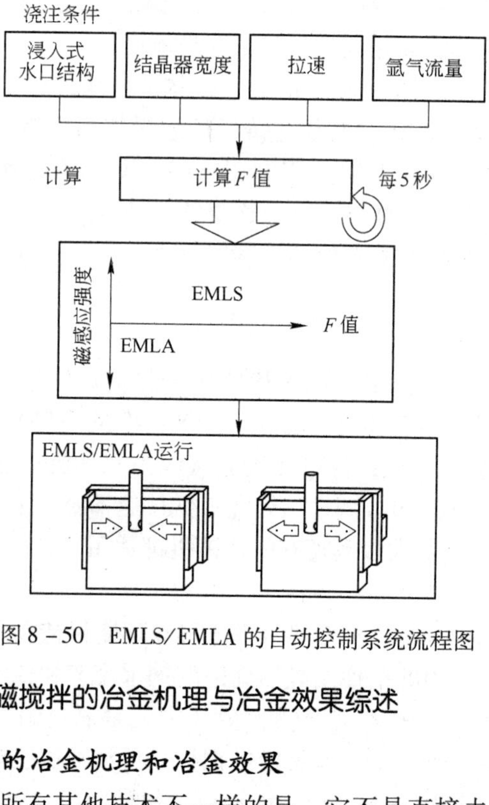

图 8－50 EMLS/EMLA 的自动控制系统流程图

8.4.3 结晶器多模式电磁搅拌的冶金机理与冶金效果综述

8.4.3.1 MM-EMS 的冶金机理和冶金效果

EMLS/EMLA 技术与所有其他技术不一样的是，它不是直接去寻找钢的缺陷，而是直接寻找产生钢的缺陷的根源。例如，它并不每时每刻去寻求结晶器液面控制，而是直接控制从 SEN 吐出的流股的动能，而流股动能是造成液面过度波动的原因；它并不企图防止保护渣性夹杂物被卷入板坯，而是直接消除引起保护渣剪切（即弯月面钢水流速）的原因；它并不依靠改变保护渣来防止宽面中部的纵裂，而是直接消除引起纵裂的原因（如润滑不均匀、在弯月面处局部驻波造成的坯壳厚度不均匀），建立平坦的弯月面形貌，在整个结晶器宽度上产生一致的熔融保护渣层。

表 8－5 综述了 MM-EMS 的主要应用范围、冶金机理和效果。

表 8－5　MM-EMS 的主要冶金机理和主要效果

MM-EMS 模式	流动形貌	主要应用范围	冶金机理	冶金效果
EMLS	超活动性的双环流	高拉速、高浇注量	（1）降低过大的窄面波高； （2）降低过高的弯月面流速； （3）降低过大的弯月面脉动； （4）防止在窄面附近的保护渣减薄； （5）防止保护渣膜的剪切	（1）减少保护渣性缺陷（条状和铅笔状裂纹）； （2）提高润滑均匀性； （3）减少漏钢事故和报警
EMLA	最佳双环流 弱双环流	低拉速、低浇注量（特别是开浇、钢包和中间包交换期、终浇、调宽、更换水口等不稳定浇注期）	（1）改进向弯月面的传热； （2）改进保护渣的熔融； （3）提高弯月面的流速	（1）减少氧化铝基缺陷； （2）减少弯月面的冻结； （3）减少渣斑； （4）减少黏结报警
	单环流		（1）防止 SEN 附近的保护渣层减薄； （2）防止钢水向窄边的无反向、全动量流动； （3）防止向板坯边缘驱动氩气气泡和夹杂物	（1）减少宽面中部纵裂； （2）减少铝基夹杂物； （3）减少气泡、夹杂物在内弧侧 1/4 坯厚处的偏聚
	无序不稳定的和双环流/单环流的过渡		（1）防止钢水流动反转； （2）防止急剧/局部的弯月面流速增大； （3）防止保护渣卷吸； （4）防止保护渣旋涡	
			（1）防止急剧/局部弯月面流速增大； （2）防止熔融保护渣卷吸； （3）防止熔融保护渣旋涡	（1）减少板坯浇注异常； （2）减少板坯降级； （3）减少各种不明了的缺陷
	向左/右偏流		（1）防止不对称/不平衡流； （2）减小结晶器液面波动； （3）减小不均匀保护渣层	减少气泡/夹杂物向一边聚集
EMRS	在弯月面处的滞止流动	常规拉速的一些特殊钢种：超低碳、中碳、铝镇静钢等高氧含量的钢种，如准沸腾钢、彩涂钢、镀锡板钢和饮料罐钢等	（1）从表面和皮下机械去除气孔和针孔； （2）沿结晶器周边的温度均匀化； （3）沿结晶器周边的钢水流速均匀化； （4）坯壳生长均匀化； （5）提高向结晶器表面的传热	（1）减少氧化铝基夹杂物； （2）减少镇静钢中氩基针孔； （3）减少准沸腾钢中 CO 基气孔； （4）减少包晶钢中纵向裂纹

8.4.3.2　MM-EMS 的冶金功能

A　对弯月面波动的影响

图 8－51 表示 EMLA/EMLS 对弯月面波动的影响，测量是在离结晶器宽面和窄面各为 58mm 处用涡流式测距仪进行的，该测点是从 SEN 吐出的流股冲击窄面后沿窄面上升到达弯月面的位置。图 8－51（a）表示有 EMLS 时，弯月面波动比无 EMLS 时明显降低了，其波动量约减小 1/3；弯月面的平均水平面也下降了，这表明在窄面附近的液面的波动量与该位置处的钢水流速成比例，由于使用 EMLS 使弯月面附近的钢水减速，靠近窄面附近的液面波动也减小了。图 8－51（b）表示使用 EMLA 时，弯月面附近钢水流速加快，使弯月面波动比无 EMLA 时增大。

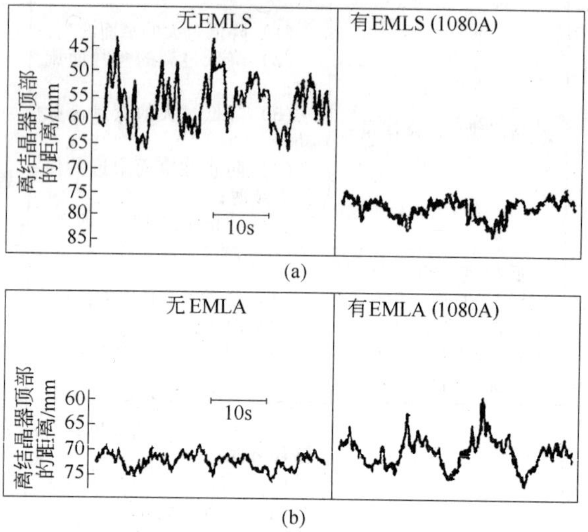

电磁控流模式	板坯尺寸 /mm × mm	拉速 /m · min^{-1}	氩气流量 /L · min^{-1}	SEN 出口角度 /（°）	SEN 出口孔径 /mm
EMLS	230 × 1550	2.0	11.1	－45	ϕ83
EMLA	230 × 800	1.6	10.5	－15	ϕ83

图 8－51　EMLA/EMLS 对弯月面波动的影响

（a）有或无 EMLS；（b）有或无 EMLA

图 8－52 表示 EMLS/EMLA 对窄面附近弯月面波高的影响。由图可见，无 EMLS/EMLA 工况下，伴随浇注量的增加，弯月面波高也增大。当高速连铸时，使用 EMLS，使流股减速，抑制了弯月面的波高；当低速连铸时，使用 EMLA，使流股加速，导致沿窄面向上反转流动增大，把弯月面波高提高到适当的值。这样，对应于浇注情况的变化，选择 EMLS 或 EMLA，有可能使窄面附近波高维持在一个适当的范围内，通常最佳波高范围在 5～9mm，此时铸坯表面夹杂物含量最少。

B　MM-EMS 对弯月面形貌的影响

图 8－53 表示在 MM-EMS 模式下用钉板实际测定的弯月面形貌。由图可见，由于在

MM-EMS 作用下，弯月面脉动约减小 50%，使弯月面形貌更稳定，即在结晶器内钢水流动形貌和钢水流速更平稳。

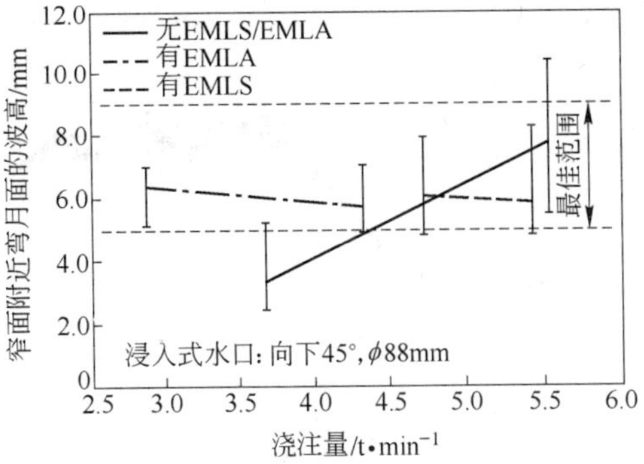

图 8－52　EMLS/EMLA 对窄面附近弯月面波高的影响

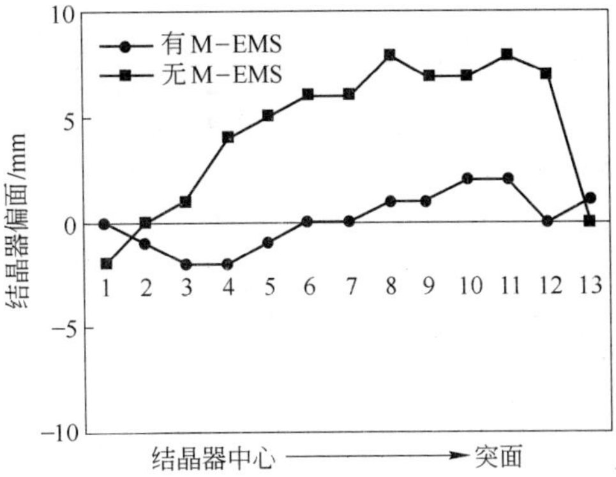

图 8－53　用钉板实测的弯月面形貌

断面：最大为 230mm × 22000mm；

拉速：最大为 1.8m/min

C　EMLS/EMLA 的电流对钢水表面流速的影响

图 8－54 表示弯月面流速与电流强度的关系。由图可见，在高拉速（$v_c = 2.0$m/min）条件下，如无 EMLS，钢水表面流速接近 0.22m/s。当电流强度增加时，表面流速降低；当电流强度达到 500A 时，钢水流速反转方向。这种现象表明，由于 EMLS 作用过强，钢水流动从双环流反转成单环流。

在低拉速（$v_c = 1.0$m/min）和无 EMLA 时可以看出，钢水表面流速只有约 0.02m/s，当电流强度增加时，钢水表面流速增加，当电流强度调整到 650A 时，钢水表面流速达到 0.22m/min。

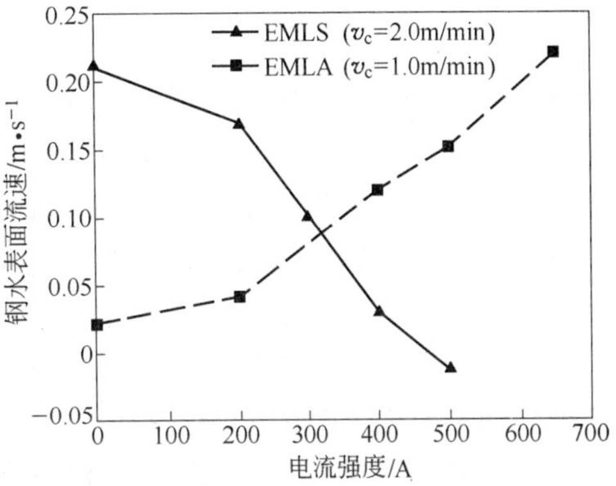

图 8－54　弯月面流速与电流强度的关系

板坯尺寸：250mm × 1200mm；

拉速：1.0m/min、2.0m/min；

氩气流量：12L/min；水口形式：－25°

这些结果表明，如果适当地控制 EMLS/EMLA 的电流，不管拉速、板宽、氩气流量和水口设计/浸入深度如何变化，钢水表面流速有可能达到恒定值。

图 8－55 表示 EMLA/EMLS 对弯月面附近钢水平均表面流速的影响。测量是在结晶器厚度中心线上离窄面 0.2m 处进行的。由图可见，中点（0 点）是既不用 EMLA 也不用 EMLS 的工况，而在其左面是 EMLA 工况，在其右面则为 EMLS 工况。对 EMLA 工况，弯月面表面流速随电流强度的增加而增大，这对低拉速导致的低 SEN 侧孔吐出流速是有利的；对 EMLS 工况，弯月面附近的表面流速随电流强度的增加而减小，只要调整外加电流强度，弯月面表面流速可以连续地控制在低至 0.1m/s 的水平上。

D　EMLA 对弯月面温度的影响

图 8－56 表示在 EMLA 模式下所测得的弯月面温度随时间的变化。由图可见，在

EMLA 模式下，由于从 SEN 吐出的流股被加速，导致沿窄面上升的反转流动增大，过热钢水不断向弯月面传热，从而使弯月面附近的温度升高约 6.4℃。

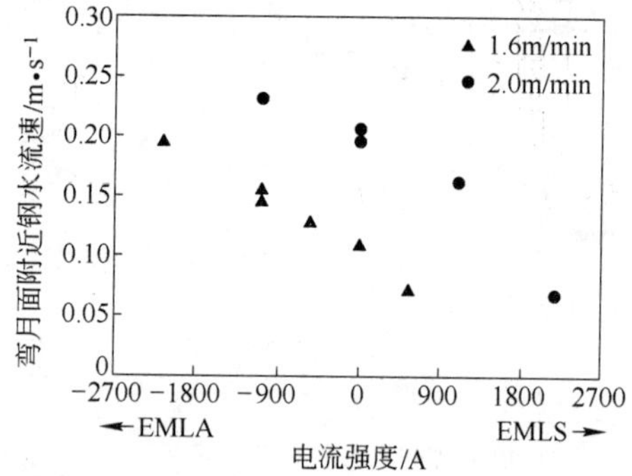

图 8－55　EMLA/EMLS 对弯月面附近钢水平均表面流速的影响

板坯尺寸：220mm × 1550mm；

拉速：1.6m/min、2.0m/min；

SEN 形式：－45°；孔径：ϕ88mm

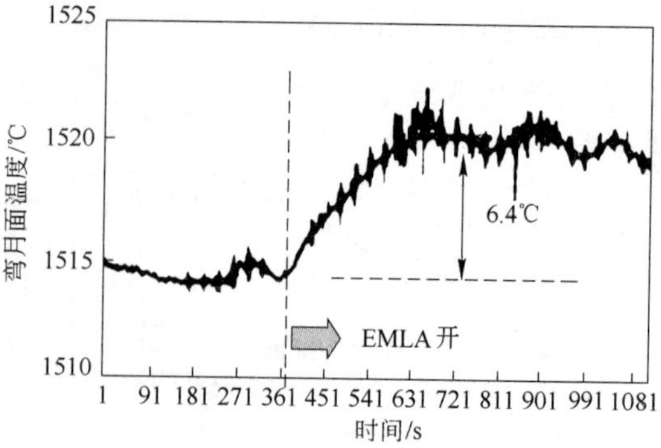

图 8－56　EMLA 对弯月面温度的影响

断面：最大为 230mm × 22000mm；

拉速：最大为 1.8m/min

图 8－57 表示在 EMLA 作用下弯月面温度增加值与电流强度的关系。由图可见，在 EMLA 作用下，从 SEN 侧孔吐出的流股向结晶器窄面加速，经窄面碰撞后，向上反转流动增大，使弯月面附近钢水流速增加，促进向弯月面的传热，从而提高弯月面的温度。弯月面附近钢水温度增加值与 EMLA 的电流强度成正比。

图 8－58 表示在 EMLA/EMLS 作用下窄面附近的弯月面下钢水温度增加值的变化，测量是在离窄面 80mm 和弯月面下 30mm 处进行的。由图可见，在 EMLA 工况下，由于流股被加速，使沿窄面上升的反转流动增大，过热钢水不断向弯月面供应热量，从而使弯月面附近温度升高；而在 EMLS 工况下，由于流股被减速，弯月面下流速也随之降低，供给弯月面的热量减少，使弯月面温度降低。

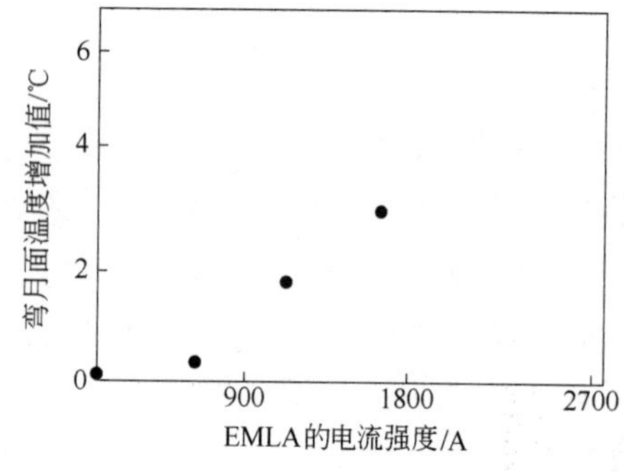

图 8－57　在 EMLA 作用下弯月面附近钢水温度增加值与电流强度的关系

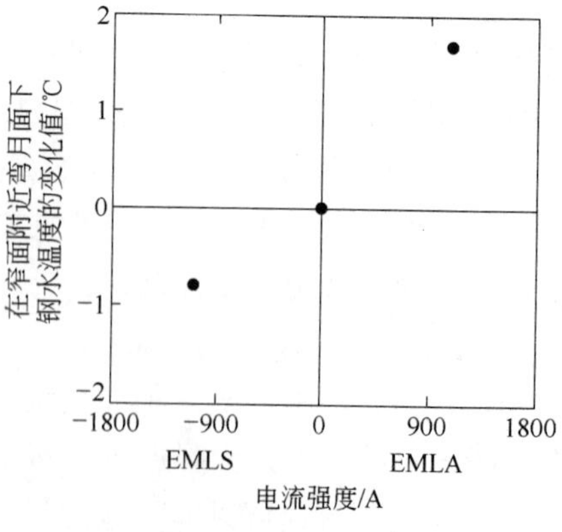

图 8－58　在 EMLA/EMLS 作用下弯月面附近钢水温度增加值与电流强度的关系

8.4.4 多模式电磁搅拌对板坯质量的影响

8.4.4.1 EMRS 对厚板坯表面气孔的影响

图 8 - 59 表示 EMRS 模式对厚板坯表面气孔的影响。由图可见，采用 EMRS，无论宽面或窄面，气孔数量都明显减少。这一结果也表明，安装在结晶器中部的 EMRS，如果搅拌强度足够强，完全能得到与新日铁的常规板坯在 M-EMS 作用下相同的冶金效果。

8.4.4.2 EMLA/EMLS 对板坯表面渣斑的影响

图 8 - 60 表示 EMLA/EMLS 对板坯表面渣斑的影响。由图可见，在低速连铸时使用 EMLA 模式，而在高速连铸时使用 EMLS 模式，使板坯表面渣斑密度明显减少。

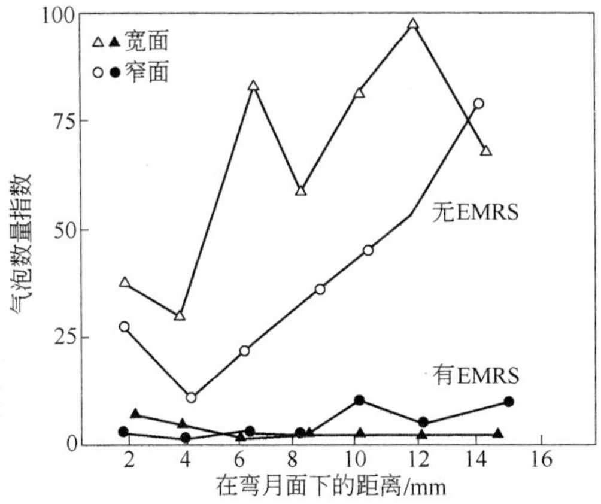

图 8 - 59 EMRS 对厚板表面气孔减少的影响

钢种：低碳铝镇静钢；板宽：860mm；拉速：2.0m/min

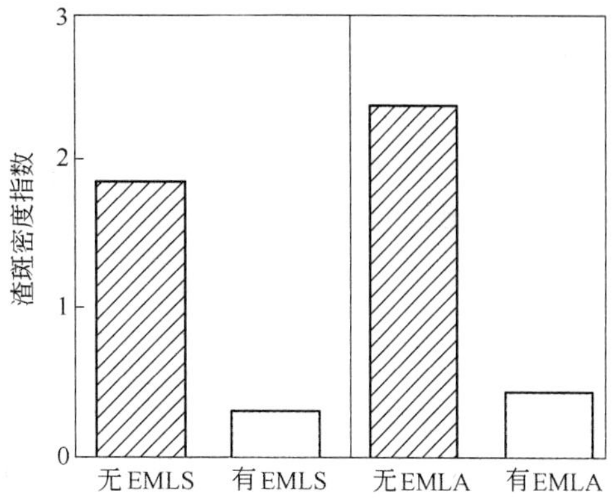

图 8 - 60 EMLA/EMLS 对板坯表面渣斑密度指数的影响

EMLS：结晶器宽度：1250 ~ 1650mm；拉速：2.0 ~ 2.3m/min；EMLA：结晶器宽度：700 ~ 1650mm；拉速：0.5 ~ 1.0m/min

8.4.4.3 EMLS 对板坯清洁度的影响

图 8 - 61 表示在 EMLS 作用下，大型夹杂物含量指数与电流强度的关系。由图可见，在 EMLS 作用下，无论大于 25μm 或大于 50μm 的夹杂物含量都有明显减少，尤其是大于 25μm 的夹杂物含量减少达 40%。由图也可看出，有最佳电流值 400A 使夹杂物含量指数达到最小值；超过 400A，夹杂物含量指数随电流强度的增加而增大。这是由于过强的制动可以使较好的双环流反转成易于产生夹杂物缺陷的单环流。

8.4.5 多模式电磁搅拌对成品质量的影响

8.4.5.1 MM-EMS 对产品表面质量的影响

A EMLA 模式在超低碳钢表面缺陷上的影响

图 8 - 62 表示在 EMLA 作用下超低碳钢表面缺陷频率指数与浇注量的关系。由图可见，在无 EMLA 的低速浇注时，表面缺陷发生的频率很高。由于使用了 EMLA 后从 SEN 侧孔吐出的钢水流股被加速，沿窄面向上反转流股使弯月面附近的钢水流动增大，过热钢

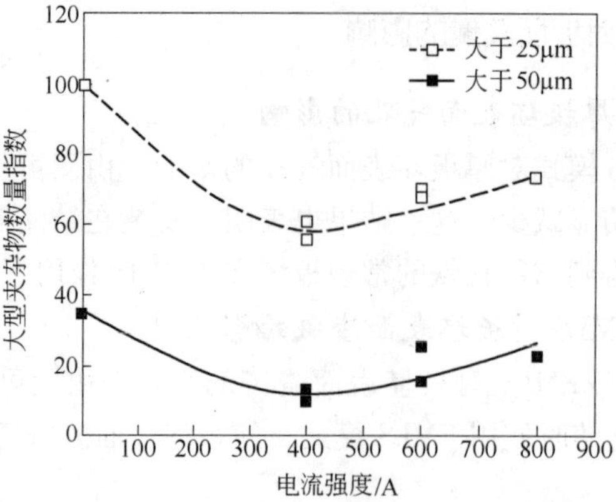

图 8－61　在 EMLS 作用下大型夹杂物含量指数与电流强度的关系

钢种：低碳铝镇静钢；板宽：860mm；拉速：2.0m/min

水向弯月面补充热量增多，使保护渣熔融充分，同时也提高了保护渣吸收夹杂物的能力，从而使低速浇注时超低碳冷轧薄板的表面缺陷明显降低。

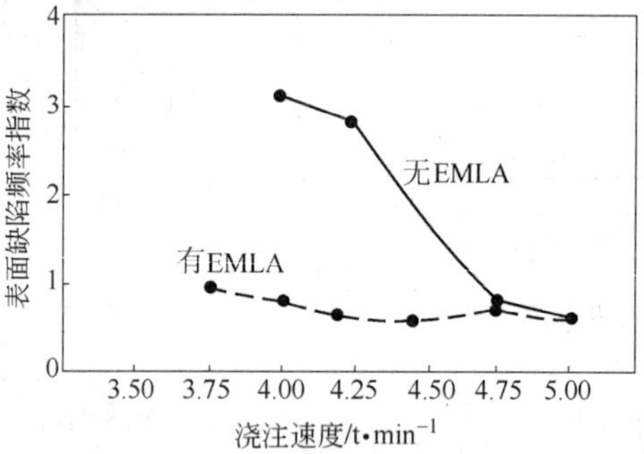

图 8－62　EMLA 模式下冷轧钢板的表面缺陷与浇注量的关系

钢种：超低碳钢；浇注速度：2.0m/min；SEN 形式：－45°

B　EMLS 对超低碳钢薄板表面缺陷的影响

图 8－63 表示 EMLS 对超低碳钢薄板表面缺陷的影响。由图可见，适当地使用 EMLS，抑制了保护渣基夹杂物，使造成饮料罐薄板的条状裂纹缺陷明显减少。这是由于使用 EMLS 使过强的弯月面波动受到抑制，消除了坯壳的碳化，稳定了熔融保护渣的润滑作用，从而使黏结性漏钢降为零。

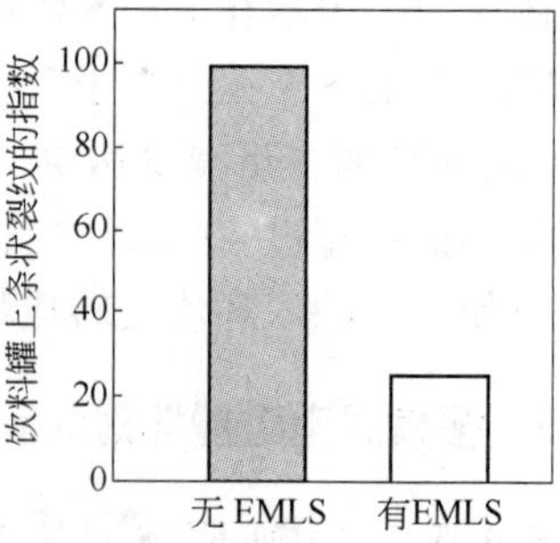

图 8－63　EMLS 对超低碳钢薄板表面缺陷的影响

C　EMLA/EMLS 对冷轧板卷表面缺陷的影响

图 8－64 表示有和无 EMLA/EMLS 对冷轧板卷表面缺陷频率的影响。由图可见，在有 EMLA/EMLS 的人工控制工况下，冷轧板卷的表面缺陷降为无 EMLA/EMLS 时的约 1/3。而自动控制工况又进一步降到人工控制的一半。

8.4.5.2 MM-EMS 对成品内部质量的影响

A EMLS 对冷轧薄板内部缺陷的影响

图 8-65 表示 EMLS 对冷轧薄板内部缺陷的影响。由图可见，由于使用 EMLS 使冷轧薄板内部缺陷指数降低到无 EMLS 时的约 1/3。这是由于 EMLS 使从浸入式水口侧孔吐出的流股减速，降低了弯月面附近的钢水流速，减少了保护渣的卷吸，同时使浸入液相穴深度变浅，有利于夹杂物的上浮分离，从而使冷轧薄板内部缺陷明显减少。

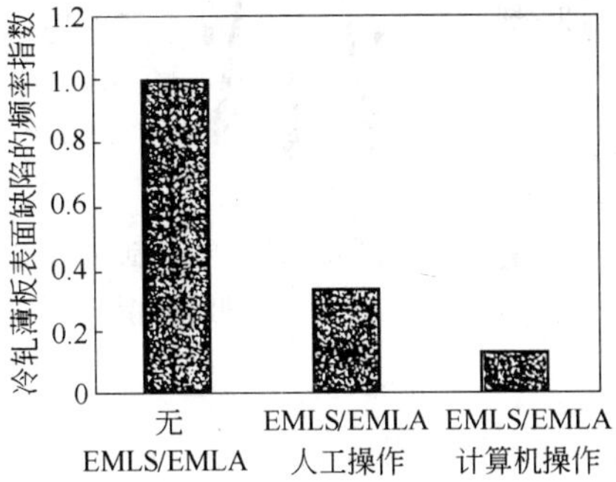

图 8-64 EMLA/EMLS 对冷轧板卷表面缺陷的影响

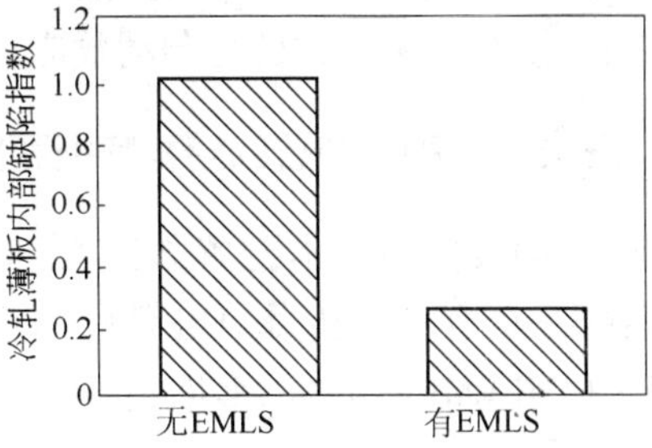

图 8-65 EMLS 对冷轧薄板内部缺陷的影响

B 非正常浇注期下 EMLA/EMLS 对冷轧薄板内部缺陷的影响

图 8-66 表示在非正常浇注期条件下 EMLA/EMLS 对冷轧薄板内部缺陷的影响。由图可见，由于在浇注开始、终了、钢包或中间包交换期的浇注速度变化等非正常浇注期，随着浇注速度的变化，选择和调整外加磁场的方向和强度，使弯月面波高维持在合适的范围内，从而大幅度地降低保护渣性夹杂物的缺陷，而计算机控制方式下的缺陷又比人工控制的进一步降低，特别是宽板坯连铸时尤为显著。

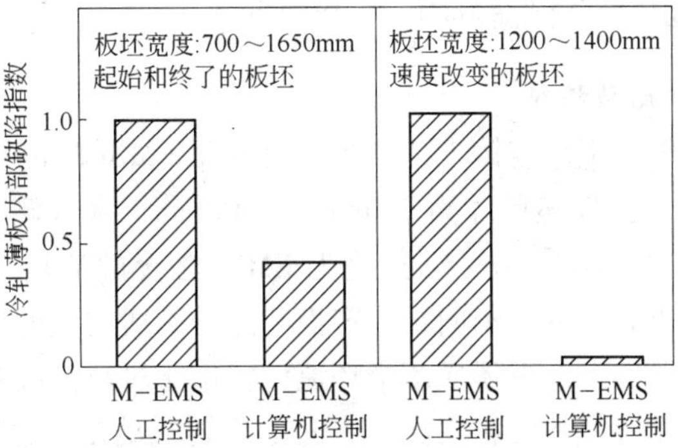

图 8-66 在非正常浇注期下 EMLA/EMLS 对冷轧薄板内部缺陷的影响

8.5 板坯连铸结晶器电磁制动技术

8.5.1 板坯连铸结晶器电磁制动的工作原理和电磁力特征

在板坯结晶器两个宽面上，外加一对恒定磁场，其方向从一个宽面垂直穿过钢水到达另一个宽面。从 SEN 吐出的流股，以相当大的速度垂直切割外加的恒定磁场，就在钢水中感生感应电流 $\boldsymbol{J}$，该感应电流与当地磁场相互作用产生电磁力 $\boldsymbol{F}$：

$$\boldsymbol{F}=\boldsymbol{J}\times\boldsymbol{B}=\sigma\boldsymbol{v}\times\boldsymbol{B} \tag{8-4}$$

式中，σ 为电导率；$\boldsymbol{v}$ 为流股速度；$\boldsymbol{B}$ 为磁感应强度。电磁力是体积力，作用在体积元上。它们的相互关系见图 8-67。由图可见，电磁力与流股方向相反，从而制动了流股，使其减速，这就是制动效应。

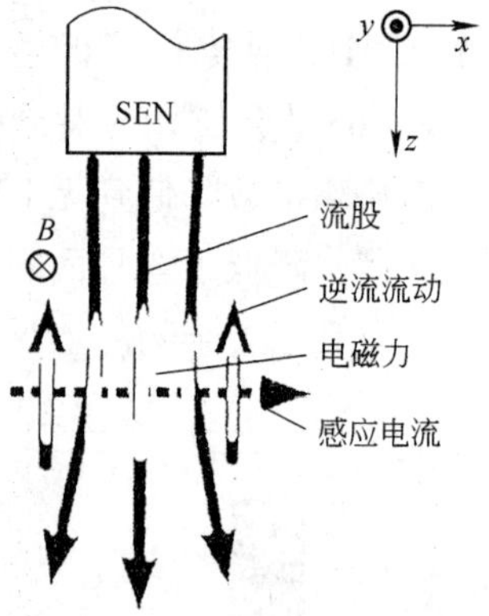

图 8-67 电磁制动工作原理示意图

8.5.2 三类电磁制动装置的结构特征和安装位置

电磁制动装置的基本配置如图 8-6 所示，其基本特征如表 8-6 所示。从目前电磁制动在连铸机上应用状况看，使用 EMBr 的已不多见。

表 8-6 三类电磁制动装置的基本特征

装置类型	EMBr	EMBr-Ruler 或 LMF	FC-Mold
磁场特征	局部区域(水平 U 形电磁铁)	全幅一段（水平电磁铁）	全幅二段（垂直 U 形电磁铁）
安装位置	位于水口两侧孔吐出的流股的主流区	位于水口吐出口下方	位于水口吐出口的上、下方
电源	直流	直流	直流
对板坯的适用性	中厚板坯	薄板坯	厚板坯

8.5.3 在三类电磁制动作用下结晶器内的流场特征

8.5.3.1 EMBr 的流动特征

图 8-68 是基于某钢厂板坯连铸工艺参数在有或无 EMBr 的流场数值模拟的结果，具体的板坯连铸工艺参数是：板坯尺寸为 200mm×1400mm，水口侧孔倾角为向下 30°，拉速为 1m/min，$B_m=0.15\text{T}$。图 8-68（a）是无 EMBr 工况的流场形貌。其特征是：过热钢水从水口侧孔吐出，以高速冲向窄面，在窄面附近分裂成向上的反转流股和向下的侵入流股，它们分别在主流股的上、下形成两个环流区。由于过热流股对窄面的冲击，易使初生坯壳重熔，向下侵入流股侵入液相穴深处，向上反转流动使得在弯月面附近流速过高，湍流过大，特别是在窄面附近弯月面的拱起，导致弯月面波动较大。图 8-68（b）是有 EMBr 工况的流场形貌。与无 EMBr 时比较，结晶器内流场有明显的变化：

（1）在磁场作用下，从 SEN 侧孔吐出的流股受到制动，有效地减小流股速度，减速率可达 50%；

（2）向上的反转流股减弱，上环流区位置提高，范围缩小；

（3）下环流区基本上不出现，向下的流动速度降低，流动分布比较均匀。

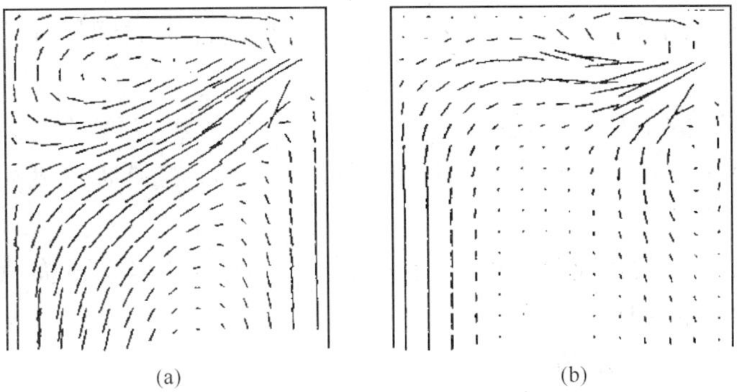

图 8-68 EMBr 的流场形貌
(a) 无 EMBr；(b) 有 EMBr

但是 EMBr 的不足之处有：

(1) 由于局部区域磁场主要集中于水口附近，只能制动从水口侧孔吐出的流股，不能有效制动整个宽度的流动；

(2) 当磁场超过一定强度时，水口下方和窄面附近分流过强；

(3) 由于上环流区在磁场作用区上方且靠近弯月面，弯月面附近的流动不能得到充分制动，使弯月面波动和湍流仍然过大。

8.5.3.2 LMF 的流场特征

图 8-69 表示在某钢厂有和无 LMF 的流场数值模拟结果，其工艺参数是：板坯断面为 70mm×1500mm，拉速为 4.5m/min，电流强度为 0A/220A/300A。由图可见，LMF 对结晶器内钢水流动的主要影响是：

(1) 从 SEN 吐出的向上流股受水平磁场的排斥作用向上提升，使上环流区位置提高；

(2) 从 SEN 吐出的流股必须经过水平磁场作用区才能向下流动，使向下流动大大减速，分布也较均匀，下环流区几乎不出现；

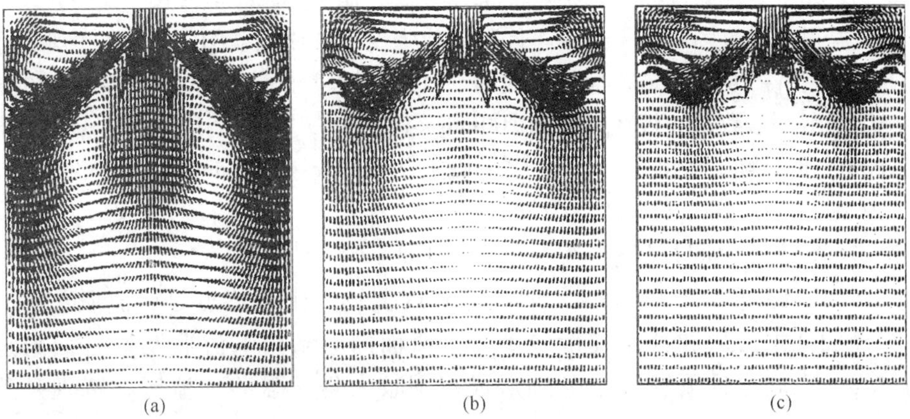

图 8-69 LMF 的流动形貌
(a) 0A；(b) 220A；(c) 300A

（3）沿窄面向下的流动大大减小；

（4）由于向下流动减速，钢水在磁场作用区上面的滞留时间增加，提高了弯月面附近的温度。

计算表明，LMF 的不足之处是：

（1）在窄面附近，流动形成旁路，即通道流动，磁场越强通道流动也越严重，总体上使流动均匀性变差了。

（2）磁场太强，流股在充分减速之前就被水平磁场推出来，从而造成弯月面附近流速增加，使弯月面湍流和脉动加剧。

8.5.3.3　FC-Mold 的流场特征

A　上下两段磁场的作用机制

FC-Mold 有上下两个磁极，起着不同的作用，它们的作用机制见图 8－70。

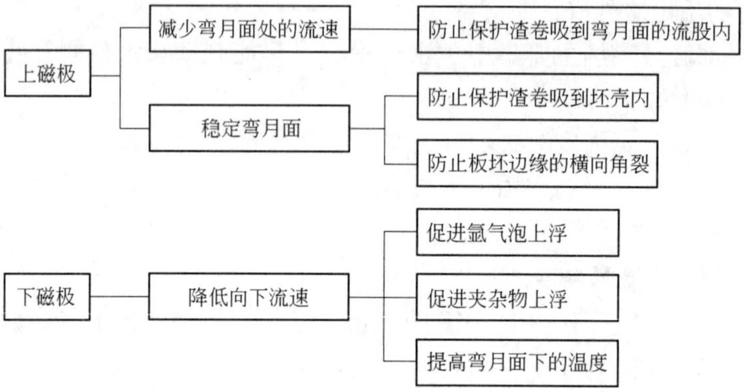

图 8－70　FC-Mold 的上下两段磁极的作用机制示意图

B　不同磁感应强度下 FC-Mold 流场形貌的特征

图 8－71 和图 8－72 是基于某钢厂的工艺参数、在不同磁感应强度下 FC-Mold 的湍流流动的数值模拟结果。图 8－71 表示不同磁感应强度下湍流流动的矢量图，直观显示整个流场的变化形貌；图 8－72 是相应的电磁制动效果的比较图，定量显示电磁制动的减速效果。某钢厂的工艺参数是：板坯断面为 200mm×1200mm，拉速为 1.7m/min，水口插入深度为 250mm，水口侧孔倾角为－15°，上下磁极中心距 τ ＝300mm、磁极宽度为 100mm、B_m＝0T、0.075T、0.15T、0.30T。

图 8－71 显示 FC-Mold 流场形貌的主要特征是：

（1）在未加磁场（即 B_m＝0T）时结晶器内流场的主要特点是，流股集中，流速高，对窄面的冲击区域和冲击速度较大，沿窄面向上和向下流股及弯月面附近的流股流动较强，在吐出的流股上下分别形成范围较大且较强的环流区，特别是下环流区更大些。

（2）在外加磁场的情况下，从 SEN 吐出的流股受上、下段磁场的制动，使钢水在两个磁极间环流；在下段磁场下方，不再出现环流，而形成均匀的“活塞”流动；弯月面附近的流动大大地减小；磁场越强，制动效果越明显。

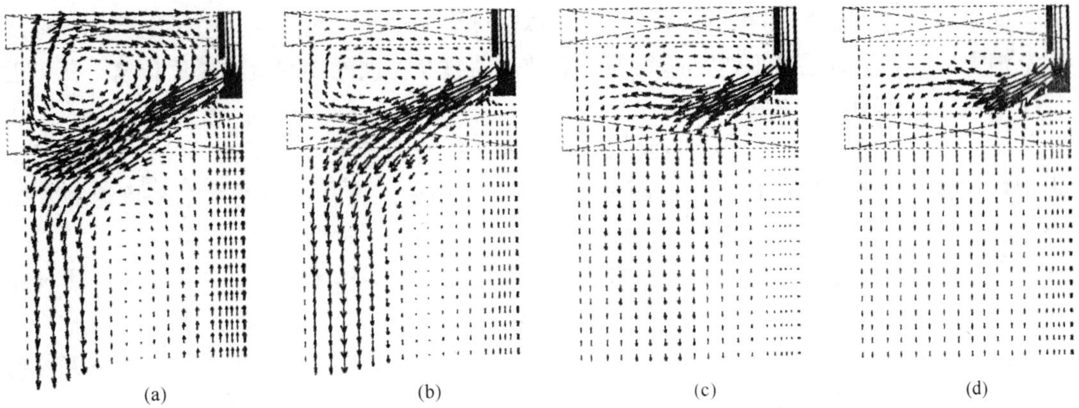

图 8－71 FC-Mold 的流场矢量图

（a）$B=0$T；（b）$B=0.075$T；（c）$B=0.15$T；（d）$B=0.3$T

与 LMF 比较，只要磁场足够大，在窄面附近不会形成强的向下通道流动，也不会引起弯月面的过大波动。

图 8－72 定量显示不同磁感应强度下 FC-Mold 减速效果。其中：

（1）图 8－72（a）是离窄面 4mm 处沿窄面向下的水平流速 u 的分布，表示流股对窄面的冲击区域和冲击速度的比较。由图 8－72（a）和图 8－71 可见，随着磁感应强度的逐渐增大，从水口侧孔吐出的流股在到达窄面前越来越分散，对窄面的冲击区和冲击速度越来越小，冲击区域越来越靠上。

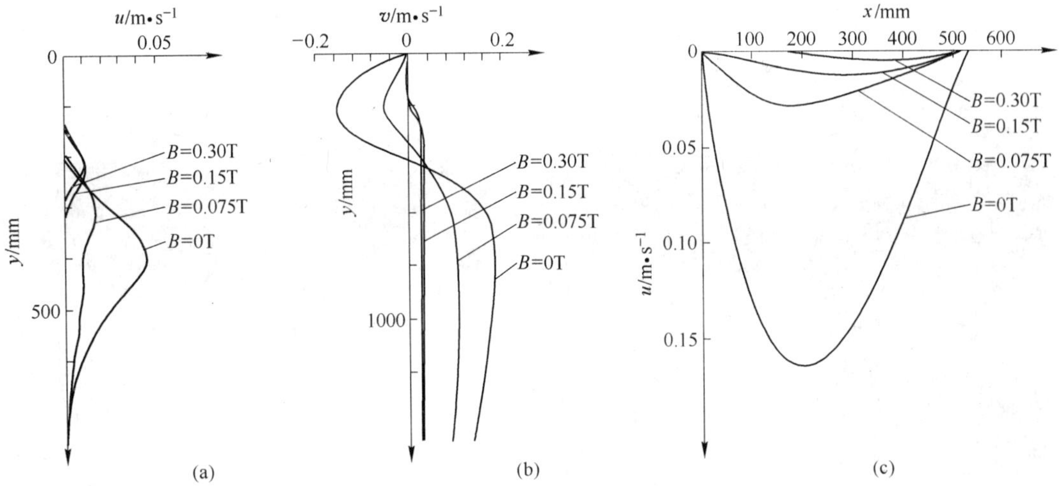

图 8－72 定量显示 FC-Mold 的减速效果图

（a）离窄面 4mm 处沿窄面向下的水平流速 u 分布；（b）离窄面 4mm 处沿窄面向下的垂直流速 v 分布；（c）离弯月面下 3.5mm 处、距窄面不同距离的水平流速 u 分布

（2）图 8－72（b）是离窄面 4mm 处沿窄面向下的垂直流速 v 的分布，表示流股沿窄

面向上流动和向下流动的流速的比较。由图 8－72（b）和图 8－71 可见，随着磁感应强度的逐渐增大，向上反转流股速度减小，渐趋于零，上环流区逐渐缩小，环流中心移向水口；同时向下侵入流股也随着磁感应强度的逐渐增大而减小，侵入深度也随之减小，环流逐渐消失，下游流动沿宽面越来越均匀，沿结晶器整个宽面的钢水流速接近拉速，获得近似于“活塞”流动。

（3）图 8－72（c）是离弯月面下 3.5mm 处、距窄面不同距离的水平流速 u 的分布，表示弯月面下水平流速的比较。由图可见，加上磁场后，弯月面下钢水水平流速大大减小，且磁场越强，水平流速越低，渐趋于零。

由上述分析充分验证了图 8－70 的全幅二段电磁制动的作用机制。一般说来，磁场越强，制动效果越好。但当磁场很强（例如 $B_m = 0.3T$）时，弯月面附近钢水水平流速几乎为零。这从冶金学分析是不可取的，这样虽能减少了保护渣的卷吸，但由于没有足够的过热钢水将热量传递给弯月面，使保护渣熔融不充分，其吸收上浮夹杂物的能力降低，反而使铸坯内部夹杂物增加。因此对于 FC-Mold 来说，从冶金学分析，弯月面附近要保持适当的流动，使过热钢水能将热量传递给弯月面，这就要求上段磁场不能太强。而从制动效果分析，又要求下段磁场足够强，使其下方的钢水在整个宽面上能形成均匀的“活塞”流动。

C　考虑吹氩的 FC-Mold 的流场特征

图 8－73 表示不同控制流动工艺条件下结晶器中心对称面和弯月面下 20mm 处的流场的矢量图。其工艺条件是：板坯断面 224mm × 1150mm，拉速 1.8m/min，水口插入深度：170mm，水口侧孔倾角：向下 15°，电流强度：上段 200A、下段 700A。

（1）图 8－73（a）表示既无吹氩也无电磁制动的流场矢量图。由图可见，其形貌与图 8－71（a）相一致。

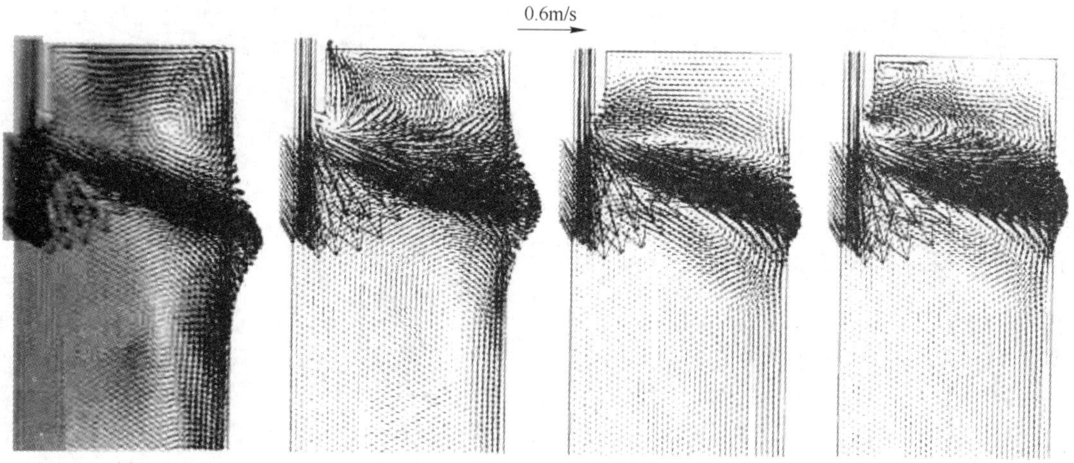

(a)　　(b)　　(c)　　(d)

图 8－73　不同控流条件下结晶器中心对称面的速度分布

（a）无吹氩、无电磁制动；（b）单独吹氩；（c）单独电磁制动；（d）吹氩、电磁制动

（2）图 8－73（b）表示单独吹氩的流场矢量图。由图可见，当氩气以 6L/min 的流

量吹入时，钢水主流股由于氩气浮力的带动作用，从水口侧孔吐出的部分钢水随氩气直接向上运动，出现类似波浪形的流动形态；环流中心基本消失，环流速度有所减小。

(3) 图 8-73 (c) 表示单独使用电磁制动的流场矢量图。由图可见，钢水流速整体减小，尤其是自由液面附近和弯月处速度更平缓，其最大速度减小到 0.03m/s；环流区范围缩小；向下侵入的钢水并未形成完整的环流。

(4) 图 8-73 (d) 表示在吹氩和电磁制动双重作用下的流场矢量图。由图可见，上环流区的环流速度和自由液面靠近水口附近的旋涡区速度增大，其旋流区的最大流速由单独电磁制动时的 0.02m/s 增加到 0.12m/s；自由液面附近出现波浪形的流动形貌，这与单独吹氩时相类似；在自由液面下靠近水口附近出现一个小的旋涡区，这与单独使用电磁制动时不一致。可见，吹氩会使旋流强度增大，只有通过控制合适的吹氩量才能保证自由液面的稳定。

8.5.4 使用全幅一段磁场时的优化条件

LMF 受安装位置的影响较大，如果磁场位置与 SEN 的距离较远或 SEN 吐出角度稍不合适，就会影响制动效果。需要指出的是，磁场强度的大小不仅对向下流股有较大影响，而且对非金属夹杂的总量减少影响也很大。因为随着磁场强度的增加，向下流速减小，非金属夹杂总量的降低有一优化值，其优化程度可以用式 (8-5) 的磁相互作用参数 N 表示：

$$N=\frac{\text{电磁力}}{\text{惯性力}}=\frac{\sigma B^2 L}{\rho u} \qquad (8-5)$$

式中 ρ——钢水密度，kg/m^3；

u——钢水流速，m/s；

σ——电导率，S/m；

B——磁感应强度，T；

L——铸坯厚度，m。

当 N 在 3 ~ 7 之间时，铸坯中非金属夹杂物最少，如图 8-74 所示。

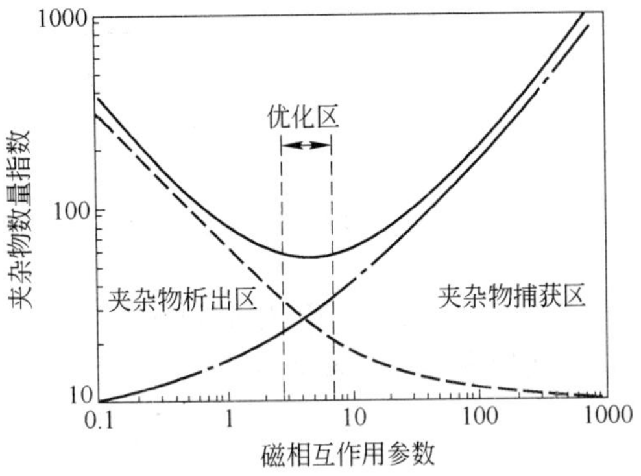

图 8-74 应用 LMF 时，磁相互作用参数和夹杂物数量之间的关系

8.5.5 结晶器电磁制动的冶金机理和冶金效果

8.5.5.1 EMBr 的冶金机理

EMBr 是三类电磁制动模式的总称，其冶金机理和冶金效果综述于表 8-7。

表 8-7 EMBr 的冶金机理和冶金效果

冶金机理	冶金效果	经济效益
制动从浸入式水口侧孔吐出的流股使其减速； 降低流股侵入液相穴深度； 控制弯月面附近流速，减少弯月面的脉动； 提高弯月面的温度； 减少流股对窄面的冲击和重熔	实质性地减少皮下和内部的非金属夹杂物； 有效地消除保护渣卷吸，减少保护渣性夹杂物； 实质性地减少横向和纵向裂纹； 减少漏钢危险； 有可能提高拉速	实质性改进产品质量； 减少降级和废品； 提高生产率

8.5.5.2　EMBr 的冶金效果

A　促进坯壳均匀生长

过热的钢水流股对窄面的冲击消失，消除了窄面的初生坯壳的重熔，使坯壳生长均匀，因而漏钢和角裂的危险大大减少。EMBr 对窄面坯壳生长的影响见图 8－75。

B　降低弯月面下的水平流速和稳定弯月面

向上反转流动的减速，弯月面下的水平流速和湍流大大降低。实践表明，无论哪种类型电磁制动都可使弯月面下的水平流速降低一半，从而也稳定了弯月面，见图 8－76。弯月面的稳定不仅防止保护渣的卷吸，而且也使保护渣铺展均匀，从而减少铸坯表面的纵向和横向裂纹。因此，弯月面下水平流速的降低和弯月面的稳定是电磁制动的主要效果之一。

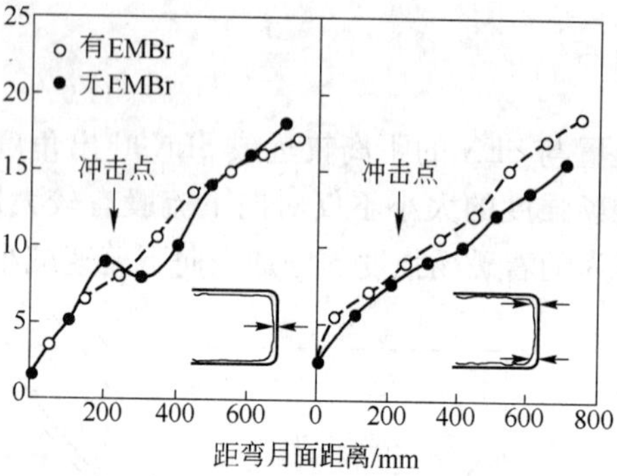

图 8－75　EMBr 改进坯壳均匀性

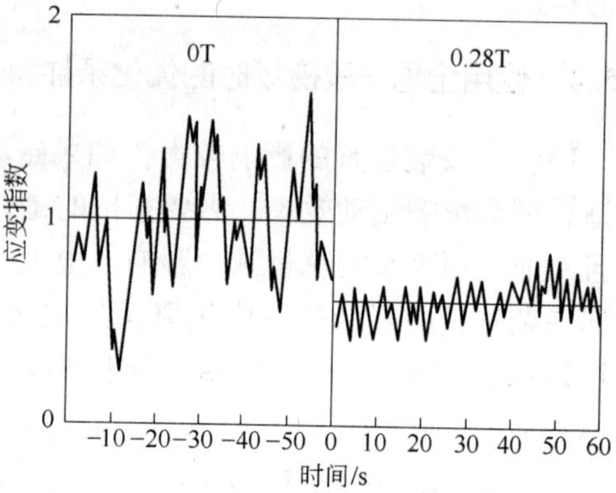

图 8－76　FC-Mold 稳定弯月面的波动

图 8－77 表示 EMBr 对不同钢种的弯月面水平波动的影响。由图可见，EMBr 稳定弯月面波动的效果对包晶钢比 IF 钢更显著些。

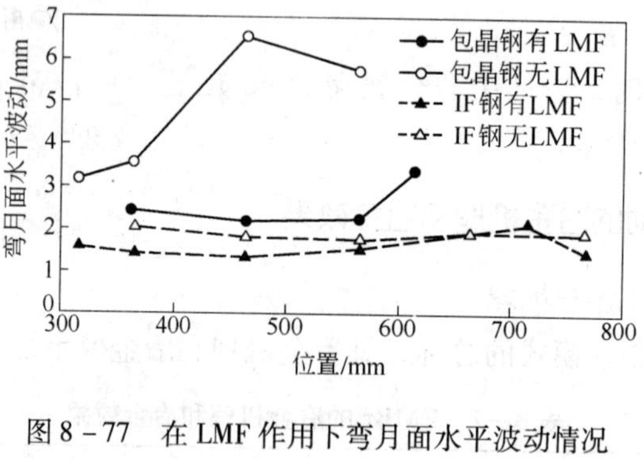

图 8－77　在 LMF 作用下弯月面水平波动情况

C　减小流股的向下速度和侵入深度

图 8－78 表示在 EMBr 下沿窄面向下流动的速度分布和流股侵入深度。由图可见，在 EMBr 作用下向下流动速度大大降低（见图 8－78（a）），使流股侵入深度由 4m 减小到 2m（见图 8－78（b））。FC-Mold 使侵入深度由 6m 减小到 3.5m，LMF 使侵入深度由 6～8m 减小到 4～6m。

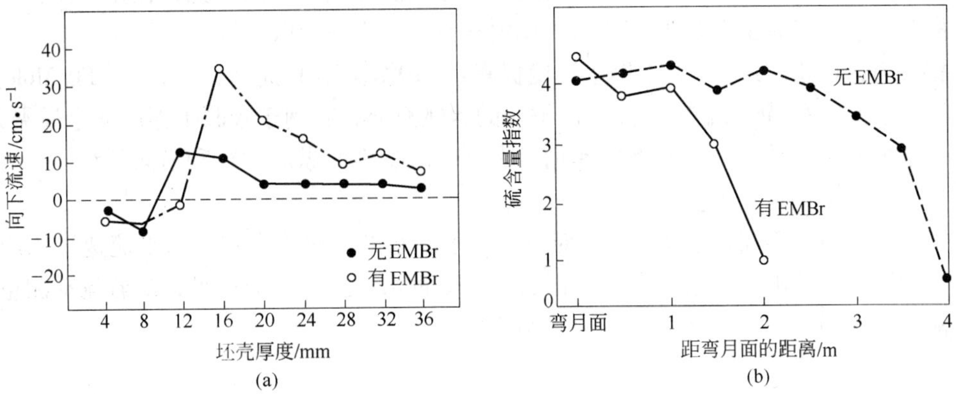

图8－78　在EMBr下沿窄面向下流动的速度分布和流股侵入深度

（a）在EMBr作用下沿窄面的向下流速分布；（b）EMBr对流股侵入深度的影响

板坯尺寸：220mm×850～1550mm；拉速：1.0～2.0m/min

D　EMBr对弯月面下钢水温度的影响

图8－79表示LMF对板宽方向的弯月面下钢水温度的影响。由于向下流股侵入深度变浅，使得从SEN吐出的过热钢水在结晶器上部滞留时间延长，过多的热量在结晶器内被耗散，使弯月面附近的钢水变得更热了。由图可见，LMF引起弯月面下钢水温度的增加，随着离SEN距离增加而上升，约在460mm处增加约13℃，离SEN 560mm处，钢水温度达最高值1559℃，此后随离SEN距离进一步增加而降低，至窄面附近，钢水温度最低。

图8－80表示FC-Mold时不同磁感应强度对钢水表面温度的影响，钢水温度是在1/4板宽、弯月面下约30mm处测量的。由图可见，钢水表面温度随磁感应强度几乎呈线性增加，增加量约5℃。

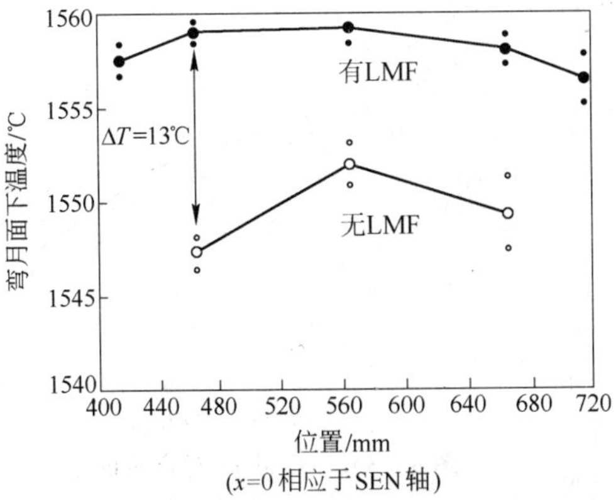

图8－79　LMF对板宽方向弯月面下钢水温度的影响

板坯宽度：1540mm；拉速：1m/min；SEN：－20°；孔口：38cm²；LMF：全幅一段

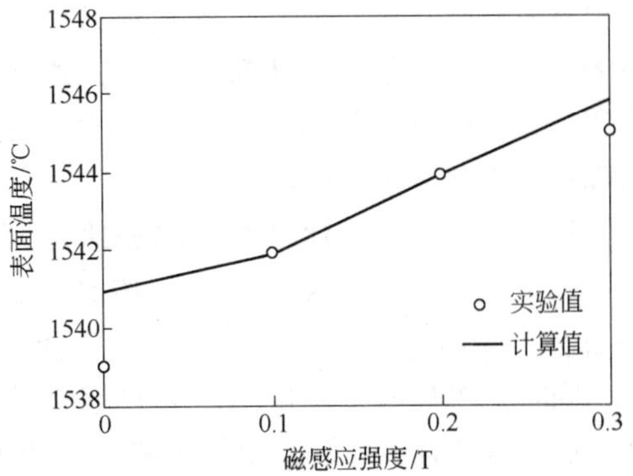

图8－80　FC-Mold对钢水表面温度的影响

板坯宽度：1250mm；浇注量：4.5t/min

图 8－81 表示 FC-Mold 对弯月面附近钢水温度的影响。由图可见，在相同拉速下，采用电磁制动后，弯月面附近温度比未采用电磁制动时上升 10℃左右。

据报道，EMBr 使弯月面下钢水温度提高 8～10℃。LMF 提高 5～15℃，FC-Mold 提高 5～10℃。弯月面下钢水温度提高，保护渣的熔融充分，有利于吸收上浮的非金属夹杂物，同时也增加保护渣的流动性和润滑作用，有利于减少表面纵向裂纹和横向裂纹。

E　对水平流速的影响

图 8－82 表示不同拉速下 EMBr 对弯月面下的水平流速的影响。水平流速采用应变法测量，使用应变仪测定钢水的动压，而后转换成钢水流速。由图可见，随着流动测量点与 SEN 侧孔之间距离的增加，水平流速急剧降低。

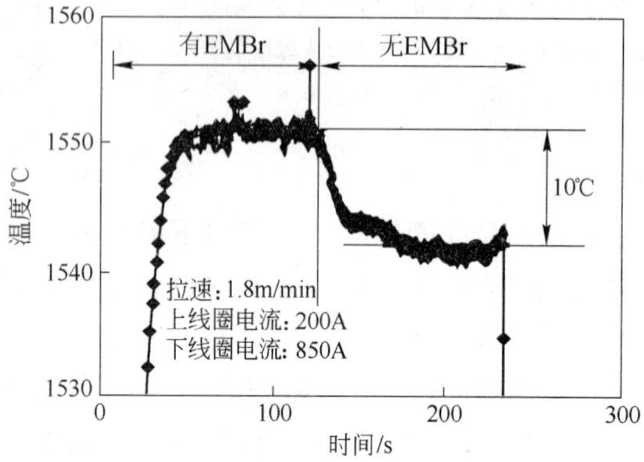

图 8－81　EMBr 对弯月面附近钢水温度的影响

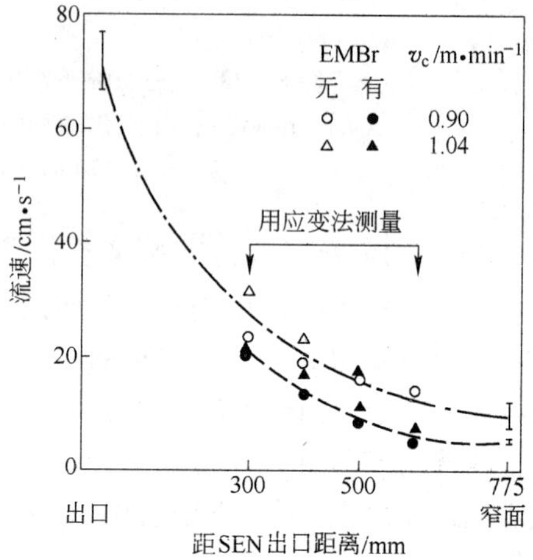

图 8－82　EMBr 对弯月面下水平流速的影响

图 8－83 表示 FC-Mold 对弯月面下水平流速和稳定弯月面的影响。水平流速采用应变法测量。在电磁制动作用下，向上反转流动减小，弯月面下的水平流速和湍流大大降低。实践表明，无论哪种类型电磁制动，都可以使弯月面下的水平流速降低一半，从而也稳定了弯月面。

值得指出的是，弯月面下的流速要保持某一水平，流速太慢，导致向弯月面传热减少，因而增加了初期凝固的凝固钩长度，产生表面和皮下缺陷，同时，弯月面附近得不到过热钢水的充分补充，保护渣熔融不充分，使保护渣吸收能力降低；流速太快，导致结晶器保护渣的卷吸，此外从 SEN 吐出的流股的侵入深度要尽可能小。

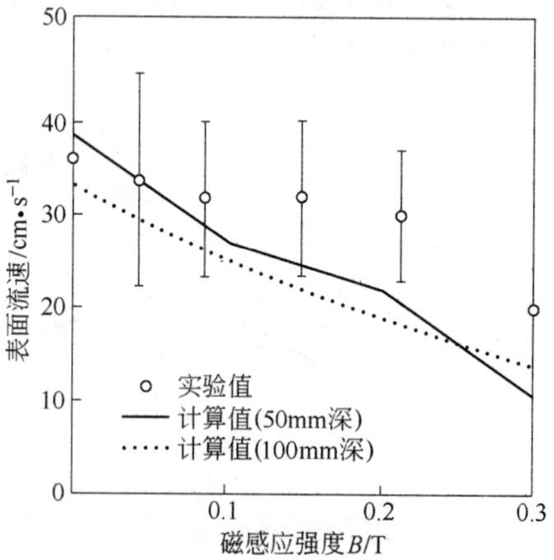

图 8－83　FC-Mold 对弯月面下水平流速的影响

板坯尺寸：260mm×800～1900mm；

浇注量：3.5～5.0t/min

F　对铸坯质量的影响

图 8－84 和图 8－85 表示弯月面下表面流速对铸坯质量的影响。由此可见，在弯月面下保持适当的流速，使铸坯表面和内部质量保持最好。如图所示，弯月面下的最佳流速为 10～22cm/s。

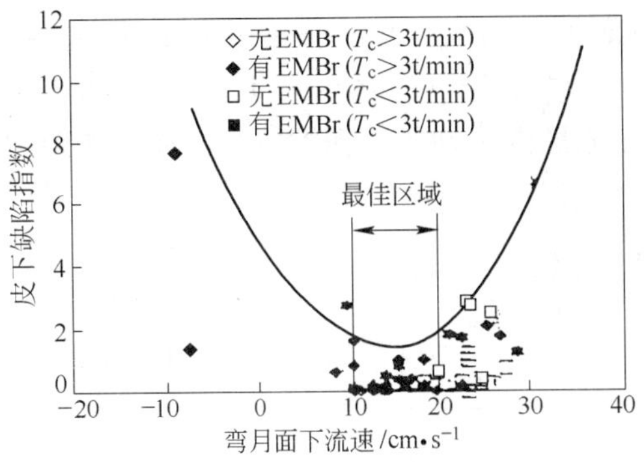

图 8－84 弯月面流速与铸坯质量的关系

钢种：低碳钢、超低碳钢；板宽：970～1570mm；拉速：1.0～2.2m/min；浇注量：2.2～3.8t/min；SEN：向下 7.5°～35°；浸入深度：120～160mm

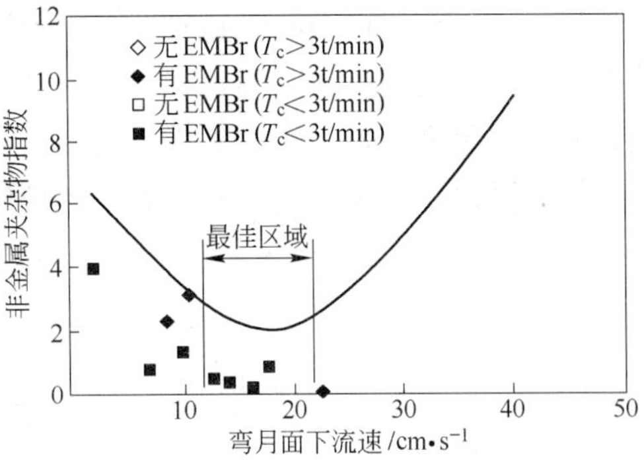

图 8－85 非金属夹杂物指数与弯月面下流速的关系

钢种：低碳钢、超低碳钢；板宽：970～1570mm；拉速：1.0～2.2m/min；浇注量：2.2～3.8t/min；SEN：向下 7.5°～35°；浸入深度：120～160mm

G 减少板坯表面缺陷

由于 FC-Mold 的作用，降低了从 SEN 吐出的流股的速度，促进了氩气泡的上浮，从而减少了板坯表面的气泡，见图 8－86。由图可见，当制动电流增加时，氩气泡急剧减少，使板坯表面气泡有实质性降低。

H 减少铸坯内部夹杂物

由于向下流股侵入深度变浅，有利于夹杂物上浮分离，也由于弯月面下水平流速降低和弯月面的稳定，使保护渣卷吸减少，两者都有利于减少铸坯内部非金属夹杂物。

图 8－87 表示有和无局部区域电磁制动（EMBr）时铸坯内部的夹杂物分布。由图可见，EMBr 能较大幅度地减少内部夹杂物而且使其分布均匀，显示 EMBr 提高铸坯内部清洁度的良好效果，这也是电磁制动的重要效果之一。

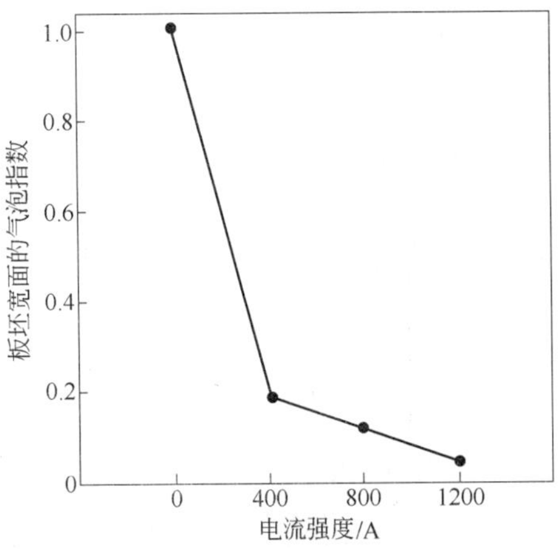

图 8－86 FC-Mold 电流强度对板坯表面气泡指数的影响

钢种：超低碳钢；断面：260mm×800～1900mm；拉速：最大 2.0m/min

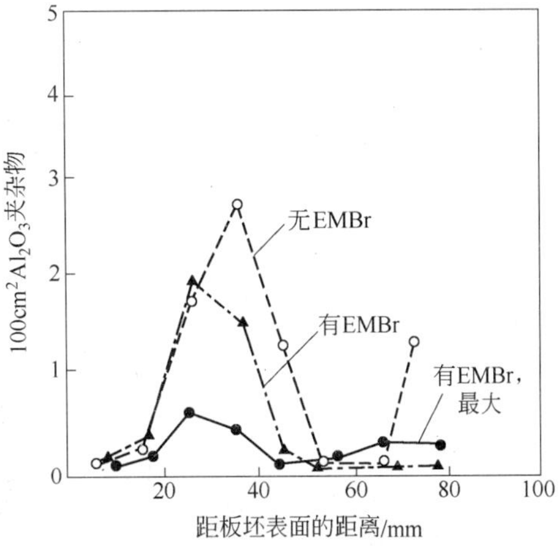

图 8－87 EMBr 对内部夹杂物的影响

钢种：低碳铝沸腾钢、超低碳钢等；断面：230mm×1635mm；拉速：1.0～1.45m/min

表 8－8 表示 FC-Mold 对板坯夹杂物分布的影响。由表可见，采用电磁制动后，结晶器上部钢水回流区整体上移，结晶器下部回流区基本消失（见图 8－71）。这样的流动形貌造成有利于夹杂物上浮的条件，夹杂物粒子在流场内运动的路程缩短，增加了夹杂物被熔融保护渣捕获的机会，从而减少了板坯中非金属夹杂物。

表 8－8　在 FC-Mold 作用下板坯夹杂物的分布

部　位	有夹杂物的视场数分布/个				总量/个	平均直径/μm	平均面积/μm^2
	1～5	6～10	11～15	16～20			
外弧表面	14	6	0	0	96	3.10	9.98
外弧 1/4	13	6	0	1	103	3.51	13.27
中心	6	8	6	0	164	3.02	9.20
内弧 1/4	8	8	4	0	135	3.07	8.94
内弧表面	4	8	6	2	183	2.93	8.24

I　提高拉速

由于电磁制动控制了结晶器内钢水流动的行为（使坯壳生长均匀、弯月面水平流速减小、弯月面稳定、侵入深度变浅等），从而减小了对拉速的限制，有利于提高生产率。

8.5.6　结晶器电磁制动对产品质量的影响

8.5.6.1　对产品表面质量的影响

图 8－88 表示在有和无 FC-Mold 时汽车用超低碳钢板卷的表面缺陷指数与拉速的关系。由图可见，当拉速小于 1.7m/min 时，两者表面缺陷指数只相差一半左右；而当拉速大于 1.7m/min 时，无 FC-Mold 时的表面缺陷发生率急剧上升，与使用 FC-Mold 相比，表面缺陷指数上升 5 倍以上。这个结果表明，由于 FC-Mold 的上段磁场的作用，降低了弯月面下的流速和湍流，减小弯月面的波动，使保护渣卷吸明显减少。

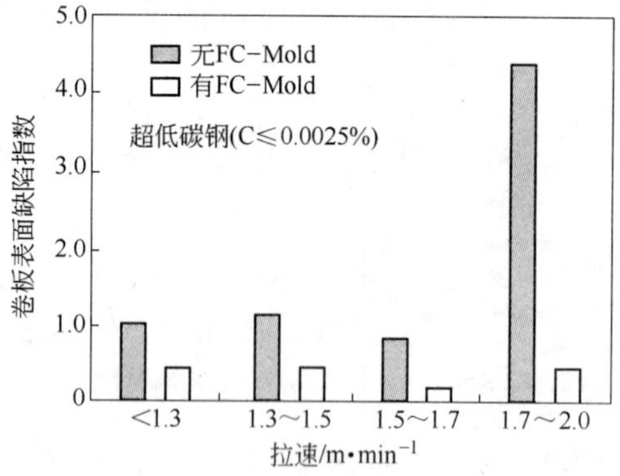

图 8－88　FC-Mold 对冷轧板卷表面质量的影响

8.5.6.2　对成品内部质量的影响

图 8－89 表示 FC-Mold 对制罐用马口铁薄板内部缺陷的影响。由图可见，当使用 FC-

Mold 时，其内部缺陷明显减少。这个结果表明，由于 FC-Mold 的作用，钢水向下侵入深度变浅，非金属夹杂物易于上浮，铸坯内部夹杂物大大减少，铸坯清洁度提高，从而使成品质量明显提高。

8.5.6.3 对产品不合格的影响

图 8－90 表示对于板宽大于 1350mm 的宽板坯和浇注量高于 3.0t/min 的高浇注量浇注工况，合理调整 EMBr-Ruler 的运行参数并使其最佳化，可使冷轧产品的不合格率减少 33%；对板宽大于 1400mm 的不合格率则更低。

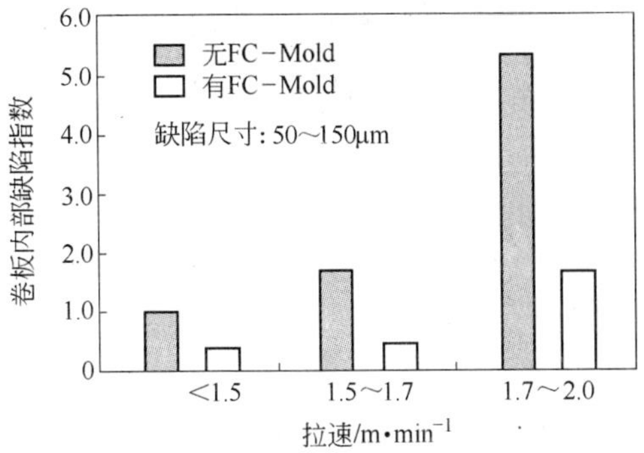

图 8－89 FC-Mold 对冷轧板卷内部质量的影响

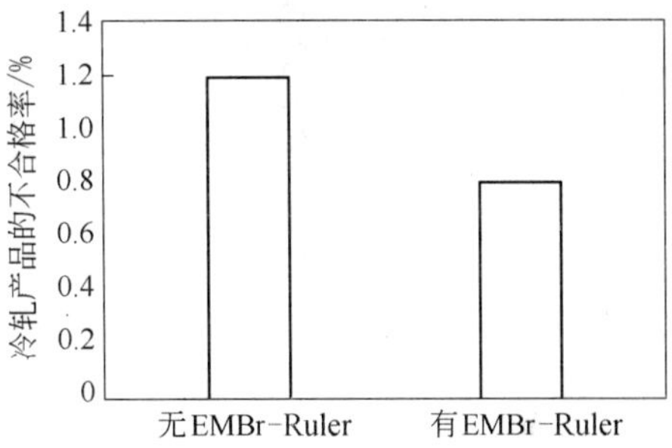

图 8－90 EMBr-Ruler 降低冷轧产品的不合格率

8.5.6.4 LMF 与 EMBr 两种制动模式对产品内部夹杂物的影响

图 8－91 表示在全幅一段（LMF）与局部区域（EMBr）两种制动模式下，产品内部夹杂物的超声波探伤结果。由图可见，使用 LMF 模式的产品内部夹杂物指数明显小于 EMBr 模式的指数，显示了 LMF 模式的优越性。

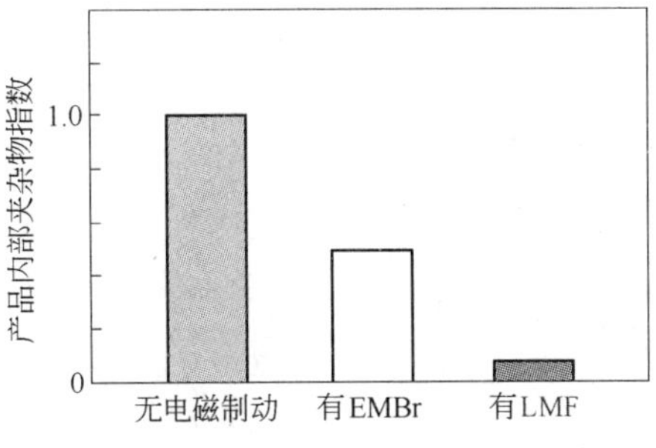

图 8－91 两种制动模式对产品内部夹杂物指数的影响

8.6 结晶器电磁制动技术在薄板坯连铸上的应用

8.6.1 结晶器电磁制动对薄板坯结晶器内钢水流动形貌的影响

图 8－92 表示有和无 EMBr-Ruler 的漏斗形结晶器中心平面上数值模拟的流动形貌。由图可见，在无 EMBr-Ruler 时，钢水流动是典型的双环流形貌；当有 EMBr-Ruler 时，上环流非常小，接近单环流形貌。

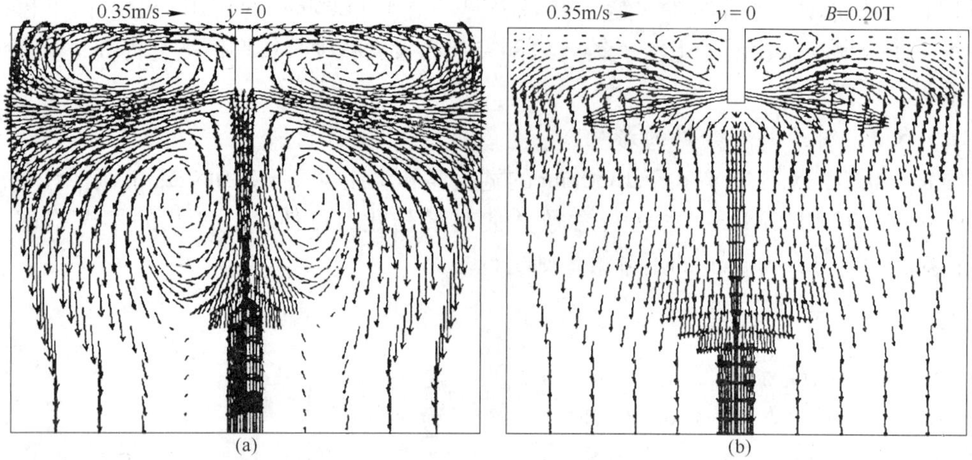

图 8-92 有和无 EMBr-Ruler 的结晶器内的流动形貌

（a）无 EMBr-Ruler；（b）有 EMBr-Ruler

钢种：铝镇静钢；板坯尺寸：70mm×1100mm；拉速：4.0m/min；SEN：-20°；浸入深度：200mm

虽然如前所述，单环流流动属于对夹杂物去除和保护渣卷吸不利的流动，但是，有 EMBr-Ruler 的单环流局部速度远比无 EMBr-Ruler 小得多，所以其保护渣的卷吸确实比无 EMBr-Ruler 的要低。由于 EMBr-Ruler 的作用，下环流也较不明显，接近完全的向下“活塞”流动。这类稳定的流动形貌有利于夹杂物向弯月面上浮分离，也有利于阻碍保护渣的卷吸。

图 8-93 表示有和无 EMBr-Ruler 的沿结晶器顶部中心水平流速和湍流能的数值模拟。由图可见，有 EMBr-Ruler 的水平流速和湍流能比无 EMBr-Ruler 的低 75%，这将大大减小弯月面水平的波动。

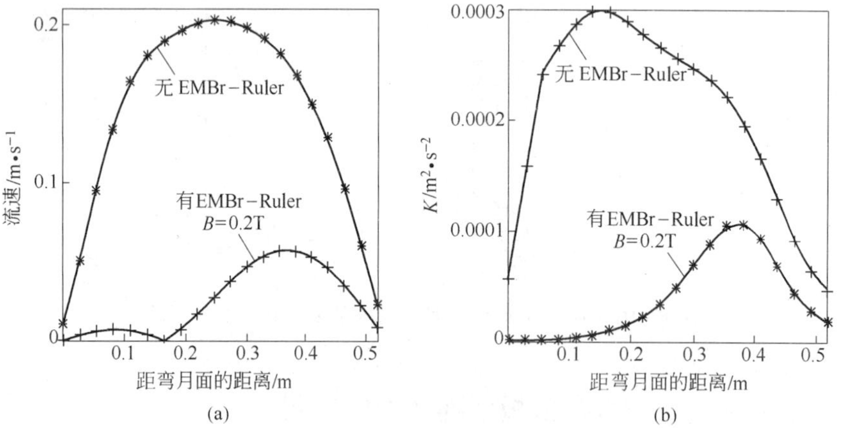

图 8-93 EMBr-Ruler 对表面流速和湍流能的影响

（a）表面流速；（b）表面湍流能

钢种：铝镇静钢；板坯尺寸：70mm×1100mm；拉速：4m/min；SEN：-20°；浸入深度：200mm

图 8-94 表示 EMBr-Ruler 对弯月面水平面波动的影响。由图可见，无 EMBr-Ruler，

沿板宽的弯月面水平波动为 13 ~ 15mm，最大液面差是 17mm；而有 EMBr-Ruler，沿板宽的弯月面波动为 7 ~ 9mm，平均约 8mm，因此有 EMBr-Ruler 的弯月面更平坦，保护渣的卷吸更少。

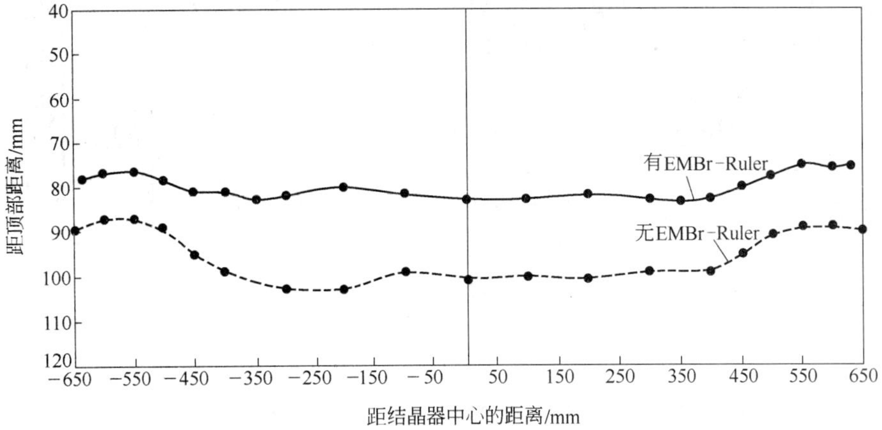

图 8 - 94　EMBr-Ruler 对弯月面波动的影响

钢种：铝镇静钢；板坯尺寸：70mm × 1100mm；拉速：4m/min；SEN：- 20°；浸入深度：200mm；电流：200A

8.6.2　结晶器电磁制动对钢水清洁度的影响

图 8 - 95 表示 EMBr-Ruler 对钢水清洁度的影响。由图可见，在稳定浇注期，有 EMBr-Ruler 与无 EMBr-Ruler 相比较，$[O]_t$ 由平均 0.0032%，降低到平均 0.0019%；小于 50μm 的小型夹杂物数量由 8.36 个减少到 7.16 个；大于 50μm 的大型夹杂物总量由每 10kg 钢 4.53mg 减少到 1.75mg。

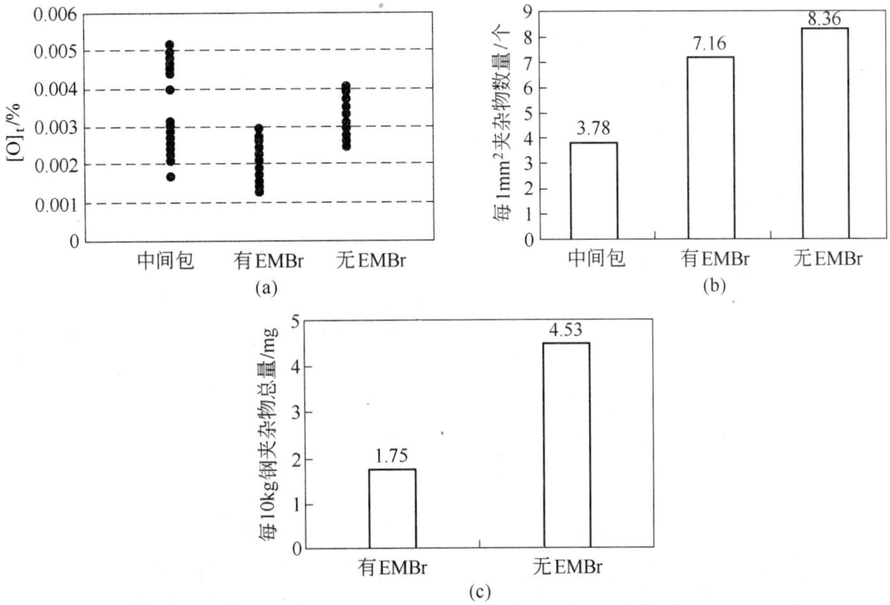

图 8 - 95　EMBr-Ruler 对钢水清洁度的影响

（a）对总氧含量的影响；（b）对小型夹杂物数量的影响；

（c）对每 10kg 钢中大型夹杂物总量的影响

图 8 - 96 表示 EMBr-Ruler 对夹杂物去除率的影响。由图可见，有 EMBr-Ruler 时，大于 50μm 的大型夹杂物的去除效果比较明显，而无 EMBr-Ruler 时大于 50μm 的大型夹杂物的去除率仅有约 12%，且对其他尺寸的夹杂物去除率几乎为零。

表 8 - 9 表示 EMBr-Ruler 对显微夹杂的尺寸、数量分布的影响，检验是在钢种为 SPHC、断面为 70mm × 1500mm、拉速为 4.5m/min、电流为 220A 的条件下进行的。由表可见，EMBr-Ruler 对铸坯显微夹杂的尺寸分布无明显影响，但其数量均有所降低。

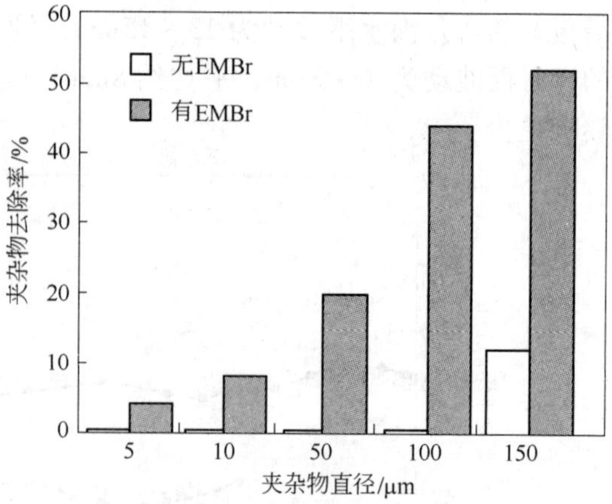

图 8 - 96 EMBr-Ruler 对夹杂物去除率的影响
（板坯尺寸：70mm × 1500mm）

表 8 - 9 EMBr-Ruler 对显微夹杂的尺寸、数量分布的影响

条件	<5μm	5 ~ 10μm	10 ~ 15μm	15 ~ 20μm	>20μm
有电磁制动时显微夹杂的数量/%	79.02	14.45	3.48	2.58	0.47
无电磁制动时显微夹杂的数量/%	78.37	14.70	3.57	2.67	0.69

图 8 - 97 表示 EMBr-Ruler 对铸坯宽度方向显微夹杂分布的影响。由图可见，在有 EMBr-Ruler 时，铸坯宽度方向的显微夹杂的个数、粒径均有所降低；铸坯横断面中部显微夹杂的数量降低幅度较大，达 10.3%；沿铸坯宽度方向的显微夹杂数量的分布相对均匀。

图 8 - 98 表示 EMBr-Ruler 对铸坯厚度方向显微夹杂分布的影响。由图可见，无论有或无 EMBr-Ruler，夹杂物在铸坯两侧和中部都有峰值。在有 EMBr-Ruler 时，中部显微夹杂数量降幅最大，达 15.9%，沿铸坯厚度方向显微夹杂数量的分布相对均匀。

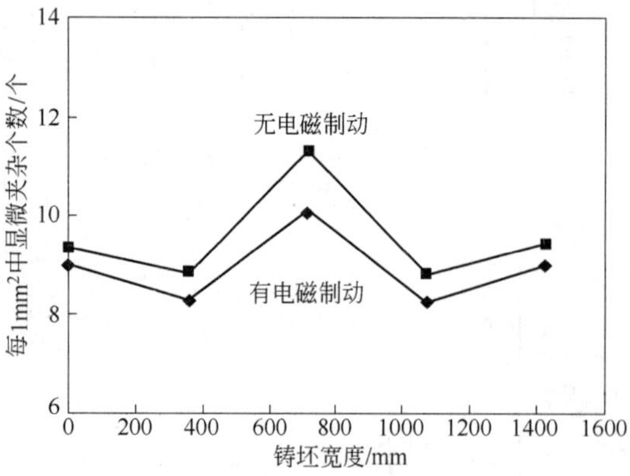

图 8 - 97 EMBr-Ruler 对铸坯宽度方向显微夹杂分布的影响
钢种：SPHC；断面：70mm × 1500mm；
拉速：4.5m/min；电流强度：220A

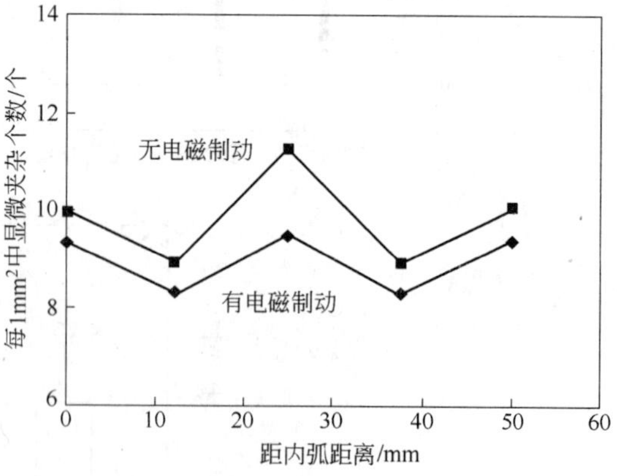

图 8 - 98 EMBr-Ruler 对铸坯厚度方向显微夹杂分布的影响
钢种：SPHC；断面：70mm × 1500mm；
拉速：4.5m/min；电流强度：220A

表8－10表示EMBr-Ruler对铸坯中不同尺寸大型夹杂含量的影响，检验是在钢种为SPHC、断面为70mm×1500mm、拉速为4.5m/min、电流强度为220A的条件下进行的。由表可见，在有EMBr-Ruler时，50～200μm的夹杂含量增加一半；200～300μm的夹杂含量降低约15.9%；300～400μm的夹杂含量降低约30.2%；对于大于400μm的夹杂降幅达39.1%。由此可见，夹杂尺寸越大降幅也越大，这表明EMBr-Ruler对去除大型夹杂有明显效果。

表8－10 EMBr-Ruler对铸坯中不同尺寸大型夹杂含量的影响

条　件	50～200μm	200～300μm	300～400μm	>400μm
电磁制动时每10kg钢的夹杂物含量/mg	0.36	0.51	0.49	0.53
无电磁制动时每10kg钢的夹杂物含量/mg	0.24	0.61	0.71	0.88

表8－11表示EMBr-Ruler对铸坯中大型夹杂含量分布的影响，检验是在钢种为SPHC、断面为70mm×1500mm、拉速为4.5m/min、电流强度为220A的条件下进行的。由表可见，无EMBr-Ruler时，铸坯中大型夹杂含量为每10kg钢2.38～2.51mg；而有EMBr-Ruler时，铸坯中大型夹杂含量降为每10kg钢1.87～1.96mg，总量降低22%，分布相对均匀。

表8－11 EMBr-Ruler对铸坯中大型夹杂含量分布的影响

条　件	边部	1/4处	中部	平均
有电磁制动时每10kg钢夹杂物含量/mg	1.88	1.87	1.96	1.90
无电磁制动时每10kg钢夹杂物含量/mg	2.43	2.38	2.51	2.44
降低率/%	22.63	21.43	21.91	21.99

8.6.3 结晶器电磁制动对薄板坯表面纵裂指数的影响

图8－99表示EMBr-Ruler对薄板坯表面纵裂指数的影响。由图可见，随着EMBr-Ruler电流强度的增加，薄板坯表面纵裂指数也逐渐降低。

8.6.4 结晶器电磁制动对板卷表面缺陷的改善

图8－100表示EMBr-Ruler对板卷表面非金属夹杂物缺陷指数的影响。由图可见，有

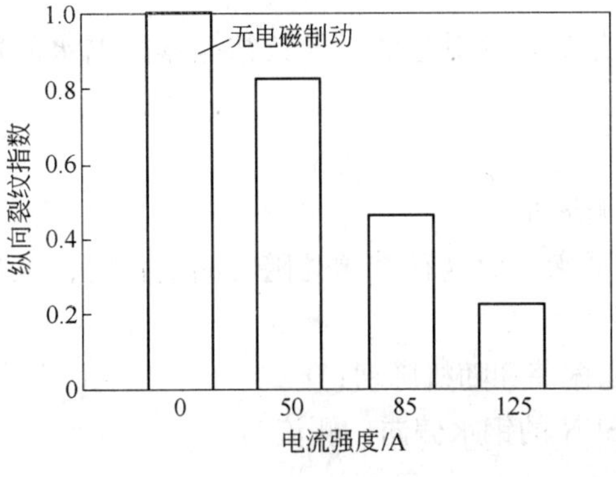

图8－99 EMBr-Ruler对薄板坯表面纵裂指数的影响

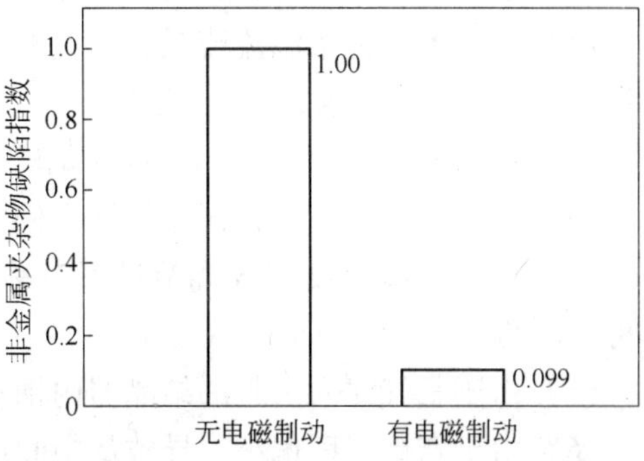

图8－100 有或无EMBr-Ruler的板卷表面缺陷的比较

或无 EMBr-Ruler 条件下分别检验50个板卷。对比分析表明，采用 EMBr-Ruler 后，板卷表面非金属夹杂物缺陷指数明显降低。

8.7 结晶器电磁控流技术的一个重要应用——结晶器内钢水偏流的控制

8.7.1 结晶器内钢水偏流控制的重要性

当前，汽车、家用电器、深冲制品等制造商要求生产高质量、高强度的薄板。为了生产高质量薄板，关键是要减少铸坯中的非金属夹杂物和气泡，因为它们会在最终产品上产生各种各样的缺陷。虽然，在连铸过程中，立弯式连铸机在促进夹杂物和气泡上浮分离上比弧形连铸机具有更好的效果，但即使如此，在其生产铸坯中的一些缺陷，在生产高质量薄板上仍然是一个问题。因为此时非金属夹杂物的直径小于0.1mm，而气泡的直径也只有0.5~3mm，这样小的夹杂物和气泡其自身已缺乏上浮能力，而是跟随钢水流动后被凝固面捕获，有时可以在铸坯内发现表面粘有夹杂物的小气泡。因此，钢水流动的动态变化被认为是能引起非金属夹杂物和气泡吸附的干扰。板坯连铸结晶器内钢水流动干扰的重要原因之一是其中产生的偏流。偏流是结晶器内钢水的一类不对称、不平衡的流动，图8-101形象地描绘了偏流现象。由图可见，偏流的特点是：从SEN的两个侧孔吐出的流量不一样；SEN两侧的向上反转流股不一样，导致弯月面下的流速和弯月面高度不对称；向下侵入流股的流速也不对称，侵入深度也就不一样。

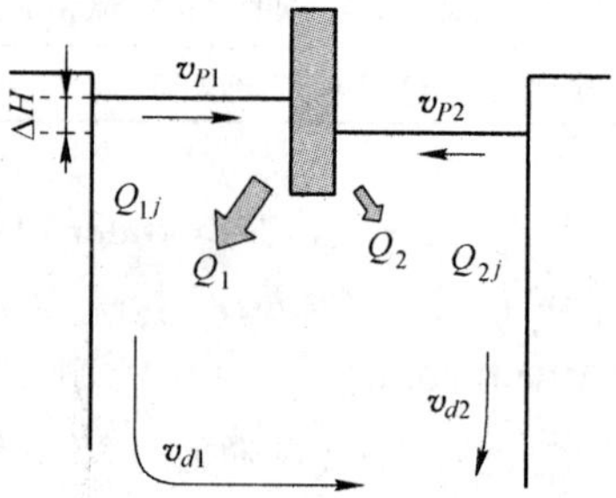

图8-101 板坯连铸结晶器内的偏流现象

Q—钢水流量；Q_j—向上流量；ΔH—弯月面高度差；v_P—弯月面处的流速；v_d—向下侵入流量

由此可见，板坯连铸结晶器内钢水流动是不稳定的，存在不同类型的偏流现象，在高速连铸中尤其如此。

8.7.2 板坯连铸结晶器内钢水偏流产生的主要原因和危害

8.7.2.1 主要原因

板坯连铸结晶器内钢水偏流产生的主要原因是：

（1）结晶器内钢水湍流流动，这是流动自身动力学引起的，导致结晶器内钢水的周期振荡和随机脉动，这是不可调控的；

（2）SEN安装不对中和不垂直（偏转）；

（3）滑动水口不完全打开，使钢水偏向一侧流动；

（4）SEN结瘤导致SEN内流动不对称、不平衡，而这种结瘤是随时间变化的，也是不可控制的；

（5）由于氩气注入引起的结晶器内钢水周期振荡和随机脉动；

（6）由于塞棒开度偏小，导致从中间包经SEN的钢水偏向一侧流动。

8.7.2.2 主要危害

在板坯连铸结晶器内钢水偏流产生的主要危害是：

（1）偏流引起结晶器内钢水大的单侧流动，导致夹杂物和气泡随钢水向下流动侵入液相穴深处而不能上浮，在板坯内弧侧的四分之一带偏聚；

（2）向上反转流动引起弯月面的脉动和弯月面下流速增大，导致保护渣卷吸；

（3）严重的偏流冲击窄面使坯壳重熔而导致漏钢事故；

（4）偏流也易引起铸坯表面纵裂。

8.7.3 控制偏流现象的结晶器电磁控流技术

连铸实践表明，要在线观察偏流现象几乎不可能，更谈不上在线直接控制偏流的方法，唯一可行的方法是非接触的结晶器电磁控流技术，即在结晶器两个宽面上外加交流型或直流型的磁场，使之在其中感生电磁力，电磁力是体积力，作用在钢水的体积元上，从而能有效控制钢水的流动。

8.7.3.1 M-EMS

结晶器电磁搅拌系统的配置如图 8－102 所示。M-EMS 能在结晶器的整个宽度和厚度内的钢水上外加电磁力，由于两个宽面上的电磁力方向相反，而流动方向始终与电磁力方向相一致，因而能使结晶器横断面上的钢水产生水平旋转，即旋转搅拌。采用电磁搅拌的效果主要表现在对速度分布和弯月面脉动的影响上，见图 8－103。

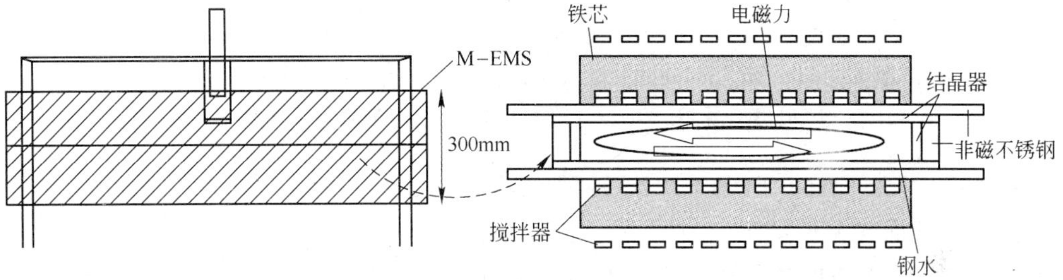

图 8－102 结晶器电磁搅拌系统的配置示意图

由图 8－103（a）和图 8－103（c）比较，可以看出，由于电磁力的作用：

（1）ΔH 的瞬时值前者比后者不仅幅度大而且更密集；

（2）ΔH 的平均值前者比后者更小，这是由于外力作用，钢水流速增加使得时间范畴的脉动带减小。

8.7.3.2 EMLS

图 8－104 表示电磁水平稳定系统的配置示意图。EMLS 系统实际上是在结晶器的两个宽面上分别配置两台电磁搅拌器，可以分别激发方向相反的行波磁场，在结晶器内的钢水中感生方向相反的电磁力，使其中的钢水作相向运动，导致从 SEN 侧孔吐出的钢水减速，从而稳定了弯月面。

图 8－105 表示 EMLS 在控制结晶器内钢水流动上的影响。由图可见，随着外加磁感应强度由 0T 逐渐增加到 0.096T 时，结晶器内流动情况会有明显的变化，其特点是：

（1）由 SEN 的侧孔吐出的流股随外加磁感应强度的增加而逐渐减弱；

（2）在 0T 时部分钢水被上浮的氩气泡推动沿 SEN 附近上升，随外加磁感应强度的增

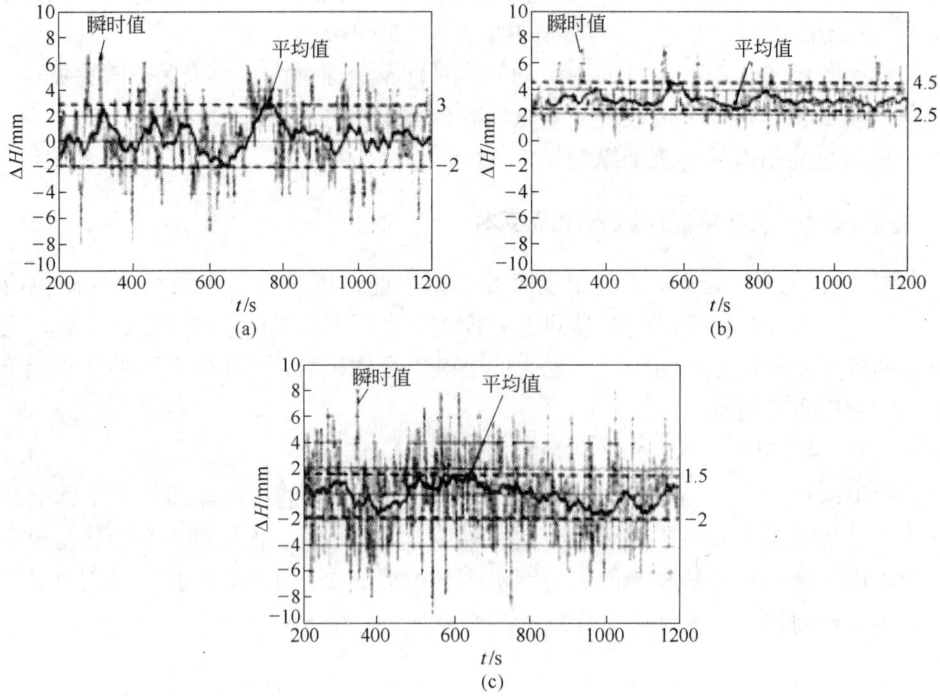

图 8 – 103　ΔH 随时间的脉动（ΔH 为结晶器左右两侧弯月面水平差）

（a）基本模型；（b）水口冻结模型；（c）外加 M-EMS 模型

加上升范围扩大，而在 0.096T 时，这种现象消失；

（3）沿窄面向上流动随外加磁感应强度增加而逐渐减弱，在 0.096T 时反转方向由向上变为向下流动；

（4）弯月面下由窄面向 SEN 的流动随外加磁感应强度的增加而逐渐减弱，在 0.096T 时反转方向由 SEN 向窄面流动；

（5）在磁场作用区下方由窄面向结晶器中心的流动，由 0T 时的不出现转而随外加磁感应强度的增加而增强。

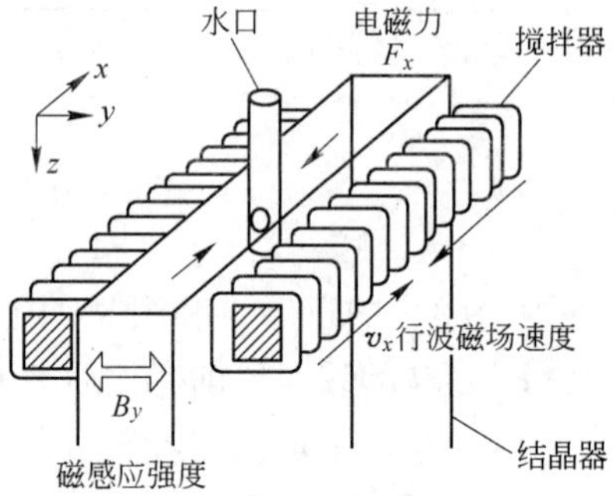

图 8 – 104　EMLS 系统示意图

从以上所述的流动图案分析，可以期望的是，只要调控好 EMLS 的磁感应强度，就有可能获得理想的流动情况。

那么调控合适的指标是什么呢？图 8 – 106 给出一个回答，即随外加磁感应强度的增加表面流速急剧减小，当表面流速接近零时，若再增加外加磁场，则表面流速迅速改变其流动方向。其原因可能是，随外加磁感应强度的增加，从 SEN 侧孔吐出的流股逐渐减弱，有利于氩气泡上浮，由此推动较宽范围的钢水向上流动，从而有助于在弯月面附近的钢水向结晶器窄面流动。由图 8 – 103 和图 8 – 105 的分析可以得到结论：能够选择合适的磁感应强度将 1/4 结晶器宽度处的表面流速控制为零。

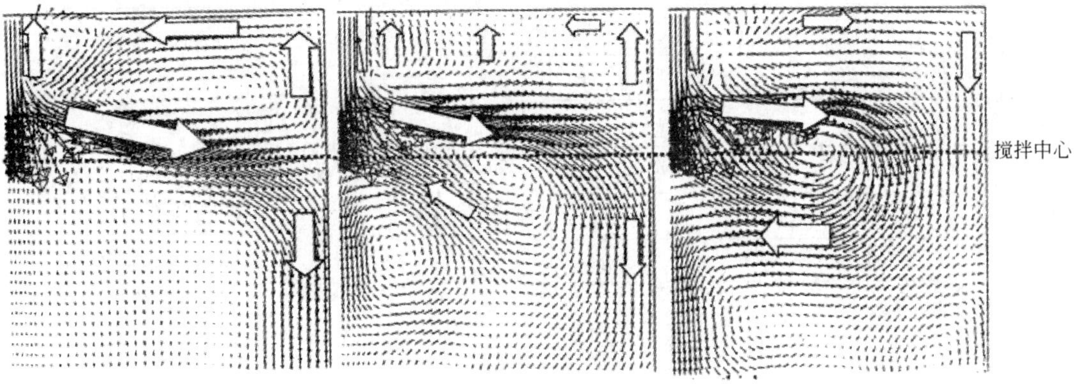

图 8－105 在外加不同磁感应强度时的流动形态

（a）$B=0$T；（b）$B=0.077$T；（c）$B=0.096$T

8.7.3.3 FC-Mold

图 8－107 表示结晶器电磁制动系统的配置。FC-Mold 的上下两个磁极起着不同的作用：上段磁极的作用是减小弯月面附近的表面流速和稳定弯月面，防止保护渣的卷吸；下段磁极的作用是降低向下流速，促进氩气泡和夹杂物上浮分离及提高弯月面附近的钢水温度。

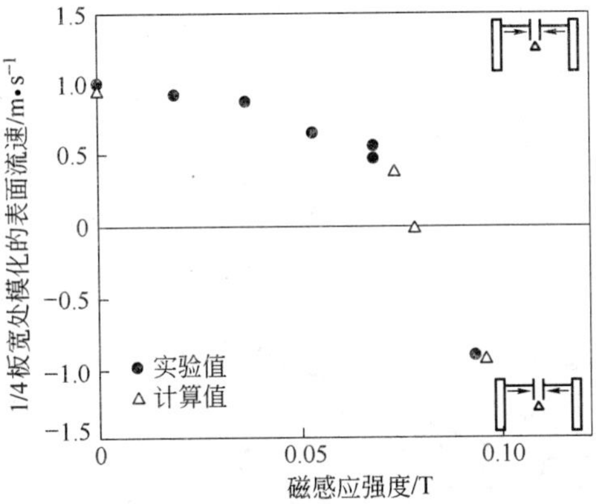

图 8－106 在 1/4 结晶器宽度处的表面流速随磁感应强度的变化

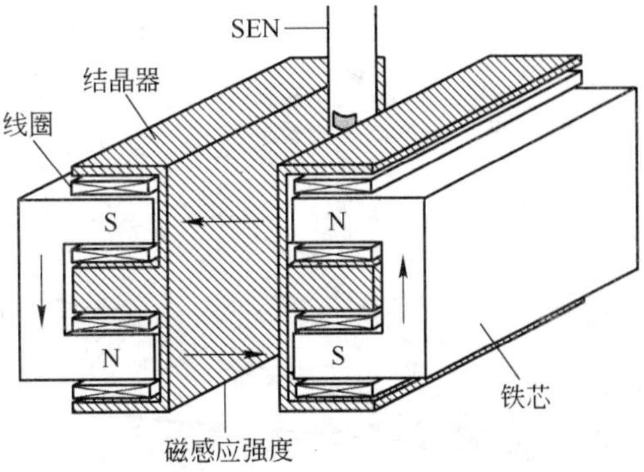

图 8－107 结晶器电磁制动系统示意图

由上所述，由于 FC-Mold 的作用，减小了时间相关流动的变化，也减小了表面和向下的流速。因此，FC-Mold 能有效地防止气泡和夹杂物的卷吸，也能有效地防止气泡和夹杂物被侵入到液相穴深处，防止气泡和夹杂物被凝固面捕获。

图 8－108 表示在 FC Mold 作用下结晶器内模拟计算和实测表面流速脉动。由图可见，在 FC-Mold 的直流磁场作用下，模拟计算和实测有类似结果，有磁场时实测的表面流速的脉动远比无磁场作用的小得多，这表明电磁制动力对高速钢水有减速效果。

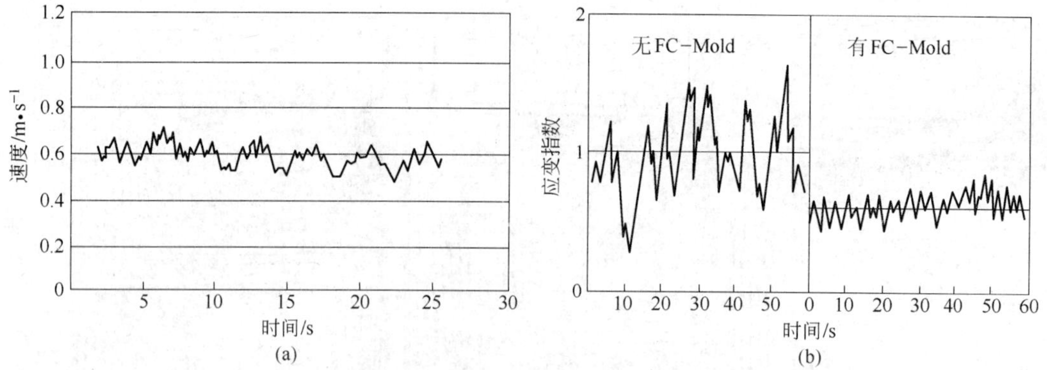

图 8－108　有无磁场时计算与实测表面流速随时间的变化

（a）计算值；（b）在结晶器中的实际测量值

图 8－109 表示在 FC-Mold 作用下连铸工艺参数对结晶器内弯月面波动的影响。由图可见，弯月面最大波高差（波动最大值与最小值之差值）随浇注量的增加而增大，随水口插入深度的减小而增大；采用 FC-Mold 后，弯月面最大波高差大大降低，即使在浇注量达 5.5t/min 时也可将弯月面波高差控制在安全上限 5mm 之内。

8.7.3.4　LMF

图 8－110 显示在 LMF 作用下结晶器内钢水偏流度 ΔH 的测量结果。由图可见，随着磁感应强度的增加，测量的钢水偏流度减小，也就是说测量的偏流不发生率提高，两者几乎呈线性关系。

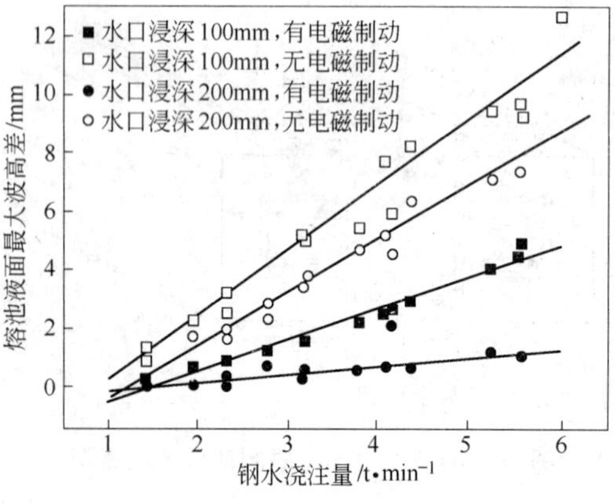

图 8－109　在 FC-Mold 作用下连铸工艺参数对最大波高差的影响

铸坯断面：230mm × 1100～2450 mm；

拉速：0.8～2.3m/min

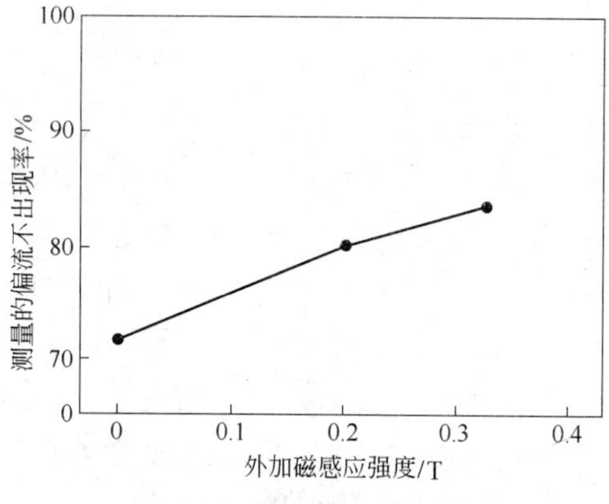

图 8－110　LMF 抑制钢水偏流的效果

8.7.4　评价控制偏流效果的检测方法

从上述可以看出，评价控制偏流效果的主要指标，一是弯月面高度差 ΔH，二是弯月面下的表面流速。下面对检测方法做一简要介绍。

8.7.4.1 弯月面高度差 ΔH 的检测方法

弯月面高度差 ΔH 的检测方法与常规的结晶器液面测量方法相类似，所不同的是，要求在结晶器的两个窄面附近各布置一个液面测量传感器，将所测信号经分析后求得弯月面高度差 ΔH。由于结晶器液面测量技术已很成熟，此处不再赘述。

8.7.4.2 涡街测速法

由于钢水温度高，在其中测量弯月面下表面流速不是一件容易的事，以往曾使用过“倾角测定法”和“阻力测定法”，虽比较简便但测量精度不是太高。此处介绍一种精度相对较高的“卡门涡街测速法”。

A 测量原理简述

从流体力学可知，当一个长圆柱放在与其轴相垂直的自由流场中，长圆柱后面会形成尾流。当雷诺数 Re 小时，其尾流是层流的；当雷诺数 Re 增加时，在圆柱后面形成不对称且非常有规则的旋涡，称为卡门涡列或卡门涡街，见图 8－111。

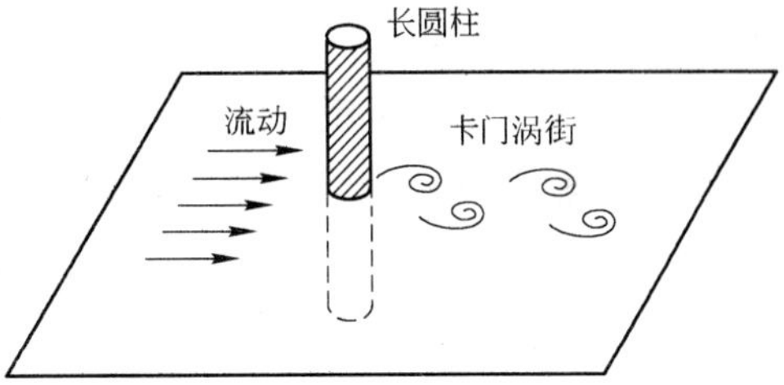

图 8－111 卡门涡街示意图

此处表达流体状态的雷诺（Reynold）数 Re 定义为：

$$Re = \frac{\text{惯性力}}{\text{黏性力}} = \frac{vd}{\nu} \qquad (8-6)$$

式中 v——平均流速；

d——圆柱直径；

ν——流体运动黏性系数。

由于卡门涡旋的脱体是周期性的，导致在圆柱体周围的压力也按同一频率周期地脉动，此周期频率称脱体频率 f，因此，这种脱体旋涡导致圆柱沿着垂直流动方向振动。

卡门涡街的脱体频率 f 和流速 v 的关系通常由无量纲量斯德鲁哈尔（Strouhal）数 St 表达，即：

$$St = \frac{\text{振动运动}}{\text{定向运动}} = \frac{fd}{v} \qquad (8-7)$$

需要特别指出的是，当 Re 在 $6\times10^2 \sim 1\times10^5$ 的范围内，St 显示一个常值。

由上所述，如果我们能够借助粘贴于振动薄板上应变片的输出信号的处理，检测到圆柱的振动频率，则接近圆柱探头处的速度就可由式（8－7）确定。

B 优缺点

卡门涡街测速法的优点是：

（1）卡门涡街的脱体频率 f 是非常容易检测的；

（2）卡门涡街的脱体频率 f 不受钢水的化学成分和温度的影响；

（3）卡门涡街的脱体频率 f 也不受电磁环境的影响，即结晶器内是否配置电磁搅拌器或电磁制动器等都可使用。

卡门涡街测速法的不足之处是，只能用于测量弯月面附近的一维流动，但对板坯连铸来说，由于板坯宽厚比大，能测到板宽方向的流速已足够了。

由此可见，卡门涡街测速法是目前测量结晶器内钢水流动的最佳方法。

C 卡门涡街测速装置构成

图 8－112 表示卡门涡街测速装置构成的示意图。该装置的组成是：

（1）插入到弯月面下钢水中能脱体出卡门涡街的耐火材料圆棒，俗称探头。它通常由 SiAlON 或 Mo 金属陶瓷制成。其中 SiAlON 材质具有良好的耐热冲击性和耐钢水及熔融保护渣的侵蚀性，即不需经过预热就可直接使用。而在使用之后，在与钢水和熔融保护渣接触部分只有轻微的侵蚀。

（2）连接耐火材料探头与固定支架之间的振动薄板由不锈钢制成，用于承受脱体涡街产生的振动。

（3）粘贴在不锈钢振动薄板两面上的应变片。

（4）连接两个应变片的桥路。

（5）应变片通过桥路连接到动态应变仪上。

（6）快速傅里叶分析仪（FFT 分析仪）将动态应变仪的输出信号进行快速分析处理，得到卡门涡街的脱体频率 f。

图 8－113 表示在常规连铸下，圆柱探头的 St 与 Re 的关系。由图可见，如果圆柱探头的插入深度与直径之比 H/d 足够大，则在很宽的 Re 范围内（$10^2 \sim 10^5$），St 几乎是一个定值 0.2。这就表明，可以用式（8－7）由卡门涡街脱体频率 f 计算流速 v。

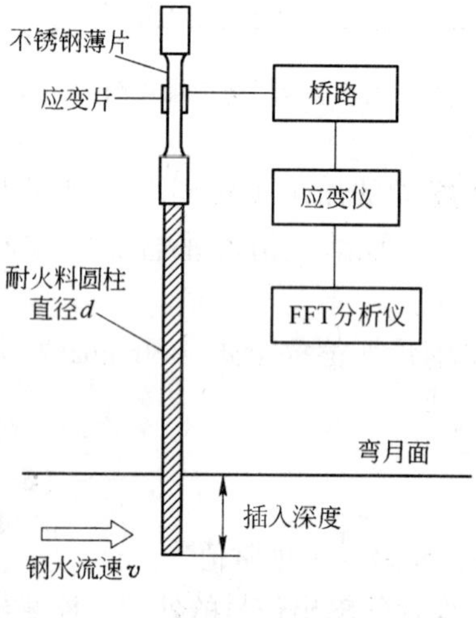

图 8－112 卡门涡街测速装置的示意图

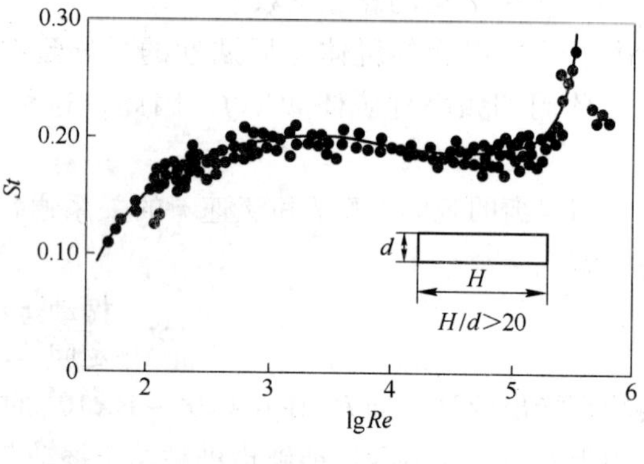

图 8－113 圆柱探头 St 与 Re 的关系

参考文献

［1］铃木 真ウ. 移動磁界方式よる鋳型内溶鋼流動制御特性［J］. 材料とプロセス，1989，9：616～617.

［2］沖本一生ウ. 鋳型内電磁攪拌装置による極低碳素鋼の品質改善［J］. 材料とプロセス，1990，3：1172.

［3］久保田 淳ウ. 福山第6連鋳機の清浄鋼製造技術［J］. 材料とプロセス，1996，9：209.

［4］P. H. Dauby，et al. Electromagnetic stirring in slab caster molds：what and why［J］. Iron and Steelmaker. 2003，30（11）：21～29.

[5] 久保田 淳ウ. スラブ連鋳機の鋳型内溶鋼流動制御技術の開発［J］. まてりあ, 1994, 33（6）: 793～795.
[6] 中島 潤二ウ. 鋳型内電磁攪拌による非定常部鋳片清浄性向上［J］. 鉄と鋼, 2007, 93（4）: 281～288.
[7] 中島 潤二ウ. 鋳型内電磁攪拌適用による鋳片初期凝固安定化［J］. 鉄と鋼, 2007, 93（9）: 565～574.
[8] 康建国. 宝钢1930连铸机结晶器电磁搅拌技术的应用［D］//2007年全国板坯连铸结晶器技术研讨会论文集, 2007: 95～100.
[9] 横田 健ウ. 電磁流体解析による電磁コイル設計［J］. 新日鉄技報, 2003, 379: 59～64.
[10] Lee Sang-Min, et al. Electromagnetic stirring in the mould at the Nelwly-Rebuilt Posco PoHang No. 3－3 Machine［J］. ISSTech 2003 Conference Proceedings, 2003: 505～518.
[11] 源间信行ウ. 鋳型内電磁攪拌による鋳片品質の改善［J］. 材料と加工, 1998, 1: 1218～1988.
[12] Kubota J, et al. Steel flow control in continuous slab caster mold by traveling magnetic field［J］. NKK Technical Review, 2001（85）: 1～9.
[13] Suzuki M. et al. Flow control of molten steel in continuous casting mold Using travelling magnetic field［J］. Nagoya: International Symposium on Electromagnetic Processing of Materials 1994: 283～288.
[14] Bear Sung-Kwan, et al. Wide slab casting technologies for improving quality of automotive steel grade［J］. La Revue de Métallurgie－CIT, 2005（12）: 897～904.
[15] 久保田 淳ウ. 高速スラブ連鋳の鋳型内溶鋼流動制御と課題［J］. 材料と加工, 2001, 14: 10～12.
[16] Kunstreich S, et al. Effect of liquid steel flow pattern on slab quality and the need for dynamic electromagnetic control in the mould［J］. Ironmaking and Steelmaking, 2005, 32（1）: 80～86.
[17] 卢盛意. 用多模式电磁搅拌控制结晶器内的钢水流动型式［J］. 连铸, 2005,（6）: 37～39.
[18] Kunstreich S, et al. State of the art and new developments in electromagnetic treatment of steel melts［J］. Stahl und eisen, 2005, 125（4）: 25～33.
[19] 久保田 淳ウ. 鋳型内電磁攪拌装置の計算機製御方法［J］. 材料とプロセス, 1995, 3: 257.
[20] 岡澤 健介ウ. 電磁制動技術を利用した連鋳鋳型内の溶鋼噴流挙動［J］. 鉄と鋼, 1998, 84（7）: 20～25.
[21] Hanley P J, et al. Electromagnetic methods for continuous casting［J］. Casting, 2003（10）: 1～11.
[22] 荣升. 磁场对液态金属流的制动效应［J］. 力学学报, 1996, 28（1）: 40～45.
[23] Mao Bin, et al. A study on electromagnetic brake in the mold of slab caster［C］//Wuhan: Conference on Continuous Casting of Steel in Developing Countries, 1997: 170～172.
[24] Nabben R H M G, et al. Modelling of electromagnetic brake and its influence on bubble entrapment［J］. Ironmaking and Steelmaking, 1998, 25（5）: 403～406.
[25] 何达, 等. 板坯连铸结晶器全幅二段和全幅三段电磁制动钢水流动的数值模拟［J］. 钢铁, 1999, 34（增刊）: 598～600.
[26] 于海岐, 等. 板坯连铸结晶器电磁制动和吹氩过程的多相流动现象［J］. 金属学报, 2008, 44（5）: 619～625.
[27] Nagai J, et al. Steel flow control in a high-speed continuous slab caster using an electromagnetic brake［J］. Iron and Steel Engineer, 1984（5）: 41～47.
[28] 井户川聡ウ. 静磁場全幅二段印加による連鋳鋳型内溶鋼流動制御［J］. 材料とプロセス, 9: 618～619.

[29] Galpin J M, et al. combined investigations of the EMBr performance at continuous casters of Sollac Dunkerque and Hogovens [C] //Ijmuiden: Proceedings of 2nd European Continuous Casting Conference, 1994: 109 ~ 118.

[30] Kollberg S, et al. The electromagnetic brake (EMBr) for slab continuous casting machines (ABB 会议资料).

[31] Hashio M, et al. Quieter flow in the mould with an electromagnetic brake [J]. Steel Times, 1990, 218 (5): 246 ~ 250.

[32] Kariya K, et al. Development of flow control mold for high speed casting using static magnetic field [C] //Steelmaing Conference Proceedings, 1994: 53 ~ 58.

[33] Moon K H, et al. Application of EMBr for the control of molten steel flow in continuous casting mold [C] //Steelmaing Conference Proceedings, 1997: 173 ~ 181.

[34] 战东平，等. 连铸结晶器电磁制动使用效果的分析 [J]. 中国冶金，2006，16 (5)：23 ~ 25.

[35] Jun Wei, et al. Inclusions in the low carbon Al-killed steel produced by a CSP thin slab casting process at Handan Steel [C] //AIS Tech. 2005 Proceeding, 2005, 2: 585 ~ 592.

[36] 彭荣才. 电磁制动技术在 CSP 连铸机上的应用 [C] //中国金属学会. 2008 年全国炼钢—连铸生产技术会议论文集. 2008：395 ~ 398.

[37] 刘光穆，等. 电磁制动对 CSP 结晶器内夹杂物行为的影响 [J]. 钢铁，2007，42 (7)：22 ~ 25

[38] Yokota K, et al. Electromagnetic coil designed by Maneto-Hydro-Dynamic-Simulation [R]. Nippon Steel Technical Report, 2004 (89): 68 ~ 73

[39] Scoones D J, et al. La Revue de Mëtallurgie-CIT, 2003, 100 (6): 633 ~ 635.

[40] 许长军，等. 电磁环境下板坯结晶器内钢水流场的数值模拟 [J]. 连铸，2010，(3)：11 ~ 15.

[41] 郭旭东，等. 板坯连铸结晶器内钢水偏流及其控制方法的思考 [J]. 连铸，2010，(1)：15 ~ 22.

[42] 石井孝宣ウ. 均一磁界電磁プレーキ利用技術の開発 - 1 [J]. 材料とプロセス，1996，9：206.

9 板坯连铸二冷区电磁搅拌技术

连铸实践表明，电磁搅拌对提高铸坯质量、扩大连铸工艺条件和增加连铸钢种起了重要作用，已成为连铸特别是品种钢连铸的重要技术手段之一。

鉴于对产品性能和质量的要求日益提高，使用钢材较多的部门，如造船、建筑、家用电器及汽车等，对钢铁工业提出了更高的要求，即：

（1）具有较好焊接性能的厚板。高级厚板要求严格控制中心偏析，目的是为了确保使用时（如造船和管线）焊缝处的高强度；

（2）具有较高表面质量的不锈钢板。不锈钢（特别是 SUS430）的等轴晶率和波纹的发生密切相关，保证高的等轴晶率（通常为 50% 以上），可以有效防止波纹的发生；

（3）具有较高表面质量和磁性能的电工钢板。当板坯内的凝固组织不均匀时，会在硅钢片表面产生瓦楞状的缺陷，不仅影响外观，而且影响成品质量，特别是影响电机和变压器的性能。

为达到上述目标，在板坯连铸中采用二冷区电磁搅拌（S-EMS）是必要的。由此促进了板坯连铸 S-EMS 技术的复苏，且呈现快速发展的态势。另外国内板坯连铸用电磁搅拌装置的研发取得了长足的进步，如湖南中科电气有限公司研发成的高磁力辊式电磁搅拌器，其性能已大大超过引进装置，这为板坯连铸 S-EMS 技术的发展提供了坚实的物质基础。

据不完全统计，在 1987 至 1990 年间，我国三大钢厂在四流板坯连铸机上装备了 S-EMS，且全部是引进的。此后十余年板坯连铸 S-EMS 的应用没有太多进展。但据文献报道，从 2005 年至 2008 年 6 月，单是湖南中科电气有限公司一家就为 12 家钢厂 16 流板坯连铸机提供辊式 EMS 成套装置，由此可见，S-EMS 的发展势头是喜人的。

9.1 板坯连铸二冷区电磁搅拌工作原理、主要形式及特点

9.1.1 板坯连铸二冷区电磁搅拌的工作原理

由于板坯连铸机的结构特点，目前处于实用的板坯连铸用二冷区电磁搅拌器大都采用行波磁场搅拌器。

行波磁场搅拌器由平面感应器和非磁不锈钢壳体构成，见图 1 - 8。使原来沿圆周旋转的旋转磁场变成向一个方向进行的行波磁场，铸坯则替代电机的转子，从而构成单边行波磁场搅拌器（Single Side Travelling Field Stirrer，STS）。如果在 STS 上面再加一个感应器，即构成双边行波磁场搅拌器（Double Side Travelling Field Stirrer，DTS）。.

S-EMS 的工作原理如图 1 - 9 所示。简单地说，在板坯二冷区布置一对行波磁场搅拌器，激发向一个方向行进的行波磁场 $\boldsymbol{B}$。该行波磁场 $\boldsymbol{B}$ 在铸坯内感生感应电流 $\boldsymbol{J}$，感应电流 $\boldsymbol{J}$ 与外加磁场 $\boldsymbol{B}$ 相互作用，在铸坯的钢水内产生电磁力 $\boldsymbol{F}$，即：

$$F = J \times B = \sigma[(v_s - v) \times B] \times B \qquad (9-1)$$

式中，σ 为钢水电导率，v_s为行波磁场速度，v 为钢水流速。其方向遵循 Fleming 左手定则。

电磁力是体积力，作用在钢水体积元上，推动钢水向一个方向运动。值得注意的是：

（1）由上式可见，即使钢水流速 v 为零，在钢水中仍作用着电磁力；

（2）钢水流动方向始终和行波磁场方向相一致，如行波磁场方向倒向，钢水也随之改变流动方向。

由此可见，S-EMS 的作用是主动的。

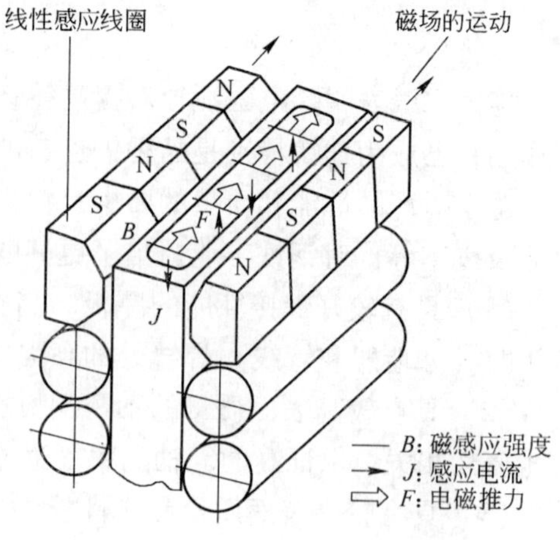

图 9－1　板坯 S-EMS 工作原理

需要指出的是，由图 9－1 可见，L 和 F 侧的行波磁场方向一致，而磁力线则从 L 侧的 N 极出发经铸坯到达 F 侧的 S 极，然后由 F 侧的 N 极经铸坯返回到 L 侧的 S 极，构成一个封闭磁回路。其中磁场两次穿过铸坯且方向相反。由于铸坯中感应电流与磁场是耦合的，磁场反向，感应电流方向也相反，但电磁力的方向始终一致，并且也始终和行波磁场的运动方向相一致。行波磁场反向，电磁力的方向也随之反向，交替搅拌就是基于这个机理。

9.1.2　板坯连铸二冷区电磁搅拌的主要形式及特点

9.1.2.1　主要形式

由于板坯连铸要求密排辊支承，在辊间需二冷喷水，而电磁搅拌又要求电磁搅拌器尽可能靠近铸坯，那样可以使用较小的功率产生较高的搅拌强度，所以支承辊和搅拌器的安装有较大的矛盾。为了解决这一矛盾，世界各国曾探索过电磁搅拌器的各种构形和合理的安装方式，但无论哪种方式，其核心问题仍是解决铸坯支撑的问题。经过几十年的优胜劣汰，目前常用的二冷区电磁搅拌器主要有三种模式：由日本新日铁公司（NSC）开发的插入辊缝的双边行波磁场搅拌器（新日铁称 DKS），又称为插入式；由瑞典 ASEA（现为 ABB）公司开发的辊后单边行波磁场搅拌器，又称辊后式或箱式；由法国 Rotelec 公司开发的辊内式行波磁场搅拌器（Roll Travelling Field Stirrer，RTS）又称辊内式。三种模式示意图见图 9－2（a），相应的流动形貌见图 9－2（b）。

9.1.2.2　主要技术特点

A　结构特点

三种类型 S-EMS 的主要结构特点汇总于表 9－1。

表 9－1　三种类型 S-EMS 的主要结构特点

类　型	插入式	辊后式	辊内式
感应器数量	2 台对置组成一对	1 台单面安装	4 根辊组成两对
感应器绕组	铜管绕组，克兰姆式	铜管绕组叠绕式	扁铜线绕组，克兰姆式

续表 9-1

类　型	插入式	辊后式	辊内式
相数	3	2	2
频率/Hz	4~20	0.3~3	4~10
电流/A	2×700	2×1000	2×400
冷却方式	一次内水冷	一次内水冷	一次外水冷
中心电磁推力/mmFe	85~110	35~50	一对：60~80 两对并列：90~110
作用面	内外弧双面	单面	内外弧双面
对扇形段改造	需特殊扇形段，辊列结构需改变	辊列结构及连铸机结构需改变	几乎不改变扇形段及连铸机的任何结构
安装位置	可灵活安装在第1~6扇形段	适合安装在直弧段，位置不可调	可灵活安装在直弧段末及1~6扇形段
优点	电磁力大，可适应对所有钢种的搅拌； 可根据不同钢种灵活调整安装位置； 使用寿命长	使用寿命长	高磁力辊电磁力较大，可适应大部分钢种的搅拌； 两对并列使用可适应所有钢种的搅拌； 不改变扇形段及辊列结构； 可根据不同钢种灵活调整安装位置
缺点	需特制扇形段； 安装位置辊间距加大会引起鼓肚	电磁力小； 安装位置不可调	使用寿命不长； 维护较麻烦

注：1mmFe = ρPa（ρ 的单位取 g/cm^3）。

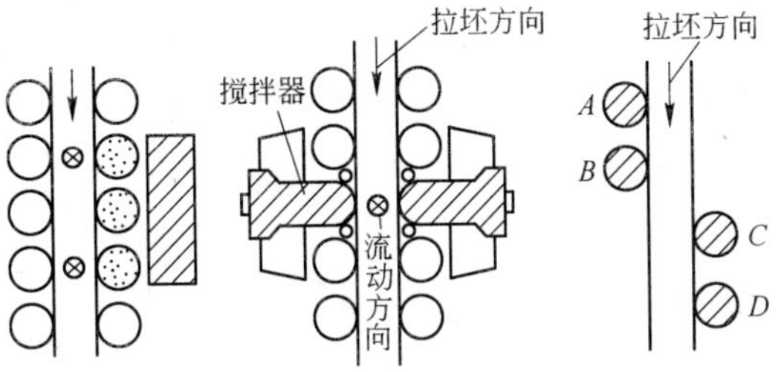

(a)

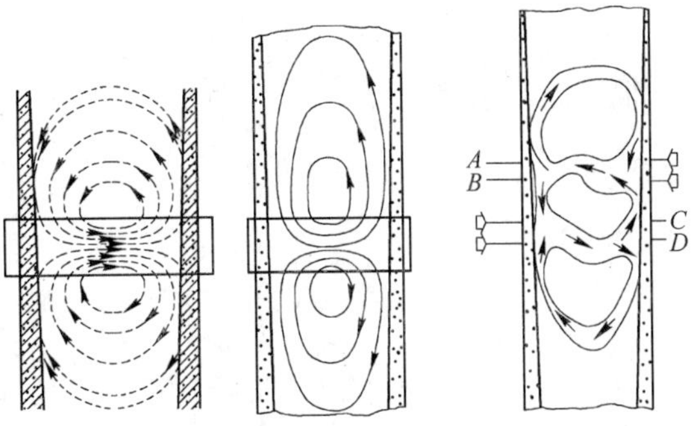

(b)

图 9-2　板坯二冷区电磁搅拌的主要模式

（a）电磁搅拌器及其安装方式；（b）相应的流动形貌

B　流动特征

a　插入式行波磁场搅拌的流动特征

由于插入式搅拌器的双边行波磁场方向相同，其电磁力分布特征是：中心电磁力不为零，电磁力沿液芯厚度分布比较均匀；而钢水流动方向与行波磁场运动方向相一致，因此钢水在电磁力作用下由一侧窄面向另一侧运动，当流动冲击窄面后，分裂成上下两个流股，由于钢水的黏性作用和流体连续性，在搅拌器上下形成两个环流，形如蝴蝶的两只翅膀，故称蝶形流动，见图 9－2（b），两个环流的影响区见图 9－3。由图可见，总的影响区范围约在 5～6m，由于上部钢水温度较下部要高，黏性小，流动性好，因而上部环流的影响区要比下环流大一些。

b　辊后式单面行波磁场搅拌的流动特征

辊后式单面行波磁场搅拌的流动形貌与插入式双面蝶形流动的相类似。由于搅拌器离铸坯较远，在铸坯液芯中的电磁力小，故其流动影响区较小，见图 9－4。

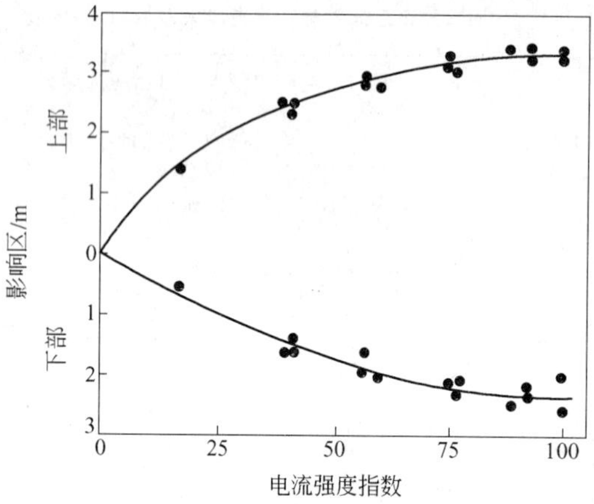

图 9－3　插入式电磁搅拌的流动影响区

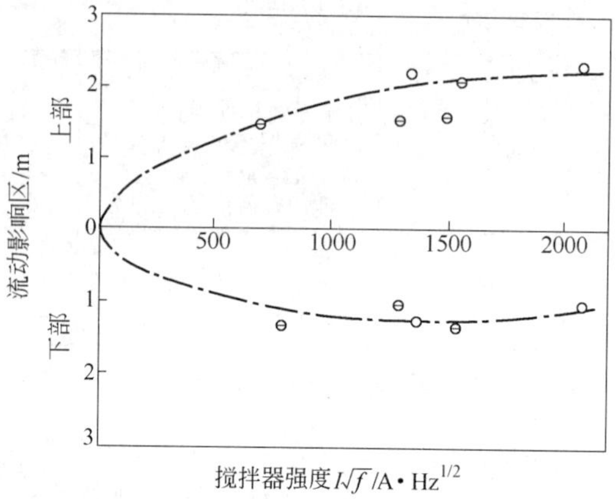

图 9－4　辊后式电磁搅拌的流动影响区

c　辊内式行波磁场搅拌的流动特征

搅拌辊通常成对配置，形式多样，见图 9－5。就一对辊而言，可以在内外弧面对面配置，此时电磁力较强且集中在较小区域内，也可以边对边配置，此时搅拌区域扩大而搅拌力降低，见图 9－6。由图可见，无论搅拌辊是面对面或是边对边配置，其磁场都是定向分布的，因此周围支承辊可以使用普通辊。

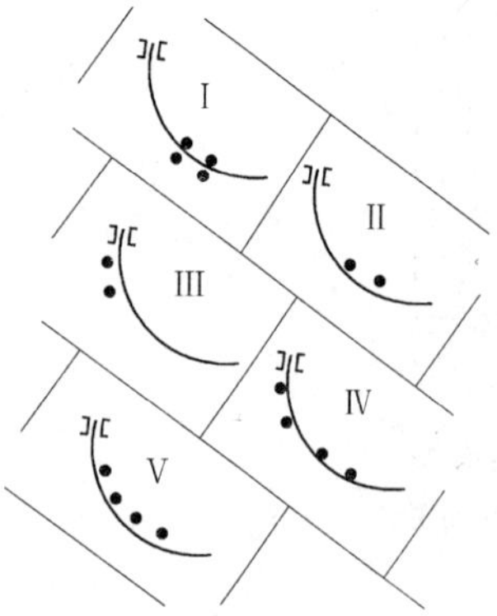

图 9－5　搅拌辊的配置

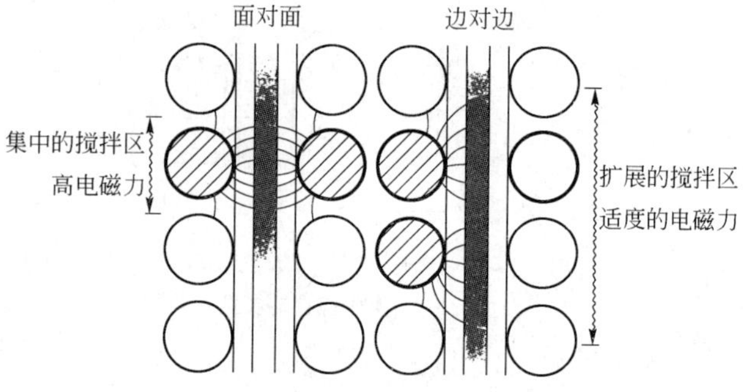

图 9－6　搅拌辊的基本安装方式

由图9－5可见，由于搅拌辊配置的多样性，导致流动形貌的多样性，比较常见的有三种流动形貌，见图9－7。图9－7（a）表示边对边配置的一对辊的流动形貌，称“蝶形”流动，其搅拌影响区较大，这类流动有利于上部过热钢水与下部较冷钢水的混合，从而有利于降低过热度。如采用多级搅拌，该效果将进一步增强。图9－7（b）表示在两对不同位置的两个搅拌辊，且其搅拌方向相同，则产生双蝶形流动。如果其搅拌方向相反，则产生“三零点”流动，见图9－7（c）。后两种流动可以使液相穴的混合效果扩展到很宽范围，对宽板坯往往超过十米。

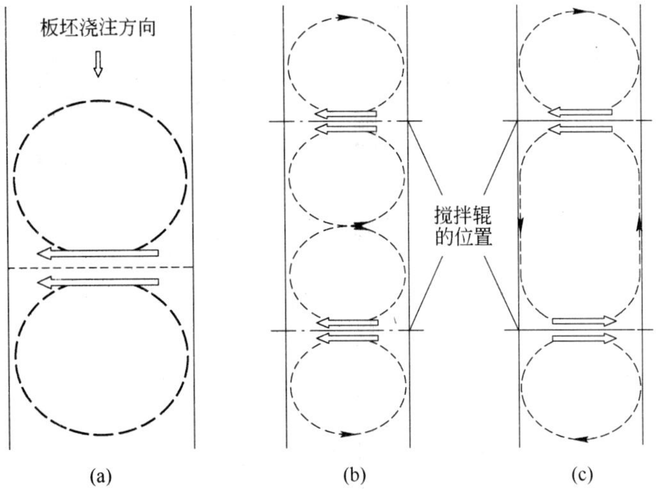

图9－7 搅拌辊不同配置的流动形貌
（a）蝶形；（b）双蝶形；（c）三零点

9.1.3 国内外板坯连铸二冷区电磁搅拌性能的比较

根据技术资料对引进和国产的S-EMS性能作比较，见表9－2。由表可见，国产S-EMS的性能已达到或超过引进的S-EMS。

表9－2 引进和国产电磁搅拌器性能比较

形式		插入式		辊式	
		引进	国产	引进	国产
最大铸坯断面/mm×mm		250×1550	300×1700	250×1700	250×1700
电磁搅拌器参数	电压/V	106	288	151	166
	电流/A	2×700	2×700	2×400	2×400
	频率/Hz	4～8	4～20	2～8	5～11
	相数	3	3	2	2
	极数	2	2	2	2
	视在功率/kV·A	2×128	2×350	2×121（两对辊）	2×133（两对辊）
	中心推力/mmFe	65	110	40.6	81

9.2　板坯连铸二冷区电磁搅拌器的安装位置

9.2.1　板坯连铸二冷区电磁搅拌器安装位置的确定

板坯连铸二冷区电磁搅拌器安装位置的选择与方坯连铸的相类似，在给定板坯断面、钢种、拉速和冷却条件下，搅拌位置决定了柱状晶区（坯壳）厚度和等轴晶区（液芯）厚度之比。另外，在弧形板坯连铸机中，大型夹杂物常在内弧侧板厚1/4处偏聚，恰当的搅拌位置和搅拌方式有利夹杂物的上浮分离。考虑上述因素，板坯二冷区电磁搅拌器中心的最佳位置约在液芯为坯厚的35%～60%范围内。图9-8表示插入式EMS的安装位置，其坯壳厚度为坯厚的31%，即其液芯为坯厚的38%。具体地说对不同的坯厚，搅拌器的安装位置离弯月面约为2.5～10m范围。

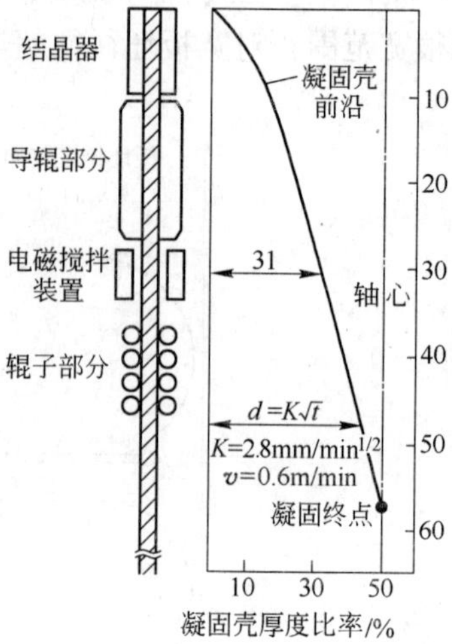

图9-8　电磁搅拌器的安装位置

安装位置的确定与方坯连铸相似，可参看方（圆）坯连铸凝固末端电磁搅拌位置的确定（见6.3.4.1）。

对于板坯连铸二冷区电磁场搅拌而言，其冶金效果主要体现在获得高的等轴晶率。有了一定的等轴晶率，才能有利于改善内裂、中心缩孔、疏松及中心偏析等。要获得一定的等轴晶率，需要相应的液芯厚度作保证。此处介绍一个计算安装位置的简易方法，即由凝固系数计算坯壳厚度。先算出等轴晶率近似未凝固率，即：

$$R_A = \frac{d_s}{D} \tag{9-2}$$

式中　d_s——液芯厚度，mm；

　　　D——坯厚，mm。

由此求得液芯厚度，进而求得坯壳厚度：

$$T_s = K\sqrt{\frac{L}{v_c}} \tag{9-3}$$

式中　K——凝固系数，$mm/min^{1/2}$；

　　　L——从弯月面到DTS安装位置的距离，m；

　　　v_c——拉坯速度，m/min。

由此求得的坯壳厚度可以验证由未凝固率求得的坯壳厚度是否合理。需要指出的是，在电磁搅拌条件下，实际坯壳厚度要比计算的薄几毫米。

等轴晶率的计算公式如下：

$$E_s\% = \frac{D-2T_s}{D} \times F \times 100\% \tag{9-4}$$

式中，F为由钢水成分决定的系数。对第一类钢种（如16Mn），$F=0.7$；对第二类钢种（如船板钢），当0.08%～0.10%C时，$F=0.4$；当0.10%～0.14%C时，$F=0.5$；对第三类钢种（如硅钢），$F=1.0$。

9.2.2 板坯连铸二冷区电磁搅拌器安装位置的注意事项

板坯连铸二冷区电磁搅拌器安装位置的几点注意事项如下：

（1）不同的 EMS 形式需要不同安装位置。辊后式 EMS 通常安装在铸机的高位（零段），接近结晶器，离弯月面约 3 ~4m。此处辊径小，EMS 至板坯表面的距离也小（典型距离为 220mm）。目的是要尽可能缩小 EMS 与铸坯表面的距离，减小 EMS 所需功率和运行费用。

而辊式 EMS 应在内外弧边对边或面对面地安装，因为感应器安装在机械旋转的辊套内，要求最小辊径（典型的是 ϕ240mm）。目前国外已能制造分节搅拌辊和直径小于 ϕ240mm 的搅拌辊，而国内分节搅拌辊正在研制，但已能制造 ϕ225mm 的搅拌辊。

（2）不同钢种需要不同安装位置。实践表明，硅钢和不锈钢连铸，要求铸坯有较高的等轴晶率，需要选择较高的安装位置，而如船板钢、管线钢和容器钢等要求铸坯的中心偏析小，中心缩孔少，这样需要选择较低的安装位置。

（3）安装位置不能太低。安装位置太低了显然不能产生大的等轴晶区，然而安装位置也不能太靠近结晶器，避免搅拌扰动结晶器内的钢水流动并诱发弯月面的脉动。

9.2.3 板坯连铸二冷区电磁搅拌器安装位置的应用实例

A 厂一炼钢：铸坯断面为 250mm × 1900mm，拉速为 1.2m/min，钢种为铝沸腾钢，DKS 安装在第 4 扇形段，距弯月面 10.98m，其未凝固率为 39%。

B 厂二炼钢：铸坯断面为 210mm × 1050mm，拉速为 0.7m/min，钢种为硅钢，DKS 安装在第 2 扇形段，距弯月面 4.5m。

C 厂炼钢厂：铸坯断面为 300mm × 1900mm，拉速为 0.8m/min，钢种为 A36、SM490B、16MnR 等，DTS 安装在第 4 扇形段，距弯月面 10.85m，其未凝固率为 34.5%。

9.3 电磁推力的计算和模拟测试方法

9.3.1 电磁推力的计算

板坯连铸电磁搅拌力通常以中心电磁推力为表征。中心电磁推力的计算方法是多种多样的，如基于场论的解析法、转移矩阵法和数值模拟法等。数值模拟法虽能精细地模拟电磁搅拌的物理过程，但对大多数连铸工程技术人员来说，运用数值模拟法还是比较困难的，另外它也不能直观地反映各种参数对中心电磁推力的影响。为了比较直观地显示各种因素对中心电磁推力的影响，此处采用基于场论的解析法导出电磁推力的解析表达式。

从图 9 -9 所示的水平配置的双边行波磁场搅拌器的理想模型出发，求解电磁学的感应方程，得到中心电磁体力 F_e（单位为 N/m^3）的解析表达式：

$$F_e = 1/2\sigma(v_s - v)B_m^2 K_s K_t K_p \tag{9-5}$$

其中 K_s 反映钢水影响的二次效应系数，它是由磁相互作用参数 ε、波数 α、气隙 g、铸坯半厚度 b 和真空磁导率 μ_0 等计算出的复杂函数，其表达式为：

$$K_s = \frac{\mathrm{ch}(2\alpha k_1 x) + \cos(2\alpha k_2 x)}{\mathrm{sh}^2\alpha g[\mathrm{ch}(2\alpha k_1 a) - \cos(2\alpha k_2 a)] + (k_1^2 + k_2^2)\mathrm{ch}^2\alpha g[\mathrm{ch}(2\alpha k_1 a) + \cos(2\alpha k_2 a)] + \mathrm{sh}2\alpha g[k_1 \mathrm{sh}(2\alpha k_1 a) - k_2 \sin(2\alpha k_2 a)]} \tag{9-6}$$

$$k_1 = \sqrt{\frac{\sqrt{1+\varepsilon^2}+1}{2}}$$

$$k_2 = \sqrt{\frac{\sqrt{1+\varepsilon^2}-1}{2}}$$

$$\varepsilon = \frac{\mu_0\sigma(v_s - v)}{\alpha} = \frac{\mu_0\sigma v_s S}{\alpha}$$

$$\alpha = \frac{\pi}{\tau}$$

$$S = \frac{v_s - v}{v_s}$$

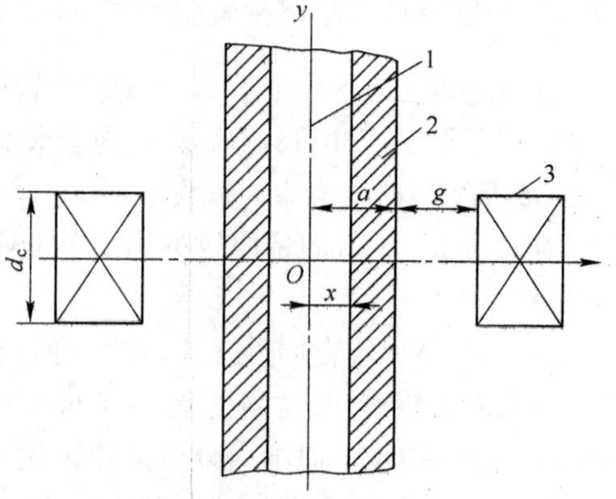

图 9 - 9　电磁搅拌的理想模型

1—液芯；2—坯壳；3—感应器

式中　x——通常可取液芯半厚度；

a——铸坯半宽度；

g——气隙；

ε——磁相互作用参数；

σ——钢水电导率；

v_s——行波磁场运动速度，$v_s = 2\tau f$；

τ——极距；

f——电源频率；

v——钢水流速；

S——滑差；

α——波数；

B_m——搅拌器的铁芯表面磁感应强度幅值。

K_t 是反映搅拌器铁芯有限宽度影响的横向效应系数，即铁芯有限宽度引起的电磁力减小系数。其表达式为：

$$K_t = 1 - \frac{\tanh\frac{\pi d_c}{2\tau}}{\frac{\pi d_c}{2\tau}\left(1+\tanh\frac{\pi d_c}{2\tau}\right)\tanh\frac{\pi c}{\tau}} \tag{9-7}$$

式中　d_c——感应器铁芯宽度；

c——延伸在感应器两边外的铸坯宽度。

考虑到在搅拌器上下铸坯长度都很长，可视其长度为无限长，即 $c=\infty$，横向效应系数的表达式可简化为：

$$K_t = 1 - \frac{\tanh\frac{\pi d_c}{2\tau}}{\frac{\pi d_c}{2\tau}\left(1+\tanh\frac{\pi d_c}{2\tau}\right)} \tag{9-8}$$

由式(9-8)可见，K_t 只与铁芯宽度和极距有关。

K_p 为纵向效应系数,它是由于磁路断开引起电磁力减小的修正系数,有关纵向效应系数的论述已超出本书范围,读者有兴趣可参看第一章的参考文献[7]。

电磁推力的表达式:

$$H_e = F_e \cdot L \quad (9-9)$$

式中,L 为有效作用长度,即搅拌器铁芯长度。

9.3.2 电磁推力的模拟测试方法和实测案例

9.3.2.1 基本思路

电磁推力是电磁搅拌性能的一个重要指标,也是影响电磁搅拌冶金效果的重要因素。然而在连铸过程中无法直接测定铸坯中感生的电磁力,为此必须采用冷态模拟测定法。该方法是利用一定尺寸的高电导率的黄铜板来模拟铸坯,测定作用在黄铜板上的电磁推力,以此代表作用在铸坯上的电磁推力。其基本思路是利用等效电导率的概念,取若干块有限宽度和有限厚度的薄黄铜板,使其等效电导率与铸坯的相当,然后将若干块薄黄铜板均匀分布在铸坯厚度范围内,每一块薄黄铜板模拟一定厚度的铸坯,测出作用在每块薄黄铜板上的电磁推力,即可求得电磁推力沿铸坯厚度的分布。

9.3.2.2 等效电导率的概念和黄铜板的规格参数

基于上述思路,要使黄铜板能模拟铸坯测定电磁推力,理论分析表明必须使铸坯和黄铜板的等效电导率彼此相等,即:

$$\sigma_1 K_{t1} b_1 = \sigma_2 K_{t2} b_2 \quad (9-10)$$

式中 σ_1, σ_2——分别为铸坯和黄铜板的电导率;

K_{t1}, K_{t2}——分别为铸坯和黄铜板的横向效应系数;

b_1, b_2——分别为铸坯和黄铜板的厚度。

由式(9-10)可知,电导率 σ_1、σ_2 是材料的物性系数,由材质决定,铸坯电导率取 $\sigma_1 = 0.67 \times 10^6 S/m$,H62 黄铜板的电导率 $\sigma_2 = 16 \times 10^6 S/m$。其中重要的是横向效应系数,它的大小决定黄铜板厚度。

确定黄铜板宽度的具体做法是:

(1)先根据式(9-8)计算出铸坯的横向效应系数 K_{t1};

(2)尝试取不同的黄铜板宽度,再根据式(9-7)计算出相应的横向效应系数 K_{t2};

(3)选取使黄铜板的横向效应系数与铸坯的横向效应系数相等或近似的那个宽度 c 作为黄铜板的宽度。

确定黄铜板的厚度可以由上述所得横向效应系数的结果,根据式(9-10),已知铸坯厚度就可确定黄铜板的厚度。

黄铜板的长度与搅拌器的铁芯长度相当,即$L = 2\tau$。

9.3.2.3 电磁推力的模拟测定方法

为了模拟测定沿铸坯厚度方向电磁推力的分布,需要将黄铜板按厚度分成若干块(如12 块),每块黄铜板的厚度为 $b_2' = b_2/12$,则每块铜板所模拟的铸坯厚度为 $b_1' = b_1/12$。

图 9-10 为电磁推力模拟测定方法的示意图。将 12 块薄黄铜板均匀分布在铸坯厚度 b_1 的范围内,其中心距即为 $b_2' = b_2/12$。然后将每块薄黄铜板用细金属丝悬挂起来,其水平方向的中心线与搅拌器铁芯水平中心线平行,其水平方向的一端与拉力传感器连接。考虑

其对称性，只测定半坯内的6块薄黄铜板的电磁推力。为保持加于电磁搅拌器上的电磁参数的一致性，以保证测量精确，拟采用6个拉力传感器同时测出半坯内6块薄黄铜板的电磁推力，由此可绘出整个铸坯内电磁推力的分布。

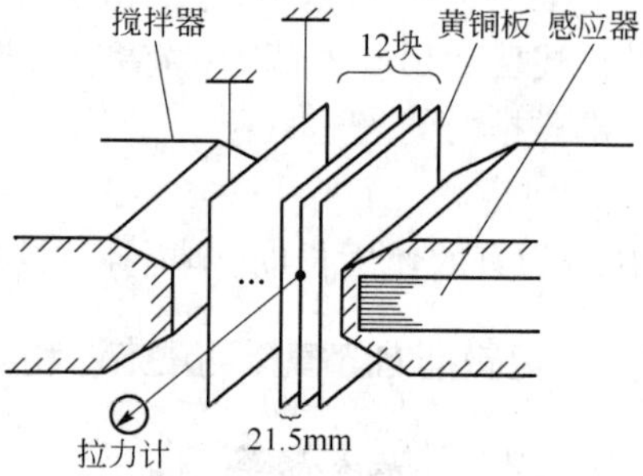

图9－10 电磁推力模拟测定方法示意图

9.3.2.4 电磁推力模拟测定的实测案例

根据上述测试方法，在某炼钢厂现场对插入式二冷区电磁搅拌器进行冷态性能测试，其中的电磁推力的测试结果如下。

A 测试条件

铸坯厚度	258mm（热坯）
两台搅拌器之间的距离	298mm
搅拌器铁芯宽度	100mm
搅拌器铁芯长度	1500mm（$L=2\tau$，$\tau=750$mm）
电源频率	4Hz、8Hz
电流	2×700A
薄铜板尺寸	12块2mm×200mm×1500mm

B 模拟薄铜板布置

图9－11表示测量电磁推力的模拟薄铜板的布置。

为了保持电磁参数的一致性和电磁推力测量结果的精确性，在现场测试时在半坯内布置六个拉力传感器，测量数据由多通道二次仪表以kgf读出。

C 测量结果

图9－12表示两档频率电磁推力的测量结果。由图可见，8Hz时的电磁推力大于4Hz的，使用频率应取8Hz；两者的图形都成双曲函数形，这与式（9－5）和式（9－6）相对应，表明电磁推力沿铸坯厚度的分布是符合理论规律的，是合理的。

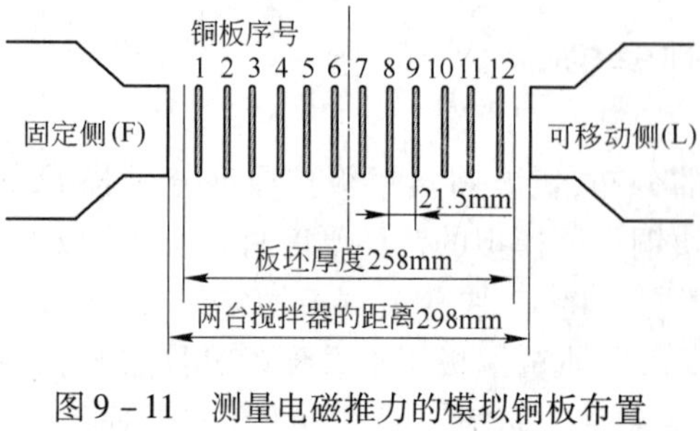

图9－11 测量电磁推力的模拟铜板布置

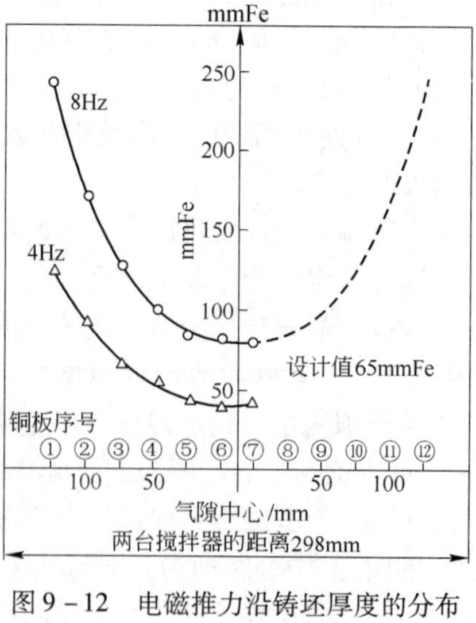

图9－12 电磁推力沿铸坯厚度的分布

9.4 最大电磁力和最佳频率

9.4.1 计算最大电磁力和最佳频率的理论依据

与方坯二冷区电磁搅拌相类似,板坯二冷区电磁搅拌中电磁力随频率的变化也不是单调的,而是有个最大值,相应有个最佳频率,最佳频率的位置与板坯厚度、钢水电导率、液芯大小(与拉速有关)、搅拌器参数(极距、滑差)等有关。

由式(9-5)和式(9-6)可知,由于电磁力与 B_m 的平方成正比,因此,讨论各种因素对电磁力的影响实质上归结为寻求最佳频率的问题,即 F_e 对频率的极值问题。

将式(9-5)改写成:

$$F_e = 1/2\alpha\mu_0 \times (\mu_0\sigma v_s S/\alpha)K_s \cdot B_m^2 K_t K_p = \varepsilon K_s \cdot (1/2\alpha\mu_0 \cdot B_m^2 K_t K_p) = \Phi(f)(1/2\alpha\mu_0 \cdot B_m^2 K_t K_p) \quad (9-11)$$

此处:$\Phi(f) = \varepsilon K_s$。

由式(9-11)可知,$(1/2\alpha\mu_0 \cdot B_m^2 K_t K_p)$ 与频率无关,所以,寻求 F_e 对频率 f 的极值问题,实际上变成寻求 $\Phi(f)$ 的极值问题。

9.4.2 各种因素对最大电磁力和最佳频率的影响

9.4.2.1 板坯厚度的影响

图9-13所示为电磁力和最佳频率的影响。由图可见,在相同液芯下,板坯厚度小,坯壳薄,坯壳对磁场衰减作用小,因而电磁力大,最佳频率也大。当板坯厚度小到一定程度时,最大电磁力与工频时的差不多,而最佳频率也接近工频。因此,对小厚度板坯也可采用工频电源,这样可以大大简化设备,以节省投资。

9.4.2.2 钢水电导率的影响

图9-14表示钢水电导率对最大电磁力和最佳频率的影响。由图可见,当频率低时,电导率高,电磁力也大;当超过某一频率时,随频率提高,电磁反而变小了,这是因为磁

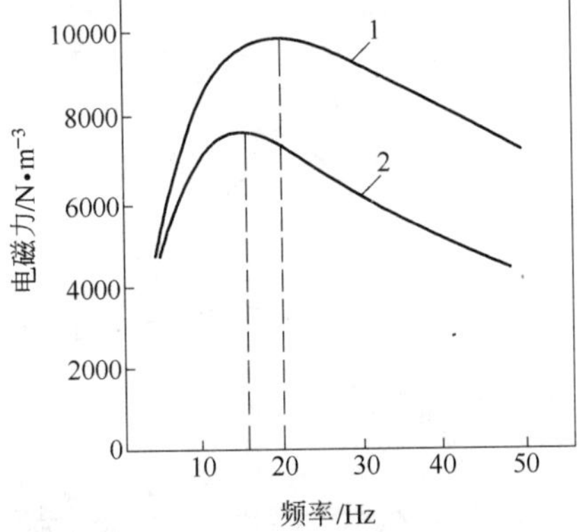

图9-13 板坯厚度对最大电磁力和最佳频率的影响

1—板坯厚度小;2—板坯厚度大

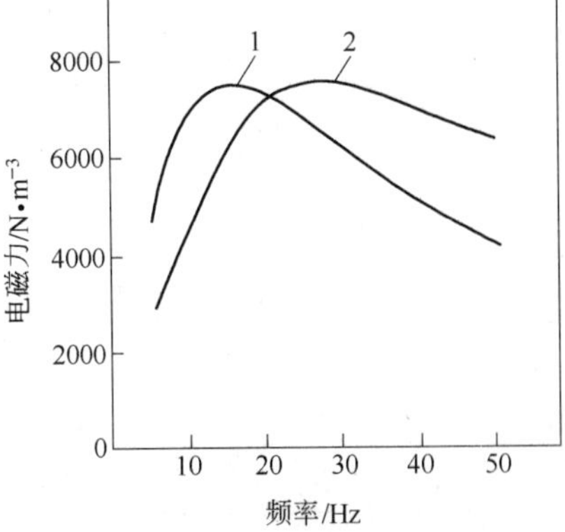

图9-14 钢水电导率对最大电磁力和最佳频率的影响

1—电导率高;2—电导率低

场渗透厚度 δ 近似地与电导率 σ 和频率 f 乘积的平方根成反比。频率越高，电导率越高，渗透厚度越小，也就是说，磁场经坯壳后被大大削弱了，因而，在频率较高时，电导率高，电磁力反而变小了。

9.4.2.3　铸坯液芯大小的影响

图 9－15 表示在相同板坯厚度下，液芯大小对最大电磁力和最佳频率的影响。由图可见，液芯大小对最大电磁力稍有影响。这是因为在相同板坯厚度下，液芯越大，液芯离搅拌器越近，电磁力越大；液芯越大，坯壳越薄，坯壳对磁场的衰减作用越小，因而电磁力也越大，而液芯大小对最佳频率的影响不大。因此，在相同板坯厚度下，对于不同的冷却制度、不同的拉速甚至不同搅拌位置，通常只需考虑搅拌强度的调整。

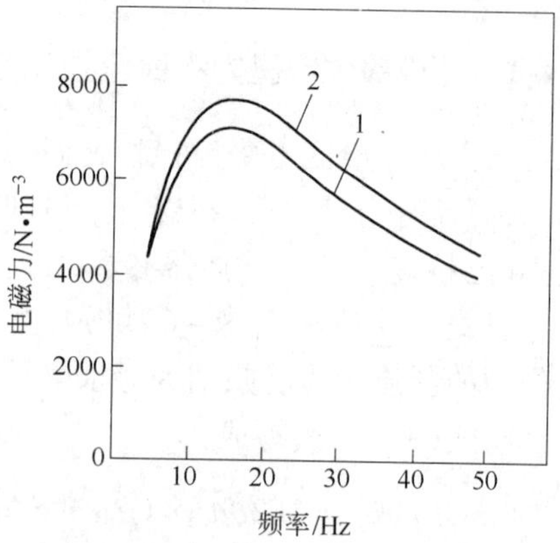

图 9－15　液芯大小对最大电磁力和最佳频率的影响
1—液芯小；2—液芯大

9.4.2.4　滑差的影响

图 9－16 表示滑差对最大电磁力和最佳频率的影响。由滑差的定义可知，在一定的行波磁场速度下，滑差的影响实际上反映钢水流速的影响。在板坯连铸电磁搅拌中，大多采用低频电源馈电，通常小于 20Hz，而行波磁场速度与频率成正比，钢水流速一般要求在 0.5～1.0m/s，两者处于同一量级。对同一钢水流速，频率越低，行波磁场速度越小，滑差就越大；对同一行波磁场速度，流速越大，滑差就越小。由图可见，滑差大小对最大电磁力的影响不大，而对最佳频率的影响较大，滑差越小，钢水流速越大，最佳频率也越大。

由图也可见，其变化规律与图 9－14 的钢水电导率的影响相类似。原因在于，如果将式（9－5）和式（9－6）中所有 $\sigma(v_s-v)$ 按滑差定义改写成 $\sigma v_s S$，由此可见，σ 和 S 紧密连在一起，它们对最大电磁力和最佳频率的影响就相类似了。

9.4.2.5　极距的影响

图 9－17 表示极距对最大电磁力和最佳频率的影响。由图可见，极距对最大电磁力有

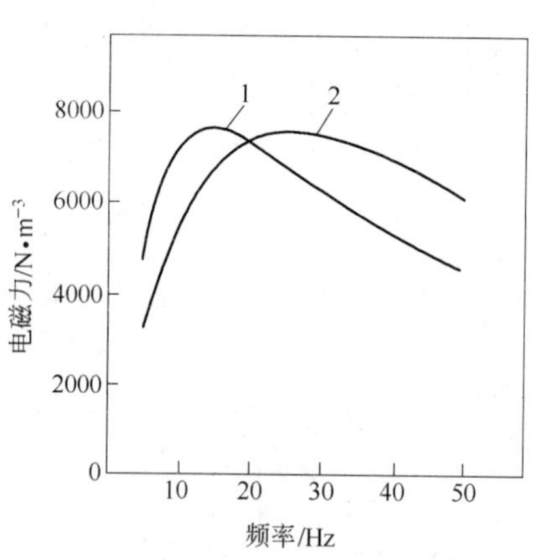

图 9－16　滑差对最大电磁力和最佳频率的影响
1—滑差大；2—滑差小

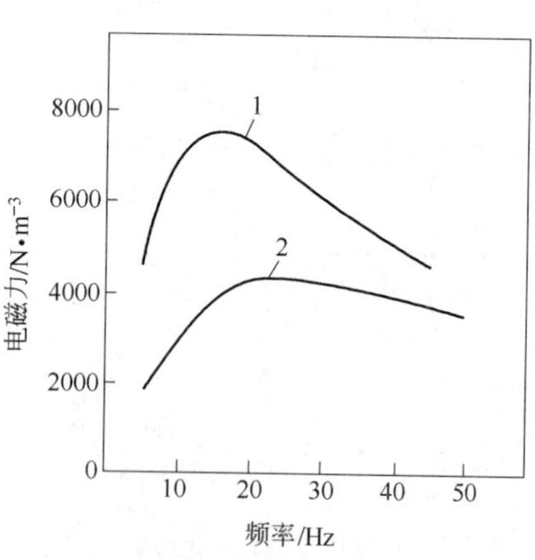

图 9－17　极距对最大电磁力和最佳频率的影响
1—极距大；2—极距小

较大影响，而对最佳频率影响不大；相对于大极距，小极距电磁力随频率的变化较平缓。极距的影响实质上归结为在一定的铸坯宽度下，如何设计极距大小使最大电磁力尽可能达到大的值。

9.4.2.6 讨论最佳频率的实际意义

讨论最佳频率的实际意义在于：一是根据理论计算得到最佳频率的位置，就比较容易确定使用频率f；二是合理选择使用频率使$\sigma v_s SK_s$达到尽可能大的值，即电磁力尽可能大。因此，对一定的搅拌力来说，有利于减小电流强度，降低功率消耗。

9.5 国内板坯连铸二冷区电磁搅拌使用情况

引进的和国产的S-EMS在线使用表明，其冶金效果是良好的，下面举例说明。

A厂一炼钢厂实践证明，S-EMS使用效果良好，特别是对改善厚板的内在质量和操作工艺具有明显的效果。具体如下：

（1）提高了等轴晶率：由不搅拌的10%～20%提高到搅拌后的30%～50%；

（2）改善了中心偏析：由不搅拌的2.0～2.5A降低到搅拌后的1.5C，A级最差，C级最好；

（3）放宽了过热度：过热度的范围为5～30℃；

（4）提高了拉速：如板坯厚度为250mm时，拉速由1.1m/min提高到1.4m/min。

B厂二炼钢厂搅拌硅钢取得了明显效果。具体如下：

（1）增加了铸坯等轴晶率：等轴晶率达到40%～60%；

（2）改善铸坯内部裂纹：最高裂纹指数从不搅拌的平均2.48级下降到搅拌后的平均0.87级；

（3）改善成品质量：电磁搅拌能改善成品质量，抑制瓦楞状缺陷的出现；

（4）简化工艺：电磁搅拌能简化低牌号无取向硅钢的工艺，节约能源，降低成本。

C厂炼钢厂搅拌A36、SM490B、16MnR等试样的硫印对比表明，三种样坯的质量迥然不同。经评定，未搅拌的铸坯内部质量为B1.0级，而经过搅拌的铸坯内部质量上升到C0.5级，偏析现象明显改观。

D厂炼钢厂使用国产高磁力辊式电磁搅拌器，在搅拌船板钢上取得了明显的效果，即平均等轴晶率不低于50%，中间和中心裂纹基本消除，中心偏析减小到C0.5级。

9.6 板坯连铸二冷区电磁搅拌的冶金机理和冶金效果

S-EMS的冶金机理和冶金效果汇总在表9－3。

表9－3 S-EMS的冶金机理和冶金效果

EMS模式	钢种、断面	冶金机理	冶金效果
辊径≥240mm，用辊式EMS 辊径≤200mm，用辊后式EMS $\Delta T<30$℃用一段搅拌 $\Delta T>30$℃用二段搅拌	所有断面 铁素体和奥氏体不锈钢 硅钢板 管线类中高碳钢	（1）冷热钢水混合促进过热度尽快消失； （2）清洗凝固面、折断枝状晶梢，形成等轴晶核； （3）降低铸坯芯部温度而提高凝固面前沿温度，有利于向外传热； （4）坯壳厚度趋于均匀	（1）扩大等轴晶区来减少单向波纹和发纹； （2）减少导致大型不变形夹杂物的难熔成分的晶间析出； （3）扩大等轴晶区并细化等轴晶； （4）减少中心缩孔和偏析； （5）减少由于热应力而产生的内裂

9.6.1 板坯连铸二冷区电磁搅拌的冶金参数对等轴晶率的影响

9.6.1.1 过热度对扩大等轴晶的影响

在不同过热度下，SUS430 的等轴晶率与搅拌强度的关系见图 9－18。由图可见，提高搅拌强度，同时降低过热度，则等轴晶率增大；在 $\Delta T<25$℃时，等轴晶率随搅拌强度增大而增加；而在 $\Delta T>25$℃时，电磁搅拌作用不大。

9.6.1.2 搅拌强度对等轴晶率的影响

图 9－19 表示搅拌强度对 3C 船板钢等轴晶率的影响。由图可见，在未搅拌时，等轴晶率在 10% 以下；有搅拌时，等轴晶率随着搅拌强度的增大而急剧增加，甚至达 40% 以上。

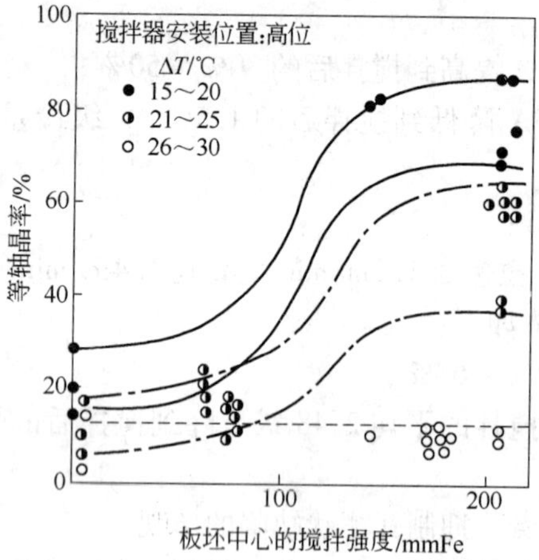

图 9－18 等轴晶率与搅拌推力的关系
钢种：SUS430；板坯厚度：145mm；
搅拌方式：插入式 EMS

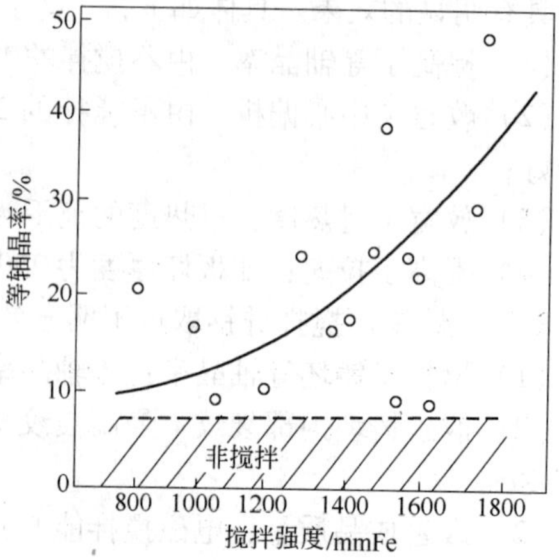

图 9－19 3C 船板钢的等轴晶率与搅拌强度的关系
钢种：3C 船板钢；铸坯断面：250mm × 1550mm；
搅拌方式：插入式 EMS

9.6.1.3 搅拌位置对 SUS430 等轴晶率的影响

图 9－20 表示搅拌位置对 SUS430 等轴晶率的影响。由图可见，当过热度低于 15℃时，电磁搅拌对等轴晶的形成作用不大。当过热度高于 15℃时，若无搅拌，等轴晶率急剧降低，而使用电磁搅拌时，即使过热度在 30～50℃范围内，等轴晶率也可达到 50%～60%。据报道对 SUS430 来说，如果把等轴晶率 50% 作为目标，过热度应控制在 15～25℃范围内。当搅拌器从第三扇形段移到第二扇形段（离弯月面 3m 处），等轴晶率反而减少。这是由于悬浮在液芯中的晶核被从浸入式水口吐出的过热钢水重熔的结果。由此可见，搅拌器安装位置的选择也是重要的。

9.6.1.4 拉速对等轴晶率的影响

图 9－21 表示拉速对等轴晶率的影响。由图可见，拉速快，液芯大，从而给予液芯的搅拌力也大，等轴晶率就大；但拉速也不能太快，太快时液芯大，钢水过热大，也使等轴晶率增加趋势减缓。

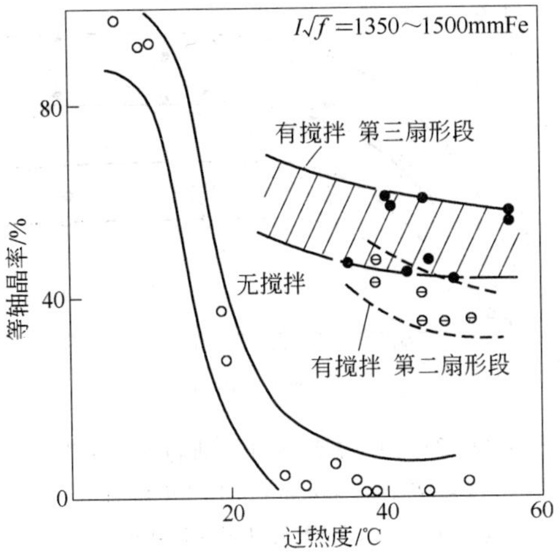

图9－20　等轴晶率与过热度和搅拌位置的关系

钢种：SUS430；铸坯断面：200mm×690～1700mm；

搅拌方式：辊后 EMS

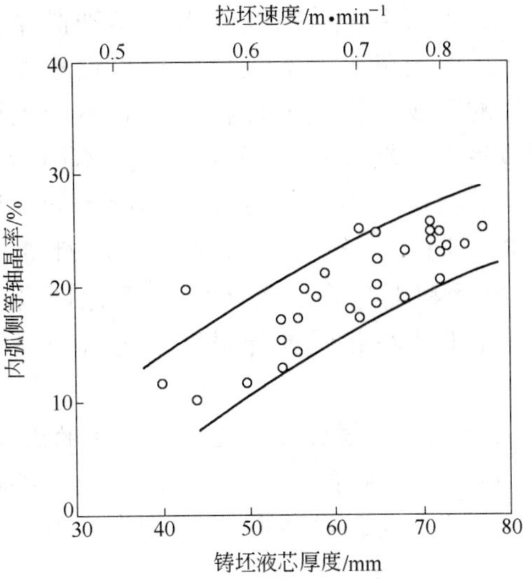

图9－21　等轴晶率与拉坯速度的关系

断面：210mm×980～2200mm；

搅拌方式：插入式 EMS

9.6.1.5　等轴晶率与板坯宽度的关系

图9－22表示板坯宽度与等轴晶率的关系。由图可见，板坯宽度增加，等轴晶率减小，因为不同板坯宽度使用同一台搅拌器，其有效作用长度一定，因此作用在宽板坯上的单位长度的搅拌力比使用在窄板坯上的要小。由此可见，确保有足够搅拌力是重要的。

9.6.1.6　等轴晶率与钢种的关系

图9－23钢种与等轴晶率的关系。由图可见，在过热度大的范围内，S45钢比SUS430更容易形成等轴晶，因为过热度对SUS430柱状晶生长更敏感。

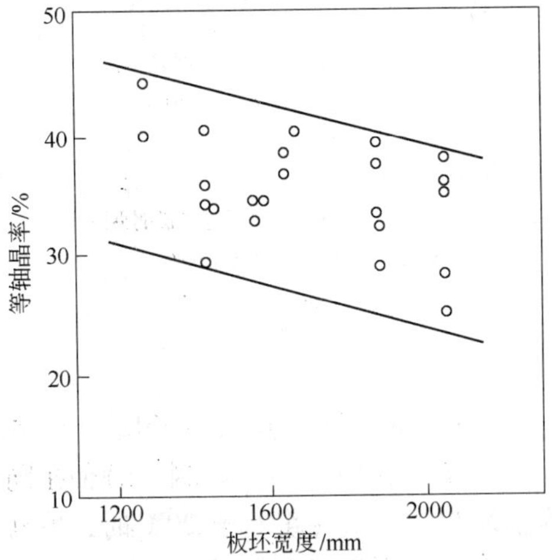

图9－22　等轴晶率与板坯宽度的关系

断面：310mm×980～2200mm；

搅拌方式：插入式 EMS

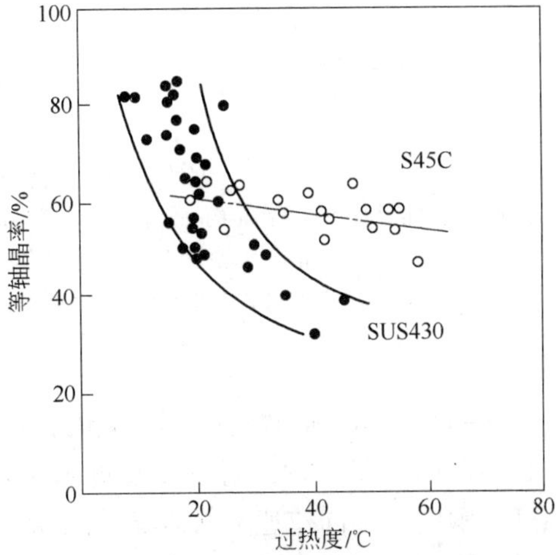

图9－23　等轴晶率与钢种的关系

断面：坯厚215mm；钢种：S45、SUS430；

搅拌方式：插入式 EMS

图 9－24 表示中高碳钢对等轴晶率的影响。由图可见，电磁搅拌可以促进等轴晶率的形成，但加大搅拌强度并不能无限制地扩大等轴晶。由于两者拉速不同，在同样搅拌位置下，两者坯壳厚度不同，即液芯不同。另外，不同钢种其物性系数（如黏性和电导率）也不同，因此两者等轴晶率即使在相同搅拌强度下也有明显差别。

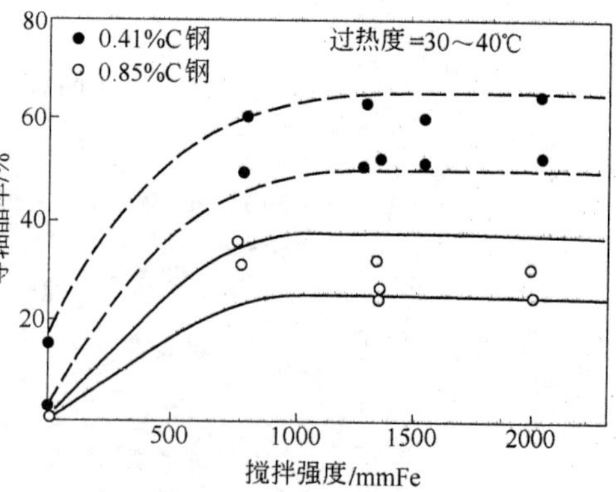

图 9－24　中高碳钢对等轴晶率的影响

铸坯断面：200mm × 690 ~ 1700mm；

搅拌方式：辊后 EMS；拉速：0.41% C 时 0.9m/min、0.85% C 时 0.7m/min

9.6.1.7　搅拌方式对等轴晶率的影响

图 9－25 表示一段或多段辊式组合搅拌对等轴晶率的影响（辊式 S-EMS）。由图可见，高位单蝶形搅拌（如图 9－25（a））的等轴晶率比较分散，因为搅拌效果都不是最佳的；低位单蝶形搅拌（如图 9－25（c））的等轴晶率并不分散，但由于搅拌液相穴较小，其量值也较小。四个辊的多段搅拌的效果无论是等轴晶率的集中程度或是量值都较大。

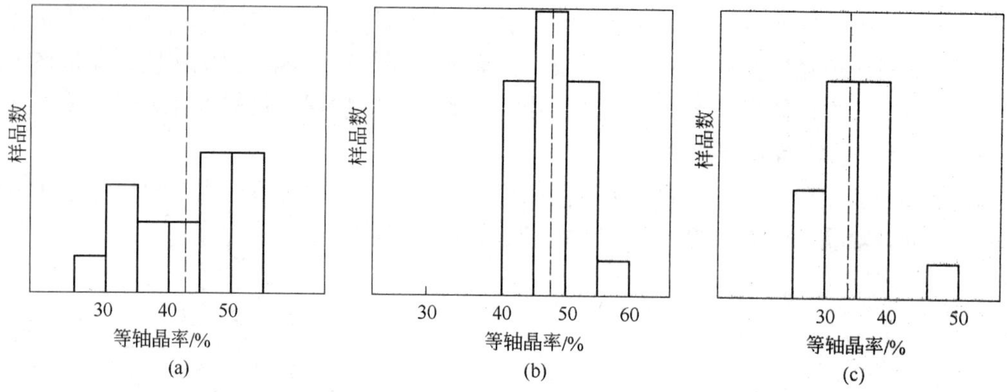

图 9－25　搅拌方式对等轴晶率的影响

（a）单个蝶形 EMS，在高位的一对辊，平均等轴晶率：42%；（b）多段 EMS，两个不同位置的两对辊，平均等轴晶率：47%；（c）单个蝶形 EMS，在低位的一对辊，平均等轴晶率：34%

钢种：铁素体不锈钢；过热度：26 ~ 29℃；拉速：0.8 ~ 1.0m/min；

搅拌方式：辊内式 EMS

图 9－26 表示 430 铁素体不锈钢的等轴晶率随过热度的变化（箱式 S-EMS）。由图可见，在不使用 S-EMS 时，过热度超过 30℃几乎无等轴晶；在使用 S-EMS 时，即使在同样过热度范围内，不同拉速下可以获得约 45% 的等轴晶率。在过热度小于 20℃时，等轴晶率随过热度降低而急剧增加。电磁搅拌之所以能产生较大等轴晶率，其机理一是由 EMS 作用使晶核增殖，二是部分晶核重熔使液相区内钢水温度降低，三是使 EMS 下部低温钢水与其上部高温钢水混合，降低了搅拌区内的温度梯度。

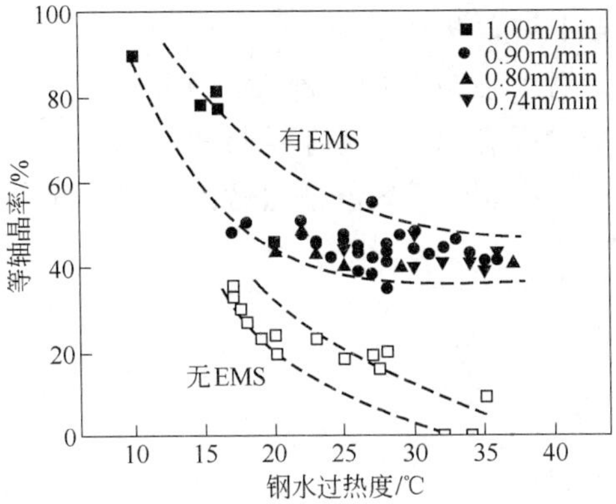

图 9-26 过热度对430铁素体不锈钢等轴晶率的影响

钢种：430 铁素体不锈钢，断面：200mm×1350mm

9.6.2 板坯连铸二冷区电磁搅拌的冶金参数对中心偏析的影响

9.6.2.1 不同钢种对中心偏析的影响

图 9-27 表示在电磁搅拌下不同钢种对中心偏析的影响。由图可见，经电磁搅拌后，不同钢种的中心偏析的平均值及其标准偏差都有明显改善，改善程度随产品强度的提高或合金含量的增加而增加。另外，中心偏析随过热度增加而增大，随拉速提高而增大。

9.6.2.2 搅拌强度对3C船板钢中心偏析的影响

图 9-28 表示搅拌强度对3C船板钢中心偏析的影响。由图可见，中心偏析随搅拌强度的增大而减小，交替搅拌比连续搅拌更好些。

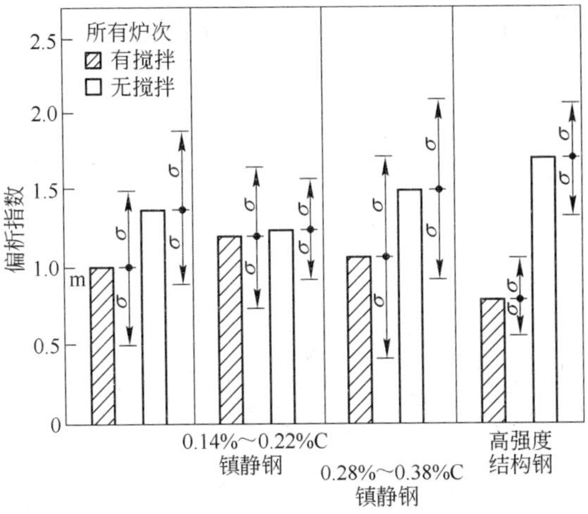

图 9-27 电磁搅拌对不同结构钢中心偏析的影响

铸坯断面：220、230mm×1000~1600mm；拉速：0.5~1.0m/min；S-EMS 位置：其中心距离结晶器上口 4.25m；搅拌方式：辊后式 EMS

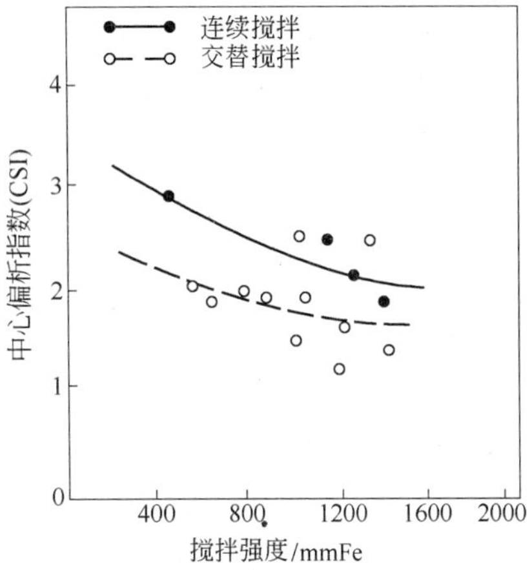

图 9-28 3C 船板钢中心偏析与搅拌强度的关系

钢种：3C 船板钢铸坯断面：250mm×1500mm；过热度：不大于25℃；拉速：0.6~0.7m/min；搅拌方式：辊后式 EMS

9.6.2.3 过热度对中心偏析的影响

图 9-29 表示过热度对中心偏析的影响。由图可见，随着等轴晶率增加，中心偏析减小，放宽了对过热度的要求。

9.6.2.4　等轴晶率与中心偏析的关系

图 9 - 30 表示等轴晶率对中心偏析的影响。由图可见，与不搅拌相比电磁搅拌能产生较大的等轴晶率，有利于减少中心偏析，由于偏析的减少，有利于提高船板钢和管线钢的焊接质量；中心偏析的改善也有利于缩短轧制过程的均热时间，提高生产率。

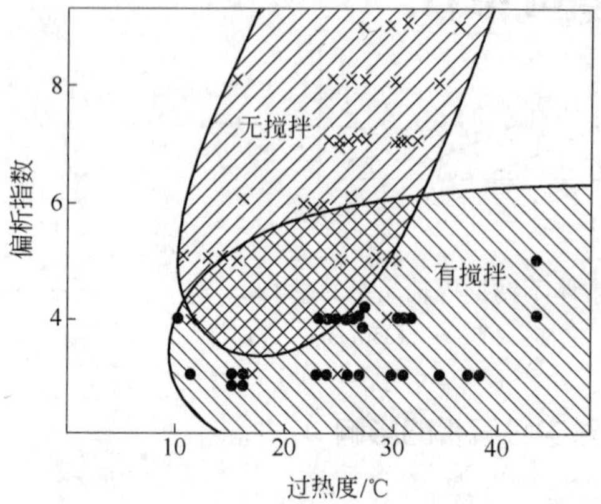

图 9 - 29　过热度对中心偏析的影响

碳含量：0.1% ~0.2% C；板坯厚度：250mm；拉速：0.6 ~0.7m/min；搅拌方式：两个位置的四个辊搅拌

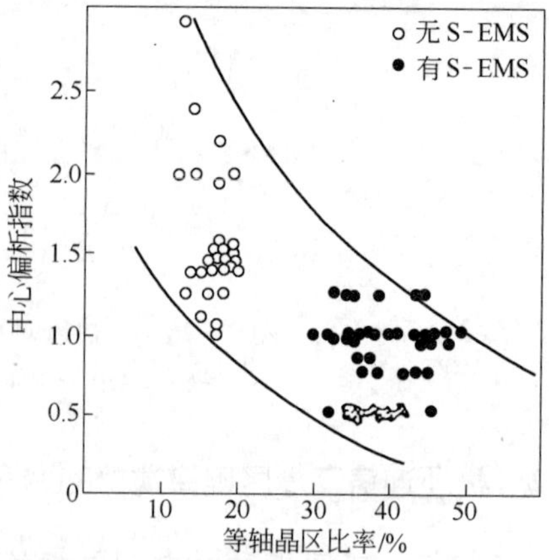

图 9 - 30　中心偏析与等轴晶率的关系

钢种：船板钢、管线钢；坯厚：140 ~ 300mm；搅拌方式：插入式 EMS

9.6.3　板坯连铸二冷区电磁搅拌对板坯内部质量的改善

9.6.3.1　电磁搅拌对硅钢板坯内部裂纹的影响

图 9 - 31 表示电磁搅拌对硅钢板坯内部裂纹的影响。由图可见，搅拌后铸坯内部裂纹由不搅拌的 2.48 级降为 0.87 级，而裂纹指数集中度由不搅拌的 2.0 ~3.0 级降为 1.0 级以下。

9.6.3.2　电磁搅拌对中心缩孔数量和尺寸的影响

图 9 - 32 表示电磁搅拌对中心缩孔的影响。由图可见，搅拌细化了等轴晶组织，使大的中心缩孔消除了。

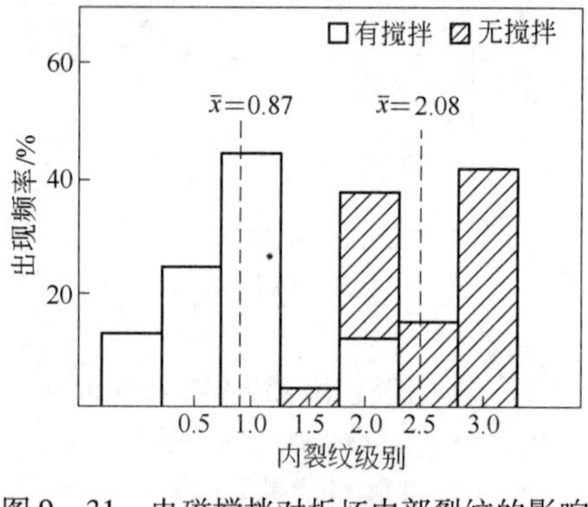

图 9 - 31　电磁搅拌对板坯内部裂纹的影响

钢种：硅钢；板坯尺寸：210mm × 1050mm；过热度：4.3 ~32.8℃；拉速：0.5 ~0.7m/min；搅拌位置：弯月面下 4.5m；搅拌方式：插入式 EMS

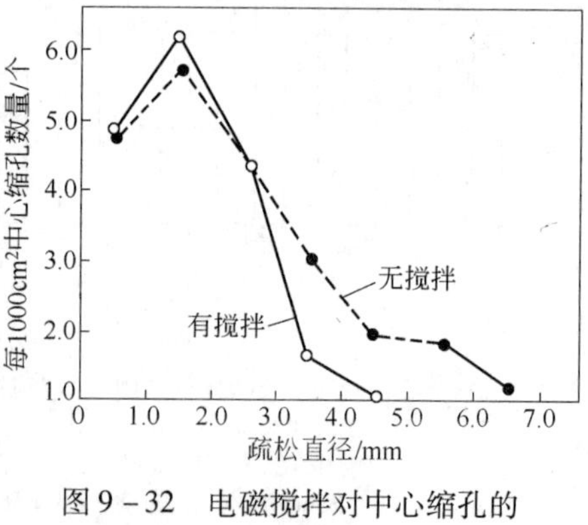

图 9 - 32　电磁搅拌对中心缩孔的数量和尺寸的影响

钢种：0.13% ~0.17% C；板坯尺寸：250mm × 1900mm、230mm × 1250mm；过热度：21 ~28℃；拉速：0.5 ~0.8m/min、0.6 ~1.1m/min；搅拌方式：多段辊内式 EMS（4 辊和 6 辊）

9.6.3.3 电磁搅拌对中心疏松的影响

图 9-33 表示电磁搅拌对中心疏松的影响。由图可见，不搅拌时中心疏松指数大部分在 1 级和 2~3 级，经搅拌后，中心疏松指数大都在 0 级和 1 级。

9.6.4 板坯连铸二冷区电磁搅拌对成品表面单向波纹的改善

9.6.4.1 单向波纹高度与等轴晶率的关系

图 9-34 表示在电磁搅拌下产品表面的单向波纹高度与等轴晶率的关系。单向波纹是显现在深冲之后不锈钢薄片上的波形，如果波纹高度太高，对许多应用来说是有害的。由图可见，经电磁搅拌后，等轴晶扩大，冷轧薄板的单向波纹高度减小，如能确保等轴晶率在 50% 以上，则单向波纹高度在 50μm 以下，因此，采用 EMS 可以得到几乎与模铸相当的单向波纹性。

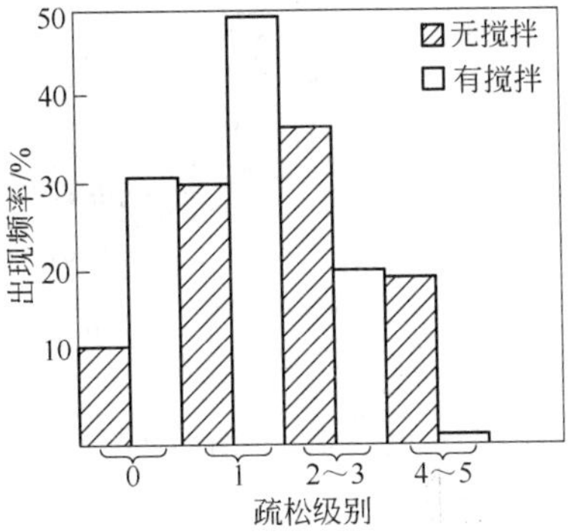

图 9-33 电磁搅拌对中心疏松的影响
钢种：硅钢；板坯尺寸：210mm × 1050mm；
过热度：4.3 ~ 32.8℃；拉速：0.5 ~ 0.7m/min

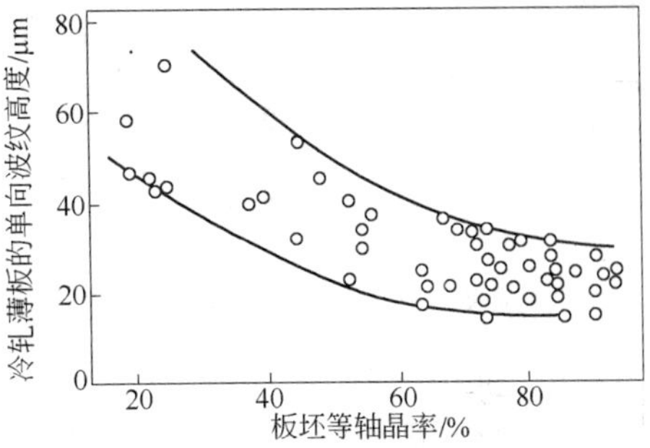

图 9-34 单向波纹高度与等轴晶率的关系
钢种：SUS430；板坯厚度：145mm、215mm；
过热度：15 ~ 25℃；搅拌方式：插入式 EMS

9.6.4.2 有和无 S-EMS 对波纹指数的影响

波纹指数分为五级，指数 1 表示没有波纹或只有非常细小的缺陷，指数 5 表示受较大缺陷影响的薄板，指数 1 ~ 3 的薄板可归入高档用途的优良质量一类，而指数 4 ~ 5 的薄板是正常质量。图 9-35 表示有和无 S-EMS 对波纹指数的影响，无搅拌时 4 ~ 5 级的波纹指数的薄板数量约占 60%，而有搅拌时只占约 18%。

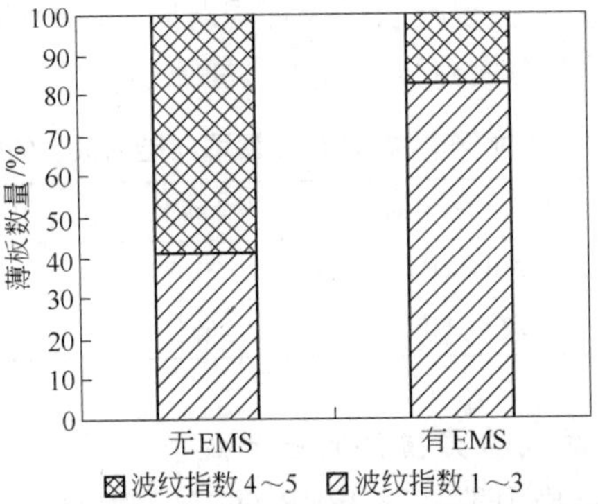

图 9-35 有和无 S-EMS 对波纹减少的影响
钢种：铁素体不锈钢；板坯尺寸：200mm × 1000 ~ 1650mm；过热度：25 ~ 45℃；
拉速：0.9 ~ 1.4m/min；搅拌方式：辊后式 EMS

图 9 - 36 表示在同一搅拌强度（1720A）和不同周期的间断搅拌下对薄板波纹指数的影响。由图可见，作用周期越长，产生越有力的间隙搅拌使波纹指数 1 ~ 3 级越高。

9.6.4.3 电磁搅拌对铁素体不锈钢的单向波纹级别的影响

图 9 - 37 表示电磁搅拌下铁素体不锈钢的奥氏体量对单向波纹的影响。由图可见，当奥氏体量高于 66% 时，等轴晶对波纹级别影响不大；采用电磁搅拌后，波纹级别受奥氏体量的影响不如无搅拌时那么明显。若在成分上设计较低的奥氏体量时，采用电磁搅拌可以使冷轧薄板表面波纹级别达到和模铸相当的水平。

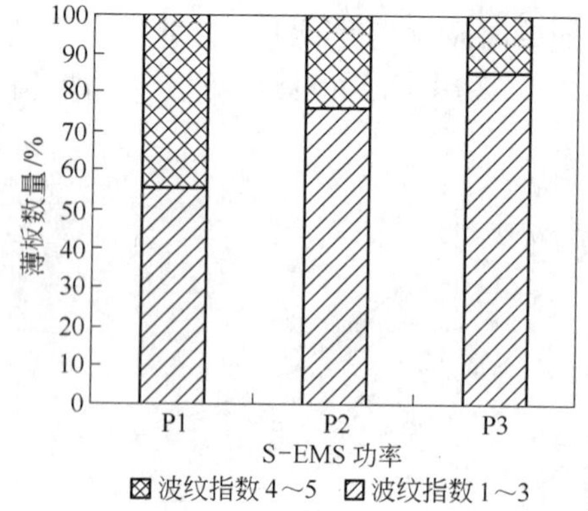

图 9 - 36 S-EMS 不同功率对波纹减少的影响

钢种：铁素体不锈钢；板坯尺寸：200mm × 1000 ~ 1650mm；过热度：25 ~ 45℃；拉速：0.9 ~ 1.4m/min；搅拌方式：辊后式

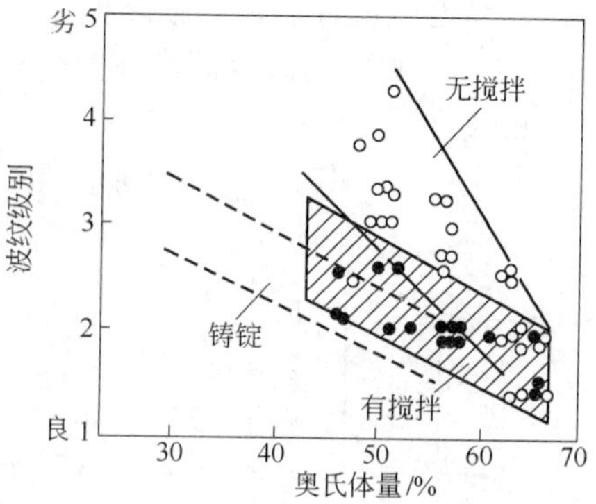

图 9 - 37 电磁搅拌对单向波纹的影响

钢种：SUS430；板坯尺寸：200mm × 690 ~ 1700mm

9.6.5 高推力辊式电磁搅拌技术的冶金效果

高推力辊式电磁搅拌技术是一项具有自主知识产权的新技术，在线应用取得很好的冶金效果。铸坯内部质量得到了明显改善，高推力搅拌的铸坯等轴晶率都增加到 50% 以上，比未搅拌时的呈几倍地提高，内裂几乎为零，中心偏析、中心缩孔和疏松都明显改善。

9.6.5.1 高推力搅拌辊与引进搅拌辊的冶金效果比较

表 9 - 4 表示使用高推力搅拌辊与引进搅拌辊对同一断面的 QRD 低温取向硅钢板的低倍组织比较。由表可见，高推力搅拌辊的等轴晶率比引进的高 1 倍。

表 9 - 4 使用两种搅拌辊的 QRD 低温取向硅钢板坯的低倍组织比较

搅拌工况	钢种	断面/mm × mm	等轴晶率/%	中间裂纹	中心偏析	中心疏松
引进搅拌辊	QRD1 - D	230 × 1100	32.3	0	C0.5	0
高推力搅拌辊	QRD1 - D	230 × 1100	66.5	0	0	0

9.6.5.2 对硅钢板坯的高推力搅拌的冶金效果

表 9 - 5 表示未搅拌与高推力搅拌的 JBDR 硅钢板低倍组织的对比。由表可见，使用高推力搅拌的低倍组织大大优于未搅拌的，不仅等轴晶率大幅提高 5 倍，芯部质量也明显改善。

表9-5 未搅拌与高推力搅拌的JBDR硅钢板坯的低倍组织的比较

搅拌工况	钢种	断面/mm×mm	等轴晶率/%	中间裂纹	中心偏析	中心疏松
未搅拌	JBDR	230×1050	12.3	2.5	C0.5	0
高推力搅拌	JBDR	230×1050	63.5	0	0	0

9.6.5.3 对不锈钢板坯的高推力搅拌的冶金效果

表9-6表示未搅拌与高推力搅拌的J4不锈钢板的低倍组织的对比。由表可见，高推力搅拌后的等轴晶率提高4倍多，中间裂纹也有改善。

表9-6 未搅拌与高推力搅拌的J4不锈钢板坯的低倍组织

搅拌工况	钢种	断面/mm×mm	等轴晶率/%	中间裂纹	中心偏析	中心疏松
未搅拌	J4	150×580	11	1.5	C0.5	0.5
高推力搅拌	J4	150×580	50	0.5	C0.5	0.5

9.6.5.4 对船板钢板坯的高推力搅拌的冶金效果

表9-7表示未搅拌与高推力搅拌的DH36船板的低倍组织对比。由表可见，高推力搅拌后的等轴晶率提高了6.5倍，芯部质量也有改善。

表9-7 未搅拌与高推力搅拌的DH36船板钢板坯的低倍组织

搅拌工况	钢种	断面/mm×mm	等轴晶率/%	中间裂纹	中心偏析	中心疏松
未搅拌	DH36	200×1500	8	1.0	B1.5	1.0
高推力搅拌	DH36	200×1500	52	0.5	C1.0	0.5

9.6.5.5 对普碳钢板坯高推力搅拌的冶金效果对比

表9-8表示未搅拌与高推力搅拌的Q235普碳钢板坯的低倍组织的对比。由表可见，高推力搅拌的板坯等轴晶率提高了近8倍；芯部质量也有明显改善，中间裂纹、中心偏析、中心疏松等的评级都由1.5级减小到0.5级。需要特别强调的是，一方面，普碳钢占我国连铸坯产量的大部分，普碳钢板坯质量的提高显然有利于板材产品质量的提高；另一方面，也大大地拓宽了高推力辊式电磁搅拌器的应用范围，提高了自身的应用价值。但这方面电磁搅拌冶金效果的研究有待进一步深入。

表9-8 未搅拌与高推力搅拌的Q235普碳钢板坯的低倍组织

搅拌工况	钢种	断面/mm×mm	等轴晶率/%	中间裂纹	中心偏析	中心疏松
未搅拌	Q235B	200×1300	7	1.5	C1.5	1.5
高推力搅拌	Q235B	200×1300	54	0.5	C0.5	0.5

9.6.5.6 对高强专用钢板坯高推力搅拌的冶金效果

表9-9表示使用高推力搅拌后的Q460与AH60高强板坯的低倍组织。由表可见，经高推力搅拌后，两者的等轴晶率都在50%以上，芯部质量也都比较好。

表 9－9 使用高推力搅拌后的 Q460 与 AH60 高强板坯的低倍组织

搅拌工况	钢种	断面/mm × mm	等轴晶率/%	中间裂纹	中心偏析	中心疏松
高推力搅拌	Q460D	220 × 1500	52.7	0.5	C0.5	0.5
高推力搅拌	AH60C	200 × 1500	56.7	0.5	C0.5	0.5

9.6.5.7 对低合金钢板坯高推力搅拌的冶金效果

表 9－10 表示使用高推力搅拌辊后的 Q345 与 Q345B 低合金钢板坯的低倍组织。由表可见，经高推力搅拌后，两者的等轴晶率都在 50% 以上，芯部质量也都比较好。

表 9－10 使用高推力电磁搅拌辊后 Q345 与 Q345B 低合金板坯的低倍组织

搅拌工况	钢种	断面/mm × mm	等轴晶率/%	中间裂纹	中心偏析	中心疏松
高推力搅拌辊	Q345	220 × 1500	51	0.5	C0.5	0.5
高推力搅拌辊	Q345B	330 × 2100	50	0.5	C0.5	1.0

综上所述，无论在哪类钢种或者哪个断面，国产的高推力辊式电磁搅拌器都有很好的搅拌效果。等轴晶率都保持在 50% 以上，中间裂纹、中心偏析和中心疏松等评级大多数都在 0 或 0.5 级，特别是它对普碳钢板坯搅拌的良好效果，为提高普碳钢板材的质量提供了有力保证。

参 考 文 献

[1] Iton T, et al. 电磁搅拌对连铸铁素体不锈钢和合金钢质量的影响 [C] //康卡斯特集团会议文献, 1983.

[2] 毛斌. 板坯连铸用电磁搅拌//现代板坯连铸, 曹光畴主编. 1994: 401 ~ 409.

[3] Iton T, et al. 电磁搅拌对连铸铁素体不锈钢和高碳合金钢质量的影响. 国外连铸新技术 (译文集三). 1985: 382 ~ 389.

[4] DANIELI Rotelec. Electromagnetic Stirring for Continuous Casting of Slabs.

[5] 奥野 穰, 等. 特殊钢的连铸. 国外连铸新技术 (译文集三) 冶金部情报研究总所, 1985: 10 ~ 18.

[6] 中国科学院力学研究所. 宝钢板坯二冷区电磁推力的模拟测定法 [R]. 中国科学院力学研究所内部报告, 1997. 6.

[7] 新日本製鉄株式会社. SLAB 連续铸造用電磁攪拌機. 上海宝山钢铁公司炼钢部.

[8] 中国科学院力学研究所. 宝钢板坯国产化二冷区电磁搅拌器冷态性能测试报告 [R]. 中国科学院力学研究所内部报告, 1998, 4.

[9] 竹内英磨ウ. 電磁攪拌对 SUS430 不锈鋼連鋳板坯凝固組織的影響 [J]. 鉄と鋼, 1980, 66 (6): 38 ~ 46.

[10] 李开煜等. 电磁搅拌技术在硅钢、专用钢连铸生产中的研究与应用 [C] //'93 发展中国家连铸会议论文集, 1993: 635 ~ 642.

[11] 氏家義太郎ウ. 電磁攪拌による 連続鋳造材の凝固组織の改善 [J]. 鉄と鋼, 1981, 67 (8): 67.

[12] 伊滕幸良ウ. 電磁攪拌によるSUS430 連鋳スラゲの凝固组織改善 [J]. 鉄と鋼, 1981, 67 (7): 946 ~ 953.

[13] Gerdom K H, et al. Electromagnetisches Rühren im Sekundärkühlbereich von Brammenstranggie anlagen.

Stahl und Eisen, 1984, 104 (9): 435 ~ 441.

[14] Kim S K, et al. Continuous casting technologies of stainless steel at POSCO stainless steelmaking plant [J]. AISTech 2007 Proceedings, I: 1035 ~ 1045.

[15] NIPPON Steel Technical Corp. 新日铁板坯连铸机的铸流电磁搅拌器 [J]. 武钢技术, 2004, 42 (2): 58 ~ 61.

[16] 武钢钢研所, 武钢二炼钢. 电磁搅拌工艺对硅钢产品质量的研究 [J]. 转炉与连铸, 1989 (2): 25 ~ 36.

[17] Lambert V, et al. New strong strand stirrer boosting quality for ferritic stainless steel [J]. AISTech 2007 Proceedings, I: 1047 ~ 1056.

[18] 毛斌, 等. 电磁推力测量方法的实验研究 [C] //第五届连续铸钢学术会议论文选集, 1995: 469 ~ 473.

[19] Onoda S, et al. Recent developments in continuous casting equipment [J]. Nippon Steel Technical Report, 1982 (20): 105 ~ 118.

[20] 李爱武, 等. 板坯连铸用高推力辊式电磁搅拌技术 [J]. 冶金信息导刊, 2010 (增刊): 25 ~ 29.

10 连铸中间包电磁冶金技术

连续铸钢技术是一项系统工程，纵观连铸过程各个工序的配置，在中间包之前配备有各种精炼手段，如 LF、RH、VOD 等，而在中间包之后配备有结晶器液面检测、塞棒自动控制、电磁搅拌、二冷动态配水、动态轻压下等。唯独中间包这一块没有引进外来的技术。而在连铸过程中，中间包作为钢包和结晶器之间的中间容器，是钢水进入结晶器前的最后一道工序，它不仅具有调控钢水温度和钢水分配的功能，也是二次冶金过程特别是钢水净化的重要环节。

中间包电磁冶金技术主要包括中间包电磁搅拌技术、中间包通道式感应加热与精炼技术以及中间包等离子体加热技术，它们对控制中间包钢水清洁度和中间包的钢水温度具有重要作用。

10.1 中间包电磁搅拌技术——离心流动中间包

10.1.1 离心流动中间包的研发背景

在连铸过程中，中间包作为钢包和结晶器的中间容器，不仅具有调控钢水的功能，而且也是二次冶金过程特别是钢水净化的重要环节。虽然，目前常用的中间包扩容和优化设计、吹氩等技术和措施对促进中间包内夹杂物上浮分离使钢水得到净化，起了一定的作用，但不尽人意。

然而，高效连铸对钢水净化特别是正常浇注期、钢包交换期等的要求越来越高，这一切都期望开发更有效的夹杂物分离技术，以满足高效连铸对高清洁度钢水的要求。在此背景下，日本川崎钢铁公司于 20 世纪 90 年代中研发成功基于中间包电磁搅拌技术的离心流动中间包（Centrifugal Flow Tundish），简称 CF 中间包。在线应用取得高拉速、高清洁度的效果。

10.1.2 离心流动中间包的结构概述

CF 中间包的基本构成见图 10 - 1。它由中间包、电磁搅拌器等组成。中间包又分为两个室：圆形或半圆形的分离室和长方形的分配室。两室中间有一道堰，在其下端有通道相连通。弧形电磁搅拌器安装在旋转室外面，其作用是使旋转室内的钢水作水平旋转。

10.1.3 夹杂物的分离机理

要搞清楚 CF 中间包的夹杂物去除机理，必须要了解其中的钢水流动形态。CF 中间包分离室中的流动形态受下述流动的影响：钢包内钢水受重力作用注入分离室；钢水在电磁力作用下产生旋转流动，改变了钢水的流动方向；净化的钢水由底部的通道流入分配室。由此可见，由于重力和电磁力的双重作用，在分离室中的钢水在电磁力作用下作水平旋转流动，同时又在重力作用下向下流动。这种流动形态与常规中间包中的钢水流动相比

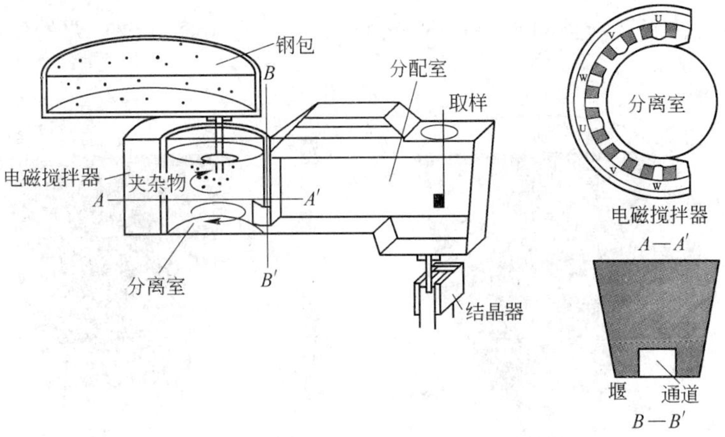

图 10-1 CF 中间包构成

更为激烈和复杂。其机理可以从脱氧能力和夹杂物分离过程两个方面来理解：

（1）脱氧能力。由于电磁搅拌，CF 中间包钢水中溶解氧与脱氧剂的反应加快，其脱氧速度增大了，且随电磁搅拌力的增加而增大，例如，中间包整体的脱氧速度为 0.17 ~ 0.25%/min，而分离室则达到 0.51 ~ 0.74%/min。与其他炉外精炼过程相比较，其脱氧速度更快。因此，作为中间包内脱氧、夹杂物的分离过程，能够获得非常大的脱氧速度，从而加速了脱氧过程。

（2）夹杂物分离和渣去除的机制：

1）由于电磁力产生离心力的作用，轻相的夹杂物和渣向旋转中心区集中，并在集中过程中上浮，从而使夹杂物和渣从钢水中分离出来；

2）由于旋转搅拌促进夹杂物和渣的碰撞和聚合而长大，有利于夹杂物和渣的上浮分离；

3）由于旋转搅拌产生的二次流动阻碍了原来重力方向的流动，大大抑制了流动短路的发生；同时也改善了钢水在分离室中的滞留时间分布，有利夹杂物的上浮分离。

由上述机理可以看出，CF 中间包能够大大促进钢水的净化。

10.1.4 离心流动中间包内流动的数值模拟

图 10-2 表示有和无 CF 工况的分离室钢水流动形貌的数值模拟结果。由图可见，在无 CF 工况下，从长水口吐出的流股垂直向下冲击包底导致在吐出口下方形成环流且流动剧烈，同时也造成向分配室的流动短路，不利于夹杂物的上浮分离。而在有 CF 工况下，从长水口吐出的流股由于电磁搅拌而改变流动方向成为水平旋转，且流动被加速，同时阻断了流动的短路，有利于夹杂物的上浮。另外，在有 CF 工况下，由于旋转流动使分离室中的钢水自由表面凹陷，有利于捕获夹杂物。上述的流动形貌进一步印证 CF 的分离机制。

图 10-3 表示各种直径夹杂物在有或无 CF 作用下中间包内夹杂物湍流碰撞长大速率的比较。由图可见，由于 CF 的作用增强了钢水的湍动能，从而促进夹杂物的碰撞和聚合，使夹杂物的碰撞长大速率大大加快，夹杂物可以生长到较大尺寸而上浮，其上浮速度

与粒径的平方成正比。而在无 CF 作用的中间包内，夹杂物的碰撞长大的效果不明显。因此，CF 中间包内的旋转搅拌对夹杂物的聚合长大、上浮分离起着重要的作用。

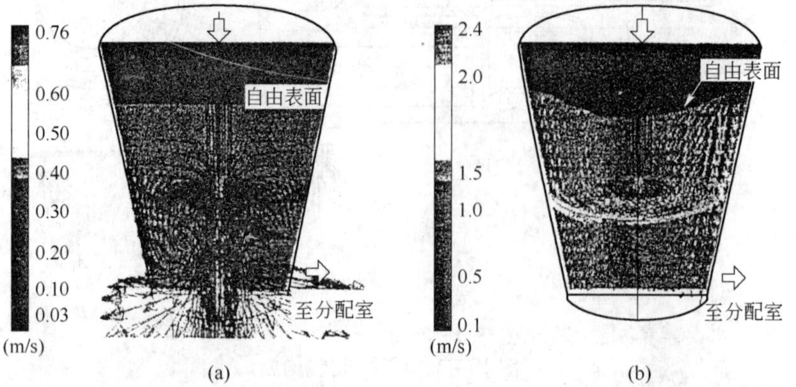

图 10－2　有和无 CF 工况的分离室内钢水流动形貌

（a）无 CF；（b）有 CF

10.1.5　离心流动中间包的冶金效果

10.1.5.1　脱氧行为

A　在正常浇注期的脱氧行为

图 10－4 表示 SUS430Al 沸腾钢在有或无钢水旋转的情况下，中间包分配室内钢水样品中的总氧含量 $[O]_t$ 随不同 Al 含量的比较。图中 O_{free} 是考虑了 Cr 的相互作用，由 Al 和氧平衡所求出的溶解氧含量。从总氧含量 $[O]_t$ 减去溶解的氧含量 O_{free}，可以计算出夹杂物的氧含量。由图可见，由于电磁搅拌产生的钢水旋转流动，分配室内钢水的夹杂物氧含量约降低一半。

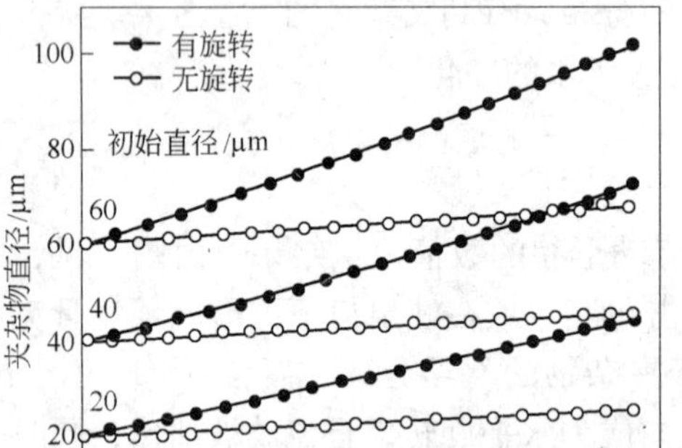

图 10－3　分离室内夹杂物的湍流碰撞长大速率的数值模拟

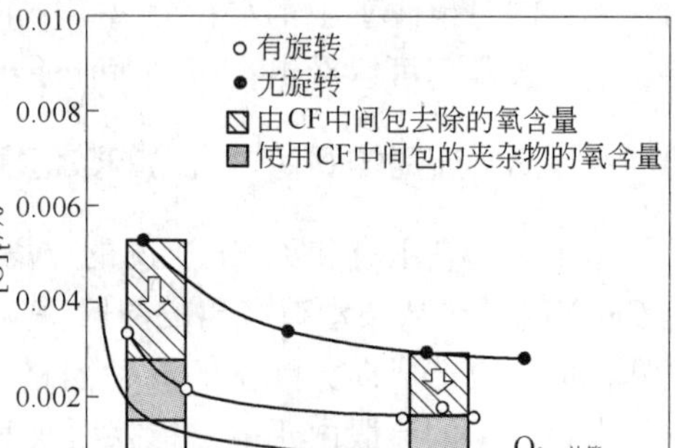

图 10－4　SUS430Al 沸腾钢在有和无 CF 时总氧含量的比较

图 10－5 表示 0.45% C 钢在中间包分配室内和经 VOD 处理后钢包中的总氧含量的比

较。由图可见，在不使用 CF 时夹杂物的氧含量为 0.001% ~0.002%；使用 CF 时为 0.0005% ~0.001%，夹杂物的氧含量约减少一半。

图 10 -6 表示 0.45% C、0.03% Al 的高碳钢在一炉浇注中间加 CF 时氧含量的推移情况。由于在高碳钢中，$[O]_{free}$ 的含量在 0.0001% 以下，全氧含量几乎为夹杂物中的氧含量。由图可见，使用 CF 时，氧含量从 0.0009% ~0.001% 降低到 0.0004% ~0.0005%，其夹杂物的氧含量也减少约一半。

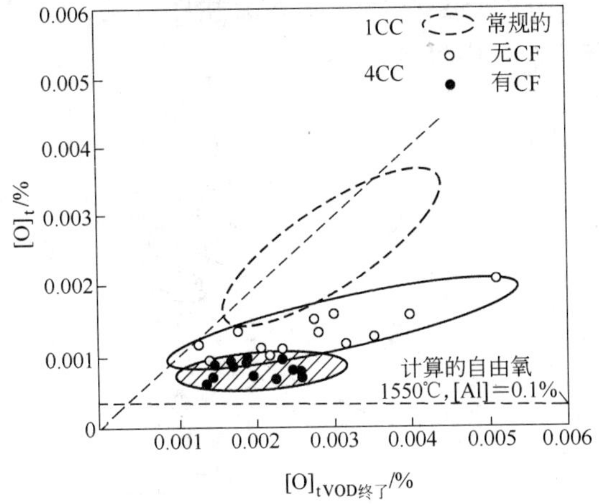

图 10 -5 0.45% C 钢在 VOD 处理后的钢包和中间包中总氧含量的比较

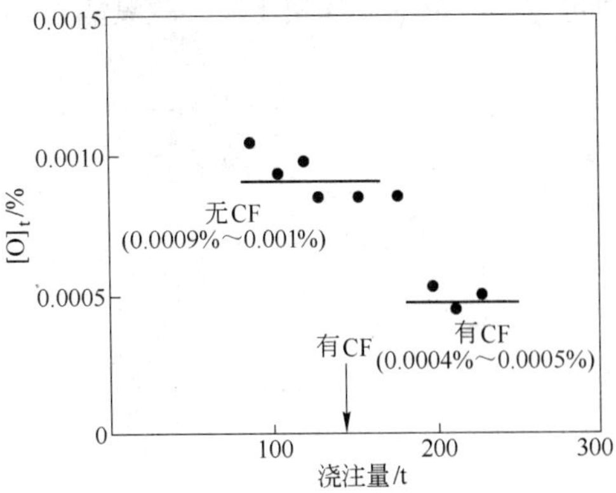

图 10 -6 0.45% C 钢在有和无旋转流动下的总氧含量

B 非正常浇注期的脱氧行为

为了评价引入 CF 中间包后钢包交换期的夹杂物降低效果，实验检验了板坯的氧含量。

图 10 -7 表示正常浇注期或钢包交换期沿板坯厚度方向的总氧含量 $[O]_t$ 的分布。由图可见，钢水以 50r/min 的转速旋转流动比无旋转流动时 $[O]_t$ 约降低一半。即使在钢包交换期，板坯 $[O]_t$ 达到与正常浇注期的无旋转流动相当的水平。

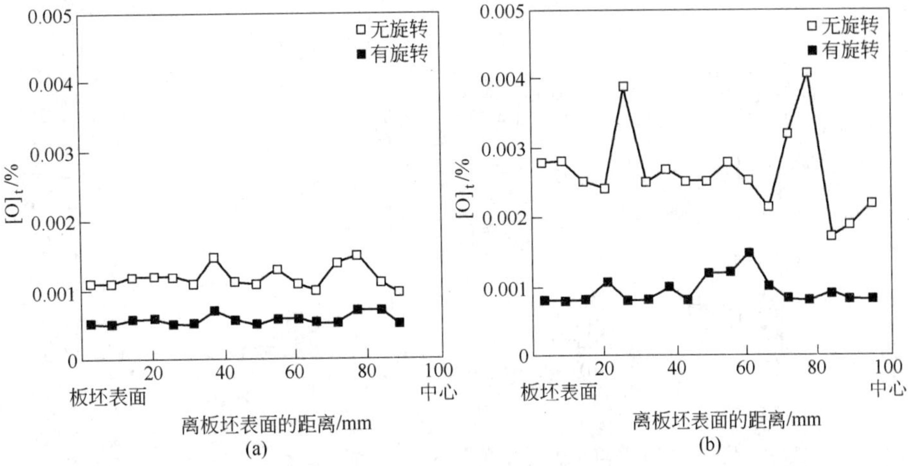

图 10 -7 有和无旋转流动的板坯中 $[O]_t$ 的比较（Al = 0.07%）

(a) 正常浇注；(b) 钢包交换

图 10－8 表示从板坯表面至皮下 30mm 的 $[O]_t$ 的平均值。由图可见，$[O]_t$ 随旋转速度的增加而减少；在钢包交换期，由于旋转流动，板坯的 $[O]_t$ 可以达到正常浇注期无旋转流动时相当的水平。

由上述脱氧行为，可以明显看出，在钢包交换期，由于旋转流动使脱氧能力大大增加，从而使夹杂物分离效果也明显增加。

C　各种炉外精炼过程脱氧率的比较

图 10－9 表示各种炉外精炼过程中搅拌能密度与脱氧速度的比较。由图可见，CF 中间包与其他精炼过程相比较，脱氧能力大，在中间包内再氧化也小。

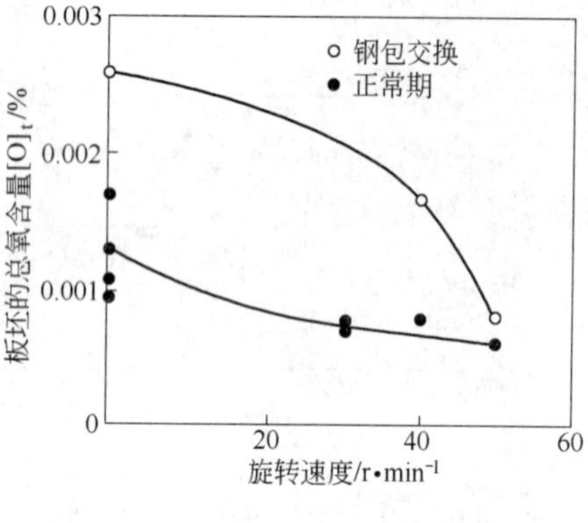

图 10－8　CF 中间包和常规中间包的板坯总氧含量 $[O]_t$ 的变化

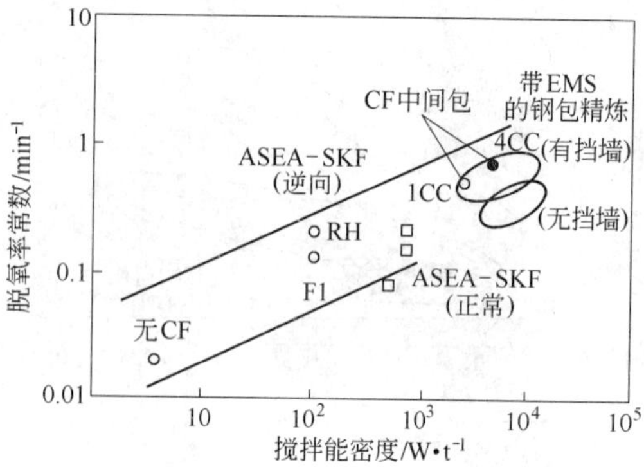

图 10－9　各种炉外精炼过程中搅拌能密度与脱氧速度的关系

10.1.5.2　夹杂物的分离

A　小型夹杂物的分离

图 10－10 表示在正常浇注期的中间包内的小型夹杂物分布情况，由图可见，小型夹杂物几乎是颗粒状的 Al_2O_3；使用 CF 后，2～30μm 的小型夹杂物降低，这与氧含量降低相一致。

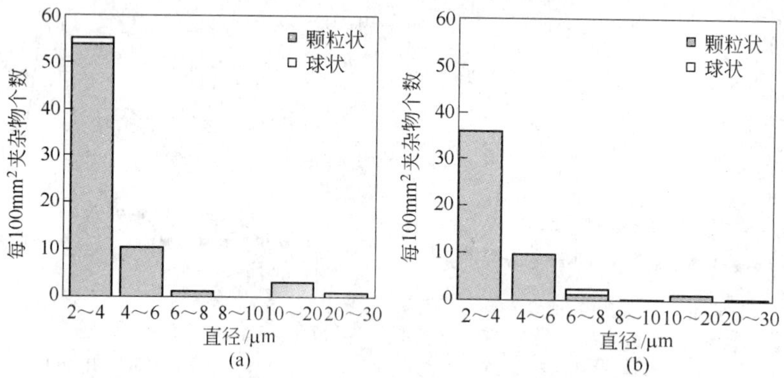

图 10－10　在正常浇注期的中间包内夹杂物数量的比较（SUS430）
（a）无 CF；（b）有 CF

B 大型夹杂物的分离

从大型夹杂物的形态来分析，球状夹杂物由卷入到中间包中的渣和脱氧生成物 Al_2O_3 聚集而成；颗粒状或簇状夹杂物因 Al_2O_3 浓度高，主要是脱氧生成物。

图 10－11 表示钢包交换期或正常浇注期中间包浇注侧夹杂物粒径分布的比较。由图可见，无论是钢包交换期或正常浇注期，夹杂物个数随浇注量增加而减少；使用 CF 时，钢包开浇后的夹杂物个数都在不使用 CF 时正常浇注期的以下。

图 10－12 表示从分离室流出的夹杂物的百分比与夹杂物粒径的关系。由图可见，由于旋转流动，抑制了流动的短路，300μm 以下的夹杂物从分离室流入到分配室的比例随粒径增加而减少；在采用 CF 情况下，即使在钢包交换期，也比不使用 CF 时正常浇注期的夹杂物分离率要低。这个结果充分显示 CF 的良好效果。

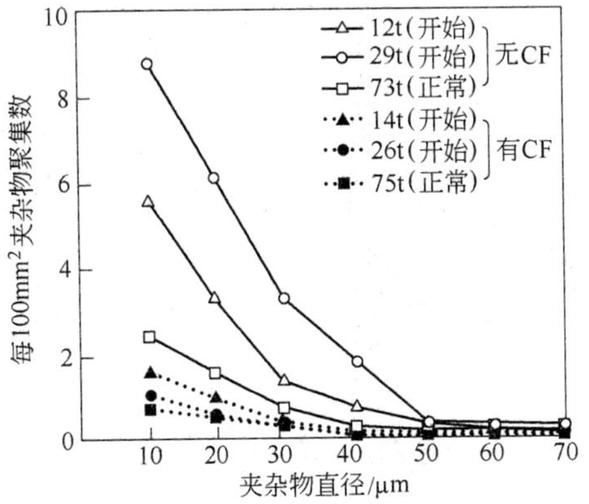

图 10－11 在钢包交换期或正常浇注期中间包浇注侧夹杂物粒径分布（SUS430）

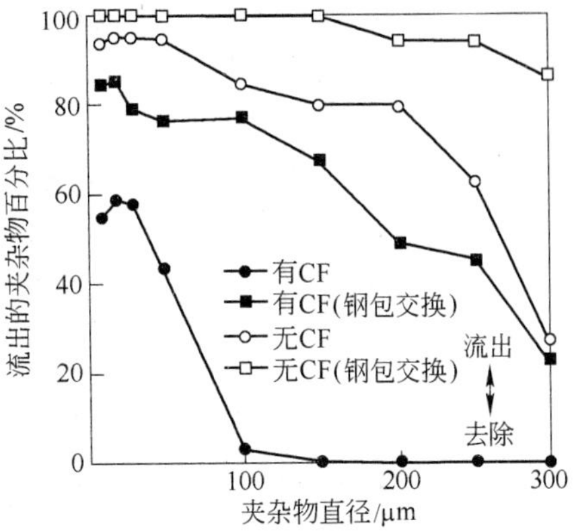

图 10－12 从分离室流出的夹杂物百分比与夹杂物粒径的关系

10.1.6 离心流动中间包的工业应用效果

日本川崎公司千叶 4 号高速板坯连铸机上装备了 30t 的 CF 中间包，浇注 Al 沸腾不锈钢。实践表明，由于钢水旋转流动，中间包内的总氧含量比钢包的约降低一半，其中的夹杂物也降低约一半。由此，最大拉速可增加到 1.6m/min。

图 10－13 表示 CF 中间包对不同浇注期的不锈钢 SUS430 热轧板卷表面缺陷发生率的影响。由图可见，由于使用了 CF，不锈钢 430 热轧板卷表面缺陷降低；在正常浇注期，气孔消除，条状裂纹减少约一半；在钢包交换期，气孔也消除，条状裂纹大大降低。

图 10－14 表示 CF 中间包对热轧和冷轧不锈钢板卷表面质量上的影响。由图可见，无论热轧或冷轧板卷的表面缺陷指数在使用 CF 中间包后约降低 60%。

综上所述，CF 中间包在提高脱氧率从而减少夹杂物上有较明显的效果；与其他炉外精炼技术相比较，也有较明显的优势。连铸实践表明，CF 中间包对提高热轧和冷轧板卷的表面质量有良好的效果。

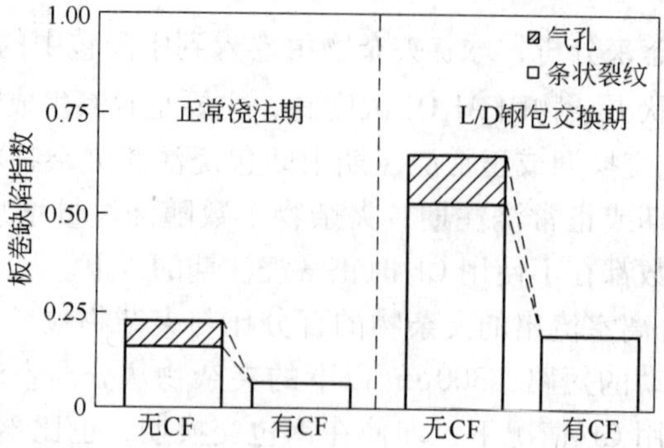

图 10-13 CF 中间包对不同浇注期的板卷表面缺陷的影响

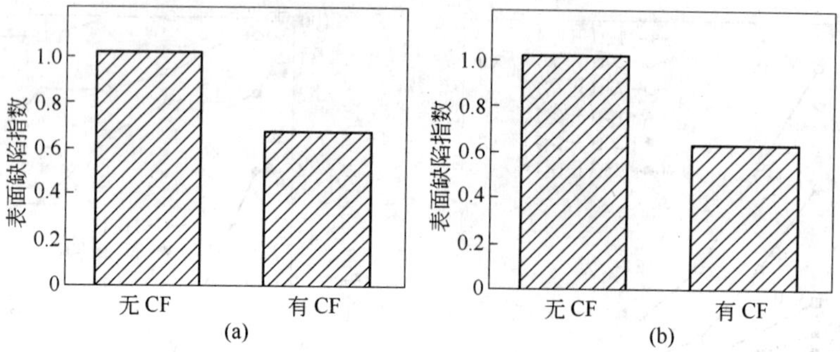

图 10-14 CF 中间包对不同轧制工艺不锈钢板卷表面缺陷上的影响
（a）冷轧；（b）热轧

10.2 中间包加热技术

近年来，连铸技术发展的实践表明，低过热度的恒温浇注对改善铸坯质量和稳定操作起着重要的作用。而控制中间包的钢水温度或过热度是提高生产率、改进凝固组织因而提高产品质量的最有效的方法之一。然而在整个连铸过程中，中间包不同程度地存在热损失，特别是浇注初期、钢包交换期和浇注末期等非正常浇注期，不可避免地引起较大的温降。因此，寻求外部热源补偿中间包钢水的温降、精确地控制最佳过热度，使进入结晶器的钢水温度稳定，已越来越引起人们的重视。此外，近年来中间包冶金技术的发展也需要用外部热源作为补偿中间包钢水温降的手段。因此，近几十年来已开发成多种形式的中间包加热技术，其中主要有等离子体加热技术和通道式感应加热技术。

10.2.1 中间包钢水温度控制

10.2.1.1 中间包钢水温度控制的重要性

中间包钢水温度控制的重要性可以从三方面来理解：

（1）连铸工艺要求。连铸实践表明，连铸过程钢水必须具备合适而稳定的温度，它直接影响连铸的生产率和铸坯质量以至产品质量。然而在许多连铸运行参数中，钢水温度或过热度是最不可预测的变数之一，唯一的办法是用外部热源来调控钢水的温度，确保连铸过程具备合适而稳定的温度或过热度。

(2) 中间包加热的可操作性。中间包是钢包与结晶器之间的中间容器，是进入结晶器的最后一道调控钢水温度的工序。与钢包加热如LF炉相比较，中间包的容量较小，加热设备容量也不是太大；可在线操作，不会影响生产节奏，而且还有利于提高产量。因此，采用中间包加热技术调控钢水温度，可以使钢水过热度控制在目标温度范围内。

(3) 中间包加热的好处。中间包加热的好处在于：

1) 减少中间包中钢水温度脉动，实现低过热度的恒温浇注，有利于稳定拉速和改进产品质量；

2) 能延长连浇时间，有利于提高收得率和生产率；

3) 避免过早凝固，有利于防止结瘤、冻结、回炉、停浇等事故；

4) 能降低炼钢的出钢温度约15～20℃，有利于节能和节约耐火材料。

10.2.1.2 中间包钢水低过热度浇注的优越性

A 过热度的选取

连铸工艺的特点决定了对钢水的浇注温度有特殊的要求。浇注温度可用式（10－1）表示：

$$T_{浇注} = T_{液相} + \Delta T \qquad (10-1)$$

式中，$T_{浇注}$为浇注温度；$T_{液相}$为液相线温度；ΔT为适宜的过热度。

ΔT取决于钢种、断面及浇注条件等因素。不同钢种、不同断面中间包内钢水过热度值见表10－1。

表10－1 中间包内钢水过热度的选择

浇 注 钢 种	板坯、大方坯的 ΔT/℃	小方坯的 ΔT/℃
高碳钢、高锰钢	10	10～20
合金结构钢	5～15	15～20
铝镇静钢、低合金钢	15～20	20～30
不锈钢	15～20	20～30
硅 钢	10	15～20

由表10－1可见，浇注钢种的碳含量低，铸坯断面小，过热度应高一些；钢中碳、硅、锰含量高，铸坯断面大，过热度可低一些。

需要指出的是，在常规连铸条件下达到表10－1所列的过热度是有难度的，但使用中间包加热技术完全有可能将中间包内钢水温度波动控制在目标温度±5℃内。

B 低过热度的优越性

低过热度浇注的优越性可以从下列冶金机理来理解：

(1) 过热度与凝固组织。图10－15表示铸坯等轴晶率与过热度的关系。由图可见，钢水温度低，等轴晶区大；反之，钢水温度高，柱状晶区就大。柱状晶对内裂的形成比等轴晶敏感，而长的柱状晶会增加中心偏析和中心缩孔的程度。因此，中心等轴晶区和柱状晶区的相对尺寸是研究铸坯内部质量的主要关注点。低过热度的恒温浇注能有效抑制柱状晶生长而有利于等轴晶生长，是获取良好的铸坯质量和提高生产率的关键。

（2）过热度与浇注速度。图 10－16 表示不同钢种的过热度与浇注速度的关系。由图可见，对任何钢种，浇注速度随过热度降低而提高；在同一过热度下，低碳钢的浇注速度比合金钢高；在同一浇注速度下，合金钢应比低碳钢以更低的过热度浇注，这与表 10－1 的选取相一致。

需要指出的是，不同钢种的浇注速度是有一定制约的，不是越高越好，这是由于浇注速度快，坯壳薄，易导致漏钢等事故；浇注速度增加，液相穴长度增加，去除过热需要更长时间；去除过热时间延长，推迟了等轴晶的成核和生长，而使柱状晶区扩大和轴向偏析区扩展。

最佳浇注速度受过热度、浇注断面、二次冷却和钢种成分等因素控制。如果使中间包的钢水能控制在低过热度的恒温状态，即目标温度的 ±5℃ 范围内，则达到最佳浇注速度理论上是可能的。

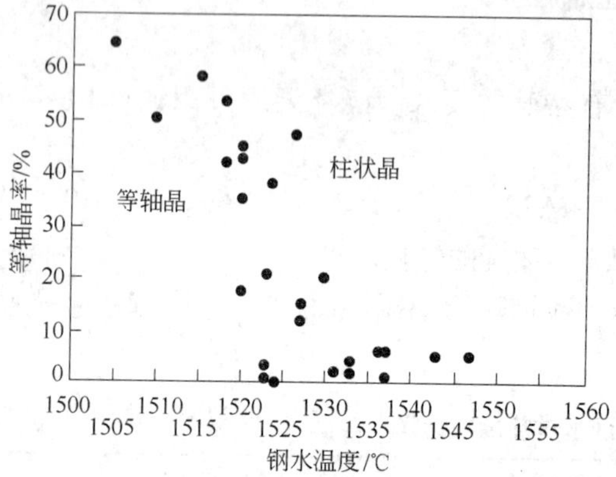

图 10－15 过热度在铸坯凝固组织上的影响

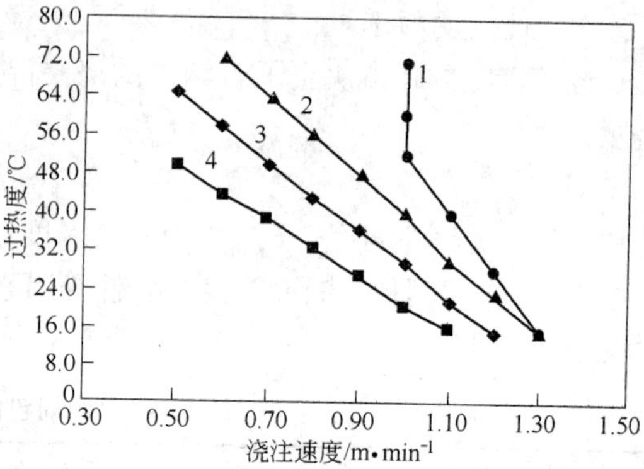

图 10－16 不同钢种过热度与浇注速度的关系

1—低碳钢；2—低合金中碳钢；
3—弹簧钢和合金钢；4—高合金高碳钢

（3）过热度与收得率。在连铸过程中，将中间包内钢水过热度控制在适当范围内能显著提高产品的收得率和生产率。这是由于维持中间包内钢水合适的过热度，有利于改进连浇炉数，减少设备耐火材料消耗和节省人工；能大大减少尾浇期残留在中间包内炉渣数量，使浇注的收得率提高；有利于减少漏钢、冻结、回炉等事故，能大大提高生产率。

（4）过热度与铸坯质量。在连铸中高碳钢的生产对铸坯的中心偏析、中心缩孔和 V 形偏析有严格的要求，而轴向宏观偏析在浇注用于热轧棒材和拉丝等产品的高碳钢时是一个特殊的问题。高碳钢连铸实践表明，在浇注过程中，使中间包内钢水处于最佳过热度，不仅能获得大的等轴晶率和低的中心偏析，而且能避免漏钢、冻结、回炉等事故的发生。

图 10－17 表示不同断面的中心偏析指数与等轴晶率的关系。由图可见，不论哪种断面，等轴晶率越高，中心偏析越低。中间包钢水过热度低，有利于柱状晶早早向等轴晶过渡，而等轴晶率的扩大，有利于减少中心偏析和中心缩孔等。

（5）降低出钢温度 15～20℃，不仅节能而且减少耐火材料损耗。

由上所述，将中间包内钢水温度控制在合适的范围内，实施低过热度的恒温浇注是获取良好铸坯质量以及产品质量和提高生产率的重要条件。

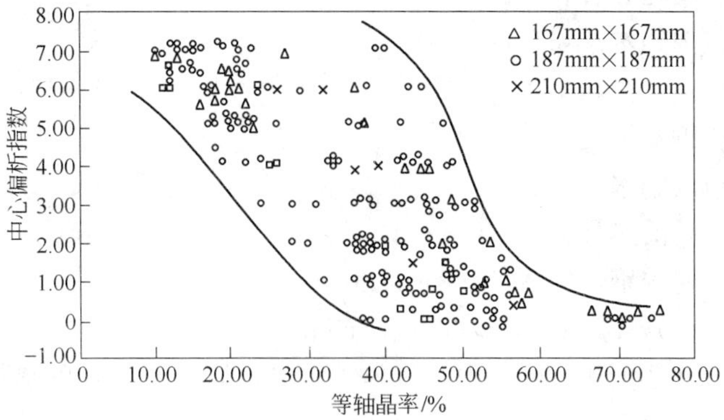

图 10－17 不同断面的中心偏析与等轴晶率的关系

10.2.1.3 中间包钢水温度补偿计算

A 中间包内的热损失

钢水从钢包流经中间包注入结晶器，其间的放热过程如图 10－18 所示。由图可见，中间包内钢水的热损失可由式（10－2）表示：

$$H = Q_1 + Q_3 + Q_4 + Q_5 \qquad (10-2)$$

式（10－2）和图 10－18 中，Q_1 为钢包长水口的辐射热量；Q_2 为钢包注入中间包的热量；Q_3 为中间包耐火材料的吸热量；Q_4 为中间包钢水液面的辐射热量；Q_5 为中间包的其他热损失；Q_6 为中间包注入结晶器的热量。

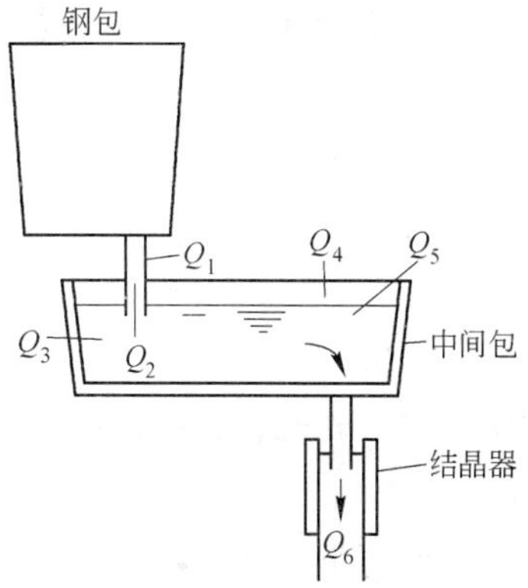

图 10－18 中间包热平衡过程

在浇注初期约十分钟内，由于中间包内衬的耐火材料吸热的影响很大，Q_3 显然是很大的，而其放热与时间有关，随时间的推移，放热趋于稳定，而 Q_4、Q_5、Q_1 可以认为在浇注过程中大体保持不变。

B 输入中间包的热量估计

在配置中间包加热器时，必须处理好输入加热功率、最大加热功率和最佳加热功率这三者的关系：

（1）输入加热功率。输入加热功率取决于中间包的容量、浇注量、加热时间和温控精度等。

（2）最大加热功率。从中间包钢水的热平衡分析、最大温降出现在浇注初期，因此，中间包加热器的最大功率应能补偿浇注初期的最大温降。

（3）最佳加热功率。确定最佳加热功率有利于使加热器结构最佳化和操作的简化。

通常按一钢包的钢水在中间包内温度变化来计算温度补偿所必需的加热容量。假定中间包内钢水温度是均匀的，并且从钢包到中间包和从中间包到结晶器的浇注量是相等的，则中间包内钢水的热平衡由式（10－3）表示：

$$c_p W \frac{dT}{dt} = c_p Q(T_L - T) - H + P \qquad (10-3)$$

式中 c_p——钢水等压比热容，J/(kg · ℃)；

W——中间包内钢水重量，kg；

Q——浇注量，kg/min；

T_L——钢包内钢水温度，℃；

T——中间包内钢水温度，℃；

H——中间包内的热损失，J/min；

P——向中间包内钢水加入的热量，J/min；

t——从中间包开浇起始的浇注时间，min。

由式（10－3）可见，其左边是中间包内钢水单位时间所吸收的热量；右边的第一项是钢包单位时间加入中间包的热量，第二项是中间包钢水的热损失，主要是内衬耐火材料的导热和钢液面的辐射热。从中间包内钢水温度变化过程看，浇注初期，中间包内衬耐火材料蓄热小，而耐火材料的热损失大，其后温度回升，随后受到钢包内钢水温度降低的影响又慢慢降低。一般来说，浇注时间越长，与目标温度的偏离也越大，因此，必须增加加热能力。

假定将中间包内钢水温度控制在目标温度 T_C，则式（10－3）等号左边有 $\frac{dT}{dt}=0$，因此有

$$P = -c_pQ(T_L - T_C) + H \tag{10-4}$$

将式（10－4）两边除以 c_pQ 得到：

$$\frac{P}{c_pQ} = -(T_L - T_C) + \frac{H}{c_pQ} = \Delta T$$

其中，ΔT 为相对目标温度的温度差。因此有：

$$P = c_pQ\Delta T \tag{10-5}$$

由此可见，加入的热量 P 由浇注量和必要的温升决定，而 ΔT 即流入和流出中间包的钢水温度差及中间包全部热损失的实际必要温升。

连铸实践表明，不同浇注期的中间包内钢水温降大致是：开浇初期的钢水温降通常比正常浇注期的大 10～20℃；终浇期的温降约为 5～10℃；在钢包交换期，根据下一包钢水温度的不同，温降约为 5～8℃。

10.2.2 中间包通道式感应加热与精炼技术

通道式感应加热技术用于熔化金属和合金（特别是有色金属）已有几十年历史，但用于连铸中间包钢水加热则是近二十多年的事。工业试验和在线应用表明，它能有效地补偿中间包钢水的温降并使其温度均匀，同时能有效地提高中间包内钢水清洁度，减少非金属夹杂物，具有加热均匀、效率高、设备简单、投资省、运行安全可靠、操作维护方便、冶金效果好等优点，很适合现有中间包的技术改造。

10.2.2.1 结构形式

图 10－19 表示典型的新日铁中间包双通道感应加热装置示意图。

通道式感应加热装置都由耐火材料制成的隔墙将中间包分隔成注入室和分配室。在耐火材料的隔墙内部上下贯通地安装感应加热器，在感应加热器的周边靠近中间包底部设置

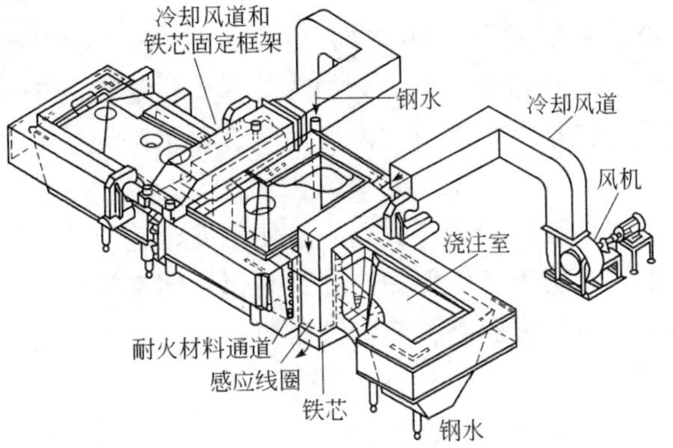

图 10-19 典型中间包双通道感应加热装置示意图

连接两个室的通道。根据通道设置不同，可以分为包外单通道式、包内双通道式和包内三通道式，见图 10-20。

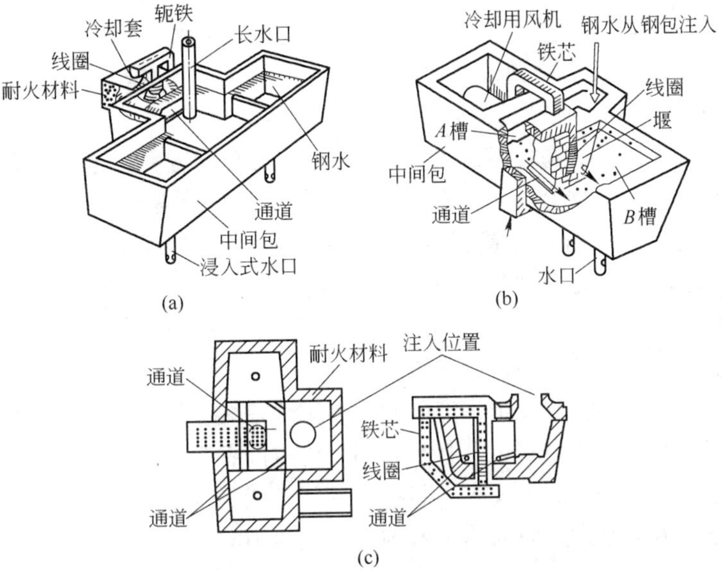

图 10-20 中间包通道式感应加热装置示意图
(a) 单通道；(b) 双通道；(c) 三通道

10.2.2.2 设备构成

感应加热器：感应加热器用于激发磁道，类似于带一次线圈的单相变压器，由闭合磁路的铁芯和多匝线圈组成。铁芯由可移动的 Π 形铁芯和固定轭铁组成，前者可根据需要移出中间包，后者是一条条形轭铁固定在中间包上。感应加热器安装在上下贯通的非磁不锈钢内套内，它既作为耐火材料的支承，也作为冷却用空气的通道，也便于使感应器定位精确。

通道：通道由耐火材料制成，埋设在靠近中间包底部的隔墙内，作为钢水加热和流动的通道。

单相交流电源：电源的组成是多种多样，主要由多级三相变压器、三相变单相的转换器、功率因数补偿电容及断路器等组成。为加热装置提供稳定的单相工频交流电源。

控制系统：控制系统包括功率调节、温度检测、显示和记录等功能，用于加热装置的调控和显示。

冷却系统：冷却系统一般采用风冷式，一是使用安全，二是可以提高热效率。

需要指出的是，由于非磁不锈钢保护套和中间包壳体都被感应加热器铁芯所匝链，为防止在其中感生的感应电流形成回路，两者都需要开一个由绝缘材料隔离的缝隙。

10.2.2.3 技术特点

中间包通道式感应加热的技术特点为：

(1) 加热效率高。由于通道式感应加热是基于电磁感应原理，直接向钢水体内加热，热量损失小，故加热效率一般可达90%以上。

(2) 加热的响应性和控制性好。因为通道式感应加热能将电能直接转换成热能，输入功率和钢水加热同步进行。此外，输入功率可以很容易地根据钢包的钢水量、时间间隔、浇注条件等因素借助电气控制，再配合连续测温技术可防止中间包内钢水温度的波动。

(3) 钢水无污染。因为借助流经通道中的感应电流的焦耳热来加热钢水，无需气氛控制，因而不必担心气氛中杂质被钢水吸收而受到污染。

(4) 有利于夹杂物的去除。通道埋设在中间包底部附近，由于热对流和电磁力的箍缩效应，形成有利于夹杂物上浮的上升流，使钢水中夹杂物减少，提高钢水的清洁度。

(5) 作业环境良好。由于配置加热装置，不会对操作空间造成大幅度的制约；又因感应线圈可以采用风冷，完全避免了冷却水与钢水的接触，故安全性高。

(6) 安装维护方便。尽管感应器铁芯上下贯通安装在中间包上，但因其分上下两部分，感应器与中间包很容易装卸，操作方便。

其不足之处是，设备上有一定程度的制约，因为需要在中间包上安装感应加热器、通道和风冷管道等，需要占用中间包及其小车的一定空间；特别是中间包与钢包回转台之间的距离较短，这些都严重制约了现有中间包采用通道式感应加热技术。

国内外部分应用通道式感应加热技术的情况见表10-2。

表10-2 国内外部分应用通道式感应加热技术的情况

序号	公　司	钢　　种	中间包容量/t	加热装置	
				通道形式	加热功率/kW
1	川崎	SUS304、430	8	包外单通道	1000
2	大同特钢	汽车用低合金钢轴承、不锈钢	20	包外单通道	1000
3	住友	高碳钢、轴承钢、渗碳钢	13	包内双通道	1000
4	新日铁	铝沸腾钢	30	包内双通道	1000
5	神户	轴承钢	12	包内三通道	600
6	国内某特钢	轴承钢	30	包内双通道	1000

10.2.2.4 加热功能与钢水净化功能

通道式感应加热的两个主要功能是加热功能和钢水净化功能（即精炼功能）。

A 加热功能

a 工作原理

以双通道式为例，感应加热器和通道的配置如图 10－21 所示。就电路而言，它类似一台单相交流变压器，多匝线圈相当于变压器的一次回路，通道中流动的钢水相当于二次回路，视为一匝。由变压器的作用原理可知，当一次回路中的线圈馈给单相交流电流后，交变的电流就在铁芯的闭合磁路中建立起磁通 Φ，磁通 Φ 只能在闭合磁路中建立；交变的磁通 Φ 就在与铁芯匝链的通道里流动的钢水中感应起电势，感应电势只能在与铁芯匝链的通道中产生：

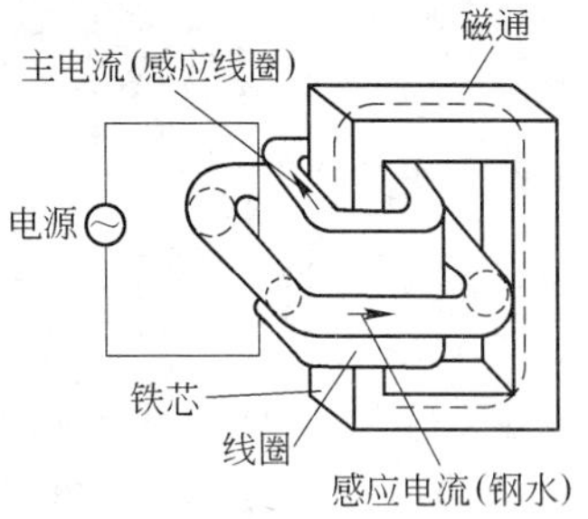

图 10－21 中间包通道式感应加热原理

$$E = \frac{\mathrm{d}\Phi}{\mathrm{d}t} \tag{10-6}$$

式中 t——时间。

由于钢水的导电性，该感应电势在钢水中感生感应电流：

$$j = \sigma E \tag{10-7}$$

式中 σ——钢水电导率。

感应电流在钢水中组成回路，其方向与一次回路中的电流的方向相反，由此在钢水中产生焦耳热 $\frac{j^2}{\sigma}$ 用来加热钢水。简言之，供给一次回路中的电能通过电磁感应传输到二次回路的钢水中，这就是通道式感应加热的基本原理。由于感应电流在钢水内部组成回路，其产生的焦耳热直接加于钢水的体内，因此通道式感应加热装置有较高的热效率。由此可见，注入中间包室内的钢水经过通道时被自身感应电流产生的焦耳热加热（实际上通道两侧的注入室和分配室同样有感应电流流动，也产生焦耳热），加热了的钢水从通道流入分配室，并与其中的大量钢水混合，因此中间包分配室中的钢水能在短时间内升温，并借助流动而使温度分布均匀化。

b 加热效果

通道式感应加热的效果见图 10－22 和图 10－23。图 10－22 表示中间包内钢水加热温度与加热器的输入功率之间的关系。由图可见，加热器的加热效率可达到 80%。

图 10－23 表示中间包内钢水过热度随浇注时间的变化。由图可见，选择合适的加热功率可使中间包内的过热度保持恒定。

图 10－24 表示在钢包浇注开始 1min 后在线所测得的有、无加热的中间包温度的变化。由图可见，由于加热浇注初期钢水温降显著改善，由 10～20℃降低到 0～5℃；其次，恢复到目标温度的时间也由 13min 缩短到 6min。对于钢包交换期和浇注终了期的温降也可以借助中间包加热器给予补偿，而其功率只需加热器最大功率的一半。因此，在整个浇注过程中，中间包钢水温度有可能控制在目标温度的 ±2.5℃。

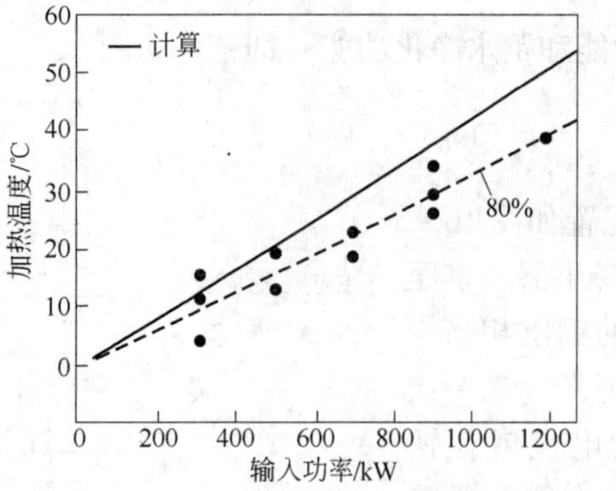

图 10－22 中间包钢水加热温度与输入功率的关系

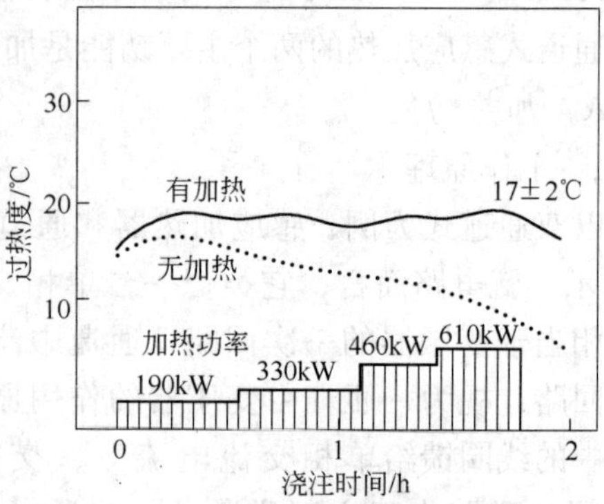

图 10－23 在不同加热功率下中间包钢水过热度随浇注时间的变化

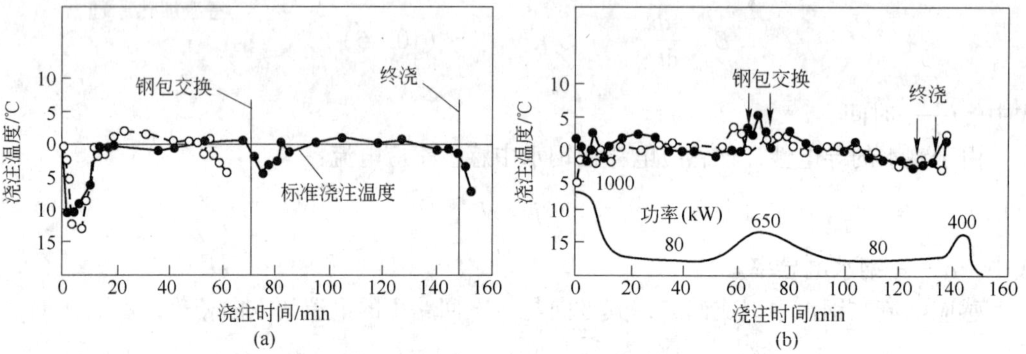

图 10－24 有无加热的中间包中钢水温度的变化

（a）无加热；（b）有加热

由上所述，通过通道式感应加热可保持低过热度的恒温浇注，可望改进铸坯质量和获得稳定操作，从而提高了生产率。

B 钢水净化功能

a 夹杂物去除功能和［O］$_t$ 含量减少的机理

夹杂物去除功能和［O］$_t$ 含量减少的机理基于两个效应：箍缩效应和密度差引起的钢水上升流的影响。

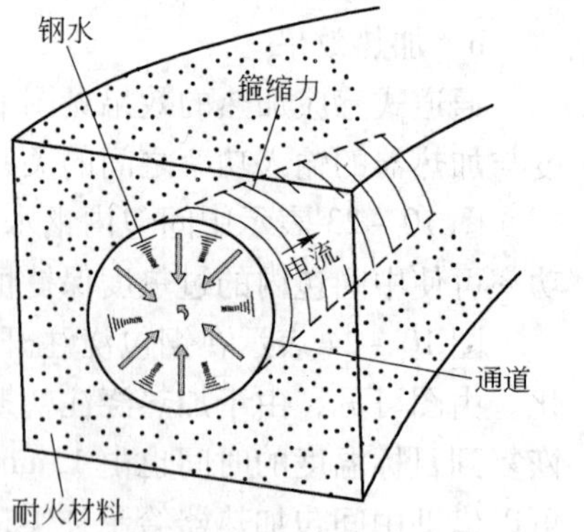

图 10－25 箍缩效应示意图

（1）箍缩效应。在通道内钢水中流动的感应电流，伴生指向通道中心的电磁力，该电磁力箍缩钢水，使其截面收缩，称为箍缩效应，见图 10－25。箍缩效应使重的导电钢水向中心箍缩，而轻相的不导电夹杂物受到与电磁力方向相反的泳动力（电磁力梯度产生的力）的作用而向通道壁泳动，最终附着在通道壁上而被去除。

（2）密度差引起的钢水上升流的影响。由于箍缩效应，钢水从通道中流出时形成射流，数值模拟表明，由热对流引起的向上流动是主要的，这是因为受热后由于密度差形成上升流，见图 10－26，而这种上升流有利于钢水中 $[O]_t$ 含量的下降和夹杂物的上浮分离。通过中间包内不同位置的连续测温，也能证实钢水上升流的存在。

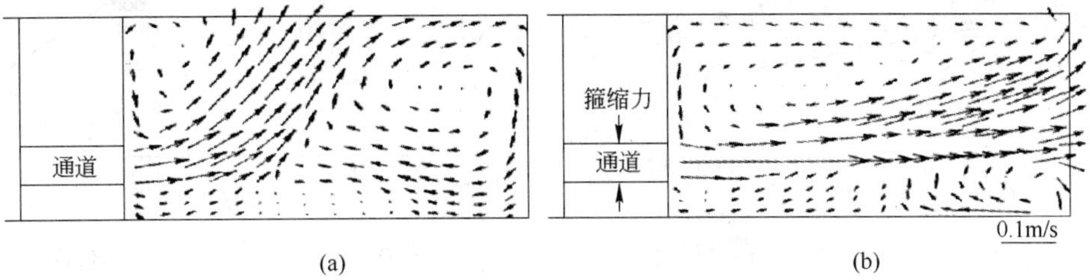

图 10－26 有或无感应加热的钢水流动的数值模拟
（a）无加热；（b）有加热

b 钢水中的 $[O]_t$ 含量降低和夹杂物去除效果

由于加热后形成的钢水上升流的影响，使中间包内的钢水的 $[O]_t$ 含量和夹杂物显著降低，提高了钢水清洁度。

降低钢水中的 $[O]_t$ 含量

图 10－27 表示在轴承钢生产中有或无中间包加热时，在连铸过程的不同工位的 $[O]_t$ 含量的变化。由图可见，使用通道式感应加热后，可使中间包及连铸方坯内 $[O]_t$ 含量显著减少。

图 10－28 表示加热功率对方坯中 $[O]_t$ 含量的影响。由图可见，随着加热功率的增加，方坯中 $[O]_t$ 含量减少的效果越显著。

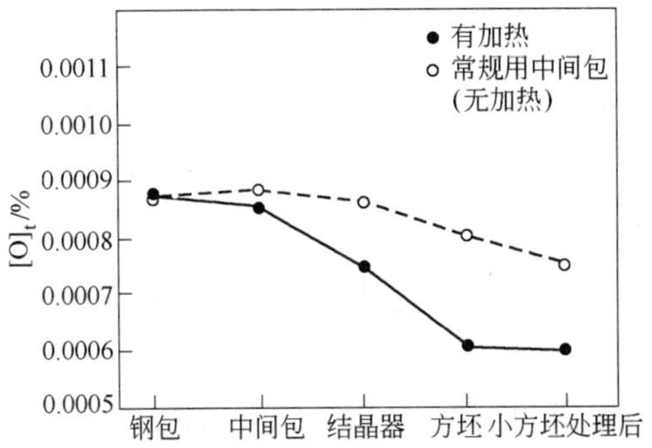

图 10－27 有或无加热的 $[O]_t$ 含量的变化

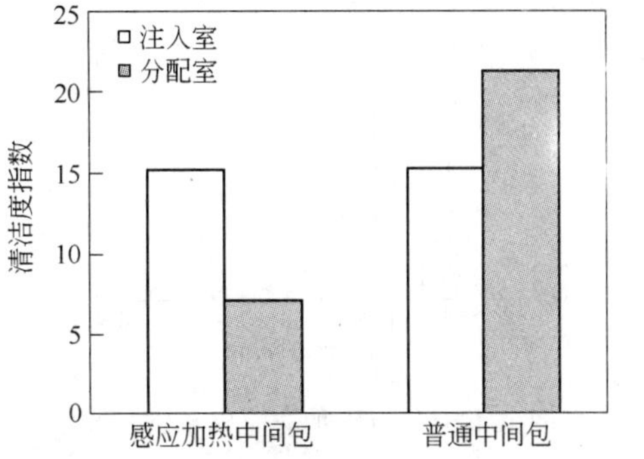

图 10－28 加热功率对方坯中 $[O]_t$ 含量的影响

图 10－29 表示在加热时不同钢中碳含量对方坯内 $[O]_t$ 含量的影响。由图可见，与不加热时比较，方坯中 $[O]_t$ 含量都有不同程度的减少，特别是低碳钢的 $[O]_t$ 含量较高，降低的效果更显著。

夹杂物去除效果

图 10－30 表示铝镇静钢在加热前后中间包内钢水清洁度的比较。由图可见，中间包内钢水清洁度在加热时大幅提高。

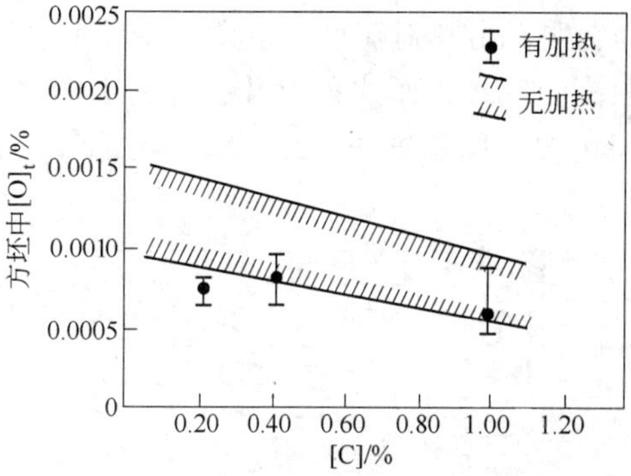

图 10－29　有无加热时钢中碳含量时方坯中［O］$_t$ 含量的影响

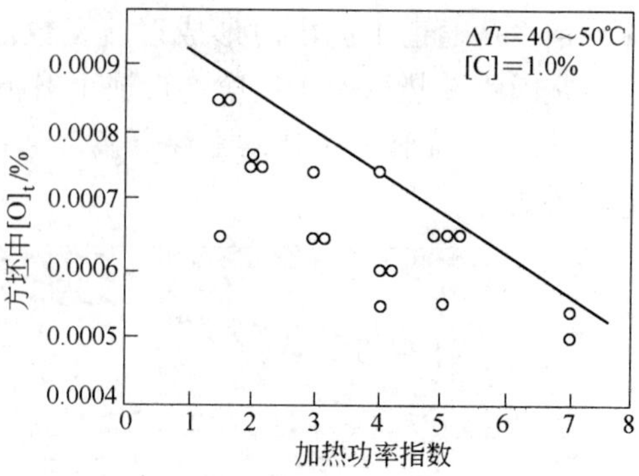

图 10－30　有无加热对中间包内钢水清洁度的比较

图 10－31 表示有或无加热时，轴承钢产品中不同粒径夹杂物去除效果的比较。由图可见，粒径大于或等于 10μm 的夹杂物都基本去除了，粒径小于或等于 5μm 的夹杂物显著减少，夹杂物去除效果明显。

图 10－32 表示加热前后薄板表面缺陷的比较，由图可见，加热后薄板材的表面缺陷降低到加热前的 40%。

综上所述，由于加热过程中［O］$_t$ 含量减少和夹杂物去除等效果，提高了钢的清洁度，有可能使中间包通道式感应加热技术成为洁净钢生产的有效方法之一。

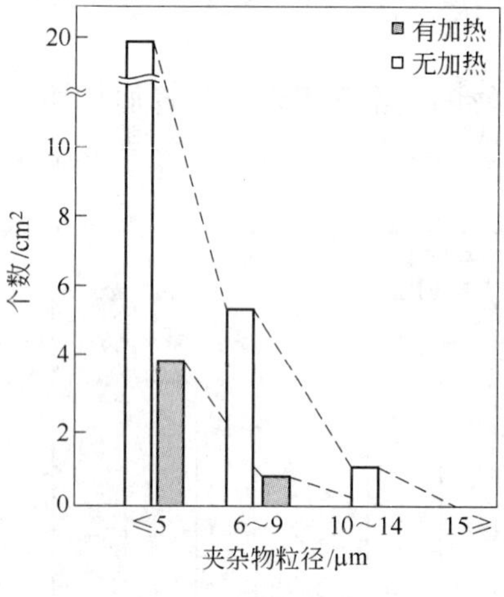

图 10－31　有无加热时轴承钢产品中夹杂物粒径的比较

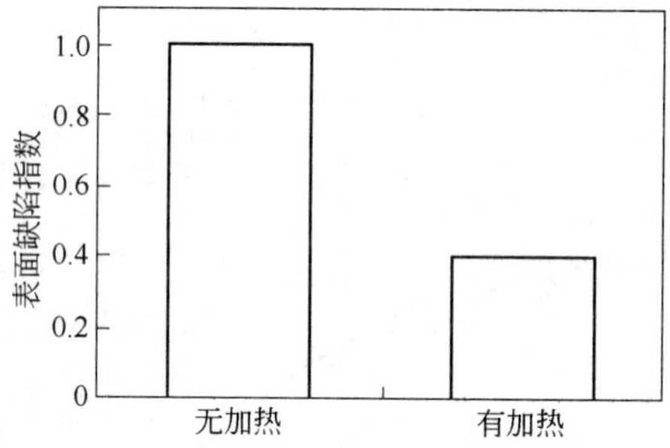

图 10－32　有无感应加热的薄板坯表面缺陷的比较

10.2.3　中间包弧形双通道感应加热与精炼技术

10.2.3.1　弧形双通道感应加热装置的工作原理、设备构成及特点

A　设备构成简述及原理

弧形双通道感应加热成套装置主要由激发磁通的感应器、非磁不锈钢防护套、耐火材料通道、中频电源、电控系统和复合冷却系统等组成。

图 10－33 表示由中科电气自主研发的、国内第一套中间包弧形双通道感应加热装置

的全景图。由图可见，感应加热装置安装在中间包钢水注入室两侧，采用弧形通道，埋设在底部附近。

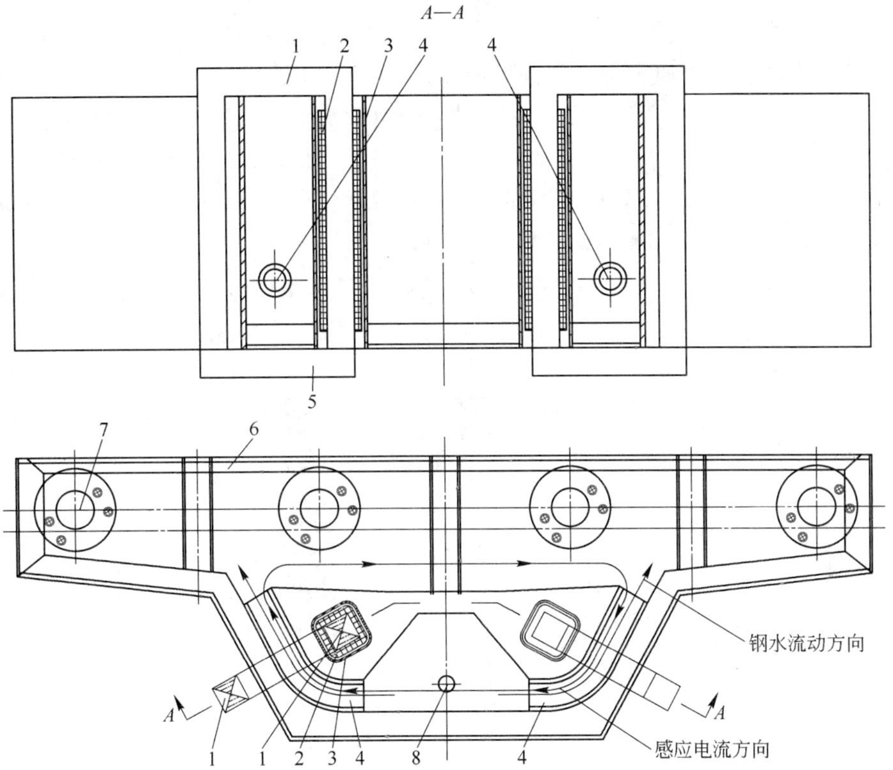

图 10－33 弧形通道感应加热装置结构示意图

1—感应器铁芯（可拆卸）；2—感应器线圈（可拆卸）；3—非磁不锈钢套；4—弧形通道；5—感应器铁芯（轭铁）；6—中间包；7—中间包浇注口；8—钢包注入口

其工作原理是，当左右两台感应器分别馈给中频电流时，就在各自的闭合铁芯中建立磁通，交变的磁通在各自的弧形通道内的钢水中感生感应电流，调整两台感应器的激磁电流方向，使得在两条通道内的钢水中感应电流流动方向一致，由于感应电流必须在钢水中自行形成闭合回路，从而形成感应电流由左通道流出，经中间包流入右通道，再由右通道经注入室返回到左通道，这样就形成感应电流的大环流，见图 10－33 中所示。这个大环流就在其途经区域的钢水内产生焦耳热，从而加热钢水。

B 弧形双通道感应加热装置的特点

弧形双通道感应加热与精炼装置的最大特点是可以不改变钢包钢水注入口与中间包钢水浇注口之间的坐标位置，因此特别适合对现有连铸机的改造。两条弧形通道布置在钢包钢水注入室的两侧，其弧形正好与注入室的形状相吻合；感应器布置在注入室两侧，维持了中间包的进深长度和钢水注入室的溢流槽的位置及尺寸不变，使得整个设计十分紧凑合理而又不改变钢包、中间包及中间包小车的相互位置坐标及主要尺寸。其主要特点是：

（1）维持了钢包、中间包及中间包小车的相对位置坐标不变，有利于现有连铸线增设感应加热装置而不改变钢包回转台或中间包的位置；

（2）基本上不改动现有中间包的构形，包括钢水注入口、溢流槽及中间包浇注口，特别有利于现有中间包增装该型号感应加热装置；

（3）激发磁通的感应器采用双感应器，有利于提高效率和缩小体积；

（4）采用复合冷却方式，按照不同浇注阶段加热功率采取不同的冷却方式和冷却强度，既保证了感应器的冷却要求又保证了冷却的安全、高效；

（5）采用中频段变频电源激磁，目的是提高感应器的工作频率而大幅减小感应器的体积和重量。这样，有利于现有连铸机增装弧形双通道感应加热装置，而不必改动中间包起吊行车的规格，同时还可依据加热功率不同通过调整输出频率来调整输出功率，高效节能。

C　弧形双通道与双通道结构比较

图 10-34 表示弧形双通道和双通道感应加热装置示意图。由图可见，其设备大体与双通道感应加热装置相似，所不同的是通道设置和激发磁通的感应器的布置。

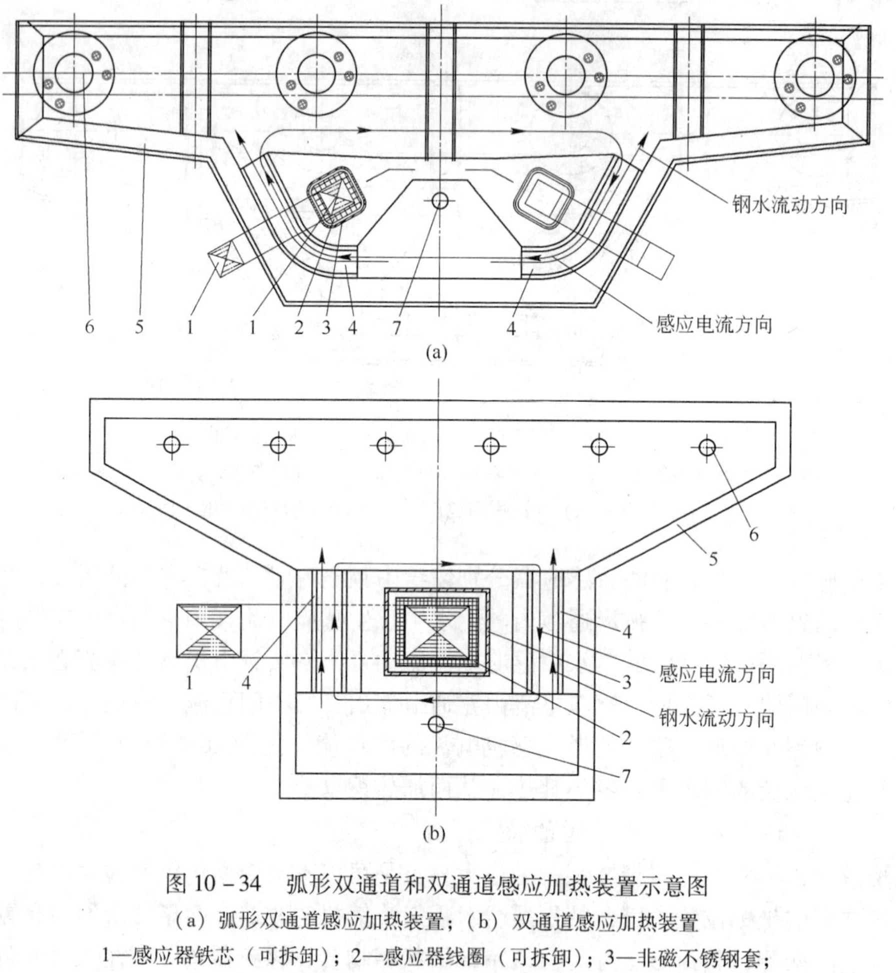

图 10-34　弧形双通道和双通道感应加热装置示意图

（a）弧形双通道感应加热装置；（b）双通道感应加热装置

1—感应器铁芯（可拆卸）；2—感应器线圈（可拆卸）；3—非磁不锈钢套；

4—弧形通道；5—中间包；6—中间包浇注口；7—中间包注入口

10.2.3.2　弧形双通感应加热应用实例

A　主要技术参数

弧形双通道感应加热装置的主要技术参数见表 10-3。

表 10－3 弧形双通道感应加热装置的主要技术参数

型　　号	DGJR-30T	电流/A	100～1000
适应的中间包容量/t	30	电压/V	500～2200
形　　式	两台对称安装	频率/Hz	50～2000
	大的感应电流环流	功率/kV · A	1500
	弧形通道，中频激磁	绝缘等级	C 级
冷却方式	复合冷却	自重/kg	3000（以实物为准）

B　中间包改造实例

图 10－35 表示弧形双通道感应加热装置与中间包安装实体图。

图 10－35　弧形双通道感应加热装置的中间包

C　现场运行画面

图 10－36 所示为弧形双通道感应加热装置监控的画面。

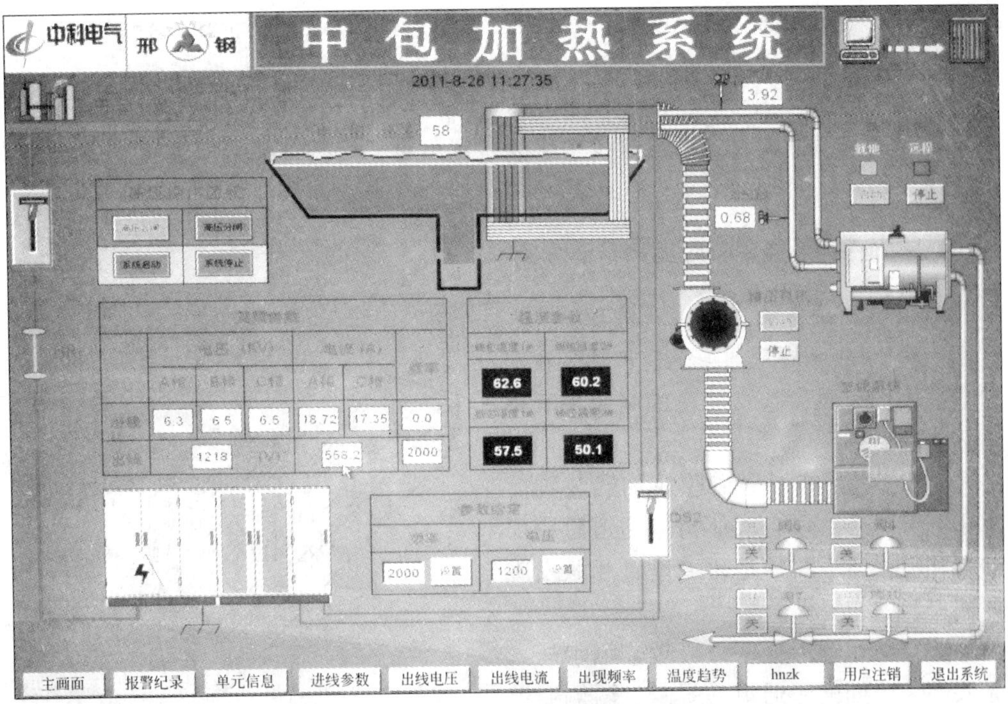

图 10－36　弧形双通道感应加热装置监控画面

D 连续测温曲线

弧形双通道感应加热装置在某钢厂进行了在线工业试验，试验条件是：中间包容量30t、四机四流、断面280mm×340mm、钢种为中碳钢；电源参数见表10－3。

图10－37表示弧形双通道感应加热时用连续测温仪测得的中间包钢水温度曲线，图中纵坐标表示钢水温度，横坐标表示运行时间。由图可见，在感应加热初始阶段，即从10：40：44加热器开始运行，钢水温度逐步上升，约10min后，钢水温度达到稳定，直至11：48：14加热器停用。在约50min运行时间里，钢水温度基本保持在约1550℃左右。这一结果初步显示弧形双通道感应加热装置的适用性。连续测温2未投运。

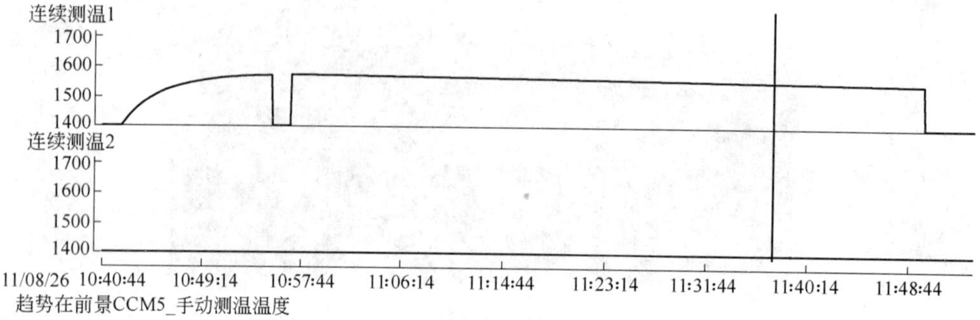

图10－37 用连续测温法测量的中间包感应加热过程的温度曲线

综上所述，在线工业试验表明：

（1）弧形双通道感应加热装置的设计理念是可行的，这有利于在原有连铸机上增装感应加热装置，大大有利于推广应用；

（2）通过在线使用考验，弧形双通道感应加热装置是可靠的，使用也是安全的；

（3）通过连续测温，在运行过程中中间包温度是稳定的，弧形双通道感应加热装置的使用效果是良好的。

10.2.4 中间包蝶形通道感应加热与精炼技术

10.2.4.1 设备构成简述及原理

图10－38表示蝶形通道感应加热装置安装位置，由图可见，它安装在中间包现有钢包注入口的后部。

图10－39是蝶形通道感应加热装置简图。由图可见，其设备大体与双通道感应加热装置相似，所不同的是通道设置和激发磁通的感应器的布置。

通道整体布置形如一只蝴蝶，钢水注入口是头部，中间的粗通道是蝶身，两侧通道构成两只翅膀。在蝶形通道中感应电流和钢

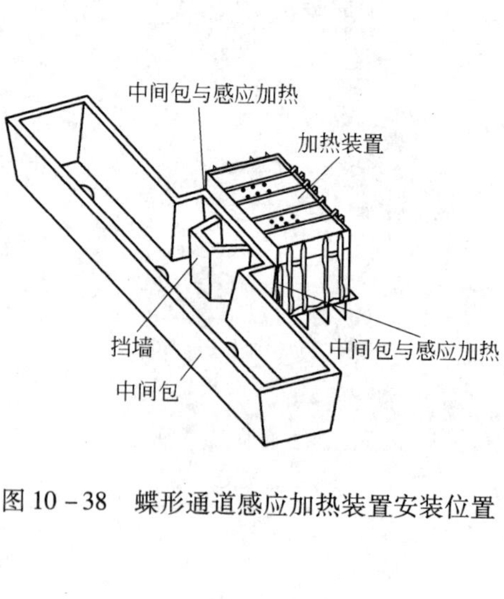

图10－38 蝶形通道感应加热装置安装位置

水的流动方向一致，在左侧通道中按顺时针方向流动，而在右侧通道中按逆时针方向流动。

10.2.4.2 蝶形通道感应加热的特点

蝶形通道感应加热装置的特点有：

（1）基本上不改动现有中间包的构形，包括钢包注入口和中间包浇注口，特别有利于现有中间包增装该型号感应加热器装置；

（2）蝶形通道实际上是由平行的三条主通道及连接主通道的稳流区组成，通道增长有利于提高加热效果，也有利于提高夹杂物去除效果；

（3）感应加热器采用双线圈，有利于提高加热效率和缩小体积；

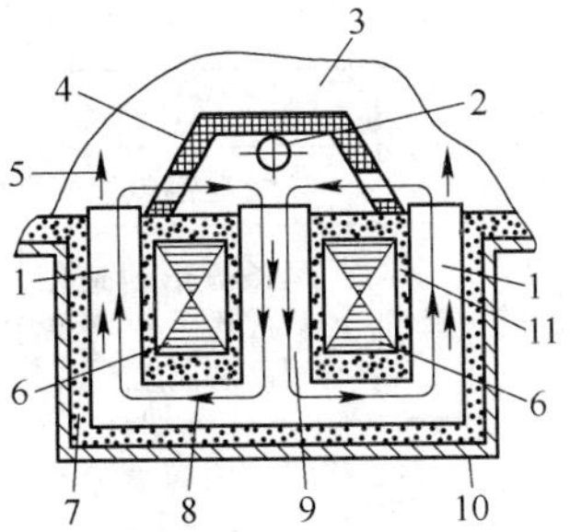

图 10－39 蝶形通道加热装置示意图

1—两侧主通道；2—钢水注入点；3—中间包；4—挡槽；5—钢水流动方向；6—铁芯；7—耐火材料；8—感应电流方向；9—主通道；10—箱体；11—不锈钢套

（4）采用铜管线圈内水冷或风冷，采用 D 形截面回形管路冷却铁芯和非磁不锈钢防护套。

10.2.4.3 蝶形通道与双通道技术比较

图 10－40 表示蝶形通道和双通道感应加热装置示意图。

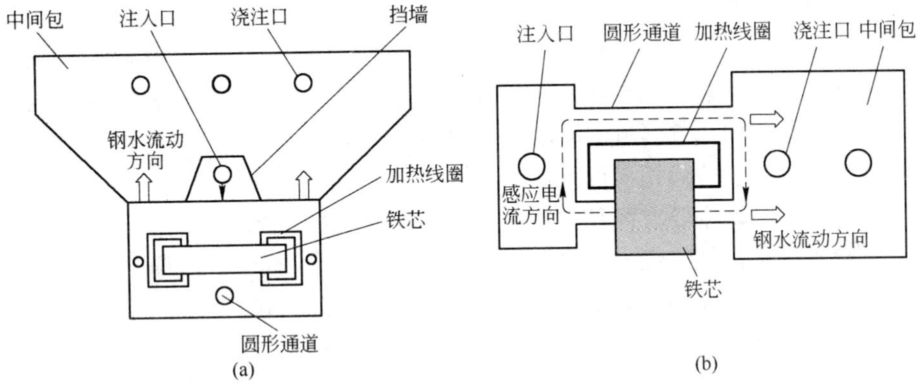

图 10－40 蝶形通道和双通道感应加热装置示意图

（a）蝶形通道；（b）双 通 道

10.2.4.4 弧形双通道、蝶形通道与双通道感应加热技术比较

弧形双通道、蝶形通道与双通道感应加热技术比较见表 10－4。

表 10－4 弧形双通道与双通道感应加热技术比较

感应器形式		弧形双通道	蝶 形 通 道	双 通 道
相同点	加热机理	通道中感应电流的焦耳热		
	净化机理	通道中感应电流产生箍缩力，使钢水向通道中心箍缩从而使质量相对较轻的夹杂物及气泡向通道壁泳动 受热钢水因密度差引起的上升流动		

续表 10-4

感应器形式		弧形双通道	蝶形通道	双通道
不同点	安装位置	安装在钢包注入室两侧	在钢包注入口后部	在钢包注入口前部
	通道布置	两条弧形通道依注入室形状成倒八字布置在注入室底部两侧	三条平行通道和前后两条连接通道	两条平行通道
	感应器布置	两台感应器分别布置在注入室左右两侧	一台感应器紧跨于三条条通道中间，采用双柱双线圈	带线圈的一侧跨于两条平行通道中间，另一侧跨于中间包壳体
	电源频率	中频	工频	工频
	冷却方式	复合冷却	水冷或风冷	风冷
	整体体积、重量	小（只有双通道的 1/4 左右）、轻	稍大、稍重	更大、更重

10.2.5　中间包等离子体加热技术

10.2.5.1　中间包等离子体加热的技术分类

从 20 世纪 90 年代后期起，据不完全统计，我国先后引进多达八套中间包等离子体加热装置，国内也曾研发过二三套类似装置，但这些装置都未能在生产实际中应用。据了解，其主要原因有：中间包液面渣太厚，起弧困难；中间包钢水液面波动大且挡墙效果差；设备使用时噪声太大，使人难以承受；等离子产生的电磁辐射对弱电系统有较大的干扰；等离子体火焰在加热室的局部区域温度高达 3000℃，对耐火材料要求高且造成耐火材料消耗过大；加热室局部区域温度高，易使局部区域钢水过烧甚至增氮。因此，目前国内多家钢铁企业已卸载或停用该设备。

等离子体加热技术主要有两种类型：直流（DC）型和交流（AC）型，见图 10-41。由图可见，两者都采用转移弧方式将电能转换成热能。所谓转移弧，简单地说就是流经等离子体弧柱的电流必须经外部对象物如钢水构成回路（见图 10-42）。

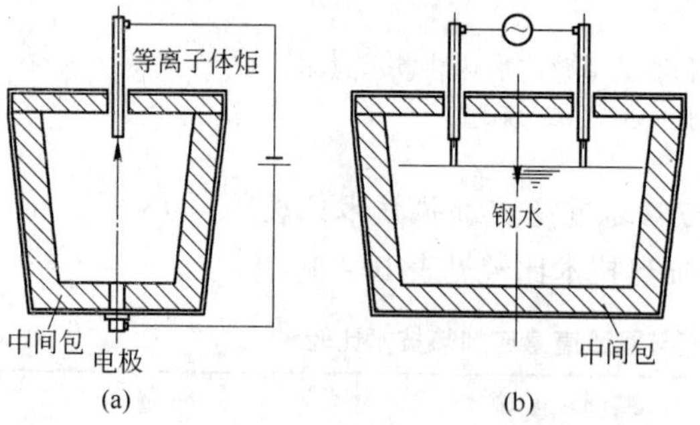

图 10-41　DC 型和 AC 型等离子体加热示意图
（a）直流等离子体加热系统；（b）交流等离子体加热系统

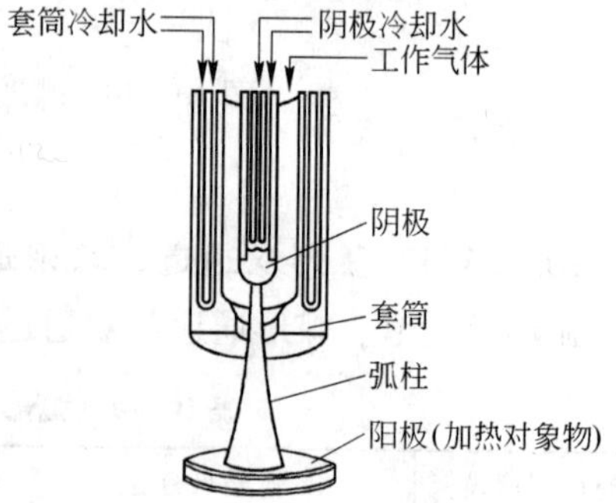

图 10-42　转移弧示意图

从实际使用情况看，DC 型等离子体加热技术比较适合中间包钢水加热。为简单起见，将中间包等离子体加热（Tundish Plasma Heating）缩写成 TPH。

10.2.5.2 中间包等离子体加热的设备构成

以新日铁的 DC 型 TPH 为例做表述。图 10－43 表示新日铁 TPH 的全景图。其设备构成是：

（1）等离子体炬（俗称等离子体枪，Plasma 炬）。等离子体炬由水冷套筒和阴极组成。套筒的后部联接水路、气路和电路；阴极的头部由高电子发射能力的钍钨合金制作。

（2）Plasma 炬的升降机构。该机构用于支撑 Plasma 炬并控制其上下移动，以调整其与钢液面的距离，达到最佳运作水平。

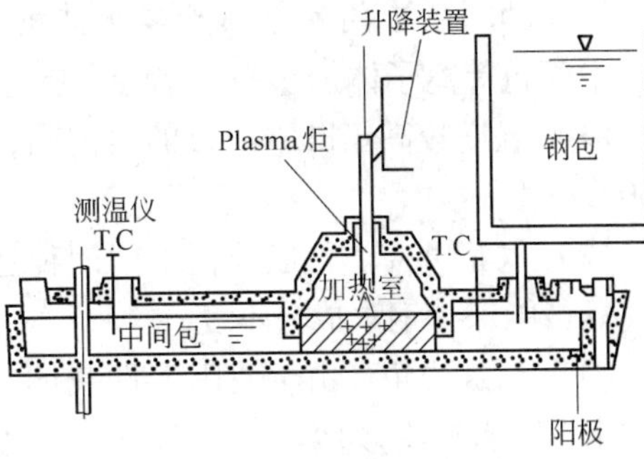

图 10－43 DC 型 TPH 全景图

（3）中间包上部设置加热室。加热室的作用，一是利用加热室将 Plasma 弧产生的热间接辐射到钢液面，提高其热效率；二是维持钢液面以上的惰性气氛，防止钢水二次氧化。

（4）气体系统。根据使用要求确定惰性气体的类型。TPH 中通常使用氩气，因为氩气易于电离，也不与钢水起化学反应，另外也能保护阴极表面，提高阴极寿命。另外也可根据浇钢钢种，使用氩气、氮气、氩气和氮气的混合气等。

（5）冷却水系统。Plasma 炬运行时需要去离子水冷却，防止冷却通道结垢，影响冷却效果。

（6）回流阳极。DC 型 TPH 系统需要一个电流回路电极，称阳极，埋设在中间包钢水内。由此构成一个由阴极出发经 Plasma 弧柱、进入钢水、到达阳极的直流电流的封闭回路。

（7）电路系统。将三相交流电整流成直流电源。

（8）电控系统。监视、控制和显示钢水温度、TPH 的电气特性（电压、电流和功率）、气源的流量和压力、冷却水的流量和压力及部件故障等。

10.2.5.3 中间包等离子体加热的工作原理

TPH 通常采用转移弧形式将电能转换成热能，使钢水保温或升温。其工作原理是，可上下移动的 Plasma 炬作为电流的阴极，而被加热的钢水作为阳极。其工作步骤大致是：

（1）运行开始时，先将 Plasma 炬下降到接近钢液面，然后利用高频电流起弧装置在阴极与阳极之间放电形成电弧区。

（2）将工作气体如氩气、氮气等经 Plasma 炬吹入电弧区而被电离，形成 Plasma 弧柱，利用其电阻将电能转换成热能。通常弧心温度约 3000℃，电离度越高，弧柱温度也越高。

（3）将 Plasma 炬向上提升，拉长弧柱，提高了弧柱的电压，即增加了 Plasma 炬的输出功率，也增加对钢水的加热功率。

（4）Plasma 炬产生的热量通过三条途径加热钢水，即从 Plasma 弧柱向钢液面的直接辐射加热；从加热室壁面反射到钢液面的间接辐射加热；由弧柱中的电流经钢水到达阳极的电压降，即利用钢水电阻的直接加热。

（5）Plasma 加热的热损失主要有三部分，即 Plasma 炬外套筒和阴极的冷却水带走的热量；工作气体的废气带走的热量；加热室壁面耐火材料的蓄热及经壁面的传热。

10.2.5.4　中间包等离子体加热的技术特点

中间包等离子体加热的技术特点有：

（1）温度较高。Plasma 弧的焓值高，能量集中，能获得高温热源，通常弧心温度达 3000℃以上；

（2）气氛可控。可以根据不同钢种选择工作气体，如氩气、氮气、氩气和氮气的混合气等，能保持钢水成分不变；

（3）气氛洁净。由于使用惰性气体，在钢液面上方能形成洁净的氛围，不仅不会污染钢水，而且能有效地防止钢水二次氧化；

（4）控制性良好。Plasma 炬将电能转换成热能，加热响应快，加热功率能自由地设定且调节范围宽，能提供较精确的温度控制；

（5）操作性和维护性好。由于 Plasma 炬和加热室设置在中间包的上方，不会影响中间包的容量和连铸作业，由于 Plasma 炬与中间包和钢包完全分离，维护性良好。

10.2.5.5　中间包等离子体加热的冶金效果

采用 TPH 的冶金效果主要有：

（1）中间包钢水温度可以控制在目标温度的 ±5℃内；

（2）板坯的夹杂物指数减小 45%，即从 1.0 减小到 0.55；

（3）减少水口冻结，冻结的炉次由 3.2% 减少到 2.0%。

10.2.5.6　中间包感应加热与等离子体加热的技术比较

基于以上感应加热和等离子体加热技术的论述，为简明起见，将两者技术的比较综合于表 10－5。

表 10－5　中间包感应加热与等离子体加热技术的比较

比较内容	等离子体加热	感应加热
加热机理	通过易电离气体（Ar）产生的等离子体弧柱，将电能转化成钢水的热能	通过电磁感应将电能转化成钢水的热能
加热途径	主要靠热辐射加热钢水表面，其中弧柱直接辐射加热约占 18%，加热室炉壁辐射加热占 52%，少部分靠弧电流经钢水传导加热，约占 30%	借助在钢水中感生的感应电流，将焦耳热加于流经通道的钢水内
温控精度	输入功率由等离子体弧柱长度决定，可控性稍差。温控精度为目标温度的 ±5℃	加热的响应性和可控性好，温控精度为目标温度的 ±（2～3）℃
加热功率和效率	加热功率通常为 1000kW； 加热效率为 60%～70%	加热功率通常为 1000kW； 加热效率大于 90%
加热设备维护	等离子体炬中阴极的钍钨材料需经常更换	基本不需维护
对钢水的污染	由于气体的离解和电离作用，易造成钢水增氮达 6×10^{-4}%	无污染
对环境的影响	噪声大、电磁辐射强	基本无噪声和电磁辐射
中间包改造	基本不改变中间包外形，但需要增设专门的加热室，在中间包底部或侧壁埋设电流返回阳极	需要上下贯通的专门区域安装加热用感应器及其两侧的耐火材料通道，中间包改造相对较大

续表 10－5

比较内容	等离子体加热	感应加热
对耐火材料的要求	因等离子体弧柱温度高达 3000℃，加热室内衬耐火材料的耐高温要求较高，否则易于剥落成夹杂物	由于通道中钢水流动引起的侵蚀性磨损，对通道耐火材料的耐磨损要求较高
对转炉或精炼炉出钢温度的影响	降低出钢温度 10～20℃，可延长转炉和精炼炉的使用寿命，同时节约能源	降低出钢温度 10～20℃，可延长转炉和精炼炉的使用寿命，同时节约能源
对运行操作的要求	需要执行起弧、拉长弧柱等程序，操作较复杂且要求较高，操作不当容易熄弧	操作简单，只需调节加热功率等级
其他相关配置	连续测温和连续液面检测	连续测温
其他辅助手段	为使被加热钢水从表面转移到母液中，需要借助堰或吹氩促进钢水流动	基本不需要
适用领域	大尺寸中间包（40t 以上）、大的浇注量、较长浇注周期的板坯和大方坯连铸	小尺寸中间包（30t 以下）、小的浇注量、较长浇注周期的小方坯和大方坯连铸
运行费用	运行费用较高	运行费用较低

参 考 文 献

[1] 朱宫 徹ウ. 住友金属，1993，45：92～97.

[2] 三木祐司．遠心分離タンディッシェによる溶鋼中介在物の分離［J］．鉄と鋼，1996，82（6）：40～45.

[3] 三木佑司ウ. 遠心分離タンディッシェによる溶鋼の高清浄化［J］．鉄と鋼，2000，86（4）：37～44.

[4] Enokido H，et al. High speed casting of ultra－clean stainless steel at Chiba No. 4 CCM with CF tundish［J］．La Revue de Metallurgie CIT，1997，94（11）：1385～1391.

[5] 王赟，等．离心中间包内钢液流动的数值模拟．金属学报，2008，44（10）：1203～1208.

[6] 吉井 裕ウ. 連続鋳造におけるタンディッシェ内溶鋼加熱による非金属介在物の低減［J］．鉄と鋼，1985，71（11）：52～59.

[7] M. Mabuchi，et al. Development of tundish heating system and its application to stainless steel casting［J］. Steelmaking Proceedings. 1986，69：737～742.

[8] 二川哲雄ウ. タンディッシェ内溶鋼加熱装置开发［J］．鉄と鋼，1987，73（12）：928.

[9] 大杉 仁ウ. タンディッシェ内溶鋼の温度制御と清浄化とよび成分調整技術［J］．鉄と鋼，1987，73（10）：A219～A222.

[10] Suzuki I，et al. Development of tundish induction heater for high quality continuously cast blooms［J］．Steelmaking Proceedings. 1988，71：125～131.

[11] Nakata H，et al. Productivity improvement of the Bloom C C in Chita Plant［C］//. Proceeding of the Sixth International Iron and Steel Congress. 1990：470～477.

[12] 山中 執ウ. タンディッシェ誘導加熱における流動現象と冶金的効果［J］．CAMP－ISIJ，1992，5：202.

[13] 胁田修至ウ. 連続鋳造におけるタンディッシュ溶鋼加熱装置について［J］．新日鉄技報，1992，345：23～29.

[14] 森井 廉ウ. 大同特殊鋼（株）知多工場第2号連鋳設備の建設と操業［J］. 电気製鋼, 1993, 64 (1): 13~22.

[15] 橋本康裕ウ. タンディッシェにおける成分調整試験［J］. 鉄と鋼, 1993, 79 (4): 45~48.

[16] 三浦龍介ウ. 八幡 No. 2 連鋳機におけるタンディッシェ 誘導加熱装置の導入と操業［J］. 鉄と鋼, 1995, 81 (8): 30~33.

[17] 谷口尚司ウ. ピンチ力による円管内溶鋼流からの介在物除去に関する理論的研究［J］. 鉄と鋼, 1994, 80 (1): 24~29.

[18] Fukuzaki Y, et al. Production of clean steel by bloom caster［C］//1992 steelmaking Conference proceedings, 1992: 397~402.

[19] Shiraishi A, et al. improvement of internal quality of large section Concast bloom with soft reduction technology and induction heater in tundish［J］. La Revue de Metallurgie CIT, 1990, 87 (9): 777~784.

[20] Takebayashi T, et al. Operational results of induction heating for molten steel in tundish, CAMP - ISIJ, 4: 1323~1991.

[21] 斎藤 忠ウ. タンディッシュ内溶鋼の交流プラズマ加熱技術の开発［J］. R·D 神户製鋼技報, 1990, 40 (1): 93~96.

[22] Matsumoto K, et al. The implementation of tundish plasma heater and its application for improvement of steel qualities［C］//Nagoya: Proceedings of The Sixth International Iron and Steel Congress, 1990: 222~229.

[23] 篠田强志ウ. 大容量移行型プラズマト－チの開発［J］. 製鉄研究, 1988, 331: 55~62.

[24] Bebber H J. Casting temperature control using a plasma tundish heater. Steel Time［J］. 1990: 244~245.

[25] 吴彬, 等. 等离子体中间包保温与加热——发展现状与工作设想（中国科学院力学研究所内部报告）.

11 连铸电磁搅拌系统的配置实例

电磁搅拌的实质在于借助电磁力的作用来强化铸坯中钢液的运动，从而改变钢液凝固过程中的流动、传热和迁移过程，达到改善铸坯质量的目的。在实际运用中效果显著，因而电磁搅拌成为了改善铸坯质量的主要的工艺手段。

影响连铸电磁搅拌的冶金效果的主要因素在于：

（1）电磁搅拌器能否提供足够大的电磁推力；

（2）电磁搅拌器的作用区域是否足够大；

（3）电磁搅拌器的安装位置是否得当；

（4）与不同钢种、断面及安装位置等因素相对应的合适的电磁推力。

第（1）、（2）个因素取决于电磁搅拌器及其配套变频电源、电气控制系统的参数及结构设计水平，而第（3）、（4）个因素则取决于电磁搅拌的运行工艺水平。一套连铸电磁搅拌系统要达到最佳的冶金效果，除了要求其本身性能优良外，还要求操作者有一定的实践经验，这些经验要在使用操作过程中不断的积累和丰富。

总的说来，电磁搅拌装置的设计和使用，一要依据连铸机及其工艺的实际情况，二要考虑连铸坯存在的质量缺陷或改善质量的方向，有针对性地选择电磁搅拌系统。在实际运用中，电磁搅拌作用机理必须与冶金机理相结合，在采用电磁搅拌技术的同时，仍须优化连铸工艺技术，如钢水洁净度的控制、过热度的控制、液面自动控制、拉速的控制、配水的控制等，才能把电磁搅拌作为锦上添花的功能更好地发挥出来，产生良好的冶金效果。

为阐述方便，本章主要以湖南中科电气股份有限公司（简称中科电气）供货的电磁搅拌系统配置实例作为样本，进行比较系统的介绍，一是全面反映我国电磁搅拌成套装置的研发水平，二是给使用者在选择、使用、维护电磁搅拌成套装置上有一个清晰的认识。

11.1 电磁搅拌系统的配置

11.1.1 电磁搅拌系统配置综述

电磁搅拌要产生足够大的交变磁场穿透结晶器铜管和热铸坯，必须工作在大电流和低频状态，因而系统中有大功率、低频的变频电源；有冷却水系统将电磁搅拌器（或称线圈）本身通电流运行产生的热量和现场环境的热辐射带走；配置的系统电力变压器，用于在某些情况下与工厂不同的电压等级相适应，通过变压使之达到电磁搅拌所需要的工作电压，同时与工厂电网隔离，避免互相之间的干扰；不可少的电气控制部分用于对电磁搅拌的系统监视及控制，方便工厂通过网络交换相关信息及监控以实现电磁搅拌的自动化操作。

11.1.1.1 *成套系统构成及工作流程*

电磁搅拌成套系统设备构成及工作流程见图 11－1，主要由以下设备组成：

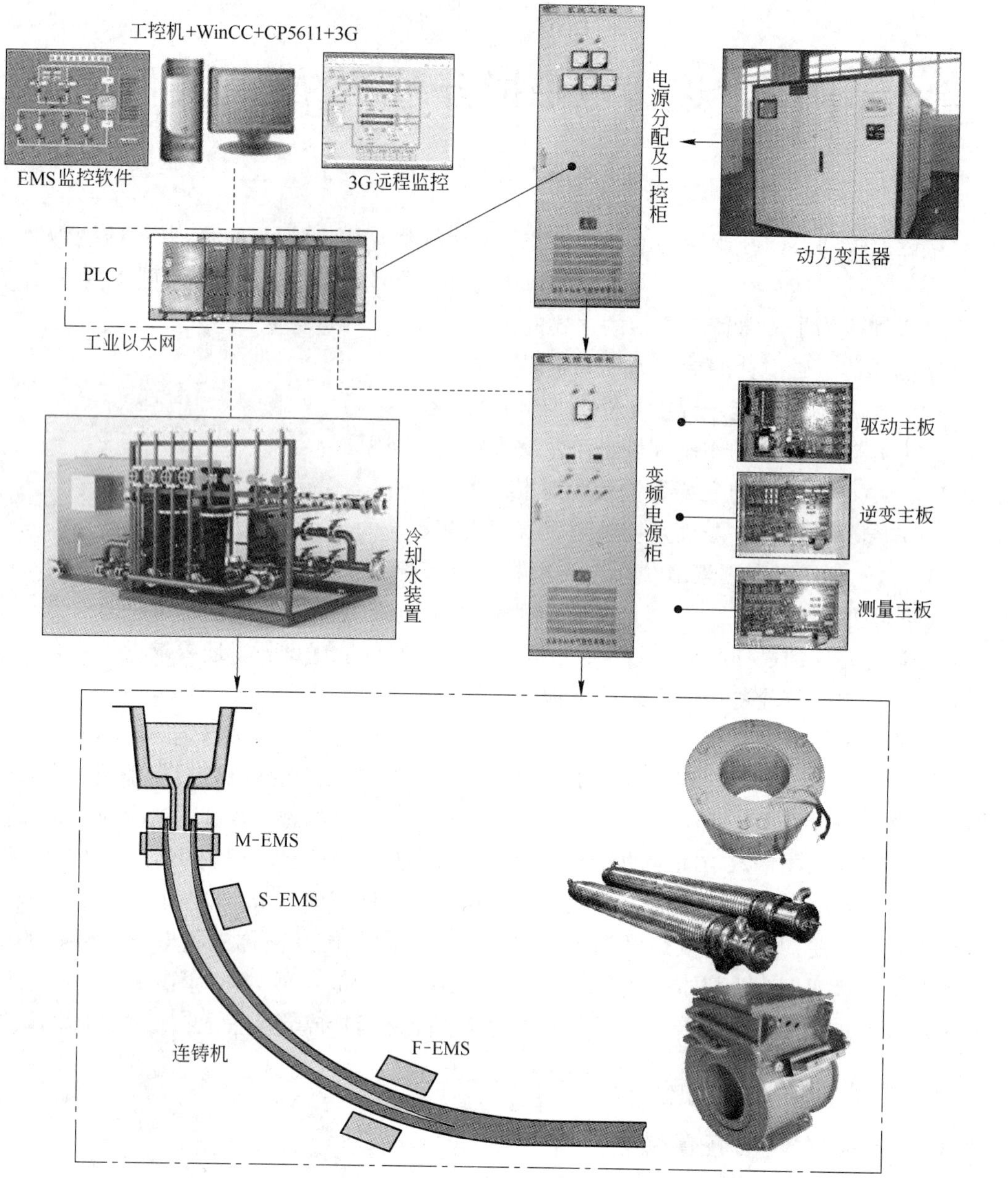

图 11－1　电磁搅拌系统组成图

（1）电磁搅拌器；

（2）电气控制部分：电力变压器、电源分配柜、变频电源柜、网络通信 PLC、监控系统及 3G/GPRS 远程监控；

（3）冷却水系统。

若流数较少，电源分配柜和网络通信 PLC 可整合为电源分配及工控柜。

其工作流程大致是：主电源经电力变压器降压后输入到电源分配柜，经电源分配柜分给变频电源柜。变频电源柜由整流电路、逆变电路、变频控制电路和微机控制电路等部分构成。由变频电源柜调频、调压后，最终输出一个频率为1～16Hz、电流为300～1000A、电压为250～500V的电源供给电磁搅拌器工作。变频电源柜至电磁搅拌器之间设有电缆连接的电缆转接箱，电缆转接箱至电磁搅拌器用耐热柔性电缆连接。冷却水系统提供电磁搅拌所需要的冷却水。电气控制柜及远程监控系统对电磁搅拌系统进行自动化操作和监控。

11.1.1.2 成套系统主要设备构成及外围接口

电磁搅拌根据安装位置主要分结晶器电磁搅拌（M-EMS）、二冷区电磁搅拌（S-EMS）、凝固末端电磁搅拌（F-EMS）。一般情况下因生产、维护等因素考虑，以上三种形式各成独立的电磁搅拌成套系统（或仅在远程监控系统、冷却水系统等进行整合），一套独立成套系统的主要设备构成及外围接口见表11－1。

表11－1 独立成套系统的主要设备及外围接口

<table>
<tr><th colspan="2">名　称</th><th>说　明</th></tr>
<tr><td colspan="2">电磁搅拌器</td><td>每流1台</td></tr>
<tr><td rowspan="7">电气控制系统</td><td>电力变压器及高、低压配电柜</td><td>根据现场情况选择</td></tr>
<tr><td>电源分配柜</td><td>独立系统使用1套，一般情况下1台最多带4流</td></tr>
<tr><td>变频电源柜</td><td>每流1台</td></tr>
<tr><td>网络通信PLC</td><td>独立系统使用1套</td></tr>
<tr><td>监控系统及3G/GPRS远程监控</td><td>独立系统使用1套</td></tr>
<tr><td>电缆转接箱</td><td>每流1个</td></tr>
<tr><td colspan="1">冷却水系统</td><td>独立系统使用一套</td></tr>
<tr><td rowspan="6">主要设备接口</td><td>主电源</td><td>电压等级为250～500V不等，按电磁搅拌器及流数考虑容量</td></tr>
<tr><td>控制电源</td><td>电压等级为400V，按水泵规格及流数考虑容量</td></tr>
<tr><td>热交换器冷却水</td><td>压力为0.4～0.8MPa，每流流量约为15～20m³/h</td></tr>
<tr><td>电磁搅拌器外壳冷却水</td><td>铜管绕组方（圆）坯二冷区、凝固末端及板坯结晶器、二冷区电磁搅拌器所独有；
压力为0.4～0.8MPa，每流流量为5～15m³/h</td></tr>
<tr><td>事故水</td><td>压力为0.2～0.4MPa，每流流量为3～7m³/h</td></tr>
<tr><td>干燥氮气</td><td>用于维持接线盒及电磁搅拌器内无水蒸气；
压力为0.02～0.05MPa</td></tr>
</table>

11.1.2 电磁搅拌系统设计依据

连铸电磁搅拌系统的目的是改善连铸坯质量，它是通过电磁搅拌器作用在连铸坯上的电磁力矩（或推力）推动钢水来实现的。因此，电磁搅拌器功能的好坏是整个系统能否达到目的的最重要因素。

11.1.2.1 与电磁搅拌器相关的连铸机主要设计参数

电磁搅拌器是辅助连铸生产的一种工艺设备，是配合连铸生产的，因此设计时要考虑到连铸机的主要技术参数。

（1）连铸机形式。连铸机的结构形式是多种多样的，就实用而言主要有弧形、立式、立弯式、水平等。

弧形连铸机按结构形式分为全弧形和直弧形，全弧形的其结晶器铜管内壁为弧线段，广泛应用于生产方坯、圆坯及矩形坯，直弧形的广泛应用于生产板坯。弧形连铸机一般有结晶器电磁搅拌、二冷区电磁搅拌与凝固末端电磁搅拌，其中方坯、圆坯及矩形坯连铸使用结晶器电磁搅拌或结晶器加凝固末端电磁搅拌居多。板坯连铸使用二冷区电磁搅拌居多，板坯结晶器电磁搅拌和电磁制动虽未广泛应用，但正慢慢起步，是未来板坯连铸的发展方向之一。

水平连铸机整条生产线呈水平布置，采用二冷区电磁搅拌与凝固末端电磁搅拌居多。由于其结晶器的特殊性，设计电磁搅拌器时对其长度等有要求，实用性不如弧形连铸机。

需要指出的是，电磁搅拌装置在不同的应用场合有着不同的安装位置及形式，基本原则是结晶器、二冷区电磁搅拌可单独或组合使用，凝固末端电磁搅拌必须与结晶器或二冷区电磁搅拌组合使用。

（2）连铸机的流数。连铸机的流数可以确定成套装置中电磁搅拌器和变频电源的个数（每流各一台，若为多段组合电磁搅拌，如结晶器加凝固末端组合电磁搅拌，则为每流各两台）、电气控制系统数据采集的组数、冷却水系统需设计的冷却能力等。

（3）连铸机断面。连铸机断面分为方坯、圆坯、矩形坯及板坯。

一般情况下，方坯、圆坯及长宽比小于1.4的矩形坯均采用旋转磁场搅拌器，设计为圆筒形状。对于结晶器电磁搅拌器，断面决定了结晶器的设计，继而影响到结晶器电磁搅拌器的设计。对于二冷区、凝固末端电磁搅拌器，铸坯直接穿过电磁搅拌器内腔，因而连铸机最大生产断面的尺寸决定了电磁搅拌器的内腔直径大小。为减小空隙造成的磁场衰减，保证冶金效果，一般搅拌器内腔直径比铸坯断面的直径（圆坯）或对角线长度（方坯和矩形坯）大60～100mm。另外需要考虑到大断面连铸采用的链式引锭杆对内腔碰撞和刮擦的影响，特别是对二冷区和凝固末端电磁搅拌器尤应注意，需增设导向装置避免引锭杆刮擦电磁搅拌器内腔。

板坯及长宽比大于或等于1.4的矩形坯采用行波磁场搅拌器，根据铸坯断面宽度可确定电磁搅拌器的行波磁场方向的有效作用长度即铁芯长度。

（4）弧形连铸机基本半径。弧形连铸机基本半径影响到电磁搅拌器长度与内腔直径的设计以及二冷区电磁搅拌器、凝固末端电磁搅拌器的合理安装位置。

（5）流间距。连铸机的流间距限制了结晶器电磁搅拌器的外形最大尺寸。

（6）过热度和浇注速度。过热度和浇注速度影响到以下两点：

1）结晶器电磁搅拌器的有效作用长度。结晶器电磁搅拌器的有效作用长度指电磁搅拌器的铁芯长度，它与过热度和拉速密切相关。适当加长有效作用长度有利于延长搅拌时间，有利于提高搅拌速度，有利于减少搅拌器的漏磁并使其中磁场分布均匀，有利于实施长距离的弱搅拌以减轻负偏析的影响。目前在线使用的大方坯M-EMS的有效作用长度即铁芯高度已达300～350mm。

2）二冷区电磁搅拌器、凝固末端电磁搅拌器的有效作用长度和合理的安装位置。

（7）结晶器铜管。结晶器铜管的形式、长度、壁厚、材质等对电磁搅拌器设计至关重要，主要影响到结晶器电磁搅拌器性能。铜管具有较强的磁场屏蔽作用，因此会影响结晶器电磁搅拌器的有效功率、使用频率等工艺参数。以某钢厂150mm×150mm连铸机结晶器电磁搅拌器为例，使用数字式电磁力矩测量仪，经过现场实测，电磁搅拌器性能列于表11－2。由表可见：

1）结晶器铜管强烈地影响电磁搅拌器的中心电磁力矩，带结晶器铜管的中心电磁力矩比不带结晶器铜管的小得多；

2）带铜管的中心电磁力矩随频率的变化有最大值0.340N·m，相应的有最佳频率4.50Hz，而不带铜管的中心电磁力矩随频率提高而增大，两者都符合理论规律。

表11－2 实测的M-EMS中心电磁力矩

电流强度/A	350	350	350	350	350	350	350	350	350
频率/Hz	2.00	2.50	3.00	3.50	4.00	4.50	5.00	5.50	6.00
不带结晶器铜管的中心电磁力矩/N·m	0.613	0.756	0.975	1.182	1.328	1.530	1.629	1.664	1.713
带结晶器铜管的中心电磁力矩/N·m	0.223	0.270	0.300	0.315	0.332	0.340	0.337	0.320	0.305

注：测试仪表为企业自制，尚无统一的标准。

（8）浇注钢种。浇注钢种、断面、拉速等因素决定电磁搅拌器的运行工艺参数。

11.1.2.2 电磁搅拌系统设计所采用的主要技术手段

电磁搅拌系统在设计制造上力求其先进性与合理性相互结合使之达到最好水平，为此在设计上采用了以下技术：

（1）采用独立冷却水循环系统对电磁搅拌器进行冷却，大大增加了电磁搅拌器的运行稳定性及使用寿命，同时也减少了运行与维护成本；

（2）采用有限元法对交变磁场的空间分布进行了最优化设计；

（3）对电流与电压进行优化平衡设计，以期达到用最小的电源功率获得最大的电磁推力；

（4）采用全数字式微机中央处理器作为变频电源的心脏，使结构简单可靠；

（5）采用最先进的大功率IGBT作为变频电源的功率器件。

11.1.3 电磁搅拌器的技术要求

电磁搅拌器主要由激发磁场的感应器、冷却感应器的冷却水路组成。电磁搅拌器根据不同的技术参数有不同的分类方式，下面将分别从其应用在连铸机上的安装位置、冷却形式、绕组形式等方面进行介绍。

11.1.3.1 安装位置

电磁搅拌器原则上可以安装在连铸机的整个冶金长度的任何位置上，但合理的安装位置不仅对取得良好的冶金效果至关重要，而且也间接关系到系统的运行成本。

电磁搅拌器在连铸机上的安装位置大致分为M－结晶器区、S－二冷区、F－凝固末端。其中，结晶器电磁搅拌应用最为广泛；凝固末端电磁搅拌在生产高碳钢、高合金钢等优特钢种的方（圆）坯连铸机上配合结晶器电磁搅拌应用较多；二冷区电磁搅拌在大方坯、大圆坯及板坯连铸机上较为常见。

方（圆）坯结晶器电磁搅拌器相对于结晶器的安装方式不同，分为嵌装式和外装式结晶器电磁搅拌器（具体参见11.3.1.1节）。

板坯二冷区电磁搅拌器相对于扇形段支承辊的位置不同，分为辊后式（箱式）、插入式、辊式电磁搅拌器（具体参见11.4.2.2）。

11.1.3.2　冷却方式

电磁搅拌器从冷却方式上来讲，大致有以下三种结构形式：油—水二次冷却式、铜扁线外冷式、铜管水内冷式（见图11－2）。考虑到油—水二次冷却式已淘汰，此处只介绍后两种冷却方式。

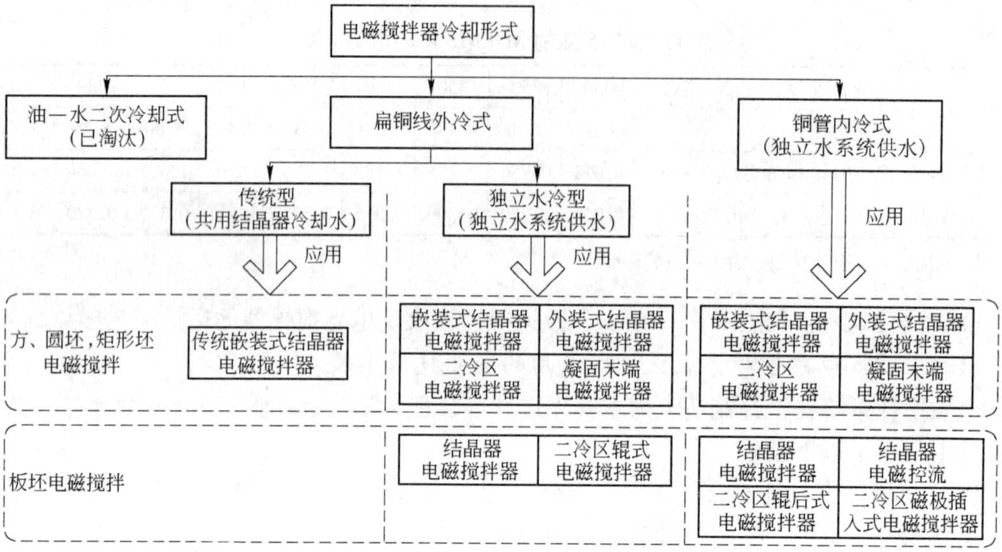

图11－2　电磁搅拌器冷却方式分类

A　铜扁线外冷式

铜扁线外冷式电磁搅拌器是将激发磁场的感应器浸泡在水中直接通水冷却，采用开路或闭路循环方式进行冷却。

外冷式最早应用在结晶器电磁搅拌上，分为传统型和独立水冷却型。共用结晶器冷却水来冷却感应器，称为传统型。但是由于结晶器冷却水水量大，水质难于控制，严重影响电磁搅拌器的使用寿命，现已被独立水冷却型代替。其与传统型不同之处是，采用独立水冷却，控制了冷却水的水质，延长了电磁搅拌器的使用寿命，保证设备的稳定运行。

B　铜管内冷式

铜管内冷式电磁搅拌器的线圈采用外缠绝缘材料的空芯铜管绕成，冷却水在铜管内流动达到冷却目的，冷却相对均匀。空心铜管外包绝缘层，铜管与外壳之间采用进口硅胶填充，以提高电磁搅拌器的整体绝缘水平。冷却水通常使用去离子水或蒸馏水，采用闭路循环方式。

C　两种冷却方式的比较

电磁搅拌器的安全性能，主要指其对地绝缘程度的高低。当对地绝缘下降时，电磁搅拌器产生的漏电流会增大，从而加剧其危险性。

铜管水内冷式电磁搅拌器对地绝缘高，可以一直保持在20kΩ以上。铜扁线外冷式电磁搅拌器对地绝缘电阻随时间延长而降低，2～3个月就会降至10kΩ左右，几个月之后就会降至100Ω～1kΩ左右。

就应用而言，铜管内冷式电磁搅拌器绝缘性能好，平均寿命为3~5年；铜扁线外冷式电磁搅拌器由于用绝缘膜作对水的绝缘体，因绝缘膜受冷却水冲刷、受热老化、电离和酸碱度及颗粒冲击等影响容易开胶，一般寿命为1~2.5年（寿命不可控）。

两种冷却方式对冷却水质的要求见表11-3。

表11-3 两种冷却方式对冷却水质的要求

适用搅拌器	铜扁线外冷式	铜管内冷式
pH值	6.5<pH<8.5	6.0<pH<8.5
电导率（25℃）/μS·cm⁻¹	≤100	≤50
悬浮物总量/mg·L⁻¹	≤20	≤20
固体颗粒最大尺寸/mm	<0.02	<0.1
铁磁颗粒总量/mg·L⁻¹	≤1	≤0.5
微生物含量/个·mL⁻¹	<106	<106
进水水温/℃	≤40，不允许结冰	≤40，不允许结冰
回水水温/℃	≤75	≤75

11.1.3.3 绕组形式

A 结构特点

方（圆）坯电磁搅拌器多为旋转磁场搅拌器，按其铁芯形式分为凸极式铁芯与环形式铁芯两种，其结构区别如下：

（1）凸极式铁芯和“0”（零）形线圈。图11-3表示凸极式铁芯和绕组内部结构示意图。由图可见，在其轭铁上有6个凸出的磁极，俗称齿；采用集中式绕组，有6个“0”形线圈，每个铁芯的齿上套有一个线圈。

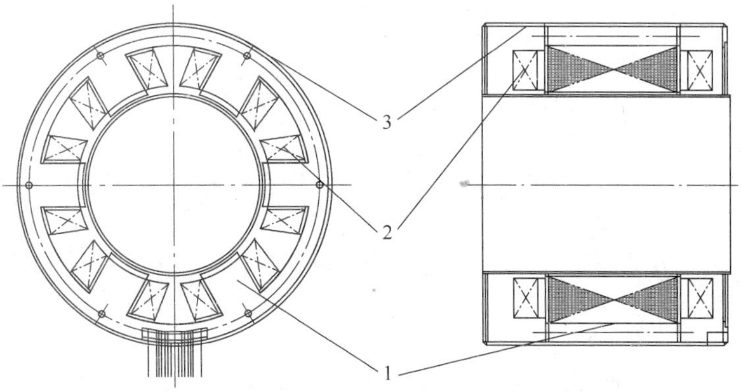

图11-3 凸极式铁芯和绕组内部结构

1—凸极式铁芯；2—线圈；3—外壳

（2）环形式铁芯和克兰姆（Cramer）绕组。图11-4表示环形式铁芯和克兰姆绕组内部结构示意图。由图可见，环形式铁芯即电磁搅拌器的铁芯是一个无齿槽的环状轭铁，绕组采用克兰姆绕组，有12个线包均匀分布在铁芯圆周上。

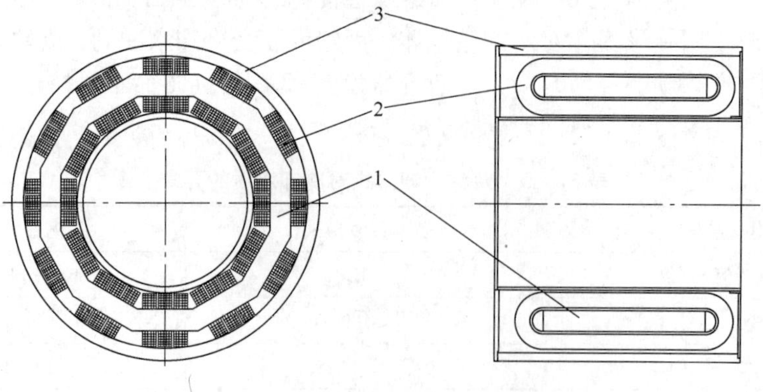

图 11-4 环形式铁芯和克兰姆绕组内部结构
1—环形式铁芯；2—线圈；3—外壳

两者的实物视图见图 5-1。

B 磁场分布

图 11-5 表示两种形式铁芯的电磁搅拌器激发内腔磁场分布的有限元分析结果；图 11-6 表示两种形式铁芯搅拌器在不同半径上每间隔 20°实测的所激发高斯磁感应强度周向分布。由两图可见：

（1）凸极式铁芯有齿槽影响，齿的地方磁场高，槽的地方磁场小，因而内部磁场分布不均匀，极化现象明显，影响搅拌效率；而环形式铁芯无齿槽影响，内部磁场分布均匀，搅拌效率高。

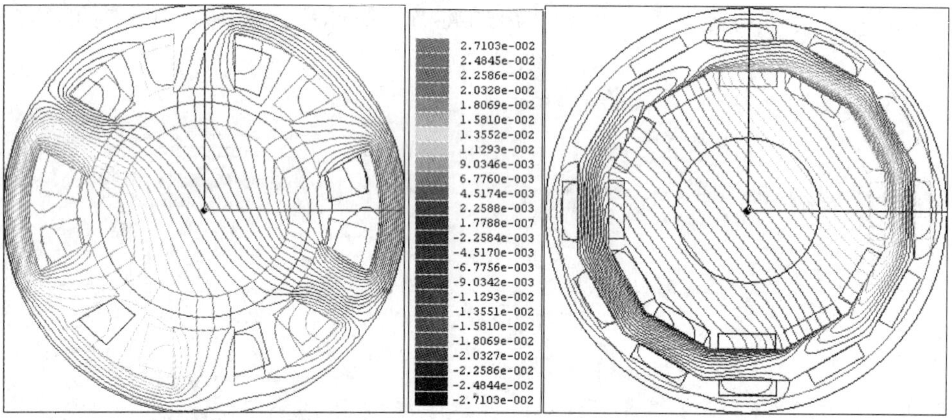

(a) (b)

图 11-5 两种铁芯形式电磁搅拌器激发的磁场分布的有限元分析图
（a）凸极式铁芯；（b）环形式铁芯

（2）凸极式铁芯存在齿槽，内部齿槽间漏磁大；而环形式铁芯内部无齿槽，不存在齿槽间漏磁，内部漏磁小。

（3）凸极式铁芯外围无线圈，外围基本无漏磁；而环形式铁芯外围有线圈，外围漏磁较大，通常采取外围磁屏蔽技术进行改善。

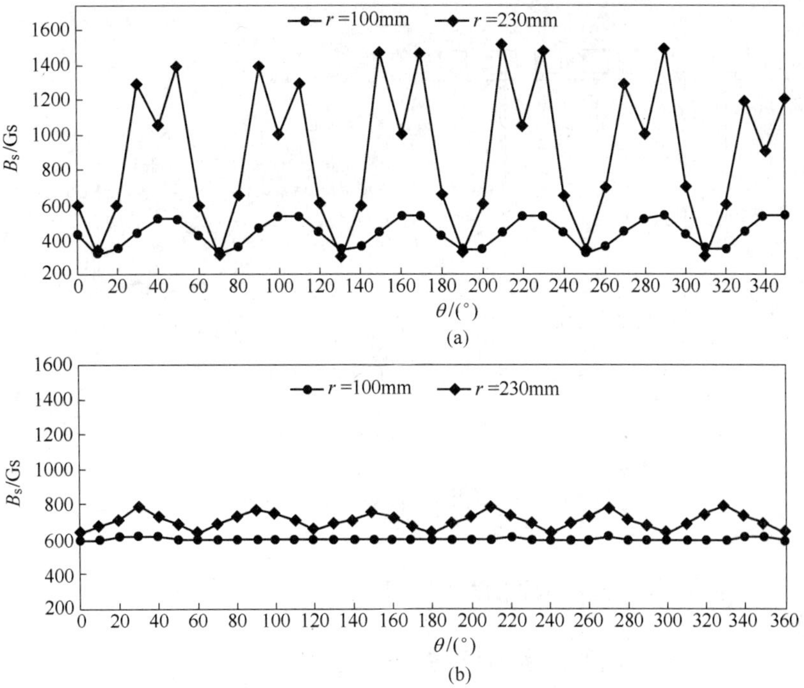

图 11-6 两种形式铁芯电磁搅拌器激发的高斯磁感应强度 B_s 在半径 r 沿周向 θ 的分布（$f=4.5\text{Hz}$，$I=250\text{A}$）

（a）凸极式铁芯；（b）环形式铁芯

（4）凸极式铁芯有齿槽影响，磁感应强度沿周向的变化起伏较大，越靠近搅拌器表面变化越大；而环形式铁芯内部无齿槽，磁感应强度沿周向的变化较平缓。两者比较，无论在哪个半径上，环形式铁芯磁感应强度沿周向的变化都比凸极式铁芯的要平缓得多，特别是 $r=100\text{mm}$ 处几乎是一条直线，表明周向的磁感应强度几乎相同。

C 有效工作长度

电磁搅拌器有效工作长度主要与铁芯长度有关。环形式铁芯电磁搅拌器采用整体环形式铁芯，铜管导线直接绕在环形式铁芯上，在相同的安装空间下可以相应增加铁芯的长度（比凸极式铁芯高 30% 左右）；凸极式铁芯电磁搅拌器采用集中绕组，绕组的端接线比较长，铁芯不能设计太长，因而铁芯长度短，有效工作范围窄。例如，整体搅拌器高度定为 480mm 时，凸极式铁芯电磁搅拌器典型设计铁芯长度为 220mm，而环形式铁芯电磁搅拌器典型设计铁芯长度为 280mm。

D 搅拌功率

环形式铁芯电磁搅拌器可以取较高的工作电压而降低工作电流，减小电能损耗，其能耗为同等凸极式铁芯扁线绕组电磁搅拌器的 75% 左右，因而在相同的视在功率下，环形式铁芯电磁搅拌器要比同等凸极式铁芯电磁搅拌器的有效搅拌功率大。

11.1.4 电磁搅拌器产品型号及含义

由于目前国内还没有统一的电磁搅拌器产品标准，其型号及含义各个生产厂家都各有定义，此处引用某公司的电磁搅拌产品型号命名为例做一说明，见图 11 - 7。

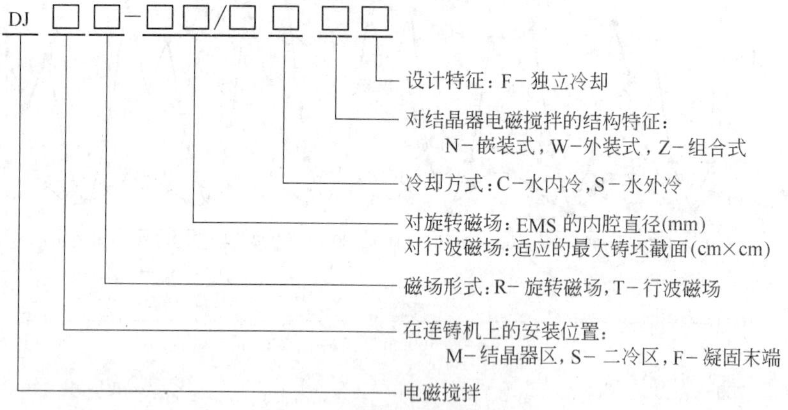

图 11 - 7　电磁搅拌器产品型号及含义

11.2　方(圆)坯连铸电磁搅拌器的结构和特点

11.2.1　方(圆)坯连铸结晶器电磁搅拌器的结构和特点

11.2.1.1　安装方式

方（圆）坯结晶器电磁搅拌器安装于连铸结晶器处，按其相对于结晶器的位置分为嵌装式和外装式。嵌装式和外装式结晶器电磁搅拌器的区别主要是：嵌装式是将电磁搅拌器置于结晶器的内、外水套间的水箱内，电磁搅拌器更靠近铸坯；外装式是将结晶器置于电磁搅拌器内，电磁搅拌器在结晶器的外水套之外，见图 11 - 8。

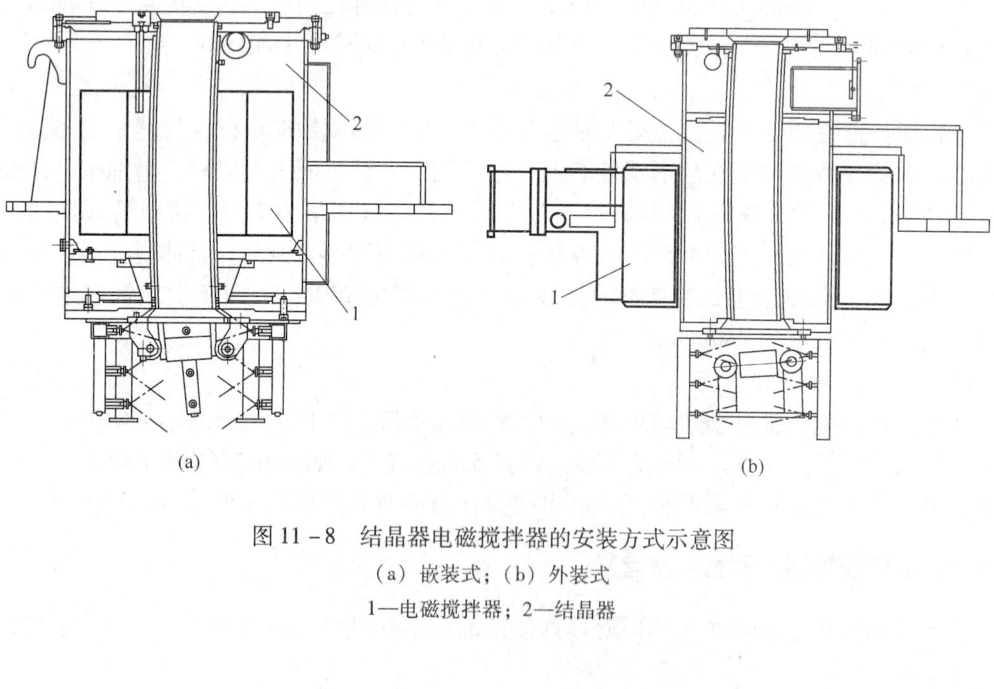

图 11 - 8　结晶器电磁搅拌器的安装方式示意图

（a）嵌装式；（b）外装式

1—电磁搅拌器；2—结晶器

A 嵌装式结晶器电磁搅拌器

a 特点

嵌装式结晶器电磁搅拌器，即电磁搅拌器置于结晶器内外水套中间，外壳与结晶器水接触，随结晶器一起振动（见图11-9）。在使用过程中，电磁搅拌器不受溢钢影响，由于其体积小，单位体积产生的搅拌功率大，因而耗电量小，运行经济（耗电量不到同等外装式的一半）。

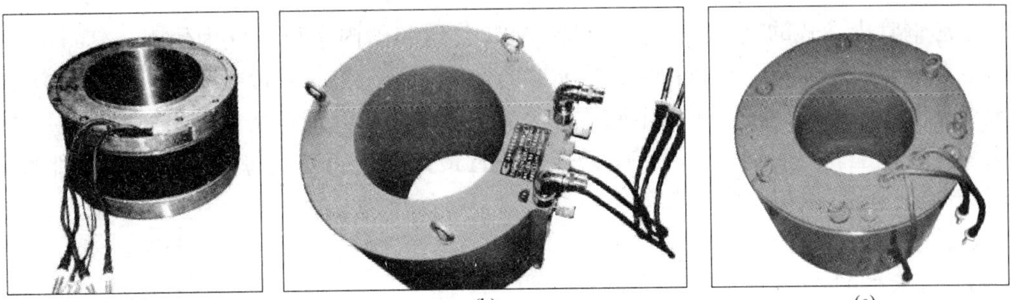

(a) (b) (c)

图11-9 结晶器嵌装式电磁搅拌器

（a）传统型；（b）凸极式铁芯铜扁线绕组嵌装式；（c）环形式铁芯铜管绕组嵌装式

其不足之处一是嵌装式的型号选择余地较小；二是在更换结晶器时电磁搅拌器需要同时下线，因而对于多种铸坯断面的情况，所需备件量较大。

b 分类

嵌装式结晶器电磁搅拌器可分为铜扁线外冷式和铜管内冷式，见表11-4（其中冷却水量和电源参数在具体设计时确定）。

表11-4 结晶器嵌装式电磁搅拌器分类

铁芯形式	绕 组	冷却方式	冷却途经	冷却水量 /$m^3 \cdot h^{-1}$	电源参数		
					频率/Hz	电流/A	电压/V
凸极式铁芯	铜扁线绕组	外冷式	共用结晶器冷却水	结晶器冷却水	1~16	300~550	250~400
凸极式铁芯	铜扁线绕组	外冷式	采用独立冷却水	5~15	1~16	300~550	250~400
环形式铁芯	空芯铜管绕组	内冷式	采用独立冷却水	1~3	1~16	250~500	400~500

铜扁线外冷式

铜扁线外冷式结构形式的电磁搅拌器结构简单、使用方便。根据其冷却水使用方式有传统型（共用结晶器冷却水）和独立水冷型两种形式。

共用结晶器冷却水的结构形式，又称内装式，以法国ROTELEC公司为代表，其感应器直接浸泡在结晶器水箱内，直接与结晶器冷却水串联共用，冷却效果较好、体积小。但由于感应器长期浸泡在水质较差的结晶器冷却水中，其绕组绝缘很容易损坏，使用寿命短，现在已不采用。

独立水冷的结构形式，又称嵌装式，是中科电气基于专利技术开发的，是内装式的一种变形。搅拌器安装在结晶器水箱内的密封空间内，与结晶器冷却水分隔，其感应器直接浸泡在由独立水系统提供的纯净冷却水中进行冷却。采用独立的闭路循环冷却水冷却，电磁搅拌器使用寿命得到提高，使外冷式结构形式得以保留。

铜管内冷式

空芯铜管内冷式的结构形式，以瑞典 ABB 公司和国内中科电气为代表。其感应器绕组由空芯铜管绕制而成，铜管内通纯净水进行冷却。空心铜管内冷技术是一种比较复杂的电磁产品冷却技术。此项技术在电磁搅拌装置上的应用研究最开始主要用于大型板坯连铸电磁搅拌装置上。空芯铜管内冷式电磁搅拌装置最大的优点是绝缘结构合理、性能稳定、使用寿命长达五年或以上，冷却效率最高，冷却水流量小、使用维护方便。其缺点是结构较复杂，制作工艺讲究，体积稍大。

B 外装式结晶器电磁搅拌器

外装式结晶器电磁搅拌器，即电磁搅拌器安装在结晶器水箱外面，自身封装成一体，固定在结晶器框架上（见图 11－10）。采用独立的优质冷却水冷却，闭路循环，因为冷却水水质容易控制，其使用寿命最长。

(a)

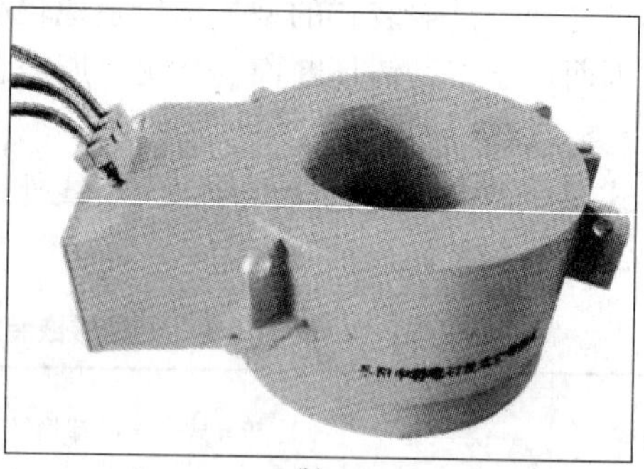

(b)

图 11－10 外装式结晶器电磁搅拌器

（a）凸极式铁芯铜扁线绕组的外装式；（b）环形式铁芯铜管绕组的外装式

a 特点

外装式结晶器电磁搅拌器安装在结晶器外，与结晶器完全隔开，可以不随结晶器一起振动；更换结晶器时电磁搅拌器可以固定不动，方便快捷；备件需要量少，维护量小；安装方便，尤其对于铸坯断面较多且更换频繁的情况，用一台电磁搅拌器适用多种铸坯断面。

其不足之处是容易受溢钢影响而损坏；耗电量大，经济性稍差；冶金效果不如嵌装式的好。

b 分类

外装式结晶器电磁搅拌器分为铜扁线绕组和空芯铜管绕组的形式，见表 11－5（其中冷却水量和电源参数在具体设计时确定）。

表 11-5 外装式结晶器电磁搅拌器分类

铁芯形式	绕组	冷却方式	冷却途经	冷却水量 /$m^3 \cdot h^{-1}$	电源参数		
					频率/Hz	电流/A	电压/V
凸极式铁芯	铜扁线绕组	外冷式	采用独立的冷却水	15~30	1~16	400~800	250~500
环形式铁芯	空芯铜管绕组	内冷式	采用独立的冷却水	2~6	1~16	300~600	400~600

（1）铜扁线绕组的外装式结晶器电磁搅拌器结构简单，安装维护方便，比铜扁线绕组的内置式电磁搅拌器的冷却水量大，水质要求同样高。

（2）空芯铜管绕组的外装式结晶器电磁搅拌器搅拌区域长，特别适合大方（圆）坯；冶金效果好，安装方便；绝缘合理，使用寿命长。

11.2.1.2 嵌装式和外装式结晶器电磁搅拌器的使用情况

要摸清各钢厂使用情况尚有一定困难，为此以 2006~2010 年中科电气的销售统计为例，见表 11-6。从目前各钢厂的使用情况看，传统内装外冷式电磁搅拌器即将面临淘汰，铜扁线绕组独立外冷式电磁搅拌器虽仍有一定的数量，但呈逐年减少态势，而铜管绕组内冷式电磁搅拌器呈上升趋势。

表 11-6 2006~2010 年中科电气结晶器电磁搅拌器的销售统计

安装方式	绕组形式	冷却方式	2006 年/台	2007 年/台	2008 年/台	2009 年/台	2010 年/台	合计/台
内装	铜扁线	传统外水冷	10	0	0	0	0	10
嵌装	铜扁线	独立外水冷	137	168	89	77	62	533
嵌装	空芯铜管	独立内水冷	36	92	138	121	154	541
外装	空芯铜管	独立内水冷	95	126	102	84	93	500
外装	铜扁线	独立外水冷	63	80	124	108	129	504

11.2.2 方（圆）坯凝固末端电磁搅拌器的结构和特点

11.2.2.1 分类

凝固末端电磁搅拌器一般也分凸极式铁芯铜扁线绕组型和环形式铁芯铜管绕组型，除了上述的一些特点外，因安装位置的特殊其结构特点有所变化。

凸极式铁芯铜扁线绕组型凝固末端电磁搅拌器因受凝固末端安装形式和周围环境的影响，线圈冷却水流动不均匀，存在冷却死角，局部线圈温度会偏高，导致绝缘老化，影响使用寿命。

空芯铜管绕组内通有纯净循环冷却水，冷却均匀，不存在冷却死角，不受凝固末端安装形式的影响；末端搅拌器受到连铸机空间、拉速稳定性等的影响，找准合适的安装位置比较难，采用环形式铁芯铜管绕组，其铁芯高度高（比凸极式铁芯高 30% 左右），有效搅拌范围宽，可以较好地解决这一问题，从而取得良好的冶金效果，适合对高碳钢、不锈钢、高合金钢等优特钢种的搅拌。

11.2.2.2 结构

图 11－11 为凝固末端电磁搅拌器实物图例。由于电磁搅拌器安装在凝固末端，受到高温铸坯的烘烤，通常采用双层壳体，两层壳体中间通水循环冷却，有效保护绕组不受到外部热辐射的烘烤。壳体由内筒体、外筒体、上盖、底板、出线盒、水路等组成。壳体组件都由非磁不锈钢制作而成，内筒体为夹层结构，两端面有双层水路保护罩。凸极式铁芯电磁搅拌器的感应器固定在外筒体上或底板上；环形式铁芯电磁搅拌器的感应器固定在底板上，在感应器与外壳体之间装有磁屏蔽环。铜管式绕组电磁搅拌器的出线盒部位有水电分离接头，其接线盒比铜扁线电磁搅拌器的体积稍大。

(a)

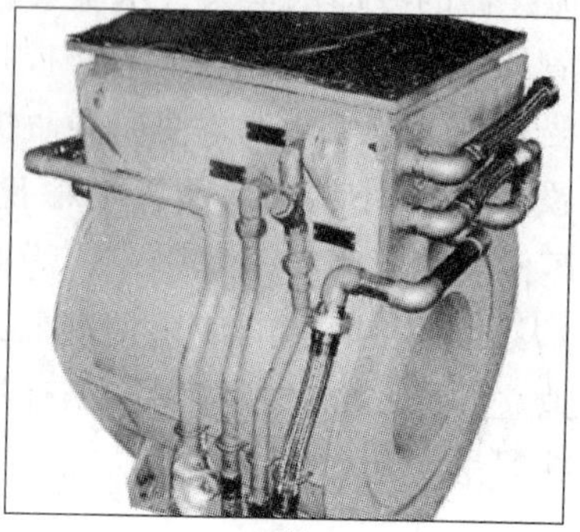

(b)

图 11－11 凝固末端电磁搅拌器
（a）凸极式铁芯扁铜线绕组型；（b）环形式铁芯铜管绕组型

11.3 板坯连铸电磁搅拌器的结构和特点

11.3.1 板坯连铸结晶器电磁搅拌器的结构和特点

11.3.1.1 结构和运行原理

板坯连铸结晶器电磁搅拌器通常采用双面行波磁场搅拌器。两台电磁搅拌器相对置于结晶器的内外弧侧，当馈给三相低频电流后，分别激发其方向相反的行波磁场，使铸坯内钢水产生相对运动，由于流体的连续性，从而构成旋转流动。图 11－12 表示板坯连铸结晶器电磁搅拌器的结构示意图。图 11－13 表示板坯连铸结晶器电磁搅拌的运行原理图。

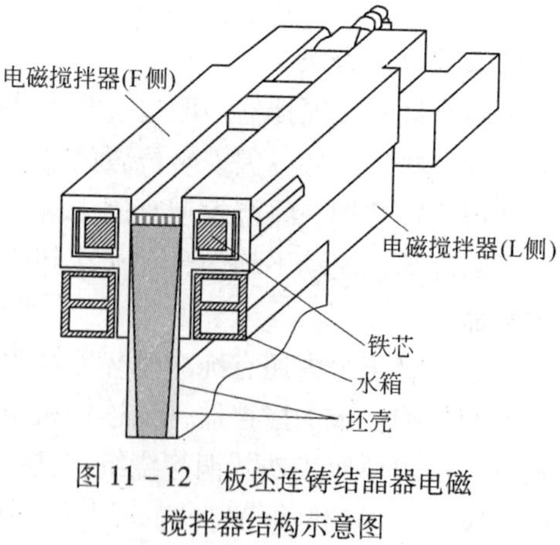

图 11－12 板坯连铸结晶器电磁搅拌器结构示意图

11.3.1.2 分区旋转搅拌模式

板坯连铸结晶器分区旋转搅拌模式是基于专利技术研发的一种新型模式，有别于常规的单一旋转搅拌模式。其思路是将板坯宽面分成两个或多个类似于矩形坯的小区进行旋转搅拌。相邻两个区的旋转搅拌方向相反，像齿轮

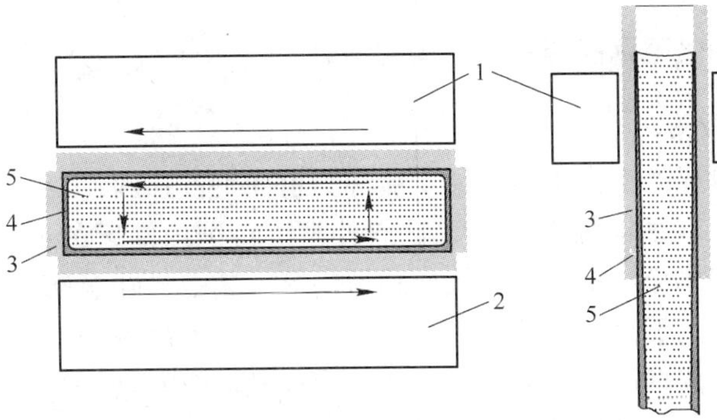

图 11－13 板坯连铸结晶器电磁搅拌器的运行原理示意图

1—感应器（内弧）；2—感应器（外弧）；3—结晶器铜板；4—坯壳；5—钢液

啮合一样。分成两个或多个区的目的就是将旋转搅拌的路径减小，使之达到类似于方（圆）坯旋转搅拌时的条件，从而产生深入钢液中心的旋转搅拌运动。图 11－14 表示板坯连铸结晶器双区旋转搅拌模式。图 11－15 表示板坯连铸结晶器四区旋转搅拌模式。

值得指出的是，这类搅拌模式非常适合于板、方坯共用连铸机的电磁搅拌。例如一台宽板坯连铸机改成两流小板坯连铸或四流方坯（矩形坯）连铸，它们可以共用一台电磁搅拌器，而无需改变电磁搅拌器的结构，给用户使用带来很大方便。

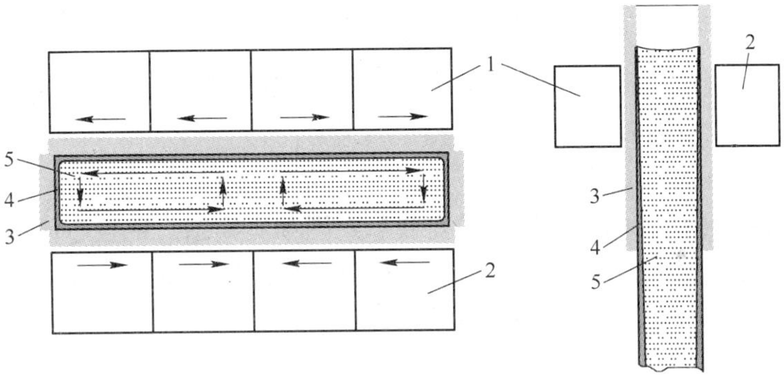

图 11－14 板坯连铸结晶器双区旋转搅拌模式

1—感应器（内弧）；2—感应器（外弧）；3—结晶器铜板；4—坯壳；5—钢液

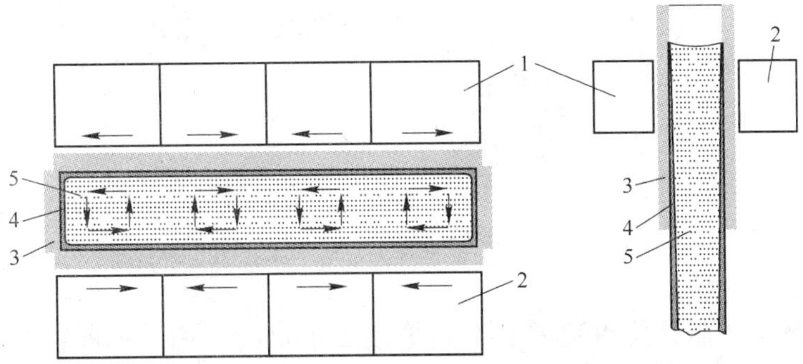

图 11－15 板坯连铸结晶器四区旋转搅拌模式

1—感应器（内弧）；2—感应器（外弧）；3—结晶器铜板；4—坯壳；5—钢液

11.3.2　板坯连铸二冷区电磁搅拌器的结构和特点

11.3.2.1　开发背景

我国现在已经是世界产钢大国，但还不能称为世界钢铁强国，表现在钢铁产品的品种比较单一，技术含量低，每年仍需花费大量的外汇进口国内缺乏的或产量不足的特殊钢材，如硅钢片、汽车用薄板、军工用船板、轴承钢等。其中，硅钢片、汽车用薄板以及船板等都是用板坯轧制的，板坯电磁搅拌正是生产这些高技术钢板的必备装置之一。大量的板坯连铸电磁搅拌器还依靠进口，由于进口装置十分昂贵，因此严重制约了板坯电磁搅拌的应用与发展。板坯二冷区电磁搅拌由于受支承辊的影响，比方（圆）坯电磁搅拌技术难度要大，因而其发展进程较方坯晚了大约十年，在国内只有宝钢、武钢、鞍钢等几家大型钢铁企业在线使用国外电磁搅拌产品。

国内板坯连铸二冷区电磁搅拌装置的研制始于20世纪90年代，至21世纪初有了重大突破。目前由中科电气研发的辊式、辊后式、插入式三种形式的板坯连铸二冷区电磁搅拌成套装置都已成功应用于生产实际，特别是辊式电磁搅拌器成套装置通过由中国金属学会组织的鉴定，评定为国际先进。现在，宝钢、武钢等国内十多家钢铁公司都已使用了国产板坯二冷区辊式电磁搅拌器，都取得了良好的冶金效果。

11.3.2.2　板坯二冷区电磁搅拌器的类型

由于板坯连铸机的结构特点，目前处于实用的板坯连铸二冷区电磁搅拌器大都采用行波磁场搅拌器。

板坯二冷区电磁搅拌器的基本结构形式主要有三种，即辊后式（箱式）行波磁场型、辊式行波磁场型及磁极插入式行波磁场型。

A　辊后式（箱式）电磁搅拌器

图11－16表示辊后式电磁搅拌器的安装示意图和实物图。单台电磁搅拌器通常安装在内弧侧零段的支承辊后面，磁场需透过支承辊传给铸坯，因此磁场衰减很大，导致冶金效果不明显，且消耗的电源功率太大，正逐步被淘汰。

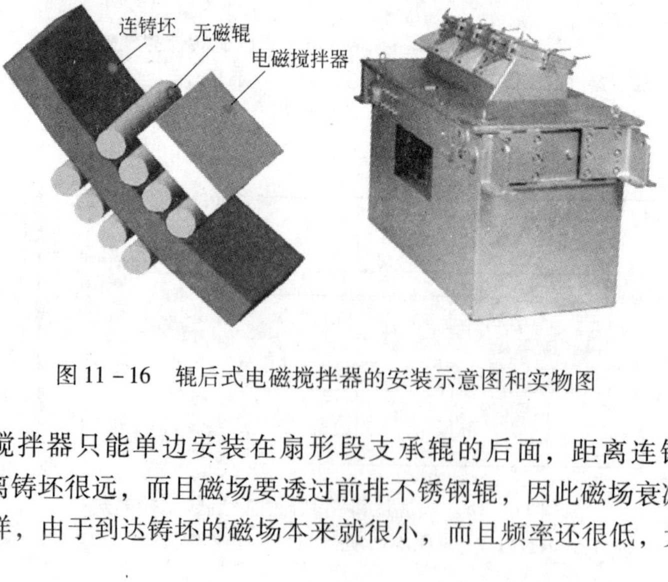

图11－16　辊后式电磁搅拌器的安装示意图和实物图

辊后式电磁搅拌器只能单边安装在扇形段支承辊的后面，距离连铸坯中心250～400mm。由于距离铸坯很远，而且磁场要透过前排不锈钢辊，因此磁场衰减很大，只能用超低频供电。这样，由于到达铸坯的磁场本来就很小，而且频率还很低，无法有效地提高激磁功率，所以在铸坯中感生的电磁力很小，冶金效果不太明显。

B 插入式电磁搅拌器

图 11－17 表示插入式电磁搅拌器的安装示意图和实物图。将工作头设计得扁长些，以便插入支承辊的缝隙中；同时扩大安装空间，将两侧的支承辊设计成小直径的非磁辊，称小径辊。此种结构兼顾了辊后式与辊式结构的特点，在使电磁搅拌器工作面尽可能靠近铸坯的前提下，又放宽了电磁搅拌器的安装空间，因此搅拌功率可以按钢种不同设计得较大，同时搅拌功率利用率也高。

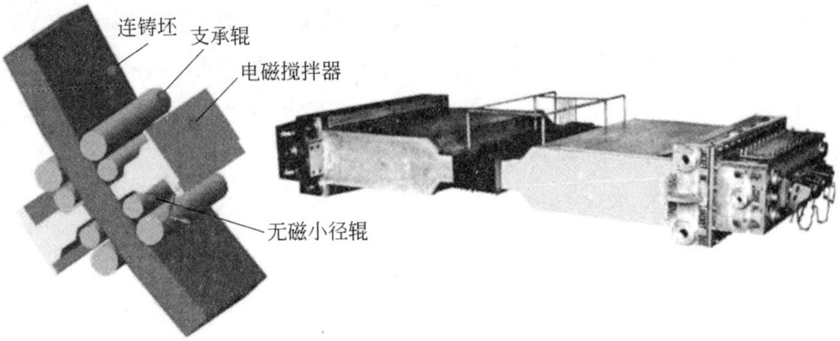

图 11－17 插入式电磁搅拌器的安装示意图和实物图

C 辊式电磁搅拌器

图 11－18 表示辊式电磁搅拌器的安装示意图和实物图。直接将感应器置于支承辊内形成辊式电磁搅拌器，因其外形与普通辊一样，俗称搅拌辊。其突出的优点：一是安装十分方便，几乎不受安装位置的制约；二是可以成对、成组使用，对数和组数也不受限制。简言之，其突出的优点体现在安装位置的灵活性和多对组合的多样性。但由于受辊内安装空间的限制，搅拌功率偏小、搅拌区域较窄、需多组搅拌辊组合使用，因而费用偏高。尤其对于细辊密排的连铸机，使用受到限制。采用发明专利技术制造的高推力辊式电磁搅拌器，其一对辊的中心推力可达到与磁极插入式电磁搅拌器相当的水平。如果采用多对搅拌辊组合使用，完全能适应各个钢种、不同坯厚甚至不同板宽的搅拌需求。辊式电磁搅拌器具体的结构形式和应用特点将在后面的内容中详细阐述。

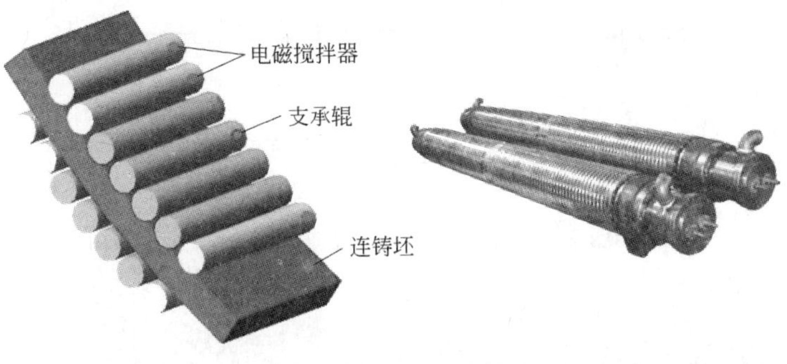

图 11－18 辊式电磁搅拌器的安装示意图和实物图

11.3.2.3　辊式电磁搅拌器的结构形式

辊式电磁搅拌器由于其优越性，近年来已得到了广泛的应用，下面着重对辊式电磁搅拌器结构特点进行剖析。

辊式电磁搅拌器的结构主要由一个完全固定的激发磁场的感应器（主体部分）、起调节作用的轴承和辊套（机械部分）、接线盒及冷却水路构成。感应器主要由铁芯和线圈组成，采用纯净水直接冷却，对线圈绝缘性能要求较高。辊套由非磁高强度耐热合金钢制成。

辊式电磁搅拌器的感应器有两种结构形式：一种是国外公司的凸极铁芯，克兰姆环形绕组形式，感应器直接置于支承辊套内（见图 11-19）。受辊套内安装空间的限制，绕组及铁芯截面所占比率较小，线圈匝数及铁芯导磁面积相应的也小；在运行的情况下，产生的磁场在铁芯四周发散分布，漏磁大，使得工作面的磁场减小、磁感应强度不高。这些不足使进口的辊式电磁搅拌器的电磁推力较小。

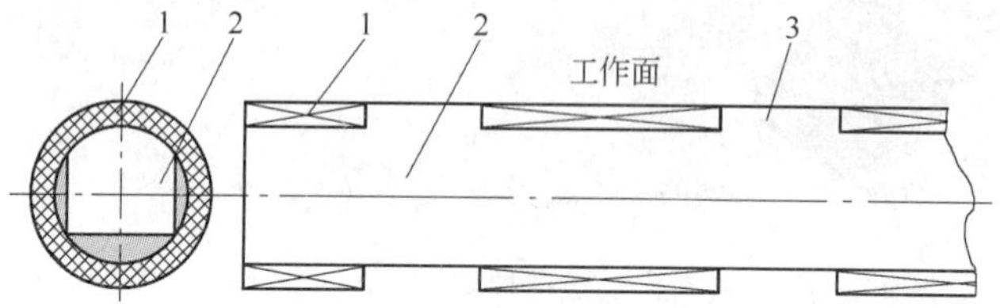

图 11-19　凸极铁芯式电磁搅拌辊的绕组与铁芯结构

1—绕组；2—铁芯；3—齿

另一种是中科电气具有自主知识产权的高推力辊式电磁搅拌器，如图 11-20 所示。其特点是：

（1）铁芯为不带齿槽的铁芯，可最大限度地提高绕组的空间利用率，增加了线圈安匝数及铁芯导磁面积，从而增加磁场强度；

（2）在辊套与感应器之间加装有带缺口的磁屏蔽环。磁屏蔽环的缺口面为工作面，其余的外表面为非工作面，可以最大限度地防止磁场从不做功的方向泄漏，从而大大增加了工作面的磁感应强度，增强了电磁推力，提高了能效比即功率的有效利用率。

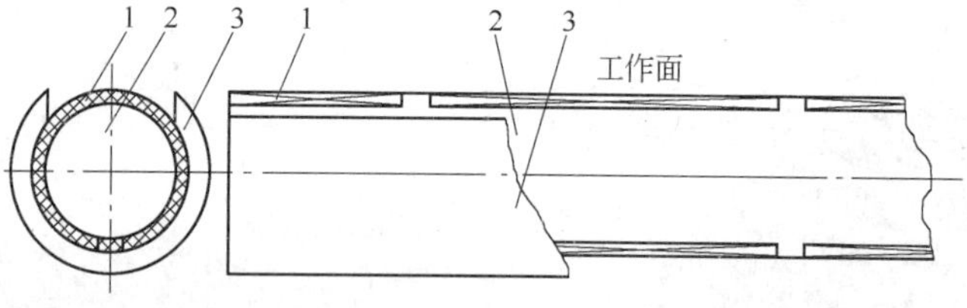

图 11-20　圆柱形铁芯式电磁搅拌辊的绕组与铁芯结构

1—绕组；2—铁芯；3—屏蔽环

磁屏蔽环的作用机理大致有两个方面：

（1）增强工作面的磁感应强度。由于采用克兰姆绕组，除在铁芯工作面激发主磁场外，在铁芯的其余周边部位同样会产生很强的漏磁场，该漏磁场在高电导率的磁屏蔽环中感生起感应电流，该感应电流激发感应磁场，其方向与漏磁场的方向相反。由于磁场在空间的可叠加性，从而削弱了漏磁场，降低了铁芯的磁饱和程度，这样可提高激磁电流使工作面的主磁场增加，如此反复，最终达到稳态，从而增强了工作面的主磁场，这种现象类似“镜面效应”。

（2）大大减弱搅拌辊外围的漏磁场。当漏磁场渗透到磁屏蔽环后，由于其高导电性，随着渗透深度的增加，漏磁强度急剧降低，最终使搅拌辊外面漏磁场很弱。这里磁屏蔽环的材质和厚度的设计至关重要。

11.3.2.4 两类辊式电磁搅拌器实测性能的比较

为了全面了解两类辊式电磁搅拌器的各项性能，在相同工艺条件下进行现场实测，其实测性能见表11－7。

表11－7 两类辊式电磁搅拌器的各项性能的实测结果

测试项目 \ 数据			凸极铁芯式（型号：S240/1700）				圆柱铁芯式（高推力）（型号：DJST－17024SGZ）			
辊式电磁搅拌器尺寸/mm	辊径 φ		240				240			
	辊长		1710				1665			
对辊间距/mm	左端		235				235			
	右端		235				235			
电源参数	输入端	频率 f/Hz	50				50			
		电压 U/V	399	397	397	393	395	397	398	398
		电流 I/A	71	110	89	133	73	120	86	146
		功率 W/kW	44.16	68.08	55.08	81.48	44.95	74.26	53.36	90.58
	输出端（EMS）	频率 f/Hz	5	5	7	7	5	5	7	7
		电压 U/V	167.7	199.1	215.2	253.5	170.3	220.8	209	271.9
		电流 I/A：I_F	310	392	321	407	296	389	308	403
		电流 I/A：I_L	260	363	250	344	271	359	269	351
		电流 I/A：$I_{平均}$	285	377.5	285.5	375.5	283.5	374	288.5	377
电磁推力	辊间中心推力 F_C/mmFe		38.6	42.69	44.02	61.36	67.37	110.1	78.04	130.1
	辊外漏磁推力 F_L/N·m		0.050	0.069	0.054	0.069	0.012	0.028	0.013	0.020
能效比/mmFe·kW^{-1}			0.874	0.627	0.799	0.753	1.499	1.482	1.463	1.436

由表11－7可见：

（1）测试条件和实测的电源参数基本相同。由表中的测试条件可见，除高推力的辊长略短外，其他测试条件都相同；由表中的实测电源参数可见，频率相同，电压和电流强度相接近。由此可见，两者的比较条件基本相当。

（2）中心电磁推力的比较。中心电磁推力是辊式电磁搅拌器的主要性能指标，它的大小直接影响电磁搅拌的冶金效果。由表可见，无论在哪个频率和电流强度下，高推力辊式电磁搅拌器的中心电磁推力远比引进的大得多（约大1.7～2.5倍）。

（3）漏磁推力的比较。两者辊外漏磁推力是在针对工作面的辊子背面测量的。由表可见，无论在哪个频率和电流强度下，高推力的辊外漏磁推力远比凸极式的小得多。漏磁的减小，表明在一定的视在功率下，一是有利于提高搅拌辊工作面的主磁场，从而提高搅拌效果；二是有利于提高馈给搅拌辊功率的有效利用程度，以节约能耗，降低运行成本。

（4）能效比。能效比表示消耗单位功率所能产生的中心电磁推力（mmFe），其大小代表搅拌辊能量的有效利用程度。由表可见，无论在哪个频率和电流强度下，高推力搅拌辊的能效比大大高于引进的。能效比的提高，有利于减少搅拌辊的能耗，进而降低运行成本。

（5）中心电磁推力 F_C 与电流强度 I 的实测值与理论计算值的比较。理论分析表明，在二冷区电磁搅拌工况下，中心电磁推力与电流强度的平方成正比。表 11－8 表示两者的实测值与理论计算值的比较。表中"实测值"表示电流强度的设定值 I 为 400A 时的中心电磁推力 F_C 的实测值，"计算值"表示设定值 I 为 300A 时的 F_C 值按电流强度的平方换算成 $I=400$A 时的 F_C 值。由表 11－8 可见，无论在哪个频率和电流强度下，高推力搅拌辊的中心电磁推力与电流强度的平方基本成正比，符合理论规律，而凸极式的则不遵循该规律。这一比较显示两者的搅拌辊优化设计水平的差别。

表 11－8　F_C 与 I 的实测值与理论计算值的比较

参　数	凸极铁芯式（型号：S240/1700）				圆柱铁芯式（高推力）（型号：DJST-17024SGZ）			
频率/Hz	5		7		5		7	
I_{400}/A	377.5		375.5		374		377	
I_{300}/A	285		285.5		283.5		288.5	
F_{C300}/mmFe	38.6		44.02		67.37		78.04	
关　系	实测值	计算值	实测值	计算值	实测值	计算值	实测值	计算值
$F_{C400}[=F_{C300}(I_{400}/I_{300})^2]$/mmFe	42.69	67.72	61.36	76.15	110.06	117.24	130.07	133.26

11.3.2.5　高推力辊式电磁搅拌器的支承装置

近年来，随着板坯连铸技术的进步，宽厚板连铸的比重也越来越大，板坯宽度在 2500mm 或以上的已为数不少。由于电磁搅拌辊必须与安装在板坯连铸机上的普通支承辊相似，辊径一般不大于 250mm，因此用于辊面长度超过 2000mm 的辊式电磁搅拌器的机械强度不够，很可能出现辊套变形甚至断裂等事故。对此，国外的处理方法是加大辊式电磁搅拌器的直径或将辊式电磁搅拌器做成分节辊。加大直径必然会改变连铸机的结构，做成分节辊又会将搅拌器的整体磁路断开，不仅影响电磁搅拌器的性能，使电磁推力大大减小，而且也大大增加了辊式电磁搅拌器的电路和冷却水路连接的难度。

中科电气基于专利技术独创的板坯二冷区辊式电磁搅拌器的支承结构比较好地解决了以上技术难题（图 11－21）。采用支承结构后，不但可以保持原有辊式电磁搅拌器的直径与长度不变，而且有效地改善了其承受的最大弯曲应力（比原来减少 50%），同时还可以将搅拌辊辊套的壁厚减少 20%～30%，壁厚的减少更利于磁场的穿透，使工作面磁场强度增加。采用此支承装置可生产出辊面长度超过2000mm的辊式电磁搅拌器，使辊式电磁搅拌器能适用于各型号板坯连铸机的要求。

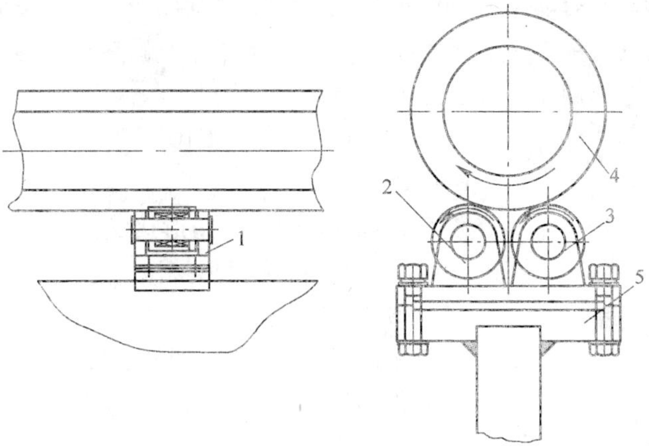

图11-21 辊式电磁搅拌器的支承装置

1—支架；2—左支承辊；3—右支承辊；4—辊式电磁搅拌器；5—支承装置

11.4 电磁搅拌器电气控制系统

电磁搅拌器电控系统由电力变压器、电源分配柜、变频电源柜、网络通信PLC、监控系统及3G/GPRS远程监控组成。

11.4.1 电磁搅拌器电力变压器

11.4.1.1 电力变压器的主要作用

电力变压器置于电源进线端，主要作用有：

（1）变压。为系统提供的动力电源，通过变压器变压，使其达到电磁搅拌器需要的工作电压，输送到电磁搅拌电源柜。

（2）隔离。使一次侧与二次侧的电气完全绝缘，也使该回路隔离。另外，利用其铁芯高频损耗大的特点，抑制高频杂波传入控制回路，并能有效地抑制3次和7次谐波。

（3）安全。隔离危险电压，保护电磁搅拌器电源柜侧的电气和人身安全。

11.4.1.2 电力变压器的选型方法

A 电压选择

根据用户所能提供的输入电压，确定变压器的原边电压；根据电磁搅拌器工作需要的电压，确定变压器的副边电压。

钢厂一般提供的工业用电均为三相交流，一般为10kV、0.6kV或380V，电磁搅拌器使用的工作电压也为三相交流，一般为250V、380V或500V。

B 容量选择

根据单台电磁搅拌器工作时所需的额定电流及额定电压，确定单台电磁搅拌器需要的容量（$\sqrt{3}$×电流×电压×功率因数），再考虑一定比例的功率补偿，最后乘以连铸流数，确定系统总容量，即可选择变压器需要选择的容量等级（根据经验，负载容量约占变压器容量的 70%）。

C 形式选择

由于干式变压器具有非常好的防火性能，所以随着社会经济的发展，干式变压器的应用越来越广泛，还具有免维护、无污染、抗短路能力强、耐热能力强、安装方便等一系列优点。因此，建议选择使用干式变压器，具体规格如下：

类型	干式变压器 SG9 或 SG10 系列
连接方式	Dyn11 D 表示初级线圈为三角形接法 y 表示次级线圈为星形接法 n 表示次级带 n 线 11 表示时钟的 11 点，即初次级相位差为 30°
冷却方式	AF—强迫风冷式，AN—自然风冷式
短路阻抗比	6%

11.4.2 电磁搅拌器电源分配柜

电源分配柜的主要功能是对电力变压器输送过来的电源进行分断控制后送入每个变频电源柜，电源分配柜一般由一个总断路器、几个分断路器和交流电压表组成。

11.4.3 电磁搅拌器变频电源系统

11.4.3.1 变频电源系统描述

电磁搅拌器用变频电源是泛指能为电磁搅拌器提供符合现场工艺运行要求的电流、频率等参数的大功率电源系统，同时具有对电磁搅拌器的运行进行实时监控、对故障进行快速保护等的功能。

变频电源按照其适用性主要有两种类型，一种是通用变频电源系统主要用于控制电机的运行，一种是专用低频大电流变频电源系统用于控制电磁搅拌器的运行。通用变频器与专用变频电源两者存在着重大差别：

（1）两者的控制对象有本质不同。电机功率因数高，相当于电阻性负载，而电磁搅拌器功率因数低，属于电感性负载，因此通用变频器不能用于电磁搅拌器而需要开发专用变频电源。

（2）通用变频器的电流和频率是互相耦合而相互影响的，电磁搅拌器专用变频电源可以分别给定电流和频率，相互不会有影响，从而可以方便得到最佳的搅拌参数。

（3）电磁搅拌器专用变频电源可快速提供适用电磁搅拌器连续、间歇、交替等不同搅拌方式下的变频电源，而通用变频器在停机后重新启动的时间较长。

变频电源按照电磁搅拌器线圈的形式可分为两种类型，一种是应用于方（圆）坯旋转磁场搅拌器的三相正弦互差 120°输出的变频电源，一种是应用于辊式行波磁场搅拌器的两相正交互差 90°输出的变频电源。

11.4.3.2 变频电源原理介绍

电磁搅拌器变频电源是一种交直交大电流、低电压、低频率变频电源，它主要由主电路、控制电路、驱动电路、工控机及软件等组成。

主电路采用电压型逆变器结构，工作原理可归纳如下：三相交流输入经由整流桥模块整流，再经电容滤波，加至由 IGBT 构成的桥式逆变电路，该直流经逆变电路逆变为脉宽按正弦波规律变化的高频脉冲波，再由输出滤波器滤掉高频谐波，得到低频正弦波提供给负载。SVPWM 脉冲波由控制电路产生并根据输出反馈电压和反馈电流来改变脉冲波的宽度，从而保证输出电压的稳定。变频电源主电路如图 11－22 所示。

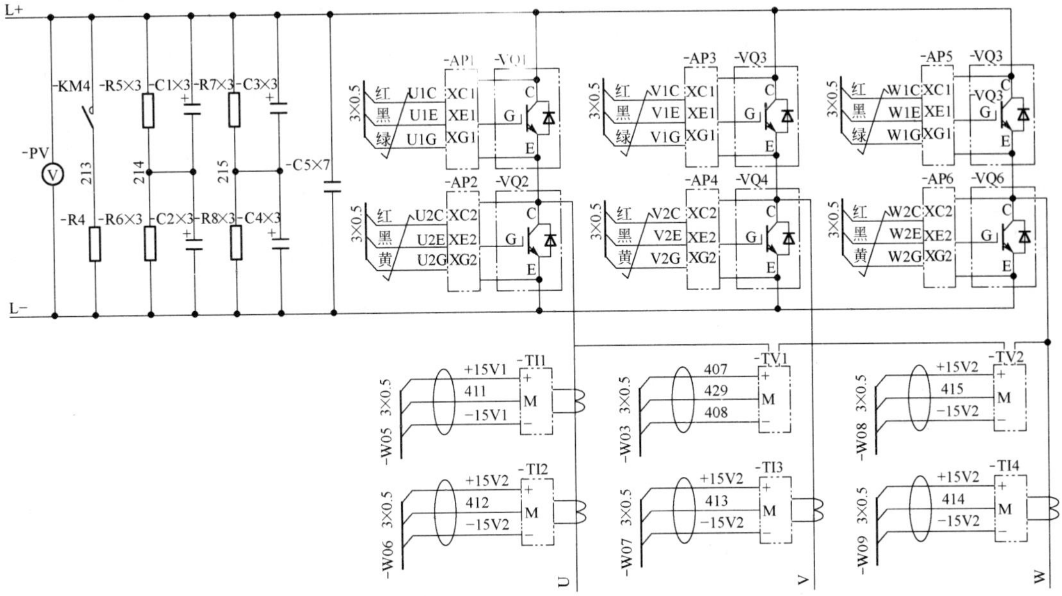

图 11－22　变频电源主电路图

控制电路采用高性能专用数字信号处理器（TMSF2812）或有相当能力的单片机（80C196KC）作为控制核心，其主要用于控制和数据处理，并具有脉宽调制信号输出端口，控制核心产生载频 SVPWM 脉冲信号，通过驱动电路加到 IGBT 的栅极，控制逆变电路正确工作。为了保证系统安全可靠地运行，充分发挥强大的控制功能，由主控制电路对系统的关键器件和关键参数，例如过压、欠压、过流、过载、输出短路、过热等进行实时监控，实现对系统工作状态的自诊断并对故障进行相应的报警保护。控制电路的核心原理框图如图 11－23 所示。

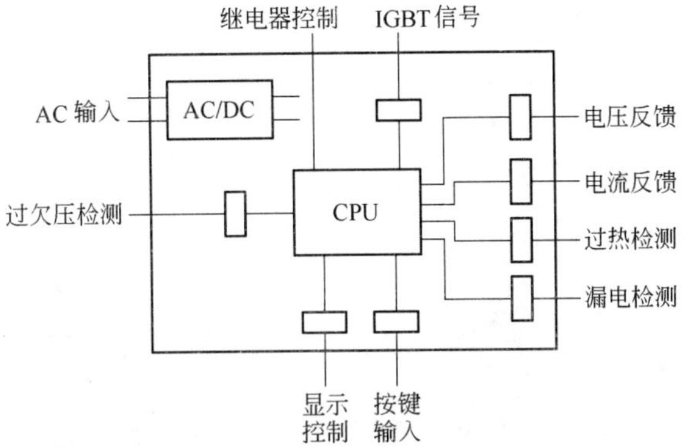

辅助控制电路的作用是根据主控制电路发出的控制信号，依次控制主接触器、预充电接触器、控制电源接触器的吸合和分闸，保证主电路依正确的顺序启动和停止，在保护电路工作时切断主电路的主接触器，辅助控制电路还为风扇提供电源。

变频电源柜和系统工控柜的成品外观见图11－24。

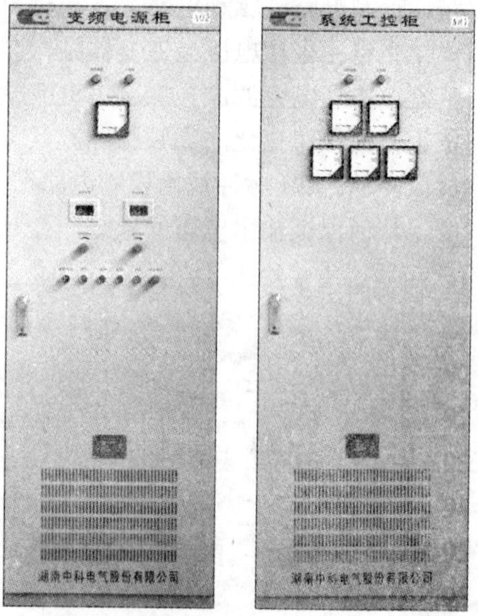

图 11－24 变频电源柜和系统工控柜

11.4.3.3 电磁搅拌器专用变频电源基本特点

电磁搅拌器专用变频电源具有如下的基本特点：

（1）低频电源波形的产生采用数字式电压空间矢量 PWM（SVPWM）方法，相比传统的正弦脉宽调制（SPWM）具有输出波形好、开关频率低、谐波分量低、直流侧电压利用率高等优点。

（2）能实时监测系统漏电流大小并实现报警连动。

（3）主电路采用交—直—交结构，直流环节采用大容量电容进行无功补偿，功率器件之间采用“零电感”接线技术，系统的输入功率因数高（≥0.9），稳定性好。

（4）功率器件采用西门子英飞凌 Infineon 最新型第三、四代的大功率 IGBT 元件。

（5）采用美国 TI 公司适合工业控制的双 DSP（数字信号处理器）技术，这种 32 位 CPU（TMSF2812）相比传统的 8 位与 16 位 CPU 来说，运行指令时间提高了 100 倍，有效地提高了系统的动态快速响应能力与控制精度。

（6）变频电源输出波形稳定性好、精度高，电压误差和电流误差小于 2%，频率（0～16Hz）误差小于 0.1Hz。

（7）具有多种故障诊断和报警功能。如过电压、欠电压、过电流、过热、短路、三相不平衡、水流量异常、水温异常、水压异常、水质异常等报警和故障停机功能。

（8）提供多种搅拌方式：连续右旋搅拌、连续左旋搅拌、间歇右旋搅拌、间歇左旋搅拌、正反交替搅拌。

（9）产品操作简单、维护方便，最新变频电源外嵌入式低功耗高稳定性的彩色大触摸屏，取代原有小液晶，在提高显示屏运行寿命的同时，能以多种方式直观地显示现场运行状态，方便现场的运行与维护。

（10）通信接口丰富，具配有两个 RS485 通信口（可采用光纤连接），一个标准的 Profibus-dp 通信接口，方便电源与其他系统之间实行快速无缝连接。

专用变频电源的突出优点是：

（1）专用变频电源主要由三块主板，即驱动主板、逆变主板、测量主板等构成，结构简单、可靠性高、安装维护方便；

（2）专用变频电源由三相低频输出变为两相低频输出时，只需借助软件修改即可实现，适应性强；

（3）专用变频电源的启动、停止、搅拌方式转换等的响应时间很短。

11.4.3.4 自主研发的变频电源的三项创新技术

在电磁搅拌器专用变频电源的研发过程中，开发了具有自主知识产权的三项创新技术。运用这三项创新技术，确保变频电源的高品质、高可靠性和高稳定性。

A 零电感接线技术

零电感接线技术确保了主电路的线路电感及漏感接近于零，从而消除了各个功率单元在逆变动态过程中电流变化产生的尖峰过电压，因而无需再用过电压吸收电路，使得各功率单元的结构大为简化，电力电子功率元件使用的可靠性大大提高。

在大功率变频电源主电路设计中，模块之间采用接线方式连接，由于接线电感的存在，造成 IGBT 换流过程中，经常产生尖峰过电压问题，有的生产厂家采用过电压吸收电路，但效果不佳。但是在变频电源主电路通过对器件的合理布置——正负直流电源采用两块铜板隔离互叠的结构，可以基本实现零电感接线，从而消除了动态过程中电流变化产生的尖峰电压，使系统具有很强的抗干扰能力。

B 采用数字式电压空间矢量 PWM（SVPWM）方法

SVPWM 是近年发展的一种比较新颖的控制方法，是由三相功率逆变器的六个功率开关元件组成的特定开关模式产生的脉宽调制波，能够使输出电流波形尽可能接近于理想的正弦波形。空间电压矢量 PWM 与传统的正弦 PWM 不同，它是从三相输出电压的整体效果出发，着眼于如何使本体获得理想圆形磁链轨迹。SVPWM 技术与传统的 SPWM 相比较，绕组电流波形的谐波成分小，使得本体的转矩脉动降低，旋转磁场更逼近圆形，而且使直流母线电压的利用率有了很大提高，同时，SVPWM 与传统的 SPWM 相比较，功率开关器件的开关次数少，自身发热损耗少，在节约电量的同时有效地提高了系统的稳定性并延长了使用寿命。

C 动态绝缘检测功能

由于电磁搅拌辊长期工作在冷却水中，当绝缘破损或水质下降时，容易造成相间短路或变频电源对地短路，从而引起 IGBT 元件的损坏，因此，必须对电磁搅拌的绝缘状况进行动态的实时监测。采用了高频信号注入法，检测其响应动态绝缘。实现这种检测方法只需要对 SPWM 的调制波算法软件做必要改进，不需要增加新的硬件装置，即可有效地解决动态绝缘检测这一难题，国外同类产品无此在线检测功能。

11.4.3.5 变频电源参数

变频电源参数主要有：型号、输入参数、输出容量、输出电流、频率、尺寸等，见表 11－9。

表 11－9 电磁搅拌专用变频电源 ZKNBF-A 系列参数表

型号	输入参数	输出容量 /kV·A	输出电流 /A	输出频率 /Hz	外形尺寸（单台） /mm × mm × mm	自重 /kg	冷却方式
ZKNBF-300/25-A	250V,60kV·A,50Hz	130	0～300	2～16	800×800×2200	400	强迫风冷
ZKNBF-300/40-A	400V,100kV·A,50Hz	260	0～300	2～16	800×800×2200	400	强迫风冷
ZKNBF-400/25-A	250V,60kV·A,50Hz	200	0～400	2～16	800×800×2200	500	强迫风冷
ZKNBF-400/40-A	400V,100kV·A,50Hz	280	0～400	2～16	800×800×2200	600	强迫风冷

续表 11 - 9

型　　号	输 入 参 数	输出容量 /kV · A	输出电流 /A	输出频率 /Hz	外形尺寸(单台) /mm × mm × mm	自重 /kg	冷却方式
ZKNBF-400/50-A	500V,150kV · A,50Hz	350	0 ~ 400	2 ~ 16	800 × 800 × 2200	600	强迫风冷
ZKNBF-500/40-A	400V,150kV · A,50Hz	350	0 ~ 500	2 ~ 16	800 × 800 × 2200	600	强迫风冷
ZKNBF-550/40-A	400V,150kV · A,50Hz	380	0 ~ 550	2 ~ 16	800 × 800 × 2200	600	强迫风冷
ZKNBF-500/50-A	500V,200kV · A,50Hz	430	0 ~ 500	2 ~ 16	800 × 800 × 2200	800	强迫风冷
ZKNBF-600/40-A	400V,200kV · A,50Hz	420	0 ~ 600	2 ~ 16	800 × 800 × 2200	800	强迫风冷
ZKNBF-600/50-A	500V,230kV · A,50Hz	450	0 ~ 600	2 ~ 16	800 × 800 × 2200	800	强迫风冷
ZKNBF-800/40-A	400V,250kV · A,50Hz	500	0 ~ 800	2 ~ 16	800 × 800 × 2200	900	强迫风冷
ZKNBF-800/50-A	500V,280kV · A,50Hz	550	0 ~ 800	2 ~ 16	800 × 800 × 2200	900	强迫风冷
ZKNBF-1000/50-A	500V,350kV · A,50Hz	600	0 ~ 1000	2 ~ 16	800 × 800 × 2200	900	强迫风冷

11.4.4 电磁搅拌器监控系统

电磁搅拌器监控系统主要由工控机、PLC、变频电源、冷却水系统组成，见图 11 - 25。

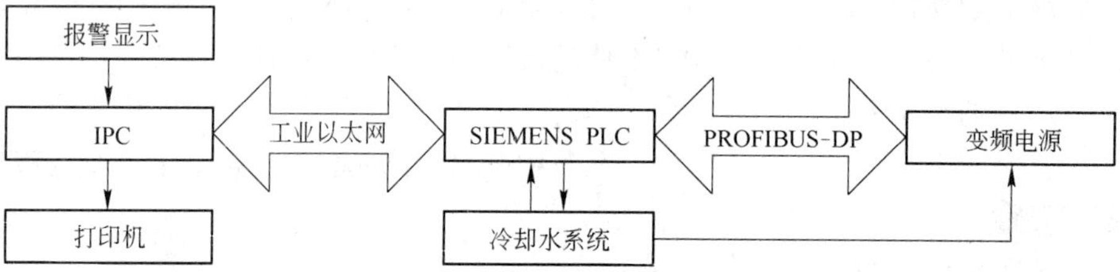

图 11 - 25　变频电源控制系统框图

11.4.4.1 监控系统网络拓扑结构

变频电源电控系统控制网络主要有集中式结构和分层分布式结构，见图 11 - 26 和图 11 - 27。两者主要区别在远方与当地控制单元之间的连接上，分层分布式监控系统是通过总线连接，而集中式监控系统是通过电流、电压等电气连接。变频电源电控系统采用分层分布式结构的特点是每台变频电源将控制程序固化在控制 CPU 电路中，相互之间不会产生影响，没有现场工控机，上位机只对整个电磁搅拌系统起参数设置和监控作用，上位机关机或非正常停机也不会引起变频电源停机；集中式系统结构在某一台变频电源或现场工

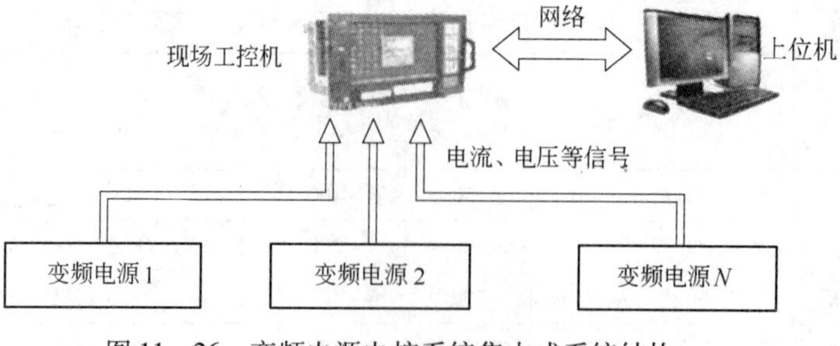

图 11 - 26　变频电源电控系统集中式系统结构

控机出现故障，会引起整个电磁搅拌系统停机。因此，集中式结构系统已被淘汰，现在流行采用分层分布式结构的变频电源监控系统。

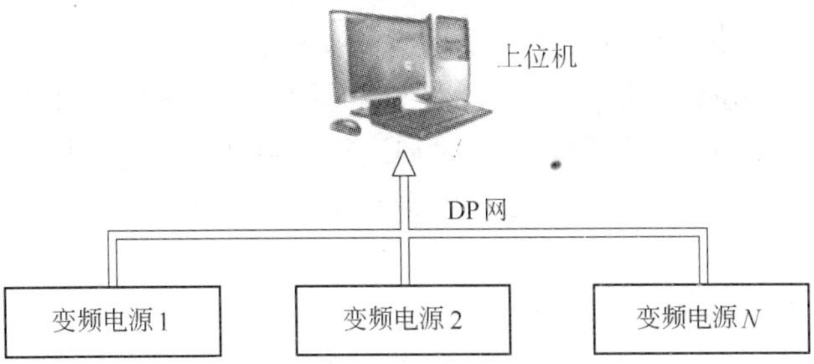

图 11－27　变频电源电控系统分布式结构

11.4.4.2　分层分布式结构监控系统的控制功能描述

电磁搅拌器监控系统是现代计算机通讯技术、电力电子技术与电磁搅拌器的基本原理和工艺要求相结合的产物。系统采用分层分布的开放式控制结构，系统设计为两层，上位机层和现场控制层（见图 11－28）。

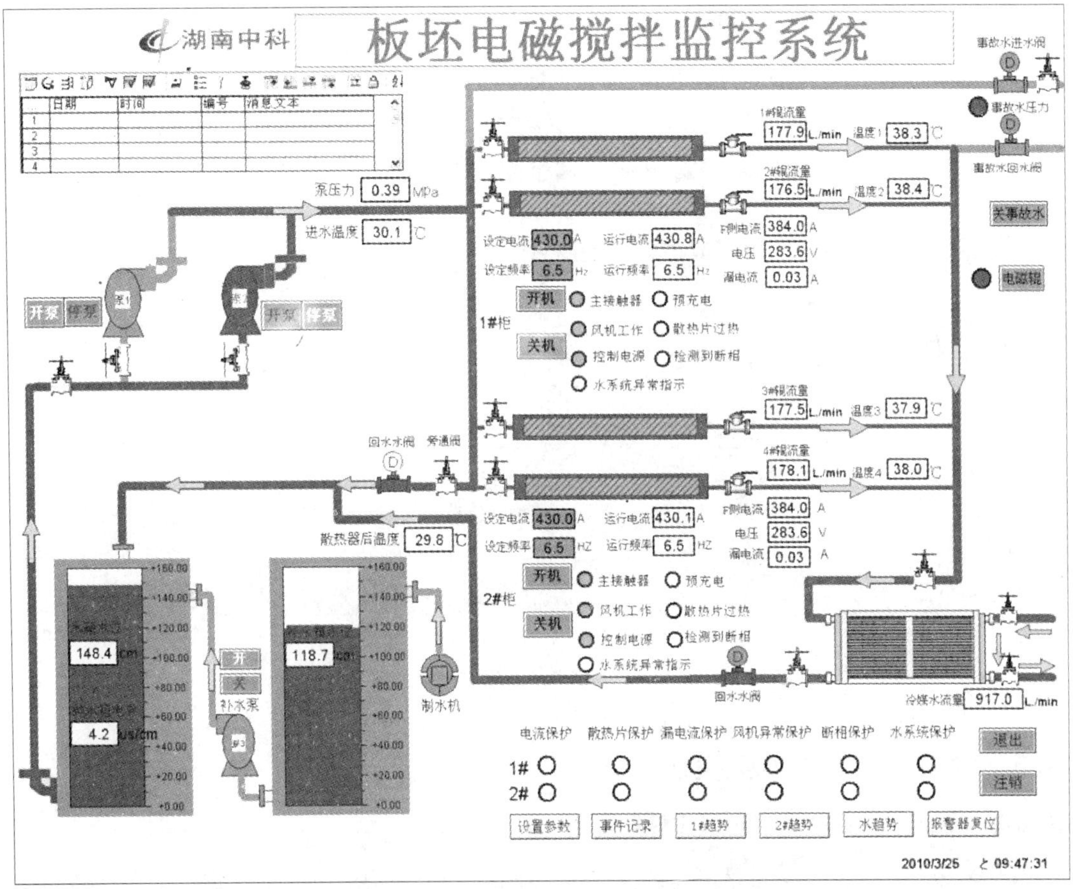

图 11－28　上位机的操作、监控画面

上位机采用组态软件进行组态（如使用 WinCC）构成一个友好中文人机界面，具有电流、频率等工艺参数值的显示、工艺参数设置、历史记录存储、打印输出、查询、运行和故障状态指示等功能。操作人员可在上位机直接选择钢种及其浇注条件（指过热度等）后，软件可自动设置搅拌工艺参数（主要指搅拌频率值、搅拌电流值）；软件也可由网络传输过来的钢种及浇注条件参数进行自动设置；可在授权条件下（指取得软件设置允许修改的密码后），实时地在线修改搅拌参数和进行系统维护，以便更好地优化工艺参数；同时还预留下扩展部分，为将来扩展其他钢种留下接口，用户可直接自行设定钢种，自行设定搅拌工艺参数。

11.4.4.3 3G/GPRS 远程实时服务系统

图 11－29 表示 3G/GPRS 远程实时服务系统的操作界面。运用该远程服务系统可以进行实时网络监控，使用户无论身在何时何处都可以登录网站来了解和控制现场情况，及时发现问题，减少损失。

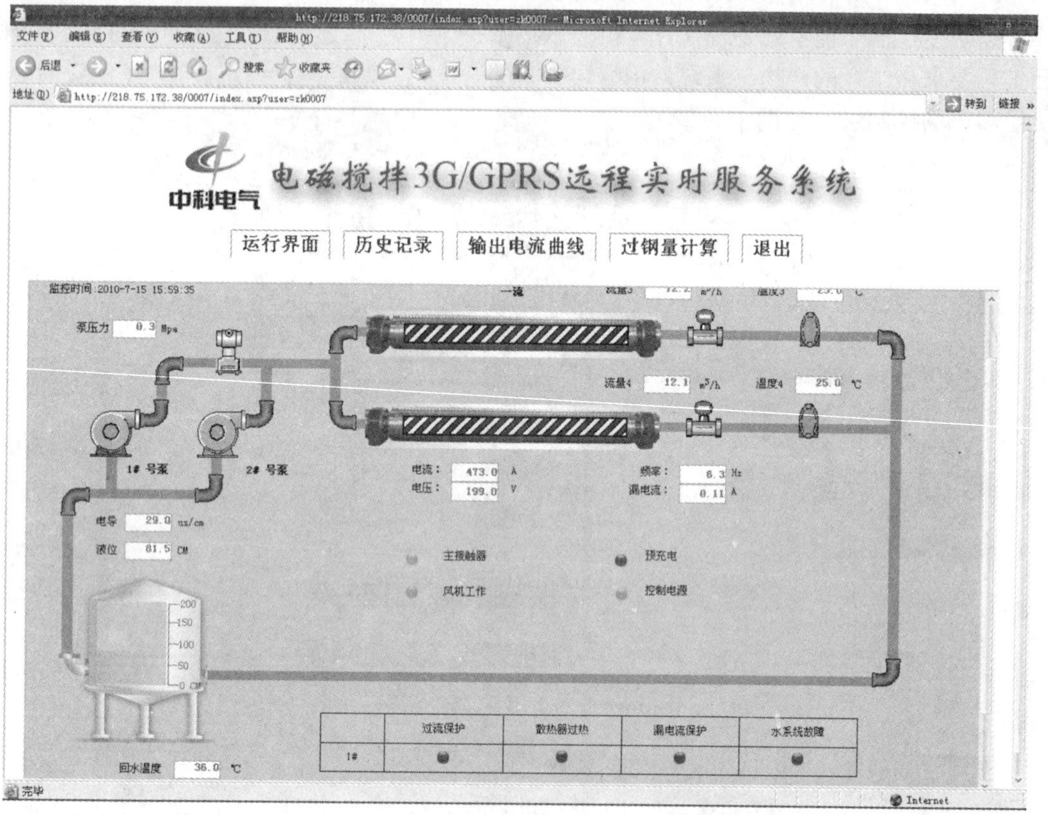

图 11－29 3G/GPRS 远程实时服务系统画面

11.5 电磁搅拌器冷却水系统

11.5.1 电磁搅拌器冷却水系统工作原理

冷却水系统主要向电磁搅拌器稳定提供一定压力和流量的闭路循环纯净水，将电磁搅拌器产生的热量和外部热辐射的热量带走，同时对冷却水的水质、流量、压力、温度、液位等进行实时控制和实时监测。冷却水系统原理见图 11－30。

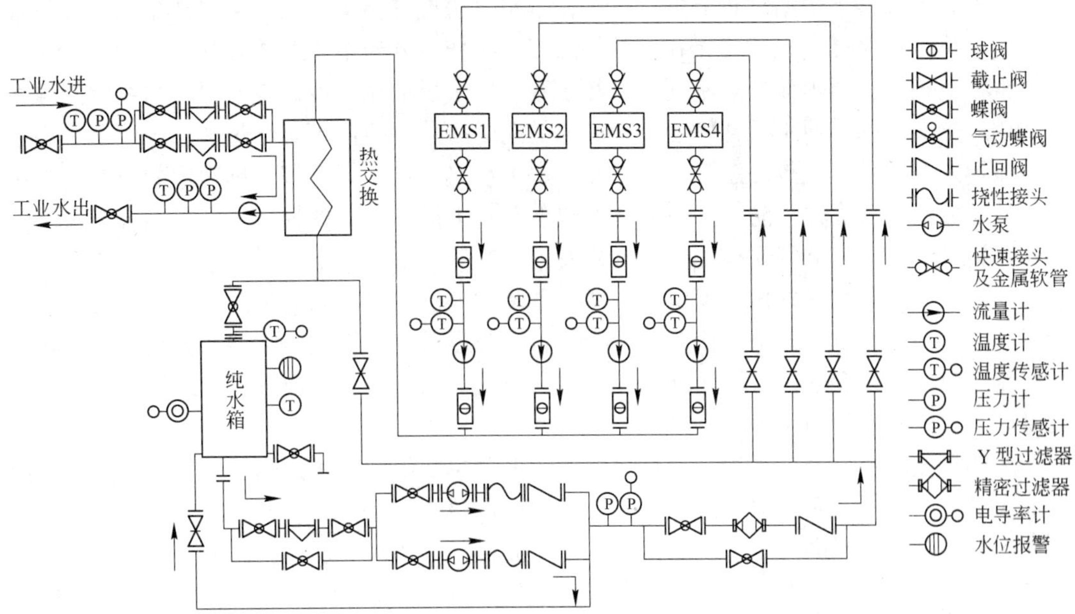

图 11－30 四机四流结晶器电磁搅拌器冷却水系统原理图

冷却水系统的流程为：反渗透制纯水系统利用反渗透原理制备出符合要求的纯净水注入纯水箱，由高压水泵（一用一备）从纯水箱中抽出，通过压力和流量调节形成稳定的压力和流量的纯净水，通过不锈钢水管提供给电磁搅拌器，在电磁搅拌器吸收热量后回到热交换器再次同工业水进行热交换，纯净水降低温度后回到纯水箱。对于电磁搅拌器线圈冷却水是一个闭路循环过程。

11.5.2 电磁搅拌器冷却水系统构成和功能

电磁搅拌器的冷却水系统主要由纯水泵、热交换器、反渗透制纯水系统、流量调节、流量检测、压力检测、温度检测、液位检测、过滤装置、纯水箱、管道等构成，向电磁搅拌器提供稳定不间断的、可靠的循环冷却水。上述所有部件和器件都组装在一个 4500mm ×2300mm 的框架上，高约 3000mm，可以方便地整体吊装、移位，见图 11－31。

图 11－31 冷却水系统实体图

冷却水除有水质要求外，其压力和流量是冷却水的关键参数，通过冷却水系统的热交换，向电磁搅拌器提供温度较低的冷却水，带走电磁搅拌器工作时产生的热量和外部热辐射产生的热量，保证电磁搅拌器在正常的温度下工作，并对电磁搅拌器加以保护。

根据电磁搅拌器本体形式不同，冷却水系统分别供应用来冷却电磁搅拌器线圈的纯净水和用于热交换的工业水。纯净水保护通电的电磁搅拌器线圈不至于过热；工业水一用于对电磁搅拌器线圈产生较高温度的循环纯净水进行热交换，降低循环纯净水的温度；二用于冷却电磁搅拌器壳体，防止红热铸坯的辐射热对电磁搅拌器的损坏。在凝固末端电磁搅拌器、辊式电磁搅拌器等在线运行时，当发生漏钢等异常情况下，冷却水系统还有提供事故水的功能，保证在异常情况下向电磁搅拌器及时提供一定时间的事故水，使电磁搅拌器不至于受红热铸坯烘烤而烧坏。此外，冷却水系统还设有干燥气体管路，主要是干燥电磁搅拌器内部或接线盒部位，防止外部环境的水蒸气进入引起电磁搅拌器对地绝缘下降，大大提升电磁搅拌器的使用寿命。

冷却水控制系统分为远程自动控制、本地手动控制两种操作方式。远程自动控制是指整个水系统运转全部采用 PLC 自动控制，上位机可对流量、压力、液位、温度、水质等各种参数的实时状态进行显示及非正常工作的报警，对缺水等各种极端状态联停电磁搅拌器，方便对各种历史数据进行查询及实时状态曲线跟踪；本地手动控制是指现场设手动操作控制箱在控制面板上进行操作及温度监视。

流量调节置于电磁搅拌器之前，可按要求分配每台电磁搅拌器本体的用水量。

反渗透制纯水系统用于自动制备符合电磁搅拌器使用的低电导率的纯净水。

11.5.3 电磁搅拌器用冷却水的水质要求

电磁搅拌器冷却水系统涉及三个冷却水子系统，各个子系统对冷却水水质都有不同要求，具体是：

（1）电磁搅拌器线圈用纯净水。由于电磁搅拌器的冷却方式分铜扁线外冷式和铜管内冷式，因此对于线圈用纯净水的水质要求是不一样的，详细要求见表 11 - 3。

（2）用于热交换的工业冷却水：

流量	按需要冷却的电磁搅拌器线圈用纯净水总量的两倍左右来计算
pH 值	7 ~ 9
压力	0.4 ~ 0.8MPa（总压力不大于 1.0MPa）
进水水温	≤38℃
电导率	<1000μS/cm
硬度（Ca + Mg）	0.54 ~ 2.68mmol/L
悬浮物最大直径	<0.5mm

（3）事故水（可用工业冷却水或结晶器冷却水）

流量	不低于线圈冷却水总流量的 50%，持续 30min，如电磁搅拌器数量多，还需要相应地增加流量
压力（进出水口的压差）	0.2 ~ 0.4MPa
进水水温	≤40℃

11.6 电磁搅拌系统的外围附件

11.6.1 动力电缆

11.6.1.1 动力电缆类型的选择

电磁搅拌器动力电缆需在二冷室内、外两种不同工作环境下敷设，其选择方式有：

（1）按用途选择，电磁搅拌用电缆主要承载输送给电磁搅拌器工作的电源电流，故选择电力电缆；

（2）按敷设条件选择，电磁搅拌用电缆主要架空桥架敷设或走电缆沟敷设，通常与其他电缆并行敷设，故一般采用塑料绝缘电缆；

（3）按特殊安全情况考虑。进入二冷室内的电力电缆，长期处于高温、高湿的恶劣环境，故采用阻燃耐高温电缆。

因此，变频电源柜到电磁搅拌器之间使用了两种动力电缆：铜芯聚氯乙烯绝缘及聚氯乙烯绝缘护套电缆（或简称铜芯聚氯乙烯绝缘电缆）；铜芯硅橡胶绝缘护套耐高温软电力电缆（或简称耐热柔性电缆）。前者适用于普通工作环境，后者属特种电缆，适用于高温、高湿环境。电磁搅拌器安装在连铸二冷室内，其环境恶劣，因此，二冷室内的电缆选用后者进行敷设。

11.6.1.2 动力电缆规格的选择

根据经验，低压动力电缆因其适用电流较大，故一般先按发热条件选择截面，然后验算其电压损失（电磁搅拌器的动力电缆一般架空敷设在桥架中，因此不需考虑机械强度）。

铜芯聚氯乙烯绝缘电缆的选择无硬性规定，可用多根单芯也可用单根多芯电缆。规格选用根据电缆厂家提供的单位导体截面允许载流量及容量进行选择。

耐热柔性电缆数一般由电磁搅拌器的相数决定，三相电磁搅拌器（如方坯结晶器电磁搅拌器）每台选用三根耐热柔性电缆，两相电磁搅拌器（如板坯辊式电磁搅拌器）每台选用四根耐热柔性电缆。表 11－10 为电磁搅拌器常用的耐热柔性电缆选择。

表 11－10 耐热柔性电缆选型规则

电磁搅拌器额定电流/A	耐热柔性电缆型号规格（芯数×截面）/mm^2	电磁搅拌器额定电流/A	耐热柔性电缆型号规格（芯数×截面）/mm^2
300 以下	YGG 1×120	400～500	YGG 1×185
300～400	YGG 1×150	500～600	YGG 1×240

11.6.2 电缆转接箱

上述两种动力电缆之间需用电缆转接箱进行连接，电缆转接箱根据适应条件主要分为两种型号，见表 11－11。

表 11－11 电缆转接箱选型规则

型 号	适用形式	主要区别	外形尺寸（深×宽×高）/mm×mm×mm
ZKZJ－2	板坯电磁搅拌	内含四根连接母排	300×500×500
ZKZJ－3	方（圆）坯电磁搅拌	内含三根连接母排	300×400×500

主要技术特点：

（1）采用完全不锈钢材质制作，防锈抗腐蚀；

（2）结构简单，拆装方便；

（3）绝缘等级 H 级，采用特殊绝缘材料；

（4）防护等级 IP65（6 为尘密，完全防止外物侵入，且可完全防止灰尘侵入；5 为水密，防止喷射的水侵入，防止来自各方向由喷嘴喷射出的水进入造成损坏）。

11.6.3　电缆连接器

电磁搅拌系统涉及电缆连接器，特别指一种大电流、防水、耐高温的电缆连接器，用于耐热柔性电缆与电磁搅拌器的连接，处于高温、高湿、多尘的恶劣环境。其重要用途是在设备维修或设备上下线过程中灵活、快速地进行电缆的拆卸、快换，最大程度地节约时间，从而创造更大的效益。

国内外现有的电缆连接器均采用非金属外壳，其绝缘等防护都要靠无密封结构的非金属外壳，且体积要做得很大，因此，通常的电缆连接器都存在外壳易破碎、耐温低、密封性差和安装不方便等问题，制约了电缆连接器的使用范围和使用效果，导致很多频繁更换且使用环境恶劣的大电流设备也只好用电缆头连接再加若干层绝缘等防护，既耽误了设备更换的时间，又达不到很好的使用效果。

针对以上技术中存在的缺点和问题加以改进、创新，中科电气基于发明专利开发了一种体积小、机械强度好、耐温高、密封性好和安装方便的大电流、防水、耐高温电缆连接器。

电缆连接器的结构和实物见图 11－32。连接器由 A 和 B 两部分组成，其中 A 部分和 B 部分以快速接头套接在一起。A 部分为一连接套，连接套内一端为一空腔用于固定并密封电缆，另一端为连接 B 部分的电极芯；B 部分为连接电极芯的活动插套，活动插套一端插入连接器 A 部分，与连接器 A 部分的电极芯套接，另一端为电极芯的固定嵌接端。

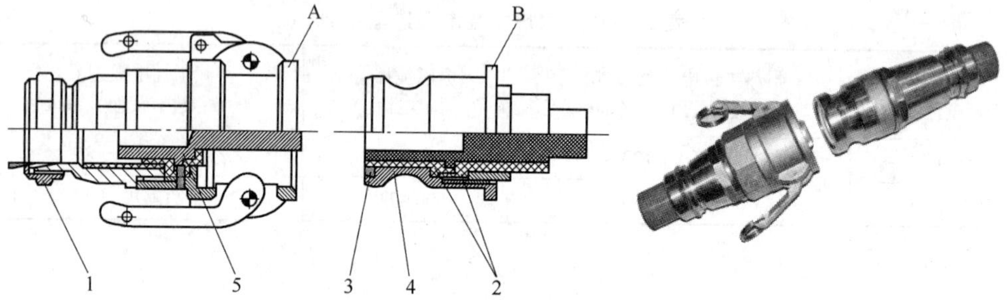

图 11－32　电缆连接器示意图及实物图

1—防水栓套；2—绝缘内套；3—密封件；4—弧形段外壳；5—电极芯

这种电缆连接器有以下优点：

（1）采用防水栓套固定并密封电缆，保证电缆固定和密封良好；

（2）采用聚四氟乙烯材料做内绝缘材料，保证耐高温且绝缘良好；

（3）采用硅橡胶材料做密封材料，保证耐高温、耐老化且绝缘良好；

（4）采用不锈钢管快速接头做外壳，保证机械强度好、耐高温，且为通用标准件；

（5）采用银铜料做电极芯，内衬镀银康铜丝做接触面，保证导线接触可靠，电性能良好。

此发明成功地解决了电缆连接器的一系列问题，做到了体积小、机械强度好、耐高温、防水防尘且安装和连接方便，极大地提高了电缆连接器的使用寿命，结束了在高温、高湿、多尘的环境下不能使用电缆连接器的历史，节省了设备更换的时间，降低了工人的劳动强度，提高了工作效率，降低了生产成本。

11.7 电磁搅拌系统的常见故障及维护方法

11.7.1 方(圆)坯电磁搅拌器的常见故障及维护方法

方(圆)、坯电磁搅拌器常见的故障有电磁搅拌器使用寿命降低、绝缘损坏或降低、线圈对地击穿、漏电流变大、电磁搅拌器内部有杂质引起的冷却水质变差、电源接头发热烧坏、外壳被外部因素损坏、电磁搅拌器内部进入水蒸气、冷却水流量低、冷却水路漏水或损坏、冷却水储存及保管不正确等。根据经验，这些故障大都因为电磁搅拌器的正常使用条件得不到保证，以及所要求的电、冷却水、气等参数不正常，导致其损坏或使用寿命降低。

11.7.1.1 严格管理冷却水的重要性

要使电磁搅拌器稳定无故障运行，其使用的冷却水是关键。怎样管理好冷却水、控制好冷却水变得至关重要。关于冷却水的任何一个微小的失误都有可能是致命的，如果严格按操作规程管理好冷却水、用好冷却水，那么电磁搅拌器的使用寿命将得到极大的延长。

在使用过程中，电磁搅拌器有时需要移走，这时进、出水接口会暴露，另外，当需要对冷却水装置管路中各个部件进行维护时也会将管路暴露。暴露的进、出水口很容易带入杂质，这时必须将暴露的进、出水口封闭起来，严防外界污染物侵入，杂质一旦进去就直接到了电磁搅拌器内部，而且无法经过冷却水装置的自净化处理，所产生的结果也将是致命的。

对于水系统所有参数的监控都是保证水质的前提条件，任何一项参数的不达标，都将直接对电磁搅拌造成影响，因此，一定要对冷却水系统进行精心的维护，确保各仪表、器件的正常运行。

11.7.1.2 电磁搅拌器在使用前要进行的检查

在使用电磁搅拌器前应进行以下检查：

（1）外观检查：如电磁搅拌器有无碰伤，内腔壁有无变色、变形。

（2）接线盒的检查：接线柱、密封板有无变形，接线盒密封性能、螺杆是否完好；对引出线快速接头（耐热柔性电缆）检查有无磨损、拉弧、松动、进渣等，电缆的防水栓密封性能是否完好。

（3）进、出水金属软管的检查：外表有无损坏、划痕、磨损、松动、漏水；连接是否牢固。

（4）对地绝缘电阻的检查：用500型的机械万用表检查电磁搅拌器的对地绝缘电阻。

1）对铜管式电磁搅拌器，在电磁搅拌器使用六个月后，其对地绝缘电阻应在20kΩ

以上，使用一年左右，其对地绝缘电阻要大于 10kΩ；

2）对扁铜线式电磁搅拌器，开始使用时、通有冷却水的情况下，其对地绝缘电阻在 200MΩ 以上，使用一年左右，其对地绝缘电阻要大于 100Ω。

（5）水压试验：检查电磁搅拌器及进、出水管是否漏水，铜管式电磁搅拌器的要求试验压力为 0.8MPa，铜扁线式电磁搅拌器的要求试验压力为 0.4MPa，要求通水 30min 无泄漏。

另外，还需要检查电磁搅拌器的冷却水流量是否正常，冷却水路及线圈是否结冰。

11.7.1.3 电磁搅拌器在运行时的注意事项

在运行电磁搅拌器时有如下注意事项：

（1）运行过程中，绝对不能切断冷却水，并注意电磁搅拌器的冷却水流量、温度、压力、电压、电流，干燥气体的压力等参数是否正常，一旦发现异常情况应立即停止对电磁搅拌器供电，进行抢修。查明原因并采取措施后方可再接通电源运行。

（2）连铸机发生故障如发生漏钢、溢钢时，应立即停止对电磁搅拌器供电，等待连铸机修复。需要特别注意的是，在此期间电磁搅拌器的冷却水仍需正常供给。

（3）在浇注结束后，应保证继续向电磁搅拌器供应冷却水，当坯架表面温度低于 250℃或冷却水进、出水的温差小于 1℃时，冷却水流量可以减少或停止。当某些钢种的连铸不需电磁搅拌时，应将电磁搅拌器移出，否则应保证正常供应冷却水，并密切监视供水情况。

（4）应保证冷却水的压力在规定范围，进水温度小于 40℃，回水温度小于 75℃。冷却水系统要定期维护、清洗，不能将其他用途冷却水掺入电磁搅拌器的封闭循环的纯净冷却水中。

（5）在线使用一段时间后要进行定期维护，更换损坏的零部件，不能带病在线运行。

11.7.1.4 电磁搅拌器的下线和保管

电磁搅拌器的下线和保管注意事项如下：

（1）下线后和保管前，要检查电磁搅拌器是否完好。

（2）下线后和保管前必须将电磁搅拌器内积水吹干（特别是冬季，以防止电磁搅拌器内结冰），并将电磁搅拌器进、出水口用防尘盖堵住，做好防冻工作。

（3）电磁搅拌器如长时间内不使用时，必须用干燥的压缩空气将电磁搅拌器内积水吹干，再将电磁搅拌器的进、出水口用防尘盖堵住方可存放。

（4）在存放过程中，严禁在电磁搅拌器上放物，远离热源，存放在干燥处。

11.7.1.5 电磁搅拌器常见故障及处理

为简明起见，将电磁搅拌器常见故障内容及处理方法列于表 11－12。

表 11－12 电磁搅拌器的常见故障、产生原因及处理方法

故障现象	故障内容	产生的原因	处理方法
冷却水量降低	电磁搅拌器冷却水的水路出水侧装有带电接点的流量计，可显示出冷却水路的流量。流量低时流量计发出报警	（1）管路杂质堵塞过滤器； （2）水质硬度过高，管壁结垢； （3）管路上有漏水情况； （4）压力不稳定，或压力过低； （5）仪表故障； （6）凝固末端电磁搅拌器外壳冷却水水质差或流量低	流量低时要停止对电磁搅拌器供电，检查冷却水流量降低的原因。对水路中的过滤器进行清洗；检查水路管道，水路堵塞时必须冲洗管路；检查流量计

续表 11－12

故障现象	故 障 内 容	产生的原因	处 理 方 法
线圈绝缘电阻下降	绝缘电阻降低有以下情况：气密封不好、水路有泄漏等引起水残留在搅拌器内部，或因线圈的绝缘不良，或因引出线部位的绝缘电阻降低和电缆部分出现故障等产生。在运行时，通过对地漏电流保护动作可以知道电磁搅拌器绝缘降低，或可用对地绝缘检测仪表测量得知	铜扁线外冷式线圈： （1）使用时间过长，绝缘正常老化； （2）经常使用冷却水水质较差，腐蚀绝缘层； （3）冷却水中有金属杂质，冲击损伤绝缘层； 铜管内冷式线圈： （1）使用时间过长，绝缘正常老化； （2）水汽进入电磁搅拌器，造成绝缘下降； （3）线圈或外壳冷却水漏水进入电磁搅拌器内部，造成线圈对地或绝缘下降	停浇后检查电缆、接线部位是否有损坏或连接不良；检查电缆及接线部位的绝缘电阻；检查接线盒内是否有潮气；检查电磁搅拌器线圈的绝缘电阻；检查电磁搅拌器气密性；检查冷却水的水质。 经过处理后绝缘电阻可以恢复，则可判定是电缆等部位受损或因湿气所致，可以重新使用；如绝缘电阻不能恢复或回复后很快又下降了，则只能返回制造厂进行处理
气密封性不好	电磁搅拌器是一个完全的密封性结构，如果密封不完全，会引起外部水分、湿气的侵入，成为绝缘电阻降低的原因	（1）密封圈老化或受高温腐蚀，造成气密效果降低； （2）焊缝处受高温及酸碱腐蚀，或电磁搅拌器外壳因漏钢等情况损坏，无法达到密封效果； （3）密封件或法兰处紧固件或紧固螺栓未处理好； （4）电缆穿过接线盒处未装防水栓	检查电磁搅拌器接线部位和密封部位，如出现泄漏要修复更换新的密封件；电磁搅拌器壳体出现泄漏时，在不影响电磁搅拌线圈绝缘的情况下可进行焊接修补等处理
水路泄漏（针对铜管绕组 EMS）	壳体冷却水泄漏； 线圈冷却水路的焊接部位泄漏； 线圈冷却水路的连接部位泄漏	（1）压力过高，超过额定压力范围，造成水路连接部位冲开漏水； （2）线圈冷却水流量不足引起温度过高，造成铜管烧毁漏水； （3）外壳冷却水流量不足引起温度过高，外壳水路受辐射热影响造成壳体开裂； （4）外壳受引锭杆撞击，外壳水路破损漏水	发生水路泄漏时，要停止对电磁搅拌器供电，壳体冷却水泄漏时要及时进行焊接修补等处理；一旦发生内部泄漏只能返回制造厂进行处理

11.7.2 板坯连铸电磁搅拌器的常见故障及维护方法

板坯电磁搅拌器的绕组一般分铜扁线和空心铜管两类，其常见故障和维护方法可以参考前节方（圆）坯电磁搅拌器的说明。

对于辊式电磁搅拌器因其还承担普通支承辊的作用，这里另加说明。

11.7.2.1 辊式电磁搅拌器安装到扇形段时使用前要进行的检查

辊式电磁搅拌器安装到扇形段时在使用前要进行以下检查：

（1）外观检查：检查其外观有无损伤，零部件是否配齐等。

（2）安装情况检查：辊式电磁搅拌器安装在扇形段上与普通支承辊相比要低 0.2 ~

0.3mm，在扇形段上与普通支承辊要对弧；扇形段上连铸机的相邻扇形段要对弧；辊式电磁搅拌器在扇形段上安装的 F、L 端要正确，要符合正确接线的安装形式。

（3）水压实验：对每一根辊式电磁搅拌器通水（并多次转动辊套）时应满足压力 0.4MPa，且 30min 无泄漏。

（4）检查润滑油路：通过扇形段的润滑油路给辊式电磁搅拌器压入润滑油，在其支承座与辊套肩之间应有润滑油溢出。

（5）绝缘检测：用机械万用表检查每一根电磁搅拌辊两端的每个接线端子的对地绝缘电阻，不通水时的对地绝缘电阻要大于 200MΩ；通水时的对地绝缘电阻根据使用时间，其值要大于 10kΩ。

（6）辊套检查：辊式电磁搅拌器安装到扇形段后，用手能转动辊套。

（7）辅助支撑的检查。

11.7.2.2　辊式电磁搅拌器运行时的注意事项

运行电磁搅拌器时有如下注意事项：

（1）保证辊式电磁搅拌器在线正常的使用条件。运行时的电流、冷却水的流量、压力、水质、轴承座润滑油等如不能满足要求或亚健康工作，都会引起辊式电磁搅拌器的损坏和影响使用寿命。拉坯时不用电磁搅拌的时候要把辊式电磁搅拌器从线上拆下来，有利于延长其使用寿命。辊式电磁搅拌器在线时不能拉冷坯、尾坯，否则会导致其损坏。

（2）辊式电磁搅拌器是含有电气、机械、冷却水路等的设备，现场运行环境恶劣，当运行两至三个月时，需要定期下线进行检查和维护。辊式电磁搅拌器有对地绝缘电阻降低、漏水、弯曲变形、辊套表面磨损或损伤等情况时，要对其进行修复才能继续使用。

（3）一定要有确实可靠的应急冷却水。当异常情况发生时须使用应急水，要对冷却水系统进行清洗和换水。

11.7.2.3　辊式电磁搅拌器常见故障和处理方法

辊式电磁搅拌器最常见的故障是漏水和对地绝缘低。

针对这两种情况，首先可以做水压实验，判断是哪里漏水，如果只是密封圈、机械密封引起的漏水，则现场可以更换零部件进行修复。在通水的情况下同时也可以检测电磁辊的绝缘，如果绝缘在兆欧级以下，就需要把接线板拆下来，检查接线板、接线柱的绝缘性。如果问题没有出现在这里，这就需要进一步的拆卸了，最好返回生产厂家做详细检测。

11.7.3　变频电源的常见故障及维护方法

电磁搅拌系统变频电源的许多故障的发生，在一定程度上都是因为现场操作的失误而造成的，所以强调注意事项、避免误操作是必要的。变频电源的注意事项主要有：

（1）电磁搅拌系统在运行时，不能直接用示波器或万用表去观察主功率器件的波形或测量参数，以免对功率元件造成损坏。

（2）停机时，应观察直流电压参数项，只有在直流电压为零时，表明直流侧上的电容电压已完全泄放，此时才能关闭微机电源。如果某种原因造成直流电压泄放失败，需要人为操作放电，比如可以操作“急停”的旋钮开关到“紧停”位置，泄放直流电压。

（3）上电时，需先确定主电源空开是否合上，严禁启动后再送主电源，以免造成 IG-

BT、整流模块、电容的损坏。如果按下“启动”按钮后无法进入正常的运行状态而自动进入停止状态，这时，应该根据液晶画面上状态位所对应的点进行检查，看是否满足启动条件，重点检查冷却水系统温度、散热器过热、风机失电和输入信号线的连线是否牢固。

（4）不要使电磁搅拌系统长时间的超过额定工作参数运行。

（5）变频电源在工作时如自动断开并提示“电流保护”或“漏电流保护”，一定要查清原因确定正常后才能再次送电。

（6）观察变频电源和电气控制系统各控制、显示、保护功能是否运行正常，不能带病运行。

11.7.4 远程监控系统的常见故障及维护方法

当出现监控软件不能正常运行时，可使用安装软件对软件进行重装，重装后，将原备份文件拷贝到对应目录下。为了防止运行文件损坏或者感染病毒，严禁在上位机上安装其他无关的软件，也不能拿上位机作其他的工作用途，严禁插拔 U 盘。

当监控画面的监控功能全面失效时，按如下步骤排查：

第一步：先对软件进行重装；

第二步：功能没有恢复时，从变频电源柜的指示灯（收发指示灯交替闪烁为正常）来判断网络通信是否正常；

第三步：如果通信不正常，检查通信线是否断开；

第四步：如果通信线正常，需联系专业售后服务人员解决。

当监控画面上出现某流不能正常开停机、下载参数失效、数据不能正常刷新时，按如下步骤排查：

第一步：检查对象对应的控制板通信指示灯是否正常；

第二步：如果通信指示灯正常（收发指示灯交替闪烁为正常），需联系专业售后服务人员解决；

第三步：通信收发指示灯不闪烁时，检查通信线是否断开；

第四步：通信收发指示灯“收”闪烁，“发”不闪烁时，更换对应电路板件；

第五步：更换板件后不正常，需联系专业售后服务人员解决。

当监控画面上某流数据能正常刷新，但出现某流不能正常开停机、下载参数失效时为板件问题，请更换对应电路板件。

11.7.5 冷却水系统的常见故障及维护方法

冷却水系统常见故障有冷却水的水质变差、流量降低和各零部件出现故障等情况，在工控机监控画面上都会出现相应的报警，或联停电磁搅拌器。

水质变差主要是由于维护操作带来杂质、没有定期更换纯净水和清洗水路等原因，这时需要更换纯净水、检查水路，并定期清理过滤器和水箱。

泄漏、水路堵塞、水路中含有杂质、电磁搅拌器出现故障等引起水路不畅通的情况，都会表现为流量降低、压力降低、水温异常变高的现象，这时需要查明原因，如检查水路、清理过滤器，排除故障后确定流量正常才能重新启动电磁搅拌器。

冷却水系统各零部件出现故障时，会引起流量低、工控机报警、联停电磁搅拌器，要查明出现故障原因，更换故障零部件。

总的说来，要做好水系统的防尘、每天检查和定期检查工作：

（1）每天检查的内容：观察冷却水系统各仪表参数是否正常，观察水泵运行情况是否正常，检查各管路、接头是否有漏水情况，如有漏水应立即处理。

（2）定期检查内容：清理冷却水系统水箱后，注意水泵进入空气，使用时要放空气；每次连铸机停浇后应检查电磁搅拌器水管是否连接牢固、是否漏水，确定正常后才能投入使用。

11.8 工厂条件要求

考虑到钢厂连铸车间的环境比较恶劣，而电磁搅拌装置是一个集成系统，涉及水、电、气等多个子系统，它们对环境又各有不同要求。为使电磁搅拌装置能稳定持久运行，确保工厂条件满足一定的要求是必需的。工厂条件应从几方面进行考虑：

（1）工厂环境：

环境温度	不超过 40℃
相对湿度	不超过 95%，不允许有冷凝现象
现场海拔高度	<1700m（超过 1700m 海拔需进行特殊设计）

（2）设备放置空间：

1）电磁搅拌器：

① 方（圆）坯结晶器电磁搅拌器需对结晶器进行设计，包括形状、材质。二冷区和凝固末端电磁搅拌器放置在二冷室内，因此需要对喷淋段（如果安装位置处存在喷淋段）进行改造，以安装支撑底板。

② 板坯结晶器电磁搅拌器同样需要对结晶器进行设计。二冷区电磁搅拌器应根据形式的不同对扇形段做不同程度的改造。

2）电气设备：

① 变压器需有单独的变压器室放置。

② 变频电源柜、电源分配及工控柜的安装遵循现行电气装置安装工程施工及验收规范。可单独设置电气室或放置在连铸电气室内。

③ 远程监控系统工控机放置在连铸主控室内。

3）冷却水系统：冷却水系统尺寸大小根据冷却能力设计确定，要求通风良好，可单独设房间放置或露天放置，要求防冻。

（3）能源介质：

1）工厂电源及控制电压。系统需两路电源，分别为符合容量及电压等级的动力电源的主电源和符合容量及电压等级的控制电源的辅助电源。频率要求为（50±1）Hz。

2）冷却水。应配备热交换冷却水、事故应急水接点，冷却水要求见 11.7.3 节。

3）辅助气体。辅助气体主要有事故水制动气体和保护接线盒的干燥气体，压力要求为 0.02～0.05MPa、流量要求约为 $0.4m^3/h$。其中，事故水制动气体应接到冷却水系统事故水气动阀门处；保护接线盒的干燥气体供方（圆）坯的二冷区、凝固末端电磁搅拌器和板坯电磁搅拌器接线盒用，以保持接线盒内正压，防止水蒸气进入而损坏设备。

(4) 系统接地点。系统接地点视工厂实际在具体设计时确定。

参考文献

[1] 李爱武，等. 板坯连铸二冷区电磁搅拌（S-EMS）技术［C］//中国（西安）炼钢连铸设备技术交流会论文集，2010.
[2] 毛斌，等. 板坯连铸结晶器电磁控流技术［C］//宁波：连铸电磁搅拌技术论文集，2006：188～212.
[3] 中国金属学会. 冶金工业科学技术成果评价证书. 中国金属学会评字［2009］第3号，2009.
[4] 李爱武，等. 板坯连铸用高推力辊式电磁搅拌技术［J］. 冶金信息导刊，2010（增刊）：25～29.
[5] 李爱武，等. 多模式板坯连铸结晶器电磁搅拌与控流器技术：中国，CN101549393A. 2009－10－07.
[6] 蒋海波，等. 大电流、防水、耐高温电缆连接器：中国，CN101521333A. 2009－09－02.
[7] 董元龙，等. 高磁场板坯二冷区电磁搅拌辊：中国，CN101032741A. 2007－09－12.
[8] 李爱武，等. 板坯二冷区电磁搅拌辊的支撑结构：中国，CN201211559Y. 2009－03－25.